맥스웰의 전자기학

A Treatise on Electricity and Magnetism vol. I

by James Clerk Maxwell

Published by Acanet, Korea, 2023

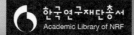한국연구재단총서 Academic Library of NRF 학술명저번역 642

맥스웰의 전자기학

①

A Treatise on Electricity and Magnetism

제임스 클러크 맥스웰 지음 I **차동우** 옮김

아카넷

일러두기

1. 이 책은 제임스 클러크 맥스웰의 *A Treatise on Electricity and Magnetism vol. I* (Oxford: Clarendon Press, 1881)를 완역한 것이다.

2. 미주는 원서의 주석이고 각주는 옮긴이가 붙인 것이다.

3. 본문에서 볼드체는 원서의 강조이다.

제임스 클러크 맥스웰은 역사상 가장 위대한 물리학자 세 사람을 꼽을 때 아이작 뉴턴, 알베르트 아인슈타인과 함께 들어가는 이름이다 그는 20세기 물리학에 가장 큰 영향을 준 19세기의 가장 뛰어난 물리학자라고 소개된다. 그도 그럴 것이 그가 이 책에서 체계적으로 정리하여 발표한 맥스웰 방정식과 전자기파 이론이 없었더라면, 20세기에 현대 물리학의 두 분야인 상대성이론과 양자역학이 빛을 보지 못했을 것이기 때문이다.

맥스웰은 1831년에 영국 스코틀랜드의 에든버러에서 부유한 집안의 1남 1녀 중 동생으로 출생했는데 누나는 유아 시절 사망하였다. 그는 어려서부터 기억력이 뛰어나고 호기심이 많아서 여덟 살에 이미 밀턴의 시를 줄줄 외우고 구약성경의 시편을 모두 암송했다. 맥스웰은 집에서 가정교사의 개인지도로 교육을 받았는데, 교육을 감독하던 어머니가 복부 암으로 마흔여덟의 젊은 나이에 타계하자, 아버지는 열 살이 된 맥스웰을 가까운 명문 학교인 에든버러 아카데미에 입학시켰다. 그곳에서 맥스웰은 처음에는 눈에 띄지 않는 평범한 시골 아이였지만 곧 학교에서 시행하는 콘테스트들에서 연달아 우승을 차지하며 돋보이는 존재가 되었고, 열네 살에는 핀과 실만으로 여러 가지 달걀 모양의 곡선을 그리는 첫 번째 과학 논문을 에든버러 왕립학회에서 발표하였다. 그리고 열여섯 살에는 에든버러 대학에 진학했는데, 그 대학 재학 중에는 주제를 가리지 않고 엄청난 양의 독서를 했으며, 두 편의 과학 논문을 작성하여 역시 에든버러 왕립학회에서 발표하였다. 에든버러 대학에서 3년을 공부한 맥스웰은 열아홉 살이 되던 1850년에 스코틀랜드를 떠나 케임브리지 대학의 트리니티 칼리지에 입학했는데, 거기서 맥스웰은 자신의 특출한 능력을 제대로 인정받았으며 1854년에 트리니티 칼리지를 차석으로 졸업하고 1856년까지 2년 동안 케임브리지에 남아 펠로우로 연구 활동을 계속하며, 패러데이가 전기력선과 자기력선을 이용하여 간단히 설명한 전자기 이론을 몇 가지 상대적으로 간단한 편미분 방정식으로 표현하는 것이 가능함을 보이는 성과를 얻었다.

맥스웰은 병환으로 고생하는 아버지와 더 많은 시간을 보내기 위하여 1856년 고향인 스코틀랜드에 있는 매리셜 대학의 자연철학 교수로 부임했는데, 1859년에 그곳에서 매리셜 대학 총장의 딸과 결혼하였다. 그런데 다음 해인 1860년에 매리셜 대학이 다른 대학과 병합할 때 가장 나이가 젊은 맥스웰이 그곳을 떠나야 했으며, 그래서 그는 같은 해에 런던의 킹스 칼리지로 옮겼다. 맥스웰은 킹스 칼리지 런던에서 일생 중 가장 왕성한 활동을 펼쳤다. 거기서 그는 빛의 삼원색을 합성하여 천연색 사진을 만들 수 있음을 보였고, 기체의 점성에 대한 이론을 발전시켰으며, 오늘날 차원 해석이라고 알려진 물리량을 정의하는 새로운 방법을 제안하였다. 킹스 칼리지 런던에 재직하는 동안에 맥스웰은 런던에 있는 왕립협회에 정기적으로 방문하여 그곳에서 자기보다 연배가 40년 이상 위인 패러데이와 자주 만났으며 전자기학에 대한 서로의 생각을 교환하였다. 패러데이는 전자기학을 전기력선과 자기력선에 의해 직관적으로 이해했고, 맥스웰은 패러데이의 직관적인 추론으로부터, 편미분 방정식을 이용하여 전자기학 전체를 하나의 논리적인 이론체계로 정립하는 데 영감을 받았다. 맥스웰은 1865년 킹스 칼리지 런던의 교수직을 사임하고 부인과 함께 스코틀랜드의 고향 집으로 내려갔다. 그곳에서 그는 실험과 연구를 수행하면서 여러 편의 논문을 작성하였고, 이 책을 비롯한 여러 권의 저서를 집필하는 데 심혈을 기울였다.

한편 케임브리지 대학에서는 물리학과에 최신 실험을 수행할 연구소를 설립하기로 하고 그 연구소를 설계에서부터 완성까지 책임질 사람을 물색했는데, 고향 집에서 저술과 연구에 몰두하는 맥스웰이 적임자로 추천받게 되었다. 맥스웰도 마지못해 그 추천을 수락하고 1871년 초대 캐번디시 물리학과 교수로 케임브리지 대학에 부임했으며, 그는 건물 설계에서 시작하여 실험 장비 구매에 이르기까지 모든 것을 감독하며 케임브리지 대학의 유명한 캐번디시 연구소를 세웠다. 이 캐번디시 연구소는 그 후 전자(電子)를 발견한 톰슨, 원자핵을 발견한 러더퍼드를 비롯하여 지금까지 물리학과 화학 분야에서 모두 29명의 노벨상 수상자를 배출하였다. 케임브리지에서 학생 지도와 연구 그리고 저술 작업에 열중이던 맥스웰은 안타깝게도 그의 어머니가 앓았던 병과 같은 복부 암에 걸렸고, 어머니가 별세했던 것과 같은 48세의 젊은 나이인 1879년 11월 5일에 세상을 뜨고 말았다. 물리학에서 뉴턴과 필적할 만한 업적을 세운 그였지만, 맥스웰은 영국에서 다른 유명한 과학자들처럼 기사나 다른 작위를 받지도 못하였고, 사망한 뒤에 국가 차원의 장례식 절차도 없이 고향 집 가까운 곳에 묻혔다.

맥스웰은 킹스 칼리지 런던에 재직하던 때부터 『맥스웰의 전자기학(*A Treatise on Electricity and Magnetism Vol. 1 and Vol. 2*)』을 쓰기 시작하여 1865년 교수직을 사임하고 고향 집으로 내려가 있는 6년 동안 계속 집필했으며, 1871년 케임브리지 대학의 초대 캐번디시 석좌교수로 부임하고 2년 뒤인 1873년에 완성된 원고를 두 권으로 나누어 출판하였다. 맥스웰은 이 책을 출판한 뒤에도 계속 바로잡았다. 그러나 건강이 급격히 악화하여 제1권의 14장 가운데 1장에서 9장까지만 고쳤고, 나머지는 동료 교수인 수학자 윌리엄 니븐이 정리하여 1881년 제1권의 개정판이 출판되었다.

전자기학은 전하들 사이의 전기력을 대상으로 하는 분야이다. 19세기 초까지만 하더라도 전하들 사이에 작용하는 전기력과 자석들 사이에 작용하는 자기력은 서로 무관한 두 현상이라고 보는 경향이 지배적이었고 전자기학은 전기학과 자기학으로 나뉘어 있었다. 그런데 전하들 사이의 전기력은 1784년에 프랑스의 물리학자 쿨롱이 비틀림 진자를 이용하여 직접 측정하는 방법으로 뉴턴의 만유인력 법칙과 똑같은 형태인 전기력에 대한 쿨롱 법칙을 찾아냈지만, 자석들 사이의 자기력에 대한 법칙을 구하는 일은 쉽지 않았다. 1820년 4월 덴마크의 코펜하겐 대학 교수인 외르스테드가 실험 중에 우연히 전류가 흐르는 도선 주위의 나침반 바늘이 움직이는 것을 발견한 다음에야 자기력에 대한 법칙의 이해가 가능하게 되었다. 외르스테드의 발견은 전기현상과 자기현상이 서로 연관되어 있다는 첫 번째 증거였다. 그렇지만 외르스테드 자신은 이 발견을 설명할 법칙을 찾아내지 못하였다.

그러나 같은 해인 1820년 10월 프랑스의 비오, 사바르, 앙페르는 실험을 통하여 전류가 만드는 자기장에 대한 법칙을 찾아냈는데, 그것이 비오-사바르 법칙과 앙페르 법칙이다. 이들 두 법칙은 사실 같은 내용의 법칙임이 밝혀졌다. 그뿐 아니라 비오-사바르 법칙의 형태는 거리의 제곱에 반비례한다는 점에서 쿨롱 법칙과도 같았다.

한편 외르스테드의 발견 소식을 들은 패러데이는 1831년에 전류, 즉 움직이는 전하가 자기장을 만든다면 움직이는 자석도 전기장을 만들지 않을까라는 의문을 갖고 배터리를 연결하지 않은 폐회로 근처에서 자석을 움직였더니 폐회로에 연결한 검류계의 바늘이 움직이는 것을 관찰하였다. 이렇게 패러데이는 자기장의 변화가 전기장을 만든다는 패러데이 법칙을 발견한 것이다.

이처럼 전자기학의 여러 법칙은 1784년 발표된 전하 분포가 만드는 전기장에 대한 법칙인 쿨롱 법칙을 시작으로 1820년에 발표된 전류 분포가 만드는 자기장에 대한 법칙인 앙페르 법칙 그리고 1831년에 발표된 변화하는 자기장이 만드는 전기장에 대한 법칙인 패러데이 법칙에 이르기까지 서로 독립된 실험으로 근 50년에 걸쳐서 발견되었다. 처음에는 이 법칙들 사이에 어떤 직접적인 관계도 없는 것처럼 보였다.

맥스웰은 공간의 성질인 전기장과 자기장이 주위의 전하분포와 전류분포 때문에 정해지는 관계를 주는 편미분 방정식을 이용하여 전자기학의 이론 체계를 수립하였다. 그것은 적분 형태로 표현된 쿨롱 법칙, 앙페르 법칙, 패러데이 법칙으로부터 그와 동등한 편미분 방정식을 구하면 되었는데, 그 결과가 바로 유명한 맥스웰 방정식으로 $\vec{E}$와 $\vec{B}$를 각각 전기장과 자기장 ρ와 $\vec{j}$를 각각 전하밀도분포와 전류밀도분포, ϵ_0와 μ_0를 각각 진공의 유전율과 투자율이라고 하면 맥스웰 방정식은 $\nabla \cdot \vec{E} = \dfrac{\rho}{\epsilon_0}$(전기장에 대한 쿨롱 법칙), $\nabla \cdot \vec{B} = 0$(자기장에 대한 쿨롱 법칙), $\nabla \times \vec{B} = \mu_0 \vec{j}$(자기장에 대한 앙페르 법칙), $\nabla \times \vec{E} = -\dfrac{\partial}{\partial t}\vec{B}$(전기장에 대한 패러데이 법칙)라고 표현된다. 이렇게 그동안 서로 무관하게 성립한 것으로 여긴 전자기학 법칙들이 사실은 전기장의 다이버전스(Divergence)와 컬(Curl) 그리고 자기장의 다이버전스와 컬에 대한 식임을 깨닫게 되었고, 이들이 모든 전자기 현상을 지배하는 기본법칙임을 알게 되었다.

이 책에서 맥스웰의 업적은 단순히 전자기 법칙을 한꺼번에 기술하는 편미분 방정식들을 찾아낸 것에 그치지 않는다. 편미분 방정식으로 표현된 맥스웰 방정식을 비교하면서, 맥스웰은 패러데이 법칙에서 자기장의 변화가 전기장의 원인이 된다면 당연히 앙페르 법칙에 전기장의 변화가 자기장의 원인이 되는 항이 추가되어야 한다는 것을 깨닫고 자기장에 대한 앙페르 법칙을 $\nabla \times \vec{B} = \mu_0 \vec{j} + \mu_0 \epsilon_0 \dfrac{\partial}{\partial t}\vec{E}$로 수정하였다. 그뿐 아니라 전기장과 자기장에 대한 연립 편미분 방정식인 앙페르 법칙과 패러데이 법칙에서 전기장 또는 자기장을 소거하면, 빈 공간에서 전기장과 자기장은 똑같은 파동방정식 $\nabla^2 \vec{E} = \mu_0 \epsilon_0 \dfrac{\partial^2 \vec{E}}{\partial t^2} = 0$와 $\nabla^2 \vec{B} = \mu_0 \epsilon_0 \dfrac{\partial^2 \vec{B}}{\partial t^2} = 0$을 만족한다는 것을 보이고, 이로부터 전기장과 자기장이 파동 형태로 진행하는 현상인 전자기

파가 존재할 것이라고 제안하였다. 또한 파동 방정식 $\nabla^2 u - \frac{1}{v^2}\frac{\partial^2 u}{\partial t^2} = 0$에서 좌변 두 번째 항의 계수가 파동 u의 속력임을 이용해, 전자기파의 속력은 $v = \frac{1}{\sqrt{\mu_0 \epsilon_0}}$로 진공의 유전율과 투자율로 정해지는데, 그렇게 구한 전자기파의 속도와 1862년 프랑스의 피조와 푸코가 톱니바퀴를 이용하여 측정한 빛의 속력 $c = 2.98 \times 10^8 \mathrm{m/s}$와 같아서 맥스웰은 빛이 자신이 예언한 전자기파의 일종이라고 예상하였다. 그 뒤 1888년에 독일의 헤르츠가 전자기파를 실제로 발생시키는 데 성공하여 맥스웰의 전자기파 이론이 옳음을 증명하였다. 맥스웰의 전자기파에 대한 이론은 20세기에 들어서 아인슈타인이 특수 상대성이론을 구상하는 데 영감을 제공했다. 그리고 맥스웰의 빛 이론은 역시 20세기 초 양자역학이 태동하는 데 직접적인 계기가 되었다. 그래서 『맥스웰의 전자기학』이 20세기에 현대 물리학이 출현하는데 가장 큰 영향을 주었다고 말할 수 있다.

저명한 과학사 교수인 피어스 윌리엄스는 『맥스웰의 전자기학』을 다음과 같이 평하였다. "1873년에 맥스웰은 전자기학에 대해 두 권으로 된 쉽지 않은 책을 출판했는데, 이 책은 물리적 실체에 대한 그동안의 정통적 인식을 바꿔놓았다. 뉴턴의 『프린키피아』에 나오는 운동방정식이 고전역학에 했던 역할을, 이 책에 나오는 맥스웰 방정식이 전자기학에 했다. 이 책이 단지 전체 전자기 이론을 조사하고 대표하는 수학적 도구를 제공했을 뿐이라고 생각하면 잘못이다. 이 책은 이론 물리학과 실험 물리학의 골격 자체를 바꾸어놓았다. 그런 과정이 19세기 내내 계속되었지만, 접촉하지 않고 떨어진 물체들 사이의 작용에 의한 물리를 마침내 공간의 장(場)에 의한 물리로 바꾸어놓은 것이 바로 이 책이다."

이 책에 대한 윌리엄스의 이러한 평가는 맥스웰 탄생 100주기를 맞은 1931년 아인슈타인이 맥스웰의 업적을 회고하면서 한 다음과 같은 말과도 맥이 닿는다. "맥스웰 전에 사람들은 전미분 방정식에 의해 운동이 결정되는 질점(質點)이 자연에서 일어나는 사건을 대표하는 물리적 실체라고 생각했고, 맥스웰 후에 사람들은 편미분 방정식을 만족하는 장(場)이 자연에서 일어나는 사건을 대표하는 물리적 실체라고 생각했다. 실체의 개념에 대한 이러한 변화는 뉴턴 이래 물리에서 나타난 가장 큰 그리고 가장 유익한 변화이다."

그래서 유명한 미국의 물리학자 리처드 파인먼이 말한 맥스웰에 대한 다음과 같은 찬사는 적절해 보인다. "인류의 역사를 멀리서 본다면, 예를 들어 지금으로부터 한 만 년 후에 본다면, 맥스웰의 전자기학 법칙 발견이 19세기에 일어난 가장 중요한 사건일 것임은 조금도 의심할 수 없을 것이다. 이것과 비교하면 같은 세기에 일어난 미국 남북전쟁은 단지 지역적으로 일어난 하찮은 사건에 지나지 않을 것이다."

이 책은 이처럼 뉴턴의 『프린키피아』와 함께 고전물리학의 기초를 세우는 데 쌍벽을 이루고 있다. 그뿐 아니라 이 책은 오늘날 전자기학 교과서에서는 절대로 찾아볼 수 없는, 전자기학이 현재 모습을 갖추기까지 새로운 개념이 형성되는 과정과 그런 개념들을 정의하는 데 수학이 어떻게 이용되는지가 생생하게 기록되어 있다. 그러므로 이 책의 한글 번역본이 단지 전자기학 이론서로서뿐 아니라 인간이 자연현상의 기본법칙을 탐구하는 과정을 직접 체험하는 데도 크게 기여해 줄 것을 기대한다.

표면을 문지르면 다른 물체를 끌어당기는 물체도 있다는 사실을 고대 이집트인과 고대 그리스인은 이미 알고 있었다. 오늘날에는 이 끌어당기는 현상과 관련된다고 밝혀진 매우 다양한 여러 현상들이 관찰된다. 이런 현상을 전기 현상이라는 이름으로 분류하는데, 전기 현상(Electric phenomena)에서 전기를 뜻하는 Electric은 그런 현상을 최초로 보인 보석인 호박(amber)의 고대 그리스어 ἤλεκτρον(엘렉트론)에서 유래되었다.

자철광이나 특별하게 처리한 쇳조각같이 접촉하지 않더라도 서로 반응하는 현상 역시 오래전부터 알려져 있었다. 이것과 관계된 현상은 전기 현상과는 다르다는 것이 밝혀졌고 자기 현상(Magnetic phenomena)이라는 이름으로 분류하는데, 자기를 뜻하는 Magnetic은 그리스의 테살리아주에서 발견된 자철광의 그리스어인 μάγνης(마그네스)에서 유래되었다.

전기 현상과 자기 현상은 서로 연관되어 있음이 결국 밝혀졌고, 이 두 가지에 속한 각종 현상 사이의 관계가 전자기(electromagnetism)라는 분야를 구성한다.

이 책에서 나는 전자기 현상에서 가장 중요한 점이 무엇인지 설명하고, 전자기 현상을 어떻게 측정할 수 있는지 보이고, 측정된 양들은 수학적으로 어떻게 연결되는지 규명하려고 한다. 전자기를 설명하는 기존 수학 이론을 살펴보고, 그 이론을 관찰된 현상에 어떻게 적용하는지 보인 다음에, 그런 이론의 수학적 형태와 기초 동역학의 형태 사이의 관계를 가능한 한 분명하게 밝혀서, 그중에 전자기 현상을 설명하거나 전자기 현상의 실체를 드러내는 동역학적 현상이 무엇인지 찾아보려고 한다.

여러 현상을 설명하면서, 나는 해당 이론의 기본 개념을 가장 분명하게 드러내는 현상만 선택하고 다른 것은 생략하거나 독자의 수준이 더 높아질 때까지 유보할 것이다.

수학적 관점에서는 어떤 현상이든지 그 현상이 측정 가능한지가 제일 중요하다. 그래서 나는 주로 전기 현상을 측정의 관점에서 고려하면서 측정 방법을 설명하고 그 방법을 결정하는 표준을 정의할 것이다.

전기 관련 물리량의 계산에 수학을 적용하면서, 나는 우선 주어진 자료에서 성립하는 가장 일반적인 결론을 끌어내고, 그다음에 그 결론에 부합하는 가장 간단한 사례에 적용하려고 시도할 것이다. 나는 단지 수학적 기교만 얻을 뿐 과학의 지식을 키우는 역할을 하지 못하는 질문은 가능한 한 피할 것이다.

우리가 탐구하는 이 과학에 속하는 서로 다른 분야 사이의 내부 관계는 지금까지 개발된 어떤 다른 과학과 비교하더라도 더 다양하고 더 복잡하다. 우리가 탐구하는 과학이 한편으로는 동역학, 그리고 다른 한편으로는 열(熱), 빛, 화학 작용, 그리고 물체의 구성 요소와 갖는 외부 관계를 보면, 자연을 이해하는 데 전기(電氣)에 대한 학문이 특별히 중요함을 알게 된다.

그래서 전자기 연구는 모든 면에서 과학의 발달을 증진하는 수단으로 어떤 다른 분야의 연구보다 중요하다.

자연 현상의 다른 여러 측면에 대한 수학 법칙은 대부분 만족스러울 정도로 알려졌다.

자연 현상의 다른 측면들 사이의 관련성도 역시 조사되었으며, 서로 상대와의 관계에 대한 지식이 더 많아지면서 실험으로 얻는 법칙이 정확하게 성립할 가능성이 크게 높아졌다.

마지막으로, 순수한 동역학적 작용에 의존한다는 가정과 모순되는 전자기 현상은 없음을 보이는 방법으로, 전자기를 동역학적 과학으로 환원하는 데 상당한 진전이 이루어졌다.

그렇지만 지금까지 밝혀진 내용이 전자기 연구의 전부라고는 전혀 말할 수 없다. 오히려 탐구할 주제를 발굴하고 어떻게 조사할지를 제안함으로써 전자기 분야 연구를 시작하는 문을 활짝 열었다.

항해술과 연관되어 수행된 자기(磁氣) 연구의 유익한 결과와 나침반이 가리키는 실제 방향에 대한 지식이나 선박을 만든 철의 효과의 중요성에 대해서는 더 이상 자세히 논의하지 않겠다. 그러나 자기(磁氣)를 관찰하는 방법으로 항해를 더 안전하도록 힘쓴 사람들의 노고에 힘입어 항해술뿐 아니라 순수 과학의 발전도 또한 크게 북돋게 되었다.

독일 자기 협회* 회원인 가우스는 자기 이론과 자기를 관찰하는 방법을 개선하는 데 크게 이바지하였고, 인력 이론에 대한 지식을 더욱 발전시켰을 뿐 아니라, 사용한 도구와 관찰 방법 그리고 결과의 계산에 이르기까지 자기(磁氣) 관련 학문 전반을 재구성하였으며, 지자기(地磁氣)에 대한 가우스의 저서**는 자연에 존재하는 힘을 측정하는 연구자 모두에게 물리 연구

---

* 독일 자기 협회(German Magnetic Union)는 자기(磁氣) 현상에 관심을 가진 과학자들의 모임으로 1801년 게오르크 크리스토프 리히텐베르크(Georg Christoph Lichtenberg)와 요한 빌헬름 리터(Johann Wilhelm Ritter)가 조직하였으며 요한 카를 프리드리히 가우스(Johann Carl Friedrich Gauss)는 1804년에 이 협회에 가입하였다. 괴팅겐 자기 협회(Göttingen Magnetic Union)라고도 부른다.

** 가우스는 1839년 *Allgemeine Theorie des Erdmagnetismus*(General Theory of Terrestrial Magnetism)라는 제목의 유명한 지자기 관련 저서를 출판하였다.

의 본보기가 된다.

전자기는 무선 전신 발전에 중요하게 이바지하였을 뿐 아니라, 정확한 전기적 측정이 상업적으로도 가치가 있으며, 전기 기술자는 다른 어떤 실험실에서보다 훨씬 더 좋은 장비를 사용하게 되었다는 점에서, 순수 과학에도 역시 좋은 영향을 주었다. 전기 지식을 더 알겠다는 욕구가 생기고 전기 지식을 얻는 데 필요한 실험 기회가 많아짐에 따라 얻은 결과도 대단히 풍성하여서, 고급 기술자들의 에너지는 고무되었고 해당 분야에 종사하는 사람 사이에 기술직 전체의 과학적 발전을 견인할 지식수준이 전반적으로 더 높아졌다.

전기 현상과 자기 현상을 쉽게 풀어쓴 단행본이 이미 여러 권 출판되었다. 그렇지만 이 책들이 강의실에서 시범으로 진행하는 실험에서는 만족스럽지 못하고 측정할 양들과 직접 씨름하는 사람이 원하는 책도 역시 아니다.

또한 전기학에 대해 매우 중요한 수학 논문들이 이미 상당히 많이 나와 있지만, 그 논문들은 학술 단체에서 발행한 두꺼운 논문집에 감춰져 있어서 서로 연결된 시스템을 형성하지 못하며, 논문마다 수준이 천차만별이고, 그런 논문들의 내용은 대부분 수학을 전공한 학자가 아니면 이해할 수 없다.

그래서 나는 이 전체 주제를 체계적으로 다루는 책, 그리고 어떻게 하면 주제에 속한 각 부분을 실제 측정을 이용하여 확인할 수 있는 영역으로 가져올 수 있는지 설명하는 책이 있으면 좋겠다고 생각하게 되었다.

이 책 내용의 일반적인 느낌을 독일에서 출판된 전기 관련 몇몇 탁월한 책들의 느낌과 비교하면 상당히 다르며, 또한 이 책은 몇몇 전기학자와 수학자의 생각을 제대로 반영하지 못한 것으로 보일 수 있다. 그렇게 된 이유 중 하나는 전기(電氣)를 공부하기 전에 패러데이가 쓴 *Experimental Researches on Electricity*를 모두 읽기 전까지는 이 주제에 대한 수학은 참고하지 않기로 결심했기 때문이다. 나는 현상을 인식하는 패러데이의 방법과 수학자의 방법 사이에 차이가 있다고 생각하고, 그래서 패러데이와 수학자 모두 상대방의 언어를 만족하지 못하는 것을 알고 있다. 나는 또한 이러한 차이가 둘 중 어느 한쪽이 틀렸기 때문은 아니라고 믿는다. 나는 윌리엄 톰슨 경[1] 덕분에 그런 점에 대해 처음 인식하였고, 그의 조언과 도움 그리고 그의 논문을 통해 이 주제와 관계된 대부분을 알았다.

나는 패러데이가 연구한 내용을 공부하면서 비록 통상적인 수학 기호로 표시하지는 않았어도 그가 현상을 이해한 방법 역시 수학적임을 알았다. 또한 나는 그의 방법 역시 보통 이용하는 수학적 형태로도 표현할 수 있으며, 그래서 스스로 수학자라고 내세우는 사람들의 방법과 비교할 수도 있음을 발견하였다.

예를 들어, 수학자가 접촉하지 않은 물체를 잡아당기는 힘의 중심이 놓이는 곳이라고 본 공간에서 패러데이는 마음의 눈으로 그 공간을 가득 채운 힘 선들을 보았다. 수학자는 거리를 제외하고 아무것도 보지 못한 곳에서 패러데이는 매질을 보았다. 패러데이는 매질에서 실제로 작용하는 현상을 어떻게 설명할지 찾기 위해 노력하였고, 수학자는 원격 작용의 능력으로 전기(電氣) 유체가 영향을 받는다고 말하는 것으로 만족하였다.

나는 패러데이의 생각이라고 짐작한 것을 수학적 형태로 옮기면 수학자 방법의 결과와 패러데이 방법의 결과가 대체로 일치함을 발견했으며, 그래서 두 방법으로 같은 현상을 설명하고 작용에 대한 같은 법칙을 얻었다. 그러나 패러데이 방법은 전체에서 시작해서 분석을 통해 각 부분에 도달한다면, 수학적 방법은 각 부분에서 시작한 원리에 근거해서 종합을 통해서 전체를 수립한다.

나는 또한 수학자가 이룩한 가장 성과가 좋은 연구 방법 중 몇 개는 패러데이가 발상한 용어를 이용하면 원래 형태보다 훨씬 더 잘 표현될 수 있음을 발견하였다.

예를 들어서, 특정한 편미분 방정식을 만족하는 양인 퍼텐셜에 대한 이론은 실질적으로 내가 패러데이 방법이라고 부른 방법에 속한다. 이 퍼텐셜을 반드시 고려하지는 않는 다른 방법에 따르면 퍼텐셜은 대전된 입자들의 모임을 어떤 한 점에서 각 입자까지 거리로 나눈 결과라고 간주한다. 그래서 라플라스와 푸아송 그리고 가우스가 발견한 수학적 내용 중 많은 부분이 이 책에 나오는데, 대부분 패러데이가 처음 발상한 개념으로 적절히 표현해 놓았다.

주로 독일에서 먼 거리 작용 이론을 주장한 학자들이 전기학을 크게 발전시켰다. W. 베버는 자신이 수행한 귀중한 전기 관련 측정을 먼 거리 작용 이론으로 해석하였으며, 가우스가 최초로 제안하고 베버, 리만, J. 노이만, C. 노이만, 로렌츠 등이 발전시킨 전자기 관련 가설은, 입자 사이의 상대 속도에 직접 의존하거나 한 입자에서 다른 입자로 퍼텐셜 또는 힘 같은 무엇이 점차로 전파하는 먼 거리 작용 이론에 근거를 두었다. 이런 탁월한 학자들이 전기 현상에 수학을 적용하여 엄청난 성공을 거둠으로써, 그들의 이론적 추정은 당연히 더욱 신뢰받았고, 그 학자들이 수학적 전기 분야에서 독보적 권위를 갖는다고 믿는 전기 분야 연구자는 그 학자들의 수학적 방법뿐 아니라 물리적 추론까지도 흡수하였다.

그렇지만 그런 물리적 추론은 내가 채택한 사물을 바라보는 방법과는 전혀 다르다. 그래서 내가 마음에 둔 목표 중 하나는 전기를 공부하는 사람 중 일부라도 다음과 같은 사실을 알게 하는 것이다. 즉 전기라는 주제를 다루는 또 다른 방법도 있으며, 비록 어떤 부분에서는 덜 분명해 보일지라고, 확실하게 설명할 수 있는 것과 그렇게 할 수 없는 것 모두에서, 그 다른 방법이 전기 현상을 설명하는 데 조금도 더 부족하지 않고 우리의 실제 지식과 더 충실하게 부합한다는 것이다.

게다가 두 방법이 모두 주요 전자기 현상을 성공적으로 설명하였고, 빛의 전파를 전자기적 현상으로 설명하려고 시도했으며, 실제로 빛의 속도를 계산했지만, 그러나 동시에 두 방법에서 무슨 일이 실제로 벌어지는지에 대해 취하는 기본 개념이 다를 뿐 아니라 관계된 물리량들에 대한 부수 개념 대부분도 역시 근본적으로 다르므로, 두 방법을 비교하는 것은 철학적 관점에서도 대단히 중요하다.

그래서 나는 판단자 역할보다는 옹호자 역할을 택하였고 두 방법을 공평하게 설명하려고 시도하기보다는 한 방법을 예증하는 데 힘썼다. 내가 독일 방법이라고 부른 방법을 지지하는 사람도 분명히 많을 것이고, 그래서 다른 곳에서 그 방법의 독창성에 걸맞은 기량으로 설명될 것이다.

나는 이 책에서 전기와 관련된 모든 현상과 모든 실험 그리고 모든 장치에 대하여 설명하려고 시도하지는 않았다. 이 주제에 대해 알려진 것을 모두 다 공부하려는 독자는 아우구스테 아서 드 라 리브* 교수가 쓴 *Traité d'Electricité*와 비데만**의 *Galvanismus*, 리스***의 *Reibungselektrichität*, 비어****의 *Einleitung in die Elektrostatik* 등과 같은 몇 가지 독일판 저서들로부터 많은 도움을 받을 수 있다.

이 책에서 나는 이 주제를 순전히 수학적으로 어떻게 다룰지만으로 논의를 국한하였으나, 독자는 가능하다면 관찰할 현상이 무엇인지 먼저 공부하고, 그다음에 패러데이의 *Experimental Researches in Electricity*를 철저하게 읽으라고 추천한다. 독자는 그 책에서, 결과를 처음부터 알고 있는 사람이

---

* 아우구스테 아서 드 라 리브(Auguste Arthur de la Rive, 1801-1873)는 스위스 물리학자로 전자기 분야에서 큰 업적을 냈으며 *Traité d'Electricité(A treatise on electricity)*라는 저서로 유명하다.

** 게오르크 비데만(Georg Wiedemann, 1770-1840)은 독일의 의사, 물리학자로 전기가 생물체에 미치는 영향에 대한 연구에 이바지했으며 *Galvanismus oder die Lehre von den Bewegungen im elektrischen Zustande des lebendigen Nerven- und Muskel-Fasersystems*(Galvanism or the Doctrine of Movements in the Electric State of the Living Nerve and Muscle Fiber System)라는 제목의 책을 저술하였다.

*** 리스(Johann philip Ries, 1834-1874)는 독일 물리학자로 라이스 전화기를 개발한 것으로 유명하며 전기에 흥미를 느끼고 1859년에 *Reibungselektricität*(Frictional Electricity)라는 제목의 책을 출판하였다.

**** 비어(August Beer, 1825-1863)는 독일 물리학자로 분광학과 전기 분야에 공헌했으며 1853년에 *Einleitung in die Elektrostatic*(Introduction to Electrostatics)이라는 제목의 책을 출판하였다.

했을 법한 순서를 따라 순차적으로 수행되었으며 과학적 활동과 그 결과를 정확하게 표현하는 방법에 대해 숙고한 사람[2]의 언어로 기술된, 전기 현상에서 나올 수 있는 가장 위대한 발견과 연구 중 몇 가지에 대하여 역사적으로 중요한 최신 설명을 만난다.

과학은 언제나 처음 알게 된 때 가장 잘 설명되므로, 어떤 주제에 대해서든지 시작 단계에서부터 원래 창안자들의 논문을 읽는 독자는 매우 유리하며, 패러데이의 논문집인 *Researches*의 경우에는 수록된 논문들이 분리된 형태로 출판되어서 발표 시기별로 이어서 읽을 수가 있다. 혹시라도 이 책의 독자 중 누군가가, 내가 이 책에 쓴 내용 중 일부를 보고 패러데이가 사고하고 표현한 방식을 더 잘 이해했다고 생각한다면, 나는 내가 설정한 중요 목표 중 하나인, 내가 패러데이의 *Researches*를 읽으면서 얻은 큰 기쁨을 다른 사람도 똑같이 느끼게 만들고 싶다는 목표를 달성했다고 여기겠다.

이 책은 1부 정전기학, 2부 전기운동학, 3부 자기학, 4부 전자기학으로 이루어져 있는데, 현상을 묘사하는 것과 각 주제에 대한 이론의 기초 부분은 각 부의 처음 몇 장에서 설명한다. 독자는 입문 내용을 다루는 이런 장에서 전체 과학의 초보적 지식을 얻을 수 있다.

각 부의 나머지 장들은 이론에서 좀 더 높은 수준의 부분을 차지하거나, 숫자를 이용한 계산, 그리고 실험 연구에 필요한 도구나 방법을 다룬다.

전자기 현상과 복사 현상 사이의 관계와, 분자 전류 이론, 그리고 접촉하지 않고 발생하는 작용의 성질에 대해 추론한 결과는 제2권의 마지막 네 장에서 다룬다.

1873년 2월 1일

내가 *Electricity and Magnetism*의 개정판 교정지를 검토해 달라는 요구를 받았을 때, 인쇄 작업은 이미 9장까지 진척되었고, 저자 자신이 그보다 더 많은 부분의 개정 작업을 이미 마쳤다.

초판의 독자라면, 이 개정판이 초판과 비교하여 그 내용과 주제를 취급하는 방법 모두에서 맥스웰 교수가 얼마나 철저한 변화를 추구했는지 알 것이며, 그의 갑작스러운 죽음으로 이 개정판이 얼마나 큰 타격을 입게 되었는지 짐작할 수 있다. 처음 아홉 장은 어떤 경우에 완전히 다시 썼으며, 많은 새로운 내용이 많이 추가되었고, 이전 내용을 재배치하고 이해하기 쉽게 다듬었다.

9장 다음부터는 개정판이라기보다는 약간 수정한 재판(再版)에 가깝다. 내가 유일하게 재량권을 행사한 것으로는, 독자의 이해에 도움이 된다고 생각되는 여기저기에 수학적 추리에 필요한 단계를 추가하고, 나와 내 강의를 수강한 학생들이 더 자세한 설명이 필요하다고 느낀 주제의 몇 부분에 대해 주석을 붙인 것뿐이다. 그 주석들은 꺾쇠괄호 안에 넣었다.

맥스웰 교수가 기술 방법을 많이 고치려고 했던 주제는 내가 알기로 두 부분이며, 그것은 회로망에서 전기 전도와 도선으로 만든 코일에서 유도 계수 결정에 대한 수학적 이론이다. 이 두 주제 모두에 대해 단지 제2권의 1069~1072쪽에 나온 표의 숫자를 제외하고는 초판에 나온 내용 중 어떤 것도 내 능력으로 맥스웰 교수의 원고를 수정할 수는 없다. 이 표는 도선으로 만든 원형 코일의 유도 계수를 구하기에 매우 유용하다.

대단히 독창적이고 새로운 결과에 대해 엄청나게 많은 세세하고 구체적인 내용을 담고 있는 책의 초판에서 조금의 착오도 포함되지 않을 수는 없다. 나는 이 개정판에서는 그러한 착오의 대부분이 수정되었다고 믿는다. 나의 이런 희망에 더 많은 자신을 갖게 된 것은 이 책의 내용에 익숙한 여러 친구의 조력을 받았기 때문인데, 그중에서도 특별히 내 형님인 찰스 니븐 (Charles Niven) 교수와 케임브리지의 트리니티 칼리지 동료인 톰슨(J. J. Thomson) 씨 덕택이다.

윌리엄 니븐
트리니티 칼리지, 케임브리지
1881년 10월 1일

차례

1부 정전기학

1장 현상에 대하여

3장 도체 모임에서 전기적 일과 에너지

4장 일반 정리

12장 2차원에서 켤레 함수 이론

13장 정전기 도구

2부 전기운동학

1장 전류

7장 3차원 전도(傳導)

8장 3차원에서 저항과 전도도

9장 다종(多種) 매질을 통한 전도

10장 유전체에서 전도

11장 전기저항 측정

12장 물질의 전기저항에 대하여

물리량의 측정

1. 물리량은 항상 두 인자 또는 성분으로 표현한다. 그 둘 중 하나는 표현하려는 물리량과 같은 종류 중에서 인용할 때 표준으로 삼는 알려진 특정한 물리량의 이름이다. 그리고 다른 하나는 원하는 양을 채우기 위해 표준이 되는 양을 연달아 취하는 수(數)이다. 그 표준이 되는 물리량을 엄밀하게는 단위라고 부르고, 그 수를 해당 단위의 숫자 값이라고 한다.

서로 다른 물리량이 몇 가지가 있건, 그만한 가짓수의 단위가 있어야 하지만, 모든 동역학 분야에서 그런 단위들을 길이와 시간 그리고 질량이라는 단 세 가지 기본 단위로 정의하는 것이 가능하다. 예를 들어, 넓이의 단위는 길이 단위의 제곱으로, 부피의 단위는 길이 단위의 세제곱으로 정의한다.

그렇지만 때로는 서로 무관한 사정에 기반을 둔 똑같은 종류의 여러 단위가 있음을 알게 된다. 예를 들어, 물 10파운드의 부피를 말하는 갤런은 세제곱피트와 마찬가지로 용량의 단위로 사용된다. 어떤 경우에는 갤런이 편리한 척도이지만, 세제곱피트와 자연수로 딱 떨어지는 관계가 아니기 때문에 체계적이지는 못하다.

2. 수학적 시스템의 골격을 세우는 데, 우리는 길이와 시간 그리고 질량의 세 기본 단위가 주어져 있다고 가정하고, 구할 수 있는 가장 간단한 정의로부터 모든 유도 단위를 끌어낸다.

우리가 얻은 공식은 어떤 국가에 속한 사람이든지 서로 다른 기호에 대해 그 국가의 단위로 측정한 물리량의 숫자 값을 대입하더라도 반드시 제대로 된 정확한 결과에 도달해야 한다.

이런 이유로, 모든 과학적 연구에서는 적절하게 정의된 시스템에 속한 단위들을 채택하고, 그 단위들과 기본 단위 사이의 관계를 알아서, 한 시스템에 속한 단위에 의한 결과를 즉시 다른 시스템에 속한 단위에 의한 결과로 변환시킬 수 있게 하는 것이 무엇보다 중요하다.

그렇게 하는 데 가장 편리한 방법은 모든 단위를 세 가지 기본 단위로 표현한 **차원**으로 나타내는 것이다. 어떤 단위가 세 기본 단위 중 어느 하나의 n번째 멱수로 변하면, 그 단위는 해당 기본 단위의 n**차원**이라고 말한다.

예를 들어, 부피 단위는 항상 길이 단위의 세제곱이다. 만일 길이 단위가 변하면, 부피 단위는 길이 단위의 세제곱으로 변하며, 이때 부피 단위는 길이 단위에서 3차원이라고 말한다.

단위의 차원에 대해 알면 복잡한 조사의 결과로 얻는 식이 올바른지 간단히 확인하는 편리한 방법을 갖게 된다. 그렇게 복잡한 식의 각 항의 기본 단위 하나하나에 대한 차원은 반드시 같아야 한다. 만일 그렇지 않다면 그 식은 의미가 통하지 않으며 어디선가 반드시 틀린 것이 분명하다. 왜냐하면 어떤 시스템의 단위를 사용하느냐에 따라 그 식에 대한 해석이 달라질 것이기 때문이다.[1]

세 기본 단위

3. (1) 길이

우리나라*에서 과학적 목적으로 사용되는 길이의 표준 단위는 피트인데, 피트는 법으로 정한 길이의 표준 단위인 야드의 3분의 1이다.

프랑스 그리고 미터법을 채택하는 다른 나라들에서는 길이의 표준 단위가 미터이다. 미터는 이론적으로 북극에서 적도까지 측정한 지구의 자오선(子午線) 길이의 1,000만 분의 1이다. 그러나 실질적으로는 보르다**가 제작하여 파리에 보관된 미터원기의 길이인데, 이 미터원기는 물과 얼음이 공존하는 온도에서 드람브르***가 측정한 자오선 길이의 1,000만 분의 1과 길이가 같게 만든 것이다. 그 뒤 새로운 방법으로 더 정확하게 자오선의 길이를 측정하더라도 미터원기의 길이를 바꾸지 않고, 오히려 새로 측정한 자오선의 길이를 원래 미터원기의 길이로 표현한다.

천문학에서는 가끔 태양에서 지구까지 평균 거리를 길이의 단위로 채택한다.

과학의 현재 상태에서 우리가 취할 수 있는 가장 보편적인 길이의 표준은 나트륨처럼 굴절률이 높고 명확한 선스펙트럼을 갖는 물질에서 나오는 특정한 종류의 빛의 진공에서 파장이다. 그렇게 정한 길이 표준은 지구의 크기가 변하더라도 영향을 받지 않을 것이므로, 자신의 저술물이 지구보다 더 오래갈 것으로 기대하는 사람은 그런 길이 표준을 채택해야 한다.

단위의 차원을 취급할 때, 길이의 단위를 $[L]$이라고 부르자. 길이의 숫자

---

* 이 책에서 우리나라는 영국이다.
** 보르다(Jean Charles de Borda, 1733-1799)는 프랑스의 물리학자로, 유체역학을 연구하고 프랑스 혁명 이후 미터법 제정에 기여하였고, 미터법의 기준이 된 자오선의 길이를 측정하였다.
*** 드람브르(Jean Baptiste Joseph Delambre, 1749-1822)는 프랑스의 천문학자로, 미터법을 확립하기 위하여 북극에서 적도까지 자오선 길이 측정 사업을 지휘하였다.

값이 l이면, 그것은 구체적 단위인 $[L]$로 표현한 것으로 이해하며, 그래서 $l[L]$이라고 쓰면 실제 길이를 완벽하게 표현한 것이다.

4. (2) 시간

모든 문명국가에서 시간의 표준 단위는 지구가 자전하는 시간을 이용하여 정한다. 지구의 실제 자전 주기인 항성일(恒星日)은 천문학자들의 일상적인 관찰로부터 매우 정확하게 알아낼 수 있다. 그리고 평균 태양일은 1년의 길이에 대한 우리 지식을 이용하여 항성일로부터 정할 수 있다.

물리의 모든 분야의 연구에서 채택하는 시간의 단위는 평균 태양일에서 정한 1초이다.

천문학에서는 가끔 시간의 단위로 1년을 사용하기도 한다. 시간에 대한 좀 더 보편적인 단위는 파장이 길이 단위인 빛이 진동하는 주기를 이용하는 것이다.

구체적인 시간 단위를 $[T]$라고 부르고, 시간에 대해 측정한 숫자를 t라고 하자.

5. (3) 질량

우리나라에서 질량의 표준 단위는 법으로 정한 상형(常衡) 파운드이다. 단위로 자주 사용되는 그레인은 이 파운드의 7,000분의 1로 정의된다.

미터법에서 질량의 단위는 그램인데, 그램이 이론적으로는 표준 온도와 압력에서 증류된 물 1세제곱센티미터의 질량이지만, 실질적으로 그램은 파리에 보관된 표준 킬로그램원기의 1,000분의 1이다.

물체의 질량을 비교하는 데 길이를 측정하는 것보다 무게를 다는 것이 훨씬 더 정확하므로, 모든 질량은 가능하다면 물에 대한 실험으로 비교하기보다는 원기와 직접 비교해야 한다.

기술(記述) 천문학에서는 가끔 태양 질량 또는 지구 질량을 단위로 취하지만, 천문학의 동역학 이론에서는 질량 단위를 보편적 중력이라는 사실과 결합한 시간 단위와 길이 단위로부터 정한다. 질량의 천문학 단위는 단위길이에 놓인 물체가 단위 가속도가 붙도록 그 물체를 잡아당기는 질량과 같다.

보편적인 단위계를 설계하려면, 이런 방법으로 앞에서 정의한 길이의 단위와 시간의 단위로부터 질량의 단위를 정할 수도 있는데, 과학의 현재 상태에서 우리는 이것을 근사적으로 구할 수 있다. 그러나 우리는 곧 표준물질의 분자 하나의 질량을 구할 수 있을 것으로 예상되는데,[2] 그때까지 질량의 보편적인 표준을 정하지 않고 기다릴 수도 있다.

다른 단위들의 차원을 다룰 때, 질량의 구체적 단위를 기호 $[M]$으로 표시하기로 하자. 질량의 단위는 세 기본 단위 중 하나로 취급될 것이다. 프랑스 단위계에서처럼, 특정한 물질인 물을 밀도의 표준으로 정하면, 질량의 단위는 더는 독립적이지 않고 부피의 단위처럼, 즉 $[L^3]$처럼 변한다.

천문학 단위계에서처럼, 질량 단위가 질량 사이의 인력에 의해 정의되면, $[M]$의 차원은 $[L^3 T^{-2}]$이다.

왜냐하면 거리가 r인 곳에 있는 질량 m에 의한 가속도는, 뉴턴의 법칙에 따라, $\frac{m}{r^2}$이기 때문이다. 원래는 정지해 있는 물체에 이 인력이 아주 짧은 시간 t 동안 작용해서 그 물체가 s만큼 이동하게 만든다고 가정하면, 갈릴레오의 공식에 따라

$$s = \frac{1}{2} f t^2 = \frac{1}{2} \frac{m}{r^2} t^2;$$

이 되는데, 그러므로 $m = 2 \frac{r^2 s}{t^2}$이다. 여기서 r와 s는 모두 길이이고 t는 시간이므로, 만일 m의 차원이 $[L^3 T^{-2}]$가 아니라면 이 식은 성립할 수 없다. 천문학에 나오는 어떤 식을 이용하더라도, 그 식의 일부 항에만 물체의 질량이 포함되고 다른 항에는 포함되어 있지 않다면, 똑같은 결과가 성립함을 보일 수 있다.[3]

유도 단위

6. 속도의 단위는 시간의 단위 동안 길이의 단위를 이동한 속도이다. 속도 단위의 차원은 $[LT^{-1}]$이다.

만일 빛의 진동으로부터 유도된 길이의 단위와 시간의 단위를 채택한다면, 속도의 단위는 빛의 속도이다.

가속도의 단위는 시간의 단위 동안 속도가 단위만큼 증가한 가속도이다. 가속도 단위의 차원은 $[LT^{-2}]$이다.

밀도의 단위는 부피의 단위에 질량의 단위를 포함한 물질의 밀도이다. 밀도 단위의 차원은 $[ML^{-3}]$이다.

운동량의 단위는 속도 단위로 움직이는 질량 단위의 운동량이다. 운동량 단위의 차원은 $[MLT^{-1}]$이다.

힘의 단위는 시간 단위 동안 운동량 단위를 만들어내는 힘이다. 힘 단위의 차원은 $[MLT^{-2}]$이다.

이것은 힘의 절대 단위이며, 힘 단위의 이런 정의는 동역학의 모든 식에 내재해 있다. 그러나 이런 식을 다루는 많은 책에서 힘의 단위로 질량의 국가 단위의 무게라는 다른 단위를 채택한다. 그리고 식을 성립시키기 위하여 질량의 국가 단위 자체를 포기하고, 동역학적 단위인 임의의 단위를 채택하는데, 그 단위는 국가 단위를 해당 장소에서 중력 세기의 숫자 값으로 나눈 것과 같다. 이런 방법으로 힘의 단위와 질량의 단위가 모두 중력 세기의 값에 의존하게 되는데, 중력의 세기는 위치에 따라 바뀌어서 그러한 양들을 포함하는 진술은 그 진술이 성립한다고 증명된 장소에서 중력의 세기를 알지 못하면 완전하지 않다.

가우스*가 중력의 세기가 각기 다른 국가에서 자기력(磁氣力)을 관찰하

---

* 가우스(Carl Friedrich Gauss, 1777-1855)는 독일의 수학자이자 물리학자로, 수학과 과학의 수

는 데 일반적인 시스템을 도입한 뒤로 모든 과학적 목적에서 힘을 측정하는 위와 같은 방법은 폐지되었다. 이제 그런 힘들은 모두 우리 정의로 규정한 엄격하게 동역학적인 방법에 따라 측정되며, 그 숫자 값은 실험이 수행된 국가와는 전혀 관계없이 모두 똑같다.

일의 단위는 힘의 단위가 그 힘 자신의 방향으로 길이의 단위만큼 작용하면서 한 일이다. 일의 단위의 차원은 $[ML^2T^{-2}]$이다.

어떤 계의 에너지는, 그 계가 일을 할 수 있는 능력인데, 계가 그 계의 전체 에너지를 소비하면서 할 수 있는 일에 의해 측정된다.

다른 물리량들에 대한 정의와 그 물리량과 관계된 단위에 대한 정의는 필요할 때마다 제공될 것이다.

한 단위로 정한 물리량의 값을 변환해서 같은 종류의 어떤 다른 단위로 표현하려면, 그 물리량에 대한 모든 표현은 단위와 그리고 그 단위를 몇 번이나 반복하는지를 나타내는 숫자 부분의 두 인자로 구성됨을 기억하기만 하면 된다. 그래서 그 표현의 숫자 부분은 단위의 크기에 반비례한다. 다시 말하면 유도된 단위의 차원에 의해 알 수 있는 기본 단위들의 다양한 멱수에 반비례한다.

물리적 연속성과 불연속성에 대하여

7. 어떤 물리량이 한 값에서 다른 값으로 변하면서 둘 사이의 모든 값을 가지면, 그 물리량은 연속적으로 변한다고 말한다.

시간과 공간에서 연속적으로 존재하는 물질 입자를 고려하면 연속성에 대한 개념을 얻을 수 있다. 그런 입자는 공간에서 연속적인 선을 그리지 않고 한 위치에서 다른 위치로 지나갈 수 없으며, 그래서 그 입자의 좌표들은

많은 분야에 크게 기여했으며 '역사 이래 최고의 수학자'라고 불린다.

시간에 대해 연속적인 함수여야 한다.

유체역학 교과서에 나오는 것과 같은 소위 '연속 방정식'은 어떤 부피 요소의 표면을 통하여 물질이 들어오거나 나가지 않으면, 그 부피 요소의 내부에서 물질이 증가하거나 감소할 수 없다는 사실을 표현한다.

물리량이 어떤 변수들에 연속함수라고 말하려면 그 변수들이 연속적으로 변할 때 물리량 자체도 연속적으로 변해야 한다.

그래서 u가 x의 함수일 때, x가 x_0에서 x_1까지 연속으로 변하는 동안 u도 u_0에서 u_1까지 연속으로 변하지만, x가 x_1에서 x_2까지 변하는 동안 u는 u_1'에서 u_2까지 변하는데 u_1'는 u_1가 다르다면, x는 x_1을 연속으로 통과하지만 u는 u_1에서 u_1'로 갑자기 변하기 때문에, u는 x 값이 $x = x_1$에서 불연속성을 갖는다고 말한다.

x_2와 x_0가 모두 x_1에 끝없이 가까워질 때 다음 비

$$\frac{u_2 - u_0}{x_2 - x_0}$$

의 극한값이 $x = x_1$에서 u의 x에 대한 미분 계수라면, x_1이 항상 x_0와 x_2의 중간 값을 갖는다는 조건 아래, 분자의 궁극적인 값은 $u_1' - u_1$이고 분모의 궁극적인 값은 0이 된다. 만일 u가 물리적으로 연속적인 물리량이면, 오직 특정한 변수 x에 대해서만 불연속성이 존재할 수 있다. 그럴 때 $x = x_1$에서 그 물리량의 미분 계수는 무한대가 된다. 만일 u가 물리적으로 연속적이지 않다면, 그 물리량은 아예 미분할 수 없다.

물리 질문에서 그 질문에 해당하는 조건을 눈에 띌 정도로 바꾸지 않고도 불연속성이라는 생각을 제거하는 것이 가능하다. 만일 x_0는 x_1보다 조금만 더 작고, x_2는 x_1보다 조금만 더 크다면, u_0는 u_1과 아주 거의 같고 u_2는 u_1'와 아주 거의 같을 것이다. 이제 u는 두 경곗값 x_0와 x_2 사이에서 u_0에서 u_2까지 임의의 방법으로 연속적으로 변한다고 가정해도 좋다. 많은 물리 질문에서 이런 종류의 가설을 세우고 시작해서 x_0와 x_2의 값을 x_1의 값

에 접근시켜서 궁극적으로 그 값에 도달했을 때 결과를 조사할 수 있다. 두 경곗값 사이에서 u가 어떤 방법으로 변하는지에 관계없이 결과가 같다면, u가 불연속적일 때에도 그 결과는 참이라고 가정해도 좋다.

변수가 하나보다 더 많은 함수의 불연속성

8. x를 제외한 모든 변수의 값이 일정하다면, 함수의 불연속성은 x의 특정한 값에서 발생하며, 그 값들은

$$\phi = \phi(x, y, z, \text{등등}) = 0$$

이라고 쓸 수 있는 식에 의해서 다른 변수들의 값과 연관된다. ϕ가 0보다 더 크면, 그 함수는 $F_2(x, y, z, \text{등등})$인 형태를 보인다. ϕ가 0보다 더 작으면, 그 함수는 $F_1(x, y, z, \text{등등})$인 형태를 보인다. 두 형태 F_1과 F_2 사이에 어떤 관계가 존재해야 하는 것은 아니다.

이런 불연속성을 수학적 형태로 표현하기 위하여, 변수 중의 하나인 x를 ϕ와 다른 변수들의 함수로 표현하고, F_1과 F_2를 ϕ, y, z 등등의 함수로 표현하자. 이제 그 함수의 일반적인 형태를 ϕ가 0보다 더 클 때는 F_2와 어느 정도 같은 어떤 공식으로든 표현해도 좋고, ϕ가 0보다 더 작을 때는 F_1과 어느 정도 같은 어떤 공식으로든 표현해도 좋다. 그런 공식으로

$$F = \frac{F_1 + e^{n\phi}F_2}{1 + e^{n\phi}}$$

를 들 수 있다.

n이 얼마나 크든지 유한하기만 하면 F는 연속함수지만, n을 무한대로 만들면 F는 ϕ가 0보다 더 크면 F_2와 같아지고, ϕ가 0보다 더 작으면 F_1과 같아진다.

연속함수의 도함수의 불연속성

연속함수의 1차 도함수가 불연속일 수 있다. 도함수의 불연속성이 발생하는 변수들의 값들을 다음 식

$$\phi = \phi(x, y, z \cdots) = 0$$

에 따라 연결하고, F_1과 F_2를 ϕ 그리고 $(y, z \cdots)$과 같은 $n-1$개의 다른 변수들로 표현하자.

그러면 ϕ가 0보다 더 작을 때는 F_1을 취하고, ϕ가 0보다 더 클 때는 F_2를 취하며, ϕ가 0일 때는 F 자체는 연속이기 때문에 $F_1 = F_2$가 된다.

그러므로 ϕ가 0일 때는 두 도함수 $\dfrac{dF_1}{d\phi}$와 $\dfrac{dF_2}{d\phi}$는 다를 수 있지만, $\dfrac{dF_1}{dy}$와 $\dfrac{dF_2}{dy}$과 같은 다른 변수들의 어떤 것에 대한 두 도함수도 다르지 않아야 한다. 그러므로 불연속성은 ϕ에 대한 도함수로만 제한되고, 다른 모든 도함수들은 연속이다.

주기 함수와 다중 함수

9. x의 함수인 u의 값이 x, $x+a$, $x+na$, 그리고 a만큼 차이가 나는 모든 x 값에서 같으면 u를 x의 주기 함수라고 부르며 a를 u의 주기라고 부른다.

x를 u의 함수라고 생각하면, 한 가지 u 값에 대해 a의 배수만큼씩 차이가 나는 일련의 무한히 많은 x 값이 존재한다. 이런 경우에 x를 u의 다중 함수라고 부르며, a를 다중 함수의 순환 상수라고 부른다.

u의 한 가지 값에 대응하는 미분 계수 $\dfrac{dx}{du}$의 값은 단지 유한한 수만 존재한다.

물리량과 공간에서 방향 사이의 관계

10. 물리량이 물체의 위치를 정의하기 위해 보통 채택하는 좌표축의 방향과 어떤 관계를 갖는지 아는 것은 물리량의 종류를 구별하는 데 매우 중요하다. 데카르트*는 기하(幾何)에 좌표축을 도입함으로써 기하의 방법을 숫자 값을 이용한 계산으로 바꾸어놓았기 때문에 수학의 발전에서 가장 큰 첫걸음을 내디뎠다. 한 점의 위치는 항상 확실한 방향으로 그린 세 선의 길이에 의해 정하며, 두 점을 잇는 선도 같은 방법으로 세 선의 결과로 생긴 것으로 취급한다.

그러나 계산을 목적하는 것과는 구별되어서, 물리적으로 추론하는 목적에서는 데카르트의 좌표를 직접 도입하는 것을 피하고, 공간의 세 좌표 대신 공간의 한 점에 그리고 힘의 세 성분보다는 힘의 크기와 방향에 생각을 집중시키는 것이 바람직하다. 기하학적인 물리량을 이런 방식으로 생각하는 것이 다른 방식으로 생각하는 것보다 더 원초적이고 더 자연스러운데, 그렇지만 해밀턴**이 4원수(元數)*** 해석을 발명하여 공간을 다루는 데 두 번째 큰 걸음을 내딛기 전까지는 이런 방식과 연관된 발상(發想)의 가치가 제대로 인식되지 못하였다.

과학을 공부하는 학생들에게는 아직 데카르트의 방법이 가장 익숙해서,

---

*   데카르트(René Descartes, 1596-1650)는 프랑스의 철학자, 수학자, 물리학자이다. '나는 생각
    한다, 고로 나는 존재한다'라는 말로 유명하다. 근대철학의 아버지라 불리고 합리주의 철학
    의 길을 걸었으며 해석 기하학을 창시하였다.

** 해밀턴(William Rowan Hamilton, 1805-1865)은 아일랜드에서 출생한 영국의 수학자, 이론 물
    리학자로 변분 원리를 이용하여 역학에 대한 이론체계인 해밀턴의 정준 운동방정식을 수립
    함으로써 해석 역학의 기초를 세웠다. 또한 4원수 해석을 창시하여 기하광학을 비롯한 물리
    적 현상에 적용하려고 시도하였다.

*** 4원수(quaternion)는 두 개의 실수로 정의된 복소수와 비슷하게 네 개의 실수 a, b, c, d에 의해
    $\alpha = a + bi + cj + dk$과 같이 정의되고 i, j, k는 $i^2 = j^2 = k^2 = -1$, $ij = k = -ji$, $jk = i = -kj$, $ki = j = -ik$를 만족한다.

그리고 계산하는 목적으로는 데카르트의 방법이 실제로 가장 유용하기 때문에, 이 책에서도 우리 결과를 데카르트 형태로 표현할 예정이다. 그러나 4원수를 어떻게 연산하는지 그리고 4원수를 다루는 방법이 무엇인지와는 상관없이, 4원수 해석을 이용하면 많은 수의 물리량이 대상인 주제의 모든 측면을 연구하는 데에서, 그중에서도 특히 전자기학을 연구하는 데에서 그 물리량들 사이의 관계가 기존의 식들보다 해밀턴의 식들에서는 더 적은 수의 표현으로 훨씬 더 간단하게 설명할 수 있기 때문에, 나는 4원수 해석에 대한 발상 자체가 대단히 유용할 것이라고 확신한다.

11. 해밀턴의 방법에서 가장 중요한 성질 중 하나는 물리량을 스칼라와 벡터로 나누는 것이다.

스칼라인 물리량은 단 하나의 숫자를 명시(明示)하면 완벽히 정의될 수 있다. 스칼라인 물리량의 숫자 값은 우리가 가정한 좌표축의 방향에 어떤 방법으로도 영향을 받지 않는다.

벡터인 물리량, 즉 방향을 향하는 물리량을 정의하려면 세 숫자를 명시해야 하며, 그 세 숫자는 좌표축의 방향과 연관시키면 가장 간단히 이해할 수 있다.

스칼라양은 방향과 관련이 없다. 기하학적 도형 체의 부피나 물질로 된 물체의 질량과 에너지, 흐르지 않는 유체 내부의 한 점에서 압력, 그리고 공간에서 한 점의 퍼텐셜따위가 스칼라양의 예이다.

벡터양은 크기뿐 아니라 방향도 가지며, 방향을 반대로 바꾸면 벡터양의 부호가 반대로 바뀐다. 한 점이 이동될 때 원래 위치에서 마지막 위치까지 그린 직선으로 표시되는 변위가 대표적인 벡터로 취급할 수 있으며, 사실 변위로부터 벡터라는 이름이 유래되었다.*

---

* 1846년에 크기와 방향을 갖는 양을 벡터(vector)라고 정의하였다. 그 이전에는 고정된 점과

물체의 속도, 물체의 운동량, 물체에 작용하는 힘, 전류 밀도, 철(鐵) 입자의 자화(磁化)가 벡터양의 예이다.

공간에서 방향과 관련이 있지만 벡터는 아닌 다른 물리량이 존재한다. 고체에서 변형력과 변형이 그런 물리량의 예이며, 그리고 탄성체 이론과 이중 굴절 이론에서 고려하는 물체의 성질 중에서 일부도 그런 물리량의 예이다. 이런 종류의 물리량을 정의하려면 아홉 개의 숫자를 명시해야 한다. 그 아홉 숫자는 4원수의 언어로 벡터의 선형함수와 벡터 함수로 표현된다.

한 벡터양과 같은 종류의 다른 벡터양의 덧셈은 힘의 합성에 대한 정역학(靜力學)에 나오는 규칙에 따라 수행된다. 실제로, 푸아송*의 '힘의 평행 사변형'**에 대한 증명을 어떤 벡터인 물리량의 합성에도 적용할 수 있는데, 이때 벡터양의 한 끝을 다른 끝으로 돌리는 것은 그 벡터양의 부호를 바꾸는 것과 같다.

벡터양을 하나의 기호로 표시하고 그 기호가 대표하는 것이 벡터여서 크기는 물론 방향도 고려해야 한다는 사실을 강조하기 위해, 이 책에서는 벡터양을 $\mathfrak{A}$, $\mathfrak{B}$와 같은 독일 알파벳 대문자로 표시할 것이다.

4원수 해석을 이용하면, 공간에서 한 점의 위치는 원점이라고 부르는 고정된 점에서 그 점까지 그린 벡터로 정의한다. 우리가 고려하려는 물리량의 값이 그 점의 위치에 의존하면, 그 물리량을 원점으로부터 그린 벡터의 함수로 취급한다. 그 함수 자체는 스칼라일 수도 있고 벡터일 수도 있다. 물체의 밀도, 물체의 온도, 물체의 유체 정역학적인 압력, 한 점에서 퍼텐셜이

움직이는 점을 연결한 선을 벡터라고 불렀다.

* 푸아송(Siméon Poisson, 1781-1840)은 프랑스의 수학자이자 물리학자로, 전자기학의 퍼텐셜 개념을 도입하여 그의 이름을 딴 푸아송 방정식이 유명하다. 응용수학 분야에 많은 업적을 남겼다.

** 힘의 평행 사변형이란 물체에 작용하는 두 힘의 크기와 방향을 나타내는 두 직선을 두 변으로 하는 평행 사변형을 말하며, 이 평행 사변형의 두 변 사이에 끼인 대각선은 두 힘의 합력(合力)의 크기와 방향을 나타낸다.

스칼라 함수의 예들이다. 한 점에서 합력, 한 점에서 유체의 속도, 유체의 한 요소가 회전하는 속도, 그리고 회전을 생산하는 커플은 벡터 함수의 예들이다.

12. 벡터인 물리량은 두 부류로 나눌 수 있는데, 그중에 하나는 선(線)을 기준으로 정의하고, 다른 하나는 면(面)을 기준으로 정의한다.

예를 들어, 어떤 방향을 향하든 인력의 결과는 물체가 그 힘의 방향으로 짧은 거리를 이동하는 동안 힘이 물체에 한 일을 구해서 그 일을 물체가 이동한 짧은 거리로 나누면 측정될 수 있다. 이때 그 인력은 선을 기준으로 정의된다.

반면에, 고체인 물체의 어느 점에서든 임의의 방향으로 나가는 열(熱)의 선속(線束)은 그 방향에 수직으로 그린 작은 넓이를 지나가는 열량을 그 넓이와 시간으로 나눈 것으로 정의될 수 있다. 이때 그 선속은 면을 기준으로 정의된다.

어떤 경우에는 물리량이 면을 기준으로 측정될 뿐 아니라 선을 기준으로도 측정되기도 한다.

그래서 탄성 고체의 변위를 두 가지 방법으로 다룰 수 있다. 하나는 입자의 원래 위치와 실제 위치에 관심을 두는 것인데, 이 경우에는 입자의 변위가 처음 위치에서 나중 위치로 그린 선에 의해 측정되며, 그리고 다른 하나는 공간에 고정된 작은 면(面)을 고려하고 이동하는 동안에 그 면을 지나가는 고체의 양을 정하는 것이다.

같은 방법으로 유체의 속도를 조사하는 데 개별 입자들의 실제 속도를 기준으로 하거나, 또는 임의의 고정된 넓이를 통해 흘러가는 유체의 양을 기준으로 할 수도 있다.

그러나 이런 경우들에서 첫 번째 방법을 적용하려면 변위 또는 속도와 물체의 밀도를 모두 다 알아야 하며, 분자와 관련된 이론을 수립하려고 시도하려면 반드시 두 번째 방법을 이용해야 한다.

전기 흐름의 경우에 우리는 도체 내에서 전기의 밀도도 전혀 모르고 전기의 속도도 전혀 모르며, 우리는 단지 유체 이론을 이용하여 밀도와 속도의 곱에 해당하는 것의 값만 알 뿐이다. 그러므로 그런 모든 경우에는 면(面)을 가로질러 지나가는 선속(線束)을 측정하는 좀 더 일반적인 방법을 적용해야 한다.

전자기학에서 전기 세기와 자기 세기는 선을 기준으로 정의되는 첫 번째 부류에 속한다. 이 책에서 세기라고 말하면 그것은 이 사실을 분명히 하고자 함이다.

반면에, 전기 유도와 자기 유도, 그리고 전류는 면을 기준으로 정의되는 두 번째 부류에 속한다. 이 책에서 선속이라고 말하면 그것은 이 사실을 분명히 하고자 함이다.

이 힘들 하나하나는 그 힘에 대응하는 선속을 생성하거나 생성하려고 한다고 생각해도 좋다. 그래서 전기 세기는 도체에서 전류를 발생시키고, 유전체에서도 전류를 발생시키려고 한다. 전기 세기가 유전체에서는 전기 유도를 발생시키며, 어쩌면 도체에서도 역시 전기 유도를 발생시킨다. 같은 의미로, 자기 세기도 자기 유도를 발생시킨다.

13. 어떤 경우에는 선속이 힘에 힘과 같은 방향으로 단순 비례하지만, 선속의 방향과 크기는 힘의 방향과 크기의 함수라고밖에 말할 수 없는 때도 있다.

선속의 성분들이 힘의 성분들에 선형함수인 경우는 전도 방정식에 대한 8장의 297절에서 논의된다. 힘과 선속 사이의 관계를 정하는 데는 일반적으로 아홉 개의 계수가 존재한다. 어떤 경우에는 이들 아홉 개의 계수 중에서 여섯 개는 같은 양으로 이루어진 세 쌍을 형성한다고 믿을 만한 충분한 이유가 있다. 그럴 때 힘의 방향이 가리키는 선과 선속의 법평면(法平面) 사이의 관계는 타원체의 지름과 그 지름의 켤레 지름 평면 사이의 관계와 같은 종류이다. 4원수 언어로는, 한 벡터가 다른 벡터의 선형 벡터 함수라고 말하며, 그리고 세 쌍의 같은 계수가 존재하면 그 함수는 자기 켤레 함수라고 말한다.

철(鐵)에서 자기 유도의 경우에, (철의 자기화를 말하는) 선속은 자기화 힘의 선형함수가 아니다. 그렇지만 모든 경우에, 힘과 힘의 방향으로 분해된 선속의 곱은 과학적으로 중요한 결과이며, 그 곱은 항상 스칼라양이다.

14. 방향을 갖는 양인 벡터의 이런 두 가지 부류에 딱 알맞으면서 자주 대하는 두 가지 수학적 연산이 존재한다.

힘의 경우에, 선분(線分) 요소와, 그 요소의 방향으로 분해한 힘의 성분의 곱을, 선을 따라 적분해야 한다. 이 연산의 결과를 힘의 선적분이라고 부른다. 이 선적분은 그 선을 따라 이동한 물체에 한 일을 대표한다. 그 선적분이 선의 형태에 의존하지 않고 단지 선의 양쪽 끝의 위치에만 의존하는 경우가 있는데, 그럴 때 그 선적분을 퍼텐셜이라고 부른다.

선속의 경우에는, 면의 모든 요소를 통과하는 선속을 면에 대해 적분해야 한다. 이 연산의 결과를 선속의 면적분이라고 부른다. 이 면적분은 면을 통과한 양을 대표한다.

어떤 표면 중에는 그 면을 가로지르는 선속이 존재하지 않는 때도 있다. 만일 그런 성질을 갖는 두 표면이 교차하면, 그 교차 선은 선속의 선이다. 선속의 방향이 힘의 방향과 같을 때 이런 종류의 선을 때로는 힘의 선이라고 부른다. 그렇지만 정전기학과 자기학에서는 힘의 선을 유도의 선이라고 부르는 것이 더 적절하며, 전기 운동학에서는 힘의 선을 흐름 선이라고 부르는 것이 더 적절하다.

15. 방향을 갖는 양의 서로 다른 두 종류 사이에 또 다른 구별점이 있는데,

수학적 방법의 입장에서는 그것을 강조하는 것이 꼭 필요하지는 않지만, 그 구별점이 물리적 관점에서는 매우 중요하다. 그것은 세로 성질과 회전 성질 사이의 차이이다.

물리량의 방향과 크기는 전적으로 어떤 선을 따라서만 일어나는 작용 또는 효과에 의존할 수도 있고, 그 선을 회전축으로 하는 회전의 성질 중 일부에 의존할 수도 있다. 방향을 갖는 물리량의 결합 법칙은 그 물리량이 세로성을 갖는지 아니면 회전성을 갖는지에 관계없이 같으며, 그래서 두 부류의 물리량을 수학적으로 취급하는 데는 어떤 차이도 존재하지 않지만, 특정한 현상이 어떤 부류와 관계되는지를 언급해야 하는 물리적 환경이 존재할 수도 있다. 한 예로, 전기 분해에서는 한 종류 물질이 한 방향으로만 이동하고, 다른 종류 물질은 반대 방향으로만 이동하는데, 이 전기 분해는 분명히 세로 현상이며, 힘의 방향에 대해 어떤 회전 효과에 대한 증거도 존재하지 않는다. 그래서 전기 분해의 원인이 되거나 전기 분해에서 수반되는 전류는 회전 현상이 아니고 세로 현상이라고 추론한다.

반면에, 자석의 북극과 남극은, 전기 분해가 일어나는 동안 서로 반대되는 장소에서 나타나는 산소와 수소가 다른 것과 같은 방식으로 다르지는 않으며, 그래서 자성(磁性)이 세로 현상이라는 어떤 증거도 없지만, 회전하는 편광면에서 자성의 효과는 자성이 회전 현상임을 분명하게 보여준다.

선적분에 대하여

16. 벡터양을 주어진 선에 대한 성분으로 분해하여 적분하는 연산은 물리학 분야에서 일반적으로 중요하며 그래서 그런 선적분을 분명히 이해해야 한다.

주어진 선 위의 점 P의 좌표를 x, y, z라 하고, 미리 정한 점 A로부터 측정한 P 점까지 길이를 s라고 하자. 이 세 좌표는 한 변수 s의 함수이다.

점 P에서 벡터양의 숫자 값이 R이고 P에서 곡선의 접선이 R를 향하는 방향과 만드는 각이 ϵ이어서 $R\cos\epsilon$이 이 선 방향으로 분해된 R의 성분이면, 다음 적분

$$L = \int_0^s R\cos\epsilon\, ds$$

를 선 s를 따른 R의 선적분이라고 한다.

X, Y, Z가 각각 R의 x, y, z에 평행한 성분이라면 이 선적분을

$$L = \int_0^s \left(X\frac{dx}{ds} + Y\frac{dy}{ds} + Z\frac{dz}{ds} \right) ds$$

라고 쓸 수도 있다.

이 양은 A와 P를 잇는 선을 바꾸면 일반적으로는 바뀐다. 그렇지만 어떤 영역 안에서

$$X dx + Y dy + Z dz = -D\Psi$$

가 성립하면, 즉 그 영역 안에서 좌변이 완전 미분 형태가 되면, L 값은

$$L = \Psi_A - \Psi_P$$

가 되며 A와 P 사이에서 경로가 주어진 영역 내에서 한 형태에서 다른 형태로 연속적인 동작으로 바뀌기만 하면, 언제나 똑같은 값을 갖는다.

퍼텐셜에 대하여

물리량 Ψ는 점의 위치에 대한 스칼라 함수이며 그래서 기준점을 향하는 방향과는 무관하다. 이 Ψ를 퍼텐셜 함수라고 부르며, X, Y, Z가

$$X = -\left(\frac{d\Psi}{dx}\right), \quad Y = -\left(\frac{d\Psi}{dy}\right), \quad Z = -\left(\frac{d\Psi}{dz}\right)$$

이면 세 성분이 X, Y, Z인 벡터양이 퍼텐셜 Ψ를 갖는다고 말한다.

퍼텐셜 함수가 존재하면, 그 퍼텐셜 값이 일정한 표면을 등퍼텐셜면이라고 부른다. 등퍼텐셜면 위의 임의의 점에서 R의 방향은 그 표면의 법선

과 일치하며, 점 P에서 법선을 n이라면 $R = -\dfrac{d\Psi}{dn}$이다.

세 좌표에 의존하는 함수를 각 좌표에 대해 미분한 1차 도함수를 구하여 그 세 도함수가 성분인 벡터를 고려하는 방법은 라플라스*가 그의 인력 이론에서 발명하였다.[4] 그린**이 최초로 이 함수에 퍼텐셜이라는 이름을 지었으며 전기를 취급하는 데 퍼텐셜을 기본으로 삼았다.[5] 수학자들은 1846년에 이르러서야 그린의 논문들에 관심을 보였는데, 그때는 이 그린이 발견했던 중요한 정리들 대부분을 가우스와 샬,*** 스튀름,**** 톰슨*****이 재발견하였다.[6]

중력 이론에서 퍼텐셜은 여기서 사용된 퍼텐셜과 부호를 반대로 취하며, 그래서 어떤 방향에 대한 힘의 성분은 그 방향으로 퍼텐셜 함수가 증가하는 비율에 따라서 측정된다. 전기와 자기에 관한 연구에서는 임의의 방향에 대한 힘의 성분이 그 방향으로 퍼텐셜이 감소하는 것으로 측정된다. 이 표현을 이용하는 그런 방법은 물체에 작용하는 힘의 방향으로 물체가 이동할 때 퍼텐셜 에너지가 항상 감소하는 데 대응하도록 부호가 정해진다.

17. 해밀턴이 퍼텐셜로부터 벡터를 유도하는 연산자의 형태를 발견하고

---

* 라플라스(Pierre-Simon marquis de Laplace, 1749-1827)는 프랑스의 수학자로 공학, 수학, 통계학, 물리학, 천문학을 망라한 전체 과학 분야에 수학적으로 지대하게 공헌했으며 여러 분야에서 광범위하게 이용되는 유명한 라플라스 방정식을 세우기도 하였다.

** 그린(George Green, 1793-1841)은 영국의 수학자로, 전기와 자기에 대한 수학적 이론을 최초로 만들었다. 그의 이론은 나중에 톰슨과 맥스웰의 연구에 기초가 되었다.

*** 샬(Michel Floréal Chasles, 1793-1880)은 프랑스의 수학자이자 기하학자로, 에펠탑에 새겨진 72명의 프랑스 위인들 중 한 사람이다. 그의 이름을 따 소행성 18510 샬이 명명된 것으로도 잘 알려져 있다.

**** 스튀름(Jacques Charles Sturm, 1803-1855)은 스위스 출신의 프랑스 수학자로, 방정식의 숫자값 풀이 방법에 큰 진보를 이루었고 경곗값 문제의 이론 연구에서 선구적 역할을 하였다.

***** W. 톰슨(William Thomson, 1824-1907)은 영국 아일랜드에서 출생한 물리학자로, 남작 작위를 받고 켈빈 경이라고도 부른다. 전자기학과 열역학에 많은 업적을 남겼고, 1848년 절대온도 개념을 처음 제안한 것으로 유명하며 그의 이름 켈빈이 온도의 국제단위로 지정되었다.

나서 퍼텐셜과 퍼텐셜로부터 유도된 벡터 사이의 관계가 갖는 기하학적 성질이 큰 관심을 받았다.

앞에서 본 것처럼, 임의의 방향에 대한 벡터의 성분은 그 방향으로 그린 좌표에 대한 퍼텐셜의 1차 도함수에 마이너스 부호를 붙인 것이다.

이제 i, j, k가 모두 서로 직각을 이루는 단위 벡터들이면, 그리고 이 단위 벡터들에 평행한 방향에 대해 취한 벡터 $\mathfrak{F}$의 성분이 X, Y, Z라면

$$\mathfrak{F} = iX + jY + kZ \tag{1}$$

이고, 앞에서 설명한 것처럼, Ψ가 퍼텐셜이면

$$\mathfrak{F} = -\left(i\frac{d\Psi}{dx} + j\frac{d\Psi}{dy} + k\frac{d\Psi}{dz}\right) \tag{2}$$

가 된다.

다음 연산자

$$i\frac{d}{dx} + j\frac{d}{dy} + k\frac{d}{dz} \tag{3}$$

를 ∇이라고 쓰면

$$\mathfrak{F} = -\nabla\Psi \tag{4}$$

이다.

연산 기호 ∇은, 세 개의 서로 직교하는 방향 각각에 대해, Ψ가 그 방향으로 증가하는 비율을 측정하여 그렇게 구한 양이 벡터라고 생각하여 하나의 벡터인 물리량으로 합성하라고 지시하는 것으로 해석해도 된다. 이렇게 말하면 바로 (3) 식이 지시하는 것이 된다. 그런데 이 연산 기호는 먼저 Ψ가 가장 빨리 증가하는 방향을 찾아서 그 방향으로 Ψ가 증가하는 비율을 대표하는 벡터를 그리라고 지시한다고 생각해도 좋다.

라메*는 그의 책 *Traité des Fonctions Inverses*에서 이런 최대 증가 비율의 크기를 표현하는 데 미분 변수라는 용어를 사용하지만, 이 용어 자체에는

---

* 라메(Gabriel Lamé, 1795-1870)는 프랑스의 수학자로 탄성역학, 열전도론을 설명하는 응용수학의 발달에 기여하고 2차 곡면체의 정상상태 온도 분포를 풀기 위한 라메 함수, 탄성체의 탄성 상수인 라메 상수 등을 제안하였다. 원본 본문의 M. Lamé는 G. Lamé의 오타이다.

물론 라메가 이 용어를 사용한 방식에도 관련된 양이 크기와 함께 방향도 갖는다는 어떤 조짐도 없다. 이 관계를 순수하게 기하학적 관계라고 불러야 하는 아주 드문 경우에, 이 책에서는 크기는 물론 방향도 표시하는 구절을 사용하여, 스칼라 함수 Ψ의 공간 변화인 벡터 $\mathfrak{F}$라고 부를 예정이다.

18. 그렇지만 $Xdx + Ydy + Zdz$가 완전 미분이라는 조건인

$$\frac{dZ}{dy} - \frac{dY}{dz} = 0, \ \frac{dX}{dz} - \frac{dZ}{dx} = 0, \ \frac{dY}{dx} - \frac{dX}{dy} = 0$$

이 정해진 공간 영역 전체에서 성립하지만 그 영역을 전혀 벗어나지 않는 A에서 P를 잇는 두 서로 다른 선에 대해 선적분 값이 다를 수도 있다. 이런 경우는 영역이 고리 형태이고 A에서 P를 잇는 두 선이 고리의 반대쪽 부분을 통과하면 발생한다. 이런 경우에는, 정한 영역을 벗어나지 않으면서 연속적인 움직임에 의해서 한 경로에서 다른 경로로 바꿀 수 없다.

이제 여기서 라이프니츠*와 가우스가 중요하다고 지적했으나 아직 별로 연구되지 못한 위치의 기하학에 속한 주제를 고려하는 것으로 이어진다. 이 주제에 대해서는 J. B. 리스팅**이 가장 잘 다루었다.[7]

공간에 p개의 점이 있으며, 임의의 모양인 l개의 선이 이 점들을 연결하는데, 이 선들 중 어떤 두 선도 서로 교차하지 않으며 연결되지 않은 채로 남은 점은 하나도 없다고 하자. 이런 방법으로 그린 선들로 구성된 그림을 다이어그램(diagram)이라고 부르자. 이런 선 중에서 p개의 점들을 이어서 연결된 계를 만들기 위해서는 $p - 1$개의 선이면 충분하다. 여기에 새로운 선

---

* 라이프니츠(Gottfried Wilhelm Leibnitz, 1646-1716)는 독일의 수학자, 철학자이다. 수학에서는 뉴턴과는 독립적으로 미분·적분을 발견했으며, 철학에서는 독일의 계몽철학을 시작하였다.

** 리스팅(Johann Benedict Listing, 1808-1882)은 독일의 수학자로서, 수학에서 토폴로지(topology)라는 용어를 처음 제안했으며 뫼비우스와 독립적으로 좁고 긴 직사각형 종이를 한 번 꼬아서 붙인 곡면인 뫼비우스 띠를 발견하였다.

을 추가하면 닫힌 경로인 루프(loop)를 만드는데 이것을 사이클(cycle)이라고 부르자. 그러면 한 다이어그램에서 서로 독립인 사이클의 수는 $\kappa = l - p + 1$개이다.

한 다이어그램에 속한 선들을 따라 만든 어떤 닫힌 경로도 이런 서로 독립인 사이클들로 구성되는데, 각 사이클은 어떤 방향으로 취해도 상관없고 또 몇 번이든 반복적으로 취해도 상관없다.

사이클의 존재를 사이클로시스(cyclosis)라고 부르고, 다이어그램에 그려진 사이클의 수(數)를 사이클로매틱(cyclomatic) 수라고 한다.

표면에서 사이클로시스와 영역

표면은 완전하거나 아니면 경계를 갖는다. 완전한 표면은 무한하거나 아니면 닫혀 있다. 경계를 갖는 표면은 하나 또는 하나보다 더 많은 닫힌 선들로 된 경계를 갖는데, 그 선들은 극한의 경우에 이중(二重)으로 유한한 선 또는 점이 될 수도 있다.

공간에서 유한한 영역은 하나 또는 하나보다 더 많은 닫힌 표면들로 된 경계를 갖는다. 그 표면 중에서 하나는 외부 표면이고, 나머지 표면들은 외부 표면에 포함되어 있고 그들 사이는 서로 배제되어 있는데, 그 표면들을 내부 표면이라 부른다.

어떤 영역이 하나의 경계 표면을 가지면, 그 표면은 자신을 쪼개지 않으면서 안쪽으로 연속적으로 줄어들 수 있다. 그 영역이 구(球)처럼 단순 연속성을 갖는 영역이면, 줄어드는 과정은 점에 이를 때까지 계속될 수 있다. 그러나 그 영역이 고리와 같다면, 줄어든 결과는 닫힌 곡선이 된다. 그리고 그 영역이 다중(多重)으로 연결되어 있으면, 줄어든 결과는 선들의 다이어그램이 되고, 그 다이어그램의 사이클로매틱 수가 그 영역의 사이클로매틱 수가 된다. 그 영역 바깥 공간은 그 영역 자체의 사이클로매틱 수와 같은 사이클로매틱 수를 갖는다. 그러므로 그 영역의 경계가 외부 표면과 내부 표면들로 구성되면, 그 영역의 사이클로매틱 수는 모든 표면의 사이클로매틱 수들의 합과 같다.

한 영역이 그 내부에 다른 영역을 포함할 때, 그 영역을 페리프랙틱 (periphractic) 영역이라고 부른다.

어떤 영역에 포함된 내부의 경계를 이루는 표면의 수를 그 영역의 페리프랙틱 수(數)라고 부른다. 닫힌 표면은 페리프랙틱 영역이고 그 영역의 페리프랙틱 수는 1이다.

닫힌 표면의 사이클로매틱 수는 닫힌 표면이 경계가 되는 영역 중 하나의 사이클로매틱 수의 2배이다. 경계를 이루는 표면의 사이클로매틱 수를 구하려면, 모든 경계들이 연속성을 깨지 않으면서 서로 만날 때까지 안쪽으로 줄어든다고 가정한다. 그러면 그 표면은 비순환 표면(acyclic surface)인 경우에는 점으로 줄어들고, 그 표면이 순환 표면인 경우에는 선형 다이어그램으로 줄어든다. 다이어그램의 사이클로매틱 수는 그 표면의 사이클로매틱 수이다.

19. 정리 I

임의의 비순환 영역(acyclic region) 전체를 통하여 $Xdx + Ydy + Zdz = -D\Psi$ 가 성립하면, 그 영역 내에서 임의의 경로를 따라 점 A에서 점 P까지 취한 선적분의 값은 같게 된다.

먼저 그 영역 내에서 임의의 닫힌 경로에 대한 선적분이 0임을 보이자.

등퍼텐셜면들이 그려져 있다고 가정하자. 그려진 등퍼텐셜면들은 모두 닫힌 표면이거나 또는 그 영역의 표면으로 완벽히 둘러싸여 있어서, 그 영역 내의 닫힌 선의 경로 위의 한 부분에서 등퍼텐셜면 중 어느 하나라도 자른다면, 그 닫힌 선의 경로 위의 어떤 다른 부분에서 반드시 반대 방향으로 같은 등퍼텐셜면을 자르고, 선적분의 해당 부분들이 크기는 같고 부호는 반대여서 전체 값은 0이어야 한다.

그러므로 AQP와 $AQ'P$가 A에서 P까지 연결한 두 경로이면, $AQ'P$에 대한 선적분은 AQP에 대한 선적분과 닫힌 경로 $AQ'PQA$에 대한 선적분의 합이다. 그런데 닫힌 경로에 대한 선적분은 0이므로, 두 경로의 선적분은 같다.

그래서 그런 영역의 임의의 한 점에서 퍼텐셜을 알면, 임의의 다른 점에서 퍼텐셜이 정해진다.

20. 정리 2

어디서나 다음 식 $Xdx + Ydy + Zdz = -D\Psi$가 성립하는 순환 영역에서, 그 영역 내에서 그린 선을 따라 A에서 P까지 취한 선적분은, A와 P 사이의 커뮤니케이션 채널이 명시되지 않는 한, 일반적으로 결정되지는 않는다.

그 영역의 사이클로매틱 수가 K라고 하자. 그러면 그 영역은 다이어프램(diaphragm)이라고 부를 수 있는 표면들에 의해 K개의 구획들로 나뉘어서 K개의 커뮤니케이션 채널들을 닫고 그 영역의 연속성을 훼손시키지 않으면서 그 영역을 비순환 조건으로 축소할 수도 있다.

그런 다이어프램들 중에 어떤 것도 자르지 않는 선을 따라 A에서 임의의 점 P까지 취한 선적분의 값은 정리 2에 따라 정해진다.

이제 두 점 A와 P가 다이어프램의 반대쪽에서 상대방을 향하여 무한히 가까이 다가오는데, K가 A에서 P까지 취한 선적분이라고 하자.

또 전과는 다른 두 점 A'과 P'가 같은 다이어프램의 반대쪽에서 상대방을 향하여 무한히 가까이 다가오는데, K'가 A'에서 P'까지 취한 선적분이라고 하자. 그러면 $K' = K$이다.

왜냐하면 그 다이어프램의 반대편에 놓인 AA'와 PP'를 거의 일치하게 그리면, 그 두 선을 따라 취한 선적분은 같게 될 것이기 때문이다. 각 선적분이 L과 같다고 가정하자. 그러면 $A'P'$의 선적분인 K'는 $A'A + AP + PP'$

$= -L + K + L = K$로 AP의 선적분과 같아진다.

그러므로 계에 속한 다이어프램 하나를 주어진 방향으로 지나가는 닫힌 경로 주위로 취한 선적분은 일정한 물리량 K이다. 이 물리량을 주어진 사이클에 대응하는 순환 상수(Cyclic constant)라고 부른다.

한 영역 안에 임의의 닫힌 경로를 그리고, 그 닫힌 경로가 첫 번째 사이클의 다이어프램을 양(陽)의 방향으로 p번 그리고 음(陰)의 방향으로 p'번 자른다고 하고 $p - p' = n_1$이라고 하자. 그러면 그 닫힌 곡선에 대해 취한 선적분은 $n_1 K_1{}^*$이 된다.

비슷하게 임의의 닫힌 경로에 대한 선적분은

$$n_1 K_1 + n_2 K_2 + \cdots + n_K K_K$$

가 되는데, 여기서 n_K는 K번째 사이클의 다이어프램을 양의 방향으로 통과하는 곡선의 수에서 음의 방향으로 통과하는 곡선의 수를 뺀 차이다.

만일 두 곡선 중 한 곡선이 퍼텐셜이 존재할 조건을 손상하는 공간의 어떤 부분도 전혀 통과하지 않으면서 연속적인 동작으로 다른 곡선으로 변환될 수 있다면, 이 두 곡선을 조화시킬 수 있는 곡선이라고 부른다. 이러한 변환이 가능하지 않은 곡선들은 조화시킬 수 없는 곡선이라고 부른다.[8]

방향을 갖는 물리량과 퍼텐셜이 대표하는 것이 전혀 다른 몇 가지 물리적 현상에서, 정해진 영역 내의 모든 점에 대해 $Xdx + Ydy + Zdz$가 어떤 함수 Ψ의 완전 미분이 될 조건이 성립한다. 그런 예들이 다음과 같다.

순수한 운동학에서는 원래 좌표가 x, y, z인 연속체의 한 점이 이동한 변위의 성분들이 X, Y, Z라고 가정할 수 있다. 이때 $Xdx + Ydy + Zdz$가 어떤 함수의 완전 미분이 될 조건이 성립하면, 연속체의 변위가 비회전성 변형

---

*   원본의 본문에는 K_1에 대한 설명이 없다. 그러나 전후 내용에 비추어보면 K_1은 첫 번째 사이클의 다이어프램을 자르는 닫힌 경로에 대한 선적분을 가리킨다.

(strain)임을 가리킨다.[9]

또한 X, Y, Z가 점 x, y, z에서 유체가 움직이는 속도의 성분을 대표하는데, 이 조건이 성립한다면 그 조건은 유체의 운동이 비회전성임을 가리킨다.

그리고 X, Y, Z가 점 x, y, z에 작용하는 힘의 성분을 대표하는데, 이 조건이 성립한다면, 이 조건은 한 점에서 다른 점으로 지나가는 입자에 한 일이 두 점에서 퍼텐셜의 차이와 같고, 그 차이의 값은 그 두 점 사이에서 모든 조화시킬 수 있는 곡선들에 대해 같다는 것을 가리킨다.

면적분에 대해

21. 넓이 요소를 dS 그리고 표면의 양(陽) 방향으로 그린 표면의 법선과 벡터양인 R의 방향 사이의 각을 ϵ이라고 하면, $\iint R \cos \epsilon \, dS$를 표면 S에 대한 R의 면적분이라고 부른다.

정리 Ⅲ

닫힌 표면을 통하여 안쪽으로 들어가는 선속에 대한 면적분은 그 표면 내부에서 취한 선속의 컨버전스(convergence)에 대한 부피 적분으로 표현할 수 있다(25절을 보라).

X, Y, Z가 R의 세 성분들이고, l, m, n은 표면 S에서 안쪽을 향한 법선에 대해 측정한 방향 코사인(direction cosine)이라고 하자. 그러면 S에 대한 R의 면적분은

$$\iint R \cos \epsilon \, dS = \iint Xl \, dS + \iint Ym \, dS + \iint Zn \, dS \tag{1}$$

인데 X, Y, Z의 값은 표면의 한 점에서 구하고, 적분은 전체 표면에 대해 수행된다.

닫힌 표면의 경우에는 y와 z가 주어질 때, 좌표 x는 짝수 개의 값을 가져야 하는데, 그것은 x에 평행한 선이 표면을 만나기만 하면 닫힌 공간을 반드시 같은 횟수로 들어가고 나가기 때문이다.

매번 들어갈 때마다

$$ldS = dydz$$

가 성립하고, 매번 나갈 때마다

$$ldS = -dydz$$

가 성립한다.

$x = -\infty$에서 $x = +\infty$까지 가는 점이 $x = x_1$에서 공간으로 들어가고 $x = x_2$에서 그 공간으로부터 나오고, 그런 식으로 계속된다고 하자. 또 X_1, X_2 등이 그 점들에서 X 값이라고 하자. 그러면

$$\iint XldS = \iint \{(X_1 - X_2) + (X_3 - X_4) + \cdots + (X_{2n-1} - X_{2n})\} dydz \qquad (2)$$

가 성립한다. 만일 연속적인 양인 X가 x_1과 x_2 사이에서 무한대인 값을 갖지 않는다면,

$$X_2 - X_1 = \int_{x_1}^{x_2} \frac{dX}{dx} dx \qquad (3)$$

가 성립하는데, 여기서 첫 번째 교차점과 두 번째 교차점 사이에서, 즉 닫힌 표면 안에 포함된 x의 첫 번째 부분을 따라서 적분이 수행된다. 닫힌 표면에 놓인 부분들을 모두 다 고려하면

$$\iint XldS = -\iiint \frac{dX}{dx} dxdydz \qquad (4)$$

가 되는데, 이중 적분은 닫힌 표면 내로 제한되지만 삼중 적분은 포함된 전체 공간에 대해 수행된다. 그러므로 X, Y, Z가 닫힌 표면 S 내에서 연속적이고 유한하면, 그 닫힌 표면에 대한 R의 전체 면적분은

$$\iint R \cos \epsilon \, dS = -\iiint \left(\frac{dX}{dx} + \frac{dY}{dy} + \frac{dZ}{dz} \right) dx\,dy\,dz \qquad (5)$$

가 되고, 삼중 적분은 S 내부의 전체 공간에 대해 수행된다.

다음으로 닫힌 표면 내부에서 X, Y, Z가 연속적이지 않지만 그러나 $F(x, y, z) = 0$으로 대표되는 표면의 한쪽에서는 X, Y, Z값이 X, Y, Z이었다가 다른 쪽으로 건너가면 불연속적인 값 X', Y', Z'으로 바뀐다고 가정하자.

만일 이런 불연속성이 예를 들어 x_1과 x_2 사이에서 발생한다면 $X_2 - X_1$의 값은

$$\int_{x_1}^{x_2} \frac{dX}{dx} dx + (X' - X) \tag{6}$$

가 되는데, 적분 기호 내의 표현에서는 X의 도함수에서 단지 유한한 값만 고려해야 한다.

그러므로 이 경우에 닫힌 표면에 대한 R의 전체 면적분은

$$\iint R \cos\epsilon \, dS = - \iiint \left(\frac{dX}{dx} + \frac{dY}{dy} + \frac{dZ}{dz} \right) dx dy dz + \iint (X' - X) dy dz$$
$$+ \iint (Y' - Y) dz dx + \iint (Z' - Z) dx dy \tag{7}$$

이 되거나, 또는 불연속 표면의 법선의 방향 코사인이 l', m', n'이라면, 그리고 그 불연속 표면의 면적 요소가 dS'이라면, 닫힌 표면에 대한 R의 전체 면적분은

$$\iint R \cos\epsilon \, dS = - \iiint \left(\frac{dX}{dx} + \frac{dY}{dy} + \frac{dZ}{dz} \right) dx dy dz$$
$$+ \iint \{ l'(X' - X) + m'(Y' - Y) + n'(Z' - Z) \} dS' \tag{8}$$

인데, 여기서 마지막 항의 적분은 불연속 표면에 대해 수행된다.

X, Y, Z가 연속인 모든 점에서

$$\frac{dX}{dx} + \frac{dY}{dy} + \frac{dZ}{dz} = 0 \tag{9}$$

이 성립하며, X, Y, Z가 불연속적인 모든 표면에서는

$$l'X' + m'Y' + n'Z' = l'X + m'Y + n'Z \tag{10}$$

가 성립하는데, 그러면 모든 닫힌 표면에 대한 면적분은 0이며, 해당 벡터
양의 분포는 솔레노이드형이라고 말한다.

이 책에서는 앞으로 (9) 식을 일반적인 솔레노이드형 조건이라고 말하
고, (10) 식을 표피상의 솔레노이드형 조건이라고 말할 것이다.

22. 이제 표면 S 내의 모든 점에서

$$\frac{dX}{dx} + \frac{dY}{dy} + \frac{dZ}{dz} = 0 \tag{11}$$

이 성립하는 경우를 고려하자. 그러면 결과적으로 닫힌 표면에 대한 면적
분은 0과 같게 된다.

이제는 닫힌 표면 S가 S_1, S_0, 그리고 S_2의 세 부분으로 구성된다고 하자.
S_1은 닫힌 곡선 L_1이 경계인 표면으로 어떤 형태이든 좋다. S_0는 L_1의 모든
점으로부터 R의 방향과 항상 일치하는 선을 그려서 만든다. 표면 S_0의 임
의의 점에서 법선의 방향 코사인이 l, m, n이면

$$R_{\cos \epsilon} = Xl + Ym + Zn = 0 \tag{12}$$

이 성립한다. 그러므로 그 표면의 이 부분은 면적분의 값에는 전혀 이바지
하지 않는다.

그리고 S_2는 표면 S_0와 교차하는 닫힌 곡선 L_2가 경계인 또 다른 표면으
로 어떤 형태이든 좋다.

그러면 세 표면 S_1, S_0, S_2에 대한 면적분을 각각 Q_1, Q_0, Q_2라고 하고, 닫
힌 표면 S에 대한 면적분은 Q라고 하자. 그러면

$$Q = Q_1 + Q_0 + Q_2 = 0 \tag{13}$$

가 성립하고

$$Q_0 = 0 \tag{14}$$

임을 알고 있으므로

$$Q_2 = -Q_1 \tag{15}$$

가 된다. 이것을 말로 설명하면, 표면 S_2에 대한 면적분은 단지 중간 표면 S_0가 R가 항상 접선 방향인 표면 중 하나이기만 하면, S_2의 형태나 위치가 무엇인지와 관계없이 항상 S_1에 대한 면적분과 크기가 같고 부호가 반대이다.

만일 L_1이 넓이가 작은 닫힌 곡선이라면, S_0는 관의 표면인데, 그 관을 자른 단면에 대한 면적분은 관을 어떻게 자르든 모두 똑같은 성질을 갖는다.

그런데

$$\frac{dX}{dx} + \frac{dY}{dy} + \frac{dZ}{dz} = 0 \tag{16}$$

가 성립하기만 하면, 이런 종류의 관들로 전체 공간을 나눌 수 있으므로, 이 식과 일치하는 벡터양의 분포를 솔레노이드형 분포라고 말한다.

흐름 관과 흐름 선에 대하여

관 하나하나에 대한 면적분 값이 모두 1이도록 공간을 관들로 나눈다면, 그 관들을 단위 관이라고 부르고, 닫힌 곡선 L이 경계인 임의의 유한한 표면 S에 대한 면적분은 S를 양(陽)의 방향으로 통과하는, 또는 같은 말이지만, 닫힌 곡선 L을 통과하는 그런 관들의 수와 같다.

그러므로 S에 대한 면적분은 단지 그 표면의 경계인 L의 형태에만 의존하며, 그 경계 내부의 표면의 형태에는 전혀 의존하지 않는다.

페리프랙틱 영역에 대하여

외부에 단 하나의 닫힌 표면 S로 둘러싸인 전체 영역에서, 솔레노이드형 조건인

$$\frac{dX}{dx} + \frac{dY}{dy} + \frac{dZ}{dz} = 0$$

이 성립하면, 이 영역 내부에서 취한 임의의 닫힌 표면에 대한 면적분 값은

0이 되고, 이 영역 내의 경계 표면에 대해 취한 면적분은 오직 그 표면의 경계를 이루는 닫힌 곡선의 형태에만 의존한다.

그렇지만 단 하나의 표면이 솔레노이드형 조건을 만족하는 영역의 경계가 아닌 경우라면 같은 결과가 일반적으로 성립하지는 않는다.

왜냐하면 만일 하나보다 더 많은 연속적인 표면이 그 영역의 경계라면, 그 표면 중 하나는 외부 표면이고 나머지는 내부 표면이며, 영역 S는 페리프랙틱 영역으로 그 내부에 다른 영역들을 완벽히 둘러싸기 때문이다.

이렇게 둘러싸인 영역 중 한 영역에서, 그리고 그 영역의 경계가 예를 들어 닫힌 표면 S_1이면, 솔레노이드형 조건은 만족하지 않고, 이 영역을 둘러싸는 표면 S_1에 대한 면적분이

$$Q_1 = \iint R \cos \epsilon \, dS_1$$

이고, 다른 영역들을 둘러싸는 표면들 S_2, S_3 등에 대한 면적분이 각각 Q_2, Q_3 등이라고 하자.

그러면 영역 S의 내부에 닫힌 표면 S'을 그리면, 오직 S'이 둘러싸인 영역들 S_1, S_2 등 중에서 어떤 것도 포함하지 않을 때만 S'에 대한 면적분 값이 0이 된다. S'에 둘러싸인 영역들 중 어떤 것이라도 포함되면, S'에 대한 면적분은 S' 내부에 포함된 서로 다른 영역들에 대한 면적분의 합과 같다.

똑같은 이유로, 닫힌 곡선이 경계인 표면에 대해 취한 면적분은, 단지 영역 S에 포함된 표면을 연속된 동작으로 조화시킬 수 있는 닫힌 곡선이 경계인 표면에 대해서 구한 면적분끼리만 같다.

페리프랙틱 영역을 다루어야 할 때는, 무엇보다도 먼저 내부 표면 S_1, S_2 등을 외부 표면 S와 연결하는 선 L_1, L_2 등을 그려서 페리프랙틱 영역을 비-페리프랙틱 영역으로 바꾸어야 한다. 이 선들 하나하나는, 아직 연속적으로 연결되지 않은 표면들을 결합하는 한, 페리프랙틱 수(數)를 1씩 감소시키며, 그래서 페리프랙틱 영역을 모두 제거하기 위해 그리는 선들의 총수

는 내부 표면의 수를 말하는 페리프랙틱 수와 같게 된다. 이런 선들을 그리는 데 이미 연결된 표면들을 결합하는 선은 페리프랙틱 수를 감소시키는 것이 아니라 사이클로시스를 추가할 뿐임을 기억해야 한다. 그런 선들이 이미 그려져 있을 때는, 영역 S 내에서 솔레노이드형 조건을 만족하면 S에 완벽히 포함되어 있으면서 이 선 중 어느 것도 자르지 않는 모든 닫힌 표면에 대한 면적분은 0이라고 확신해도 된다. 그런 선이 어떤 선이든, 예를 들어 선 L_1을 한 번 또는 임의의 홀수 번 자르면, 그 선은 표면 S_1을 둘러싸고 면적분은 Q_1이다.

내부에서 솔레노이드형 조건을 만족하는 페리프랙틱 영역의 가장 잘 아는 예는 거리의 제곱에 반비례하여 잡아당기거나 밀치면서 질량을 둘러싸는 영역이다.

그럴 때는

$$X = m \frac{x}{r^3}, \ Y = m \frac{y}{r^3}, \ Z = m \frac{z}{r^3}$$

이 성립되는데, 여기서 m은 좌표계의 원점에 놓인 질량이다.

r가 유한한 어떤 점에서든지

$$\frac{dX}{dx} + \frac{dY}{dy} + \frac{dZ}{dz} = 0$$

이 성립하지만, 원점에서는 이 양들이 무한대가 된다. 원점을 포함하지 않는 임의의 닫힌 표면에 대한 면적분은 0이다. 그런데 닫힌 표면이 원점을 포함하면 면적분은 $4\pi m$이다.

어떤 이유로든, m 주위의 영역을 페리프랙틱 영역이 아닌 것처럼 다루기를 원하면, m으로부터 무한히 멀리 선을 긋고, 면적분을 취할 때 이 선이 표면의 음(陰)의 쪽에서 양(陽)의 쪽으로 표면을 건너갈 때마다 $4\pi m$을 더하는 것을 잊지 말아야 한다.

공간에서 오른손 관계와 왼손 관계에 대해

23. 이 책에서는 한 축을 따라 이동하는 병진 운동과 한 축 주위의 회전 운동을 보통 보는 즉 오른손 나사의 병진 운동과 회전 운동에 대응하는 방향을 향할 때 같은 부호로 취급할 것이다.[10]

예를 들어, 지구가 서쪽에서 동쪽으로 움직이는 실제 회전을 양(陽)의 방향이라고 정하면, 남쪽에서 북쪽을 향하는 지구 축의 방향이 양의 방향이고, 사람이 양의 방향을 향해서 앞으로 걸으면, 양의 회전 방향은 머리, 오른손, 다리, 왼손의 순서가 된다.

내가 표면의 양(陽) 쪽에 있다면, 그 표면의 경계가 되는 곡선의 양의 방향은 시계의 앞면이 나를 향하게 했을 때 시곗바늘의 운동 방향과 반대 방향이 된다.

이것이 톰슨과 테이트*의 *Natural Philosophy*, §243, 그리고 테이트의 *Quaternions*(4원수)에서 채택한 오른손 시스템이다. 오른손 시스템과 반대인 왼손 시스템은 해밀턴의 *Quaternions*에서 채택된다(*Lectures*, p. 76; *Elements*, p. 108; p. 117 노트). 한 시스템에서 다른 시스템으로 바꾸는 동작을 리스팅은 퍼버전(perversion)이라고 불렀다.

한 대상을 거울에 비춰보면 그 대상의 퍼버전된 상이 된다.

직각 좌표축 x, y, z를 이용할 때는, 기호의 순환 순서에 대한 통상적인 약속이 공간에서 오른손 시스템의 방향이 되도록 좌표축을 그려야 한다. 그래서 x 축이 동쪽을 향하고 y 축이 북쪽을 향하면 z 축은 위쪽을 향해야 한다.

표면의 넓이는 적분의 순서가 기호의 순환 순서와 일치하면 0보다 큰 수

---

* 테이트(Peter Guthrie Tait, 1831-1901)는 영국의 물리학자, 수학자로 해밀턴이 제안한 4원수를 연구하고 기체의 운동법칙을 세우는 데 기여한 사람이다.

로 표현한다. 그래서 xy 평면에 놓인 폐곡선의 내부의 넓이는 다음

$$\int x\,dy \qquad \text{또는} \qquad -int y\,dx$$

중에서 하나처럼 쓰면 되는데, 처음 표현에서는 적분의 순서가 x, y이고 나중 표현에서는 적분의 순서가 y, x이다.

두 곱 $dx\,dy$와 $dy\,dx$ 사이의 관계는 4원수 방법에서 부호가 곱하는 순서에 의존하는 서로 수직인 두 벡터의 곱에 대한 규칙과 비교해도 좋다. 또 그 관계를 행렬식에서 인접한 두 행이나 두 열을 교환할 때 부호가 바뀌는 것과 비교해도 좋다.

비슷한 이유로, 부피 적분에서 적분의 순서가 세 변수 x, y, z의 순환 순서이면 적분 값을 양(陽)으로, 그리고 순환 순서가 아니면 적분 값을 음(陰)으로 취한다.

이제 유한한 표면에 대한 면적분과 유한한 표면의 경계에 대한 선적분 사이의 연결고리를 세우는 데 유용한 정리를 증명하자.

24. 정리 IV

폐곡선에 대한 선적분은 그 폐곡선이 경계인 표면에 대한 면적분으로 표현될 수 있다.

폐곡선 s를 따라 선적분을 취할 벡터양 $\mathfrak{A}$의 세 성분을 X, Y, Z라 하자.

폐곡선 s가 전체 경계인 임의의 연속적이고 유한한 표면을 S라고 하고, X, Y, Z와 다음 식

$$\xi = \frac{dZ}{dy} - \frac{dY}{dz}, \quad \eta = \frac{dX}{dz} - \frac{dZ}{dx}, \quad \zeta = \frac{dY}{dx} - \frac{dX}{dy} \tag{1}$$

와 연결된 ξ, η, ζ가 다른 벡터 $\mathfrak{B}$의 세 성분이라고 하자. 그러면 표면 S에 대해 취한 $\mathfrak{B}$의 면적분은 곡선 s를 따라 취한 벡터 $\mathfrak{A}$의 선적분과 같다. 이때 ξ, η, ζ는 솔레노이드형 조건인

$$\frac{d\xi}{dx} + \frac{d\eta}{dy} + \frac{d\zeta}{dz} = 0$$

를 만족한다.

면적 요소 dS의 양(陽) 방향 법선의 방향 코사인을 l, m, n이라고 하자. 그러면 $\mathfrak{B}$의 면적분 값을

$$\iint (l\xi + m\eta + n\zeta) dS \tag{2}$$

라고 써도 좋다.

넓이 요소 dS에 대해 확실히 이해하기 위해, 표면 위의 모든 점에 대한 x, y, z 좌푯값이 두 개의 서로 독립인 변수 α와 β의 함수로 주어진다고 가정하자. 만일 β는 상수이고 α만 변하면, 점 (x, y, z)는 그 표면에서 곡선을 그리며, β가 일련의 값들을 갖게 되면, 모두 표면 S에 놓인 일련의 그런 곡선들을 그릴 수 있다. 같은 방법으로 α가 일련의 값들을 갖게 되면 두 번째로 일련의 그런 곡선들을 그릴 수 있는데, 첫 번째 일련의 곡선들을 자르고 전체 표면을 기본이 되는 부분들로 나누면, 그중에 어떤 하나도 모두 넓이 요소 dS가 된다.

그 요소를 yz 평면에 투영하면 흔히 보는 공식

$$l\, dS = \left(\frac{dy}{d\alpha} \frac{dz}{d\beta} - \frac{dy}{d\beta} \frac{dz}{d\alpha} \right) d\beta\, d\alpha \tag{3}$$

가 된다. 이 식에 x, y, z를 순환 순서로 대입하면 mdS와 ndS에 대한 표현을 구할 수 있다.

우리가 찾아야 하는 면적분은

$$\iint (l\xi + m\eta + n\zeta) dS \tag{4}$$

이거나, 또는 ξ, η, ζ를 X, Y, Z로 바꾸면

$$\iint \left(m\frac{dX}{dz} - n\frac{dX}{dy} + n\frac{dY}{dx} - l\frac{dY}{dz} + l\frac{dZ}{dy} - m\frac{dZ}{dx} \right) dS \tag{5}$$

가 된다. 이 식에서 X에 의존하는 부분을

$$\iint \left\{ \frac{dX}{dz} \left(\frac{dz}{d\alpha} \frac{dx}{d\beta} - \frac{dz}{d\beta} \frac{dx}{d\alpha} \right) - \frac{dX}{dy} \left(\frac{dx}{d\alpha} \frac{dy}{d\beta} - \frac{dx}{d\beta} \frac{dy}{d\alpha} \right) \right\} d\beta\, d\alpha \tag{6}$$

라고 쓸 수 있는데, $\dfrac{dX}{dx}\dfrac{dx}{d\alpha}\dfrac{dx}{d\beta}$ 를 더하고 빼면 이 식은

$$\iint \left\{ \frac{dx}{d\beta}\left(\frac{dX}{dx}\frac{dx}{d\alpha} + \frac{dX}{dy}\frac{dy}{d\alpha} + \frac{dX}{dz}\frac{dz}{d\alpha} \right) \right.$$
$$\left. - \frac{dx}{d\alpha}\left(\frac{dX}{dx}\frac{dx}{d\beta} + \frac{dX}{dy}\frac{dy}{d\beta} + \frac{dX}{dz}\frac{dz}{d\beta} \right) \right\} d\beta\, d\alpha \qquad (7)$$

$$= \iint \left(\frac{dX}{d\alpha}\frac{dx}{d\beta} - \frac{dX}{d\beta}\frac{dx}{d\alpha} \right) d\beta\, d\alpha \qquad (8)$$

가 된다.

이제 α가 변하지 않는 상수에 대응하는 곡선들이 표면 위의 한 점 주위로 일련의 닫힌 곡선을 이루는데 그중에서 가장 작은 α 값이 α_0이고, 그 일련의 곡선 중에서 마지막 곡선이 $\alpha = \alpha_1$으로 닫힌 곡선 s와 일치한다고 하자.

또한 β가 변하지 않는 상수에 대응하는 곡선들이 그 표면에서 값이 $\alpha = \alpha_0$인 점으로부터 닫힌 곡선 s까지 잇는 일련의 선들을 형성하는데, 그중에 첫 번째 선 β_0는 마지막 선 β_1과 일치한다고 하자.

(8) 식을 부분 적분하면, α에 대해 미분한 첫 번째 항과 β에 대해 미분한 두 번째 항 중에서 이중 미분한 항들이 서로 상쇄되어 결과적으로

$$\int_{\beta_0}^{\beta_1}\left(X\frac{dx}{d\beta} \right)_{\alpha=\alpha_1} d\beta - \int_{\beta_0}^{\beta_1}\left(X\frac{dx}{d\beta} \right)_{\alpha=\alpha_0} d\beta$$
$$- \int_{\alpha_0}^{\alpha_1}\left(X\frac{dx}{d\alpha} \right)_{\beta=\beta_1} d\alpha + \int_{\beta_0}^{\beta_1}\left(X\frac{dx}{d\alpha} \right)_{\beta=\beta_0} d\alpha \qquad (9)$$

가 된다.

점 (α, β_1)은 점 (α, β_0)와 같아서, (9) 식에서 세 번째 항과 네 번째 항은 서로 상쇄되어 없어지며, $\alpha = \alpha_0$인 x 값은 단 하나만 존재하므로, 세 번째 항은 0이 되고 (9) 식의 표현에는 첫 번째 항만 남는다.

그런데 곡선 $\alpha = \alpha_1$은 닫힌 곡선 s와 일치하기 때문에 (9) 식의 표현을

$$\int X\frac{dx}{ds}\, ds \qquad (10)$$

의 형태로 쓸 수 있으며, 여기서 적분은 곡선 s를 따라 수행된다. 면적분 중에서 Y에 의존하는 부분과 Z에 의존하는 부분도 똑같은 방법으로 다룰 수

있으며, 그래서 마지막 표현은

$$\iint (l\xi + m\eta + n\zeta)dS = \int \left(X\frac{dx}{ds} + Y\frac{dy}{ds} + Z\frac{dz}{ds} \right) ds \tag{11}$$

가 되는데, 여기서 첫 번째 적분은 표면 S에 관한 적분으로 확장되었고, 두 번째 적분은 S의 경계가 되는 곡선 s를 따른 적분으로 확장되었다.[11]

벡터 함수에 대한 연산자 ∇의 효과

25. 앞에서 ∇로 표시된 연산은 벡터양을 그 벡터양의 퍼텐셜로부터 구하게 하는 것을 보았다. 그런데 똑같은 연산을 벡터 함수에 적용하면 앞에서 방금 증명된 정리 III과 정리 IV의 두 정리에 대한 논의를 시작하는 결과를 얻는다. 이 연산자를 변위 벡터로 확장한 것과 그 이후 발전된 것의 대부분은 테이트 교수에 의한 것이다.[12]

σ가 변하는 점을 표시하는 벡터인 ρ의 벡터 함수라고 하자. 그리고 전과 마찬가지로

$$\rho = ix + jy + kz$$

그리고

$$\sigma = iX + jY + kZ$$

라고 가정하자. 여기서 X, Y, Z는 축의 방향에 대한 σ의 성분들이다.

이제 σ에 다음 연산

$$\nabla = i\frac{d}{dx} + j\frac{d}{dy} + k\frac{d}{dz}$$

를 적용해야 한다. 이 연산을 적용하고, i, j, k를 곱하는 규칙을 기억하면, $\nabla\sigma$는 하나는 스칼라이고 다른 하나는 벡터인 두 부분으로 이루어짐을 알게 된다.

스칼라인 부분은

$$S\nabla\sigma = -\left(\frac{dX}{dx} + \frac{dY}{dy} + \frac{dZ}{dz} \right), \quad \text{정리 III을 보라.}$$

이고 벡터인 부분은

$$V \nabla \sigma = i\left(\frac{dZ}{dy} - \frac{dY}{dz}\right) + j\left(\frac{dX}{dz} - \frac{dZ}{dx}\right) + k\left(\frac{dY}{dx} - \frac{dX}{dy}\right)$$

이다.

만일 X, Y, Z와 ξ, η, η 사이의 관계가 지난 마지막 정리의 (1) 식과 같으면,

$$V \nabla \sigma = i\xi + j\eta + k\eta, \quad \text{정리 IV를 보라.}$$

라고 쓸 수 있다.

그러므로 앞의 두 정리에 나오는 함수들 X, Y, Z를 모두 성분이 X, Y, Z 인 벡터에 ∇ 연산을 적용하여 구하는 것처럼 보인다. 그 두 정리 자체는 다음과 같이

$$\iiint S\nabla \sigma \, d\delta = \iint S \cdot \sigma U\nu \, ds \quad \text{(III)}$$

그리고

$$\int S\sigma \, d\rho = \iint S \cdot \nabla \sigma U\nu \, ds \quad \text{(IV)}$$

라고 쓸 수도 있는데, 여기서 $d\delta$는 부피 요소이고, ds는 넓이 요소이며, $d\rho$ 는 곡선 요소이고, $U\nu$는 법선 방향을 향하는 단위 벡터이다.

벡터의 이런 함수들의 의미를 이해하기 위해서, σ_0가 점 P에서 σ의 값이라고 가정하고, P 부근에서 $\sigma - \sigma_0$의 값을 조사하자. P 주위로 닫힌 표면을 그리면, 이 표면에 대한 σ의 면적분이 안쪽 방향을 향하면, $S\nabla \sigma$는 0보다 더 크고, 점 P 부근에서 벡터 $\sigma - \sigma_0$는 그림 1에 보인 것처럼, 전체적으로 P 를 향한다.

그래서 나는 $\nabla \sigma$의 스칼라 부분을 점 P에서 σ의 컨버전스(convergence) 라고 부를 것을 제안한다.

$\nabla \sigma$의 벡터 부분을 해석하기 위해, 성분이 ξ, η, ζ인 벡터의 방향을 바라본다고 가정하고, 점 P 부근에서 벡터 $\sigma - \sigma_0$를 조사하자. 그러면 벡터 $\sigma - \sigma_0$는 그림 2처럼 나타나는데, 이 벡터는 전체적으로 바라보는 사람에게 반시계 방향으로 접선 방향을 가리킨다.

나는 $\nabla \sigma$의 벡터 부분을 (매우 망설이면서) 점 P에서 σ의 로테이션

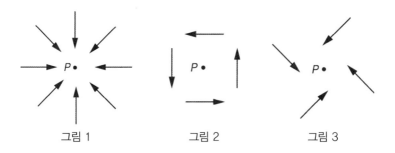

| 그림 1 | 그림 2 | 그림 3 |

(rotation)이라고 부르자고 제안한다.

그림 3에는 컨버전스와 결합한 로테이션의 예가 나와 있다.

그러면 이제 다음 식

$$V \nabla \sigma = 0$$

의 의미에 대해 생각해 보자. 이 식은 $\nabla \sigma$가 스칼라이거나 또는 벡터 σ가 어떤 스칼라 함수 ψ의 공간 변형임을 암시한다.

26. 연산자 ∇의 가장 놀라운 성질 중에서 하나는 ∇ 연산자를 반복해서 쓰면 물리학의 모든 분야에서 이용되는 연산자인

$$\nabla^2 = - \left(\frac{d^2}{dx^2} + \frac{d^2}{dy^2} + \frac{d^2}{dz^2} \right)$$

이 된다는 것인데, 이 연산자를 라플라스 연산자라고도 부른다.*

이 연산자 자체는 실질적으로 스칼라이다. 이 연산자를 스칼라 함수에 적용하면 결과는 스칼라이고, 벡터 함수에 적용하면 결과는 벡터이다.

임의의 점 P를 중심으로 정하고 반지름이 r인 작은 구(球)를 그리자. 그러면 중심에서 q의 값이 q_0이고 구 내부의 모든 점에서 q의 평균값이 $\bar{q}$라고 할 때,

$$q_0 - \bar{q} = \frac{1}{10} r^2 \nabla^2 q$$

---

* 라플라스 연산자 ∇^2을 오늘날에는 직각 좌표계에서 $\nabla^2 = \frac{\partial^2}{\partial x^2} + \frac{\partial^2}{\partial y^2} + \frac{\partial^2}{\partial z^2}$ 라고 정의한다.

이며, 그래서 중심에서 q의 값은 $\nabla^2 q$가 0보다 큰지 또는 작은지에 따라 평균값보다 더 크거나 또는 더 작다.

그러므로 나는 $\nabla^2 q$를 점 P에서 q의 콘센트레이션(concentration)이라고 부르자고 제안한다. 왜냐하면 $\nabla^2 q$는 그 점에서 q 값이 그 점 주위에서 q의 평균값에 비해서 얼마나 다른지를 가리키기 때문이다.

q가 스칼라 함수일 때 그 평균값을 구하는 방법은 잘 알려져 있다. q가 벡터 함수이면 벡터 함수를 적분하는 규칙에 의해 그 평균값을 구해야 한다. 물론 그 결과는 벡터이다.

1부
정전기학
(靜電氣學)

1장
현상에 대하여

마찰에 의한 전하

27. 실험 1[1]

전기적(電氣的) 성질을 전혀 띠지 않는 유리 조각과 송진* 조각을 비빈 다음에 비빈 표면을 그대로 접촉해 놓자. 이렇게 서로 접촉된 유리 조각과 송진 조각은 여전히 전기적 성질을 띠지 않는다. 그런데 두 조각을 떼어놓아 보라. 그러면 두 조각 사이에는 서로 잡아당기는 힘이 작용한다.

이번에는 다른 유리 조각과 다른 송진 조각을 서로 접촉해서 비빈 다음에 떼어놓자. 이렇게 떼어놓은 유리 조각과 송진 조각을 앞에서 비빈 다음에 떼어놓은 유리 조각과 송진 조각과 함께 가까운 곳에 매달아 놓자. 그러면 다음과 같은 현상이 관찰된다.

(1) 두 유리 조각은 서로 밀어낸다.

---

* 송진은 소나무나 잣나무에서 분비되는 끈적끈적한 액체로 수지(樹脂)라고도 하며 굳으면 황 갈색의 유리와 같은 상태가 된다.

(2) 유리 조각과 송진 조각은 서로 잡아당긴다.

(3) 두 송진 조각은 서로 밀어낸다.

이런 서로 잡아당기고 밀어내는 현상을 전기적 현상이라고 부르며 전기적 현상을 나타내는 물체는 **전하를 띠었다**거나 또는 **대전(帶電)되었다**고 말한다.

물체는 마찰뿐 아니라 여러 가지 다른 방법으로도 전하를 띠게 할 수 있다.

두 유리 조각의 전기적 성질은 같지만 두 송진 조각의 전기적 성질과는 반대이다. 유리는 송진이 밀어낸 것은 잡아당기고 송진이 잡아당긴 것은 밀어낸다.

만일 어떤 물체가 무슨 방법으로든 유리가 행동하는 것처럼 전하를 띠면, 즉 유리는 밀어내고 송진은 잡아당기면, 그 물체는 **유리처럼** 전하를 띤다고 말한다. 만일 그 물체가 유리는 잡아당기고 송진은 밀어내면, 그 물체는 **송진처럼** 전하를 띤다고 말한다. 전하를 띤 모든 물체는 예외 없이 유리처럼 전하를 띠거나 송진처럼 전하를 띤다는 것이 밝혀졌다.

과학자들은 유리처럼 띤 전하를 양전하(陽電荷)라고 부르고, 송진처럼 띤 전하를 음전하(陰電荷)라고 부른다. 두 종류의 전하가 정확히 반대인 성질을 가지므로 그 두 종류의 전하를 서로 반대 부호로 표시하는 것인데, 두 가지 중 어떤 것을 양으로 표시하는지는 별다른 이유가 있지 않고 단순히 관습으로 그렇게 정했다. 그것은 마치 수학에 나오는 도표에서 관습적으로 오른쪽을 양(陽)의 거리로 생각하는 것과 똑같다.

전하를 띤 물체와 띠지 않은 물체 사이에는 잡아당기는 힘도 관찰되지 않고 밀어내는 힘도 관찰되지 않는다. 어떤 경우든지, 전에는 전하를 띠지 않았던 물체가 전하를 띤 물체에 의해 힘을 작용받는 것이 관찰되면, 그것은 그 물체가 **유도(誘導)** 때문에 **전하를 띠었기** 때문이다.

유도에 의한 전하

28. 실험 2[2]

속이 빈 금속으로 된 용기를 흰색 명주 줄에 매달아 놓고,* 같은 줄을 용기의 뚜껑에도 연결하여 만지지 않고서도 용기의 뚜껑을 열거나 닫을 수 있도록 장치하자.

유리 조각과 송진 조각도 전과 마찬가지 방법으로 전하를 띠게 만든 다음 같은 방법으로 줄에 매달아 놓자.

이제 처음에는 전하를 띠지 않은 금속 용기를 준비하고, 줄에 연결한 전하를 띤 유리 조각을 용기와 접촉하지 않도록 조심하면서 용기 내부에 넣고 용기의 뚜껑을 닫자. 그러면 용기의 바깥쪽 표면은 유리처럼 전하를 띠고, 금속 용기 바깥쪽의 전기적 상태는 유리가 매달려 있는 용기 내부 공간의 어떤 부분의 전기적 상태와도 정확히 같다.

만일 이제 용기에 접촉하지 않으면서 유리 조각을 용기 밖으로 꺼내면, 유리 조각이 띤 전하는 금속 용기에 넣기 전과 똑같지만, 용기가 띠었던 전하는 사라진다.

그림 4

금속 용기의 이런 전하는 용기 내부에 넣은 전하를 띤 유리에 의존해서, 내부에 유리가 있으면 나타나고 없으면 사라지는데, 이렇게 띤 전하를 유도(誘導)에 의한 전하라고 부른다.

유리를 금속 용기 안에 넣는 대신, 금속 용기 바깥의 가까운 곳에 매달아 놓더라도 비슷한 효과가 나타나는데, 그러나 그 경우에는 용기 바깥에서

---

* 이 책의 원문에 흰색 명주 줄(white silk threads)이라고 되어 있지만, 여기서 명주 줄이 반드시 흰색일 이유는 없다.

한쪽은 유리처럼 전하를 띠고 그 반대쪽은 송진처럼 전하를 띤다. 유리를 용기의 내부에 넣으면 용기의 바깥쪽 표면 전체가 유리처럼 전하를 띠고 용기의 안쪽 표면 전체가 송진처럼 전하를 띤다.

전도에 의한 전하

29. 실험 3

지난 마지막 실험에서처럼 금속 용기가 유도에 의해 전하를 띠게 만들자. 그리고 전하를 띤 금속 용기에서 가까운 곳에 두 번째 금속 물체를 흰색 명주 줄을 이용하여 매달아 놓고, 똑같은 방법으로 매단 금속 도선을 가져와 전하를 띤 용기와 두 번째 금속 물체에 동시에 접촉하자.

그러면 두 번째 금속 물체는 유리처럼 전하를 띠고, 금속 용기가 유리처럼 띠던 전하는 감소한다.

여기서 전기적 조건*이 도선에 의해서 금속 용기로부터 두 번째 물체로 이동하였다. 이 도선을 전기의 **도체**라고 부르며, 두 번째 물체는 **전도**(傳導)**에 의해 전하를 띤다**고 말한다.

도체와 절연체

실험 4

위의 실험에서 만일 금속 도선 대신에 유리 막대나 송진 또는 구타페르카 막대,** 또는 흰색 명주 줄을 사용했다면, 전하의 이동은 일어나지 않는

---

* 여기서 전기적 조건(electrical condition)이란 전하를 띠고 있음을 의미한다.
** 송진은 소나무 수지(樹脂)이고 구타페르카(gutta-percha)는 말레이시아산 나무에서 나오는 수지이다.

다. 이런 물질들을 전기의 부도체(不導體)라고 부른다. 부도체는 전기 실험에서 전하를 띤 물체가 전하를 잃지 않으면서 움직이지 않도록 받쳐놓는 데 사용된다. 그런 목적으로 사용될 때 부도체를 절연체(絕緣體)라고 부른다.

금속은 좋은 도체이다. 공기, 유리, 송진, 구타페르카, 경질(硬質) 고무, 파라핀 등이 좋은 절연체이다. 그런데 앞으로 설명하겠지만, 모든 물질은 전하가 이동하는 데 저항하며, 또 모든 물질은 전하가 통과하도록 허용한다. 단지 전하가 이동하는 데 저항하는 정도나 전하가 통과하도록 허용되는 정도가 물질에 따라 큰 차이가 있을 뿐이다. 이 주제에 대해서는 전하의 이동을 다룰 때 다시 논의할 것이다. 현재는 단 두 종류의 물체, 즉 좋은 도체와 좋은 절연체만을 고려한다.

실험 2에서 전하를 띤 물체는 비전도 매질인 공기로 분리된 금속 용기에 전하를 만들어냈다. 전도에 의하지 않고 이런 전기적 효과를 전달한다고 생각되는 그런 매질을 패러데이*는 유전(誘電) 매질이라고 부르고, 유전 매질을 통해 일어나는 작용을 유도(誘導)라고 불렀다.

실험 3에서는 전하를 띤 용기를 다른 금속 물체에 도선으로 연결하여 금속 물체도 전하를 띠게 했는데, 이때 도선이 매체(媒體)로 이용되었다. 이제 도선을 제거하고, 전하를 띤 유리 조각도 용기와 접촉하지 않도록 조심하면서 용기로부터 꺼내서 충분히 먼 거리에 놓는다고 가정하자. 두 번째 물체는 여전히 유리처럼 전하를 띠지만, 유리가 제거된 때 용기는 송진처럼 전하를 띤다. 이제 만일 도선으로 두 물체 모두를 접촉하면, 도선을 따라 전도가 일어나고, 두 물체 모두 띠었던 전하가 사라지는데, 이것은 두 물체가 띤 전하의 양이 같고 두 물체가 띤 전하의 부호는 반대임을 가리킨다.

---

* 패러데이(Michael Faraday, 1791-1867)는 영국의 물리학자이자 화학자로 빈곤한 가정에서 출생하여 정규 교육을 거의 받지 못했으나 전자기학과 화학 분야에 크게 기여하고 뉴턴과 아인슈타인에 비금가는 과학자가 된 사람이다.

30. 실험 5

실험 2에서 우리는 송진으로 문질러서 전하를 띤 유리 조각을 절연된 금속 용기 안에 용기와 접촉하지 않도록 조심하며 걸어놓으면, 용기 바깥쪽에 띤 전하는 용기 안에 놓인 유리 조각의 위치와는 무관함을 보았다. 이제 유리 조각을 문질렀던 송진 조각을 유리 조각은 물론 용기와도 접촉하지 않도록 조심하면서 용기 안으로 가져온다면, 용기 바깥쪽에 띤 전하가 사라진다. 이 결과로부터 우리는 송진 조각이 띤 전하의 양이 정확하게 유리 조각이 띤 전하의 양과 똑같고, 송진 조각이 띤 전하의 부호는 유리 조각이 띤 전하 부호의 반대라고 결론짓는다. 각 물체가 어떤 방법으로 전하를 띠었든 간에 전하를 띤 물체들을 용기 안에 걸어놓으면, 용기 바깥쪽이 띤 전하는, 송진처럼 띤 전하를 음수(陰數)라고 생각하고 용기 안의 전하를 모두 더한 전하의 대수 합과 같음을 보일 수 있다. 우리는 이렇게 각 물체의 전하를 바꾸지 않고도 여러 물체의 전기적 효과를 모두 더할 수 있는 실제적인 방법을 갖게 되었다.

31. 실험 6

이제 절연된 두 번째 금속 용기 B를 준비하고, 전하를 띤 유리 조각을 첫 번째 용기 A에 넣고, 전하를 띤 송진 조각을 두 번째 용기 B에 넣자. 그다음에 두 용기를 실험 3에서 한 것처럼 금속 도선을 이용하여 서로 접촉하자. 그러면 전하를 띠고 있다는 표시는 모두 사라진다.[*]

그다음에, 두 용기를 접촉한 도선을 제거하고 용기에 접촉하지 않으면서 유리 조각과 송진 조각을 용기로부터 꺼내자. 그러면 A는 송진처럼 전하를 띠고 B는 유리처럼 전하를 띤다.

---

[*] 두 용기의 바깥쪽을 도선으로 연결하면 처음에는 전하를 띠었던 용기의 바깥쪽이 이제는 모두 전하를 띠지 않게 된다는 의미이다.

이번에는 유리 조각과 용기 A를 함께 더 큰 절연된 용기 C에 넣으면, C의 바깥쪽은 전하를 띠지 않는다. 이것은 A가 띤 전하가 유리 조각이 띤 전하와 크기는 정확히 같고 부호는 반대임을 보여주며, 같은 방법으로 B가 띤 전하도 송진 조각이 띤 전하와 크기는 정확히 같고 부호는 반대임을 보여줄 수 있다.

이처럼 우리는 어떤 물체의 전하를 바꾸지 않으면서 그 물체의 전하와 정확히 크기가 같고 부호는 반대인 전하를 용기가 띠도록 만드는 방법을 얻었으며, 그렇게 하면 여러 개의 용기를, 양전하와 음전하 모두, 정확히 똑같은 크기의 전하로 대전시킬 수 있다. 그래서 그것을 전하의 임시 단위로 생각해도 된다.*

32. 실험 7

이제 당분간 단위 전하라고 부르려고 하는 크기의 양전하로 대전된 용기 B를 더 큰 절연된 용기 C에 서로 접촉하지 않도록 조심하며, 넣자. 그러면 C의 바깥쪽에는 양전하가 나타난다. 그다음에 B를 C의 안쪽에 접촉하자. 그런데도 C의 바깥쪽 전하는 전혀 바뀌지 않는다. 그리고 C에 접촉하지 않게 주의하며 B를 C 밖으로 꺼내서 충분히 먼 곳에 옮겨놓으면, B에는 전하가 전혀 남아 있지 않고, C는 단위 양전하로 대전되어 있게 된다.

이처럼 우리는 B의 전하를 C로 이동시킬 수 있게 되었다.

이제 B를 단위 전하로 다시 대전시키고, 이미 대전된 C에 넣은 다음, C의 안쪽에 접촉하고, 꺼내자. 그러면 B에는 이번에도 역시 전하가 전혀 남아 있지 않고, C의 전하는 2배가 된다.

이 과정을 반복하면, C가 전에 이미 많은 횟수로 대전되었더라도 상관

---

* 여러 용기에 똑같은 전하를 띠게 만드는, 물체에 대전된 변하지 않는 (전하의) 크기를 임시로 전하의 단위로 사용할 수 있다는 의미이다.

없고, 그리고 B가 여러 가지 다른 방법으로 대전되더라도 상관없이, 처음에 B가 C 안으로 전부 들어가기만 하면, 그리고 마지막에 C와 접촉하지 않고 C 밖으로 멀리 옮겨지기만 하면, B의 전하는 모두 다 C로 이동하고, B에는 전하가 전혀 남아 있지 않게 된다.

이 실험은 물체에 단위 전하의 몇 배든 전하를 대전시키는 방법을 보여준다. 우리는 앞으로 전기에 대한 수학 이론을 다룰 때, 이 실험의 결과를 이용하여 그 이론이 옳은지를 정확하게 조사하게 될 것이다.

33. 전기력 법칙에 대해 알아보기 전에 지금까지 확실하게 안 사실들을 먼저 점검하자.

속이 비어 있는 절연된 도체 용기의 내부에 임의의 전하를 띤 계*를 넣고, 그 결과로 용기의 바깥쪽에 나타나는 효과를 조사하면, 계를 이루는 서로 다른 물체들 사이에 전하에 관한 교류가 전혀 없더라도, 용기 내부에 놓인 계의 총(總)전하가 얼마인지를 알아낼 수 있다.

용기의 바깥쪽을 검전기에 연결하면, 용기의 바깥쪽이 띤 전하를 아주 정교하게 조사할 수 있다.

각각 양전하와 음전하로 대전된 두 물체 사이에 놓인 가늘고 긴 금박(金箔) 조각을 매달아 놓은 것으로 구성된 검전기**가 놓여 있다. 금박 조각이 전기를 띠면 금박은 자신의 전하와 반대 부호의 전하로 대전된 물체 쪽을 향하여 기울어진다. 두 물체에 대전된 전하량을 증가시키고, 금박 조각을 매단 부분을 점점 더 정교하게 만들면, 금박 조각에 대전된 극미량의 전하도 검출될 수 있다.

---

* 여기서 계(system)란 관심을 두는 물체들의 모임을 말한다.
** 검전기(electroscope)란 전하의 존재를 검출하는 초창기 장치로 최초의 검전기는 16세기 말 영국의 과학자 길버트(William Gilbert)가 발명하였다.

앞으로 전위계*와 배율기**에 대해 설명하게 되면, 전하를 검출하고 우리 이론이 얼마나 정확한지 조사하는 데 여전히 더 정교한 방법도 있는 것을 알게 되겠지만, 당분간은 속이 빈 용기를 금박 검전기***에 연결한 것으로 조사가 이루어진다고 가정하자.

이 방법은 패러데이가 전기 현상에 대한 법칙들을 감동적으로 설명할 때 사용했던 바로 그 방법이다.[3]

34. (1) 한 물체의 총(總)전하 또는 여러 물체로 이루어진 계의 총전하는, 다른 물체로부터 전하를 받거나 또는 다른 물체에게 전하를 주지 않는 한, 항상 일정하게 유지된다.

모든 전기 실험에서, 물체에 대전된 전하를 관찰하면 그 양이 변하지만, 그때마다 변화는 항상 절연 처리를 완벽하게 하지 못해서 일어나며, 절연 방법이 개선되면 전하의 손실은 줄어든다. 그러므로 완벽하게 절연된 매체에 놓인 물체의 전하는 절대로 변하지 않고 일정하게 유지된다고 믿어도 좋다.

(2) 한 물체가 다른 물체를 전도로 대전시킬 때, 두 물체의 총전하는 일정하게 유지된다. 다시 말하면 한 물체가 양전하를 잃거나 음전하를 얻으면, 다른 물체는 같은 크기의 양전하를 얻거나 음전하를 잃는다.

그것은 그 두 물체를 속이 빈 용기에 넣어서 총전하는 변하지 않는 것을 확인하여 알 수 있다.

(3) 마찰로 전하를 만들거나, 또는 어떤 다른 알려진 방법으로 전하를 만들면, 같은 양의 양전하와 음전하가 함께 생긴다.

---

* 전위계(electrometer)는 전기력을 이용하여 전하 또는 퍼텐셜 차이를 측정하는 장치이다.
** 배율기(multiplier)는 아주 작은 전하나 전류를 측정하는 장치로 1820년 독일의 과학자 슈바이거(Johann Schweigger)가 발명하였다.
*** 금박 검전기(gold leaf electroscope)는 가늘고 긴 금박(金箔) 조각을 매달아 놓은 검전기로 1787년 영국의 과학자 베넷(Abraham Bennet)이 최초로 제작하였다.

왜냐하면 전체 계의 전하를 속이 빈 용기 안에서 조사할 수도 있고, 또는 전하를 띠는 과정을 그 용기 안에서 진행할 수도 있는데, 계를 구성하는 각 부분이 전하를 띤 효과가 아무리 세더라도, 검전기의 금박 조각이 가리키는 전체 계의 전하는 예외 없이 언제나 영(0)이기 때문이다.

그러므로 물체의 전하는 측정 가능한 물리량이며, 두 전하 또는 더 많은 전하를 실험적으로 결합하여 두 양을 대수적으로 더할 때와 같은 종류의 결과를 얻을 수 있다. 우리는 그러므로 전하를 정성적인 존재로뿐 아니라 정량적인 양으로 대우하기에 적합한 언어를 사용할 수 있으며, 전하를 띤 물체를 '어떤 크기의 양전하 또는 음전하로 대전되었다'고 말할 수 있다.

35. 방금 한 것처럼, 비록 우리가 전하를 물리량의 반열에 올려놓았지만, 너무 성급하게 전하가 물질의 일종이라거나 아니라거나, 또는 전하가 에너지의 한 형태라거나 아니라거나, 또는 전하가 이미 알려진 어떤 물리량의 범주에 속한다고 가정하지 않아야 한다. 우리가 지금까지 증명한 것은 단지 전하는 창조될 수도 없고 소멸할 수도 없어서, 만일 닫힌 표면 안에서 전하의 전체 양이 증가하거나 감소하면, 그 증가하거나 감소한 만큼의 전하는 반드시 닫힌 표면을 가로질러서 들어오거나 나가야 한다는 것이 전부일 뿐이다.

이것은 물질에 대해서도 성립하며, 유체역학에서 연속 방정식이라고 알려진 식에 따라 표현된다.*

이것이 열(熱)에 대해서는 성립하지 않는다. 왜냐하면 열이 아닌 다른 형태의 에너지가 열로 바뀌거나 또는 열이 어떤 다른 형태의 에너지로 바뀌

---

* 유체역학의 연속 방정식에 의하면 닫힌 표면 안의 물질의 전체 양은 일정하게 유지되고, 만일 전체 양이 증가하거나 감소하면, 그 증가하거나 감소한 만큼의 질량은 반드시 닫힌 표면을 가로질러서 들어오거나 나가야 한다고 말한다.

면, 표면을 가로질러서 열이 들어오거나 나가지 않더라도, 닫힌 표면 안에서 열이 증가하거나 감소할 수 있기 때문이다.

떨어진 물체들 사이의 즉각적인 작용*을 인정한다면, 이것은 심지어 일반적인 형태의 에너지에 대해서도 성립하지 않는다. 왜냐하면 닫힌 표면 바깥에 놓인 물체가 안에 놓인 물체와 에너지를 교환할 수 있기 때문이다. 그러나 만일 떨어진 두 물체 사이의 모든 겉보기 작용은 두 물체 사이에 놓인 매질의 부분들 사이에 일어난 작용의 결과라고 한다면, 그리고 매질의 부분들 사이의 그러한 작용이 어떻게 이루어지는지를 분명히 이해하기만 하면, 모든 경우에 닫힌 표면 안에서 에너지의 증가나 감소를 설명하기 위해 닫힌 표면을 가로질러서 에너지가 들어오거나 나간 흔적을 찾는 것이 가능하다.

그런데 우리가 물리량이며 물체의 총전하라는 의미를 갖는 전하가, 마치 열처럼, 에너지의 한 형태는 아니라고 확고하게 주장하도록** 만들어주는 또 다른 이유가 있다. 전하를 띤 계는 정해진 양의 에너지를 가지며, 계의 각 부분이 띤 전하의 양에 그 부분의 퍼텐셜이라고 부르는 또 다른 물리량을 곱하고, 그 곱들을 모두 더해서 둘로 나누면 계가 갖는 에너지가 된다. '전하'라는 양과 '퍼텐셜'이라는 양을 곱하면 '에너지'라는 양을 만든다. 그러므로 전하와 에너지가 같은 범주에 속한 양이 되는 것은 불가능하다. 왜냐하면 전하는 에너지를 만드는 두 인자 중 단 하나일 뿐이며, 다른 하나의 인자는 '퍼텐셜'이기 때문이다.

---

* 떨어진 물체들 사이의 즉각적인 작용(the immediate action of bodies at a distance)이란 접촉하지 않은 두 물체가 중간에 어떤 매개(媒介)도 거치지 않고 상대 물체에 즉시 직접 작용하는 것을 말한다.

** 이 책을 쓰기 전인 19세기 초까지만 하더라도 열은 독립적인 현상으로 당시 '열소(熱素)'라고 부른 것이 원인으로 일어나며 마치 질량이 보존되듯이 열소도 보존된다고 생각했다. 그런데 이 책을 쓰기 바로 전 열이 에너지의 한 형태임이 확인되었다. 여기서 저자는 전하가 열이나 에너지와 같은 종류의 물리량이 아님을 강조한다.

전하에 퍼텐셜을 곱한 것과 같이 곱해서 에너지를 만드는 두 인자는 그 밖에도 여러 가지가 있다. 그런 예로는 다음과 같은 것을 들 수 있다.

힘	×	힘이 작용한 거리
질량	×	정해진 높이를 올라간 중력 퍼텐셜 에너지 차이
질량	×	그 질량을 갖는 물체의 속력 제곱의 절반
압력	×	그 압력에 의해 용기로 들어온 유체의 부피
화학적 친화도	×	조합에 들어온 전기-화학적 대등 도의 수로 측정한 화학 변화

혹시 언젠가 전기 퍼텐셜이 역학적으로는 무엇인지 분명하게 정해야 할 때가 온다면, 위에서 열거한 에너지를 만드는 두 인자의 곱을 에너지에 관한 생각과 결합하여 '전하'가 속하게 될 물리적 범주를 정하면 된다.

36. 이 주제에 대한 대부분 이론에서 전하가 물질처럼 취급되는데, 서로 상대를 없애는 두 물질이 존재한다는 것을 상상할 수 없으므로, 결합하면 서로 상대의 존재를 없애는 두 종류의 전하가 존재하는 한, 자유 전하와 결합한 전하*를 구분해야 한다.

두 유체 이론

두 유체(流體) 이론이라고 부르는 이론에서는, 전하를 띠지 않은 상태의 모든 물체가 같은 양의 양전하와 음전하로 대전되어 있다고 가정한다. 물체에 대전된 이 양전하의 양과 음전하의 양은, 어떤 전기를 띠게 만드는 과

---

* 자유 전하(free electricity)와 결합한 전하(combined electricity)는 바로 다음에 나오는 두 유체 이론(theory of two fluids)에서 정의된다. 다만, 이 두 유체 이론은 원자의 구조를 이해하여 전하가 무엇인지 확실히 알기 전까지 과도적으로 이용한 이론으로, 오늘날에는 두 유체 이론을 더는 언급하지 않는다.

정도 물체로부터 결코 양전하와 음전하 전부를 모두 다 뺏어갈 수 없을 정도로 크다고 가정한다. 이 이론에 따르면, 전기를 띠게 만드는 과정은 물체 A로부터 정해진 양 P만큼의 양전하를 취해서 그 양전하를 B에 전달하거나, 또는 물체 B로부터 정해진 양 N만큼의 음전하를 취해서 그 음전하를 A에 전달하거나, 또는 그런 두 과정을 적당히 섞은 것으로 구성된다.

그렇게 하면 결과적으로 A는 전에 이미 가지고 있던 양전하에 덧붙여 $P+N$ 단위의 음전하를 갖게 되는데, 이미 가지고 있던 양전하는 같은 양의 음전하와 결합한 상태라고 가정되어 있다. 이 전하의 양 $P+N$을 자유 전하*라고 부르고, 나머지를 결합한 전하 또는 잠재된 전하, 또는 고정된 전하라고 부른다.

이 이론에 대한 설명서에서는 대부분 두 종류의 전하를 '유체'라고 부르는데, 그렇게 부르는 이유는 전하가 한 물체에서 다른 물체로 이동하는 것이 가능하고, 도체 내부에서는 전하의 움직임이 지극히 자유롭기 때문이다. 이 이론은 단순히 수학적 목적으로 사용되기 때문에 관성, 무게, 탄성과 같은 실제 유체가 가지고 있는 다른 성질들은 이 이론과는 무관하다. 그런데 물리학자를 제외하고는 이론을 설명할 때 나오는 진술 중 이해할 수 있어 보이는 단어가 단지 유체뿐이어서 단어 유체에만 집중하는 많은 과학자도 포함해서, 일반인들에게는 유체라는 단어의 사용이 원래 의도와는 다르게 해석되기가 쉬웠다.**

'두 유체' 이론으로 자신들의 주장을 표현한 저자(著者)들은 이 주제에 대한 수학적 논의를 크게 발전시켰다. 그렇지만 전적으로 실험으로 증명될

---

* 여기서 자유 전하(free electricity)는 오늘날 도체에서 전류를 나르는 것으로 알려진 자유 전자(free electron)와는 아무런 관계도 없다.

** 유체(流體)는 기체와 액체를 한꺼번에 부르는 명칭이다. 그러나 '두 유체 이론'에서 유체는 도체에서 자유롭게 이동하는 전하를 의미한다. 그래서 이 문장은 '두 유체 이론'에서 유체가 기체나 액체와는 전혀 무관함을 강조하고 있다.

수 있는 자료로부터 추론된 그들의 결과는, 두 유체 이론을 사용했는지 또는 사용하지 않았는지와는 상관없이, 옳아야 한다. 그러므로 수학적 결과를 실험으로 입증하는 것은 이 이론에서만 사용된 원칙이 옳다는 증거가 되지도 않고 틀린다는 증거가 되지도 않는다.

두 유체를 도입하면 A의 음전하와 B의 양전하가 결국 같은 결과를 낳는 세 가지 서로 다른 과정 중에서 **어떤 임의의 한** 과정의 효과라고 생각할 수 있다. 우리는 이미 A의 음전하와 B의 양전하는 P단위의 양전하를 A에서 B로 이동하고, 또 동시에 N단위의 음전하를 B에서 A로 이동하여 발생한다고 가정하였다. 그러나 만일 $P+N$단위의 양전하가 A에서 B로 이동하거나, 또는 만일 $P+N$단위의 음전하가 B에서 A로 이동한다면, 그 결과로 A와 B가 띠는 '자유 전하'는 전의 첫 번째 경우와 같지만, A의 '결합한 전하'의 양은 두 번째 경우에는 첫 번째 경우보다 더 작고, 세 번째 경우에는 첫 번째 경우보다 더 크다.

그러므로 이 이론에 따르면, 물체가 가지고 있는 단지 자유 전하의 양뿐만 아니라 결합한 전하의 양도 역시 바꿀 수 있는 것처럼 보인다. 그러나 전하를 띤 물체에서 그 물체와 결합한 전하의 양이 바뀐 흔적을 보여주는 현상은 지금까지 관찰된 적이 없다. 그러므로 그렇게 결합한 전하는 관찰이 가능한 물리량이 아니거나 결합한 전하의 양은 바뀌는 것이 가능하지 않다. 두 유체에 서로 잡아당기는 성질과 서로 밀치는 성질만 부여하고 그 밖의 성질은 전혀 인정하지 않는 오로지 수학자이기만 한 사람에게는 이 두 가지 가능성 중에서 첫 번째 가능성 즉 결합한 전하는 관찰 가능한 물리량이 아니라는 것은 전혀 문제가 되지 않는다. 왜냐하면 그 수학자는 두 유체를 마치 $+e$와 $-e$처럼 단순히 상대방을 없애는 존재여서 결합하면 정확하게 수학적인 영으로 만든다고 생각하기 때문이다. 그러나 물질을 떠올리지 않으면 유체라는 단어를 사용할 수 없는 사람은, 두 유체의 결합이 물체의 질량이나 무게를 증가시키거나 물체의 어떤 다른 성질의 일부를 바꾸는 방법으로도 물체에 영향을 주지 못해서 두 유체의 결합을 어떤 성질로도 전혀 나타낼 수 없다는 것을 상상하는 것이 어렵다. 그런 이유로 전하를 띠게 하는 모든 과정에서 정확히 같은 양의 두 유체가 반대 방향으로 이동해서 어떤 물체에서든지 두 유체를 하나로 합친 전체 양은 항상 똑같이 유지된다고 가정하는 사람들도 있었다. 그들은 이 새로운 법칙으로 '어떻게든 체면을 세우려고 시도'하지만, '두 유체 이론'을 사실과 부합하게 만들고 이 이론이 존재하지 않는 현상을 예언하지 않게 만드는 것을 제외하면, 이 새로운 법칙은 전혀 필요가 없다는 것을 그들은 잊고 있다.

한 유체 이론

37. 두 물질의 크기가 같고 부호가 반대라고 가정하는 대신에, 보통 음(陰)인 두 물질 중 하나는 보통 물질이라는 이름과 성질을 부여받았고, 다른 하나는 전기 유체라는 이름을 유지했다는 점을 제외하면, 한 유체 이론에서 모든 것이 두 물체 이론에서와 똑같다. 유체 입자는 거리의 제곱에 반비례하는 법칙에 따라 다른 유체 입자를 밀어내고, 똑같은 법칙에 따라 물질 입자를 끌어당긴다고 가정한다. 물질 입자는 다른 물질 입자를 밀어내고 전기 유체 입자를 끌어당긴다.

어떤 물체에 포함된 전기 유체의 양이, 그 물체 외부에 존재하는 전기 유체 입자가 그 물체에 포함된 전기 유체에 의해 밀쳐진 만큼, 그 물체에 포함된 물질에 의해 끌어당겨지기에 딱 알맞다면, 그 물체는 포화되었다고 말한다.* 어떤 물체에 포함된 전기 유체의 양이 그 물체가 포화된 때의 전기 유체의 양보다 더 많다면 그 초과량을 쓸모없는 유체라고 부르며, 그 물체

---

* 어떤 물체에 포함된 전기 유체가 그 물체 밖의 전기 유체 입자를 밀어내는 힘과 그 물체에 포함된 물질이 그 전기 유체 입자를 끌어당기는 힘이 같으면 그 물체는 전기 유체로 포화되었다.

는 과도하게 대전되었다고 말한다. 어떤 물체에 포함된 전기 유체의 양이 그 물체가 포화된 때의 전기 유체의 양보다 더 적다면 그 물체는 부족하게 대전되었다고 말하고, 그 물체를 포화시키기 위해 추가로 공급해야 할 전기 유체의 양을 때로는 모자라는 유체라고 부른다. 보통 물질 1그램을 포화시키기에 필요한 전하의 단위 수는 매우 커야 한다. 왜냐하면 금 1그램은 1제곱미터 넓이까지 펼 수 있으며, 이런 형태의 금은 최소한 6만 전하 단위의 음전하를 포함할 수 있기 때문이다. 금박(金箔)을 포화시키려면 이만한 양의 전기 유체를 금박에 전달해야 하며, 그러므로 금박을 포화시키는 데 필요한 전체 양은 이보다 더 커야 한다. 두 포화된 물체 사이에서 물질과 유체 사이의 끌어당김은 두 물질 부분 사이의 밀어냄보다 아주 약간 더 크고, 두 유체 부분 사이의 밀어냄보다도 아주 약간 더 크다고 가정한다. 그리고 그 잔여 힘이 중력에 의한 끌어당김의 원인이 된다고 가정한다.*

두 유체 이론과 마찬가지로, 이 이론도 아주 많은 것을 설명하지는 못한다. 그런데 한 유체 이론을 적용하려면, 전기 유체의 질량이 아주 작아서 어떤 가질 수 있는 양전하 또는 음전하도 지금까지 감지(感知)할 수 있을 정도로 물체의 질량이나 무게를 증가시키거나 감소시키지 못했다고 가정해야 한다. 그리고 왜 하필이면 송진처럼 띤 전하가 아니라 유리처럼 띤 전하가 전기 유체의 **초과량** 때문에 생긴다고 가정해야 하는지를 설명하기에 충분한 이유를 아직 찾지 못했다.

더 잘 판단하는 것이 분명한 사람들이 간혹 이 이론에 반하는 이의를 제기하곤 하였다. 전기 유체와 결합하지 않은 물질 입자들은 서로 **밀어낸다**는 원리는, 우주 전체를 통하여 모든 물질 입자는 다른 모든 물질 입자를 서로 **끌어당긴다**는 기초가 확립된 사실**과 전혀 부합되지 않는다는 것이다.

---

* 19세기 말까지도 중력(만유인력)의 원인을 이런 식으로 설명하려고 시도했다는 것이 흥미롭다.

그러나 한 유체 이론에 따르면, 전기 유체와 결합하지 않은 물질로 구성된다고 가정되는 천체(天體)는 음전하의 최고 상태에 놓여 있을 것이며, 서로 밀어낼 것이다. 그렇지만 천체가 그렇게 높게 대전된 상태에 놓여 있다고 믿거나 그 상태가 유지될 수 있을 것으로 믿어야 할 이유는 전혀 없다. 서로 잡아당긴다고 관찰된 지구와 모든 물체는 오히려 대전되지 않은 상태에 있다. 다시 말하면, 그 물체들은 정상적인 전하를 포함하고 있으며, 그 물체들 사이에는 바로 앞에서 언급한 단지 잔여 힘만 작용한다. 그런데 그 잔여 힘을 도입하는 방식이 너무 인위적이어서 이 이론에 이의를 제기하는 것이 그럴듯해 보인다.

이 책에서 나는 조사가 이루어지는 단계마다 추가로 도입되는 현상에 비추어 다른 이론들을 시험해 볼 것을 제안한다. 다른 사람들은 모르겠지만 나로서는, 전하를 띤 물체들 사이에 놓여 있는 공간에서 발생하는 것들을 연구함으로써 전하의 본질이 더 명백해지기를 기대한다. 그런 것이 패러데이가 자신의 저서 *Experimental Researches*를 저술하기 위한 연구를 진행하면서 추구한 방식의 핵심이 되는 특징이다. 그리고 나는 패러데이와 W. 톰슨이 그랬던 것처럼, 이 책을 저술하면서 얻은 결과들을 서로 연결된 수학적인 형태로 설명할 예정이다. 그렇게 하면 어떤 현상이 모든 이론에 의해 똑같이 잘 설명되는지, 그리고 어떤 현상이 각 이론의 특이한 어려움을 가려내 주는지 인지하게 된다.

대전된 물체들 사이에 작용하는 힘의 측정

38. 힘은 다양한 여러 방법으로 측정된다. 예를 들어, 물체 중 하나를 정교한 저울의 한쪽 팔에 매달고, 대전되지 않은 그 물체가 평형이 될 때까지 추

** 여기서 기초가 확립된 사실이란 뉴턴의 만유인력 법칙을 가리킨다.

들을 다른 쪽 팔에 매단다. 그다음에 다른 물체를 처음 물체 아래 알고 있는 거리에 놓아서, 대전되었을 때, 물체들 사이의 끌어당김이나 밀쳐냄이 첫 번째 물체의 겉보기 무게*를 증가시키거나 감소시킬 수 있다. 저울의 다른 팔에 추가하거나 삭감해야 하는 추를 동적 기준으로 표현하면, 이 방법은 물체들 사이의 힘을 측정하는 데 이용될 수 있다. 이런 방식은 W. 스노 해리스 경**이 사용했고, W. 톰슨 경의 절대 전위계에서 이용했다. 217절을 보라.

때로는 비틀림 저울을 이용하는 것이 더 편리한데, 비틀림 저울에서는 수평으로 놓인 팔이 가느다란 선 또는 섬유에 매달려서 수직으로 놓인 도선을 중심으로 흔들릴 수 있고, 저울 팔의 한쪽 끝에 붙인 물체는 접선 방향으로 작용하는 힘을 받아서 수직축을 중심으로 저울 팔을 돌려서, 매달아 놓은 도선이 어떤 각만큼 비틀어진다. 저울 팔이 진동하는 시간을 측정하면 도선의 비틀림 강도를 알고, 다른 방법으로 저울 팔의 회전관성을 구하면 비틀림의 각도와 강도로부터 인력 또는 척력을 구할 수 있다. 미첼***이 작은 물체 사이의 만유인력을 측정하기 위해 비틀림 저울을 고안하였고, 캐번디시****가 그 목적으로 이 저울을 사용하였다. 미첼과 캐번디시와는 무관하게 연구하던 쿨롱*****이 비틀림 저울을 다시 발견하고, 저울의 동작을 철저히 조사한 후 그 저울을 이용하여 전기력에 대한 법칙과 자기력에 대한 법칙을 찾는 데 성공하였다. 그리고 그 뒤로 비틀림 저울은 미세한 힘을 측정해야 하는 모든

---

* 겉보기 무게(apparent weight)는 다른 쪽 팔의 추를 증감하여 측정되는 무게를 말한다.

** 해리스(William Snow Harris, 1791-1867) 경은 영국의 물리학자, 발명가로 선박용 피뢰침을 발명한 것으로 유명하다.

*** 미첼(John Michell, 1724-1793)은 영국의 자연철학자로 천문학, 지질학, 광학, 중력 등 광범위한 분야에 선구적인 업적을 남겼고 비틀림 진자를 고안한 것으로 유명하다.

**** 캐번디시(Henry Cavendish, 1731-1810)는 영국의 자연철학자로 1766년 수소를 최초로 발견하였고 미첼이 고안한 비틀림 진자를 이용하여 두 물체 사이의 중력을 측정하고 그 값으로부터 지구의 밀도를 최초로 구했는데, 이 실험이 캐번디시 실험으로 알려져 있다.

***** 쿨롱(Charles Augustin de Coulomb, 1736-1806)은 프랑스의 물리학자로 군대에서 기술 장교로 근무하고 제대 후에 비틀림 진자를 이용하여 전하 사이에 작용하는 전기력에 대한 법칙인 쿨롱 법칙을 발견하였다.

연구에서 항상 이용되었다. 215절을 보라.

39. 위의 두 방법 중 어느 것을 이용하든 두 대전된 물체 사이에 작용하는 힘을 측정할 수 있다고 가정하자. 물체의 크기가 두 물체 사이의 거리에 비해 작아서 두 물체 중 어느 물체에서나 전하의 분포가 고르지 못한 이유로 측정한 힘에 관한 결과가 크게 바뀌지 않는다고 가정하고, 또 공기 중에 매달린 물체는 유도(誘導)로 다른 물체가 전하를 띠지 않을 만큼 다른 물체들과 충분히 멀리 떨어져 있다고 가정한다.

그러면 만일 두 물체가 고정된 거리만큼 떨어져 놓여 있고, 각 물체는 우리가 정한 전하의 임시 단위로 e와 e'로 대전되어 있으면, 두 물체는 서로 상대 물체를 e와 e'의 곱에 비례하는 힘으로 밀어내는 것을 알게 된다. e와 e' 중 어느 하나가 음수라면 즉 두 전하 중 하나는 유리가 띤 전하와 같고 다른 하나가 송진이 띤 전하와 같다면 서로 잡아당기는 힘이지만, e와 e'가 모두 음수라면 다시 서로 밀어내는 힘이 된다.

첫 번째 물체 A가 유리가 띤 것과 같은 전하 m 단위와 송진이 띤 것과 같은 전하 n 단위를 띤다고 가정하면, 실험 5에서와 같이 두 전하는 그 물체 안에 분리되어 놓여 있다고 상상할 수 있다.

두 번째 물체 B는 m' 단위의 양전하와 n' 단위의 음전하를 띤다고 하자.

그러면 A에 포함된 m개의 양전하 단위 하나하나가 B에 포함된 m'개의 양전하 단위 하나하나를 어떤 힘, 예를 들어 f로 밀어내면, 전체 효과는 $mm'f$와 같게 된다.

음전하의 효과는 양전하의 효과와 크기는 정확히 같고 부호는 반대이기 때문에, A에 포함된 m개의 양전하 단위 하나하나는 B에 포함된 n'개의 음전하 단위 하나하나를 같은 힘 f로 잡아당겨서, 전체 효과는 $mn'f$와 같게 된다.

똑같이 A에 포함된 n개의 음전하 단위 하나하나는 B에 포함된 m'개의 양전하 단위 하나하나를 $nm'f$의 힘으로 잡아당기고, B에 포함된 n'개의 음전하 단위 하나하나를 $nn'f$의 힘으로 밀어낸다.

그러므로 전체 밀어내는 힘은 $(mm'+nn')f$이고, 전체 잡아당기는 힘은 $(mn'+m'n)f$이다.

이 결과로 얻는 밀어내는 힘은

$$(mm'+nn'-mn'-nm')f \quad \text{또는} \quad (m-n)(m'-n')f$$

가 된다.

이제 $m-n=e$는 A가 띤 전하의 대수 값이고* $m'-n'=e'$는 B가 띤 전하의 대수 값이어서, 결과적으로 얻는 A와 B 사이의 밀어내는 힘은 $ee'f$ 라고 쓸 수 있는데, 여기서 두 양 e와 e'는 항상 적절한 부호를 갖는다고 이해되어야 한다.

거리에 따른 힘의 변화

40. 고정된 거리에서 힘의 법칙을 세웠으므로, 이제 일정한 방식으로 대전되고 서로 다른 거리에 놓인 물체들 사이의 힘을 측정하자. 그 힘은 잡아당기는 힘이든 밀어내는 힘이든 모두 거리의 제곱에 반비례해서 변하는 것이 직접 측정에 의해 밝혀졌다. 그래서 f가 단위 거리만큼 떨어져 있는 두 한 단위 전하들 사이에 밀어내는 힘이라면 거리가 r일 때 밀어내는 힘은 fr^{-2} 가 되며, 거리가 r인 e 단위와 e' 단위의 두 전하 사이의 밀어내는 힘에 대한 일반적인 표현은

$$fee'r^{-2}$$

이 된다.

---

* 여기서 대수 값(algebraic value)이란 부호를 붙여서 더한 합을 의미한다.

전하의 정전 단위의 정의

41. 지금까지 우리는 전하의 단위로 완벽히 임의로 정한 표준을 사용하였다. 우리가 실험을 시작할 때 우연히 전하를 띠게 만든 한 조각의 유리가 표준에 이용되었다. 이제 우리는 확실한 원리에 근거하여 단위를 고를 수 있으며, 그리고 이 단위가 일반적인 단위계에 속해서 f가 일(1)이 되도록 단위를 정의하는 것이 좋다. 그것을 다시 말하면 다음과 같다.

전하의 정전(靜電) 단위는 같은 양의 전하와 단위 거리만큼 떨어져 있을 때 서로 밀치는 힘이 단위 힘인 양전하의 양이다.

이 단위를 나중에 정의될 전자기 단위와 구분하기 위하여 정전 단위라고 부른다.*

이제 우리는 전기적 작용에 대한 일반적인 법칙**을 간단한 형태로

$$F = ee'r^{-2}$$

이라고 쓸 수 있게 되었으며 이것을 말로 하면 다음과 같다.

각각 e 단위의 전하와 e' 단위의 전하로 대전된 두 작은 물체 사이에 작용하는 서로 밀어내는 힘은 숫자상***으로 전하의 곱을 거리의 제곱으로 나눈 것과 같다.

정전 단위가 대표하는 양의 차원

42. $[Q]$가 양 자체의 구체적인 정전 단위이고 e, e' 은 어떤 두 양의 숫자상

---

*   정전 단위(electrostatic unit)는 전하의 단위이며 전자기 단위(electromagnetic) 단위는 자극(磁極)의 단위이다.

**   전기적 작용(electrical action)에 대한 법칙이란 두 전하 사이에 작용하는 전기력에 대한 법칙을 의미한다.

*** 두 물체가 띤 전하의 양을 대표하는 두 숫자 e와 e' 을 곱한 것을 거리를 대표하는 숫자의 제곱으로 나눠서 구한 숫자는 두 물체가 서로 밀어내는 힘을 대표하는 숫자와 같다.

값이라고 가정하면, 또한 [L]이 길이의 단위이고 r가 그 길이의 숫자상 값이라고 가정하면, 그리고 [F]가 힘의 단위이고 F는 그 힘의 숫자상 값이라고 가정하면, 전기적 작용에 대한 일반적인 법칙을 표현하는 식은

$$F[F] = ee'r^{-2}[Q^2][L^{-2}]$$

가 되는데, 그러므로

$$[Q] = [LF^{\frac{1}{2}}]$$
$$= [L^{\frac{3}{2}}T^{-1}M^{\frac{1}{2}}]$$

가 성립한다.*

이 단위를 전하의 정전 단위라고 부른다. 실제로 사용하기 위한 목적이거나 또는 전기현상과 연관된 여타 분야에서는 다른 단위를 채택해도 좋지만, 전기를 다루는 정전 양에 대한 식은 보통 정전 단위를 이용해 그 값을 계산한다. 그것은 마치 물리 천문학**에서, 비록 일상생활에서 사용하는 질량의 단위와는 다르지만, 중력 현상에 기초한 질량의 단위를 채택하는 것과 똑같다.***

전기력 법칙의 증명

43. 힘의 법칙은 비틀림 저울을 이용한 쿨롱의 실험으로 상당히 정확하게 수립되었다고 간주해도 좋다. 그렇지만 이런 종류의 실험은 몇 가지 풀기 어려운 원인 때문에 어려워지며 다소간 불확실하기도 한데, 그래서 반드시

---

* 힘의 단위는 $[F] = [MLT^{-2}]$임을 이용하면 $[F^{1/2}] = [M^{1/2}L^{1/2}T^{-1}]$이므로 $[Q] = [LF^{1/2}] = [L^{3/2}T^{-1}M^{1/2}]$가 된다.
** 여기서 물리 천문학(physical astronomy)이란 16세기까지 태양과 달 그리고 행성의 운동을 기하학적 모형으로 설명한 것에 대해서 17세기부터 뉴턴의 물리학 법칙을 적용해서 태양과 달 그리고 행성의 운동을 설명하는 천문학을 말한다.
*** 일상생활에서 사용하는 질량은 오늘날 무게를 말하며, 중력 현상에 기초한 질량은 오늘날 중력 질량을 말한다. 중력 질량이란 뉴턴의 만유인력 법칙으로 정의되는 질량이다.

그런 원인을 철저하게 추적하여 제대로 고쳐야 한다.

첫째, 두 물체의 크기가 그들 사이의 거리에 비해 합리적이어서, 각 물체는 힘이 측정되기에 충분한 양의 전하를 나를 수 있어야 한다. 그러면 각 물체의 작용은 다른 물체에 분포된 전하에 영향을 미치고, 그래서 전하가 물체의 표면에 고르게 분포되어 있거나 중력 중심에 모여 있다고 생각할 수 없다. 오히려 그 효과는 복잡한 조사를 통해 계산되어야 한다. 그런데 푸아송이 두 구(球) 모양의 물체와 관련된 문제를 매우 능숙하게 계산했고, W. 톰슨 경은 **영상**(影像) **전하 이론***을 이용하여 그 계산을 고도로 단순화시켰다. 172-175절을 보라.

실험 장치를 담은 상자의 겉면에 유도되는 전하의 작용 때문에 또 다른 어려움이 생긴다. 장치의 내부 표면을 금속으로 만들면, 이 효과가 분명해지고 그 효과를 측정할 수 있다.

물체가 불완전하게 절연된 이유로도 다른 상황과 별개로 독자적인 어려움이 발생하는데, 그 이유로 물체의 전하가 계속해서 감소한다. 쿨롱은 전하가 소실되는 법칙을 조사하고, 실험에서 전하의 소실에 의한 효과를 고려하여 바로잡았다.

대전된 도체를 절연시키는 방법과 전하의 효과를 측정하는 방법은, 특히 W. 톰슨 경에 의해, 쿨롱 시대 이래로 크게 개선되었다. 그러나 전기력에 대한 쿨롱 법칙이 완벽하게 정확하다는 것이 (그 법칙을 적용한 예로 이용될 수 있는) 어떤 직접 수행한 실험이나 측정으로부터 확인되었기보다는, 실험 7에서 설명된 현상을 수학적으로 고려하여 확인되었다. 실험 7에서 대전된 도체 B를 속이 빈 더 큰 도체 C의 내부에 넣어 C의 안쪽 면과 접촉한

---

* 영상 전하 이론(theory of electrical image)은 도체의 퍼텐셜을 가상의 전하로 설명하는 이론인데, 그 가상의 전하를 거울에 맺히는 상(像)을 구하는 방법과 유사한 방법으로 구해서 영상 전하라고 부른다.

다음에, 다시 C와 접촉하지 않으면서 C로부터 꺼내면, C의 바깥쪽 면이 어떤 방식으로 대전되어 있든지 간에, 도체 B에 대전되었던 전하는 완벽히 방전(放電)된다. 정교한 검전기를 이용하면, 이 동작이 끝난 다음에 B에 전하가 조금도 남아 있지 않다는 것을 보이기는 어렵지 않으며, 74절에 설명된 수학적 이론에 따라 이것은 오직 전기력이 거리의 제곱에 반비례하는 경우에만 성립할 수 있다. 왜냐하면 만일 전기력 법칙의 형태가 이와 조금이라도 다르면 B에는 전하가 남아 있어야 하기 때문이다.

전기장

44. 전기장은 대전된 물체 가까운 곳에서 전기 현상과 관련되어 있다고 간주하는 공간의 부분이다. 전기장은 공기나 다른 물체로 채워져 있을 수도 있고, 또는 소위 진공일 수도 있는데, 진공이란 우리가 영향을 미칠 수 있는 물질은 취할 수 있는 수단을 전부 동원하여 모두 제거한 공간을 말한다.

대전된 물체를 전기장의 어떤 부분에라도 가져다 놓는다면, 일반적으로 그 물체는 다른 물체들의 전하가 눈에 띌 정도로 움직이게 만든다.

그런데 그 물체가 매우 작다면, 그리고 그 물체에 대전된 전하도 역시 매우 작다면, 다른 물체들에 대전된 전하는 감지될 정도로 움직이지는 않으며, 그러면 그 다른 물체의 질량 중심이 그 다른 물체의 위치라고 간주해도 좋다. 그러면 물체에 작용하는 힘은 그 물체의 전하에 비례하며, 전하의 부호가 바뀌면 힘의 방향도 반대로 바뀐다.*

물체의 전하가 e이고 어떤 정해진 방향으로 그 물체에 작용하는 힘이 F

---

* 전기장이 있는 곳에 가져온 전하가 아주 작으면, 그 전하는 주위 전하분포에 영향을 주지 않을 것이므로 원래 전기장이 바뀌지 않아서, 가져온 전하에 작용하는 전기력이 자신의 전하에 비례한다는 의미이다.

라고 하자. 그러면 e가 매우 작을 때 F는 e에 비례해서

$$F = Re$$

가 되는데, 여기서 R는 전기장 내의 다른 물체의 전하가 어떻게 분포되어 있는지에 의존한다. 만일 다른 물체들이 띤 전하를 교란하지 않으면서 전하 e가 단위가 되도록 만들* 수 있으면, $F = R$이 된다.

여기서 R를 전기장의 주어진 점에서 알짜 기전 세기**라고 부르려 한다. 이 양이 벡터임을 표현하려는 목적에서는 이것을 독일 문자 $\mathfrak{E}$***로 표현할 예정이다.

기전력과 퍼텐셜

45. 만일 작은 전하 e로 대전된 작은 물체가 주어진 경로를 따라 점 A에서 점 B로 이동한다면, 그 물체는 이동하는 경로 위의 각 점에서 힘 Re를 받는데, 여기서 경로 위의 점이 바뀌면 R도 바뀐다. 이제 전기력이 물체에 한 전체 일(work)이 Ee라고 하자. 그러면 E를 경로 AB에서 총(總)기전력이라고 부른다. 만일 그 경로가 폐회로를 이루면, 그리고 그 회로를 따라 한 바퀴 돈 총기전력이 영(0)이 되지 않으면, 전하는 평형일 수 없고**** 전류가 발생한다. 그러므로 정전기학에서는 어떤 폐회로에서든지 그 폐회로를 따라 한 바퀴를 돈 총기전력은 영이어야 하고, 그래서 만일 A와 B가 폐회로 위의 두 점이라면, A에서 B까지 기전력은 회로가 나뉜 두 경로 중 어느 경로를 따라가든지 같으며, 두 경로 중 어느 것이나 다른 경로와는 무관하게 바뀔

---

*   여기서 e를 단위로 만든다는 것은 크기를 1로 만든다는 의미이다.
**   원문에서 저자가 'Resultant Electromotive Intensity'라고 표현한 것을 역자가 '알짜 기전 세기'라고 번역했다. 오늘날에는 이용되지 않는 용어이다.
*** 이 문자는 독일어 알파벳 e의 대문자를 필기체로 쓴 것이다.
**** 여기서 전하가 평형에 놓인다는 것은 그 전하가 이동하지 않는다는 의미이다.

수 있으므로 A에서 B까지의 기전력은 A에서 B를 잇는 모든 경로에 대해 다 똑같다.

만일 B를 다른 모든 점에 관한 기준점으로 정하면, A에서 B까지의 기전력을 A의 퍼텐셜이라고 부른다. A의 퍼텐셜은 오직 A의 위치에만 의존한다. 수학적 조사에서는 일반적으로 대전된 물체들로부터 무한히 먼 거리의 점을 B로 정한다.

양전하로 대전된 물체는, 영보다 큰 퍼텐셜의 경우, 퍼텐셜이 더 큰 장소에서 더 작은 장소로 아니면 영보다 작은 퍼텐셜의 장소로 이동하려고 하며, 음전하로 대전된 물체는 그 반대 방향으로 이동하려고 한다.

도체 내부에서 전하는 그 도체에 대해 자유롭게 움직인다. 그러므로 만일 도체의 두 부분이 서로 다른 퍼텐셜이면, 두 부분에 퍼텐셜의 차이가 있는 한 양전하는 더 높은 퍼텐셜의 부분에서 더 낮은 퍼텐셜의 부분으로 이동한다. 그러므로 도체 내부의 모든 점이 같은 퍼텐셜이지 않다면 그 도체는 전기적 평형을 이룰 수 없다. 도체 내부의 모든 점이 같은 퍼텐셜이면, 그 퍼텐셜을 도체의 퍼텐셜이라고 부른다.

등퍼텐셜면

46. 전기장 안에서 묘사되거나 묘사될 예정인 표면의 모든 점에서 전기 퍼텐셜이 같다면, 그 표면을 등퍼텐셜면이라고 부른다.

등퍼텐셜면에 정지해 있도록 구속된 대전 입자는 그 표면의 한 부분에서 다른 부분으로 이동하려 하지 않는데, 그 이유는 모든 점에서 퍼텐셜이 다 같기 때문이다. 그러므로 등퍼텐셜면은 평형을 이루는 표면 또는 수준면이다.*

---

* 수준면(level surface)은 퍼텐셜이 같은 면으로 중력에 대해서는 중력 퍼텐셜이 같은 중력 등

등퍼텐셜면 위의 임의의 점에서 알짜 힘은 그 표면에 수직인 방향으로 작용하며, 그 힘의 크기는 퍼텐셜이 V인 표면에서 퍼텐셜이 V'인 표면으로 지나갈 때 단위 전하에 한 일이 $V-V'$인 힘의 크기와 같다.

퍼텐셜이 다른 두 등퍼텐셜면이 서로 만날 수 없는데, 그 이유는 같은 한 점이 서로 다른 퍼텐셜일 수 없기 때문이다. 그러나 한 등퍼텐셜면은 자신과는 만날 수 있으며, 그렇게 만나는 것은 등퍼텐셜면 위의 모든 점에서 그리고 평형을 이루는 모든 선을 따라 가능하다.

전기적 평형에 놓인 도체의 표면*은 필연적으로 등퍼텐셜면이어야 한다. 만일 도체 표면 전체에 대전된 전하가 모두 양전하이면, 도체의 모든 표면에서 멀어질수록 퍼텐셜은 감소하며, 그 도체는 일련의 점점 더 낮은 등퍼텐셜면들로 둘러싸인다.

그러나 만일 (외부의 대전된 물체의 작용으로) 도체 일부는 양전하로 대전되고 나머지는 음전하로 대전된다면, 전체 등퍼텐셜면은 몇 개의 다른 표면들을 포함하여 도체 자신의 표면으로 이루어지는데, 도체에 대전된 양전하와 음전하의 경계가 되는 선에서 그 다른 표면들이 도체의 표면과 만난다. 그렇게 만나는 선들은 평형 선이 되며, 평형 선 위에 놓인 대전 입자는 어떤 방향으로도 힘을 받지 않는다.

도체 표면의 일부는 양전하로 대전되고 다른 부분은 음전하로 대전되면, 도체가 놓인 전기장 내에는 그 도체 자신을 제외하고 대전된 다른 물체가 존재해야 한다. 왜냐하면 만일 양전하로 대전된 입자를, 그 도체 표면의 양전하로 대전된 부분에서 출발하여, 항상 그 입자에 작용하는 알짜 힘의 방향으로만 이동시키면, 그 입자가 지나는 점에서 퍼텐셜은 계속 감소해서,

---

　　퍼텐셜면을 수준면이라고 하며, 여기서는 전기력에 대한 등퍼텐셜면이라는 의미이다.
*　전기적 평형(electrical equilibrium)에 놓인 도체의 표면이란 전하의 이동이 없는 표면을 말한다.

첫 번째 도체의 퍼텐셜보다 더 낮은 퍼텐셜인 음전하로 대전된 표면에 도달하거나 또는 무한히 먼 거리로 이동하게 될 것이기 때문이다. 무한히 먼 거리의 퍼텐셜은 영이기 때문에, 후자의 경우는 오직 도체의 퍼텐셜이 영보다 클 때만 일어날 수 있다.

똑같은 방법으로 표면의 음전하로 대전된 부분에서 출발한 음전하로 대전된 입자는, 양전하로 대전된 표면에 도달하거나 또는 무한히 먼 거리로 떠나야 하는데, 후자의 경우는 오직 도체의 퍼텐셜이 영보다 작을 때만 생길 수 있다.

그러므로 만일 도체에 양전하와 음전하가 함께 존재하면, 그 도체의 퍼텐셜의 부호와 같은 부호이지만 값은 더 큰 퍼텐셜에 놓인 어떤 다른 물체가 전기장 안에 반드시 있어야 한다. 그리고 만일 전기장 안에 그 형태는 어떻게 생겼든지 도체 하나만 홀로 존재하면, 그 도체의 모든 부분에 대전된 전하의 부호는 그 도체의 퍼텐셜의 부호와 같다.

속이 빈 도체 용기의 내부에 대전된 물체가 들어 있지 않으면, 그 용기 안쪽 표면에는 전하가 전혀 대전되어 있지 않다. 왜냐하면 만일 그 표면의 어떤 부분이라도 양전하로 대전되어 있다면, 양전하로 대전된 입자가 그 입자에 작용하는 힘의 방향으로 이동해서, 퍼텐셜이 더 낮고 음전하로 대전된 표면에 도달해야 되기 때문이다. 그러나 안쪽 표면은 모두 같은 퍼텐셜이다. 그러므로 안쪽 표면에는 전하가 있을 수 없다.

속이 빈 용기 내부에 놓였으면서 용기와 연결된 도체의 경우에는, 용기 안쪽 표면이 그 도체의 경계라고 생각할 수 있다. 그러므로 그런 도체에는 전하가 대전되어 있지 않다.

전기력선

47. 항상 알짜 기전 세기의 방향으로 이동하는 점이 그리는 선을 전기력선

이라고 부른다. 전기력선은 등퍼텐셜면을 수직으로 지나간다. 패러데이는 전기적 작용과 관계된 많은 법칙과 각 점에서 전기장의 방향과 세기 모두를, 전기장에 그린 전기력선에 그가 부여한 개념을 이용하여 설명했다. 그런 이유로 전기력선의 성질에 대해서는 나중에 좀 더 충분히 설명할 예정이다.

전기 장력

48. 도체의 표면은 등퍼텐셜면이기 때문에, 도체 표면에서 알짜 전기력은 그 표면에 수직인 방향을 가리키고, 78절에서 그 알짜 전기력이 표면 전하 밀도에 비례하는 것을 알게 된다. 그러므로 표면에 임의로 그린 작은 넓이에 포함된 전하는 도체에서 멀어지려는 방향으로 알짜 힘과 그 전하 밀도의 곱에 비례하는 힘을 받는다. 다시 말하면 알짜 힘의 제곱에 비례하는 힘을 받는다.

도체의 모든 부분에서 마치 장력처럼 바깥쪽으로 작용하는 이 힘을 전기 장력*이라고 부르려 한다. 전기 장력은 보통 역학적인 장력처럼 단위 넓이에 작용하는 힘으로 측정된다.

장력이라는 단어는 전기 기술자들이 몇 가지 막연한 의미로 사용했고, 수학 언어에서 장력이라는 단어를 퍼텐셜과 동의어로 채택하려고 시도되었다. 그러나 이 단어가 사용된 사례들을 검토하고, 나는 장력을 도체에서나 또는 다른 데서나 파운드로 표현한 무게를 매 제곱인치의 넓이에 작용하는 잡아당기는 힘이라고 이해하는 것이 사용법이나 역학적 유사점에 비추어 더 일관된다고 생각한다. 패러데이는 전기 장력이 단지 도체의 대전된 표면에서만 작용하는 것이 아니라 전기력선을 따라 쭉 작용한다고 생각했는데, 그 개념은 앞으로 매질에서 변형력 현상으로써 전기적 작용에 대

---

*   전기 장력(electric tension)은 오늘날에는 사용되지 않는 개념이다.

한 이론으로 이어지는 것을 보게 된다.

기전력

49. 서로 다른 퍼텐셜의 두 도체가 가느다란 도선으로 연결될 때, 도선을 따라 전하가 이동하려는 정도는 두 도체의 퍼텐셜의 차이에 의해 측정된다. 그래서 두 도체 사이 또는 두 점 사이의 퍼텐셜 차이를 두 도체 사이 또는 두 점 사이의 기전력(起電力)이라고 부른다.

기전력이 모든 경우에 퍼텐셜 차이의 형태로 표현될 수 있지는 않다. 그렇지만 기전력을 퍼텐셜 차이의 형태로 표현될 수 없는 경우는 정전기학에서는 취급되지 않는다. 우리는 앞으로 이질(異質) 회로, 화학 작용, 자석의 운동, 불균등 온도 등을 다룰 때 그런 경우를 고려하게 될 것이다.

도체의 전기용량

50. 한 도체는 절연시키고 주위의 다른 도체들은 모두 지구와 연결해서 퍼텐셜을 영으로 유지한다면, 그리고 전하량 E로 대전된 그 처음 도체의 퍼텐셜이 V이면, E와 V의 비를(즉 E/V를) 그 도체의 전기용량이라고 부른다. 그 도체가 도체로 된 다른 용기 내부에, 용기에 접촉되지 않고 용기로 완벽히 둘러싸여 있다면, 내부의 도체에 대전된 전하는 바깥쪽 도체의 안쪽 표면에 대전된 전하와 크기는 같고 부호는 반대가 되며, 내부의 도체에 대전된 전하는 내부 도체의 전기용량에 두 도체 사이의 퍼텐셜 차이를 곱한 것과 같게 된다.

축전기

마주 보는 표면이 절연 매질로 된 얇은 층으로 분리된 두 도체로 이루어진 계를 축전기*라고 부른다. 축전기에서 두 도체를 전극(電極)이라고 부르고, 절연 매질을 유전체(誘電體)라고 부른다. 축전기의 전기용량은 두 전극의 서로 마주 보는 표면의 넓이에 비례하고 두 전극 사이의 얇은 층의 두께에 반비례한다. 레이던병**은 유리를 절연 매질로 이용한 축전기이다. 축전기를 때로는 콘덴서***라고도 부르는데, 나는 '콘덴서'라는 명칭을 전하를 저장하는 장치에는 사용하지 않고 표면 전하 밀도를 올리는 장치에만 사용하도록 제한하기를 원한다.

정전하와 관련된 물체의 성질

물체를 통과하는 전하에 대한 저항

51. 전하가 금속의 질량 중 어느 부분으로 전달되면, 전체 질량의 퍼텐셜이 모두 같아질 때까지 전하는 퍼텐셜이 높은 위치에서 낮은 위치로 신속하게 이동한다. 보통 실험에서 이용되는 금속 조각들의 경우 이 과정은 순식간에 이루어져서 관찰되기 어렵지만, 전신(電信)에서 이용되는 것처럼 매우 길고 가느다란 도선의 경우에는 도선의 저항 때문에, 모든 부분의 퍼

---

*   오늘날 축전기(蓄電器)를 영어로 보통 capacitor라고 부르는데, 이 책에서 맥스웰은 축전기를 electric accumulator라고 부른다.
**   레이던병(Leyden jar)은 1745년에 네덜란드의 도시인 레이던(Leiden)에서 출생한 뮈스헨브루크(Pieter van Musschenbroek, 1692-1761)가 발명한 축전기이다. 레이던병이라는 이름은 도시 이름을 딴 것이다.
***   축전기가 영어로는 capacitor인데, 축전기가 출현한 초기에는 condenser라고 부르기도 했다.

텐션이 같아질 때까지 전하가 이동하는 데 걸리는 시간이 감지될 수 있다.

전류를 다루면서 설명할 예정인 362절과 366절 그리고 369절에 나오는 표에서 볼 수 있는 것처럼, 전하의 이동에 대한 저항은 물질의 종류에 따라 크게 바뀐다.

금속은 모두 다 좋은 도체이다. 그렇지만 납의 저항은 구리나 은(銀)의 저항의 12배이고, 철의 저항과 수은의 저항은 각각 구리의 저항의 6배와 60배이다. 모든 도체의 저항은 온도가 오르면 다 더 커진다.

많은 액체가 전기 분해에 의해 전기를 전달하게 된다. 이런 방식의 전도(傳導)는 2부에서 다룰 예정이다. 당분간은 물을 포함한 모든 액체와 모든 축축한 물체, 그리고 충분한 시간 동안 전하의 절연을 관찰하지 못하는 도체의 깊숙한 내부까지 도체라고 간주해도 좋다. 전해액(電解液)의 저항은 온도가 오르면 줄어든다.

반면 대기압 아래에서 기체는, 건조하건 습하건, 전기 장력이 작을 때는 거의 완전한 절연체이어서, 지금까지 정상적인 전도에서 전하가 기체를 통과하는 증거는 찾지 못하였다. 대전된 물체가 서서히 전하를 잃어버리는 것은 예외 없이 그 물체를 받쳐주는 버팀대가 완벽히 절연되지 못했기 때문이라고 조사되었는데, 전하는 버팀대를 이루는 물질을 통과하거나 버팀대의 표면을 따라 천천히 이동한다. 그러므로 두 대전된 물체가 줄에 매달려 가까이 놓여 있을 때, 두 물체가 같은 부호의 전하로 대전되어 있을 때와 비교해 반대 부호의 전하로 대전되어 있을 때 자신의 전하를 더 오래 간직할 수 있다. 왜냐하면 비록 그들 사이의 공기를 통해 전하를 흐르도록 만드는 기전력은 두 물체가 반대 부호로 대전되어 있을 때가 훨씬 더 크지만, 그런 방법으로는 감지할 수 있는 전하 손실이 전혀 일어나지 않기 때문이다. 전하의 실제 손실은 물체를 받치는 버팀대를 통해 일어나며, 버팀대를 통과하는 방향으로 기전력은 두 물체가 같은 부호의 전하로 대전될 때 가장 크다. 단지 전하가 두 물체 사이의 공기를 통과해서 손실이 일어날 것으로 기대할 때만 이 결과가 비정상적으로 보인다. 일반적으로 기체를 통해 전하가 전달되는 것은 파열 방전(放電)*으로만 발생하고, 기전력이 어떤 정해진 값까지 커져야 비로소 시작된다. 유전체에서 방전을 일으키지 않는 최대 기전력의 값을 그 유전체의 전기 세기라고 부른다. 공기의 전기 세기는 압력이 대기압에서 수은 기둥 약 3밀리미터의 압력까지 줄어들면서 약해진다. 압력이 더 낮아지면, 전기 세기는 급속히 증가한다. 그리고 공기를 계속 뽑아내서 최고도로 낮은 압력을 만들어, 4분의 1인치 두께의 간격에서 불꽃을 일으키는 데 필요한 기전력은 보통 압력의 공기 8인치의 두께에서 불꽃을 만드는 데 필요한 기전력보다 더 크다.

그러므로 무엇이든 제거할 수 있는 것은 모두 다 제거한 상태인 진공은 전기 세기가 매우 큰 절연체이다.

수소의 전기 세기는 공기의 전기 세기보다 훨씬 작다.

어떤 특별한 종류의 유리는 온도가 낮을 때 기막히게 완전한 절연체이며, W. 톰슨 경은 밀봉된 전구에 전하를 여러 해 동안 보관하였다. 그런데 똑같은 종류의 유리가 끓는 물 온도 아래 온도에서는 도체로 바뀐다.

구타페르카, 생고무, 연질고무, 파라핀, 송진은 좋은 절연체로, 75°F의 온도에서 구타페르카의 저항은 구리 저항의 약 6×10^{19}배이다.

얼음, 수정(水晶), 그리고 응고된 전해액 또한 절연체이다.

나프타,** 테레빈유,*** 그리고 몇 가지 기름과 같은 일부 액체도 절연체인데, 그러나 가장 좋은 고체 절연체에 비하면 낮은 등급의 절연체이다.

---

* 파열 방전(disruptive discharge)은 절연체로 이용되는 매질의 균열로 갑작스럽게 일어나는 방전을 말한다.

** 나프타(naphtha)는 휘발성이 높고 타기 쉬운 중질의 휘발유이다.

*** 테레빈유(turpentine)는 천연수지를 증류하여 얻는 정유로 유화 물감의 시너로 주로 이용된다.

유전체

비유전율

52. 어떤 물체는 절연 능력이 커서 퍼텐셜이 다른 두 도체 사이에 놓이더라도, 그 물체 내부의 퍼텐셜이 모두 같은 값으로 감소하도록 기전력이 물체 내부의 전하를 즉시 재배치시키지 못하는데, 그런 물체를 패러데이 유전체라고 부른다.

캐번디시가 지금까지 논문으로 발표하지 않은 연구에 따르면, 그는 1773년 이전에 유리, 송진, 밀랍, 그리고 셸락*으로 만든 판의 전기용량을 측정했으며, 그 전기용량 중에서 같은 크기의 공기 판의 전기용량을 초과하는 부분의 비율이 어느 정도인지 계산했던 것처럼 보인다.

캐번디시의 연구 내용은 알지 못한 채로, 패러데이는 축전기의 전기용량이 축전기를 만드는 두 도체의 크기와 두 도체 사이의 거리에 따라 바뀔 뿐아니라 두 도체 사이에 놓인 절연 매질이 무엇이냐에 따라서도 역시 바뀌는 것을 발견하였다. 그는 축전기에서 다른 것은 조금도 바꾸지 않고 단지유전체로 이용된 공기만 다른 절연 매질로 바꾸었다. 패러데이는 절연 매질로 공기를 이용할 때나 다른 기체들을 이용할 때나 축전기의 전기용량이관찰할 수 있는 한계 내에서 똑같지만, 공기 대신 셸락, 황, 유리 등을 이용할 때는 물질마다 전기용량이 다른 비율로 증가하는 것을 발견했다.

볼츠만**은 좀 더 정교한 측정 방법을 이용하여 서로 다른 압력에서 기체의 유도 전기용량이 어떻게 바뀌는지를 관찰하는 데 성공하였다.

---

* 셸락(shellac)은 니스를 만드는 데 쓰이는 천연수지 이름이다.
** 볼츠만(Ludwig Boltzmann, 1844-1906)은 오스트리아 출신의 물리학자로 맥스웰과 함께 기체 운동론을 발전시켰으며 통계역학의 기초를 수립한 사람이다.

패러데이가 비유전율*이라고 부른 유전체의 이런 성질은 물질의 유전상수**라고도 부른다. 어떤 물질의 유전상수는 축전기의 유전체가 그 물질일 때 전기용량과 유전체가 진공일 때 전기용량 사이의 비로 정의된다.

만일 유전체가 좋은 절연체가 아니라면 그 유전체의 유전율을 측정하기 어려운데, 그 이유는 유전율을 측정하기에 충분한 시간 동안 축전기가 전하를 간직하고 있지 못하기 때문이다. 그러나 유전율이 단지 좋은 절연체만 갖는 성질은 아닌 것이 분명하고, 모든 물체가 유전율이라는 성질을 갖는다.

전하 흡수

53. 유전체를 삽입한 축전기에서는 다음과 같은 현상들이 발생한다.

얼마 동안 대전되어 있던 축전기를 갑자기 방전시킨 다음 바로 절연시키면, 축전기는 처음과 같은 부호로 대전되지만*** 대전된 정도는 줄어든다. 그래서 축전기는 연이어 여러 번 반복하여 방전될 수 있는데, 그럴 때마다 방전되는 전하의 양은 항상 줄어든다. 이 현상을 잔류 방전 현상이라고 부른다.

순간 방전은 언제나 방전이 일어나는 순간의 퍼텐셜 차이에 비례해서 나타나며, 이 양들 사이의 비(比)(방전된 전하의 양과 퍼텐셜 차이 사이의 비)가 축전기의 참 전기용량이다. 그러나 만일 방전시키기 위한 접속이 연장되어 잔류 방전의 일부까지 포함되면, 그런 방전으로부터 계산한 축전기의 겉보기 전기용량은 너무 커진다.

---

* 비유전율(specific inductive capacity)은 물체의 유전율을 진공의 유전율로 나눈 비를 말한다.
** 유전상수(dielectric constant)는 축전기의 두 도체 사이에 유전체를 넣었을 때 전기용량과 넣지 않았을 때(진공일 때) 전기용량 사이의 비를 말하며, 비유전율과 같은 값이다.
*** 여기서 축전기가 처음과 같은 부호로 대전된다는 것은 축전기를 이루는 두 도체에 대전된 양전하와 음전하의 순서가 처음과 같다는 의미이다.

대전시킨 후 절연시킨 축전기는 전도로 전하를 잃는 것처럼 보이는데, 그러나 전하를 잃는 비율이 나중보다 처음에 훨씬 더 크다는 것이 관찰되었으며, 결과적으로 처음에 발생한 전하를 잃는 비율로 계산한 전도도 값은 너무 커진다. 그래서 해저 케이블이 절연된 정도를 조사해 보면, 전류가 흐르고 있을 때 절연이 더 잘된 것처럼 보인다.

물체의 반대쪽 양면이 서로 다른 온도로 유지될 때 열이 전도되는 경우에서도, 언뜻 보기에 전기의 전도와 유사해 보이는 열전도 현상이 발생한다. 열 현상의 경우에 그런 열전도는 물체 자신이 받은 열과 내보낸 열에 의존하는 것을 우리는 알고 있다. 그래서 전기 전도의 경우에도, 물체의 각 부분에 의해 전하가 흡수되고 방출된다고 가정되었다. 그렇지만 우리는 앞으로 329절에서, 전기 전도는 전하가 흡수된다는 가정이 없더라도 유전체가 얼마간 이질적이라고 가정하면 설명될 수 있음을 보게 될 것이다.

어떤 물질이 절연된 금속 용기로 둘러싸여 있는 동안에 그 물질을 대전시킬 수 있음을 보이는 것으로서 전하 흡수라고 부르는 현상이, 물질이 실제로 전하를 흡수하는 것은 아님을 입증할 수 있다. 물질이 대전되고 절연될 때, 만일 용기를 순간적으로 방전시킨 다음 절연시키고 그대로 유지한다면, 용기 안에 들어 있는 대전된 물체의 전하가 서서히 소실되지만 어떤 전하도 용기로는 전달되지 않는다.

54. 물질을 한 가지 부호의 절대적이고 독립적인 전하로 대전시키는 것은 불가능하다는 패러데이의 말[4]은 위에서 설명한 것을 표현한 것이다.

실제로 지금까지 시도된 모든 실험 결과에 따르면, 금속 용기로 둘러싸인 물체들 사이에서 전기적 작용이 어떤 식으로 일어나든지, 용기 바깥쪽 전하는 그런 전기적 작용의 영향을 전혀 받지 않는 것처럼 보인다.

그런데 만일 전하의 일부가, 그 일부 전하와 부호가 반대인 전하와 전기력선으로 연결되지 않으면서, 물체에 억지로 집어넣어서 물체가 그 전하를 흡수하거나, 그 전하가 물체에 잠재해 있거나, 어떤 방법으로든 그 전하가 물체에 존재하도록 만들 수 있다면, 또는 만일 물체에 흡수된 다음에 그 전하가 서서히 나타나서 그 전하의 정상적인 작용 방식으로 되돌아갈 수 있다면, 둘러싼 용기의 전하에서 어떤 변화라도 일어나야 한다.

그렇지만 그런 변화가 절대로 발견되지 않았으므로, 패러데이는 절대적인 전하를 물질에 전달하는 것은 불가능하며, 물질의 어떤 부분도 상태의 변화로 한 부호의 전하나 그 반대 부호의 전하로 바뀌거나 그런 전하가 잠재해 있도록 만들 수 없다고 결론지었다. 그러므로 그는 유도(誘導)는 '전하가 처음 발생하고 그 결과로 나타나는 현상 모두에서 필수적인 기능'이라고 생각하였다. 패러데이의 '유도'는(1298)* 유전체 입자의 편극된 상태로, 각 입자의 한쪽은 양전하이고 다른 쪽은 음전하이며, 각 입자의 양쪽 양전하의 크기와 음전하의 크기는 항상 정확히 같다.

파열 방전5)

55. 만일 유전체 내부의 임의의 점에서 기전 세기가 서서히 증가한다면, 얼마 있다가 갑작스럽게 유전체를 통과하는 전기 방전이 일어나는 한계에 도달하게 되는데, 이 방전은 일반적으로 빛과 소리를 동반하고, 유전체는 일시적이거나 또는 영구적으로 파열된다.

이런 갑작스러운 방전이 일어날 때의 기전 세기는 유전체의 전기 세기라고 불러도 좋은 양을 측정하는 기준이 된다. 갑작스러운 방전은 유전체가 무엇으로 만들어졌는지에 의존하고, 밀도가 낮은 공기에서보다는 밀도가 높은 공기에서 더 강하며, 공기에서보다는 유리에서 더 강하다. 그러나 모

---

* 이 책의 본문에 (1298)과 같이 괄호 안에 쓴 숫자는 패러데이의 저서 *Experimental Researches in Electricity*의 항목 번호이다.

든 경우에, 기전력이 충분히 크면 유전체는 더 버티지 못하고 무너져서 유전체의 절연 성질은 없어지고, 유전체를 통하여 전류가 흐르게 된다. 이런 이유 때문에 기전 세기가 모든 곳에서 무한대인 그런 전하분포는 존재할 수 없다.

전기 불빛

그래서 뾰족한 끝을 가지고 있는 도체가 대전될 때, 도체가 전하를 보유하고 있다는 가정에 근거한 이론에 따르면, 도체의 뾰족한 끝으로 다가갈수록 전하의 표면 밀도는 끝없이 증가하고, 그래서 그 끝에 도달하면 전하의 표면 밀도가 무한대가 되며 그 결과로 알짜 전기력도 무한대가 된다는 결론에 도달한다. 만일 공기가 또는 도체를 둘러싼 다른 유전체가 절대로 무너지지 않는 절연 능력을 갖추고 있다면, 그런 결과가 실제로 발생할 것이다. 그러나 실제로는 뾰족한 끝 부근의 알짜 전기력이 어떤 한계에 도달하면 즉시 공기의 절연 능력은 없어지고, 뾰족한 끝에 가까운 곳의 공기는 도체로 바뀐다. 뾰족한 끝으로부터 얼마만큼 떨어진 곳에서 알짜 전기력은 공기의 절연을 뚫고 들어가기에는 충분히 크지 않아서, 전류는 억제되고, 뾰족한 끝 주위의 공기에 전하가 쌓인다.

그래서 뾰족한 끝은 전하를 띤 공기 입자들로 둘러싸이는데, 공기 입자에 대전된 전하의 부호는 뾰족한 끝의 전하의 부호와 같다. 뾰족한 끝을 둘러싸는 이러한 대전된 공기의 효과는, 만일 도체만 대전되고 주위 공기는 대전되지 않았다면 뾰족한 끝이 경험했을 아주 큰 기전력 일부를 덜어서 뾰족한 끝 자신 부근의 공기에 건네주는 것이다. 대전된 공기로 이루어진 둥그런 질량이 뾰족한 끝을 감싸서, 대전된 바깥쪽 표면은 고체로 된 도체의 표면이라기보다는 오히려 그 감싼 공기의 표면이기 때문에, 사실상 대전된 물체의 표면이 더는 뾰족하지 않게 된다.

만일 대전된 공기의 이 부분이 움직이지 않은 채로 유지될 수 있다면, 대전된 물체는 자신의 전하를 그 물체 내부는 아니더라도 적어도 자신의 주위에 그대로 보유하고 있겠지만, 대전된 공기 입자는 전기력의 작용을 받고 움직이지 못할 이유가 없으므로, 그리고 공기 입자가 띤 전하의 부호는 물체가 띤 전하의 부호와 같으므로, 대전된 공기 입자는 물체로부터 멀리 이동하려고 한다. 그러므로 대전된 공기 입자는 전기력선의 방향으로 움직여서 반대 부호의 전하로 대전된 주위 물체들로 접근하려고 한다. 그래서 그 대전된 공기 입자들이 이동하면, 다른 대전되지 않은 공기 입자들이 뾰족한 끝 주위의 방금 비워진 자리로 들어오고, 이 대전되지 않은 공기 입자들이 뾰족한 끝 바로 옆에 있는 공기 입자들을 과도하게 큰 전기 장력으로부터 보호할 수 없어서, 새로운 방전이 일어나고, 그 방전 다음에 새롭게 대전된 입자들이 밀려나가는데, 물체가 대전된 한 이 과정은 반복된다.

이런 방법으로 다음과 같은 현상이 발생한다. 뾰족한 끝 그리고 그 끝에서 가까운 공기 사이에서 끊임없이 발생하는 방전으로 뾰족한 끝과 그 끝에 가까운 곳에서 안정된 불빛이 계속 나타난다.

대전된 공기 입자들은 대체로 같은 방향으로 이동하려 하고, 그래서 뾰족한 끝으로부터 공기의 흐름이 발생하는데, 그 흐름은 대전된 공기 입자들로 이루어져 있고, 어쩌면 그 입자들을 따라오는 다른 입자들도 섞여 있다. 이 전류를 인위적으로 지원하면 그 불빛을 키울 수도 있고, 전류의 형성을 억제하면 그 불빛이 계속되는 것을 방지할 수도 있다.[6]

뾰족한 끝 부근에서 부는 전기 바람이 때로는 매우 빠르지만, 전기 바람은 곧 속도를 잃으며, 대전 입자가 포함된 공기는 대기(大氣)의 전체 운동과 합류해서, 보이지 않는 전기 구름을 만든다. 이 대전 입자들이 벽과 같은 도체 표면에 가까이 접근하면, 대전 입자들은 그 표면에 자신과는 반대 부호의 전하를 유도하고, 그래서 벽 쪽으로 끌려가지만, 기전력이 작아서 표면까지 끌려가서 방전을 일으키지는 않고 오랫동안 벽 근처에 머문다. 이처럼 대전된 공기 입자들은 도체 부근에서 전기를 띤 대기를 형성하고, 그 존재가 때로는 전위계로 검출되기도 한다. 그렇지만 큰 질량의 대전된 공기와 다른 물체 사이에 작용하는 전기력은 바람을 만드는 힘이나 온도 차이로 밀도가 균일하지 않게 되어서 생기는 힘과 비교하면 대단히 작아서, 보통 경험하는 뇌운(雷雲) 운동의 어떤 관찰 가능한 부분도 전기적 원인으로 발생하기는 매우 어렵다. 대전 입자들의 움직임에 의해서 전하가 한 장소에서 다른 장소로 흐르는 것을 전기 대류 또는 대류 방전이라고 부른다.

그러므로 전기 불빛*은 공기의 작은 부분을 통하여 전하가 계속 통과하면 발생하는데, 그 작은 부분에서 전기 장력이 매우 커서, 전기 바람이 끊임없이 쓸어내는 주위의 공기 입자들을 대전시키며, 이것이 전기 불빛에서 꼭 필요한 부분이다.

전기 불빛은 밀도가 높은 공기에서보다는 밀도가 낮은 공기에서 더 쉽게 형성되며, 뾰족한 끝이 음전하로 대전되어 있을 때보다는 양전하로 대전되어 있을 때 더 쉽게 형성된다. 전하란 도대체 무엇인지에 대한 무엇인가를 찾아내고자 하는 사람은 양전하와 음전하 사이에 존재하는 이런 차이와 많은 다른 차이에 관해서 연구해야 한다. 그런데 아직 현재 존재하는 어떤 이론도 그 문제를 만족할 만큼 다루지 못하고 있다.

전기 브러시

56. 뭉툭한 끝이나 작은 공을 대전시켜 전기장을 만드는데, 그 전기장에서는 거리가 멀어지면서 전기 장력이 줄어들되, 뾰족한 끝을 이용할 때보다 덜

---

*　전기 불빛(electrical glow)은 전하가 기체를 직접 통과할 때 은은하게 보이는 빛을 말한다. 이 것은 원인은 똑같지만, 갑자기 센 빛이 큰 소리와 함께 나타나는 전기 불꽃(electrical spark)과 구분된다. 영어로는 전자는 'glow'라고 하고 후자는 'spark'라고 한다.

뻘리 줄어드는 그런 전기장을 만들어서 발생하는 현상이 전기 브러시이다. 전기 브러시는, 작은 공에서 공기 쪽으로 멀어지면 가지를 치면서 연달아 일어나고 공기의 한 부분을 대전시키거나 어떤 다른 도체에 도달하면 종료되는, 전기 방전들로 이루어진다. 전기 브러시에서는 소리도 나는데, 그 소리의 높이는 연이은 방전들 사이의 시간 간격에 따라 정해진다. 전기 불빛에서는 공기의 흐름이 발생하지만 전기 브러시에는 그런 공기의 흐름이 없다.

전기 불꽃

57. 두 공 사이의 거리가 두 공의 반지름에 비해 별로 크지 않은 경우처럼, 두 도체 사이의 공간에서 전기 장력이 어디서나 상당히 크면, 전기 방전이 일어날 때 그 방전은 대개 불꽃의 형태를 취하는데, 그 불꽃과 함께 모든 전하가 동시에 한꺼번에 방전한다.

이 경우 유전체의 어떤 부분이라도 무너지면, 그렇게 무너진 부분에서 전기력의 방향으로 양쪽 끝의 어느 한 부분이 더 큰 장력의 상태가 되어서 그 부분도 역시 무너지며, 그래서 방전은 유전체를 바로 관통하면서 진행한다. 그것은 마치 종이가 모서리에 약간 해진 데가 있을 때 모서리 방향으로 먼저 장력이 작용하면서 종이가 찢어지게 되지만, 때로는 종이의 약한 부분에서 갈라지게 되는 것과 꼭 마찬가지이다. 똑같은 방법으로 전기 불꽃도 전기 장력이 최초로 유전체의 절연성을 이긴 곳에서 시작하고, 그 점으로부터, 공기 중에 떠다니는 먼지 입자와 같이 다른 취약한 점들을 취하면서, 겉보기로는 불규칙한 경로를 따라 진행한다.

이 모든 현상이 기체의 종류에 따라 상당히 달라지며, 같은 기체라도 밀도가 다르면 달라진다. 희박한 기체를 통해 일어나는 일부 전기 방전의 형태는 굉장히 놀랄 만하다. 어떤 경우에는 밝고 어두운 층이 규칙적으로 반복되어서, 예를 들어 매우 적은 양의 기체가 포함된 관을 따라 전하가 지나가면, 관의 축을 따라 거의 똑같은 간격마다 어두운 층으로 분리되어 그 축에 수직인 방향으로 놓인 많은 수의 밝은 접시 모양들을 보게 된다. 만일 전류의 세기가 증가하면 새로운 접시 모양이 나타나기 시작하고, 새로운 접시들과 전에 있던 접시들은 그들 사이의 간격이 저절로 조절되어 더 촘촘히 나타난다. 개시엇* 씨가 설명한 관7)에서는, 접시 모양 하나하나의 빛은 음전하 쪽에서는 푸르스름하고 양전하 쪽에서는 불그스름하며, 가운데 층에서는 밝은 적색이다.

전기 방전과 관련된 이런 현상과 많은 다른 현상들이 대단히 중요하며, 그런 현상들을 더 잘 이해하면, 아마도 단지 기체의 본성과 공간에 가득 차 있는 매질의 본성을 밝히는 데뿐만 아니라, 전하의 본성을 밝히는 데에도 크게 이바지할 것이다. 그렇지만 현재로는 그런 현상들이 전하에 대한 수학적 이론의 영역 밖이라고 생각할 수밖에 없다.**

전기석의 전기 현상

58. 전기석*** 결정체와 그리고 다른 광물의 결정체 중에는 전기 극성(極性)이라고 부르는 성질을 갖는 것이 있다. 전기석 결정체가 어떤 균일한 온도 아래 있고, 그 표면에는 전하가 전혀 분포되어 있지 않다고 하자. 이제 그 결정체를 절연체를 이용하여 절연시키고 그 절연체의 온도를 높이자. 그러면 이 결정체의 한쪽 면은 양전하로 그리고 다른 쪽 면은 음전하로 대전된 것

---

* 개시엇(John Peter Gassiot, 1797-1877)은 영국의 사업가이며 아마추어 과학자로 그의 집에 많은 장비를 갖춘 실험실을 마련하고 맥스웰을 비롯한 많은 과학자와 교류하였다.
** 그런 현상들은 이 책에 나오는 수학적 이론으로는 규명할 수 없을 것이라는 의미이다 실제로 이 책이 발표되고 30여 년이 지나 원자 내부 세계가 알려진 다음에야 비로소 그런 현상들을 모두 이해할 수 있게 되었다.
*** 전기석(電氣石, tourmaline)은 수정(水晶)과 같은 육방정계의 결정체로 이루어진 철, 마그네슘, 알칼리금속, 알루미늄 등이 포함된 복잡한 광물의 일종이다.

을 보게 된다. 이제 불꽃이나 다른 방법을 이용해서 분명히 존재하는 이 전하를 표면으로부터 제거한 다음에, 만일 그 결정체를 더 뜨겁게 만들면, 표면에는 전과 같은 부호의 전하가 다시 나타나지만, 만일 그 결정체를 낮은 온도로 식히면 결정체를 뜨겁게 했을 때 양전하로 대전되었던 면이 음전하로 대전되는 것을 보게 된다.

이 전하는 결정축(結晶軸)의 맨 끝에서 관찰된다. 일부 결정체에서는 한쪽 끝은 여섯 면으로 된 피라미드이고 다른 쪽 끝은 세 면으로 된 피라미드이다. 그런 결정체에서는 가열했을 때 여섯 면 피라미드 쪽이 양전하로 대전된다.

W. 톰슨 경은 전기석과 다른 반면상(半面像)의 결정체들*의 모든 부분이 정해진 전기 극성을 갖고, 그 극성의 세기는 온도에 의존한다고 가정하였다. 결정체의 표면에 불꽃이 지나가게 만들면, 그 표면의 각 부분에서는 외부의 전하가 내부 극성의 효과를 정확하게 상쇄시킬 정도로만 전하를 띠게 된다. 그러면 결정체는 외부에 어떤 전기적 작용도 하지 않으며, 표면에 분포된 전하의 부호를 바꾸려고 하지도 않는다. 그러나 결정체가 가열되거나 냉각된다면 결정체를 구성하는 각 입자의 내부 극성이 바뀌고, 그러면 더는 표면에 분포된 전하와 균형을 이룰 수 없게 되어서, 결과적으로 외부에 대한 알짜 작용이 발생한다.

이 책의 계획

59. 앞으로 이 책에서 나는 먼저, 대전된 물체들과 그 물체들 사이의 상대적 위치에만 의존하고,** 대전된 물체들 사이에 존재하는 매질 때문에 일어

---

* 　반면상의 결정체(hemihedral crystal)란 완전한 대칭성에 필요한 수의 면 중에서 절반만 드러내는 결정체를 말한다.

날지도 모르는 현상은 전혀 고려하지 않은, 전기적 작용에 대한 보편적 이론을 설명하려고 한다. 그런 방법으로 거리의 제곱에 반비례하는 법칙과 퍼텐셜 이론, 그리고 라플라스 방정식*과 푸아송 방정식**을 유도할 예정이다. 다음으로 대전된 도체 계에 속한 각 도체의 전하와 퍼텐셜을 고려할 예정인데, 그것들은 일련의 식들로 연결되고, 그 식들의 계수는 현재 우리의 수학적 이론이 적용되지 못하는 경우들에 대한 실험을 통해서 정해진다고 가정하며, 그렇게 얻은 결과로부터 서로 다른 대전된 물체들 사이에 작용하는 역학적 힘을 구할 것이다.

그다음으로 주어진 전하분포에 대한 문제의 풀이가 존재할 조건이라고 그린과 가우스 그리고 톰슨이 지적했던 몇 가지 일반 정리(定理)를 조사할 예정이다. 이 정리의 한 가지 결과는, 만일 임의의 함수가 푸아송 방정식을 만족하고 모든 도체의 표면에서 그 함숫값이 그 도체의 퍼텐셜 값과 같다면, 그 함수는 모든 점에서 그 도체들이 만든 실제 퍼텐셜을 대표한다는 것이다. 우리는 또한 정확한 풀이를 얻는 것이 가능한 문제를 어떻게 찾을 수 있는지에 대해서도 생각해 본다.

톰슨의 정리에서, 계의 총에너지는 대전된 물체들 사이에 존재하는 모든 공간에 대해 어떤 양을 적분한 형태로 표현되며, 그리고 단지 대전된 표면에 관한 적분만의 형태로도 역시 표현된다.*** 이렇게 두 가지 방법으로 표현한 계의 총에너지가 같다는 사실은 그래서 물리적인 의미를 가질지도 모

** 물체들 사이의 상대적 위치에만 의존한다는 것은 두 물체 사이의 거리에만 의존하고 그 두 물체가 어디에 있는지와는 무관하다는 의미이다.

* 라플라스 방정식(Laplace equation)은 전하가 존재하지 않는 공간에서 전기 퍼텐셜이 만족하는 미분 방정식이다.

** 푸아송 방정식(Poisson equation)은 전하가 존재하는 공간에서 전기 퍼텐셜이 만족하는 미분 방정식이다.

*** 간단한 예가 축전기이다. 축전기에 저장된 총전기에너지는 축전기의 두 도체 판 사이에서 전기장의 세기의 제곱을 적분한 것에 비례하게 구할 수도 있고, 축전기에 대전된 전하의 제곱에 비례하게 구할 수도 있다.

른다. 대전된 물체들 사이의 물리적 관계를 그 물체들을 사이에 놓인 매질의 상태가 만든 결과라고 생각할 수도 있고, 또는 접촉하지 않은 대전된 물체들이 서로에게 직접 작용한 결과라고 생각할 수도 있다. 만일 후자의 설명을 채택한다면, 그런 작용에 대한 법칙을 정할 수는 있지만, 그 원인이 무엇인지 추측하는 것은 가능하지 않다. 반면에 매질을 통한 작용이라는 개념을 채택한다면, 매질의 각 부분에서 어떤 작용이 일어나는지를 물어볼 수 있게 된다.

톰슨의 정리에 의하면, 만일 유전(誘電) 매질의 각 부분 중 어디에 전기 에너지가 존재하는지를 찾는다면, 한 작은 부분에 존재하는 전기 에너지의 양은 그 위치에서 알짜 기전(起電) 세기의 제곱에 매질의 비유전율이라고 부르는 계수를 곱한 것에 의존해야 한다.

그렇지만 가장 일반적인 관점에서 유전체 이론을 고려하는 데에서, 어떤 점에서 기전 세기와 그 점에서 매질의 전기 편극을 구분하는 것이 더 좋은데, 그 이유는 이런 방향을 갖는 양은 비록 서로 연관되었더라도 일부 고체에서는 같은 방향을 가리키지 않기 때문이다. 단위 부피의 매질이 갖는 전기 에너지에 대한 가장 일반적인 표현은 기전 세기와 전기 편극의 곱에 기전 세기의 방향과 전기 편극의 방향 사이의 사잇각의 코사인을 곱한 다음 둘로 나눈 것과 같다. 유전체가 유체(流體)이면 기전 세기와 전기 편극은 항상 같은 방향을 향하고 두 양 사이의 비도 일정하다.

이런 가정 아래서 계산한 매질이 함유한 총에너지는, 접촉하지 않는 물체들이 직접 작용한다는 가정 아래 계산한 도체에 대전된 전하들 사이의 에너지와 같음을 알게 된다. 그러므로 두 가정은 수학적으로 동등하다.

이제 만일 두 물체를 연결한 줄의 장력에 의하거나 줄의 압력에 의해서 한 물체의 작용이 다른 물체에 전달되는 흔히 보는 예에서처럼, 대전된 물체들 사이에서 관찰되는 역학적 작용이 매질을 통해서 또는 매질 때문에 행사된다는 가정 아래서 매질의 역학적 상태를 조사하기로 한다면, 우리는 매질이 역학적인 변형력 상태에 있어야 함을 알게 된다.

이 변형력의 본질은, 패러데이가 지적한 것처럼,[8] 전기력선을 따라 작용하는 장력이 그 전기력선에 수직인 모든 방향으로 작용하는 같은 압력과 결합한 것이다. 이 변형력의 크기는 단위 부피 속의 전하의 에너지에, 즉 알짜 기전 세기의 제곱과 매질의 비유전율의 곱에 비례한다.

대전된 물체에 대해 관찰된 역학적 작용과 일치하며, 또한 대전된 물체를 둘러싸는 유체인 유전체의 관찰된 평형과도 일치하는 것은 이런 분포의 변형력이 유일하다. 그래서 나는 변형력의 이 상태가 실제로 존재한다고 가정하고, 그 가정에서 어떤 결과가 나오는지 따라가는 것이 과학적 절차로써 정당한 방법이라고 생각하였다. **전기 장력**이라는 용어가 몇 가지 애매한 의미로 사용되는 것을 발견하고, 나는 그 용어를 사용했던 일부 사람들이 마음속에 품었을 법하다고 내가 생각한 것, 즉 대전된 물체가 운동하게 만들고, 계속해서 증가시키면 결국 파열 방전에 이르게 만드는 유전 매질의 변형력 상태가 전기 장력이라고, 전기 장력의 의미를 국한하려고 시도하였다. 이런 의미에서 전기 장력은 두 물체를 연결한 줄의 장력과 정확히 똑같은 종류이고 똑같은 방법으로 측정되는 장력이다. 그리고 어떤 전기 장력까지만 지탱할 수 있고 더는 지탱할 수 없는 유전 매질은, 줄이 어떤 세기의 장력까지만 지탱할 수 있다고 말하는 것과 정확히 똑같은 의미로, 어떤 세기의 전기 장력까지만 지탱할 수 있다고 말해도 된다. 그래서, 예를 들어 톰슨은 대기압과 상온 아래서 공기는 제곱피트의 넓이마다 9,600그레인* 무게의 전기 장력을 견딜 수 있고 그 이상이면 전기 방전이 일어나는 것을 발견하였다.

60. 전기적 작용이 접촉하지 않은 물체들 사이에 직접 작용하는 것이 아니

---

* 그레인(grain)은 영국의 질량 단위로 64.79891밀리그램과 같다.

라 물체들 사이에 놓인 매질에 의해서 작용한다는 가설로부터, 이 매질은 변형력 상태에 있어야 한다고 추정한다. 또한 우리는 이 변형력의 성질을 확인하고 고체로 된 물체에서 일어나는 변형력과 비교하였다. 힘이 작용하는 방향으로는 장력이 존재하고, 그에 수직인 방향으로는 압력이 작용하는데, 그런 힘들의 크기를 숫자로 표현한 값은 같고, 각각은 힘이 작용한 점에서 그 결과로 생긴 세기의 제곱에 비례한다. 이러한 결과들을 설정했으면, 다음 단계를 밟아서 전기 매질의 전기적 편극의 본성에 관한 생각을 형성할 준비가 된 셈이다.

물체의 작은 부분의 서로 반대되는 쪽이 크기는 같지만 부호가 반대인 성질을 얻으면 그 부분이 편극되었다고 말한다. 내부 편극이라는 주제는 영구 자석의 예에서 가장 잘 조사될 수 있으며, 이 책에서도 자성(磁性)을 다룰 때 더 자세히 설명될 예정이다.

유전체의 작은 부분의 전기 편극은 기전력이 작용하여 매질이 밀리는 강제 상태로, 그런 전기 편극은 기전력이 없어지면 사라진다. 전기 편극은 기전 세기가 만드는 전기 변위라고 부를 수 있는 것으로 구성된다고 생각해도 좋다. 기전력이 도체 매질에 작용하면 도체 매질에는 전류가 발생하지만, 매질이 부도체거나 유전체이면 전류가 매질을 통해 흐를 수 없고 단지 전기는 매질 내에서 기전 세기의 방향으로 위치를 옮기는데, 그런 변위의 정도는 기전 세기의 크기에 의존하며, 그래서 기전 세기가 증가하거나 감소하면 전기 변위도 똑같은 비율로 증가하거나 감소한다.

전기 변위의 양은, 전기 변위가 0으로부터 실제 양까지 증가하는 동안 단위 넓이를 건너가는 전기의 양으로 측정한다. 그러므로 이것은 전기 편극에 대한 측정이다.

전기 변위를 발생시키는 기전력의 작용과 탄성체의 변위를 발생시키는 보통 역학적 힘은 서로 아주 비슷해서, 나는 기전 세기와 대응하는 전기 변위 사이의 비를 조심스럽지만 매질의 전기 탄성 계수라고 불렀다. 이 계수는 매질이 다르면 다른데, 각 매질의 비유전율(specific inductive capacity)에 반비례해서 변한다.

전기 변위가 변하면 전류가 흐르는 것은 분명하다. 그렇지만 그 전류는 오직 전기 변위가 변하는 동안만 존재할 수 있으며, 전기 변위는 갑작스러운 방전을 일으키지 않고는 어떤 값을 초과할 수 없으므로, 그 전류가 도체에 흐르는 전류처럼, 같은 방향으로 무기한으로 계속될 수는 없다.

전기석과 그리고 다른 피로-전기(pyro-electric) 결정체에서는, 온도에 의존하는 전기 편극 상태가 존재해서 그 전기 편극 상태를 만드는 데 외부 기전력이 필요하지 않을 수도 있다. 어떤 물체의 내부가 영구적인 전기 편극 상태에 있다면, 물체 외부의 모든 점에 대해 내부 편극의 작용이 상쇄되도록 그 물체 외부가 서서히 대전된다. 이런 외부 표면 전하는 평소의 어떤 조사 방법으로도 검출될 수 없으며, 표면 전기를 방전시키는 평소 어떤 방법으로도 이 외부 표면 전하를 제거할 수 없다. 그러므로 물질의 내부 편극은 온도가 변화하면 내부 편극의 양을 증가 또는 감소시킬 수 있는 것과 같은 방법이 아니면 결코 찾아낼 수 없다. 그래서 외부 전기로는 내부 편극의 외부 효과를 상쇄시키는 것이 가능하지 않으며, 전기석의 경우와 같이 겉보기 전기가 관찰된다.

전하 e가 구 표면에 균일하게 분포되면, 그 구를 둘러싸는 매질의 임의의 한 점에서 알짜 힘의 숫자 값은 전하 e를 구의 중심에서 그 점까지 거리의 제곱으로 나눈 것과 같다. 우리 이론에 따르면, 이 알짜 힘은 구의 바깥쪽으로 이동하는 전기의 변위 때문에 발생한다.

이제 반지름이 r인 동심 구 표면을 그리면, 이 표면을 지나가는 전체 변위 E는 알짜 힘에 구 표면 넓이를 곱한 것에 비례한다. 그러나 알짜 힘은 전하 e에 비례하고 반지름의 제곱에 반비례하며, 한편 구 표면의 넓이는 반지름의 제곱에 비례한다.

그러므로 전체 변위 E는 전하 e에만 비례하고 반지름에는 의존하지 않는다.

전하 e와 구 표면 중 어느 하나를 통해서건 바깥쪽으로 변위된 전기의 양 E 사이의 비를 구하기 위하여, 변위가 E에서 $E+\delta E$로 증가하는 동안 두 동심 구 표면 사이의 영역에서 매질에 한 일을 생각하자. 두 구 표면 중에서 안쪽과 바깥쪽에서 퍼텐셜을 각각 V_1과 V_2라고 표시하면, 추가의 변위를 발생시키는 기전력은 $V_1 - V_2$이고, 그래서 변위를 증가시키는 데 소비하는 일은 $(V_1 - V_2)\delta E$이다.

이제 안쪽 구 표면을 전기를 띤 구와 같다고 하고 바깥쪽 구 표면의 반지름을 무한대로 만들면, V_1은 구의 퍼텐셜인 V가 되고 V_2는 0이 되므로, 주위 매질에 한 전체 일은 $V\delta E$이다.

그러나 평소 이론에 따르면 전하를 증가시키는 데 한 일은 $V\delta e$이고, 이 일이 소비되면 우리가 가정한 것처럼, 변위가 $\delta E = \delta e$로 증가시키면서 E와 e가 함께 사라지므로, $E = e$이거나 또는, **원래 구와 동심인 어떤 구 표면을 통해서건 바깥쪽으로의 변위는 구의 전하와 같다.**

전기 변위에 대한 우리 생각을 고정하기 위하여, 유전체층 C에 의해 분리된 두 도체 판 A와 B로 구성된 축전기를 생각하자. A와 B를 연결하는 도선을 W라고 하고, 기전력의 작용으로 B에서 A로 도선을 따라서 양이 Q인 양전기가 전달된다고 가정하자. A의 양전기와 B의 음전기는 유전체층에서 A에서 B로 향하는 어떤 기전력을 발생시킬 것이며, 그 기전력은 유전체 내부에서 A로부터 B를 향하여 전기 변위를 발생시킬 것이다. 유전체를 두 개의 층으로 나누는 가상(假想) 단면을 통과하도록 강요된 전기의 양을 측정해서 구하는 이 전기 변위의 양은, 우리 이론에 따르면 정확히 Q이다. 75절, 76절, 111절을 보라.

그러므로 Q만큼의 양의 전기가 기전력에 의해서 도선을 따라 B에서 A를 향해 도선의 모든 단면을 통과해 이동하는 것과 동시에, 같은 양의 전기가 전기 변위라는 이유로 A에서 B를 향해 유전체의 모든 단면을 통과하는 것처럼 보인다.

축전기가 방전하는 동안에 전기의 변위는 이것의 반대가 된다. 도선에서 방전은 A에서 B까지 Q가 될 것이며, 유전체에서는 전기 변위가 잦아들 것이고, 양이 Q인 전기는 B에서 A까지 모든 단면을 통과하게 될 것이다.

그러므로 충전하거나 방전하는 모든 경우는 닫힌회로에서 움직임으로 간주해도 좋다. 즉 회로의 모든 부분에서 같은 시간 동안에 같은 양의 전기가 지나가는데, 이것이 볼타 회로*에서처럼 이것을 확실히 알 수 있는 경우에만 성립하는 것이 아니라 전기가 일반적으로 특정한 장소에 축적된다고 일반적으로 생각되는 모든 경우에도 성립한다.

61. 지금까지 조사한 이론에서, 전기의 움직임이 마치 비압축성 유체의 흐름과 같아서, 가상으로 만든 고정된 닫힌 표면 내부에서 전체 양은 언제나 변하지 않고 똑같이 유지된다는 놀라운 결과를 얻었다. 이 결과가 언뜻 보기에는 도체를 충전시켜서 닫힌 공간으로 가지고 가면 그 공간 내에 전기의 양을 변화시킬 수 있다는 사실과 당장 모순되는 것처럼 보인다. 그러나 평소 이론은, 지금까지 조사한, 유전체 물질에서 전기 변위를 고려하지 않고, 도체와 유전체의 겉 표면이 띠는 전기로 관심을 제한했음을 기억해야 한다. 대전된 도체의 경우에, 도체의 전하가 양전하라고 가정하면 주위의 유전체가 닫힌 표면 바깥의 모든 면을 둘러싼다면, 그 닫힌 표면에서 바깥쪽 모든 방향으로 존재하는 전기 변위에 의한 전기 편극이 존재하며, 그 표면에 대해 취한 전기 변위의 면적분은 도체 내부의 전하와 같다.

이처럼 대전된 도체가 닫힌 공간에 놓이면, 즉시 표면의 안쪽에서 바깥쪽을 향해 같은 양의 전기 변위가 발생하며, 표면 내부의 전체 전기의 양은 일정하게 유지된다.

---

* 볼타 회로(Voltaic circuit)란 전지에 도선을 연결한 전기 회로를 말한다.

전기 편극 이론은 5장에서 자세히 논의될 예정이고, 334절에서 전기 편극에 대한 역학적 예시를 설명할 예정이지만, 전자기 현상에 관한 연구에 이르기까지는 전기 편극의 중요성을 충분히 다 이해할 수 없다.

62. 이 이론이 가지고 있는 기묘한 성질로는 다음과 같은 것이 있다.

전기의 에너지는 유전체로 된 매질에 존재하는데, 그 매질이 전기적 작용을 전달할 수만 있으면, 그 매질이 고체인지, 액체인지, 또는 기체인지에는 관계가 없고, 그 매질이 밀(密)한지 또는 소(疏)한지 또는 소위 진공인지에도 관계가 없다.

매질의 어떤 부분에나 에너지가 전기 편극이라고 부르는 제약 상태의 형태로 저장되며, 그 에너지의 양은 그 위치에서 합성 기전 세기에 의존한다.

유전체에 작용하는 기전력은 전기 변위라고 부르는 것을 만드는데, 기전 세기와 전기 변위 사이의 관계는 대부분 일반적으로는 전도(傳導) 현상을 다루면서 나중에 조사할 종류에 해당하지만, 가장 중요한 경우에는 전기 변위가 기전력과 같은 방향이며, 전기 변위의 숫자 값은 기전력의 세기를 $\frac{1}{4\pi}K$로 곱한 것과 같은데, 여기서 K는 유전체의 비유전율이다.

전기 편극에서 발생한 유전체의 단위 부피당 에너지는 기전 세기와 전기 변위의 곱에 필요하면 둘 사이의 각의 코사인을 곱한 것의 절반과 같다.

유체인 유전체에서 전기 편극은 자기력선에 수직인 모든 방향에 작용하는 같은 압력과 결합한 자기력선 방향의 장력(tension)을 수반하는데, 그 장력 즉 단위 넓이 당의 압력의 숫자 값은 같은 위치에서 단위 부피당 에너지와 같다.

가장 작게 나눌 수 있는 유전체의 부피에 해당하는 부분의 표면은 대전되어 있어서 그 표면의 임의의 점에서 전하의 면 밀도는 표면에서 그 점으로부터 **안쪽으로 향하는** 전기 변위의 크기와 같다. 혹시 전기 변위가 양의 방향이면 그 요소의 표면에는 양의 방향 쪽에 음전하로 대전되고, 음의 방향 쪽에는 양전하로 대전된다. 유전체 내부에 전하가 존재하거나 유전체 표면을 제외하면, 유전체의 인접한 두 요소의 표면 전하는 일반적으로 서로 상쇄된다.

전기가 무엇이건 간에, 전기의 이동을 어떻게 이해하건 간에, 도선을 통하여 정해진 양의 전기가 이동하는 것이 전기의 움직임이라는 것과 똑같은 의미로 전기 변위라고 부른 현상도 전기의 움직임인데, 둘 사이에 다른 단한 가지는 다음과 같다. 유전체에는 전기 변위를 억제하고 기전력이 제거되면 전기를 원래로 돌려놓는, 전기 탄성이라고 부르는 힘이 존재하는 데반하여, 도선에는 전기 탄성이 항상 양보해서 실제 전도 전류가 형성되며, 전기저항은 평형 위치에서 이동한 전기의 전체 양에 의존하지 않고 주어진 시간에 도체의 단면을 횡단하는 양에 의존한다.

모든 경우에 전기의 운동은 비압축성 유체의 운동과 똑같은 조건 아래놓이는데, 그 조건이란 모든 순간에 임의의 닫힌 표면으로 흘러 들어온 전기(유체)의 양은 흘러나간 전기(유체)의 양과 같아야 한다는 것이다.

모든 전기 회로는 닫힌 회로여야 하는 것도 이 조건의 결과이다. 앞으로 전자기 법칙을 조사하면 이 결과의 중요성을 알게 될 것이다.

우리가 앞에서 본 것처럼, 접촉하지 않는 직접 작용에 대한 이론이 매질을 통한 작용에 대한 이론과 수학적으로 같으므로, 문제가 발생하는 경우적당한 가설을 도입하기만 하면, 두 이론 중 어느 것을 이용하더라도 실제현상을 잘 설명할 수 있다. 예를 들어, 모소티*는 푸아송이 자기(磁氣) 유체이론으로부터 자기 유도 이론을 유추한 연구에 나오는 기호들을 자기적 현상에 대한 것으로 해석하는 대신 단순히 그 기호들을 전기적 현상에 대한

---

* 모소티(Ottaviano Fabrizio Mossotti, 1791-1863)는 이탈리아의 물리학자인데, 그의 자유주의적인 생각 때문에 이탈리아에서 추방되어 아르헨티나의 부에노스아이레스 대학에서 천문학과 물리학을 가르쳤다. 유전체에 대한 모소티 이론은 이 책의 저자인 맥스웰이 변위 전류를 제안하고 그로부터 이론적으로 전자기파의 존재를 예언하는 데 직접적인 영향을 주었다.

것으로 해석하는 방법으로, 인력에 대해 잘 알려진 이론으로부터 유전체에 대한 수학 이론을 수립하였다. 모소티는 유전체 내부에 전도도를 갖는 작은 요소가 존재해서 유도로 그 요소의 반대편 표면이 반대 부호의 전하로 대전될 수는 있지만, 그 요소들은 전도도를 갖지 않는 매질 때문에 절연되어 있어서 각 요소 전체로 봐서 전하를 얻거나 잃을 수는 없다고 가정한다. 유전체에 대한 이러한 이론은 전기에 관한 법칙에 배치되지 않으며, 그래서 실제로 옳은 이론일지도 모른다. 만일 모티스의 이론이 옳다면, 유전체의 비유전율은 진공의 비유전율보다 더 클 수는 있지만 더 작을 수는 없다. 지금까지 진공의 비유전율보다 더 작은 비유전율을 갖는 유전체는 아직 발견되지 않았지만, 혹시라도 그런 유전체가 발견된다면, 비록 모소티의 공식이 계수의 부호를 바꾸는 것 이외에는 모두 정확히 그대로 유지되지만, 모소티의 물리적 이론은 옳지 않은 것이다.

물리학의 여러 부분에서, 전혀 다른 성질을 갖는 현상임이 분명한데도 적용하는 방정식은 같은 형태인 경우가 많은데, 그런 예로는 유전체를 통한 전기 유도, 도체를 통한 전도, 자기 유도가 있다. 여기서 예로 든 모든 경우에서, 힘과 그로부터 만들어진 효과 사이의 관계는 일련의 같은 종류의 방정식으로 표현되는데, 그래서 그런 여러 주제들 중 하나에 대한 문제를 풀었으면, 그 문제와 풀이를 다른 주제의 언어로 옮겨놓더라도 새로운 형태로 표현된 결과가 여전히 성립한다.

2장
정전기에 대한 기초 수학 이론

수학적인 물리량으로서 전기*의 정의

63. 우리는 앞에서 대전된 물체가 다음과 같은 성질을 가진다는 것을 보았다. 한 물체의 전하가 다른 물체의 전하와 같을 수도 있고 다른 두 물체의 전하의 합과 같을 수도 있다. 또 두 물체가 크기는 같으나 부호는 반대인 전하로 대전될 때, 두 물체를 절연된 닫힌 도체 용기에 넣으면, 그 용기 외부의 물체에는 용기 속의 두 물체가 어떤 효과도 미치지 않는다. 대전된 물체가 **정해진 양의 전기**를 띠고 있다고 설명하면 이 모든 결과를 간결하고 일관된 방식으로 표현할 수 있는데, 그 전기의 양을 e**로 표시하면 좋다. 전하가 양(陽)이면, 즉 전에 정했듯이 유리처럼 행동하면 e는 0보다 더 큰 양이 된다. 전하가 음(陰)이면, 즉 송진처럼 행동하면 e는 0보다 더 작은 양이 되며,

---

*   이 책에서 전기(electricity)는 오늘날 전하(electric charge)와 같은 의미로 사용된다.
** 오늘날에는 전자(電子)의 전하를 문자 e로 표시하는데, 맥스웰은 오늘날 흔히 q로 표시하는 전하의 양을 e로 표시하자고 제안하고 있다. 당시는 전자가 발견되지 않아서 전자의 존재를 알고 있지 못했다.

−e라고 표현한 양은 유리와 같은 전기의 반대인 전기를 뜻하거나 송진과 같은 전기의 반대인 전기를 뜻한다.

두 크기는 같으나 부호는 반대인 전기 $+e$와 $−e$를 더한 효과는 전하가 없는 상태를 만들며 그 전하는 0으로 표현한다. 그러므로 대전되지 않은 물체가 실제로는 양은 얼마인지 몰라도 부호가 반대이면서 양이 같은 전하들로 대전된 것이라고 보아도 좋으며, 대전된 물체가 실제로는 크기가 같지 않으나 부호가 반대인 두 전하로 대전되면 그 두 전하의 합이 관찰된 전기를 대표한다고 보아도 좋다. 그렇지만 대전된 물체를 이런 방식으로 보는 것은 완벽히 인위적임이 명백하며, 그것은 마치 물체의 속도가 그 물체의 실제 속도가 아닌 둘 또는 그 이상의 서로 다른 속도의 결합이라는 개념과 비교될 수 있다.

전하 밀도에 대하여

3차원에서의 분포

64. 정의

공간의 한 점에서 전하의 부피 밀도는 중심이 그 점에 있는 작은 구(球)에 포함된 전하의 양과 그 구의 부피 사이의 비(比)가 구의 반지름이 끝없이 감소할 때 수렴하는 값과 같다.

이 책에서는 그 비를 기호 ρ로 표시할 예정인데, ρ는 0보다 클 수도 있고 0보다 작을 수도 있다.

표면 위의 분포

어떤 경우에는 물체에 대전된 전하가 모두 다 표면에만 존재하는 것이 이론과 실험 모두에서 똑같이 얻는 결과이다. 표면 위의 한 점에서 밀도를 앞에서 부피 밀도를 정의한 것과 같은 방법으로 정의하면 무한대가 된다. 그래서 표면 밀도를 측정하는 데에는 다른 방법을 채택한다.

정의

표면 위의 한 점에서 전하 밀도는 중심이 그 점에 있는 작은 구에 포함된 전하의 양과 그 구에 포함된 표면의 넓이 사이의 비가 구의 반지름이 끝없이 감소할 때 수렴하는 값과 같다.

이 책에서는 표면 밀도를 기호 σ로 표시한다.

전기가 물질 유체라고 또는 입자들의 모임이라고 가정했던 사람들은 전기가 모두 다 표면에만 존재할 때는 표면 위에서 전기는 두께가 θ이고 밀도가 ρ_0인 층을 이룬다고 생각해야 하거나, 또는 가능한 한 가까이 접촉할 수 있는 입자들을 고려한 결과로부터 ρ의 값을 구한다고 생각해야 했다. 그런 이론에서는

$$\rho_0 \theta = \sigma$$

가 되는 것은 명백하다. 그 이론에 따르면, σ가 음(陰)일 때는 두께가 θ인 일부 층에는 양전하는 조금도 포함하지 않고 완벽히 음전하로만 채워져 있거나, 또는 한 유체 이론에서는 물질로 채워져 있다.

그런데 어떤 두께를 갖는 전기 층이라거나, 전기가 유체이거나, 전기가 입자들의 모임이라는 어떤 실험 증거도 존재하지 않는다. 그러므로 이 책에서는 층의 두께를 표시하는 기호는 사용하지 않고 표면 밀도를 따로 표시하는 기호를 채택한다.

선 위의 분포

때로는 전기가 선(線) 위에 분포된다고, 즉 두께가 없는 길고 가느다란 물체 위에 분포된다고 가정하는 것이 편리하다. 그럴 때 선 위의 어떤 점에서든지, 선의 선분 요소에 포함된 전하와 그 선분 요소의 길이 사이의 비가, 그 길이가 무한히 감소할 때 수렴하는 값으로 정의할 수 있다.

λ가 선밀도를 표시하면, 곡선 위에 존재하는 전체 전기의 양은 $e = \int \lambda ds$ 가 되는데, 여기서 ds는 곡선의 선분 요소 길이이다. 비슷하게, σ가 면전하 밀도이면, 표면에 존재하는 전하의 전체 양은

$$e = \iint \sigma dS$$

인데, 여기서 dS는 넓이 요소이다.

ρ가 공간의 한 점에서 부피 밀도이면, 정해진 부피 내부의 전체 전기는

$$e = \iiint \rho \, dx \, dy \, dz$$

인데 여기서 $dx \, dy \, dz$는 부피 요소이다. 각 경우에 적분 구간은 대상이 된 곡선, 표면, 그리고 공간의 한 부분이다.

e, λ, σ, ρ는 종류가 다른 양으로 각 양은 앞의 양보다 공간의 차원이 하나 더 낮아서, l이 선(線)이면 e, $l\lambda$, $l^2\sigma$, 그리고 $l^3\rho$로 대표되는 양은 모두 같은 종류이며, $[L]$이 길이의 단위이고 $[\lambda]$, $[\sigma]$, $[\rho]$가 서로 다른 밀도에 대한 단위이면 $[e]$, $[L\lambda]$, $[L^2\sigma]$, $[L^3\rho]$는 모두 같은 전하의 단위가 되는 것은 명백하다.

단위 전하에 대한 정의

65. A와 B는 두 점으로, 이 두 점 사이의 거리가 단위길이라고 하자. 거리 AB보다 크기가 작은 두 물체를 같은 크기의 양전하로 대전시켜서 각각 A

와 B에 놓으면, 두 물체가 서로 밀치는 힘을 6절에서처럼 측정할 때, 단위 힘이라고 하자. 그러면 각 물체에 대전된 전하가 단위 전하라고 한다.

B에 놓인 물체의 전하가 음전하의 단위라면, 물체들 사이의 작용이 뒤바뀌므로, 두 물체 사이에 작용하는 힘은 단위 힘과 같은 크기의 서로 잡아당기는 힘이 된다. A에 놓인 물체의 전하도 역시 음전하라면, 두 물체 사이에 작용하는 힘은 다시 서로 밀치는 힘이 되고, 그 크기는 1과 같다.

전기의 두 부분 사이의 작용은 어떤 다른 부분의 존재에 영향을 받지 않으므로, A에 놓인 e 단위의 전하와 B에 놓인 e' 단위의 전하 사이에 서로 밀치는 힘은, 거리 AB가 단위 거리이므로, ee'이다. 39절을 보라.

대전된 물체 사이의 힘의 법칙

66. 쿨롱*은 실험으로 대전된 두 물체 사이의 힘은, 각 물체의 크기가 두 물체 사이의 거리에 비해 작을 때, 두 물체 사이 거리의 제곱에 반비례함을 보였다. 그래서 거리 r만큼 떨어져서 놓은 전하량이 e와 e'인 두 물체 사이에 작용하는 서로 밀치는 힘은

$$\frac{ee'}{r^2}$$

이다.

안이 빈 도체 용기의 내부에 놓인 도체가 안이 빈 도체 용기와 접촉하면 도체는 전하를 모두 잃게 되는 관찰된 사실과 단지 이 법칙만 일치함을 앞으로 74절에서 증명할 예정이다. 이 법칙이 거리의 딱 제곱에 반비례한다는 정확도에 대한 우리의 확신은 바로 그런 실험 때문이지 쿨롱의 직접 실험에 유래한 것은 아니다.

---

* 쿨롱(Charles Augustin de Coulomb, 1736-1806)은 프랑스의 물리학자로 군대에서 기술 장교로 근무하고 제대 후에 비틀림 진자를 이용하여 전하 사이에 작용하는 전기력에 대한 법칙인 쿨롱 법칙을 발견하였다.

두 물체 사이의 합력

67. 두 물체 사이에 작용하는 합력*을 계산하려면, 먼저 두 물체를 모두 작은 부피 요소들로 나눈 다음에, 첫 번째 물체의 각 부피 요소에 포함된 전하와 두 번째 물체의 각 부피 요소에 포함된 전하 사이에 작용하는 서로 밀치는 힘을 고려해야 한다. 그래서 각 물체를 나눈 요소들의 수를 곱한 결과와 같은 수의 많은 힘을 얻는데, 그 힘들의 효과를 정역학 법칙에 따라 결합해야 한다. 그렇게 한 결과의 x 성분을 얻으려면, 다음 6중적분

$$\iiint \iiint \frac{\rho\rho'(x-x')dx\,dy\,dz\,dx'dy'dz'}{\{(x-x')^2+(y-y')^2+(z-z')^2\}^{\frac{3}{2}}}$$

값을 구해야 하는데, 여기서 x, y, z는 첫 번째 물체에서 전하 밀도가 ρ인 점의 좌표들이고, x', y', z'은 두 번째 물체에서 전하 밀도가 ρ'인 점의 좌표들이며, 적분은 처음에는 첫 번째 물체에 대해, 그리고 그다음에는 두 번째 물체에 대해 수행된다.

한 점에서 최종 전기장

68. 수학 과정을 간단하게 만들기 위해, 대전된 물체가 유한한 형태를 보이는 다른 대전된 물체에 작용한다고 생각하기보다, 전기적 작용의 영향이 미치는 공간의 임의의 한 점에 있는, 무한히 작은 양의 전하로 대전된 무한히 작은 물체에 작용한다고 생각하는 것이 더 편리하다. 이 작은 물체에 대전된 전하를 무한히 작게 만들면, 그 전하가 첫 번째 물체에 대전된 전하를

---

* 여기서 두 물체 사이의 합력(resultant force)이란 두 물체의 각 부분 사이에 작용하는 힘을 모두 합하여 결과적으로 각 물체에 작용하는 합력을 의미한다.

재배치시킬 것이라고 걱정할 필요가 없게 된다.

이제 e가 작은 물체의 전하이고, 그 물체가 (x, y, z)인 점에 놓여 있을 때 그 물체에 작용하는 힘이 Re이고, 그 힘의 방향 코사인이 l, m, n이라고 하면, R를 점 (x, y, z)에서 최종 전기장이라고 부를 수 있다.

R의 성분을 X, Y, Z로 표시하면,

$$X = Rl, \qquad Y = Rm, \qquad Z = Rn$$

이다.

한 점에서 최종 전기장이라고 말할 때,* 그 점에 어떤 힘이 실제로 작용한다고 생각할 필요는 없지만, 그 점에 대전된 물체가 놓이면, 그 물체의 전하가 e일 때 물체에 작용하는 힘이 Re이다.[9]

정의

한 점에서 최종 전기장은 그 점에 있는 단위 양전하로 대전된 작은 물체에 작용하는 힘과 같은데, 다만 작은 물체를 그 점에 가져다 놓을 때 실제 전하분포에 영향을 주지 않아야 한다.

이 힘은 대전된 물체를 이동시킬 뿐 아니라 물체 내의 전하도 이동시키는데, 그래서 양전하는 R의 방향으로 움직이려고 하고 음전하는 그 반대 방향으로 움직이려고 한다. 그런 이유로 R로 대표되는 양을 점 (x, y, z)에서 기전 세기(Electromotive Intensity)라고 부르기도 한다.

최종 전기장이 벡터임을 구체적으로 표현하기 위해 그것을 독일 알파벳 대문자 $\mathfrak{E}$로 쓸 예정이다. 혹시 물체가 유전체라면, 이 책에서 채택한 이론에 따르면, 전하가 물체 내부에서 이동되며, 그래서 $\mathfrak{E}$에 수직으로 고정된 단위 넓이를 가로질러서 $\mathfrak{E}$의 방향으로 이동되는 전하의 양은

---

* 이 책에서 전기 세기(electric intensity)와 자기 세기(magnetic intensity)는 각각 오늘날 말하는 전기장과 자기장에 대응해서 전기장 그리고 자기장이라고 번역한다.

$$\mathfrak{D} = \frac{1}{4\pi} K \mathfrak{E}$$

인데, 여기서 $\mathfrak{D}$는 변위이고, $\mathfrak{E}$는 최종 전기장이며, K는 유전체의 비유전율이다.

만일 물체가 도체이면, 통제 상태가 계속되어서 전도 전류가 만들어지고 매질에 $\mathfrak{E}$가 작용하는 한 그 전류는 유지된다.

곡선의 원호를 따라 전기장 또는 기전력의 선적분하기

69. 곡선 중 원호 부분 AP를 따라 작용하는 기전력의 숫자 값은 곡선을 따라서 원호가 시작하는 A에서 원호가 끝나는 P까지 곡선 위에 분포된 단위 양전하에 작용하는 전기력이 한 일에 의해 구할 수 있다.

A로부터 측정한 원호의 길이가 s이면, 그리고 곡선 위의 임의의 점에서 최종 전기장 R가 곡선의 양의 방향으로 그린 접선과 각 ϵ을 이루고 있으면, 곡선의 요소 ds를 따라 움직이면서 단위 전하에 한 일은

$$R \cos \epsilon \, ds$$

이며, 총기전력 E는

$$E = \int_0^s R \cos \epsilon \, ds$$

인데, 여기서 곡선의 시작부터 끝까지 적분한다.

전기장의 성분을 이용하면, 이 표현은

$$E = \int_0^s \left(X \frac{dx}{ds} + Y \frac{dy}{ds} + Z \frac{dz}{ds} \right) ds$$

가 된다.

또한 X, Y, Z는 x, y, z의 함수인 $-V$의 완전 미분 $Xdx + Ydy + Zdz$에 나오는 양이므로,

$$E = \int_A^P (Xdx + Ydy + Zdz) = -\int_A^P dV = V_A - V_P$$

가 되는데, 여기서 적분은 점 A에서 점 P까지 가는 데 이미 준 곡선을 따라가거나 A와 P 사이의 어떤 다른 경로를 따라가거나 어떤 방법으로든 수행된다.

이 경우에 V는 공간의 임의의 점의 위치에 대한 스칼라 함수인데, 그 말은 그 점의 좌표를 알면 V의 값이 정해지며, 그 값은 기준계를 정의하는 축의 위치와 방향에는 무관하다는 의미이다. 16절을 보라.

점의 위치의 함수에 대해

앞으로는, 어떤 양을 한 점의 위치의 함수로 기술하는 것은 그 점이 놓이는 모든 위치에 대해 그 함수가 확실한 값을 가짐을 의미한다. 그런데 그 함수의 값이 공간의 모든 점에 대해서 언제나 같은 공식으로 표현되어야 하는 것은 아니다. 어떤 표면의 한쪽에서는 한 공식으로 표현되고 그 표면의 반대쪽에서는 다른 공식으로 표현되는 것도 가능하다.

퍼텐셜 함수에 대해

70. 힘이 임의의 수의 점들로부터 거리의 함수인 전기장에서 인력 또는 척력으로 발생하면 언제나 $Xdx + Ydy + Zdz$로 주어지는 양은 완전 미분이다. 왜냐하면 r_1이 점 (x, y, z)로부터 많은 점들 중 하나까지 거리이면, 그리고 R_1이 밀치는 힘이면,

$$X_1 = R_1 \frac{x - x_1}{r_1} = R_1 \frac{dr_1}{dx}$$

가 성립하고 Y_1과 Z_1에 대해서도 비슷한 식이 성립하는데, 그러면

$$X_1 dx + Y_1 dy + Z_1 dz = R_1 dr_1$$

이 되고, R_1은 오직 r_1만의 함수이기 때문에, $R_1 dr_1$은 r_1의 어떤 함수에 대한

완전 미분인데, 그 함수를 예를 들어 $-V_1$이라고 하자.

비슷하게, 중심으로부터 거리가 r_2인 곳에 작용하는 임의의 다른 힘 R_2에 대해

$$X_2 dx + Y_2 dy + Z_2 dz = R_2 dr_2 = -dV_2$$

가 된다. 그러나 $X = X_1 + X_2 +$등등이고 Y와 Z도 같은 방법으로 구성되면 결과적으로

$$Xdx + Ydy + Zdz = -dV_1 - dV_2 + 등등 = -dV$$

가 된다. 이 양에 관한 적분을, 이 양이 무한히 먼 거리에서 0이 된다는 조건 아래, 퍼텐셜 함수라고 부른다.

지구에 의한 인력을 계산하면서 라플라스가 최초로 인력 이론에서 이 함수의 사용을 도입하였다. 그린이 「전기 현상에 수학적 분석의 적용」이라는 제목의 논문에서 이 함수에 퍼텐셜 함수라는 이름을 부여하였다. 그린과는 독립적으로 가우스도 역시 퍼텐셜이라는 단어를 사용하였다. 클라우지우스*와 다른 사람들도 두 물체 또는 두 시스템을 서로에 대해 무한히 멀리 떨어지도록 이동시키는 데 필요한 일에 퍼텐셜이라는 용어를 적용하였다. 우리는 애매함을 피하려고, W. 톰슨 경이 내린 다음 정의를 채택함으로써 최근 영국의 연구에서 이 단어를 사용한 방법을 따르려고 한다.

퍼텐셜의 정의 | 한 점에서 퍼텐셜은 주위 전하분포에 영향을 주지 않으면서 단위 양전하를 그 점에서 무한히 먼 거리까지 이동시키는 데 전기력이 그 전하에 하는 일이다. 또는 같은 의미지만, 외부 매개자가 무한히 먼 곳으로부터 (또는 퍼텐셜이 0인 임의의 위치로부터) 그 점까지 가져오기 위해 단위 양전하에 해줘야 할 일이다.

---

* 클라우지우스(Rudolf Clausius, 1822-1888)는 독일의 물리학자로 열역학의 기초를 세우는 데 이바지했으며 열역학 제2법칙을 표현하기 위한 엔트로피 개념을 제안한 것으로 유명한 사람이다.

71. 퍼텐셜을 이용한 합성 세기와 그 성분에 대한 표현

임의의 원호 AB를 지나가는 전체 기전력은

$$E_{AB} = V_A - V_B$$

이므로, 원호 AB를 ds라고 놓으면 ds 방향의 힘의 성분은

$$R \cos \epsilon = -\frac{dV}{ds}$$

가 되는데, 그러므로 ds가 차례로 세 축 하나하나와 평행하다고 가정하면

$$X = -\frac{dV}{dx}, \qquad Y = -\frac{dV}{dy}, \qquad Z = -\frac{dV}{dz};$$

$$R = \left\{ \left|\frac{dV}{dx}\right|^2 + \left|\frac{dV}{dy}\right|^2 + \left|\frac{dV}{dz}\right|^2 \right\}^{\frac{1}{2}}$$

를 얻는다.

우리는 크기, 즉 텐서는 R이고 성분은 X, Y, Z인 세기 자체는, 17절과 68절에서처럼, 독일 알파벳 $\mathfrak{E}$로 표시할 예정이다.

도체 내부의 모든 점에서 퍼텐셜은 동일함

72. 도체란 기전력을 받으면 도체 내부에서는 한 부분에서 어떤 다른 부분으로도 전하가 이동할 수 있는 물체이다. 전하가 평형에 도달하면 도체 내부에서 기전력이 작용할 수 없다. 그래서 도체가 차지하는 전체 공간 어디서나 $R=0$이다. 이 사실로부터

$$\frac{dV}{dx} = 0, \quad \frac{dV}{dy} = 0, \quad \frac{dV}{dz} = 0$$

이 성립하며, 그러므로 도체 내의 모든 점에서 C가 상수라고 할 때

$$V = C$$

이다.

도체를 구성하는 물질 내부의 모든 점에서 퍼텐셜은 C이므로, 이 양 C를 도체의 퍼텐셜이라고 부른다. C를 주위 전하분포에는 영향을 주지 않

으면서 외부 매개자가 단위 전하를 무한히 먼 곳에서 그 도체까지 가져오는 데 전하에 해야 하는 일로 정의할 수도 있다.

서로 다른 두 물체가 접촉하면 보통은 접촉하는 표면을 통하여 한 물체에서 다른 물체로 기전력이 작용한다는 것을 앞으로 246절에서 보일 예정인데, 그래서 두 물체가 평형을 이루면 후자의 퍼텐셜이 전자의 퍼텐셜보다 더 높게 된다. 그러므로 당분간은 도체들이 모두 같은 종류이고 도체들 온도도 모두 같다고 가정한다.

두 도체 A와 B의 퍼텐셜이 각각 V_A와 V_B라면, A와 B를 연결하는 도선을 따라 작용하는 기전력은

$$V_A - V_B$$

인데, 다시 말하면 양전하는 퍼텐셜이 높은 도체에서 낮은 도체로 통과하려고 한다.

전기학에서 퍼텐셜과 전하 사이의 관계는 수정역학(水靜力學)에서 압력과 유체 사이의 관계와 같으며, 또한 열역학에서 온도와 열 사이의 관계와 같다. 전하는 퍼텐셜이 높은 곳에서 낮은 곳으로 가려고 하고, 유체는 압력이 높은 곳에서 낮은 곳으로 가려고 하며, 열도 온도가 높은 곳에서 낮은 곳으로 가려고 한다. 유체는 물질임이 분명하지만, 열은 물질이 아닌 것이 분명하므로, 비록 이런 종류의 비유로 전기적 양들 사이의 형식적인 관계에 대한 분명한 생각을 갖는 데 도움을 얻을 수도 있지만, 그러한 두 비유로부터 전하가 마치 물과 같은 물질이라거나 또는 열과 같은 동요된 상태라고 잘못 생각하지 않도록 주의해야 한다.

전하들의 모임에 의한 퍼텐셜

73. 전하량 e로 대전된 점전하가 있는 위치에서 거리가 r인 점 x', y', z'에

서는

$$V = \int_r^\infty R dr = \int_r^\infty \frac{e}{r^2} dr = \frac{e}{r}$$

이다.

이제 전하량 e_1, e_2 등으로 대전된 임의의 수의 점전하들이 놓인 좌표가 (x_1, y_1, z_2), (x_2, y_2, z_2) 등이고, 한 점 (x', y', z')에서 그 점전하들까지 거리가 각각 r_1, r_2 등이라고 하면, (x', y', z')에서 이 전하들의 모임에 의한 퍼텐셜은

$$V = \sum \left(\frac{e}{r} \right)$$

이 된다.

대전된 물체 내부에 속한 임의의 한 점 (x, y, z)에서 전하 밀도가 ρ라면, 이 물체가 만드는 퍼텐셜은

$$V = \iiint \frac{\rho}{r} dx \, dy \, dz$$

인데 여기서

$$r = \{(x-x')^2 + (y-y')^2 + (z-z')^2\}^{\frac{1}{2}}$$

이며, 적분은 물체 내부 전체를 통해서 수행된다.

역제곱 법칙의 증명에 대하여

74a. 대전된 두 물체 사이에 작용하는 힘은 두 물체 사이 거리의 제곱에 반비례한다는 사실은 쿨롱이 비틀림 저울을 이용해 직접 해본 실험에 기반을 둔다고 할 수 있다. 그렇지만 그런 실험에 근거해서 유도된 결과는 각 실험에서 포함될 가능성이 있는 오차의 영향을 받는다고 생각해야 하며, 실험을 수행하는 사람의 기량이 굉장히 높지 않은 한, 비틀림 저울을 이용한 실험에서 오차가 발생할 가능성은 상당히 크다.

32절에서 설명된 것과 비슷한 실험(실험 VII)을 이용하면 그 힘의 법칙

을 훨씬 더 정확하게 유도할 수 있다.

전하에 대한 아직 발표되지 않은 연구에서, 캐번디시는 그런 종류의 실험에 의존하는 힘의 법칙에 대한 증거를 내놓았다.

캐번디시는 절연된 받침대 위에 구(球)를 고정하고 반구(半球) 두 개를 두 개의 나무로 만든 틀에 유리 막대를 이용하여 고정한 다음, 나무로 만든 틀을 가까이 가져오면 가운데 놓인 구와 동심인 절연된 구형 껍질을 이루도록 축에 연결하였다.

그다음에 짧은 도선을 이용하여 구와 반구가 서로 전하를 주고받도록 만들었는데, 이때 짧은 도선에 가는 명주실을 연결하여 장치에서 전하가 유출되지 않으면서 짧은 도선을 제거할 수 있게 하였다.

캐번디시는, 미리 전위계로 퍼텐셜을 측정한 반구와 구가 전하를 주고받을 수 있도록 장치한 다음에, 레이던병을 이용하여 반구를 대전시킨 직후에 명주실을 잡아당겨서 연결한 도선을 떼어낸 뒤에 반구를 제거해서 방전시키고, 구의 전기적 상태를 피스볼 전위계*로 조사하였다.

구에는 전하가 전혀 대전되지 않은 것을 피스볼 전위계로 확인할 수 있었는데, 당시(1773년)에는 피스볼 전위계를 가장 정교한 검전기라고 생각하였다.

캐번디시는 다음으로 직전에 반구에 대전되었던 전하 중에서 정해진 일부를 구에 대전시키고 전위계를 이용하여 구를 다시 조사하였다.

이런 방법으로 캐번디시는 처음 실험에서 구에 대전되었던 전하량이 장치 전체에 대전되었던 전하량의 $\frac{1}{60}$ 배보다 더 작아야 함을 발견했는데, 그렇게 판단한 이유는 만일 그보다 더 작지 않았다면 전위계로 검출되어야 했기 때문이었다.

---

* 피스볼 전위계(pith ball electrometer)란 스티로폼과 같은 물질로 만든 가볍고 작은 구를 실에 매달아 놓은 장치로 물체가 대전되어 있는지를 측정한다.

캐번디시는 그다음에 척력이 거리의 제곱에 반비례하는 것이 아니라 2 와 약간 다른 멱수에 반비례한다는 가정 아래 구에 대전된 전하와 반구에 대전된 전하 사이의 비를 계산했는데, 만일 그 차이가 $\frac{1}{50}$ 이라면 구에 대전된 전하량이 장치 전체에 대전된 전하량의 $\frac{1}{57}$ 배와 같았을 것이며, 그래서 전위계를 이용하여 검출될 수 있었을 것임을 발견하였다.

74b. 그 실험이 최근에 캐번디시 연구소*에서 약간 다른 방식으로 반복되었다.

두 개의 반구는 절연된 받침대 위에 고정되었으며 구(球)는 에보나이트 고리에 의해 두 반구 사이의 적당한 위치에 고정되었다. 이렇게 배열함으로써 구를 고정하는 절연된 지지대는 어떤 전기력의 작용에도 전혀 영향을 받지 않으며, 그러므로 결코 전하를 띠지 않아서, 절연체의 표면을 따라 약간씩이라도 전개되는 전기장에 의한 어떤 교란 효과도 완벽히 차단되었다.

구의 퍼텐셜을 조사하기 전에 두 개의 반구를 제거하지 않고 제자리에 그대로 두는 대신 반구를 접지시켰다. 구에 대전된 전하가 전위계에 미치는 영향은 두 개의 반구가 제거된 때처럼 별로 크지 않았지만, 이렇게 해서 불리해진 정도는 외부의 모든 전기적 교란에 대해 도체 용기가 가능하게 만든 완전한 차폐로 훨씬 더 완벽하게 보상되었다.

바깥쪽 껍질과 구를 연결한 짧은 도선은 껍질에 뚫린 작은 구멍의 덮개 역할을 하는 작은 금속 원판에 연결되어 있어서, 명주실로 짧은 도선과 덮개를 들어올리면 전위계의 전극이 구멍으로 들어가 내부의 구 위에 얹혔다.

여기서 이용된 전위계는 219절에서 설명된 톰슨의 사분면 전위계였다.

---

* 캐번디시 연구소(Cavendish Laboratory)는 케임브리지 대학교 물리학과의 실험 연구소인데 1874년 이 책의 저자인 맥스웰이 초대 소장으로 직접 건물 설계와 모든 계획을 주관하여 설립 되었다. 캐번디시 연구소를 거쳐 간 연구원 중 29명이 노벨상을 받았다.

전위계 상자와 전위계 전극들 가운데 하나는 항상 접지되었고, 전위를 측정하는 전극은 바깥쪽 껍질이 완벽히 방전될 때까지 접지되었다.

바깥쪽 껍질에 원래 대전된 전하량을 구하기 위해, 껍질로부터 거리가 상당히 떨어진 곳에 있는 절연된 받침대 위에 작은 황동 구를 놓았다.

실험은 다음과 같은 순서로 진행되었다.

레이던병을 통해 바깥쪽 껍질이 대전되었다.

작은 구는 접지해서 정전 유도를 통해 음전하를 대전시키고 그다음에 절연 상태를 유지하였다.

구와 바깥쪽 껍질 사이의 도선은 명주실을 이용하여 제거하였다.

그다음에 바깥쪽 껍질은 방전시킨 다음 계속 접지해 두었다.

전위 측정용 전극은 접지를 해제시키고 바깥쪽 껍질에 뚫린 구멍을 통하여 구에 접촉시켰다.

전위계에서는 어떤 가벼운 효과도 관찰되지 않았다.

장치의 민감도를 확인하기 위하여, 바깥쪽 껍질의 접지를 해제시키고 작은 황동 구를 접지해서 방전시켰다. 그랬더니 전위계는 양의 방향으로 D 만큼 편향되었다.

작은 황동 구에 대전된 음전하는 바깥 껍질에 원래 대전된 전하의 약 $\frac{1}{54}$ 이고, 그 황동 구를 접지시켜서 유도 때문에 대전된 양전하는 구에 원래 대전된 전하의 약 $\frac{1}{9}$ 이었다. 그러므로 구가 접지되었을 때 바깥쪽 껍질의 퍼텐셜은 전위계의 눈금으로 비추어 구의 원래 퍼텐셜의 약 $\frac{1}{486}$ 이었다.

그러나 만일 척력이 r^{q-2}에 의해 변했다면, 구의 퍼텐셜은 74d절의 22식에 의해 바깥쪽 껍질의 퍼텐셜과 비교하여 $-0.1478q$만큼 차이가 났을 것이다.

그러므로 만일 전위계에서 확실하게 구분할 수 없어서 측정하지 못하는 최대 편향이 $\pm d$이고, 실험의 두 번째 단계에서 측정된 편향이 D라면, q는

$$\pm \frac{1}{72}\frac{d}{D}$$

를 초과할 수 없다. 그런데 별로 정교하지 못한 실험에서조차 D가 $300d$보다 더 컸으므로, q는

$$\pm \frac{1}{21600}$$

을 초과할 수 없다.

실험의 이론

74c. 물질의 두 부분 사이의 척력이 두 부분 사이의 거리의 함수로 주어질 때, 균일한 구형 껍질이 임의의 점에 만드는 퍼텐셜을 구하자.

거리가 r만큼 떨어진 두 부분 사이의 척력이 $\phi(r)$이고, $f(r)$는

$$\frac{df(r)}{dr}(=f'(r))=r\int_r^\infty \phi(r)dr \qquad (1)$$

를 만족한다고 하자.

구(球) 껍질의 반지름은 a이고 구 껍질의 면 밀도가 σ이면, 구 껍질의 전체 질량을 α라고 할 때

$$\alpha = 4\pi a^2 \sigma \qquad (2)$$

이다.

이제 구 껍질의 중심으로부터 주어진 점까지 거리를 b라고 하고, 구 껍질의 임의의 한 점에서 그 점까지 거리를 r라고 하자.

구 껍질의 중심을 원점으로 하고 z 축이 주어진 점을 지나도록 정하면, 구 껍질 위의 한 점을 구좌표로 표현할 때

$$r^2 = a^2 + b^2 - 2ab\cos\theta \qquad (3)$$

가 성립한다. 구 껍질 위의 넓이 요소에 포함된 질량은

$$\sigma a^2 \sin\theta\, d\phi\, d\theta \qquad (4)$$

와 같으며, 이 요소에 포함된 질량이 주어진 점에 만드는 퍼텐셜은

$$\sigma a^2 \sin\theta \frac{f'(r)}{r}\, d\theta\, d\phi \tag{5}$$

로 이것을 ϕ에 대해 $\phi = 0$부터 $\phi = 2\pi$까지 적분해야 하는데, 그 결과는

$$2\pi\sigma a^2 \sin\theta \frac{f'(r)}{r}\, d\theta \tag{6}$$

이고 이것도 $\theta = 0$부터 $\theta = \pi$까지 적분해야 한다.

이제 (3) 식의 양변을 미분하면

$$r\, dr = ab \sin\theta\, d\theta \tag{7}$$

가 된다. 이것을 (6) 식의 $d\theta$에 대입하면

$$2\pi\sigma \frac{a}{b} f'(r)\, dr \tag{8}$$

를 얻는데 이것을 적분하면

$$V = 2\pi\sigma \frac{a}{b} \{ f(r_1) - f(r_2) \} \tag{9}$$

가 되며, 여기서 r_1은 r의 최댓값인데 그 값은 항상 $a+b$이다. 그리고 r_2는 r의 최솟값인데 그 값은 주어진 점이 구 껍질 바깥에 있으면 $b-a$이고 구 껍질 안쪽에 있으면 $a-b$이다.

이제 구 껍질의 전체 전하를 α 그리고 주어진 점에서 전체 전하의 퍼텐셜을 V라고 하면, 구 껍질 바깥의 한 점에 대해

$$V = \frac{\alpha}{2ab} \{ f(b+a) - f(b-a) \} \tag{10}$$

가 된다. 그리고 구 껍질 위의 한 점에 대해서는

$$V = \frac{\alpha}{2a^2} f(2a) \tag{11}$$

이며, 구 껍질 안쪽의 한 점에 대해서는

$$V = \frac{\alpha}{2ab} \{ f(a+b) - f(a-b) \} \tag{12}$$

이다.

다음으로 두 개의 동심 구 껍질의 퍼텐셜을 정하자. 바깥쪽 구 껍질과 안

쪽 구 껍질의 반지름은 각각 a와 b이고 두 구 껍질에 대전된 전하는 각각 α 와 β이다.

바깥쪽 구 껍질의 퍼텐셜을 A 그리고 안쪽 구 껍질의 퍼텐셜을 B라고 하면, 앞에서 구한 방법에 따라

$$A = \frac{\alpha}{2a^2} f(2a) + \frac{\beta}{2ab} \{f(a+b) - f(a-b)\} \tag{13}$$

$$B = \frac{\beta}{2b^2} f(2b) + \frac{\alpha}{2ab} \{f(a+b) - f(a-b)\} \tag{14}$$

가 된다.

실험의 첫 번째 단계에서 두 껍질은 모두 짧은 도선을 통해 전하를 전달받으며 두 껍질이 모두 같은 퍼텐셜, 이를테면 V로 높아진다.

이제 $A = B = V$라고 놓고, (13) 식과 (14) 식을 β에 대해 풀면, 안쪽 껍질에 대전된 전하는

$$\beta = 2\,Vb \frac{bf(2a) - a[f(a+b) - f(a-b)]}{f(2a)f(2b) - [f(a+b) - f(a-b)]^2} \tag{15}$$

가 된다.

캐번디시의 실험에서는, 바깥쪽 구 껍질을 무한대라고 생각할 만큼 멀리 보내서 방전시켰다. 그러면 안쪽 구 껍질의 (즉 캐번디시 실험에서 구의) 퍼텐셜은

$$B_1 = \frac{\beta}{2b^2} f(2b) \tag{16}$$

가 된다.

캐번디시 연구소에서 반복된 실험 형태에서는, 바깥쪽 구 껍질은 제 자리에 그냥 두고 접지시켜서 $A = 0$이었다. 이 경우에 안쪽 구 껍질의 퍼텐셜을 V로 표현하면

$$B_2 = V\left\{1 - \frac{a}{b} \frac{f(a+b) - f(a-b)}{f(2a)}\right\} \tag{17}$$

가 된다.

74d. 이제 캐번디시가 그랬던 것처럼 힘의 법칙이 거리의 정확히 제곱에 반비례하는 것이 아니라 제곱에서 약간 다른 멱수에 반비례한다고 가정하고

$$\phi(r) = r^{q-2} \tag{18}$$

라고 놓자. 그러면

$$f(r) = \frac{1}{1-q^2} r^{q+1} \tag{19}$$

이 된다.

여기서 q가 작다고 가정하면, (19) 식을 지수 정리*에 따라 전개할 수 있는데, 그 결과는

$$f(r) = \frac{1}{1-q^2} r \left\{ 1 + q\log r + \frac{1}{1.2}(q\log r)^2 + \cdots \right\} \tag{20}$$

이며, 만일 q^2을 포함한 항들을 무시한다면, (16) 식과 (17) 식은

$$B_1 = \frac{1}{2} \frac{a}{a-b} Vq \left[\log \frac{4a^2}{a^2-b^2} - \frac{a}{b} \log \frac{a+b}{a-b} \right] \tag{21}$$

$$B_2 = \frac{1}{2} Vq \left[\log \frac{4a^2}{a^2-b^2} - \frac{a}{b} \log \frac{a+b}{a-b} \right] \tag{22}$$

가 되며, 이 두 식을 이용하면 실험 결과로부터 q를 정할 수 있다.

74e. 거리의 제곱에 반비례하는 경우를 제외하고는 어떤 다른 거리의 함수도 구 껍질에 균일하게 분포된 전하가 그 내부에 포함된 입자에 힘을 전혀 작용하지 않을 수 없다는 것을 최초로 증명한 사람은 라플라스였다.[10]

만일 (15) 식에서 β가 항상 0이라고 가정하면, 라플라스의 방법을 적용하여 $f(r)$의 형태를 구할 수 있다. 이를테면 (15) 식에 따라

$$bf(2a) - af(a+b) + af(a-b) = 0$$

---

* 지수 정리(exponential theorem)란 주어진 수를 자연 대수로 표현할 수 있게 한 정리이다.

이 된다. 이 식의 양변을 b에 대해 두 번 미분하고, 그 결과를 a로 나누면

$$f''(a+b) = f''(a-b)$$

를 얻는다.

만일 이 식이 일반적으로 성립한다면

$$f''(r) = C_0, \quad \text{상수}$$

가 된다. 그러므로

$$f'(r) = C_0 r + C_1$$

이 되며 (1) 식에 따라

$$\int_r^\infty \phi(r)dr = \frac{f'(r)}{r} = C_0 + \frac{C_1}{r}$$

$$\phi(r) = \frac{C_1}{r^2}$$

을 얻는다.

여기서 힘이 거리의 몇 제곱에 비례할 것이라는 캐번디시의 가정이 힘은 거리의 임의의 함수일 것이라는 라플라스의 가정보다 덜 일반적인 것처럼 보일지 모르지만, 오직 캐번디시의 가정에서만 비례 관계인 형태로 대전되어야 비례 관계인 전기적 성질을 갖는다는 사실이 성립한다.

왜냐하면 만일 힘이 거리의 몇 제곱에 비례하는 것이 아니라 거리에 대한 임의의 함수에 의해 정해진다면, 두 개의 서로 다른 거리에 작용하는 힘의 비는 거리의 비의 함수가 아니라 거리의 절댓값에 의존하게 되며, 그러므로 그러한 거리와 절대적으로 고정된 거리 사이의 비를 고려해야 하기 때문이다.

실제로 캐번디시 자신도 전기적 유체를 구성하는 것에 대한 자신의 가정에 대해 말하면서, 전하가 부피에 비례하지 않는 한,* 기하학적으로 비례 관계인 두 도체에서 전하분포가 정확히 비례 관계가 되는 것은 불가능하다

---

* 전하가 부피에 비례한다는 것은 전하 밀도가 일정하다는 의미이다.

고 지적하였다. 그것은 캐번디시가 전기 유체의 입자들이 물체의 표면 근처에서 서로 빽빽이 압축되어 있다고 가정하기 때문인데, 그런 가정은 척력의 법칙이 더는 거리의 제곱에 반비례하지 않고 오히려 입자들이 접촉하는 즉시 입자들 사이의 거리가 조금이라도 더 가까워지면 그 입자들 사이의 척력은 훨씬 더 빠른 비율로 증가하기 시작한다고 가정하는 것과 마찬가지이다.

전기 유도의 면적분과 표면을 통한 전기 변위

75. 표면의 임의의 점에서 합성 세기가 R이고, R가 표면에서 양의 방향*으로 그린 법선과 만드는 각이 ϵ이라고 하면, $R \cos \epsilon$은 합성 세기 중에서 표면에 수직인 성분이며, 넓이 요소를 dS라고 하면, dS를 통과하는 전기 변위는, 68절에 따라서

$$\frac{1}{4\pi} KR \cos \epsilon \, dS$$

인데, 당장은 공기를 제외한 어떤 다른 유전체도 고려하지 않으므로, $K = 1$이다.

그렇지만 현 단계에서는 $R \cos \epsilon \, dS$를 넓이 요소 dS를 통과하는 전기 유도라고 부름으로써 전기 변위 이론의 도입을 피하려고 한다. 이 양은 수리 물리학에서 잘 알려졌지만, 전기 유도라는 이름은 패러데이가 처음 사용하기 시작하였다. 전기 유도에 대한 면적분은

$$\iint R \cos \epsilon \, dS$$

이며, 21절에서 설명된 것처럼, X, Y, Z가 R의 세 성분이고, 이 양들이 폐곡면 S로 둘러싸인 영역 내에서 연속이면, 전기 유도가 안쪽에서 바깥쪽을

---

* 폐곡면의 양의 방향이란 폐곡면이 둘러싸는 부피에서 밖으로 나가는 방향이다.

향한다고 생각할 때, 이 적분은

$$\iint R \cos \epsilon \, dS = \iiint \left(\frac{dX}{dx} + \frac{dY}{dy} + \frac{dZ}{dz} \right) dx \, dy \, dz$$

가 되는데, 이때 적분은 폐곡면 내의 전 공간을 통하여 수행된다.

단 하나의 힘의 중심에 의해 폐곡면을 통과하는 전기 유도

76. 전하량 e가 점 O에 놓여 있고, O에서 임의의 점 P까지 거리가 r이며, 그 점에 OP 방향으로 작용하는 힘이 $R = er^{-2}$라고 하자.

점 O에서부터 아무 방향으로나 무한히 긴 선을 그리자. 만일 O가 폐곡면 밖에 위치한다면, 이 선은 그 폐곡면을 전혀 통과하지 않거나 또는 그 선은 그 폐곡면을 가로질러 들어온 수만큼 역시 가로질러 나가게 될 것이다. 만일 O가 폐곡면 안에 위치한다면, 이 선이 처음에는 폐곡면을 가로질러 밖으로 나가야 하며 그 뒤로는 선이 표면을 가로질러 들어오고 나가고를 몇 번이고 반복할 수 있는데, 마지막에는 밖으로 나가게 된다.

그런데 ϵ을 OP와 OP가 표면을 지나간 위치에 세운 표면의 법선 사이의 각이라고 하면, 선이 표면에서 나온 위치에서 $\cos \epsilon$은 0보다 크고, 선이 표면으로 들어간 위치에서 $\cos \epsilon$은 0보다 작다.

이제 중심을 O로 하고 반지름이 1인 구를 그리고, 선 OP가 꼭짓점 O 주위로 꼭지각이 작은 원뿔 표면을 그린다고 하자.

그러면 원뿔은 반지름이 1인 구의 표면 중에서 작은 넓이 요소 $d\omega$를 잘라 내게 되며, 또 폐곡면 중에서 선 OP가 폐곡면을 가로지르는 위치에서 작은 넓이 요소 dS_1, dS_2 등을 잘라내게 된다.

그러면 이런 넓이 요소들 dS 중 어느 하나든지 모두 원뿔을 꼭짓점에서 거리가 r인 곳에서 기울어진 각 ϵ으로 교차하므로

$$dS = r^2 \sec \epsilon \, d\omega$$

이며, $R = er^{-2}$이므로

$$R \cos \epsilon \, dS = \pm \, e \, d\omega$$

가 되는데, 여기서 r가 폐곡면으로부터 밖으로 나올 때 플러스 부호를 취하고 폐곡면 안으로 들어올 때 마이너스 부호를 취한다.

만일 점 O가 폐곡면 밖에 위치하면, 플러스 부호일 때 크기와 마이너스 부호일 때 크기가 똑같아서, r의 방향이 어디를 향하든지

$$\sum R \cos \epsilon \, dS = 0$$

이고, 그러므로

$$\iint R \cos \epsilon \, dS = 0$$

인데, 여기서 적분은 폐곡면 전체에 대해 수행된다.

만일 점 O가 폐곡면 안에 위치하면, 반지름 벡터 OP는 처음에는 폐곡면으로부터 밖으로 나가므로 $e \, d\omega$는 0보다 크고, 그다음부터는 나가고 들어오는 수가 같으므로, 이 경우에

$$\sum R \cos \epsilon \, dS = e \, d\omega$$

가 된다.

폐곡면 전체로 적분을 확장하면, 구의 표면을 모두 다 포함하게 되는데, 그 넓이가 4π이므로

$$\iint R \cos \epsilon \, dS = e \iint d\omega = 4\pi e$$

가 된다. 그러므로 점 O에 놓은 힘의 중심인 e가 원인으로 폐곡면을 통하여 바깥쪽으로 향하는 전체 전기 유도는 O가 폐곡면 밖에 있을 때는 0이고, O가 폐곡면 안에 있을 때는 $4\pi e$이다.

공기 중에서는 전기 변위가 전기 유도를 4π로 나눈 것과 같으므로, 폐곡면을 통과하는 전기 변위는, 바깥쪽을 향한다고 생각하면, 폐곡면 내부의 전하량과 같다.

따름 정리

표면이 폐곡면이 아니고 어떤 주어진 폐곡선이 경계인 면이라면, 그 표면을 통과하는 전체 전기 유도는 ωe인데 여기서 ω는 폐곡선이 O를 바라보는 고체 각이다. 그러므로 이 양은 오직 폐곡선에만 의존하며, 폐곡선이 힘의 중심의 한쪽으로부터 반대쪽까지 통과하지만 않으면, 그 폐곡선이 경계인 표면의 형태는 어떤 방법으로 바뀌든 전체 전기 유도에는 영향을 주지 않는다.

라플라스 방정식과 푸아송 방정식에 대하여

77. 힘의 중심 하나로부터 폐곡면을 통과하는 전체 전기 유도 값은 오직 그 힘의 중심이 폐곡면 안에 위치하는지 또는 밖에 위치하는지에만 의존하고, 힘의 중심이 놓인 위치에는 어떤 다른 방법으로도 의존하지 않으므로, 폐곡면 안쪽에 그런 힘의 중심이 e_1, e_2 등과 같이 여러 개 존재하고, 폐곡면 바깥쪽에 e_1', e_2' 등과 같이 여러 개 존재하면

$$\iint R \cos \epsilon\, dS = 4\pi e$$

가 성립하는데, 여기서 e는 폐곡면 안쪽에 놓인 모든 힘의 중심의 전하량들의 대수 합과 같다. 여기서 대수 합이란 송진처럼 띤 전하는 음수로 취급하고 구한 총전하량이다.

폐곡면 안쪽의 어느 곳에서도 전하 밀도가 무한대가 되지 않도록 전하가 분포되어 있으면 64절에 따라

$$4\pi e = 4\pi \iiint \rho\, dx\, dy\, dz$$

가 성립하고, 또 75절에 따라

$$\iint R \cos \epsilon\, dS = \iiint \left(\frac{dX}{dx} + \frac{dY}{dy} + \frac{dZ}{dz} \right) dx\, dy\, dz$$

가 성립한다.

만일 부피 요소 $dx\,dy\,dz$의 표면을 폐곡면으로 취하면, 위의 두 식을 같다고 놓아서

$$\frac{dX}{dx} + \frac{dY}{dy} + \frac{dZ}{dz} = 4\pi\rho$$

가 되고, 만일 퍼텐셜 V가 존재한다면, 71절에 따라

$$\frac{d^2V}{dx^2} + \frac{d^2V}{dy^2} + \frac{d^2V}{dz^2} + 4\pi\rho = 0$$

이 성립한다. 전하 밀도가 0인 경우에 이 식을 라플라스 방정식이라고 부른다. 이 식은 푸아송이 최초로 더 일반적인 형태로 썼다. 이 식은 모든 점에서 퍼텐셜을 알면 전하분포를 결정하게 한다.

우리는 앞으로, 26절에서와 같이 $\frac{d^2V}{dx^2} + \frac{d^2V}{dy^2} + \frac{d^2V}{dz^2}$ 을 $-\nabla^2 V$ 라고 표현할 예정이고, 푸아송 방정식을 말로 전하 밀도를 4π로 곱하면 퍼텐셜의 콘센트레이션이 된다고 표현할 수도 있다. 전하가 존재하지 않는 곳에서는 퍼텐셜이 콘센트레이션을 갖지 않으며, 라플라스 방정식이 바로 그 점을 말한다.

앞의 72절에 따르면, 도체 내부에서 V는 상수이다. 그러므로 도체 내부에서는 전하의 부피 밀도가 0이며 전하는 모두 다 표면에 존재해야 한다.

전하가 면 위에만 분포하거나 선 위에만 분포한 경우, 부피 전하 밀도 ρ는 유한하게 유지되면서 전하가 얇은 껍질 형태 또는 가느다란 실 형태로 존재한다고 가정하면, 부피 전하 밀도 ρ를 증가시키고 껍질의 두께 또는 실의 단면을 감소시키면 진정한 면전하 또는 진정한 선전하라는 극한에 도달할 수 있다. 그리고 실제 상황에 맞게 이해한다면, 그런 극한에 도달하는 과정 내내 푸아송 방정식은 계속해서 언제나 성립한다.

대전된 표면에서 퍼텐셜의 변화

78a. 퍼텐셜 함수 V는, 서로 다른 매질의 경계가 되는 표면을 제외하면 7

절에서 정의된 의미로 물리적으로 연속이어야 하고, 앞으로 246절에서 보게 되겠지만 두 매질의 경계가 되는 표면에서는 두 물질 사이에 퍼텐셜의 차이가 존재할 수도 있어서, 전하들이 평형 상태에 놓이면 한 물질에 속한 점의 퍼텐셜이 다른 물질에 속한 인접한 점의 퍼텐셜보다 정해진 양 C만큼 더 높게 되며, C는 인접한 두 물질의 성질과 두 물질의 온도에 의존하여 결정된다.

그러나 x, y, 또는 z에 대한 V의 1차 도함수는 불연속일 수도 있고, 8절에 따라서 그런 불연속이 일어나는 점은 반드시 표면에 놓여야 하며, 그 표면에 대한 식은

$$\phi = \phi(x, y, z) = 0 \tag{1}$$

의 형태로 표현될 수 있다. 이 표면은 ϕ가 0보다 작은 영역을 ϕ가 0보다 큰 영역과 분리한다.

이제 ϕ가 0보다 작은 영역에 속한 임의의 점에서 퍼텐셜을 V_1이라고 쓰고, ϕ가 0보다 큰 영역에 속한 임의의 점에서 퍼텐셜을 V_2라고 쓰면, $\phi = 0$인 표면 위의 임의의 점에서는, 이 표면은 두 영역 모두에 속한다고 말할 수 있으므로

$$V_1 + C = V_2 \tag{2}$$

가 성립하는데, 여기서 C는 표면의 0보다 더 큰 쪽의 물질에서 다른 쪽 물질보다 퍼텐셜이 더 큰 만큼의 상숫값이다.

경계를 이루는 표면의 한 점에서 ϕ가 0보다 더 큰 영역으로 그린 법선 ν_2의 방향 코사인이 l, m, n 이라고 하자. 같은 점에서 ϕ가 0보다 더 작은 영역으로 그린 법선 ν_1의 방향 코사인은 $-l, -m, -n$이 된다.

법선을 따라서 퍼텐셜 V가 변하는 비율은

$$\frac{dV_1}{d\nu_1} = -l\frac{dV_1}{dx} - m\frac{dV_1}{dy} - n\frac{dV_1}{dz} \tag{3}$$

$$\frac{dV_2}{d\nu_2} = l\frac{dV_2}{dx} + m\frac{dV_2}{dy} + n\frac{dV_2}{dz} \tag{4}$$

이다. 이제 경계가 되는 표면에 임의의 선을 그리고 선 위의 한 고정점에서 측정한 거리가 s라면, 표면의 모든 점에서 그리고 또한 그 선 위의 모든 점에서 $V_2 - V_1 = C$이다. 이 식을 s에 대해 미분하면

$$\left(\frac{dV_2}{dx} - \frac{dV_1}{dx}\right)\frac{dx}{ds} + \left(\frac{dV_2}{dy} - \frac{dV_2}{dy}\right)\frac{dy}{ds} + \left(\frac{dV_2}{dz} - \frac{dV_1}{dz}\right)\frac{dz}{ds} = 0 \tag{5}$$

를 얻게 되며, 법선은 이 선에 수직이므로

$$l\frac{dx}{ds} + m\frac{dy}{ds} + n\frac{dz}{ds} = 0 \tag{6}$$

가 된다.

위의 (3), (4), (5), (6) 식으로부터

$$\frac{dV_2}{dx} - \frac{dV_1}{dx} = l\left(\frac{dV_1}{d\nu_1} + \frac{dV_2}{d\nu_2}\right) \tag{7}$$

$$\frac{dV_2}{dy} - \frac{dV_1}{dy} = m\left(\frac{dV_1}{d\nu_1} + \frac{dV_2}{d\nu_2}\right) \tag{8}$$

$$\frac{dV_2}{dz} - \frac{dV_1}{dz} = n\left(\frac{dV_1}{d\nu_1} + \frac{dV_2}{d\nu_2}\right) \tag{9}$$

를 얻는다.

만일 경계가 되는 표면을 가로질러 지나가면서 기전 세기의 변화를 고려하면, 이 표면에 수직인 기전 세기 성분은 표면에서 갑작스럽게 변할 수도 있지만, 이 표면의 접선 평면에 평행한 다른 두 기전 세기 성분들은 이 표면을 가로질러 지나가면서 여전히 연속인 채로 남아 있다.

78b. 표면에 분포된 전하를 구하기 위해, ϕ가 0보다 더 큰 영역에 존재하고 부분과 ϕ가 0보다 더 작은 영역에 존재하는 부분을 모두 갖는 폐곡면을 고려하자. 그러면 이 폐곡면은 불연속인 표면 일부를 포함한다.

이 표면에 대해 적분한 면적분

$$\iint R \cos \epsilon \, dS$$

는 $4\pi e$와 같은데, 여기서 e는 폐곡면 안쪽에 존재하는 전하량이다.

앞의 21절에서와 똑같이 진행하면

$$\iint R\cos\epsilon\,dS = \iiint\left(\frac{dX}{dx}+\frac{dY}{dy}+\frac{dz}{dz}\right)dx\,dy\,dz$$
$$+ \iint\left\{l(X_2-X_1)+m(Y_2-Y_1)+n(Z_2-Z_1)\right\}dS \qquad (10)$$

를 얻는데, 여기서 삼중 적분은 폐곡면 내부 전체에 대해 수행되며, 이중 적분은 불연속인 표면에서 수행된다.

이 식의 항들 중에서 (7), (8), (9) 식에 나오는 값들을 대입하면

$$4\pi e = \iiint 4\pi\rho\,dx\,dy\,dz - \iint\left(\frac{dV_1}{d\nu_1}+\frac{dV_2}{d\nu_2}\right)dS \qquad (11)$$

가 된다.

그러나 부피 전하 밀도 ρ와 면 전하 밀도 σ의 정의에 따라

$$4\pi e = 4\pi\iiint\rho\,dx\,dy\,dz + 4\pi\iint\sigma\,dS \qquad (12)$$

이다. 그러므로 (11) 식과 (12) 식의 마지막 항들을 비교하면

$$\frac{dV_1}{d\nu_1}+\frac{dV_2}{d\nu_2}+4\pi\sigma = 0 \qquad (13)$$

을 얻는다. 이 식을 면 밀도 σ로 대전된 표면에서 V에 대한 특성 방정식이라고 부른다.

78c. 만일 V가 x, y, z의 함수이고, 연속적으로 주어진 공간 영역 전체에 걸쳐서 라플라스 방정식

$$\frac{d^2V}{dx^2}+\frac{d^2V}{dy^2}+\frac{d^2V}{dz^2}=0$$

을 만족하고, 또한 이 영역의 유한한 부분에서 V가 변하지 않는 상수로 C와 같다면, V는 라플라스 방정식이 만족하는 전체 영역에 걸쳐서 C와 같은 변하지 않는 상수이어야 한다.

만일 V가 전체 영역에 걸쳐서 C와 같지는 않다면, S가 전체 영역 중에

서 일부 유한한 부분의 경계를 이루는 표면으로 그 부분 안쪽에서는 $V = C$
라고 하자.

표면 S 위에서는 $V = C$이다.

이제 표면 S에서 밖으로 그린 법선을 ν라고 하자. 여기서 S는 $V = C$인
연속적인 영역의 경계이므로, 그 표면에서 법선 방향으로 이동하면 V값은
C와 달라지기 시작한다. 그러므로 그 표면 바로 밖에서 $\dfrac{dV}{d\nu}$는 0보다 더 클
수도 있고 0보다 더 작을 수도 있지만 ϕ가 0보다 더 큰 구역과 더 작은 구역
사이의 경계선에서 그린 법선을 제외하고는 절대로 0일 수 없다.

그러나 만일 ν'가 표면 S에서 안쪽으로 그린 법선이면, $V' = C$이고
$\dfrac{dV'}{d\nu'} = 0$이다.

그러므로, 특정한 경계선을 제외하고 그 표면의 모든 점에서

$$\frac{dV}{d\nu} + \frac{dV'}{d\nu'} \quad (= -4\pi\sigma)$$

는 유한한 양으로 0보다 더 크거나 0보다 더 작고, 그러므로 표면 S에서는,
양전하로 대전된 구역과 음전하로 대전된 구역을 구분하는 특정한 경계선
을 제외하면, 모든 부분에서 전하가 연속적으로 분포되어 있다.

표면 S에서는, 표면 위의 특정한 선들 위에 놓인 점들을 제외하면, 라플
라스 방정식이 성립하지 않는다. 그러므로 내부에서 $V = C$인 표면 S는 그
안쪽에 라플라스 방정식이 성립하는 연속적인 영역 전체를 포함한다.

대전된 표면에 작용하는 힘

79. 대전된 물체에 작용하는 힘을 세 축에 평행한 방향으로 나눈 성분 중
에서 x 축에 평행한 성분에 대한 일반적인 표현은

$$A = \iiint \rho X dx\, dy\, dz \tag{14}$$

의 형태이고, y 축과 z 축에 평행인 성분 B와 C도 비슷하게 표현된다.

그러나 대전된 표면에서는 ρ가 무한대이며, X가 불연속이어서 이런 형태의 표현으로부터 직접 힘을 계산할 수는 없다.

그렇지만 우리는 이미 불연속성은 기전 세기 중에서 대전된 표면에 수직인 성분에만 영향을 미치고, 다른 두 성분은 연속임을 증명하였다.

그러므로 x 축은 주어진 점에서 표면에 수직이라고 가정하고, 또한 우리 조사의 전반부에서는 X가 실제로 불연속인 것이 아니라 x가 x_1에서 x_2로 바뀌는 동안 X_1에서 X_2로 연속적으로 바뀐다고 가정하자. 만일 $x_2 - x_1$이 0으로 무한히 가까이 갈 때 우리가 계산한 결과 유한한 극한값을 얻는다면, 그 값은 $x_2 = x_1$이어서 대전된 표면의 두께가 없을 때도 역시 옳다고 생각할 수 있다.

위의 (14) 식에서 ρ 값으로 77절에서 구한 값을 대입하면

$$A = \frac{1}{4\pi} \iiint \left(\frac{dX}{dx} + \frac{dY}{dy} + \frac{dZ}{dz} \right) X dx\, dy\, dz \tag{15}$$

가 된다. 이 표현을 $x = x_1$에서 $x = x_2$까지 x에 대해 적분하면 (15) 식은

$$A = \frac{1}{4\pi} \iint \left[\frac{1}{2}(X_2^2 - X_1^2) + \int_{x_1}^{x_2} \left(\frac{dY}{dy} + \frac{dZ}{dz} \right) X dx \right] dy\, dz \tag{16}$$

가 된다. 이것이 yz에 평행하며 두께가 $x_2 - x_1$과 같은 껍질에 대한 A 값이다.

그런데 Y와 Z는 연속이므로 $\dfrac{dY}{dy} + \dfrac{dZ}{dz}$는 유한하며, X 또한 유한하므로

$$\int_{x_1}^{x_2} \left(\frac{dY}{dy} + \frac{dZ}{dz} \right) X dx \;<\; C(x_2 - x_1)$$

이 성립하는데, 여기서 C는 $x = x_1$과 $x = x_2$ 사이에서 가장 큰 $\left(\dfrac{dY}{dy} + \dfrac{dZ}{dz} \right) X$ 값이다.

그러므로 $x_2 - x_1$이 0에 무한히 가까워지면, 이 항도 궁극적으로는 0이 되어야 하며 결국

$$A = \iint \frac{1}{8\pi} \left(X_2^2 - X_1^2 \right) dy\, dz \tag{17}$$

가 되는데, 여기서 X_1은 표면으로 나뉜 ϕ가 0보다 작은 쪽에서 X 값이며 X_2는 ϕ가 0보다 큰 쪽에서 X 값이다.

그러나 78절에 따르면

$$X_2 - X_1 = \frac{dV_1}{dx} - \frac{dV_2}{dx} = 4\pi\sigma \tag{18}$$

이며, 그래서

$$A = \iint \frac{1}{2}(X_2 + X_1)\sigma\, dy\, dz \tag{19}$$

라고 써도 좋다.

여기서 $dydz$는 표면의 넓이 요소이고, σ는 면전하 밀도이며, $\frac{1}{2}(X_2 + X_1)$는 표면의 양쪽에서 기전 세기의 산술 평균이다.

그러므로 대전된 표면의 넓이 요소에 힘이 작용하는데, 힘 중에서 표면에 수직인 성분은 그 넓이 요소에 대전된 전하에 표면의 양쪽 기전 세기의 산술 평균을 곱한 것과 같다.

기전 세기 중에서 표면에 수직이지 않은 다른 두 성분은 불연속이지 않으므로, 그 표면에 작용하는 힘의 해당 성분을 계산하는 데 전혀 모호함이 없다.

이제 경계가 되는 표면에 그린 법선의 방향이 각 축에 대해 임의의 방향을 가리킨다고 가정하고, 표면의 넓이 요소 dS에 작용하는 힘의 성분들에 대한 일반적인 표현을 쓰면

$$\left.\begin{array}{l} A = \dfrac{1}{2}(X_1 + X_2)\sigma\, dS \\[2mm] B = \dfrac{1}{2}(Y_1 + Y_2)\sigma\, dS \\[2mm] C = \dfrac{1}{2}(Z_1 + Z_2)\sigma\, dS \end{array}\right\} \tag{20}$$

와 같다.

도체의 대전된 표면

80. 우리는 (앞의 72절에서) 이미 전기적 평형 상태에 놓인 도체로 된 물질 전체를 통하여 $X = Y = Z = 0$이고, 그러므로 V는 상수임을 보였다.

그러므로

$$\frac{dX}{dx} + \frac{dY}{dy} + \frac{dZ}{dz} = 4\pi\rho = 0$$

이며, 따라서 도체로 된 물질 내부 전체에서 ρ는 0이어야 한다. 다시 말하면 도체 내부에는 전자가 존재할 수 없다.

그러므로 평형 상태의 도체에서 전하의 존재가 가능한 유일한 경우는 전하가 표면에 분포되는 것이다.

전하가 물체의 질량 어디에나 존재할 수 있는 경우는 물체가 부도체일 때뿐이다.

도체 내부에서 합성 전기 세기는 0이기 때문에, 도체 바로 외부에서 합성 전기 세기는 표면에 수직인 방향이고 도체로부터 바깥쪽으로 작용하며 크기는 $4\pi\sigma$와 같아야 한다.

도체 표면 가까운 곳에서 면전하 밀도와 합성 전기 세기 사이의 이런 관계가 쿨롱 법칙이라고 알려져 있는데, 쿨롱은 실험을 이용하여 도체 표면 위의 한 점에 가까운 곳에 작용하는 전기력의 세기는 표면에 수직인 방향을 가리키며 그 점에서 전하 밀도에 **비례한다**는 것을 확실하게 하였다. 수치적인 관계인

$$R = 4\pi\sigma$$

는 푸아송이 확립하였다.

도체의 대전된 표면에서 취한 넓이 요소 dS에 작용하는 힘은, 79절에 따라, (표면의 안쪽에서는 전기 세기가 0이므로)

$$\frac{1}{2}R\sigma\,dS = 2\pi\sigma d^2 S = \frac{1}{8\pi}R^2 dS$$

이다.

이 힘은 표면의 전하가 0보다 큰지 또는 작은지 상관없이 도체의 바깥쪽으로 작용한다.

힘의 세기를 dyne/cm^{2}의 단위로 쓰면

$$\frac{1}{2}R\sigma = 2\pi\sigma^2 = \frac{1}{8\pi}R^2$$

이며, 도체의 표면에서 바깥쪽으로 마치 장력처럼 작용한다.

81. 이제 길쭉한 물체를 늘려서 물체의 옆 크기를 감소시킨다면 대전된 선 (線)이라는 개념에 도달한다.

길게 늘어뜨린 물체 중에서 작은 부분의 길이를 ds라고 하고, 그 부분의 단면의 둘레를 c라고 하고, 그 부분의 표면에 대전된 면전하 밀도를 σ라고 하자. 그러면 λ가 단위길이의 전하라면 $\lambda = c\sigma$이고, 표면에 가까운 곳에서 합성 전기 세기는

$$4\pi\sigma = 4\pi\frac{\lambda}{c}$$

가 된다.

만일 λ가 유한하게 유지되고 c는 0으로 계속 가까이 간다면, 표면에서 전기 세기는 끝없이 증가하게 될 것이다. 그런데 모든 유전체에는 전기 세기가 더는 증가할 수 없는 한계가 존재하며, 그 한계보다 전기 세기가 더 커지면 갑자기 방전이 일어난다. 그래서 선(線)의 유한한 부분에 유한한 양의 전하가 분포되는 것은 자연에 존재하는 조건에 부합하지 않는다.

비록 무한히 큰 힘으로도 방전을 일으킬 수 없도록 방지하는 절연체를 구한다고 하더라도, 선형 도체에 유한한 양의 전하를 대전시키려면 무한히 큰 기전력이 필요하므로 선형 도선에 유한한 양의 전하를 대전시키는 것은 불가능하다.

똑같은 방법으로, 자연에는 유한한 양의 전하가 대전된 점이 존재할 수 없음을 보일 수 있다. 그렇지만 어떤 경우에는 선형으로 대전된 전하와 점에 대전된 전하*를 고려하는 것이 편리하며 관계된 크기가 무시할 정도로

---

* 선형으로 대전된 전하를 선전하, 점에 대전된 전하를 점전하라고 한다.

작기만 하면 대전된 도선을 선전하라고 그리고 대전된 작은 물체를 점전하라고 가정하려고 한다.

퍼텐셜이 일정하게 유지되는 도선에서 도선 단면의 지름이 끝없이 줄어들면 임의의 부분에 대전된 전하량도 끝없이 줄어들기 때문에, 상당히 큰 물체를 접지하거나, 전기 기계에 연결하거나 또는 전위계에 연결하는 등, 매우 가는 금속 도선을 전기장에 도일하더라도 상당히 큰 물체에 대전된 전하분포는 눈에 띌 만큼 영향을 받지는 않는다.

역선에 대하여

82. 선을 그리는데 그 선이 지나가는 모든 점에서 선의 방향이 그 점에서 합성 전기 세기의 방향과 일치하면, 그 선을 역선(力線)이라고 부른다.* 역선이 지나가는 경로의 모든 부분에서 역선은 퍼텐셜이 더 높은 위치에서 퍼텐셜이 더 낮은 위치로 진행한다.

그러므로 역선은 원래 시작한 위치로 돌아올 수 없으며 반드시 시작과 끝이 있어야 한다. 역선은 반드시 양전하로 대전된 표면에서 시작하여 음전하로 대전된 표면에서 끝나야 한다.

역선의 시작점과 끝점은 각각 양(陽)의 표면과 음(陰)의 표면에서 서로 대응하는 점이라고 부른다.

만일 역선이 이동하여 역선의 시작점이 양의 표면에서 폐곡선을 그린다면, 역선의 끝점도 음의 표면에서 대응하는 폐곡선을 그리게 되며, 그동안에 역선 자체도 유도관이라고 부르는 관 형태의 표면을 만든다. 그렇게 만든 관을 솔레노이드11)라고 부른다.

---

* 모든 점에서 전기장의 방향과 일치하도록 그린 선을 전기력선, 자기장의 방향과 일치하도록 그린 선을 자기력선, 중력장의 방향과 일치하도록 그린 선을 중력선이라고 한다.

관 형태의 표면 어디서도 힘은 접면에 놓이므로, 표면을 가로지르는 전기 유도는 존재하지 않는다. 그러므로 만일 그 관 내부에 대전된 물질을 전혀 포함하지 않으면, 77절에 따라서 관의 표면과 양쪽 끝 면에 의해 형성된 폐곡면을 통과하는 총전기유도는 0이며, 양쪽 끝에서 $\iint R \cos \epsilon \, dS$ 값은 크기가 같고 부호는 반대여야 한다.

만일 그 표면들이 도체의 표면이라면

$$\epsilon = 0 \quad \text{그리고} \quad R = -4\pi\sigma$$

이며 $\iint R \cos \epsilon \, dS$는 $-4\pi \iint \sigma \, dS$, 즉 표면의 전하에 4π를 곱한 것이 된다.

그러므로 관이 시작하는 곳에 만들어진 폐곡선 안쪽에 포함된 표면에 대전된 양전하는 관이 끝나는 곳에 만들어진 대응하는 폐곡선 안쪽에 포함된 표면에 대전된 음전하와 크기가 같다.

역선의 성질로부터 몇 가지 중요한 결과를 도출할 수 있다.

닫힌 도체 용기의 안쪽 표면에는 전하가 전혀 존재하지 않으며, 용기 내부에 대전된 절연체가 하나도 없다면, 그 내부의 모든 점에서 퍼텐셜은 도체의 퍼텐셜과 같다.

왜냐하면 역선은 양전하로 대전된 표면에서 시작하고 음전하로 대전된 표면에서 끝나야 하므로, 그리고 용기 내부에는 대전된 물체가 하나도 없으므로, 만일 역선이 용기 내부에 존재한다면 그 역선은 반드시 용기 내부 표면에서 시작하고 끝나야 한다.

그러나 퍼텐셜은 역선이 시작할 때가 역선이 끝날 때보다 더 높아야 하는 데 반하여, 우리는 이미 도체의 모든 점에서 퍼텐셜이 똑같다는 것을 증명하였다.

그러므로 속이 빈 용기의 내부 공간에는, 그 내부 공간에 대전된 물체가 놓이지 않는 한, 어떤 역선도 존재할 수 없다.

만일 속이 빈 닫힌 용기 내부에 도체를 넣고 용기와 도선으로 연결한다면 그 도체의 퍼텐셜은 용기의 퍼텐셜과 같아지고, 도체의 표면은 용기 내부 표면과 연속적으로 된다. 그러므로 그 도체에는 전하가 전혀 존재하지 않는다.

만일 어떤 대전된 표면이라도 표면을 작은 기본 구간으로 나누어 매 구간 대전된 전하가 1단위*라고 가정하면, 그리고 만일 밑면이 이 작은 구간들인 솔레노이드들을 역선을 따라 그린다고 가정하면, 어떤 다른 표면에 대한 면적분은 그 표면이 자르는 솔레노이드들의 수로 대표된다. 패러데이는 바로 이런 의미로 공간의 임의의 장소에서 힘의 방향뿐 아니라 힘의 크기를 표시하는 데 역선의 개념을 이용하였다.

여기서 패러데이와 다른 사람들이 그렇게 불러서 역선이라는 용어를 이용하였다. 그러나 엄격하게는 그 선을 전기 유도선이라고 불러야 한다.

보통 전기 유도선은 모든 점에서 합성 기전 세기의 방향과 크기를 알려주는데, 그것은 전기 유도와 기전 세기가 같은 방향이고 둘 사이의 비가 일정하기 때문이다. 그러나 그렇지 않은 경우도 있는데, 이때는 역선이 주로 전기 유도를 가리키고 기전 세기는 등전위 표면에 의해 구할 수 있다는 것을 기억하는 것이 중요하다. 기전 세기의 방향은 등전위 표면에 수직이고 기전 세기의 크기는 연이은 등전위 표면 사이의 간격에 반비례한다.

전기 유도 비용량에 대하여

83a. 앞에서 면적분에 대해 논의하면서 우리는 접촉하지 않은 물체끼리도 직접 작용한다는 흔히 알고 있는 개념을 채택하고, 힘이 관찰되는 유전 매질의 종류가 무엇인지에 의존하는 효과는 고려하지 않았다.

그러나 패러데이는 주어진 기전력이 유전체와 맞닿아 있는 도체의 표면

---

* 1단위란 사용하는 단위로 크기가 1만큼이라는 의미이다.

에 유도하는 전하량이 유전체의 종류에 의존하는 것을 발견하였다. 고체나 액체로 된 유전체에 맞닿은 도체에 유도된 전하량이 대부분 공기나 기체에 맞닿은 도체에 유도된 전하량보다 더 많다. 그래서 그런 유전체는 공기보다 더 큰 유도 비용량을 갖는다고 말하는데, 패러데이는 공기를 기준이 되는 매질로 채택하였다.

패러데이의 이론을 수학적 언어로 표현하면 유전체 매질에서 표면을 가로지르는 유도는 전기력의 수직성분을 그 매질의 전기 유도 비용량 계수를 곱한 것과 같다고 말할 수 있다. 그 비용량 계수를 K로 표시하면, 지금까지 유도한 면적분의 모든 부분에서 X, Y, Z를 K로 곱해야 하는데, 그러면 푸아송 방정식은

$$\frac{d}{dx} \cdot K\frac{dV}{dx} + \frac{d}{dy} \cdot K\frac{dV}{dy} + \frac{d}{dz} \cdot K\frac{dV}{dz} + 4\pi\rho = 0 \qquad (1)$$

이 된다.

유도 비용량이 각각 K_1과 K_2인 두 매질을 분리하는 경계 표면에서, 두 매질에서 퍼텐셜이 각각 V_1과 V_2이면, 특성 방정식을

$$K_1\frac{dV_1}{d\nu_1} + K_2\frac{dV_2}{d\nu_2} + 4\pi\sigma = 0 \qquad (2)$$

이라고 쓸 수 있는데, 여기서 ν_1과 n_2는 두 매질에 그린 법선이고, σ는 경계 표면에서 실제 면전하 밀도이다. 여기서 실제 면전하 밀도란 그 표면에 전하의 형태로 실제로 존재하는 전하량으로 오직 그 점을 통해서만 바뀔 수 있는 전하의 밀도를 말한다.

전하의 겉보기 분포

83b. 모든 곳에서 K가 1의 단위와 같다고 가정하고, 실제로 분포된 퍼텐셜을 이용해서 부피 밀도 ρ'과 면 밀도 ρ'을 구했다면, 그렇게 구한 ρ'은 겉보기 부피 밀도라고 부르고 그렇게 구한 σ'은 겉보기 면 밀도라고 부른다.

왜냐하면 그렇게 정의된 전하분포는 66절에서 설명된 전기력에 대한 법칙이 유전체들의 서로 다른 성질 때문에 수정할 필요는 없다는 가정 아래서 퍼텐셜의 실제 분포가 왜 성립하는지를 설명하기 때문이다.

정해진 영역에 속한 겉보기 전하는 그 영역의 경계가 되는 표면을 통과하는 전하가 전혀 없어도 증가하거나 감소할 수 있다. 그러므로 겉보기 전하와 실제 전하는 구분해야 하는데, 실제 전하는 연속 방정식을 만족한다.

K가 연속적으로 변하는 이질적인 유전체에서, ρ'이 겉보기 부피 전하 밀도라면

$$\frac{d^2V}{dx^2} + \frac{d^2V}{dy^2} + \frac{d^2V}{dz^2} + 4\pi\rho' = 0 \tag{3}$$

이 성립한다. 이 식과 (1) 식을 비교하면

$$4\pi(\rho - K\rho') + \frac{dK}{dx}\frac{dV}{dx} + \frac{dK}{dy}\frac{dV}{dy} + \frac{dK}{dz}\frac{dV}{dz} = 0 \tag{4}$$

이 성립함을 알게 된다. 가변적인 유도 용량을 K로 표시한 유전체에서 ρ로 표시한 실제 전하가 모든 점에 만드는 퍼텐셜은, 모든 곳에서 유도 용량이 1과 같은 유전체에서 ρ'로 표시한 겉보기 전하가 모든 점에 만드는 퍼텐셜과 일치한다.

겉보기 면전하 밀도 σ'는 통상적인 특성 방정식

$$\frac{dV_1}{d\nu_1} + \frac{dV_2}{d\nu_2} + 4\pi\sigma' = 0 \tag{5}$$

을 이용하여 표면 근처에서 전기력으로부터 유도된다.

만일 임의의 형태로 된 고체 유전체가 완전한 절연체이면, 그리고 그 유전체의 표면은 전하를 전혀 받아들이지 않으면, 그 표면에 어떤 전기력이 작용하더라도 표면 위의 실제 전하는 항상 0이 된다.

그러므로

$$K_1\frac{dV_1}{d\nu_1} + K_2\frac{dV_2}{d\nu_2} = 0$$

$$\frac{dV_1}{d\nu_1} = \frac{4\pi\sigma' K_2}{K_1 - K_2}$$

$$\frac{dV_2}{d\nu_2} = \frac{4\pi\sigma' K_1}{K_2 - K_1}$$

이 성립한다.

표면 전하 밀도 σ'는 고체인 유전체의 표면에 유도 때문에 만들어진 겉보기 전하로 된 전하 밀도이다. 이 전하 밀도는 그 전하를 유도하는 힘이 제거된다면 하나도 남김없이 사라지지만, 만일 유도하는 힘이 작용하는 동안 표면에 불꽃을 쪼여주는 방법으로 표면의 겉보기 전하를 방전시키면, 그 표면에 σ'와 반대 부호를 갖는 실제 전하가 나타난다.[12]

3장
도체 모임에서 전기적 일과 에너지

84. 전하를 띤 계를 정해진 방식으로 충전하는 데 필요한 일

무한히 먼 곳으로부터 (또는 퍼텐셜이 0인 위치로부터) 퍼텐셜이 V인 정해진 부분까지 전하량 δe를 가져오는 데 필요한 일은, (70절에서 설명한) 퍼텐셜의 정의에 따라, $V\delta e$이다.

이 동작의 효과는 계에서 정해진 부분의 전하를 δe만큼 증가시키는 것인데, 그러므로 그 부분의 원래 전하가 e이었다면, 이 동작 다음에 그 부분의 전하는 $e+\delta e$가 된다.

그러므로 계의 전하를 정해진 만큼 변화시키기 위해 해야 할 일을 다음 적분

$$W = \sum \left(\int V\delta e \right) \tag{1}$$

로 표현할 수 있는데, 여기서 더하기 $\left(\sum\right)$는 전하를 띤 계의 모든 부분에 대해 수행된다.

앞의 73절에서 구한 퍼텐셜에 대한 표현을 보면, 임의의 점에서 퍼텐셜은 많은 부분의 합인데, 각 부분은 전하를 띤 계에서 대응하는 부분의 전하가 만든 퍼텐셜이다.

그러므로 $\sum(e)$ 라고 부른 전하들의 모임이 한 점에 만든 퍼텐셜이 V이고, $\sum(e')$ 라고 부른 다른 전하들의 모임이 똑같은 점에 만든 퍼텐셜이 V'이라면, 그 똑같은 점에 두 전하의 모임 모두에 의해 만든 퍼텐셜은 $V+V'$이다.

그러므로 계에 속한 전하들 하나하나가 모두 n대 1의 비율로 바뀐다면, 계에 속한 모든 점에서 퍼텐셜도 또한 n대 1의 비율로 바뀐다.

그래서 계를 충전하는 동작이 다음과 같은 방식으로 이루어진다고 가정하자. 최초에 계에는 전하가 전혀 존재하지 않으며 모든 점에서 퍼텐셜도 0이다. 이제 계의 서로 다른 부분들을 마지막 전하분포에 비례하는 비율로 모두 동시에 충전시키자.

그래서 e가 계에 속한 어떤 부분의 마지막 전하이고 V가 그 부분의 마지막 퍼텐셜이면, 동작의 어떤 단계에서 그 부분의 전하가 ne이고 퍼텐셜이 nV라고 할 때, 이 계의 충전 과정을 n이 연속적으로 0에서 1까지 증가한다고 대표할 수 있다.

그런 충전 과정 중에서 n이 n으로부터 $n+\delta n$까지 증가하는 동안, 계에 속한 부분 중에서 마지막 전하가 e이고 마지막 퍼텐셜이 V인 부분은 퍼텐셜이 nV일 때 전하가 $e\delta n$만큼 증가하므로, 이 동작 동안 그 부분에 한 일은 $eVn\delta n$이다.

그러므로 계를 충전하는 동안 한 전체 일은

$$\sum eV \int_0^1 n\,dn = \frac{1}{2}\sum(eV) \tag{2}$$

로 이것은 계의 서로 다른 부분들의 전하와 그 부분의 퍼텐셜을 곱해서 모두 더한 합의 절반이다.

이것이 계를 앞에서 설명한 방식에 의해서 충전시키는 데 외부에서 계에 해줘야 하는 일이다. 그렇지만 계가 보존계이므로 계를 마지막에 같은 계까지 도달하게 만드는 데 필요한 일은 어떤 과정을 거치든 똑같아야 한다.

그러므로 계의 서로 다른 부분의 전하와 그 부분의 퍼텐셜로 표현된

$$W = \frac{1}{2} \sum (eV) \tag{3}$$

를 계의 전기 에너지라고 불러도 좋다.

85a. 다음으로 계가 (e, V) 상태에서 (e', V') 상태로 진행하는데, 서로 다른 전하들이 동시에 각 전하의 전체 증가량 $e' - e$에 비례하는 비율로 증가하는 방식을 취한다고 하자.

어떤 임의의 순간에 계의 정해진 부분의 전하가 $e + n(e' - e)$라면, 그 부분의 퍼텐셜은 $V + n(V' - V)$가 될 것이고, 이 부분의 전하를 바꾸는 데 해줄 일은

$$\int_0^1 (e' - e)[V + n(V' - V)] dn = \frac{1}{2}(e' - e)(V + V')$$

가 되어서, (e', V') 상태에 놓인 계의 에너지를 W' 라고 표시하면

$$W' - W = \frac{1}{2} \sum (e' - e)(V' + V) \tag{4}$$

가 된다.

그런데

$$W = \frac{1}{2} \sum (eV)$$

이고

$$W' = \frac{1}{2} \sum (e'V')$$

이므로, 이 값을 (4) 식에 대입하면

$$\sum (eV') = \sum (e'V) \tag{5}$$

임을 알 수 있다.

그러므로 대전된 도체들로 이루어진 정해진 계에서, 서로 다른 두 충전 상태를 고려할 때, 첫 번째 상태의 전하와 두 번째 상태의 같은 부분의 퍼텐셜을 곱해서 모두 더한 합은, 두 번째 상태의 전하와 첫 번째 상태의 같은 부

분의 퍼텐셜을 곱해서 모두 더한 합과 같다.

전하에 대한 기초 이론에서 이 결과는 해석적 이론에서 그린 정리 (Green's Theorem)에 해당한다. 계의 처음 상태와 나중 상태를 적당히 고르면, 많은 수의 유용한 결과를 유도할 수 있다.

85b. (4) 식과 (5) 식으로부터 에너지 증가에 대한 다른 식으로

$$W' - W = \frac{1}{2}\sum(e'+e)(V'-V) \tag{6}$$

를 구할 수 있는데, 이 식에서 에너지 증가가 퍼텐셜 증가로 표현된다.

만일 그 에너지 증가가 매우 작으면, (4) 식과 (6) 식을

$$dW = \sum(V\delta e) = \sum(e\delta V) \tag{7}$$

라고 표현할 수 있으며, 계의 전하로 구한 W를 W_e라고 쓰고 계의 퍼텐셜로 구한 W를 W_V라고 쓰면, 그리고 A_r, e_r, V_r을 계의 어떤 도체와 그 도체의 전하, 그리고 그 도체의 퍼텐셜이라고 하면

$$V_r = \frac{dW_e}{de_r} \tag{8}$$

$$e_r = \frac{dW_V}{dV_r} \tag{9}$$

가 된다.

86. 도체들이 움직이지 않고 고정된 계에서, A_i라고 표시한 도체들 중 하나의 처음 상태와 마지막 상태 모두에서 대전된 전하가 0이면, 그 도체에 대해서는 $e_i = 0$이고 $e' = 0$이므로, (5) 식에서 A_i에 의존하는 항들은 양변 모두에서 0이 된다.

이번에는 A_u라고 표시한 다른 도체가 계의 처음 상태와 나중 상태 모두에서 퍼텐셜이 0이어서 $V_u = 0$이고 $V_u' = 0$이라면, (5) 식에서 A_u에 의존하는 항들은 양변 모두에서 0이 된다.

그러므로 두 도체 A_r과 A_s를 제외한 모든 도체가 절연되거나 대전된 전하가 0이거나 또는 그렇지 않다면 접지되어 있으면, (5) 식은

$$e_r V_r' + e_s V_s' = e_r' V_r + e_s' V_s \qquad (10)$$

형태로 간단해진다.

만일 처음 상태가

$$e_r = 1 \quad \text{그리고} \quad e_s = 0$$

이며 마지막 상태는

$$e_r' = 0 \quad \text{그리고} \quad e_s' = 1$$

이면, (10) 식은

$$V_r' = V_s \qquad (11)$$

이거나, 또는 계에 속한 도체 중에서 A_r과 A_s를 제외한 다른 도체들은 모두 절연되어 있거나 대전된 전하가 0이거나 또는 그렇지 않다면 접지되어 있어서 퍼텐셜이 0이라는 조건을 만족한 경우에, A_r에 대전된 단위 전하가 A_s의 퍼텐셜을 V까지 올리면, A_s에 대전된 단위 전하도 역시 A_r의 퍼텐셜을 V까지 올린다.

이것이 전하와 연관된 분야에서 경험하는 첫 번째 역수 관계(reciprocal relation)이다. 그런 역수 관계는 과학의 모든 분야에서 찾아볼 수 있으며, 자주 이미 해결한 더 간단한 문제로부터 새로운 문제의 풀이를 추론하는 것을 가능하게 해준다.

그 예로, 대전된 전하가 1인 도체 구 바깥에, 도체 구의 중심으로부터 거리가 r인 곳의 퍼텐셜은 r^{-1}이라는 사실로부터, 대전된 전하가 1인 작은 물체가 대전되지 않은 도체 구의 중심으로부터 거리가 r인 곳에 놓였으면, 그 물체는 도체 구의 퍼텐셜을 r^{-1}로 올린다는 것을 알 수 있다.

다음으로 처음 상태가

$$V_r = 1 \quad \text{그리고} \quad V_s = 0$$

이고, 마지막 상태가

$$V_r' = 0 \quad \text{그리고} \quad V_s' = 1$$

이라고 가정하면 (10) 식은

$$e_s = e_r' \tag{12}$$

가 된다. 즉 A_r의 퍼텐셜이 1로 올라갈 때 A_s에 전하 e가 대전되면, 만일 A_s의 퍼텐셜이 1로 올라간다면, A_r에는 같은 전하 e가 대전된다는 의미이다.

세 번째 경우로, 처음 상태가

$$V_r = 1 \quad \text{그리고} \quad e_s = 0$$

이고 마지막 상태가

$$V_r' = 0 \quad \text{그리고} \quad e_s' = 1$$

이라고 가정하자. 그러면 이 경우에 (10) 식은

$$e_r' + V_s = 0 \tag{13}$$

이 된다.

그러므로 A_s가 대전되어 있지 않을 때 A_r의 퍼텐셜을 1까지 올리는 동작이 A_s의 퍼텐셜을 V로 올리면 A_r의 퍼텐셜이 0으로 유지된다고 할 때, A_s에 단위 전하를 충전시키면 A_r에는 음전하가 유도되는데 그 값은 V이다.

이 모든 경우에, 다른 도체 중에서 일부는 절연되어서 전하가 대전되지 않고, 나머지는 모두 접지되어 있다고 가정할 수도 있다.

세 번째 경우는 그린 정리 중 하나의 기초 형태이다. 세 번째 경우를 이용하는 예로, 계에 속한 도체 A_s에 대전된 1만큼의 전하에 의해 퍼텐셜이 0인 도체 계의 서로 다른 요소들의 전하분포를 알고 있다고 가정하자.

그런 조건 아래서 A_r에 대전된 전하가 η_r이라고 하자. 그러면 A_s에 대전된 전하가 0이고, 다른 물체들의 퍼텐셜이 모두 다르다고 가정하면, A_s의 퍼텐셜은

$$V_s = -\sum (\eta_r V_r) \tag{14}$$

이 된다.

그래서 속이 빈 도체 용기 내부의 한 점에 놓은 단위 전하가 그 도체 용기 표면의 임의의 점에 만드는 면전하 밀도를 알면, 그 용기의 내부 표면과 같은 크기이고 같은 형태인 표면의 모든 점에서 퍼텐셜 값을 알면 표면 내부에서 그 단위 전하의 위치에 대응하는 위치의 퍼텐셜을 알아낼 수 있다.

그러므로 닫힌 표면의 모든 점에서 퍼텐셜을 알면, 그 표면 내부에 대전된 물체가 없을 때는, 그 표면 내부의 임의의 점에서 퍼텐셜이 정해지며, 그 표면 외부에 대전된 물체가 없을 때는, 그 표면 외부의 임의의 점에서 퍼텐셜이 정해진다.

도체 계 이론

87. A_1, A_2, $\cdots$, A_n이 제각각 다른 형태인 n개의 도체라고 하고, 그 도체들에 대전된 전하가 각각 e_1, e_2, $\cdots$, e_n이며, 그 도체들의 퍼텐셜이 각각 V_1, V_2, $\cdots$, V_n이라고 하자.

그리고 앞으로 고려할 동작들이 진행되는 동안 도체들을 분리하는 유전 매질은 변하지 않으며 대전되지 않는다고 하자.

우리는 84절에서 각 도체의 퍼텐셜은 n개의 전하의 균일한 선형함수* 임을 보였다.

한편 계의 전기 에너지는 각 도체의 퍼텐셜에 그 도체에 대전된 전하를 곱한 곱을 모두 더한 합의 절반과 같으므로, 전기 에너지는

$$W_e = \frac{1}{2}p_{11}e_1^2 + p_{12}e_1e_2 + \frac{1}{2}p_{22}e_2^2$$
$$+ p_{13}e_1e_3 + p_{23}e_2e_3 + \frac{1}{2}p_{33}e_3^2 + \cdots \qquad (15)$$

---

* 균일한 선형함수(homogeneous linear function)란 모든 항들이 변수의 1차 함수인 함수를 말한다.

와 같이 n개 전하의 균일한 2차 함수*여야 한다.

여기서 W_e의 아래 첨자 e는 전기 에너지 W가 전하 e의 함수로 표현되었음을 표시한다. W와 같이 아래 첨자 e가 없으면 전기 에너지가 전하와 퍼텐셜 모두에 의해 표현된 (3) 식을 의미한다.

이 표현으로부터 도체들 중 어떤 한 도체의 퍼텐셜이든지 알아낼 수 있다. 퍼텐셜은 퍼텐셜이 0인 곳으로부터 단위 전하를 가져오는 데 필요한 일로 정의되므로, 그리고 이 일은 전기 에너지 W를 증가시키는 데 소비되므로, 어떤 도체의 퍼텐셜을 구하려면 단순히 W_e를 그 도체에 대전된 전하에 대해 미분하기만 하면 된다. 그래서 n개의 전하로 n개의 퍼텐셜을 표현하는 일련의 n개의 선형 방정식

$$\left.\begin{array}{l} V_1 = p_{11}e_1 \cdots + p_{r1}e_r \cdots + p_{n1}e_n \\ \qquad\qquad \cdots \\ V_s = p_{1s}e_s \cdots + p_{rs}e_r \cdots + p_{ns}e_n \\ \qquad\qquad \cdots \\ V_n = p_{1n}e_1 \cdots + p_{rn}e_r \cdots + p_{nn}e_n \end{array}\right\} \qquad (16)$$

을 얻는다.

이 식에서 계수들 p_{rs} 등을 퍼텐셜 계수라고 부른다. 각 퍼텐셜 계수는 아래 첨자 두 개를 갖는데, 첫 번째 아래 첨자는 전하에 대한 아래 첨자이고 두 번째 아래 첨자는 퍼텐셜에 대한 아래 첨자이다.

아래 첨자 두 개가 같은 계수 p_{rr}는 A_r에만 단위 전하가 대전되고 다른 모든 도체에 대전된 전하가 0일 때 A_r의 퍼텐셜을 표시한다. 아래 첨자가 같은 계수는 도체마다 한 개씩 모두 n개가 있다.

아래 첨자 두 개가 다른 계수 p_{rs}는 A_r에만 단위 전하가 대전되고 다른 모든 도체에 대전된 전하가 0일 때 A_s의 퍼텐셜을 표시한다.

---

* 　균일한 2차 함수(homogeneous quadratic function)란 모든 항들이 변수의 2차 함수인 함수를 말한다.

퍼텐셜 계수가 아래 첨자의 교환에 대해 대칭이어서 $p_{rs} = p_{sr}$ 임은 이미 86절에서 증명되었지만, 다음 식

$$p_{rs} = \frac{dV_s}{de_r} = \frac{d}{de_r} \frac{dW_e}{de_s} = \frac{d}{de_s} \frac{dW_e}{de_r} = \frac{dV_r}{de_s} = p_{sr} \tag{17}$$

를 고려하면 더 간단히 증명된다.

그러므로 이중 아래 첨자를 같은 **서로 다른** 퍼텐셜 계수의 수는 한 쌍의 도체에 대해 한 개씩 모두 $\frac{1}{2}n(n-1)$ 개가 존재한다.

(16) 식을 e_1, e_2 등에 대해 풀면 퍼텐셜에 의해 전하를 표현하는 n개의 식

$$\left.\begin{aligned}
e_1 &= q_{11}V_1 \cdots + q_{1s}V_s \cdots + q_{1n}V_n \\
&\cdots \\
e_r &= q_{r1}V_1 \cdots + q_{rs}V_s \cdots + q_{rn}V_n \\
&\cdots \\
e_n &= q_{n1}V_1 \cdots + q_{ns}V_s \cdots + q_n V_{nn}
\end{aligned}\right\} \tag{18}$$

을 얻는다.

이 경우에는

$$q_{rs} = \frac{de_r}{dV_s} = \frac{d}{dV_s} \frac{dW_V}{dV_r} = \frac{d}{dV_r} \frac{dW_V}{dV_s} = \frac{de_s}{dV_r} = q_{sr} \tag{19}$$

이기 때문에 $q_{rs} = q_{sr}$ 이다.

전기 에너지에 대한 식

$$W = \frac{1}{2}\left[e_1 V_1 + \cdots + e_r V_r \cdots + e_n V_n\right] \tag{20}$$

에 전하 값을 대입하면, 전기 에너지를 퍼텐셜로 표현한

$$\begin{aligned}
W_V = &\frac{1}{2}q_{11}V_1^2 + q_{12}V_1 V_2 + \frac{1}{2}q_{22}V_2^2 \\
&+ q_{13}V_1 V_3 + q_{23}V_2 V_3 + \frac{1}{2}q_{33}V_3^2 + \cdots
\end{aligned} \tag{21}$$

을 얻는다.

이 식에서 아래 첨자 두 개가 같은 계수를 그 계수가 속한 도체의 전기용량이라고 부른다.

정의

도체의 전기용량은 그 도체 자신의 퍼텐셜이 1이고 그 도체를 제외한 다른 모든 도체의 퍼텐셜이 0일 때 그 도체에 대전된 전하량이다.

도체의 전기용량에 대한 이 정의는 도체들의 모임에 대해 어떤 다른 조건이 더 없을 때 적절한 정의이다. 그런데 다른 도체 중 일부 또는 전부에 대해 다른 방식으로 조건을 지정하는 것이 더 편리한 때도 있다. 예를 들어, 도체 중 특정한 일부에 대전된 전하가 0이라고 가정하면 그런 조건 아래 놓인 도체의 전기용량을 그 도체의 퍼텐셜이 1일 때 도체에 대전된 전하량이라고 정의해도 된다.

(21) 식에서 전기용량을 제외한 다른 계수들을 유도 계수라고 부른다. 그 중에 하나인 q_{rs}는 A_s를 제외한 모든 도체의 퍼텐셜이 0인 경우 A_s의 퍼텐셜이 1일 때 A_r에 대전된 전하를 표시한다.

퍼텐셜에 대한 계수나 전기용량에 대한 계수를 수학적으로 계산하기는 일반적으로는 어렵다. 우리는 앞으로 그 계수들이 항상 정해진 값을 갖는다는 것을 증명할 것인데, 특별한 경우에 대해서는 그 값을 계산하게 될 것이다. 또한 그 계수들을 실험으로 어떻게 정하는지도 설명할 것이다.

도체 계에서 다른 도체들의 형태나 위치에 대해 말하지 않고 한 도체의 전기용량을 말할 때는, 그 대상 도체에서 유한한 거리 이내에는 다른 도체나 대전된 물체가 없다는 가정 아래 그 도체의 전기용량이라고 이해해야 한다.

단지 전기용량과 유도 계수만 다룰 때는, 때로는 그들을 $[A. P]$의 형태로 쓰는 것이 편리한데, 이 기호는 P의 퍼텐셜이 1일 때 A에 대전된 전하를 표시한다고 이해한다.

똑같은 방식으로 $[(A+B).(P+Q)]$는 P의 퍼텐셜과 Q의 퍼텐셜이 모두 1일 때 $A+B$에 대전된 전하를 표시하는데, 그것은

$$[(A+B)(P+Q)] = [AP] + [AQ] + [BP] + [BQ] = [(P+Q)(A+B)]$$

이기 때문에, 합성 기호가 마치 숫자를 대표하는 기호나 마찬가지로 더하기 또는 곱하기로 결합할 수 있다.

기호 $[A. A]$는 A의 퍼텐셜이 1일 때 A의 전하를 표시하는데, 그것은 바로 A의 전기용량이라는 말이다.

똑같은 방식으로 $[(A+B)(A+Q)]$는 A와 Q를 제외한 다른 모든 도체의 퍼텐셜이 0이고 A와 Q의 퍼텐셜이 1일 때 A와 B에 대전된 전하의 합을 표시한다.

$[(A+B)(A+Q)]$를

$$[A. A]+[A. B]+[A. Q]+[B. Q]$$

로 분해해도 된다.

그렇지만 퍼텐셜 계수는 이런 방법으로 다룰 수 없다. 유도 계수는 전하를 대표하고, 이 전하들은 더하기에 의해 결합할 수 있으나, 퍼텐셜 계수는 퍼텐셜을 대표하고 A의 퍼텐셜이 V_1이고 B의 퍼텐셜이 V_2라고 할 때, 그 합인 $V_1 + V_2$는 관계된 현상에 대해 어떤 물리적 의미도 갖지 않는다. 다만 $V_1 - V_2$는 A에서 B를 향한 기전력을 대표한다.

두 도체 사이의 유도 계수는

$$[A. B] = \frac{1}{2}[(A+B)(A+B)] - \frac{1}{2}[A. A] - \frac{1}{2}[B. B]$$

와 같이 도체의 전기용량과 두 도체 모두의 전기용량으로 표현할 수 있다.

계수의 차원

88. 전하 e에서 거리가 r인 곳의 퍼텐셜은 $\frac{e}{r}$이므로, 전하의 차원은 퍼텐셜의 차원과 길이 차원의 곱과 같다.

그러므로 전기용량 계수와 유도 계수는 길이 차원과 같은 차원을 가지며, 전기용량 계수와 유도 계수 하나하나가 모두 직선으로 대표될 수 있는

데, 그 직선의 길이는 사용하는 단위계에 무관하다.

같은 이유로, 퍼텐셜 계수면 어느 것이나 길이의 역수로 대표될 수 있다.

계수가 만족해야 하는 조건들

89a. 무엇보다 먼저, 계의 전기 에너지는 0보다 더 큰 양이므로, 전하 값이나 퍼텐셜 값은 0보다 더 크거나 더 작은 것에 상관없이 전하와 퍼텐셜의 2차 함수로 표현된 함수가 0보다 더 커야 한다.

이제 n개 변수의 균일한 2차 함수가 항상 0보다 클 조건은 모두 n개로

$$\left.\begin{array}{c} p_{11} > 0 \\ \begin{vmatrix} p_{11}, p_{12} \\ p_{21}, p_{22} \end{vmatrix} > 0 \\ \cdots \\ \begin{vmatrix} p_{11} \cdots p_{1n} \\ \cdots \\ p_{n1} \cdots p_{nn} \end{vmatrix} > 0 \end{array}\right\} \tag{22}$$

이라고 쓸 수 있다.

이 n 조건들은 W가 실질적으로 0보다 더 클 것임을 보장하는, 필요하고 충분한 조건이다.[13]

그러나 (16) 식에서 도체들의 순서는 마음대로 바꿔도 좋으므로, n개의 도체들을 어떻게 결합하건 그 결합에 속한 계수들을 대칭적으로 구성한 행렬식은 예외 없이 모두 0보다 커야 하며, 그런 결합의 수는 모두 $2^n - 1$가지이다.

그렇지만 $2^n - 1$가지 중에서 단지 n가지 조건만 독립일 수 있음이 발견되었다.

전기용량 계수와 유도 계수는 모두 같은 형태의 조건을 만족한다.

89b. 퍼텐셜 계수는 모두 0보다 더 크지만, 계수들 p_{rs} 중에서 어느

것도 p_{rr} 또는 p_{ss}보다 더 크지 않다.

그 이유는 다음과 같다. 도체 A_r만 단위 전하를 충전시키고 다른 모든 도체의 전하는 0이라고 하자. 그러면 일련의 등전위 면*이 형성된다. 그런 등전위 면 중 하나가 A_r의 표면인데, 그 표면의 퍼텐셜이 p_{rr}이다. 만일 도체 A_s를 A_r에 뚫린 구멍에 놓아서 A_s를 A_r로 완벽히 둘러싼다면, A_s의 퍼텐셜도 역시 p_{rr}이다.

그렇지만 만일 A_s를 A_r의 바깥쪽에 놓는다면, A_s의 퍼텐셜인 p_{rs}는 p_{rr}과 0 사이의 어떤 값이 된다.

왜 그런지 보기 위해 대전된 도체 A_r로부터 나오는 역선을 생각하자. 도체에서 나오는 역선과 들어가는 역선의 차이로부터 도체에 대전된 전하가 측정된다. 그러므로 도체에 대전된 전하가 0이면 도체로 들어가는 역선의 수는 도체에서 나오는 역선의 수와 같아야 한다. 도체로 들어가는 역선은 퍼텐셜이 더 높은 곳에서부터 오며, 도체에서 나오는 역선은 퍼텐셜이 더 낮은 곳으로 향해 간다. 그러므로 대전되지 않은 도체의 퍼텐셜은 주위에서 가장 높은 퍼텐셜과 가장 낮은 퍼텐셜 중간에 있어야 하며, 그러므로 가장 높은 퍼텐셜과 가장 낮은 퍼텐셜은 대전되지 않은 물체의 퍼텐셜일 수 없다.

그러므로 가장 높은 퍼텐셜은 대전된 물체인 A_r의 퍼텐셜인 p_{rr}이어야 하고, 가장 낮은 퍼텐셜은 퍼텐셜이 0인 무한히 먼 거리의 공간의 퍼텐셜이어야 하며, p_{rs}와 같은 다른 모든 퍼텐셜은 p_{rr}과 0 사이에 있어야 한다.

만일 A_s가 A_t를 완벽히 둘러싼다면, $p_{rs} = p_{rt}$이다.

89c. 유도 계수 중 어느 것도 0보다 더 크지 않으며, 한 도체에 속한 유도 계수들의 합의 크기는 그 도체의 항상 0보다 더 큰 전기용량 계수보다 더 크지 않다.

---

* 전위와 퍼텐셜은 같은 말이고 등전위 면은 등퍼텐셜면을 말한다.

그 이유는 다음과 같다. A_r의 퍼텐셜은 1로 유지하면서 다른 모든 도체들의 퍼텐셜을 0으로 유지한다고 하자. 그러면 A_r에 대전된 전하는 q_{rr}이고, 임의의 다른 도체 A_s에 대전된 전하는 q_{rs}이다.

그러면 도체 A_r로부터 나오는 역선의 수는 q_{rr}이다. A_r에서 나오는 역선 중에서 일부는 다른 도체로 들어가 끝나고 또 일부는 무한대까지 갈 수도 있지만 다른 도체들의 퍼텐셜은 모두 0이므로, 역선이 다른 도체들을 통과하거나 다른 도체로부터 무한대로 갈 수는 없다.

또한 주위에서 어떤 부분도 임의의 다른 도체 A_s의 퍼텐셜보다 더 낮지 않으므로, 역선이 그런 임의의 다른 도체 A_s에서 처음으로 나올 수는 없다. 만일 도체 중 하나의 폐곡면에 의해서 A_s가 A_r로부터 완벽히 차단된다면, q_{rs}는 0이다. 그래서 A_s가 차단되지 않으면 q_{rs}는 음수이다.

만일 도체 중 하나인 A_t가 A_r을 완벽히 둘러싸면, A_r에서 나오는 모든 역선은 A_t와 A_t 내부에 있는 도체들로 들어가며, A_r에 대한 그 도체들의 유도 계수의 합은 부호를 반대로 바꾼 q_{rr}과 같게 된다. 그러나 도체가 A_r을 완벽히 둘러싸지 않으면, q_{rs} 등과 같은 유도 계수들의 산술 합은 q_{rr}보다 더 작다.

우리는 앞의 두 정리를 단지 전기적인 고려만으로 서로 독립적으로 증명하였다. 한 정리가 다른 정리의 수학적인 결과일지 알아보는 일은 수학자들에게 맡기자.

89d. 주위에 도체가 단 하나만 존재한다면, 그 도체의 퍼텐셜 계수는 그 도체의 전기용량 계수의 역수이다.

외력이 존재하지 않을 때 전하의 질량 중심을 도체의 전기 중심이라고 부른다.

도체가 형태의 중심에 대해 대칭이면, 그 점이 전기 중심이다. 만일 문제에서 다루는 거리보다 도체의 크기가 작으면, 추측만으로 전기 중심의 위치를 충분히 가까이 알아낼 수 있다.

전기 중심에서 거리가 c인 곳의 퍼텐셜은

$$\frac{e}{c}\left(1+\frac{a^2}{c^2}\right) \quad \text{그리고} \quad \frac{e}{c}\left(1-\frac{1}{2}\frac{a^2}{c^2}\right)$$

사이에 놓여야 하는데, 여기서 e는 전하량이고, a는 전기 중심에서 물체의 표면에 놓인 점까지 거리 중 최댓값이다.

그 이유를 알아보자. 만일 전하가 전기 중심의 양쪽으로 거리가 a인 두 점에 모두 놓여 있다면, 위의 식에서 첫 번째 나온 것이 두 전하를 잇는 선 위의 한 점에서 퍼텐셜이며, 두 번째 나온 것은 두 전하를 잇는 선에 수직인 선 위의 한 점에서 퍼텐셜이다. 반지름이 a인 구 내부의 다른 모든 전하분포에 대해서는 퍼텐셜이 위의 식에 나온 두 퍼텐셜의 중간값이다.

주위에 도체가 단 두 개만 존재하면, 두 도체의 상호 퍼텐셜 계수는 $\frac{1}{c}$인데, 여기서 c'와 두 도체의 전기 중심 사이 거리인 c의 차이 $c'-c$의 크기는 $\frac{a^2+b^2}{c}$보다 더 클 수 없다. a와 b는 두 도체의 전기 중심에서 도체 표면까지 거리 중 최댓값이다.

89e. 이미 존재한 도체들 주위에 새로운 도체를 가져오면, 이미 있던 어느 한 도체에 대한 다른 도체의 퍼텐셜 계수는 작아진다.

그 이유를 알아보자. 새로 가져온 물체 B가 처음에는 어느 부분에도 전하가 대전되지 않은 부도체라고 가정하자. 그러면 도체 중 하나인 A_1을 전하 e_1으로 충전할 때, B를 새로 가져오더라도, 계의 도체에 분포된 전하는 영향을 받지 않는데, 그것은 B에는 어떤 부분에도 전하가 대전되지 않았고, 계의 전기 에너지는 간단히

$$\frac{1}{2}e_1 V_1 = \frac{1}{2}e_1^2 p_{11}$$

일 것이기 때문이다.

이제 B가 도체로 바뀐다고 하자. 전하는 퍼텐셜이 높은 곳에서 낮은 곳으로 이동하며, 그러는 동안 계의 전기 에너지는 감소하고, 그래서 $\frac{1}{2}e_1^2 p_{11}$

의 양은 반드시 감소해야 한다.

그런데 e_1은 변하지 않으므로, p_{11}이 감소해야 한다.

또한 만일 다른 물체 b를 B에 접촉하여 B의 전하가 증가한다면, p_{11}은 더 감소한다.

그 이유를 알아보기 위해 먼저 B와 b 사이에는 전하의 이동이 없다고 가정하자. 새로운 물체 b를 가져오면 p_{11}이 감소한다. 이제 B와 b 사이에 전하의 이동이 시작된다고 하자. 전하는 높은 퍼텐셜의 위치에서 낮은 퍼텐셜의 위치로 이동하므로, 앞에서 보인 것처럼 p_{11}은 여전히 더 감소한다.

그러므로 물체 B에 의해 p_{11}이 감소하는 정도는 표면이 B에 내접하는 어떤 다른 물체에 의해 감소하는 정도보다 더 크며, 표면이 B를 둘러싸는 어떤 다른 물체에 의해 감소하는 정도보다 더 작다.

앞으로 11장에서 거리가 r인 곳에 놓인 지름이 b인 구는 p_{11}의 값을 약 $\dfrac{1}{8}\dfrac{b^3}{r^4}$만큼 감소시킨다는 것을 보일 것이다.

그러므로 물체 B가 구가 아닌 어떤 다른 형태라면, 그리고 b가 그 물체의 최대 지름이라면, p_{11}의 값이 감소하는 정도는 $\dfrac{1}{8}\dfrac{b^3}{r^4}$보다 더 작아야 한다.

그러므로 B의 최대 지름이 A_1에서 B까지 거리보다 아주 작아서 $\dfrac{1}{8}\dfrac{b^3}{r^4}$에 해당하는 양은 무시할 수 있다면, 주위에 다른 도체가 없다고 할 때 A_1의 전기용량의 역수가 p_{11} 값으로 충분히 좋은 근사라고 해도 좋다.

90a. 그러므로 주위에 홀로 존재하는 도체 A_1의 전기용량이 K_1이고 A_2의 전기용량은 K_2이며, A_1과 A_2 사이의 평균 거리가 r이라고 하자. 여기서 r은 A_1의 크기와 A_2의 크기에 비해 매우 크다. 그러면

$$p_{11} = \frac{1}{K_1}, \qquad p_{12} = \frac{1}{r}, \qquad p_{22} = \frac{1}{K_2}$$

$$V_1 = e_1 K_1^{-1} + e_2 r^{-1}$$

$$V_2 = e_1 r^{-1} + e_2 K_2^{-1}$$

이다. 그러므로

$$q_{11} = K_1 \left(1 - K_1 K_2 r^{-2} \right)^{-1}$$
$$q_{12} = -K_1 K_2 r^{-1} \left(1 - K_1 K_2 r^{-2} \right)^{-1}$$
$$q_{22} = K_2 \left(1 - K_1 K_2 r^{-2} \right)^{-1}$$

이다. 이 계수 중에서 q_{11}과 q_{22}는 A_1과 A_2가 어떤 다른 물체와도 무한히 먼 거리로 떨어져서 홀로 존재하는 대신, 둘 사이의 거리가 r인 경우에 A_1의 전기용량과 A_2의 전기용량이다.

90b. 두 도체가 매우 가까이 놓여 있어서 그들 사이의 상호유도 계수가 아주 크면, 두 도체를 한꺼번에 축전기라고 부른다.

A와 B를 두 도체 또는 축전기의 전극이라고 하자. A의 전기용량이 L이고 B의 전기용량은 N이며 둘 사이의 상호유도 계수가 M이라고 하자(M은 실질적으로 음수이어서 $L+M$의 값과 $M+N$의 값은 각각 L의 값보다 더 작고 N의 값보다 더 작은 것을 반드시 기억하자).

또 a와 b를 첫 번째 축전기에서 거리가 R인 곳에 놓인 또 다른 축전기의 전극인데, 여기서 R는 두 축전기 하나하나의 크기에 비해 훨씬 더 크고, 두 번째 축전기가 홀로 있을 때 각 도체의 전기용량 계수와 축전기 ab의 상호유도 계수가 각각 l, m, n이라고 하자. 그리고 한 축전기가 다른 축전기의 계수에 미치는 효과를 계산하자.

이제

$$D = LN - M^2 \quad \text{그리고} \quad d = ln - m^2$$

이라고 놓으면, 각 축전기 자체의 퍼텐셜 계수는

$$p_{AA} = D^{-1}N, \qquad p_{aa} = d^{-1}n$$
$$p_{AB} = -D^{-1}M, \qquad p_{ab} = -d^{-1}m$$
$$p_{BB} = D^{-1}L, \quad p_{bb} = d^{-1}l$$

이다.

이 계수들의 값은 두 축전기 사이의 거리가 R일 때도 눈에 띄게 바뀌지는 않는다.

거리가 R인 두 도체의 퍼텐셜 계수는 R^{-1}이므로

$$p_{Aa} = p_{Ab} = p_{Ba} = p_{Bb} = R^{-1}$$

이다.

그러므로 퍼텐셜 방정식은

$$V_A = D^{-1}Ne_A - D^{-1}Me_B + R^{-1}e_a + R^{-1}e_b$$

$$V_B = -D^{-1}Me_A + D^{-1}Le_B + R^{-1}e_a + R^{-1}e_b$$

$$V_a = R^{-1}e_A + R^{-1}e_B + d^{-1}ne_a - d^{-1}me_b$$

$$V_b = R^{-1}e_A + R^{-1}e_B - d^{-1}me_a + d^{-1}le_b$$

이 된다.

이 식들을 풀어서 전하를 구하면

$$q_{AA} = L' = L + \frac{(L+M)^2(l+2m+n)}{R^2 - (L+2M+N)(l+2m+n)}$$

$$q_{AB} = M' = M + \frac{(L+M)(M+N)(l+2m+n)}{R^2 - (L+2M+N)(l+2m+n)}$$

$$q_{Aa} = -\frac{R(L+M)(l+m)}{R^2 - (L+2M+N)(l+2m+n)}$$

$$q_{Ab} = -\frac{R(L+M)(m+n)}{R^2 - (L+2M+N)(l+2m+n)}$$

이 되는데, 두 번째 도체를 장 안으로 가져오면 L, M, N은 L', M', N'으로 바뀐다.

만일 도체 단 한 개만, 즉 a만 장 안으로 가져오면 $m = n = 0$이 되고

$$q_{AA} = L' = L + \frac{(L+M)^2 l}{R^2 - l(L+2M+N)}$$

$$q_{AB} = M' = M + \frac{(L+M)(M+N)l}{R^2 - l(L+2M+N)}$$

$$q_{Aa} = -\frac{Rl(L+M)}{R^2-l(L+2M+N)}$$

이 된다.

만일 단 두 개의 간단한 도체 A와 a만 존재하고 다른 도체는 없다면

$$M = N = m = n = 0$$

이고

$$a_{AA} = L + \frac{L^2l}{R^2-Ll}, \qquad q_{Aa} = -\frac{RLl}{R^2-Ll}$$

이 되는데, 이 표현들은 90a절에서 구한 표현과 같다.

$L+2M+N$이라는 양은 축전기의 전극들이 퍼텐셜 1에 있을 때 축전기에 대전된 총(總)전하이다. 그 양은 축전기의 최대 지름의 절반을 초과할 수 없다.

축전기의 첫 번째 전극이 퍼텐셜 1일 때 그 전극에 대전된 전하는 $L+M$이고, 두 번째 전극이 퍼텐셜 1일 때 그 전극에 대전된 전하는 $M+N$이다. $L+M$과 $M+N$은 모두 0보다 커야 하고 전극 자체의 전기용량보다 더 작아야 한다. 그래서 축전기의 전기용량 계수에 적용될 보정(補正)은 두 개의 같은 전기용량으로 이루어진 간단한 축전기보다 훨씬 더 작다.

이런 종류의 근사법은 불규칙한 형태의 두 도체가 유한한 거리만큼 떨어져 있는 축전기의 전기용량을 구하는 데 자주 편리하게 이용된다.

91. 도체들 사이의 거리에 비해 크기가 작은 둥근 도체 A_3를 장 안으로 가져오면, A_2에 대한 A_1의 퍼텐셜 계수는, A_1과 A_2를 잇는 직선 A_1A_2가 지름인 구 내부에 A_3가 놓일 때 증가하고, 그 구 외부에 놓일 때 감소한다.

그 이유는 다음과 같다. A_1이 단위 전하를 받는 경우 A_3는 전하를 띠는데, A_1에서 가장 먼 쪽에 $+e$가, 그리고 A_1에서 가장 가까운 쪽에 $-e$가 분포된다. A_3의 이러한 전하분포에 의한 A_2의 퍼텐셜은 $+e$와 $-e$ 중에서 어

느 것이 A_2에 가장 가까운지에 따라 0보다 크기도 하고 0보다 작기도 하게
되며, A_3의 형태가 아주 길쭉하지만 않다면, 퍼텐셜이 0보다 더 큰지 또는
0보다 더 작은지는 각 $A_1 A_3 A_2$가 둔각인지 또는 예각인지에 의존하고, 그러
므로 직선 $A_1 A_2$가 지름인 구 내부에 A_3가 위치하는지 또는 구 외부에 A_3에
위치하는지에 의존하게 되는 것이다.

A_3가 길쭉한 형태면, A_3의 가장 긴 축이 세 점 A_1, A_3, A_2를 통과하도록
그린 원에 접하는 방향으로 놓여 있을 때, 비록 A_3가 완벽히 구 외부에 놓이
더라도, A_3가 A_2의 퍼텐셜을 증가시키며, A_3의 가장 긴 축을 그 구의 지름
방향으로 놓으면 A_3가 완벽히 구 내부에 놓이더라도 A_2의 퍼텐셜을 감소
시킬 것임을 알기가 어렵지 않다. 그러나 이런 제안은 주어진 장치 배열에
서 기대되는 현상을 대략 추산하기 위한 용도로 제기했을 뿐이다.

92. 새로운 도체 A_3를 장 내부에 가져오면, 이미 존재하고 있던 모든 도체
의 전기용량은 증가하며, 임의의 두 도체 쌍에 대한 유도 계수 값은 모두 감
소한다.

이제 A_1의 퍼텐셜은 1이며 나머지 모든 도체의 퍼텐셜은 0이라고 가정
하자. 새로 도입된 도체는 음전하로 대전되어 있으므로, 그 도체는 다른 모
든 도체에 양전하를 유도하게 되고, 그러므로 A_1의 양전하는 증가하고 나
머지 도체 각각의 음전하는 감소하게 된다.

93a. 절연된 대전 도체들의 시스템이 이동하는 동안 전기력이 한 일
도체들은 절연되어 있어서, 이동하는 동안 도체의 전하는 일정하게 유지
된다. 이동하기 전의 각 도체의 퍼텐셜은 V_1, V_2, $\cdots$, V_n이고 이동한 뒤의
퍼텐셜은 V_1', V_2', $\cdots$, V_n'라고 하자. 이동하기 전의 전기 에너지는

$$W = \frac{1}{2} \sum (eV)$$

이고 이동한 후의 전기 에너지는

$$W' = \frac{1}{2} \sum (e\,V')$$

이다.

이렇게 이동하는 동안 전기력이 한 일은 처음 에너지 W에서 마지막 에너지 W'를 뺀 것, 즉

$$W - W' = \frac{1}{2} \sum [e\,(V - V')]$$

와 같다.

절연된 계가 이동하는 동안 한 일에 대한 표현은, 그 이동이 작은지 또는 큰지에 관계없이 이렇게 주어진다.

특정한 종류의 이동을 만들어내는 힘을 찾기 위해서, 그런 종류의 이동에 대응하는 변수가 ϕ이고, 힘에 대응하는 변수가 Φ라고 하자. 단 ϕ가 증가할 때 Φ가 0보다 크다고 하자. 그러면

$$\Phi d\phi = -dW_e$$

즉

$$\Phi = -\frac{dW_e}{d\phi}$$

인데, 여기서 W_e는 전하들의 2차 함수로 주어지는 전기 에너지에 대한 표현이다.

93b. $\dfrac{dW_e}{d\phi} + \dfrac{dW_V}{d\phi} = 0$임을 증명하자.

계의 에너지를 나타내는 데에는 서로 다른 세 가지 표현이 이용되는데, n개의 전하와 n개의 퍼텐셜의 정해진 함수로

(1)
$$W = \frac{1}{2} \sum (e\,V)$$

가 있고

(2)
$$W_e = \frac{1}{2} \sum \sum (e_r e_s p_{rs})$$

도 있는데, 여기서는 r와 s가 같을 수도 있고 다를 수도 있으며, 더하기에는 rs와 sr 모두 포함된다.

이 식은 n개의 전하들의 함수이며 그 전하들의 배열을 정의하는 변수들의 함수이다. 그 변수들 중 하나가 ϕ라고 하자. 세 번째 표현은

(3)
$$W_V = \frac{1}{2} \sum \sum \left(V_r V_s q_{rs} \right)$$

인데, 여기서 더하기는 전하고 같게 취한다. 이 식은 n개의 퍼텐셜의 함수이고 그 퍼텐셜의 배열을 정의하는 변수의 함수로, 그 변수 중 하나가 ϕ이다.

그런데

$$W = W_e = W_V$$

이기 때문에

$$W_e + W_V - 2W = 0$$

이 된다.

이제 n개의 전하와 n개의 퍼텐셜과 ϕ가 어떤 일관적인 방식으로 변한다고 하면

$$\sum \left[\left(\frac{dW_e}{de_r} - V_r \right) \delta e_r \right] + \sum \left[\left(\frac{dW_V}{dV_s} - e_s \right) \delta V_s \right] + \left(\frac{dW_e}{d\phi} + \frac{dW_V}{d\phi} \right) \delta \phi = 0$$

이 성립해야 한다.

그런데 n개의 전하와 n개의 퍼텐셜 그리고 ϕ가 모두 다 서로 독립인 것은 아닌데, 그 이유는 사실은 그들 중에서 단 $n+1$개만 독립이기 때문이다. 그러나 우리는 이미

$$\frac{dW_e}{de_r} = V_r$$

임을 증명했기에 위 식의 좌변 첫 번째 항은 항상 0이고, 그 결과로, 비록 앞에서 증명하지는 않았다고 하더라도

$$\frac{dW_V}{dV_s} = e_s$$

가 성립하고 마지막으로

$$\frac{dW_e}{d\phi} + \frac{dW_V}{d\phi} = 0$$

도 성립한다.

퍼텐셜이 일정하게 유지되는 시스템이 이동하는 동안 전기력이 한 일

93c. 위의 마지막 식으로부터 힘은 $\Phi = \dfrac{dW_V}{d\phi}$ 임이 성립하며, 모든 퍼텐셜이 일정하게 유지되며 이 시스템이 이동하면, 전기력이 한 일은

$$\int \Phi d\phi = \int dd W_V' = W_V' - W_V$$

가 되는데, 그래서 이 경우 전기력이 한 일은 전기 에너지의 증가분과 같다.

그러면 여기서 시스템이 한 일의 양과 함께 에너지의 증가도 발생한다. 그러므로 시스템이 이동하는 동안 퍼텐셜을 일정하게 유지하기 위하여, 시스템에는 예를 들어 볼타 전지와 같은 외부 에너지원으로부터 에너지가 공급되어야 한다.

그러므로 전지가 한 일은 시스템이 한 일에 시스템의 에너지 증가를 더한 것과 같아야 하며, 다시 말하면, 시스템이 한 일과 시스템의 에너지 증가가 같아서, 전지가 한 일은 이동하는 동안 도체들의 시스템이 한 일의 2배가 된다.

비슷하게 대전된 시스템들의 비교

94. 만일 두 대전된 시스템이 기하학적 의미로 비슷해서, 두 시스템에서 대응하는 선들의 길이가 각각 L과 L'라면, 두 시스템에서 도체들을 분리해 놓은 유전체가 같다는 조건 아래서 유도 계수들의 비와 전기용량 계수들의

비는 L과 L' 사이의 비에 비례한다. 그 이유는 다음과 같다. 두 시스템에서 서로 대응하는 부분인 A와 A'를 생각하고, A에 대전된 전하량은 e이고 A'에 대전된 전하량은 e'라고 하자. 그러면 이 전하들 때문에 대응하는 점 B와 B'에서 퍼텐셜 V와 V'는

$$V = \frac{e}{AB} \quad \text{그리고} \quad V' = \frac{e'}{A'B'}$$

가 된다. 그런데 AB와 $A'B'$ 사이의 비는 L과 L' 사이의 비와 같으므로

$$e : e' \ :: \ LV : L'V'$$

여야 한다.* 그러나 만일 유전체의 유도 용량이 첫 번째 시스템에서는 K이고 두 번째 시스템에서는 K'로 두 시스템에서 같지 않다면, 첫 번째 시스템의 임의의 한 점에서 퍼텐셜 V와 두 번째 시스템에서 그 점에 대응하는 점에서 퍼텐셜 V' 사이의 비는 각 시스템에서 해당하는 부분들의 전하량 E와 E' 사이의 비와 같아서

$$e : e' \ :: \ LVK : L'V'K'$$

가 성립한다.

이 비율을 이용하면, 두 시스템에서 서로 대응하는 부분의 총전하 사이의 관계를 구할 수 있는데, 단 두 시스템이 첫째, 기하학적으로 유사해야 하고, 둘째, 두 시스템의 서로 대응하는 점에서 비(比)유도 용량의 비율이 K와 K'의 비와 같은 유전 매질로 구성되어야 하며, 셋째, 그 대응하는 점에서 퍼텐셜의 비가 V와 V' 사이의 비와 같아야 한다.

그러면 만일 첫 번째 시스템에서 임의의 전기용량 계수 또는 유도 계수가 q이고 두 번째 시스템에서 대응하는 계수가 q'이면

$$q : q' \ :: \ LK : L'K'$$

---

* 이중 콜론(::)은 논리학에서 같은 비례 관계를 표시한다. 예를 들어 $A : B :: C : D$는 A와 B 사이의 비는 C와 D 사이의 비와 같다는 의미이다.

가 성립하며, 만일 두 시스템에서 대응하는 퍼텐셜 계수를 p와 p'로 표시하면

$$p : p' \;\; :: \;\; \frac{1}{LK} : \frac{1}{L'K'}$$

이 성립한다.

만일 첫 번째 시스템에서 물체 중 하나가 이동하고, 두 번째 시스템에서 대응하는 물체가 비슷하게 이동하면, 그 두 변위의 비는 L과 L' 사이의 비와 같으며, 그 두 물체에 작용하는 힘의 비가 F와 F' 사이의 비와 같으면, 두 시스템에 한 일의 비는 FL과 $F'L'$ 사이의 비와 같게 된다.

그러나 총(總)전기에너지는 대전된 물체의 전하와 퍼텐셜을 곱해서 모두 더한 합의 절반이고, 그래서 두 비슷한 시스템의 총전기에너지가 각각 W와 W'이면

$$W : W' \;\; :: \;\; eV : e'V'$$

가 성립하고, 두 시스템에서 비슷한 이동이 일어난 뒤 에너지 차이도 같은 비가 될 것이다. 그래서 시스템이 이동하는 동안 전기적 일과 FL이 서로 비례하기 때문에

$$FL : F'L' \;\; :: \;\; eV : e'V'$$

가 성립한다.

이런 비례 관계들을 결합하면, 첫 번째 시스템에 속한 임의의 물체에 작용하는 합력과 두 번째 시스템에 속한 대응하는 물체에 작용하는 합력 사이에는

$$F : F' \;\; :: \;\; V^2 K : V'^2 K' \qquad \text{또는} \qquad F : F' \;\; :: \;\; \frac{e^2}{L^2 K} : \frac{e'^2}{L'^2 K'^2}$$

이 성립한다. 이 중에서 첫 번째 비례 관계는 두 비슷한 시스템에서 힘은 기전력의 제곱과 유전체의 유도 용량에 비례하지만, 시스템의 실제 크기와는 무관함을 알려준다.

그러므로 유도 용량이 공기보다 더 큰 액체에 놓인 두 도체가 미리 정한 퍼텐셜까지 대전되면, 공기 중에서 같은 퍼텐셜까지 대전된 경우보다 서로

더 세게 잡아당긴다.

두 번째 비례 관계는 각 물체에 대전된 전하량을 알면, 작용하는 힘은 전하의 제곱에 비례하고 거리의 제곱에 반비례하며 또한 매질의 유도 용량에 반비례함을 알려준다.

그러므로 대전된 전하를 아는 두 도체가 유도 용량이 공기보다 더 큰 액체에 놓이면 같은 전하량으로 대전되어서 공기에 놓일 때보다 서로 덜 잡아당긴다.

4장
일반 정리

95a. 2장에서 퍼텐셜 함수를 계산하고 대전된 물체 사이에는 접촉하지 않더라도 직접 작용이 존재한다는 가정 아래서 퍼텐셜 함수가 갖는 몇 가지 성질을 조사했는데, 퍼텐셜 함수는 물체의 다양한 대전된 부분들 사이의 직접 작용의 결과이다.

이것을 직접 방법 조사라고 부른다면, 거꾸로 퍼텐셜이란 우리가 이미 수립한 것들과 같은 성질을 함수라고 가정하고 그 함수의 형태가 무엇일지 조사하는 정반대 방법도 있다.

직접 방법에서 퍼텐셜은 적분을 이용해 전하분포로부터 계산하며 몇 개의 편미분 방정식을 만족함이 알려졌다. 정반대 방법에서는 편미분 방정식이 주어졌다고 가정하고, 퍼텐셜과 전하분포를 찾아야 한다.

직접 방법은 오직 전하분포를 미리 알고 있는 문제에서만 사용될 수 있다. 도체에 전하가 어떻게 분포되는지 구할 때는 정반대 방법을 이용해야 한다.

이제 모든 경우에 정반대 방법도 확실한 결과를 얻을 수 있으며, 푸아송의 편미분 방정식

$$\frac{d^2 V}{dx^2} + \frac{d^2 V}{dy^2} + \frac{d^2 V}{dz^2} + 4\pi\rho = 0$$

으로부터 몇 가지 일반 정리를 수립할 수 있음을 보이자.

이 편미분 방정식에 의해 표현된 수학적 생각은 정적분

$$V = \int_{-\infty}^{+\infty} \int_{-\infty}^{+\infty} \int_{-\infty}^{+\infty} \frac{\rho}{r} dx' dy' dz'$$

에 의해 표현된 수학적 생각과 다른 종류이다.

미분 방정식에서는 임의의 한 점 부근에서 V에 대한 2차 도함수들의 합을 그 점에서 밀도와 정해진 방법으로 연관되지만, 바로 그 점에서 V 값과 그 점으로부터 거리가 유한한 어떤 다른 점에서 ρ 값 사이에는 어떤 관계도 표현되어 있지 않다.

반면 정적분에서는, ρ가 존재하는 점 (x', y', z')와 V가 존재하는 점 (x, y, z) 사이의 거리가 r로 표시되며, 피적분 함수에 뚜렷하게 나와 있다.

그러므로 적분은 접촉하지 않은 입자들 사이의 작용을 다루는 이론에서 적절한 수학적 표현인데, 그와는 대조적으로 미분 방정식은 매질의 연속적인 부분들 사이의 작용을 다루는 데 적절한 표현이다.

우리는 앞에서 적분의 결과가 미분 방정식을 만족하는 것을 보았다. 이제 우리는 이 적분의 결과가 정해진 조건을 만족한다는 조건 아래 가능한 유일한 풀이임을 보여야 한다.

우리는 이런 과정을 통하여 직접 방법과 정반대 방법이 수학적으로 같다는 것을 확립할 뿐 아니라, 접촉하지 않은 물체들 사이의 직접 작용에 대한 이론으로부터 매질의 연속적인 부분들 사이의 작용에 대한 이론으로 진행하기 위한 준비를 하려고 한다.

95b. 이 장에서 고려하는 정리들은 전기장이라고 불러도 좋은 공간의 유한한 영역에서 취한 부피 적분의 성질과 관계된다.

이 적분들의 피적분 함수, 즉 적분 기호 다음에 나오는 양은, 장 내부에서 위치마다 변하는 방향과 크기를 갖는 벡터양의 제곱이거나, 또는 한 벡터와 다른 벡터 중에서 처음 벡터 방향으로 취한 성분의 곱이다.

공간에서 벡터양이 분포되는 서로 다른 방식 중에서 두 가지 방식이 특별히 중요하다.

첫 번째는 벡터가 퍼텐셜이라고 불리는 스칼라 함수의 공간 변화[17절]로 대표될 수 있는 방식이다.

그런 분포를 비회전성 분포라고 부른다. 힘의 중심이 어떻게 조합되든지 간에 힘의 법칙이 거리의 함수로 주어지는 인력과 척력으로 발생하는 합력은 비회전성 분포가 된다.

벡터양이 분포되는 두 번째 방식은 모든 점에서 컨버전스[25절]가 0인 분포이다. 그런 분포를 솔레노이드형 분포라고 한다. 비압축성 유체의 속도는 솔레노이드형 방식으로 분포된다.

앞에서 설명한 비회전성 분포로 된 합력을 만드는 중심력이 거리의 제곱에 반비례하여 변하면, 힘의 중심들이 장의 바깥에 존재할 때 장 내부의 분포는 비회전성일 뿐 아니라 솔레노이드형이기도 하게 된다.

원래 정지해 있는 점성을 갖지 않은 유체에 거리에 의존하는 중심력 또는 표면 압력의 작용으로, 앞에서 언급한, 솔레노이드형인 비압축성 유체의 운동이 발생하면, 그 유체의 속도 분포는 솔레노이드형일 뿐 아니라 비회전성이기도 하다.

동시에 비회전성이고 솔레노이드형인 분포를 구체적으로 명시할 필요가 있으면, 그것을 라플라시안 분포라고 부르자. 라플라스가 그런 분포가 지닌 가장 중요한 성질들을 지적했기 때문이다.

앞으로 알게 되겠지만, 이 장에서 논의된 부피 적분들은 전기장의 에너지에 대한 표현들이다. 그린 정리(Green's Theorem)로부터 시작하는 정리의 첫 번째 그룹에서는 에너지가 정전(靜電) 평형을 이룬 모든 경우에 비회전성으로 분포된 벡터인 기전(起電) 세기에 의해 표현된다. 표면 퍼텐셜을 알 때는, 모든 비회전성 분포 중에서 동시에 솔레노이드형인 분포가 가장 작은 에너지를 갖는다는 것이 증명되어 있다. 그 결과로 표면 퍼텐셜에 부합하는 분포는 단지 라플라시안 분포뿐임을 알 수 있다.

톰슨 정리를 포함한 정리의 두 번째 그룹에서는 에너지가 전기 변위의 함수로 표현되는데, 전기 변위는 그 분포가 솔레노이드형인 벡터이다. 표면 전하를 알면 최저 에너지를 갖는 솔레노이드형이면서 동시에 비회전성인 모든 분포 중에서 알려진 표면 전하에 부합하는 라플라시안 분포는 오직 하나만 존재할 수 있다는 것이 증명되어 있다.

이 정리들의 증명은 모두 다 똑같은 방법으로 수행된다. 직각 좌표축에 대해 수행한 면적분의 단계에 대한 모든 경우마다 같은 과정의 반복을 피하려고, 각 경우에 21절의 정리 III[14]의 결과를 이용하는데, 정리 III에는 부피 적분과 대응하는 면적분 사이의 관계가 자세히 설명되어 있다. 그러므로 정리 III의 X, Y, Z를 증명하려고 하는 정리가 의존하는 벡터의 성분으로 바꿔 대입하기만 하면 된다.

이 책의 초판에서는 각 정리에 대한 증명이 그 정리가 적용될 수많은 다양한 경우에 일반적으로 성립한다는 것을 보여줄 목적으로 대신할 수 있는 수많은 조건을 모두 포함하느라 무척 길어졌는데, 그것이 오히려 독자에게 가정된 것이 무엇이고 증명할 것이 무엇인지 혼동을 일으켰다.

이 개정판에서는 각 정리가 처음에는 좀 더 구체적이고 좀 더 제한적인 형태로 제시되고, 그다음에 그 정리가 허용할 수 있는 일반성의 정도가 어디까지인지를 보여준다.

지금까지는 V라는 기호가 퍼텐셜을 표현하는 데 사용되었는데, 정전기학만 다룰 때는 계속해서 그렇게 할 예정이다. 그렇지만 이 장에서, 그리고 전자기 현상을 조사할 때 전기 퍼텐셜이 나오는 제2권의 몇 부분에서는, 전기 퍼텐셜을 표현하는 데 특별한 기호인 ψ를 사용할 예정이다.

그린 정리

96a. 다음에 나오는 중요한 정리는 조지 그린이 그의 논문 "Essay on the Application of Mathematics to Electricity and Magnetism"에 나온다.

이 정리는 폐곡면 s로 둘러싸인 공간과 관계된다. 이 유한한 공간을 장이라고 부르자. 그리고 표면 s에서 장으로 들어가는 법선을 ν라고 하고, 그 법선의 방향 코사인을 l, m, n이라고 하면

$$l\frac{d\Psi}{dx}+m\frac{d\Psi}{dy}+n\frac{d\Psi}{dz}=\frac{d\Psi}{d\nu} \tag{1}$$

는 법선 ν를 따라 통과하는 데 함수 Ψ가 바뀌는 비율이 된다. 여기서 $\frac{d\Psi}{d\nu}$의 값은 $\nu=0$인 표면 자체에서 취하는 것임을 잊지 않아야 한다.

또한 26절과 77절에서처럼

$$\frac{d^2\Psi}{dx^2}+\frac{d^2\Psi}{dy^2}+\frac{d^2\Psi}{dz^2}=-\nabla^2\Psi \tag{2}$$

라고 쓰고 두 함수 Ψ와 Φ를 다룰 때는

$$\frac{d\Psi}{dx}\frac{d\Phi}{dx}+\frac{d\Psi}{dy}\frac{d\Phi}{dy}+\frac{d\Psi}{dz}\frac{d\Phi}{dz}=-S.\nabla\Psi\nabla\Phi \tag{3}$$

라고 쓰기로 정하자. 4원수 방법을 알지 못하는 독자는, 만일 원한다면, $\nabla^2\Psi$와 $S.\nabla\Psi\nabla\Phi$라는 표현이 위에서 같다고 놓은 양을 그냥 단순히 축약해서 대표하기 위해 쓴 것뿐이라고 생각해도 좋으며, 앞으로는 정상적인 카테지안 방법을 사용할 것이므로, 이러한 표현에 대한 4원수 해석을 반드시 기억하지 않아도 좋다. 그렇지만 위의 표현을 아무렇게나 고른 하나의 문자가 아니라 이런 특별한 표현의 축약으로 표현하는 이유는 4원수 언어에서 그런 표현이 같다고 연결한 양을 온전하게 대표하기 때문이다. 스칼라 함수 Ψ에 적용한 연산자 ∇은 그 함수의 공간 변화를 나타내며, $-S.\nabla\Psi\nabla\Phi$라는 표현은 두 개의 공간 변화량의 곱 또는 하나의 공간 변화

량과 그 공간 변화량의 방향으로 다른 공간 변화량을 분해한 부분의 곱의 스칼라 부분이다. $\frac{d\Psi}{d\nu}$라는 표현은 보통 4원수에서 $S.U\nu\nabla\Psi$라고 쓰는데, $U\nu$는 법선 방향의 단위 벡터이다. 여기서 그런 표기법을 사용한다고 해서 별 이점(利點)이 있을 것으로 보이지 않지만, 비등방성 매질을 다룰 때는 그 표기법이 유리하다는 것을 알게 될 것이다.

그린 정리의 증명

Ψ와 Φ가 두 개의 x, y, z의 함수이며 Ψ와 Φ 그리고 그 1차 도함수가 폐곡면 s로 둘러싸인 비순환 영역 내에서 유한하고 연속이라고 하자. 그러면

$$\iint \Psi \frac{d\Phi}{d\nu} ds - \iiint \Psi \nabla^2 \Phi \, d\rho = \iiint S.\nabla\Psi\nabla\Phi \, d\rho$$
$$= \iint \Phi \frac{d\Psi}{d\nu} ds - \iiint \Phi \nabla^2 \Psi d\rho \tag{4}$$

가 성립하는데, 여기서 이중 적분은 전체 폐곡면 s에서 수행되고, 삼중 적분은 그 표면으로 둘러싸인 장 ρ 전체에서 수행된다.

이 식을 증명하기 위해, 21절에 나오는 정리 III을

$$X = \Psi \frac{d\Phi}{dx}, \quad Y = \Psi \frac{d\Phi}{dy}, \quad Z = \Psi \frac{d\Phi}{dz} \tag{5}$$

라고 쓰면 (1) 식에 의해

$$R\cos\epsilon = \Psi\left(l\frac{d\Phi}{dx} + m\frac{d\Phi}{dy} + n\frac{d\Phi}{dz}\right) = \Psi\frac{d\Phi}{d\nu} \tag{6}$$

그리고 (2) 식과 (3) 식에 의해

$$\frac{dX}{dx} + \frac{dY}{dy} + \frac{dZ}{dz} = \Psi\left(\frac{d^2\Phi}{dx^2} + \frac{d^2\Phi}{dy^2} + \frac{d^2\Phi}{dz^2}\right) + \frac{d\Psi}{dx}\frac{d\Phi}{dx} + \frac{d\Psi}{dy}\frac{d\Phi}{dy} + \frac{d\Psi}{dz}\frac{d\Phi}{dz}$$
$$= -\Psi\nabla^2\Psi - S.\nabla\Psi\nabla\Phi \tag{7}$$

가 된다.

그러나 정리 III에 의해

$$\iint R \cos \epsilon \, ds = - \iiint \left(\frac{dX}{dx} + \frac{dY}{dy} + \frac{dZ}{dz} \right) d\rho$$

이거나 (6) 식과 (7) 식에 의해

$$\iint \Psi \frac{d\Phi}{d\nu} ds - \iiint \Psi \nabla^2 \Phi \, d\rho = \iiint S . \nabla \Psi \nabla \Phi \, d\rho \tag{8}$$

가 된다. (8) 식의 우변에서 Ψ와 Φ를 바꿔 써도 좋으므로, 좌변에서도 이 둘을 바꿔 쓰면 (4) 식으로 표현된 완전한 그린 정리를 얻는다.

96b. 다음으로 두 함수 중에서 하나가, 예를 들어 Ψ가, 다중 값을 갖더라도, 그 함수의 1차 도함수만 단일 값을 갖는다면, 그리고 비순환 영역 ρ 내부에서 무한대만 되지 않는다면, 그린 정리가 성립하는 것을 증명하자.

$\nabla \Psi$와 $\nabla \Phi$는 단일 값을 갖는 함수이기 때문에, (4) 식의 좌변과 우변 사이의 중간 변도 단일 값을 갖는다. 그러나 Ψ가 다중 값을 가지므로, 좌변에서 $\Psi \nabla^2 \Phi$과 같은 어떤 한 요소도 다중 값을 갖는다. 그러나 만일 영역 ρ에 속한 점 A에서 Ψ의 많은 값 중 Ψ_0와 같은 어떤 한 값을 고르면, 임의의 다른 점 P에서 Ψ의 값은 하나로 정해진다. 왜냐하면, 하나를 고른 Ψ 값은 그 영역 내에서 연속이므로, P에서 Ψ 값은 A에서 고른 Ψ 값인 Ψ_0에서 시작하여 연속적으로 변하면서 P에 도달한 값이어야 하기 때문이다. 만일 A에서 P까지 서로 다른 두 경로를 따라 P까지 올 때 Ψ 값이 같지 않다면, 그 두 경로 사이에는 반드시 Ψ의 1차 도함수가 무한대가 되는 폐곡선이 존재해야 한다. 그렇지만 그것은 영역 ρ 내부에서 1차 도함수가 무한대가 되지 않는다는 처음 가정과 어긋나므로 그 폐곡선은 전부 다 원래 영역 밖에 놓여 있어야 한다. 그리고 그 영역은 비순환 영역이므로 영역 내에서 두 경로가 영역 밖의 무엇도 포함할 수 없다.

그러므로 만일 Ψ_0가 점 A에서 Ψ 값이라고 주어지면, P에서 Ψ 값은 하나로 정해진다.

만일 A에서 Ψ 값을 $\Psi_0 + n\kappa$와 같이 어떤 다른 값으로 선택하면, P에서 값은 $\Psi + n\kappa$가 될 것이다. 그러나 (4) 식의 좌변 값은 전과 똑같은데, 그 이유는 좌변이 변한 양은

$$n\kappa \left[\iint \frac{d\Phi}{d\nu} ds - \iiint \nabla^2 \Phi \, d\rho \right]$$

인데, 이것은 정리 III에 의해 0이다.

96c. 영역 ρ가 이중으로 연결되거나 다중으로 연결되어 있으면, 그 영역의 회로를 다이어프램으로 연결하여 이중 또는 다중으로 연결된 영역을 비순환 영역으로 바꿀 수 있다.

그런 다이어프램 중 하나를 s_1이라고 하고, 그 다이어프램에 대응하는 순환 상수를 k_1이라 하자. 순환 상수란 회로를 양(陽)의 방향으로 한 번 회전할 때 Ψ의 증가분을 말한다. 영역 ρ는 다이어프램 s_1의 양쪽 모두에 존재하므로, s_1의 모든 적분 요소는 면적분에서 두 번 발생한다.

ds_1에 양의 방향으로 그린 법선을 ν_1이라 하고 음의 방향으로 그린 법신을 ν_1'라 하면

$$\frac{d\Phi}{d\nu_1'} = -\frac{d\Phi}{d\nu_1} \qquad \text{그리고} \qquad \Psi_1' = \Psi_1 + \kappa$$

가 성립하며, 그래서 ds_1에서 기여하는 면적분 요소는

$$\Psi_1 \frac{d\Phi}{d\nu_1} ds_1 + \Psi_1' \frac{d\Phi}{d\nu_1'} ds_1 = -\kappa_1 \frac{d\Phi}{d\nu_1} ds_1$$

이 된다. 그래서 만일 영역 ρ가 다중으로 연결되어 있다면, (4) 식의 첫 번째 항을

$$\iint \Psi \frac{d\Phi}{d\nu} ds - \kappa_1 \iint \frac{d\Phi}{d\nu_1} ds_1 - \cdots - \kappa_n \iint \frac{d\Phi}{d\nu_n} ds_n - \iiint \Psi \nabla^2 \Phi \, d\rho \qquad (4_a)$$

라고 써야 하는데, 여기서 첫 번째 면적분은 경계가 되는 표면에서 수행되

어야 하며, 다른 면적분들은 서로 다른 다이어프램에서 수행되어야 하는데, 다이어프램의 각 면적 요소는 단 한 번만 취하고, 법선은 회로의 양의 방향으로 그려야 한다.

헬름홀츠*가 최초로 다중 연결된 영역에서는 그린 정리를 수정하는 것이 필요함을 지적했으며,[15] 톰슨이 그러한 수정을 최초로 그린 정리에 적용하였다.[16]

96d. 그린이 가정했던 것처럼, 우리도 함수 중에서 하나가, 예를 들어 Φ가, 주어진 영역 내에서 함수와 함수의 1차 도함수가 무한대가 되지 않는다는 조건을 만족하지 않고, 그 함수는 단 한 점 P에서만 무한대가 되고, 그 영역 내에서 P와 매우 가까운 부분에서 Φ의 값은 $\Phi_0 + e/r$[17]라고 가정하자. 여기서 Φ_0는 유한하고 연속적인 양이고, r는 P로부터 거리이다. 이런 조건은 점 P에 전하량이 e인 점전하가 놓여 있고, 고려하는 영역 내부에서는 유한한 부피 밀도로 전하가 분포된 경우의 퍼텐셜이 Φ인 경우에 해당한다.

이제 점 P를 중심으로 하는 반지름이 a인 매우 작은 구를 가정하자. 그러면 표면 s 내부이지만 이 작은 구 외부에서는 Φ에 어떤 특이성을 갖지 않으므로,** 이 영역에 그린 정리를 적용할 수 있는데, 다만 작은 구의 표면이 면적분에 포함된다는 것을 잊지 않아야 한다.

부피 적분을 수행할 때는 전체 영역에 대한 부피 적분에서 작은 구 내부에 대한 부피 적분을 빼야 한다.

---

* 헬름홀츠(Hermann von Helmholtz, 1821-1894)는 독일의 생리학자인데 1869년부터 연구주제를 물리학으로 연구주제를 옮기고 1871년 베를린 대학의 물리학 교수가 되었다. 생리학에서는 신경 자극 전파와 생리 광학, 생리 음향학 등 독자적 분야를 개척하였고, 물리학에서는 전기역학, 유체역학, 광학, 기상학, 열역학 이론에 크게 이바지했다.

** Φ가 어떤 영역 내에서 특이성을 갖지 않는다는 것은 그 영역 내에서 Φ의 값이 무한대가 되는 점이 존재하지 않는다는 의미이다.

이제 작은 구에 관한 적분 $\iiint \Phi \nabla^2 \Psi \, dx \, dy \, dz$ 값은

$$\left(\nabla^2 \Psi \right)_g \iiint \Phi \, dx \, dy \, dz$$

의 값 또는

$$\left(\nabla^2 \Psi \right)_g \left\{ 2\pi e a^2 + \frac{4}{3} \pi a^3 \Phi_0 \right\}$$

의 값보다 더 작을 수는 없는데, 여기서 어떤 양에든지 아래 첨자 g를 붙이면 값을 취한 구 내부에서 가장 큰 값을 가리킨다.

그러므로 이 부피 적분 값은 a^2 정도의 크기이며 그래서 a가 작아지고 결국에는 없어진다면 이 적분은 무시할 수 있다.

다른 부피 적분인

$$\iiint \Psi \nabla^2 \Phi \, dx \, dy \, dz$$

의 값은

$$\Psi_g \left(\nabla^2 \Phi_0 \right)_g \frac{4}{3} \pi a^3$$

보다 더 클 수 없고 a^3에 비례하므로, a가 0이 되면 이 적분을 무시할 수 있다.

면적분 $\iint \Phi \dfrac{d\Psi}{d\nu} ds$의 값은 $\Phi_g \iint \dfrac{d\Psi}{d\nu} ds$ 값보다 더 클 수 없다.

이제 정리 III에 따라

$$\iint \frac{d\Psi}{d\nu} ds = - \iiint \nabla^2 \Psi \, dx \, dy \, dz$$

이고, 이 식의 값은 $\left(\nabla^2 \Psi \right)_g \dfrac{4}{3} \pi a^3$보다 더 클 수 없으며, 표면에서 Φ_g는 근사적으로 $\dfrac{e}{a}$이므로, $\iint \Phi \dfrac{d\Psi}{d\nu} ds$ 값은

$$\frac{4}{3} \pi a^2 e \left(\nabla^2 \Psi \right)_g$$

보다 더 클 수 없고, 그러므로 a^2 정도의 크기여서 a가 0이 되면 무시할 수 있다.

그러나 이 식의 다른 쪽 변에 있는 면적분인

$$\iint \Psi \frac{d\Phi}{d\nu} ds$$

은 0이 되지 않는데, 그 이유는 $\iint \frac{d\Phi}{d\nu} ds = -4\pi e$ 이기 때문이다. 그리고 점 P에서 Ψ의 값이 Ψ_0라면

$$\iint \Psi \frac{d\Phi}{d\nu} ds = -4\pi e \Psi_0$$

가 된다.

그러므로 이 경우에 (4) 식은

$$\iint \Psi \frac{d\Phi}{d\nu} ds - \iiint \Psi \nabla^2 \Phi \, d\rho - 4\pi e \Psi_0 = \iint \Phi \frac{d\Psi}{d\nu} ds - \iiint \Phi \nabla^2 \Psi d\rho \quad (4_b)$$

가 된다.

97a. 주어진 닫힌 표면의 내부와 외부에서 퍼텐셜 값을 만드는 전하분포의 면전하 밀도를 구하기 위해 그린 자신이 이 경우를 이용했던 것처럼, 이런 경우에 적용할 그린 정리를 설명하자. 닫힌 표면의 내부에서 퍼텐셜 값과 외부에서 퍼텐셜 값은 표면 자체에서는 반드시 일치해야 하고, 또한 표면 안쪽에서는 $\nabla^2 \Psi = 0$이어야 하고 표면 바깥쪽에서는 $\nabla^2 \Psi' = 0$이어야 한다.

그린은 직접 과정에서 시작하였다. 즉 면전하 밀도 σ의 분포를 알고, 다음 표현

$$\Psi_P = \iint \frac{\sigma}{r} ds, \qquad \Psi_P' = \iint \frac{\sigma}{r'} ds \tag{9}$$

를 적분하여 내부의 점 P와 외부의 점 P'에서 퍼텐셜을 구하는데, 여기서 r와 r'는 각각 점 P와 점 P'로부터 측정된 거리이다.

이제 $\Phi = \frac{1}{r}$이라고 하자. 그러면 표면 내부의 공간에 그린 정리를 적용하고, $\nabla^2 \Phi = 0$이고 $\nabla^2 \Psi = 0$임을 기억하면

$$\iint \Psi \frac{d\frac{1}{r}}{d\nu} ds - 4\pi\Psi_P = \iint \frac{1}{r}\frac{d\Psi}{d\nu} ds \tag{10}$$

임을 알 수 있는데, 여기서 Ψ_P는 P에서 Ψ의 값이다.

다시 한 번 더, 그린 정리를 표면 s와 그 표면을 둘러싸며 무한히 먼 거리 a에 있는 표면 사이의 공간에 적용한다면, 무한히 먼 표면에 대한 면적분 부분은 $\frac{1}{a}$ 정도의 크기로 무시해도 좋으므로

$$\iint \Psi' \frac{d\frac{1}{r}}{d\nu'} ds = \iint \frac{1}{r}\frac{d\Psi'}{d\nu'} ds \tag{11}$$

를 얻는다.

이제 그 표면에서는 $\Psi = \Psi'$이며, 두 법선 ν와 ν'은 서로 반대 방향으로 그리므로

$$\frac{d\frac{1}{r}}{d\nu} + \frac{d\frac{1}{r}}{d\nu'} = 0$$

이 된다.

그러므로 (10) 식과 (11) 식을 더하면, 두 식의 좌변들 서로가 상쇄되고

$$-4\pi\Psi_P = \iint \frac{1}{r}\left(\frac{d\Psi}{d\nu} + \frac{d\Psi'}{d\nu'}\right) ds \tag{12}$$

를 얻는다.

97b. 그린은 또한 폐곡면 s 위의 모든 점에서 퍼텐셜이 어떤 값으로 주어지든, 그 표면 내부 또는 외부의 어떤 점에서 퍼텐셜도 구할 수 있음을 증명하였다.

그 증명을 위해서 그린은 함수 Φ가 점 P와 가까운 곳에서는 $\frac{1}{r}$에 매우 가깝지만 표면 s 위에서는 Φ의 값이 0이고, 표면 s 내부의 모든 점에서는 $\nabla^2\Phi = 0$이라고 가정한다.

그린은 만일 s가 접지된 도체 표면이라면, 그리고 단위 양의 전하가 점 P

에 놓여 있다면, 표면 s 내부에서 퍼텐셜은 위의 조건을 만족해야 한다는 물리적인 고려로부터 그런 함수가 반드시 존재해야 하는 것을 증명한다. 왜냐하면 표면 s가 접지되어 있으므로 s 위의 모든 점에서 퍼텐셜은 0이어야 하고, 퍼텐셜은 P에 놓인 전하와 s에 유도된 전하로부터 발생하므로, 그 표면 내부의 모든 점에서는 $\nabla^2\Phi = 0$이기 때문이다.

이 경우에 그린 정리를 적용하면

$$4\pi\Psi_p = \iint \Psi\frac{d\Phi}{d\nu}ds \tag{13}$$

를 얻는데, 여기서 면적분 안의 Ψ는 표면 위의 요소 ds에서 퍼텐셜 값이다. 그리고 점 P에 놓인 단위 전하가 표면 s에 유도한 전하의 면전하 밀도가 σ_P라면

$$4\pi\sigma_P + \frac{d\Phi}{d\nu} = 0 \tag{14}$$

이므로 (13) 식을

$$\Psi_P = \iint \Psi\sigma\,ds \tag{15}$$

라고 써도 좋은데, 여기서 σ는 점 P에 놓인 단위 전하에 의해 ds에 유도된 전하의 면전하 밀도이다.

그러므로 점 P의 위치가 지정되고 표면 위의 모든 점에서 σ의 값을 알면, 그 표면의 모든 점에서 퍼텐셜을 알고, 표면 내에서 퍼텐셜은

$$\nabla^2\Psi = 0$$

이라는 조건을 만족한다는 가정 아래, 늘 하던 대로 적분으로 점 P에서 퍼텐셜을 계산할 수 있다.

우리는 나중에 이런 조건을 만족하는 Ψ 값을 구하면, 그 값은 그런 조건을 만족하는 유일한 Ψ 값임을 증명할 것이다.

그린 함수

98. 이제 폐곡면 s의 퍼텐셜은 0으로 계속 유지된다고 가정하자. 두 점 P와 Q는 표면 s의 양(陽)의 방향 쪽에 있다고 하고(표면의 안쪽 또는 바깥쪽 어떤 것이나 양의 방향으로 정할 수 있다), 단위 전하량으로 대전된 작은 물체가 P 점에 놓여 있다고 하자. 그러면 점 Q에서 퍼텐셜은 두 부분으로 구성되는데, 하나는 P에 놓인 전하의 직접 작용에 의한 것이고 다른 하나는 P에 놓인 전하에 의해 표면 S에 유도된 전하의 작용에 의한 것이다. 두 번째 부분에 의한 퍼텐셜을 그린 함수라고 부르며 G_{pq}로 표시한다.

G_{pq}로 표시되는 양은 두 점 P와 Q의 위치의 함수이며, 그 함수의 형태는 표면 s에 의존한다. 표면 s가 구인 경우에 대해서는 그 함수의 형태가 이미 구해져 있지만 구가 아닌 경우에 그 함수 형태가 구해진 경우는 극히 얼마 되지 않는다. 그린 함수는 P에 놓인 단위 전하량의 전하에 의해 표면 s에 유도된 전하가 Q에 만든 퍼텐셜을 표시한다.

점 P에 놓인 전하와 표면 s에 유도된 전하가 임의의 점 Q에 만드는 실제 퍼텐셜은 $1/r_{pq} + G_{pq}$인데, 여기서 r_{pq}는 P와 Q 사이의 거리이다.

표면 s에서, 그리고 s의 음(陰)의 방향 쪽 모든 점에서 퍼텐셜은 0이므로

$$G_{qa} = -\frac{1}{r_{pa'}} \tag{1}$$

이 되는데, 여기서 아래 첨자 a는 Q 대신 표면 s 위의 점 A를 표시한다.

이제 P에 의해 표면 s 위의 점 A'에 유도된 면전하 밀도를 $\sigma_{pa'}$로 표시하자. 그러면 G_{pq}는 표면 전하분포가 Q에 만든 퍼텐셜이므로,

$$G_{pq} = \iint \frac{\sigma_{pa'}}{r_{qa'}} ds' \tag{2}$$

가 되는데 여기서 ds'는 표면 s 위의 점 A'에서 넓이 요소이고, 적분은 전체 표면 s에 대해 수행된다.

그런데 만일 Q에 단위 전하를 놓는다면 (1) 식에 따라

$$\frac{1}{r_{qa'}} = -G_{qa'} \tag{3}$$

$$= -\iint \frac{\sigma_{qa}}{r_{aa'}} ds \tag{4}$$

가 성립해야 하는데, 여기서 σ_{qa}는 Q에 의해 A에 유도된 면전하 밀도이고, ds는 넓이 요소이며, $r_{aa'}$는 A와 A' 사이의 거리이다. G_{pq}에 대한 표현에 $1/r_{qa'}$에 대한 이 값을 대입하면

$$G_{pq} = -\iint \iint \frac{\sigma_{qa}\sigma_{pa'}}{r_{aa'}} ds \, ds' \tag{5}$$

가 됨을 알 수 있다.

아래 첨자 p를 q로 바꾸고 q를 p로 바꾸더라도 이 표현은 바뀌지 않으므로

$$G_{pq} = G_{qp} \tag{6}$$

가 되는데, 87절에서 이미 필요하다는 것을 보였고 이제 수학적인 과정에 의해 유도할 수 있음을 알게 된 이 결과는 그린 함수를 이용하여 계산할 수 있다.

임의의 전하가 분포된 공간의 한 점에 단위 전하량의 전하를 놓으면, 그리고 퍼텐셜이 0인 표면이 그 점과 전하분포를 완벽히 분리한다면, 그 표면을 표면 s라고 하고 그 점을 점 P라고 할 때, 표면 s에서 점 P와 같은 쪽에 놓인 임의의 점에 대한 그린 함수는 표면 s에서 점 P와 다른 쪽에서 처음에 존재한다고 가정한 전하분포가 만드는 퍼텐셜이 된다. 이런 방법으로 점 P가 어디에 있건 그린 함수를 구할 수 있는 조건을 구축할 수 있다. 표면의 형태를 알고 임의의 점 P에 대해 그린 함수의 형태를 구하는 문제는 훨씬 더 어렵지만, 우리가 앞에서 증명한 것처럼, 수학적으로 불가능한 것은 아니다.

그린 함수의 형태를 구하는 문제가 풀렸고 점 P는 표면 안쪽에 존재한다

고 가정하자. 그러면 그 표면의 면전하 분포가 외부의 모든 점에 만드는 퍼텐셜은 P가 만드는 퍼텐셜과 크기는 같고 부호는 반대이다. 그러므로 표면의 면전하 분포는 센트로바릭[18]*이며, 모든 외부 점들에 대한 그 면전하 분포의 작용은 P에 놓인 단위 음전하량의 전하의 작용과 같다.

99a. 그린 정리에서 $\Psi = \Phi$라면, 그린 정리는

$$\iint \Psi \frac{d\Psi}{d\nu} ds - \iiint \Psi \nabla^2 \Psi ds = \iiint (\nabla \Psi)^2 ds \qquad (16)$$

가 됨을 알 수 있다.

부피 밀도 ρ로 공간에 분포된 전하와 퍼텐셜이 Ψ_1과 Ψ_2 등등인 도체의 표면 s_1과 s_2 등등에 면전하 밀도 σ_1과 σ_2 등등으로 분포된 전하에 의한 퍼텐셜이 Ψ라면

$$\nabla^2 \Psi = 4\pi\rho \qquad (17)$$

$$\frac{d\Psi}{d\nu} = -4\pi\sigma \qquad (18)$$

그리고 $$\iint \frac{d\Psi}{d\nu_1} ds_1 = -4\pi e_1 \qquad (19)$$

이 성립하는데, 여기서 e_1은 표면 s_1의 전하이다.

(16) 식을 -8π로 나누면

$$\frac{1}{2}(\Psi_1 e_1 + \Psi_2 e_2 + \cdots) + \frac{1}{2} \iiint \Psi_\rho \, dx \, dy \, dz$$
$$= \frac{1}{8\pi} \iiint \left[\left(\frac{d\Psi}{dx} \right)^2 + \left(\frac{d\Psi}{dy} \right)^2 + \left(\frac{d\Psi}{dz} \right)^2 \right] dx \, dy \, dz \qquad (20)$$

가 된다.

첫 번째 항은 표면에 분포된 전하가 원인인 계의 전기 에너지이며, 두 번

---

* 어떤 분포가 센트로바릭(centrobaric)이라는 것은 그 분포의 중심이 분포 내부에 존재한다는 의미이다.

째 항은 혹시 장(場)에 전하가 존재한다면 그런 전하분포가 원인인 전기 에너지이다.

그래서 (20) 식의 우변은 계의 전체 전기 에너지를 표현하며, 이때 퍼텐셜 Ψ는 x, y, z에 대해 알려진 함수이다.

이런 부피 적분을 이용할 기회가 자주 발생하므로, 그 적분을 W_ψ라고 부르고

$$W_\psi = \frac{1}{8\pi} \iiint \left[\left(\frac{d\Psi}{dx} \right)^2 + \left(\frac{d\Psi}{dy} \right)^2 + \left(\frac{d\Psi}{dz} \right)^2 \right] dx\, dy\, dz \tag{21}$$

라고 쓰자. 만일 전하는 단지 도체의 표면에만 분포되어 있어서 $\rho = 0$이라면, (20) 식의 좌변 첫 번째 항은 0이 된다.

그 첫 번째 항은 84절에서와 마찬가지로 도체의 전하와 퍼텐셜에 의해 표현된 전하 계의 에너지에 대한 표현이며, 에너지에 대한 그런 표현을 W라고 부른다.

99b. Ψ는 x, y, z의 함수이고 폐곡면 s에서 값이 $\overline{\Psi}$이며, 그 값은 표면 s의 모든 점에서 알려져 있다고 하자. 표면 s 위가 아닌 다른 점에서 Ψ 값은 완벽히 아무 값이나 가질 수 있다.

또한 다음과 같이

$$W = \frac{1}{8\pi} \iiint \left[\left(\frac{d\Psi}{dx} \right)^2 + \left(\frac{d\Psi}{dy} \right)^2 + \left(\frac{d\Psi}{dz} \right)^2 \right] dx\, dy\, dz \tag{22}$$

라고 쓰는데, 이때 적분은 표면 s 내부 공간에서 수행된다. 그러면 Ψ 중에서 표면 조건을 만족하는 특별한 형태가 Ψ_1이고 또 Ψ_1이 그 표면 위의 모든 점에서 라플라스 방정식

$$\nabla^2 \Psi_1 = 0 \tag{23}$$

을 만족한다고 할 때, Ψ_1에 대응하는 W 값인 W_1의 값은 그 표면 위의 모든 점에서 Ψ_1과 다른 어떤 함수에 대응하는 W 값보다 더 작다는 것을 증명하자.

이제 Ψ를 그 표면에서는 Ψ_1과 일치하지만 그 표면 내부의 모든 점에서 일치하지는 않는 임의의 함수라고 하고

$$\Psi = \Psi_1 + \Psi_2 \tag{24}$$

라고 쓰자. 그러면 Ψ_2는 그 표면 위의 모든 점에서 0인 함수이다.

Ψ에 대한 W 값은

$$W = W_1 + W_2 + \frac{1}{4\pi} \iiint \left(\frac{d\Psi_1}{dx}\frac{d\Psi_2}{dx} + \frac{d\Psi_1}{dy}\frac{d\Psi_2}{dy} + \frac{d\Psi_1}{dz}\frac{d\Psi_2}{dz} \right) dx\,dy\,dz \tag{25}$$

임을 어렵지 않게 알 수 있다.

그린 정리에 따라 마지막 항을

$$\frac{1}{4p} \iiint \Psi_2 \nabla^2 \Psi_1 d\rho - \frac{1}{4\pi} \iint \Psi_2 \frac{d\Psi_1}{d\nu} ds \tag{26}$$

라고 쓸 수 있다.

(26) 식의 첫 번째 항인 부피 적분은 그 표면 내부에서 $\nabla^2\Psi_1 = 0$이기 때문에 0이 되고, 두 번째 항인 면적분은 표면에서 $\Psi - 2 = 0$이기 때문에 역시 0이 된다. 그러므로 (25) 식은

$$W = W_1 + W_2 \tag{27}$$

인 형태로 바뀐다.

이제 적분 W_2의 피적분 함수는 세 개의 제곱들의 합이므로 0보다 더 작을 수 없고, 그래서 적분한 결과는 0보다 더 작을 수 없다. 그래서 만일 W_2가 0이 아니면 0보다 더 커야 하고, 결과적으로 W는 W_1보다 더 크다. 그러나 만일 W_2가 0이면, 피적분 함수를 구성하는 항마다 0이어야 하고, 그러므로 그 표면 내부의 모든 점에서

$$\frac{d\Psi_2}{dx} = 0, \quad \frac{d\Psi_2}{dy} = 0, \quad \frac{d\Psi_2}{dz} = 0$$

이기 때문에, Ψ_2는 그 표면 내부에서 상수여야 한다. 그런데 그 표면에서

$\Psi_2 = 0$이므로 표면 내부의 모든 점에서도 $\Psi_2 = 0$이고, 그래서 $\Psi = \Psi_1$이다. 그러므로 만일 W가 W_1보다 더 크지 않다면, 그 표면 내부의 모든 점에서 Ψ는 Ψ_1과 똑같아야 한다.

위의 결과로 미루어보면, 표면에서 $\bar{\Psi}$과 같고 표면 내부의 모든 점에서는 라플라스 방정식을 만족하는 x, y, z의 유일한 함수는 Ψ_1이다.

왜냐하면 만일 그 조건들이 어떤 다른 함수 Ψ_3에 의해 만족한다면, W_3는 W의 어떤 다른 값보다도 더 작아야 하기 때문이다. 그렇지만 우리는 W_1이 어떤 다른 값보다도 더 작으며, 그러므로 W_3보다도 더 작다는 것을 이미 증명하였다. 그러므로 Ψ_1와 다른 어떤 함수도 이 조건들을 만족할 수 없다.

다음과 같은 경우가 가장 유용하다. 하나의 외부 표면 s가 장(場)을 둘러싸며, 표면 s_1, s_2 등과 같은 여러 내부 표면들이 존재해서, Ψ가 s에서는 0이고 s_1에서는 Ψ_1, s_2에서는 Ψ_2 등인데, 마치 도체들의 퍼텐셜이 주어지듯이 각 표면에서 Ψ_1, Ψ_2 등은 상수인 경우이다.

그런 조건들을 만족하는 Ψ의 모든 값 중에서, 그 장 내부의 모든 점에서 $\nabla^2\Psi = 0$을 만족하는 Ψ가 W_ψ를 최소로 만든다.

톰슨 정리
렘마

100a. Ψ는 폐곡면 s 내부에서 유한하고 연속적이며 x, y, z에 대한 임의의 함수로, 몇 개의 폐곡면 s_1, s_2, s_p 등에서 Ψ_1, Ψ_2, Ψ_p 등의 값을 갖는데, 이들은 각 표면에서 상수라고 하자.

또한 $u, v\ w$는 x, y, z의 함수로 솔레노이드 조건

$$-S.\nabla \mathfrak{C} = \frac{du}{dx} + \frac{dv}{dy} + \frac{dw}{dz} = 0 \tag{28}$$

을 만족하는 벡터 $\mathfrak{C}$의 성분이라고 하자. 그리고 정리 III에서

$$X = \Psi u, \qquad Y = \Psi v, \qquad Z = \Psi w \qquad (29)$$

라고 치환하자. 그렇게 치환한 결과는

$$\sum_p \iint \Psi_p \left(l_p u + m_p v + n_p w \right) ds_p + \iiint \Psi \left(\frac{du}{dx} + \frac{dv}{dy} + \frac{dw}{dz} \right) dx\, dy\, dz$$
$$+ \iiint \left(u \frac{d\Psi}{dx} + v \frac{d\Psi}{dy} + w \frac{d\Psi}{dz} \right) dx\, dy\, dz = 0 \quad (30)$$

이 되며, 여기서 면적분은 서로 다른 표면들 모두에서 수행되고 부피 적분은 장이 존재하는 모든 영역에서 수행된다. 이제 첫 번째 부피 적분은 솔레노이드 조건을 적용하면 0이 되고, 면적분은 다음을 만족할 때는 0이 된다.

(1) 표면의 모든 점에서 $\Psi = 0$일 때

(2) 표면의 모든 점에서 $lu + mv + nw = 0$일 때

(3) 표면의 모든 점에서 (1) 또는 (2)를 만족할 때

(4) Ψ가 전체 폐곡면에서 상수이고 $\iint (lu + mv + nw) ds = 0$일 때

그러면 이 네 경우에는 부피 적분이

$$M = \iiint \left(u \frac{d\Psi}{dx} + v \frac{d\Psi}{dy} + w \frac{d\Psi}{dz} \right) dx\, dy\, dz = 0 \qquad (31)$$

이 된다.

100b. 이제 외부 폐곡면 s로 둘러싸인 장과 그 내부의 폐곡면들 s_1, s_2 등을 고려하자.

그 장 내부에서 x, y, z의 함수인 Ψ는 유한하고 연속적이며 라플라스 방정식

$$\nabla^2 \Psi = 0 \qquad (32)$$

을 만족하고, 내부 표면 s_1, s_2 등에서는 각각 상수이지만 얼마인지는 모르는 값 Ψ_1, Ψ_2 등이며, 외부 표면 s에서는 0이다.

s_1과 같은 도체 표면은 어느 것이나 면적분

$$e_1 = -\frac{1}{4\pi} \iint \frac{d\Psi}{d\nu_1} ds_1 \tag{33}$$

로 정해지는 전하가 대전되는데, 여기서 법선 ν_1은 표면 s_1에서 전기장으로 들어가는 방향으로 그린다.

100c. 이제 x, y, z의 함수인 f, g, h가 벡터 $\mathfrak{D}$의 성분이라고 생각할 수 있으며, 장의 모든 점에서 단지 솔레노이드 조건

$$\frac{df}{dx} + \frac{dg}{dy} + \frac{dh}{dz} = 0 \tag{34}$$

만을 만족한다고 하자. 그리고 s_1과 같은 내부 폐곡면들 중 하나에서 면적분

$$\iint (l_1 f + m_1 g + n_1 h) ds = e_1 \tag{35}$$

에서 l, m, n은 표면 s_1에서 바깥쪽인 전기장 방향으로 그린 법선의 방향 코사인이며 e_1은 (33) 식과 같은 양으로, 실제로는 표면이 s_1인 도체에 대전된 전하라고 하자.

우리는 다음 부피 적분

$$W_D = 2\pi \iiint (f^2 + g^2 + h^2) dx\,dy\,dz \tag{36}$$

의 적분 값을 고려해야 하는데, 이 적분은 내부 표면들 s_1, s_2 등은 제외하고 표면 s 내부의 장 전체에서 수행된다. 이 적분을 다음 부피 적분

$$W_\psi = \frac{1}{8\pi} \iiint \left[\left(\frac{d\Psi}{dx}\right)^2 + \left(\frac{d\Psi}{dy}\right)^2 + \left(\frac{d\Psi}{dz}\right)^2 \right] dx\,dy\,dz \tag{37}$$

와 비교할 텐데, 이 적분의 범위도 전과 마찬가지이다.

이제

$$u = f + \frac{1}{4\pi}\frac{d\Psi}{dx}, \quad v = g + \frac{1}{4\pi}\frac{d\Psi}{dy}, \quad w = h + \frac{1}{4\pi}\frac{d\Psi}{dz} \tag{38}$$

그리고

$$W_E = 2\pi \iiint (u^2 + v^2 + w^2) dx\, dy\, dz \tag{39}$$

라고 쓰자. 그러면

$$f^2 + g^2 + h^2 = \frac{1}{16\pi^2}\left[\left(\frac{d\Psi}{dx}\right)^2 + \left(\frac{d\Psi}{dy}\right)^2 + \left(\frac{d\Psi}{dz}\right)^2\right]$$
$$+ u^2 + v^2 + w^2 - \frac{1}{2\pi}\left[u\frac{d\Psi}{dx} + v\frac{d\Psi}{dy} + w\frac{d\Psi}{dz}\right]$$

이므로

$$W_D = W_\psi + W_F - \iiint\left(u\frac{d\Psi}{dx} + v\frac{d\Psi}{dy} + w\frac{d\Psi}{dz}\right)dx\, dy\, dz \tag{40}$$

가 된다.

이제 첫째로 u, v, w는 장의 모든 점에서 솔레노이드 조건을 만족하는데, 왜냐하면 (38) 식에 따라

$$\frac{du}{dx} + \frac{dv}{dy} + \frac{dw}{dz} = \frac{df}{dx} + \frac{dg}{dy} + \frac{dh}{dz} - \frac{1}{4\pi}\nabla^2\Psi \tag{41}$$

에 의해서, 그리고 (34) 식과 (32) 식에 의해 표현된 조건들에 의해서, (41) 식이 우변의 두 부분이 모두 0이기 때문이다.

둘째로, 다음 면적분은

$$\iint(l_1 u + m_1 v + n_1 w)ds_1$$
$$= \iint(l_1 f + m_1 g + n_1 h)ds_1 + \frac{1}{4\pi}\iint\frac{d\Psi}{d\nu_1}ds_1 \tag{42}$$

가 되지만 (35) 식에 의해 우변의 첫 항이 e이고 (33) 식에 의해 우변의 두 번째 항이 $-e$이며, 그래서

$$\iint(l_1 u + m_1 v + n_1 w)ds_1 = 0 \tag{43}$$

이 된다.

그래서, Ψ_1은 상수이므로, 100a절의 네 번째 조건이 만족되어서 (40) 식의 마지막 항이 0인데, 그래서 (40) 식은 결국

$$W_D = W_\psi + W_E \tag{44}$$

의 형태로 바뀐다.

이제 W_E의 피적분 함수 $u^2+v^2+w^2$는 세제곱의 합이므로, W_F는 0보다 크거나 또는 0일 수밖에 없다. 만일 장(場) 내부의 어떤 점에서 u, v, w 각각 이 0이 아니면, 적분 W_E는 0보다 더 커야 하며, 그러면 W_D는 W_ψ보다 더 커야 한다. 그러나 모든 점에서 $u = v = w = 0$이면 필요한 조건들을 만족한다.

그래서, 만일 모든 점에서

$$f = -\frac{1}{4\pi}\frac{d\Psi}{dx}, \qquad g = -\frac{1}{4\pi}\frac{d\Psi}{dy}, \qquad h = -\frac{1}{4\pi}\frac{d\Psi}{dz} \tag{45}$$

라면

$$W_D = W_\psi \tag{46}$$

가 성립하고 f, g, h가 (45) 식으로 주어지는 값에 대응하는 W_D의 값은 f, g, h가 (45) 식으로 주어지는 값이 아니면 대응하는 W_D 값보다 더 작다.

그래서 각 도체의 전하가 주어질 때, 장의 모든 점에서 변위와 퍼텐셜을 정하는 문제의 풀이는 존재하며 존재하는 풀이는 한 가지밖에 없다.

이 정리는 W. 톰슨 경이 최초로 증명한 좀 더 일반적인 형태의 정리에 속한 하나이다.[19] 나중에 어떻게 더 일반화될 수 있는지에 대해 보여주게 될 것이다.

100d. 벡터 $\mathfrak{D}$가 장의 모든 점에서 솔레노이드 조건을 만족하는 대신 다음 조건

$$\frac{df}{dx}+\frac{dg}{dy}+\frac{dh}{dz}=\rho \tag{47}$$

를 만족한다고 가정하면 이 정리가 수정될 수 있는데, 여기서 ρ는 유한한 양으로 그 값은 장의 모든 점에서 주어지며, 0보다 클 수도 또는 작을 수도 있고, 연속적일 수도 있고 불연속적일 수도 있지만 유한한 영역 내에서 부피 적분은 유한해야 한다.

또한 장 내부의 표면들에서

$$lf + mg + nh + l'f' + m'g' + n'h' = \sigma \tag{48}$$

라고 가정해도 좋은데, 여기서 l, m, n과 l', m', n'는 표면의 한 점에서 변위의 성분이 각각 f, g, h와 f', g', h'인 영역을 향해서 그린 법선의 방향 코사인이고, σ는 표면 위의 모든 점에 주어진 양으로, 유한한 표면에서 면적분이 유한하다.

100e. 또한 경계가 되는 표면에서 조건을 바꿀 수도 있는데, 그런 표면의 모든 점에서

$$lf + mg + nh = \sigma \tag{49}$$

라고 가정할 수도 있다. 여기서 σ는 모든 점에 대해 주어진다.

(원래 내용에서는 고려하는 각 표면에 대한 σ의 **적분** 값만 가정되었다. 여기서는 σ 값이 표면의 모든 점에서 주어진다고 가정하는데, 그렇게 가정하는 것은 원래 내용에서 적분 요소 하나하나를 모두 분리된 표면이라고 간주하는 것이나 마찬가지이다.)

Ψ가 대응되는 조건들, 즉 일반 조건인

$$\frac{d^2\Psi}{dx^2} + \frac{d^2\Psi}{dy^2} + \frac{d^2\Psi}{dz^2} + 4\pi\rho = 0 \tag{50}$$

과 표면 조건인

$$\frac{d\Psi}{d\nu} + \frac{d\Psi'}{d\nu'} + 4\pi\sigma = 0 \tag{51}$$

을 만족해야 하는 것을 기억하면 위와 같이 수정하더라도 정리가 성립하는 데는 전혀 지장을 주지 않는다.

왜냐하면, 전과 마찬가지로

$$f+\frac{1}{4\pi}\frac{d\Psi}{dx}=u, \qquad g+\frac{1}{4\pi}\frac{d\Psi}{dy}=v, \qquad h+\frac{1}{4\pi}\frac{d\Psi}{dz}=w$$

라면, u, v, w는 일반적인 솔레노이드 조건

$$\frac{du}{dx}+\frac{dv}{dy}+\frac{dw}{dz}=0$$

과 표면 조건

$$lu+mv+nw+l'u'+m'v'+n'w'=0$$

그리고 경계 표면에서

$$lu+mv+nw=0$$

이 성립하므로, 전과 마찬가지로

$$M=\iiint\left(u\frac{d\Psi}{dx}+v\frac{d\Psi}{dy}+w\frac{d\Psi}{dz}\right)d\rho=0$$

과 그리고

$$W_D=W_\psi+W_E$$

가 성립한다.

그러므로 전과 마찬가지로 $W_F=0$일 때 W_D가 유일한 최젓값이며 그것은 모든 곳에서 $\mathfrak{E}$가 0임을 의미하며, 그러므로

$$f=-\frac{1}{4\pi}\frac{d\Psi}{dx}, \qquad g=-\frac{1}{4\pi}\frac{d\Psi}{dy}, \qquad h=-\frac{1}{4\pi}\frac{d\Psi}{dz}$$

이다.

101a. 이 정리들에 대한 진술에서, 지금까지는 전기 이론을 설명하면서 전기 시스템의 성질이 도체의 형태와 도체들 사이의 상대적 거리에만 의존하는 경우로 한정하고, 도체 사이에 놓인 유전 매질이 무엇인지는 고려하지 않았다.

그런 이론에 따르면, 예를 들어 쿨롱 법칙에서

$$R = 4\pi\sigma$$

라고 표현되었듯이, 도체 표면의 면전하 밀도와 도체 표면 바로 바깥에서 기전 세기 사이에는 변하지 않는 관계가 존재한다.

그러나 이 관계는 공기와 같은 단지 표준이 되는 매질에서만 사실이다. 아직 논문으로 발표되지는 않았지만 캐번디시가 실험으로 증명했고 그 후 패러데이가 독립적으로 재발견했듯이, 다른 매질에서는 이 관계가 달라진다.

이 현상을 완벽하게 표현하기 위해서는, 서로 다른 매질에서는 서로 다른 관계를 갖는 두 개의 벡터양을 고려하는 것이 필요하다. 그 두 양 중에서 하나는 기전 세기이고 다른 하나는 전기 변위이다. 기전 세기는 변하지 않는 식에 의해 퍼텐셜과 연결되고, 전기 변위는 변하지 않는 식에 의해 전하분포와 연결되지만, 기전 세기와 전기 변위 사이의 관계는 유전 매질의 성질에 의존한다. 그래서 그 관계는 아직 완벽히 알려지지 않은 가장 일반적인 형태로 표현되어야 하며, 오직 실험과 유전체에 의해서만 정해질 수 있다.

101b. 68절에서 전하량이 e인 전하에 작용하는 역학적 힘을 e로 나눈 벡터를 기전 세기라고 정의한다. 단, 전하량 e는 매우 작다. 기전 세기 벡터 자체는 $\mathfrak{E}$라고 쓰고 기전 세기의 성분은 P, Q, R라는 문자로 표시하자.

정전기학에서 $\mathfrak{E}$에 대한 선적분은 언제나 적분 경로에 무관한데, 이것은 다른 말로는 $\mathfrak{E}$가 퍼텐셜의 공간 변화량이다. 그러므로

$$P = -\frac{d\Psi}{dx}, \qquad Q = -\frac{d\Psi}{dy}, \qquad R = -\frac{d\Psi}{dz}$$

인데, 4원수 언어로는 간단히

$$\mathfrak{E} = -\nabla\Psi$$

가 된다.

101c. 임의의 방향에 대한 전기 변위를 68절에서 작은 넓이 A를 통과하여 이동하는 전하량을 A로 나눈 것으로 정의한다. 이때 넓이 A의 면은 전하기 이동하는 방향과 수직으로 놓여 있다. 전기 변위의 성분은 세 문자 f, g, h로 표시하고, 전기 변위 벡터 자체는 $\mathfrak{D}$로 표시하자.

임의의 점에서 부피 밀도는 다음 식

$$\rho = \frac{df}{dx} + \frac{dg}{dy} + \frac{dh}{dz}$$

또는 4원수 언어로는

$$\rho = -S.\nabla\mathfrak{D}$$

로 전해진다.

대전된 표면 위의 임의의 점에서 면 밀도는 다음 식

$$\sigma = lf + mg + nh + l'f' + m'g' + n'h'$$

에 따라 정해지며, 여기서 f, g, h는 표면의 한쪽에서 변위의 성분들이고, 표면에서 그쪽으로 그린 법선의 방향 코사인은 l, m, n이며, 표면의 다른 쪽에서 변위 성분들과 법선의 방향 코사인은 f', g', h' 그리고 l', m', n'이다.

이것을 4원수 언어로 표현하면

$$\sigma = -[S.U_\nu\mathfrak{D} + S.U_{\nu'}\mathfrak{D}']$$

인데, 여기서 U_ν와 $U_{\nu'}$은 그 표면의 양쪽에서 단위 법선이고 S 곱의 스칼라 부분을 취해야 한다는 것을 가리킨다.

그 표면의 도체의 표면일 때는 ν는 도체 바깥쪽으로 그리며, 그러면 f', g', h'와 $\mathfrak{D}'$는 0이어서, 위 식은

$$\sigma = (lf + mg + nh) = -S.U_\nu\mathfrak{D}$$

로 된다.

그러므로 도체에 대전된 전체 전하는

$$e = \iint (lf + mg + nh)ds = -\iint S \cdot U_\nu \mathfrak{D} ds$$

이다.

101d. 84절에서 설명했듯이, 시스템의 전기 에너지는 전하와 그 전하의 퍼텐셜을 곱해서 다 더한 다음 절반으로 나눈 것과 같다. 이 에너지를 W라고 하면

$$W = \frac{1}{2}\sum e\Psi = \frac{1}{2}\iiint \rho\Psi dx\, dy\, dz + \frac{1}{2}\iint \sigma\Psi ds$$
$$= \frac{1}{2}\iiint \Psi\left(\frac{df}{dx} + \frac{dg}{dy} + \frac{dh}{dz}\right)dx\, dy\, dz + \frac{1}{2}\iint \Psi(lf + mg + nh)ds$$

인데 여기서 부피 적분은 전기장 전체에서 수행되고 면적분은 도체 표면에서 수행된다.

21절의 정리 III에서

$$X = \Psi f, \qquad Y = \Psi g, \qquad Z = \Psi h$$

라고 쓰면

$$\iint \Psi(lf + mg + nh)ds$$
$$= -\iiint \Psi\left(\frac{df}{dx} + \frac{dg}{dy} + \frac{dh}{dz}\right)dx\, dy\, dz - \iiint \left(f\frac{d\Psi}{dx} + g\frac{d\Psi}{dy} + h\frac{d\Psi}{dz}\right)dx\, dy\, dz$$

가 된다.

이 값을 W의 면적분에 대입하면

$$W = -\frac{1}{2}\iiint \left(f\frac{d\Psi}{dx} + g\frac{d\Psi}{dy} + h\frac{d\Psi}{dz}\right)dx\, dy\, dz$$

또는

$$W = \frac{1}{2}\iiint (fP + gQ + hR)dx\, dy\, dz$$

가 되는 것을 알 수 있다.

101e. 이제 $\mathfrak{D}$와 $\mathfrak{E}$ 사이의 관계를 구하자. 전하의 단위는 보통 공기 중에서 수행된 실험을 기준으로 정의된다. 현재까지 볼츠만의 실험에 따르면 공기의 유전상수는 진공의 유전상수보다 약간 더 크며 밀도에 따라 변한다. 그러므로 엄격하게 말하면, 전기와 연관된 물리량의 측정은 표준 압력과 표준 온도의 공기에 부합하거나, 좀 더 과학적으로는 진공에 부합하도록 환산하여 수정하는 것이 필요하다. 이는 마치 공기 중에서 측정한 굴절률을 비슷하게 진공에 부합하도록 수정하는 것과 같은데, 두 경우 모두 수정해야 할 오차가 너무 작아서 단지 대단히 정밀한 측정에서만 그런 수정이 의미가 있다.

표준 매질에서는

$$4\pi \mathfrak{D} = \mathfrak{E}$$

가 성립하는데, 이것은

$$4\pi f = P, \qquad 4\pi g = Q, \qquad 4\pi h = R$$

와 같다.

유전상수가 K인 등방성 매질에서는

$$4\pi \mathfrak{D} = K\mathfrak{E}$$

$$4\pi f = KP, \qquad 4\pi g = KQ, \qquad 4\pi h = KR$$

가 된다.

그렇지만 $\mathfrak{D}$와 $\mathfrak{E}$ 사이의 관계가 더 복잡한 매질도 있다. 가장 조심스럽게 조사된 예가 유리인데, 두 양 중 하나 또는 둘 모두가 시간 변화에 의존해서 둘 사이의 관계를

$$F(\mathfrak{D},\ \mathfrak{E},\ \dot{\mathfrak{D}},\ \dot{\mathfrak{E}},\ \ddot{\mathfrak{D}},\ \ddot{\mathfrak{E}},\ 등등) = 0$$

의 형태로 표현해야 한다. 당장은 이런 일반적인 종류의 관계에 대해 논의를 시도하지는 않고, 단지 $\mathfrak{D}$가 $\mathfrak{E}$에 대해 선형 벡터 함수인 경우로 논의를

제한하려고 한다.

그런 관계를 좀 더 일반적으로

$$4\pi \mathfrak{D} = \phi(\mathfrak{E})$$

라고 쓸 수 있는데, 여기서 ϕ는 현재 논의에서는 항상 선형 벡터 함수를 표시한다. 그러므로 $\mathfrak{D}$의 성분은 $\mathfrak{E}$의 성분의 동차 선행 함수이며

$$4\pi f = K_{xx}P + K_{xy}Q + K_{xz}R$$

$$4\pi g = K_{yx}P + K_{yy}Q + K_{yz}R$$

$$4\pi h = K_{zx}P + K_{zy}Q + K_{zz}R$$

의 형태로 쓸 수 있는데, 여기서 각 계수 K의 첫 번째 아래 첨자는 변위의 방향을 가리키고 두 번째 아래 첨자는 기전 세기의 방향을 가리킨다.

선형 벡터 함수의 가장 일반적인 형태는 아홉 개의 서로 독립인 계수를 갖는다. 같은 쌍의 아래 첨자를 갖는 계수가 같으면 그 함수를 자기 공액이라고 말한다.

이번에는 $\mathfrak{E}$를 $\mathfrak{D}$로 표현하면

$$\mathfrak{E} = 4\pi \phi^{-1} \mathfrak{D}$$

즉

$$P = 4\pi(k_{xx}f + k_{yx}g + k_{zx})$$

$$Q = 4\pi(k_{xy}f + k_{yy}g + k_{zy}h)$$

$$R = 4\pi(k_{xz}f + k_{yz}g + k_{zz}h)$$

가 된다.

101f. 성분이 P, Q, R인 기전 세기가 단위 부피의 매질에서 성분이 df, dg, dh인 변위를 만들면서 한 일은

$$dW = Pdf + Qdg + Rdh$$

이다.

전기 변위가 일어나는 유전체는 보존 시스템이므로, W는 f, g, h의 함수여야 하며, f, g, h는 서로 독립적으로 변할 수 있기 때문에

$$P = \frac{dW}{df}, \qquad Q = \frac{dW}{dg}, \qquad R = \frac{dW}{dh}$$

가 된다.

그러므로

$$\frac{dP}{dg} = \frac{d^2W}{df\,dg} = \frac{d^2W}{dg\,df} = \frac{dQ}{df}$$

가 성립한다.

그러나 $\dfrac{dP}{dg} = 4\pi k_{yx}$는 P에 대한 표현 중 g의 계수이고 $\dfrac{dQ}{df} = 4\pi k_{xy}$는 Q에 대한 표현 중 f의 계수이다.

그러므로 유전체가 보존 시스템이라면(유전체는 아무리 오랫동안이라도 에너지를 그대로 보유할 수 있기 때문에 유전체가 보존 시스템인 것은 모두 알고 있다),

$$k_{xy} = k_{yx}$$

이고 따라서 ϕ^{-1}은 자기 공액인 함수이다.

그래서 ϕ도 역시 자기 공액이며

$$K_{xy} = K_{yx}$$

이다.

101g. 그러므로 에너지를 다음 두 형태로

$$W_{\mathfrak{E}} = \frac{1}{8\pi} \iiint \big[K_{xx}P^2 + K_{yy}Q^2 + K_{zz}R^2 \\ + 2K_{yz}QR + 2K_{zx}RP + 2K_{xy}PQ \big]\, dx\, dy\, dz$$

또는

$$W_{\mathfrak{D}} = 2\pi \iiint \big[k_{xx}f^2 + k_{yy}g^2 + k_{zz}h^2 + 2k_{yz}gh + 2k_{zx}hf + 2k_{xy}fg \big]\, dx\, dy\, dz$$

와 같이 쓸 수 있는데, 여기서 W의 아래 첨자는 에너지를 표현한 벡터를 가리킨다. 아래 첨자가 없으면 에너지는 두 벡터 모두에 의해 표현되는 것으로 이해한다.

이처럼 전기장의 에너지는 모두 여섯 가지로 다르게 표현할 수 있다. 그 중에 세 가지는 도체 표면의 전하와 퍼텐셜로 표현되며 구체적인 식은 87절에 나와 있다.

나머지 세 가지는 전기장 전체에 대해 수행하는 부피 적분인데 기전 세기의 성분, 또는 전기 변위의 성분, 또는 두 가지 모두로 표현된다.

그러므로 처음 세 가지는 접촉하지 않은 작용 이론에 속하며, 나머지 세 가지는 매질이 중간에 개입한 작용 이론에 속한다.

W에 대한 이 세 가지 표현을

$$W = -\frac{1}{2} \iiint S.\mathfrak{D}\mathfrak{E}\,d\rho$$

$$W_{\mathfrak{E}} = -\frac{1}{8\pi} \iiint S.\mathfrak{E}\phi\mathfrak{E}\,d\rho$$

$$W_{\mathfrak{D}} = -2\pi \iiint S.\mathfrak{D}\phi\mathfrak{D}\,d\rho$$

라고 쓸 수 있다.

101h. 그린 정리를 비동차 비등방성 매질의 경우로 확장하려면 단지 정리 III에서 X, Y, Z를

$$X = \Psi \left[K_{xx}\frac{d\Phi}{dx} + K_{xy}\frac{d\Phi}{dy} + K_{xz}\frac{d\Phi}{dz} \right]$$

$$Y = \Psi \left[K_{yx}\frac{d\Phi}{dx} + K_{yy}\frac{d\Phi}{dy} + K_{yz}\frac{d\Phi}{dz} \right]$$

$$Z = \Psi \left[K_{zx}\frac{d\Phi}{dx} + K_{zy}\frac{d\Phi}{dy} + K_{zz}\frac{d\Phi}{dz} \right]$$

라고 쓰면 되는데, 그러면(계수의 두 아래 첨자를 쓰는 순서는 아무래도 좋다는 것을 기억하면)

$$\iint \Psi\left[\left(K_{xx}l+K_{yx}m+K_{zx}n\right)\frac{d\Phi}{dx}+\left(K_{xy}l+K_{yy}m+K_{zy}n\right)\frac{d\Phi}{dy}\right.$$
$$\left.+\left(K_{xz}l+K_{yz}m+K_{zz}n\right)\frac{d\Phi}{dz}\right]ds+\iiint\Psi\left[\frac{d}{dx}\left(K_{xx}\frac{d\Phi}{dx}+K_{xy}\frac{d\Phi}{dy}+K_{xz}\frac{d\Phi}{dz}\right)\right.$$
$$\left.+\frac{d}{dy}\left(K_{yx}\frac{d\Phi}{dx}+K_{yy}\frac{d\Phi}{dy}+K_{yz}\frac{d\Phi}{dz}\right)+\frac{d}{dz}\left(K_{zx}\frac{d\Phi}{dx}+K_{zy}\frac{d\Phi}{dy}+K_{zz}\frac{d\Phi}{dz}\right)\right]dx\,dy\,dz$$

$$=-\iiint\left[K_{xx}\frac{d\Psi}{dx}\frac{d\Phi}{dx}+K_{yy}\frac{d\Psi}{dy}\frac{d\Phi}{dy}+K_{zz}\frac{d\Psi}{dz}\frac{d\Phi}{dz}\right.$$
$$+K_{yz}\left(\frac{d\Psi}{dy}\frac{d\Phi}{dz}+\frac{d\Psi}{dz}\frac{d\Phi}{dy}\right)+K_{zx}\left(\frac{d\Psi}{dz}\frac{d\Phi}{dx}+\frac{d\Psi}{dx}\frac{d\Phi}{dz}\right)$$
$$\left.+K_{xy}\left(\frac{d\Psi}{dx}\frac{d\Phi}{dy}+\frac{d\Psi}{dy}\frac{d\Phi}{dx}\right)\right]dx\,dy\,dz$$

$$=\iint\Phi\left[\left(K_{xx}l+K_{yx}m+K_{zx}n\right)\frac{d\Psi}{dx}+\left(K_{xy}l+K_{yy}m+K_{zy}n\right)\frac{d\Psi}{dy}\right.$$
$$\left.+\left(K_{xz}l+K_{yz}m+K_{zz}n\right)\frac{d\Psi}{dz}\right]ds+\iiint\Phi\left[\frac{d}{dx}\left(K_{xx}\frac{d\Psi}{dx}+K_{xy}\frac{d\Psi}{dy}+K_{xz}\frac{d\Psi}{dz}\right)\right.$$
$$\left.+\frac{d}{dy}\left(K_{yx}\frac{d\Psi}{dx}+K_{yy}\frac{d\Psi}{dy}+K_{zz}\frac{d\Psi}{dz}\right)+\frac{d}{dz}\left(K_{zx}\frac{d\Psi}{dx}+K_{zy}\frac{d\Psi}{dy}+K_{zz}\frac{d\Psi}{dz}\right)\right]dx\,dy\,dz$$

를 얻는다.

4원수 표기법을 이용하면 이 결과를 좀 더 간단하게

$$\iint\Psi S\,.\,U_\nu\phi(\nabla\Phi)ds-\iiint\Psi S\,.\,(\nabla\phi\nabla)\Phi d\rho$$
$$=-\iiint S\,.\,\nabla\Psi\phi\nabla\Phi d\rho=\iiint S\,.\,\nabla\Phi\varphi\nabla\Psi d\rho$$
$$=\iint\Phi S\,.\,U_\nu\phi(\nabla\Psi)ds-\iiint\Phi S\,.\,(\nabla\phi\nabla)\Psi d\rho$$

라고 쓸 수도 있다.

도체의 전기용량의 한계

102a. 도체 또는 도체로 된 시스템의 전기용량을 이미 앞에서 그 도체 또는 도체로 된 시스템의 퍼텐셜이 단윗값이고, 장 내의 다른 모든 도체의 퍼

텐셜은 0일 때 도체 또는 도체로 된 시스템에 대전된 전하량이라고 정의하였다.

J. W. 스트럿*은 *Phil. Trans.* 1871에 발표된 "On the Theory of Resonance"이라는 제목의 논문에서 전기용량 값이 가질 수 있는 범위를 정하는 방법을 제안하였다. 308절을 보라.

전기용량을 결정하려는 도체 또는 도체 시스템의 표면을 s_1이라고 표시하고, 다른 모든 도체의 표면은 s_0라고 표시하자. s_1의 퍼텐셜은 Ψ_1이고 s_0의 퍼텐셜은 Ψ_0라고 하자. s_1의 전하를 e_1이라고 하자. 그러면 s_0의 전하는 $-e_1$이다.

이때 q가 s_1의 전기용량이면

$$q = \frac{e_1}{\Psi_1 - \Psi_0} \tag{1}$$

이고, 실제 전하분포에 대한 시스템의 에너지를 W라고 하면

$$W = \frac{1}{2} e_1 (\Psi_1 - \Psi_0) \tag{2}$$

이고, 그래서

$$q = \frac{2W}{(\Psi_1 - \Psi_0)^2} = \frac{e_1^2}{2W} \tag{3}$$

이 된다.

전기용량의 상한값을 구하기 위해, 값이 s_1에서는 1과 같고 s_0에서는 0과 같은 임의의 퍼텐셜을 가정하고, 다음 부피 적분

$$W_\psi = \frac{1}{8\pi} \iiint \left[\left(\frac{d\Psi}{dx} \right)^2 + \left(\frac{d\Psi}{dy} \right)^2 + \left(\frac{d\Psi}{dz} \right)^2 \right] dx\, dy\, dz \tag{4}$$

값을 계산하자. 단, 적분은 장 전체에서 수행된다.

---

* 스트럿(John William Strutt, 1842-1919)은 레일리 경이라고도 불리는 영국 물리학자로서 아르곤을 발견한 공로로 1904년 노벨 물리학상을 수상했으며, 하늘이 파란색임을 설명하는 레일리 산란 현상을 발견하고, 지진의 표면파인 레일리 파를 발견하는 등 물리학 분야에 많은 업적을 남겼다.

이제 (99b 절에서) W는 W_ψ보다 더 클 수 없다고 증명한 것을 이용하면, q는 $2W_\psi$보다 더 클 수 없다.

전기용량의 하한값을 구하기 위해, 다음 식

$$\frac{df}{dx} + \frac{dg}{dy} + \frac{dh}{dz} = 0 \tag{5}$$

을 만족하는 f, g, h가 존재한다고 가정하고

$$\iint (l_1 f + m_1 g + n_1 h) ds_1 = e_1 \tag{6}$$

이라고 하자.

그리고 다음 부피 적분

$$W_D = 2\pi \iiint (f^2 + g^2 + h^2) dx\, dy\, dz \tag{7}$$

값을 계산하는데, 여기서 적분은 전체 장에 대해 수행한다. 그러면 이미 (100c 절에서) 증명했듯이 W는 W_D보다 더 클 수 없으므로, 전기용량 q는

$$\frac{e_1^2}{2W_D} \tag{8}$$

보다 더 작을 수 없다.

솔레노이드 조건을 만족하는 일련의 f, g, h 값을 구하는 가장 간단한 방법은 표면 s_1과 표면 s_2에 합이 0인 조건을 만족하는 전하분포를 가정하고 이 전하분포에 의한 퍼텐셜 ψ를 계산하는 것이다. 이 시스템에 대해 그렇게 구한 전기 에너지를 W_σ라고 부르자.

그다음에

$$f = -\frac{1}{4\pi}\frac{d\psi}{dx}, \qquad g = -\frac{1}{4\pi}\frac{d\psi}{dy}, \qquad h = -\frac{1}{4\pi}\frac{d\psi}{dz}$$

라고 놓으면, f, g, h는 솔레노이드 조건을 만족한다.

그런데 이 경우에는 부피 적분을 구하는 과정을 거치지 않더라도 W_D를 결정할 수 있다. 왜냐하면 이 풀이는 장 내의 모든 점에 대해 $\nabla^2 \psi = 0$을 만

족하며, 그러면 W_D를 면적분 형태로

$$W_D = \frac{1}{2} \iint \Psi \sigma_1 ds_1 + \frac{1}{2} \iint \Psi \sigma_0 ds_0 \tag{9}$$

와 같이 구할 수 있는데, 여기서 첫 번째 적분은 표면 s_1에 대해 수행하며 두 번째 적분은 표면 s_0에 대해 수행한다.

만일 표면 s_0고 s_1으로부터 무한히 멀리 떨어져 있다면, s_0에서 퍼텐셜은 0이고 두 번째 항은 0이 된다.

102b. 도체들의 퍼텐셜을 알 때 도체의 전하분포를 구하는 문제에 대한 근사적인 풀이는 다음 방식으로 해결할 수 있다.

퍼텐셜이 1로 유지되는 도체 또는 도체들의 시스템의 표면을 s_1이라고 하고, 다른 모든 도체의 표면을 s_0라고 하자. 다른 도체에는 나머지 도체를 모두 둘러싸는 속이 빈 도체도 포함되고, 어떤 경우에는 다른 도체들로부터 무한히 멀리 떨어진 도체도 포함된다.

이제 s_1에서 s_0로 일련의 선들을 그리는 것으로 시작하자. 그 선들은 직선일 수도 있고 곡선일 수도 있다. 각 선들을 따라서 Ψ 값을 매기는데, s_1에서는 1과 같고 s_0에서는 0과 같게 한다. 그러면 P가 그 선 중 하나 위의 점이라고 할 때, 첫 번째 근사로 $\Psi_1 = \dfrac{Ps_0}{s_1 s_0}$이라고 놓을 수 있다.

이처럼 s_1에서는 1이고 s_0에서는 0이라는 조건을 만족하는 Ψ 값의 1차 근사를 구할 수 있다.

Ψ_1으로부터 계산한 W_ψ 값은 W보다 더 커야 한다.

다음으로 역선에 대한 2차 근사로

$$f = -p\frac{d\Psi_1}{dx}, \qquad g = -p\frac{d\Psi_1}{dy}, \qquad h = -p\frac{d\Psi_1}{dz} \tag{10}$$

이라고 가정하자.

퍼텐셜이 Ψ_1으로 일정한 표면에 세운 법선의 성분이 a, b, c인 벡터라고 하자. 그리고 a, b, c가 솔레노이드 조건을 만족하도록 하는 p를 구하자. 그러면 p는

$$p\left(\frac{d^2\Psi_1}{dx^2} + \frac{d^2\Psi_1}{dy^2} + \frac{d^2\Psi_1}{dz^2}\right) + \frac{dp}{dx}\frac{d\Psi}{dx} + \frac{dp}{dy}\frac{d\Psi}{dy} + \frac{dp}{dz}\frac{d\Psi}{dz} = 0 \tag{11}$$

을 만족한다.

이제 Ψ가 상수로 일정한 표면에 항상 수직인 방향을 따라 s_1에서 s_0까지 선을 그리고, s_0로부터 잰 이 선의 길이를 s로 표시하면

$$R\frac{dx}{ds} = -\frac{d\Psi_1}{dx}, \qquad R\frac{dy}{ds} = -\frac{d\Psi_1}{dy}, \qquad R\frac{dz}{ds} = -\frac{d\Psi_1}{dz} \tag{12}$$

이 되는데, 여기서 R는 합성 세기 $= -\dfrac{d\Psi}{ds}$이며, 그러므로

$$\frac{dp}{dx}\frac{d\Psi}{dx} + \frac{dp}{dy}\frac{d\Psi}{dy} + \frac{dp}{dz}\frac{d\Psi}{dz} = -R\frac{dp}{ds} = R^2\frac{dp}{d\Psi} \tag{13}$$

이며, 그러면 (11) 식은

$$p\nabla^2\Psi = R^2\frac{dp}{d\Psi} \tag{14}$$

가 되므로

$$p = C\exp\int_0^{\Psi_1}\frac{\nabla^2\Psi_1}{R^2}d\Psi_1 \tag{15}$$

이고, 이때 적분은 선 s를 따라 취한 선적분이다.

다음으로 선 s를 따라

$$-\frac{d\Psi_2}{ds} = a\frac{dx}{ds} + b\frac{dy}{ds} + c\frac{dz}{ds} = -p\frac{d\Psi_1}{ds} \tag{16}$$

이 성립한다고 가정하면

$$\Psi_2 = C\int_0^{\Psi_1}\left(\exp\int\frac{\nabla^2\Psi_1}{R^2}d\Psi_1\right)d\Psi_1 \tag{17}$$

이 되는데, 이 적분은 항상 선 s를 따라 수행된다고 이해한다.

이제 $\Psi_1 = 1$일 때 s_1에서 $\Psi_2 = 1$이어서

$$C\int_0^1 \exp \int_0^\Psi \frac{\nabla^2 \Psi}{R^2} d\Psi \, d\Psi = 1 \tag{18}$$

이라는 조건으로부터 상수 C를 정해야 한다.

이렇게 해서 Ψ에 대한 2차 근사를 얻는데, 이 과정을 계속 반복할 수 있다.

W_{Ψ_1}, W_{D_2}, W_{Ψ_2} 등을 계산해서 얻은 결과로부터 실제 전기용량보다 더 큰 값과 더 작은 값의 전기용량을 교대로 구할 수 있으며, 계속해서 근삿값을 제공한다.

위에서 설명한 과정은 선 s의 형태와 그 선을 따른 적분을 계산하는 부분을 포함하는데, 그런 작업이 너무 어려워서 실용적인 목적으로는 적합하지 않다.

그러나 어떤 경우에는 좀 더 간단한 과정으로 근삿값을 구할 수도 있다.

102c. 이런 방법을 적용하는 예로, 정확히는 아니더라도 거의 평면이고 거의 평행한 두 도체 판 중에서 하나의 퍼텐셜은 0으로, 그리고 다른 하나의 퍼텐셜은 1로 유지할 때, 두 표면 사이의 전기장에 의한 등전위 면과 전기력선에 대한 근삿값을 반복해서 구해보자.

두 표면 중에서 퍼텐셜이 0인 표면에 대한 식은

$$z_1 = f_1(x, y) = a \tag{19}$$

이고 퍼텐셜이 1인 표면에 대한 식은

$$z_2 = f_2(x, y) = b \tag{20}$$

라고 하자. 이때 a와 b는 x와 y로 주어진 함수이고 b는 항상 a보다 더 크다. a와 b의 x와 y에 대한 1차 도함수들은 매우 작아서 2차 이상으로 하나를 제곱하거나 두 개 이상을 곱한 것은 무시해도 좋다.

이제 전기력선은 z 축에 평행하다고 가정하고 시작하려고 하는데, 그 경

우에

$$f = 0, \qquad g = 0, \qquad \frac{dh}{dz} = 0 \tag{21}$$

이 성립한다.

그러므로 개별적인 각각의 전기력선을 따라서는 h가 상수이며,

$$\Psi = -4\pi \int_0^z h \, dz = -4\pi h (z-a) \tag{22}$$

가 된다. 그래서 $z = b$이고 $\Psi = 1$일 때는

$$h = -\frac{1}{4\pi(b-a)} \tag{23}$$

이므로

$$\Psi = \frac{z-a}{b-a} \tag{24}$$

인데, 이것이 퍼텐셜에 대한 첫 번째 근사이고, 일련의 등전위 표면을 가리키며, z 축에 평행하게 측정한 그 표면들 사이의 퍼텐셜 차이는 같다.

전기력선에 대한 2차 근사를 구하기 위해, 전기력선은 모든 곳에서 (24)식으로 주어진 등전위 표면에 수직이라고 가정하자.

그런 가정은

$$4\pi f = \lambda \frac{d\Psi}{dx}, \qquad 4\pi g = \lambda \frac{d\Psi}{dy}, \qquad 4\pi h = \lambda \frac{d\Psi}{dz} \tag{25}$$

라는 조건에 해당하는데, 여기서 λ는 전기장 내의 모든 점에서

$$\frac{df}{dx} + \frac{dg}{dy} + \frac{dh}{dz} = 0 \tag{26}$$

을 만족하는 것과 함께 표면 a에서 표면 b까지 어떤 전기력선을 따라서든지 다음 선적분

$$4\pi \int \left(f\frac{dx}{ds} + g\frac{dy}{ds} + h\frac{dz}{ds} \right) ds \tag{27}$$

값이 −1과 같도록 정한다.

이제

$$\lambda = 1 + A + B(z-a) + C(z-a)^2 \tag{28}$$

라고 가정하고, A, B, C 각각의 제곱이나 곱을 무시하고, 이 단계에서 a와 b의 1차 도함수들 각각의 제곱이나 곱도 무시하자.

그러면 솔레노이드 조건으로부터

$$B = -\nabla^2 a, \quad C = -\frac{1}{2}\frac{\nabla^2(b-a)}{b-a} \tag{29}$$

를 얻는데, 여기서

$$\nabla^2 = -\left(\frac{d^2}{dx^2} + \frac{d^2}{dy^2}\right) \tag{30}$$

이다.

만일 새로운 전기력선을 따라 선적분을 취하는 대신에, z에 평행인 이전 전기력선에 따라 선적분을 취하면, 두 번째 조건으로부터

$$1 = 1 + A + \frac{1}{2}B(b-a) + \frac{1}{3}C(b-a)^2$$

을 얻는다.

그러므로

$$A = \frac{1}{6}(b-a)\nabla^2(2a+b) \tag{31}$$

이고

$$\lambda = 1 + \frac{1}{6}(b-a)\nabla^2(2a+b) - (z-a)\nabla^2 a - \frac{1}{2}\frac{(z-a)^2}{b-a}\nabla^2(b-a) \tag{32}$$

가 된다.

그래서 변위의 각 성분에 대한 2차 근사로

$$-4\pi f = \frac{\lambda}{b-a}\left[\frac{da}{dx} + \frac{d(b-a)}{dx}\frac{z-a}{b-a}\right],$$

$$-4\pi g = \frac{\lambda}{b-a}\left[\frac{da}{dy}+\frac{d(b-a)}{dy}\frac{z-a}{b-a}\right],$$

$$-4\pi h = \frac{\lambda}{b-a} \tag{33}$$

를 얻고, 퍼텐셜에 대한 2차 근사로

$$\Psi = \frac{z-a}{b-a} + \frac{1}{6}\nabla^2(2a+b)(z-a) - \frac{1}{2}\nabla^2 a\frac{(z-a)^2}{b-a}$$
$$- \frac{1}{6}\nabla^2(b-a)\frac{(z-a)^3}{(b-a)^2} \tag{34}$$

을 얻는다.

만일 σ_a와 σ_b는 각각 두 표면 a와 b의 면 밀도이고, Ψ_a와 Ψ_b도 각각 두 표면 a와 b의 퍼텐셜이라면

$$\sigma_a = \frac{1}{4\pi}(\Psi_a - \Psi_b)\left[\frac{1}{b-a}+\frac{1}{8}\nabla^2 a+\frac{1}{6}\nabla^2 b\right]$$
$$\sigma_b = \frac{1}{4\pi}(\Psi_b - \Psi_a)\left[\frac{1}{b-a}-\frac{1}{6}\nabla^2 a-\frac{1}{8}\nabla^2 b\right]$$

가 된다.

5장

두 전기 시스템 사이에서 역학적 작용

103. 이제 E_1과 E_2가 두 전기 시스템이라고 할 때, 그 두 시스템 사이에 상호 작용을 조사해 보자. E_1에서 전하분포는 좌표가 x_1, y_1, z_1인 요소에서 부피 밀도 ρ_1으로 정의된다. 좌표가 x_2, y_2, z_2인 E_2의 요소에서 부피 밀도는 ρ_2라고 하자.

그러면 E_2에 속한 요소가 E_1에 속한 요소에 작용하는 힘의 x 성분은

$$\rho_1 \rho_2 \frac{x_1 - x_2}{r^3} dx_1 dy_1 dz_1 dx_2 dy_2 dz_2$$

인데, 여기서

$$r^2 = (x_1 - x_2)^2 + (y_1 - y_2)^2 + (z_1 - z_2)^2$$

이며, 만일 E_2가 존재하기 때문에 E_1에 작용하는 전체 힘의 x 성분이 A라면

$$A = \iiint \iiint \frac{x_1 - x_2}{r^3} \rho_1 \rho_2 dx_1 dy_1 dz_1 dx_2 dy_2 dz_2 \tag{1}$$

이고, 여기서 x_1, y_1, z_1에 관한 적분은 E_1이 차지한 영역 전체를 포함하고 x_2, y_2, z_2에 관한 적분은 E_2가 차지한 영역 전체를 포함한다.

그렇지만 시스템 E_1을 제외하고는 ρ_1이 0이고, 시스템 E_2를 제외하고는

ρ_2가 0이므로, 모든 적분의 경계가 $\pm \infty$까지 확장한다고 가정하더라도 적분 값은 바뀌지 않는다.

힘에 대한 이 표현은 두 시스템을 연결하는 매질에 관해서는 관심을 두지 않고 전기력이 물체들 사이에서 직접 작용한다고 가정하는 이론을 수학적 기호를 이용하여 글자 그대로 옮겨놓은 것이다.

이제 점 x_1, y_1, z_1에 시스템 E_2의 존재로 발생한 퍼텐셜 Ψ_2를 다음 식

$$\Psi_2 = \iiint \frac{\rho_2}{r} dx_2 dy_2 dz_2 \tag{2}$$

에 따라 정의하면, Ψ_2는 무한히 먼 거리에서는 0이 되고, 모든 위치에서

$$\nabla^2 \Psi_2 = 4\pi\rho_2 \tag{3}$$

를 만족한다.

이제 우리는 A를 삼중 적분의 형태로

$$A = -\iiint \frac{d\Psi_2}{dx} \rho_1 dx_1 dy_1 dz_1 \tag{4}$$

과 같이 표현할 수 있다.

여기서 퍼텐셜 Ψ_2는 전기장 내의 모든 점에서 정해진 값을 가져야 하며, 힘 A는 두 번째 시스템 E_2에서 전하분포에 대해서는 구체적으로 전혀 언급하지 않고서도, 단지 첫 번째 시스템 E_1의 전하분포 ρ_1과 함께 이 퍼텐셜 Ψ_2에 의해 표현된다.

이제 첫 번째 시스템으로부터 발생하고 x, y, z의 함수로 표현된 퍼텐셜을 Ψ_1이라고 하면 다음 식

$$\Psi_1 = \iiint \frac{\rho_1}{r} dx_1 dy_1 dz_1 \tag{5}$$

에 의해 정의되는데, Ψ_1은 무한히 먼 거리에서는 0이 되고, 모든 위치에서

$$\nabla^2 \Psi_1 = 4\pi\rho_1 \tag{6}$$

을 만족한다.

그러면 이제 A로부터 ρ_1을 소거하고

$$A = -\frac{1}{4\pi} \iiint \frac{d\Psi_2}{dx} \nabla^2 \Psi_1 dx_1 dy_1 dz_1 \tag{7}$$

을 얻는데, 여기서 힘은 단 두 퍼텐셜에 의해서만 표현된다.

104. 지금까지 고려한 모든 적분에서, 적분 경계에 시스템 E_1 전체가 포함되기만 하면 적분 경계가 무엇이건 결과는 모두 같다. 앞으로 우리는 두 시스템 E_1과 E_2에 대해 E_1은 전체를 모두 포함하지만 E_2는 전혀 포함하지 않는 폐곡면 s를 가정할 것이다.

또한

$$\rho = \rho_1 + \rho_2, \qquad \Psi = \Psi_1 + \Psi_2 \tag{8}$$

라고 쓰자. 그러면 폐곡면 s 내부에서는

$$\rho_2 = 0, \qquad \rho = \rho_1 \tag{9}$$

이 성립하고 폐곡면 s 외부에서는

$$\rho_1 = 0, \; \rho = \rho_2$$

가 성립한다.

이제

$$A_{11} = -\iiint \frac{d\Psi_1}{dx} \rho_1 dx_1 dy_1 dz_1 \tag{10}$$

은 시스템 자체의 전하로부터 발생하는 시스템 E_1에 대한 합력에서 x 방향으로 작용하는 성분을 대표한다. 그러나 직접 작용 이론에 의하면, 입자 P가 다른 입자 Q에 미치는 작용은 Q가 P에 미치는 작용과 크기는 같고 방향이 반대이며, 이 두 작용의 성분이 모두 적분에 들어오기 때문에 서로 상쇄되어서 A_{11}이 0이어야 한다.

그러므로

$$A = -\frac{1}{4\pi} \iiint \frac{d\Psi}{dx} \nabla^2 \Psi dx_1 dy_1 dz_1 \tag{11}$$

이라고 써도 되는데, 여기서 Ψ는 두 시스템 모두로부터 발생하는 퍼텐셜이고, 이제 적분은 시스템 E_1은 모두 다 포함하지만 E_2는 전혀 포함하지 않는 폐곡면 s 내부로 국한시킨다.

105. E_1에 대한 E_2의 작용이 접촉하지 않은 직접 작용 때문에 발생하지 않고 E_2에서 E_1까지 연속으로 확장된 매질의 스트레스 분포 때문에 발생한다고 할 때, 만일 E_2로부터 E_1을 완벽히 분리하는 임의의 폐곡면 s의 모든 점에서 스트레스를 안다면, E_1에 영향을 미치는 E_2의 역학적 작용을 완벽히 정할 수 있음은 명백하다. 왜냐하면 만일 E_1에 작용하는 힘이 s를 통과하는 스트레스에 의해 완벽히 설명되지 못한다면, 반드시 s의 바깥쪽에 있는 무엇과 안쪽에 있는 무엇 사이에 직접 작용이 존재해야 하기 때문이다.

그러므로 E_1에 대한 E_2의 작용을 두 시스템 사이 매질의 스트레스 분포로 설명하는 것이 가능하다면, E_1으로부터 E_2를 완벽히 분리하는 임의의 표면 s에 대한 면적분의 형태로 그 작용을 표현할 수 있어야 한다.

그러므로

$$A = \frac{1}{4\pi} \iiint \frac{d\Psi}{dx} \left[\frac{d^2\Psi}{dx^2} + \frac{d^2\Psi}{dy^2} + \frac{d^2\Psi}{dz^2} \right] dx\, dy\, dz \tag{12}$$

를 면적분 형태로 표현하는 방법을 찾아보자.

만일

$$\frac{d\Psi}{dx}\left(\frac{d^2\Psi}{dx^2} + \frac{d^2\Psi}{dy^2} + \frac{d^2\Psi}{dz^2} \right) = \frac{dX}{dx} + \frac{dY}{dy} + \frac{dZ}{dz} \tag{13}$$

을 만족하는 X, Y, Z를 정할 수 있다면, 정리 III에 의해 그렇게 할 수 있다.

항들을 따로 쓰면

$$\frac{d\Psi}{dx}\frac{d^2\Psi}{dx^2} = \frac{1}{2}\frac{d}{dx}\left(\frac{d\Psi}{dx}\right)^2$$

$$\frac{d\Psi}{dx}\frac{d^2\Psi}{dy^2} = \frac{d}{dy}\left(\frac{d\Psi}{dx}\frac{d\Psi}{dy}\right) - \frac{d\Psi}{dy}\frac{d^2\Psi}{dx\,dy} = \frac{d}{dy}\left(\frac{d\Psi}{dx}\frac{d\Psi}{dy}\right) - \frac{1}{2}\frac{d}{dx}\left(\frac{d\Psi}{dy}\right)^2$$

이 되고, 비슷하게

$$\frac{d\Psi}{dx}\frac{d^2\Psi}{dz^2} = \frac{d}{dz}\left(\frac{d\Psi}{dx}\frac{d\Psi}{dz}\right) - \frac{1}{2}\frac{d}{dx}\left(\frac{d\Psi}{dz}\right)^2$$

이 된다.

그러므로 만일

$$\left.\begin{aligned}
\left(\frac{d\Psi}{dx}\right)^2 - \left(\frac{d\Psi}{dy}\right)^2 - \left(\frac{d\Psi}{dz}\right)^2 &= 8\pi p_{xx} \\
\left(\frac{d\Psi}{dy}\right)^2 - \left(\frac{d\Psi}{dz}\right)^2 - \left(\frac{d\Psi}{dx}\right)^2 &= 8\pi p_{yy} \\
\left(\frac{d\Psi}{dz}\right)^2 - \left(\frac{d\Psi}{dx}\right)^2 - \left(\frac{d\Psi}{dy}\right)^2 &= 8\pi p_{zz} \\
\frac{d\Psi}{dy}\frac{d\Psi}{dz} &= 4\pi p_{yz} = 4\pi p_{zy} \\
\frac{d\Psi}{dz}\frac{d\Psi}{dx} &= 4\pi p_{zx} = 4\pi p_{xz} \\
\frac{d\Psi}{dx}\frac{d\Psi}{dy} &= 4\pi p_{xy} = 4\pi p_{yx}
\end{aligned}\right\} \tag{14}$$

라고 쓰면

$$A = \iiint \left(\frac{dp_{xx}}{dx} + \frac{dp_{yx}}{dy} + \frac{dp_{zx}}{dz}\right) dx\,dy\,dz \tag{15}$$

가 되는데, 이때 적분은 s 내부 공간 전체에서 수행된다. 이 부피 적분을 21절의 정리 III을 이용해서 변환하면

$$A = \iint \left(lp_{xx} + mp_{yx} + np_{zx}\right)ds \tag{16}$$

가 되는데, 여기서 ds는 E_1 전체를 포함하지만 E_2는 전혀 포함하지 않는 임의의 폐곡면의 넓이 요소이고, l, m, n은 ds에서 폐곡면의 바깥쪽을 향하여 그린 법선의 방향 코사인이다.

E_1에 작용하는 힘의 y 성분과 z 성분에 대해서도 똑같은 방법으로

$$B = \iint \left(l p_{xy} + m p_{yy} + n p_{zy}\right) ds \tag{17}$$

$$C = \iint \left(l p_{xz} + m p_{yz} + n p_{zz}\right) ds \tag{18}$$

와 같이 구한다.

만일 E_1에 대한 E_2의 작용이 실제로 접촉하지 않고 어떤 매질의 개입도 없이 직접 작용에 의해 발생한다면, p_{xx} 등과 같은 양들은 어떤 물리적인 의미도 갖지 않고 상징적인 표현에 대해 단순히 약자로 줄여서 쓴 형태일 뿐이라고 생각해야 한다.

그러나 만일 E_2와 E_1 사이의 상호 작용이 그들 사이에 놓인 매질의 스트레스에 의해 유지된다고 가정하면, (16) 식과 (17) 식 그리고 (18) 식은 표면 s의 바깥에서 여섯 성분이 p_{xx} 등인 스트레스를 통하여 그 작용으로부터 결과적으로 생긴 힘의 성분들이므로, p_{xx} 등은 실제로 매질에 존재하는 스트레스의 성분들이라고 판단해야 한다.

106. 이 스트레스가 무엇인지 좀 더 정확하게 이해하기 위하여, ds가 등전위 표면 일부에 속하도록 표면 s 중 일부의 형태를 바꾸자(E_1 중 일부를 제외하거나 E_2의 일부를 포함하지 않는 한 표면의 일부를 이렇게 바꾸어도 괜찮다).

이제 ν를 ds에서 바깥쪽으로 그린 법선이라고 하자.

그리고 $R = -\dfrac{d\Psi}{d\nu}$가 ν 방향을 향하는 전기력의 세기라면

$$\frac{d\Psi}{dx} = -Rl, \qquad \frac{d\Psi}{dy} = -Rm, \qquad \frac{d\Psi}{dz} = -Rn$$

이 된다.

그러므로 스트레스의 여섯 성분은

$$p_{xx} = \frac{1}{8\pi} R^2 \left(l^2 - m^2 - n^2 \right), \qquad p_{yz} = \frac{1}{4\pi} R^2 mn$$

$$p_{yy} = \frac{1}{8\pi} R^2 \left(m^2 - n^2 - l^2 \right), \qquad p_{zx} = \frac{1}{4\pi} R^2 nl$$

$$p_{zz} = \frac{1}{8\pi} R^2 \left(n^2 - l^2 - m^2 \right), \qquad p_{xy} = \frac{1}{4\pi} R^2 lm$$

이다.

만일 a, b, c가 단위 넓이마다 ds에 작용하는 힘의 성분이라면

$$a = l p_{xx} + m p_{xy} + n p_{xz} = \frac{1}{8\pi} R^2 l$$

$$b = \frac{1}{8\pi} R^2 m$$

$$c = \frac{1}{8\pi} R^2 n$$

이 된다.

그러므로 ds의 바깥쪽 매질의 일부에 의해 ds의 안쪽 매질의 일부에 작용하는 힘은 그 요소의 바깥쪽을 향한 법선 방향으로 작용하는데, 그것은 줄에 작용하는 장력과 마찬가지의 장력이라고 말할 수 있으며, 단위 넓이마다 그 장력의 크기는 $\frac{1}{8\pi} R^2$이다.

다음으로 요소 ds가 등전위 표면을 수직으로 자른다고 가정하자. 그럴 때

$$l \frac{d\Psi}{dx} + m \frac{d\Psi}{dy} + n \frac{d\Psi}{dz} = 0 \tag{19}$$

가 성립한다.

그러면

$$8\pi \left(l p_{xx} + m p_{xy} + n p_{xz} \right)$$

$$= l \left[\left(\frac{d\Psi}{dx} \right)^2 - \left(\frac{d\Psi}{dy} \right)^2 - \left(\frac{d\Psi}{dz} \right)^2 \right] + 2m \frac{d\Psi}{dx} \frac{d\Psi}{dy} + 2n \frac{d\Psi}{dx} \frac{d\Psi}{dz} \tag{20}$$

가 된다.

(19) 식을 $2 \frac{d\Psi}{dx}$로 곱한 다음 그 결과를 (20) 식에서 빼면

$$8\pi\left(lp_{xx}+mp_{xy}+np_{xz}\right)=-l\left[\left(\frac{d\Psi}{dx}\right)^{2}+\left(\frac{d\Psi}{dy}\right)^{2}+\left(\frac{d\Psi}{dz}\right)^{2}\right]=-lR^{2} \quad (21)$$

을 얻는다.

그러므로 ds의 단위 넓이마다 장력의 성분은

$$a=-\frac{1}{8\pi}R^{2}l$$
$$b=-\frac{1}{8\pi}R^{2}m$$
$$c=-\frac{1}{8\pi}R^{2}n$$

이 된다.

그러므로 만일 요소 ds가 등전위 표면과 수직으로 놓였으면, 그 요소에 작용하는 힘은 표면에 수직으로 작용하며, 단위 넓이마다 그 힘의 크기는 이전 경우와 똑같지만, 이번에는 장력이 아니라 압력이므로 힘의 방향은 같지 않다.

이처럼 매질의 어떤 점에서든지 스트레스의 종류가 완벽히 결정된다.

한 점에서 기전 세기의 방향은 스트레스의 주축이며, 주축 방향으로 작용하는 스트레스는 크기가

$$p=\frac{1}{8\pi}R^{2} \quad (22)$$

인 장력인데, 여기서 R가 기전 세기이다.

이 축과 수직인 어떤 방향도 또한 스트레스의 주축이며, 그렇게 수직인 축에 대한 스트레스는 크기가 역시 p인 압력이다.

이처럼 정의된 스트레스는 가장 일반적인 형태는 아닌데, 그 이유는 세 주축 방향 성분의 스트레스 중 두 개가 서로 같으며, 세 번째도 역시 같은 값이지만 부호만 반대이기 때문이다.

이런 조건은 스트레스를 정하는 독립 변수의 수를 여섯 개로부터 세 개로 감소시키며, 결과적으로 스트레스는 기전 세기의 세 성분인

$$-\frac{d\Psi}{dx}, \quad -\frac{d\Psi}{dy}, \quad -\frac{d\Psi}{dz}$$

에 의해 완벽히 정해진다.

스트레스의 여섯 성분 사이의 세 가지 관계는

$$\left.\begin{array}{l} p_{yx}^2 = (p_{xx}+p_{yy})(p_{zz}+p_{xx}) \\ p_{zx}^2 = (p_{yy}+p_{zz})(p_{xx}+p_{yy}) \\ p_{xy}^2 = (p_{zz}+p_{xx})(p_{yy}+p_{zz}) \end{array}\right\} \tag{23}$$

이다.

107. 이제 유한한 양의 전하가 유한한 표면에 모여서 그 표면에서 부피 밀도가 무한대가 되면 우리가 구한 결과를 수정할 필요가 있는지 검토해 보자.

이 경우에, 78절에서 보았던 것처럼, 기전 세기의 성분들이 그 표면에서 불연속이 된다. 그러므로 스트레스의 성분들도 역시 그 표면에서 불연속이 될 것이다.

이제 l, m, n을 ds에 그린 법선의 방향 코사인이라고 하자. 그리고 P, Q, R는 법선을 그린 쪽에서 기전 세기의 성분들이고 P', Q', R'는 그 반대쪽에서 기전 세기의 성분들이라고 하자.

그러면 78a절에 의해, σ가 면전하 밀도라면

$$\left.\begin{array}{l} P - P' = 4\pi\sigma l \\ Q - Q' = 4\pi\sigma m \\ R - R' = 4\pi\sigma m \end{array}\right\} \tag{24}$$

이다.

표면 양쪽의 스트레스로부터 발생하는 단위 넓이마다 작용하는 합력의 x 성분을 a라고 하면

$$a = l(p_{xx} - p'_{xx}) + m(p_{xy} - p'_{xy}) + n(p_{xz} - p'_{xz})$$

$$= \frac{1}{8\pi} l \big[(P^2 - P'^2) - (Q^2 - Q'^2) - (R^2 - R'^2) \big]$$
$$+ \frac{1}{4\pi} m(PQ - P'Q') + \frac{1}{4\pi} n(PR - P'R')$$

$$= \frac{1}{8\pi} l \big[(P - P')(P + P') - (Q - Q')(Q + Q') - (R - R')(R + R') \big]$$
$$+ \frac{1}{8\pi} m \big[(P - P')(Q + Q') + (P + P')(Q - Q') \big]$$
$$+ \frac{1}{8\pi} n \big[(P - P')(R + R') + (P + P')(R - R') \big]$$

$$= \frac{1}{2} l\sigma \big[l(P + P') - m(Q + Q') - n(R + R') \big]$$
$$+ \frac{1}{2} m\sigma \big[l(Q + Q') + m(P + P') \big] + \frac{1}{2} n\sigma \big[l(R + R') + n(P + P') \big]$$

$$= \frac{1}{2} \sigma(P + P') \tag{25}$$

가 된다.

그러므로, 임의의 점에서 스트레스가 (14) 식으로 주어진다고 가정하면, 대전된 표면의 단위 넓이마다 작용하는 합력의 x 방향 성분은 표면의 양쪽 에서 기전 세기의 x 성분들 사이의 산술 평균에 면전하 밀도를 곱한 것과 같음을 알게 된다.

이것은 79절에서 실질적으로 똑같은 방법으로 구한 것과 같은 결과이다.

그러므로 주위 매질에 스트레스가 존재한다는 가설은 유한한 표면에 유 한한 양의 전하가 모여 있는 경우에 적용하는 것이 가능하다.

표면의 한 요소에 작용하는 합력은 보통 표면 중에서 표면의 곡률 반지 름보다 매우 작은 크기의 일부를 고려하여 접촉하지 않은 작용 이론에 의 해 구한다.[20]

표면의 이 부분 중 가운뎃점에 그린 법선에서 한 점 P를 취하는데, 표면 에서 그 점까지의 거리는 표면의 이 부분의 크기보다 매우 작아야 한다. 이 표면의 작은 부분이 원인으로 생긴, 이 점에서 기전 세기는 그 표면이 무한 히 넓은 평면인 경우와 근사적으로 같은데,* 즉 표면에서 법선 방향으로

$2\pi\sigma$이다. 그 표면의 반대쪽 바로 위의 점인 P'에서 기전 세기는, 크기는 같으나 방향은 반대이다.

이제 기전 세기 중에서 표면의 나머지 부분과 표면의 그 요소로부터 유한한 거리에 놓인 다른 대전 물체들에 의해 발생하는 부분을 생각하자. 두 점 P와 P'는 무한히 가까이 있으므로, 두 점 모두에서 유한한 거리에 놓인 전하에서 발생한 기전 세기의 성분은 같다.

유한한 거리에 놓인 전하에서 A 또는 A'에 발생한 기전 세기의 x 성분이 P_0라고 하면, A에 대한 x 성분의 전체 값은

$$P = P_0 + 2\pi\sigma l$$

이 되고 A'에 대한 x 성분의 전체 값은

$$P' = P_0 - 2\pi\sigma l$$

이 된다.

그러므로

$$P_0 = \frac{1}{2}(P + P')$$

이다.

그런데 표면의 요소에 요소 자신이 작용하는 합력은 0이어야 하므로, 표면의 요소에 작용하는 전체 역학적 힘은 전적으로 유한한 거리에 놓인 전하의 작용으로 발생한다. 그러므로 단위 넓이마다 작용하는 이 힘의 x 성분은

$$a = \sigma P_0 = \frac{1}{2}\sigma(P + P')$$

이어야 한다.

108. 만일 ((2) 식에서처럼) 주어졌다고 가정하는 전하분포로 퍼텐셜을

---

* 이런 근사는 표면에서 점까지의 거리가 매우 작으면 항상 성립한다.

정의하면, 대전된 임의의 한 쌍의 대전 입자들 사이의 작용과 반작용은 크기가 같고 방향이 반대라는 사실에 따라, 한 시스템의 자신에 대한 작용으로부터 발생하는 힘의 x 성분은 0이어야 하며, 그것을

$$\frac{1}{4\pi} \iiint \frac{d\Psi}{dx} \nabla^2\Psi \, dx \, dy \, dz = 0 \tag{26}$$

의 형태로 쓸 수 있다.

그러나 만일 x, y, z의 함수로 Ψ를 정의하고, Ψ가 폐곡면 s의 바깥쪽 임의의 점에서 다음 식

$$\nabla^2\Psi = 0$$

을 만족하고, 무한히 먼 곳에서는 0이라면, s를 포함하는 임의의 공간 전체에 대해 수행한 부피 적분이 0이라는 사실은 증명해야 할 것처럼 보인다.

(100a절의) 정리에 근거한 한 가지 증명 방법은 만일 $\nabla^2\Psi$가 모든 점에서 주어지고, 무한히 먼 곳에서 $\Psi = 0$이라면, 모든 점에서 Ψ 값이 정해지는데 그 값은

$$\Psi' = \frac{1}{4\pi} \iiint \frac{1}{r} \nabla^2\Psi \, dx \, dy \, dz \tag{27}$$

라는 것인데, 여기서 r은 Ψ의 콘센트레이션이 $= \nabla^2\Psi$로 주어진 점과 Ψ'를 구한 위치인 점 x', y', z' 사이의 거리이다.

이것이 그 정리를 Ψ에 대한 첫 번째 정의로부터 유추한 것으로 만든다.

그러나 Ψ를 x, y, z의 주 함수이고 Ψ로부터 다른 함수를 유도한다고 생각하면, (26) 식을 다음

$$A = \iint (lp_{xx} + mp_{xy} + np_{xz}) dS \tag{28}$$

와 같은 면적분 형태로 바꾸는 것이 더 적절하며, 만일 $\nabla^2\Psi$가 0이 아닌 모든 점을 포함하는 표면 s로부터 거리 a만큼 더 큰 모든 곳을 표면 S가 대표한다고 가정하면, $\nabla^2\Psi$의 부피 적분이 $4\pi e$일 때 Ψ 값은 $\frac{e}{a}$보다 더 클 수 없

고, R은 $\dfrac{d\Psi}{da}$ 또는 $-\dfrac{e}{a^2}$ 보다 더 클 수 없으며, p_{xx}, p_{xy}, p_{xz} 중 어느 것도 p 또는 $\dfrac{R^2}{8\pi}$ 또는 $\dfrac{e^2}{8\pi a^4}$ 보다 더 클 수 없다는 것을 우리는 알고 있다. 그러므로 반지름이 매우 크고 a와 같은 구 표면에 대해 취한 면적분은 $\dfrac{e^2}{2a^2}$ 을 초과할 수 없고, a가 끝없이 증가하면 그 면적분은 결국에는 0이 되어야 한다.

그러나 이 면적분은 (26) 식으로 주어진 부피 적분과 같고, $\nabla^2\Psi$가 0이 아닌 점들은 S가 모두 포함한다는 가정만 성립하면, S가 둘러싼 공간의 크기가 얼마이든 간에 그 부피 적분의 값은 똑같다. 결과적으로 a가 무한대일 때 적분 값이 0이므로, 적분 구역이 $\nabla^2\Psi$가 0이 아닌 모든 점을 포함하는 어떤 표면으로 정의되든지 그 적분 값은 0이어야 한다.

109. 이 장에서 고려하고 있는 스트레스 분포는 유전체를 통한 유도에 관해 조사하면서 패러데이가 도달한 것과 정확히 일치한다. 그는 다음과 같은 말로 요약한다.

"(1297)[*] 두 개의 경계를 이루는 대전된 도체 표면 사이에 있는 전기력선들 사이에 작용한다고 생각되는 직접 유도력은 이 대표적인 전기력선들 사이의 확장하거나 밀어내는 힘에 해당하는 측면 또는 횡으로 작용하는 힘을 수반한다(1224). 또는 유전체의 입자들 사이에 유도가 일어나는 방향으로 존재하는 인력은 횡의 방향으로 밀어내거나 갈라지려는 힘을 수반한다."

"(1298) 유도는 입자들의 어떤 편극된 상태로 구성되는 것처럼 보이며, 입자들은 작용을 미치는 대전 입자들에 의해 그 상태로 던져지는데, 양(陽)의 점 또는 부분과 음(陰)의 점 또는 부분을 띤 입자들은 상대방에 대해 그리고 유도하는 표면 또는 입자들에 대해 대칭적으로 배열된다. 그 상태는 강제적으로 생성된 상태임이 분명한데, 왜냐하면 그 상태는 오직 힘에 의해서만

---

[*] 괄호 안의 번호는 맥스웰이 패러데이의 저서 *Experimental Researches in Electricity*에서 인용한 절(Paragraph) 번호이다.

발생하고 유지되며, 그 힘이 제거되면 종전의 보통 상태로 돌아간다. 그 상태는 단지 절연체에서만 같은 부분의 전하에 의해서만 계속될 수 있는데, 그 이유는 오직 절연체만 입자들의 이 상태를 유지할 수 있기 때문이다."

이것이 우리가 수학적 조사로 도달한 결론에 대한 정확한 설명이다. 매질의 모든 점에는 전기력선을 따라서는 장력이 작용하고 전기력선과 수직인 모든 방향으로는 압력이 작용하는 스트레스 상태가 존재하는데, 압력의 크기는 장력의 크기와 같고, 압력과 장력 모두 각 점에서 합력의 제곱처럼 바뀐다.

저자(著者)에 따라 '전기 장력'이라는 용어를 서로 다른 의미로 사용하였다. 나는 항상 전기력선을 따라 작용하는 장력을 표시하는 데 전기 장력이라는 용어를 사용할 것인데, 이미 본 것처럼 전기 장력은 위치에 따라 변하고 항상 그 점에서 합력의 제곱에 비례한다.

110. 이런 종류의 스트레스 상태가 공기 또는 테레빈유와 같은 유체로 된 유전체에 존재한다는 가설이 얼핏 보기에는 유체 내의 어떤 점에서든지 압력은 모든 방향으로 다 똑같다는 이미 인정받는 원리와 상충하는 것처럼 보일 수도 있다. 그러나 유체의 부분들 사이의 유동성과 평형을 고려하여 이 원리를 유도하면서, 우리가 유체 내부의 전기력선을 따라 발생한다고 가정한 것과 같은 작용이란 당연히 없다고 생각하였다. 우리가 지금까지 조사한 스트레스의 상태는 유체의 유동성이나 평형과 완벽하게 부합된다. 우리가 앞에서 본 것처럼 유체의 어떤 한 부분에 전하가 전혀 존재하지 않는다면, 그 부분은 표면의 스트레스로부터, 그 스트레스가 아무리 강하다고 할지라도, 어떤 합력도 받지 않을 것이기 때문이다. 유체의 평형이 표면의 스트레스에 의해 방해받는 경우는 오직 유체의 한 부분이 대전될 때뿐이며, 이 경우에 유체의 그 부분은 실제로 이동하려고 한다는 것을 우리는 알고 있다. 그러므로 가정된 스트레스 상태가 유체로 된 유전체의 평형과

부합하지 않는 것은 아니다.

4장의 99절에서 논의한 W라는 양이 매질에서 스트레스 분포가 원인으로 생긴 에너지라고 해석될 수 있다. 4장에서 주어진 조건들을 만족하는 스트레스의 분포가 4장의 정리들로부터 또한 W를 절대 최저로 만드는 것처럼 보인다. 그런데 어떤 배열에서든지 에너지가 최저일 때, 그 배열은 평형을 이루는 배열 중 하나이며, 그 평형은 안정된 평형이다. 그러므로 유전체는 대전된 물체의 유도 작용 아래 놓일 때 우리가 지금까지 기술한 것 같은 방법으로 스스로 스트레스 상태를 분포하게 만드는 데 참여한다.

우리는 매질의 작용에 대한 이론에서 단 한 단계만 앞으로 나갔음을 조심스럽게 마음에 새겨두어야 한다. 우리는 단지 매질이 스트레스 상태에 놓인다고 가정만 했을 뿐이며, 우리는 어떤 방법으로도 이 스트레스가 무엇인지 밝힌다거나 그 스트레스가 어떻게 유지되는지를 설명하거나 하지 않았다. 그렇지만 전에는 오직 접촉하지 않은 직접 작용에 의해서만 설명할 수 있다고 가정된 현상을, 그 한 단계가 매질의 연이은 부분들의 작용으로 설명했으므로, 나는 그 단계가 매우 중요하다고 생각한다.

111. 나는 그다음 단계, 즉 유전체에서 이 스트레스를 역학적으로 고려하여 설명하는 단계를 아직 내딛는 데 성공하지 못하고 있다. 그래서 나는 유전체에서 유도에 관한 다른 현상들에 대해 단순히 열거만 하면서 이 이론을 마무리하려고 한다.

(1) 전기 변위

유도가 유전체를 통해 전달될 때, 제일 먼저 그 유도의 방향으로 전기 변위가 존재한다. 예를 들어, 안쪽 벽이 양전하로 대전되고 바깥쪽 벽은 음전하로 대전된 레이던병에서, 유리에 존재하는 양전하의 변위는 안쪽에서 바깥쪽으로 생긴다.

이 변위가 증가하는 것은, 증가하는 시간 동안에, 안쪽에서 바깥쪽으로 양전하의 흐름에 해당하며, 이 변위가 감소하는 것은 그 반대 방향으로 양전하의 흐름에 해당한다.

유전체에 고정된 표면의 임의의 넓이를 통해서 이동하는 총전하량은 이미 (75절에서) 살펴본 것처럼 그 넓이를 통한 유도에 대한 면적분을 $\frac{K}{4\pi}$로 곱한 양에 따라 측정되는데, 여기서 K는 유전체의 비유전율이다.

(2) 유전체에 속한 입자들의 면전하

폐곡면에 의해 나머지 부분과 분리된 유전체의 일부를 생각하자. 그렇게 분리된 부분의 크기는 상관없다. 그러면 그 표면의 모든 기본 부분마다 안쪽을 향해서 이동하는 총전하량에 의해 측정되는 전하가 존재한다고 가정해야 한다.

안쪽 벽 도금이 양전하로 대전된 레이던병의 경우에, 유리의 어떤 부분이든지 안쪽은 양전하로 대전되고 바깥쪽은 음전하로 대전된다. 만일 고려하는 일부가 유리의 내부에 완벽히 포함되어 있다면, 그 일부의 표면 전하는 그 일부와 접촉한 부분들의 반대 부호 전하에 의해서 상쇄될 것이지만, 만일 그 일부가 도체와 접촉하고 있다면, 도체는 스스로 유도 상태를 유지할 수 없으므로 표면 전하는 상쇄되지 않고 오히려 흔히 도체의 전하라고 불리는 겉보기 전하가 될 것이다.

그러므로 도체와 그 도체를 둘러싸는 유전체 사이의 경계를 이루는 표면의 전하는, 이전 이론에서는 도체의 전하라고 불렀는데, 유도 이론에서는 둘러싸는 유전체의 표면 전하라고 불러야 한다.

이 이론에 따르면, 모든 전하는 유전체의 편극에 의한 잔류 효과로 나타난다. 이런 편극은 물질 내부 전체를 통해 존재하지만, 거기서는 반대 부호로 대전된 부분들의 나란히 존재해서 상쇄되고 오직 유전체의 표면에서만 전하의 효과가 나타난다.

이 이론은 폐곡면을 통한 전체 유도는 그 폐곡면 내부의 총전하에 4π를 곱한 것과 같다는 77절의 정리를 완벽하게 설명한다. 왜냐하면 우리가 표면을 통과하는 유도라고 부른 것은 단순히 전기 변위를 4π로 곱한 것이며, 바깥쪽을 향한 전체 변위는 그 표면 내부의 총전하와 같아야 하기 때문이다.

이 이론은 또한 물질에 '절대 전하'를 부여하는 것도 불가능하다는 것을 설명한다. 왜냐하면 유전체를 구성하는 모든 입자는 자신의 양쪽 맞은편에 크기는 같고 부호가 반대인 전하를 가지며, 그런 전하들은 우리가 전기 편극이라고 부르는 한 현상을 드러낸 것일 뿐이라고 말하는 것보다 더 잘 말할 수는 없기 때문이다.

그렇게 편극된 유전 매질은 전기 에너지가 머무는 장소이며, 매질의 부피를 단위로 표현한 에너지 값은 단위 넓이에서 전기 장력과 그 크기가 같은데, 두 양은 모두 변위와 총기전세기의 곱의 절반과 같아서

$$p = \frac{1}{2} \mathfrak{D} \mathfrak{E} = \frac{1}{8\pi} K \mathfrak{E}^2 = \frac{2\pi}{K} \mathfrak{D}^2$$

인데 여기서 p는 전기 장력이고 $\mathfrak{D}$는 변위, $\mathfrak{E}$는 기전 세기, K는 비유전율이다.

만일 매질이 완전한 절연체가 아니면, 우리가 전기 편극이라고 부르는 제약 상태는 계속 풀어진다. 매질은 기전력에 굴복해서 전기 스트레스는 풀어지고, 제약 상태의 퍼텐셜 에너지는 열로 전환된다. 편극 상태의 이런 붕괴가 일어나는 비율은 매질의 성질에 따라 다르다. 어떤 종류의 유리에서는 편극이 원래 값의 절반으로 떨어지기까지 몇 날이 걸리기도 하고 몇 년이 걸리기도 한다. 구리에서는 비슷한 변화가 10억 분의 1초보다도 더 빨리 일어난다.

우리는 매질이 편극된 뒤에 단순히 그대로 두었다고 가정하였다. 전류라고 부르는 현상에서는, 매질의 전도도가 편극 상태를 붕괴시키면 똑같은 빠르기로 매질을 통해서 전하가 일정하게 통과하면서 편극 상태를 원래로

회복시키려고 한다. 이처럼 전류를 유지하는 외부 수단은 매질의 편극을 회복시키기 위해 항상 일을 하며, 이 매질은 끊임없이 풀어지고 이 편극의 퍼텐셜 에너지는 끊임없이 열로 전환되어서, 전류를 유지하는 데 소모된 에너지의 마지막 결과는 도체 온도를 점진적으로 상승시키는 것으로 나타나는데, 그때 전도와 표면의 복사로 잃는 열은 같은 시간 동안에 전류에 의해 발생하는 열과 같다.

6장
평형점과 평형선

112. 만일 전기장의 어떤 점에서 합력이 0이면, 그 점을 평형점이라고 부른다.

만일 어떤 선에 놓인 점들이 모두 평형점이면, 그 선을 평형선이라고 부른다.

어떤 점이 평형점이 될 조건은 그 점에서

$$\frac{dV}{dx}=0, \quad \frac{dV}{dy}=0, \quad \frac{dV}{dz}=0$$

이라는 것이다.

그러므로 그런 점에서는 좌표가 바뀔 때 V값이 최대이거나 최저이거나 또는 변하지 않는다. 그렇지만 퍼텐셜은 오직 양전하 또는 음전하로 대전된 점에서만, 또는 양전하 또는 음전하로 대전된 표면으로 둘러싸인 유한한 공간 내부에서만 최댓값 또는 최젓값을 가질 수 있다. 그러므로 만일 평형점이 전기장 중에서 대전되지 않은 부분에서 나타난다면, 그 평형점은 최고점 또는 최저점은 아니고 반드시 변하지 않는 점이어야 한다.

실제로 최대 또는 최저가 될 첫 번째 조건은

$$\frac{d^2V}{dx^2}, \qquad \frac{d^2V}{dy^2}, \qquad \text{그리고} \qquad \frac{d^2V}{dz^2}$$

가 유한한 값이라면 반드시 모두 0보다 더 작거나 모두 0보다 더 커야 한다는 것이다.

이제 라플라스 방정식에 따라, 전하가 존재하지 않는 점에서는 그 세 양의 합이 0이며, 그러므로 이 조건을 만족할 수 없다.

힘의 성분들이 동시에 0으로 되는 경우에 대한 해석적 조건을 조사하는 대신에, 등전위 면을 이용하여 일반적인 증명을 해보자.

임의의 점 P에서 V 값이 진짜 최대라면, P 바로 옆의 다른 모든 점에서 V 값은 P에서 V 값보다 더 작다. 그러므로 P는 일련의 등전위 면들로 둘러싸여 있는데, 각 등전위 면은 폐곡면으로 하나가 그전의 하나를 바깥쪽에서 에워싸며, 이 등전위 면 위의 어떤 점에서나 전기력은 바깥쪽을 향한다. 그런데 우리는 76절에서 이미 임의의 폐곡면에 대해 구한 기전 세기의 면적분은 그 표면 내부의 총전하에 4π를 곱한 것과 같음을 증명하였다. 이제 이 경우에 힘은 모든 위치에서 바깥쪽을 향하므로 면적분은 0보다 커야 하고, 그러므로 포면 내부에는 양전하가 존재하며, 우리가 원하는 만큼 P에 가까운 표면을 취하는 것이 가능하므로, 점 P에는 양전하가 존재한다.

같은 방법으로 P에서 V가 최솟값이면 P에는 음전하가 존재한다는 것도 증명할 수 있다.

다음으로, P가 전하가 없는 영역에서 평형점이라고 하고, P를 중심으로 반지름이 아주 작은 구를 그리자. 그러면 앞에서 본 것처럼, 이 표면 위의 모든 점에서 퍼텐셜이 P에서 퍼텐셜보다 더 크거나 더 작을 수는 없다. 그러므로 앞에서 그린 구 표면의 어떤 부분의 퍼텐셜은 P에서 퍼텐셜보다 더 크고 어떤 다른 부분의 퍼텐셜은 P에서 퍼텐셜보다 더 작아야 한다. 그리고 표면 위의 그런 부분들의 경계가 되는 선에서 퍼텐셜은 P에서 퍼텐셜과 같다. 점 P에서 출발해서 퍼텐셜이 P에서 퍼텐셜보다 더 작은 점까지 그린 선을 따라서는 전기력이 P에서 나오는 방향으로 작용하고, 퍼텐셜이 P에서 퍼텐셜보다 더 큰 점까지 그린 선을 따라서는 전기력이 P로 들어가는 방향으로 작용한다. 그러므로 어떤 변위에 대해서는 점 P가 안정된 평형점이고, 다른 변위에 대해서는 점 P가 불안정한 평형점이다.

113. 평형점의 수와 평형선의 수를 정하기 위해서, 퍼텐셜이 주어진 양인 C와 같은 하나의 표면 또는 여러 표면들을 생각하자. 그리고 퍼텐셜이 C보다 더 작은 영역을 음의 영역이라고 하고 C보다 더 큰 영역을 양의 영역이라고 하자. 또 전기장에 존재하는 가장 낮은 퍼텐셜을 V_0라고 하고 가장 높은 퍼텐셜을 V_1이라고 하자. 만일 $C = V_0$가 되도록 만든다면, 음의 영역은 오직 한 점만 또는 퍼텐셜이 가장 낮은 도체만 포함할 것이고, 그때 대전된 전하는 음전하이어야 한다. 나머지 공간은 모두 양의 영역이고, 양의 영역이 음의 영역을 둘러싸므로 그 나머지 공간은 페리프랙틱 영역이다. 페리프랙틱 영역에 대해서는 18절을 보라.

이제 C의 값을 증가시키면, 음의 영역은 팽창하고, 음전하로 대전된 물체들 주위로 새로운 음의 영역이 형성된다. 그렇게 형성된 모든 음의 영역마다, 주위를 둘러싼 양의 영역은 한 등급의 페리프랙틱을 얻는다.

서로 다른 음의 영역들이 팽창하면서, 둘 또는 그보다 더 많은 수의 음의 영역들이 한 점 또는 한 선에서 만날 수도 있다. 만일 $n+1$개의 음의 영역들이 만나면 양의 영역은 n등급의 페리프랙틱을 잃고, 음의 영역들이 만나는 점 또는 선은 n번째 등급의 평형점 또는 평형선이다.

C가 V_1과 같아지면 양의 영역은 한 점 또는 가장 높은 퍼텐셜의 도체로 축소되며, 그래서 양의 영역은 페리프랙틱을 모두 잃는다. 그러므로 각 평형점 또는 각 평형선이 그 등급에 따라 하나, 둘, 또는 n에 해당하면, 지금 고려하는 평형점 또는 평형선에 의해 만들어지는 페리프랙틱 수는 음으로 대전된 물체의 페리프랙틱 수보다 하나가 더 줄어든다.

양의 영역이 서로 분리되는 곳에서 발생하는 다른 평형점이나 평형선도 존재하며, 거기서는 음의 영역이 페리프랙틱을 얻는다. 음의 영역의 등급에 의해 계산된 페리프랙틱 수는 양으로 대전된 물체의 페리프랙틱 수보다 하나 더 적다.

평형점 또는 평형선이 둘 또는 그보다 더 많은 양의 영역들이 만나는 위치에 있을 때 양의 평형점 또는 양의 평형선이라고 부른다면, 만일 양으로 대전된 물체가 p개 있고 음으로 대전된 물체가 n개 있다면, 양의 평형점들과 양의 평형선들의 등급을 모두 더한 합은 $p-1$이고 음의 평형점들과 음의 평형선들의 등급을 모두 더한 합은 $n-1$이다. 전기 시스템을 무한히 먼 곳에서 둘러싸고 있는 표면도 하나의 물체로서, 그 물체는 내부에 포함된 전기 시스템의 총전하와 크기는 같고 부호는 반대인 전하를 갖는다고 생각할 수 있다.

그런데 이렇게 정해진 서로 다른 영역들이 연결점에서 발생하는 평형점들과 평형선 들의 수(數) 이외에도 다른 것들이 있을 수 있는데, 그 수에 대해 우리가 말할 수 있는 것은 단지 그 수가 짝수라는 것뿐이다. 왜냐하면, 음의 영역 중 어느 하나가 팽창하면서 자신을 만난다면 그 영역은 순환 영역이 되고, 자신과 반복적으로 만나면 어떤 등급의 사이클로시스 수든지 획득할 수 있는데 그 수 하나하나는 사이클로시스가 성립한 평형점 또는 평형선에 대응하기 때문이다. 음의 영역이 팽창을 계속해서 모든 공간을 채우면, 그 영역이 획득한 사이클로시스의 모든 등급을 잃고 결국 비순환 영역이 된다. 그러므로 사이클로시스를 잃는 일련의 평형점 또는 평형선이 존재하고, 그렇게 잃은 평형점 또는 평형선들의 등급의 수는 처음에 획득한 평형점 또는 평형선들의 등급의 수와 같다.

만일 대전된 물체 또는 도체의 형태가 아무렇게나 생겼다면, 우리가 확신할 수 있는 것은 단지 그렇게 구한 추가의 평형점 또는 평형선들의 수는 짝수라는 것뿐이지만, 그 물체가 점전하이거나 또는 도체가 구형 도체라면 그런 방법으로 발생할 수 있는 수는 $(n-1)(n-2)$를 초과할 수 없는데, 여기서 n은 물체의 수이다.

114. 임의의 점 P와 가까운 곳에서 퍼텐셜은

$$V = V_0 + H_1 + H_2 + \cdots$$

와 같은 급수로 전개될 수 있는데, 여기서 H_1, H_2, $\cdots$는 x, y, z에 대한 동차 함수로 그 동차 함수의 차수가 각각 1, 2 등등이다.

평형점에서는 V의 1차 도함수들이 0이 되므로, 만일 P가 평형점이면 $H_1 = 0$이다.

이제 0이 아닌 첫 번째 함수가 H_n이라고 하자. 그러면 P와 가까운 곳에서는 H_n보다 더 높은 차수의 함수는 모두 무시해도 좋다.

그러면

$$H_n = 0$$

은 차수가 n인 원뿔 방정식이며, 이 원뿔은 P에서 등전위 면과 가장 가까이 접하는 원뿔이다.

그러므로 P를 통과하는 등전위 면은 P 점에서 2차 또는 더 높은 차수의 원뿔에 의해 접하는 원뿔 점을 갖는 것처럼 보인다. 중심이 꼭짓점인 구와 이 원뿔이 교차하는 선을 마디 선이라고 부른다.

만일 점 P가 평형선 위에 놓이지 않으면, 마디 선은 자신과 다시 만나지 않지만, n개 또는 그보다 더 적은 수의 폐곡선들로 구성된다.

만일 마디 선이 자신과 다시 만나면, 점 P는 평형선 위에 놓이고, 그 평형선은 P를 통과하는 등전위 면을 자른다.

만일 마디 선의 교차점이 구 표면의 건너편에 존재하지 않으면, P는 세 개 또는 그보다 더 많은 평형선들의 교차점에 놓인다. 왜냐하면 P를 통과하는 등전위 면은 각 평형선에서 자신을 잘라야 하기 때문이다.

115. 만일 퍼텐셜이 같은 두 등전위 면이 교차하면, 그 두 등전위 면은 반드시 직교해야 한다.

그 이유는 다음과 같다. 그 교차 선의 접선을 z 축으로 정하면, $\dfrac{d^2 V}{dz^2}=0$이다. 또한 등전위 면 중 하나에 대한 접선을 x 축으로 정하면, $\dfrac{d^2 V}{dx^2}=0$이다. 이 두 결과로부터, 라플라스 방정식에 따라서 $\dfrac{d^2 V}{dy^2}=0$이어야 하는데, 이것은 다른 등전위 면에 대한 접선이 y 축임을 의미한다.

이 조사에서는 H_2가 유한하다고 가정한다. 만일 H_2가 0이면, 교차 선에 대한 접선을 z 축으로 정하고, $x=r\cos\theta$이고 $y=r\sin\theta$라고 하자. 그러면

$$\frac{d^2 V}{dz^2}=0, \quad \frac{d^2 V}{dx^2}+\frac{d^2 V}{dy^2}=0$$

이거나 또는

$$\frac{d^2 V}{dr^2}+\frac{1}{r}\frac{dV}{dr}+\frac{1}{r^2}\frac{d^2 V}{d\theta^2}=0$$

이므로, 이 식에 대한 r에 대해 증가하는 멱수로 된 풀이는

$$V= V_0 + A_1 r\cos(\theta+\alpha) + A_2 r^2\cos(2\theta+\alpha_2) + \cdots + A_n r^n\cos(n\theta+\alpha_n)$$

이다. 평형점에서는 A_1이 0이다. 이 식에서 0이 아닌 첫 번째 항이 r^n 항이면

$$V- V_0 = A_n r^n\cos(n\theta+\alpha_n) + \text{더 높은 차수의 } r\text{가 포함된 항들}$$

이 된다.

이 식은 $V=V_0$인 등전위 면 n개가 각각이 $\dfrac{\pi}{n}$와 같은 각으로 서로 교차함을 보여준다. 이 정리는 랭킨*에 따른 것이다.[21]

자유 공간에서 평형선은 단지 정해진 조건 아래서만 존재할 수 있지만, 도체 표면에는 일부에서는 면전하가 양전하이고 다른 일부에서는 면전하

---

* 랭킨(William John Macquorn Rankine, 1820-1872)은 토목공학, 물리학, 수학 등에 기여한 영국 스코틀랜드 출신의 공학자이다.

가 음전하이기만 하면 언제나 평형선이 존재해야 한다.

　도체 표면의 다른 부분에 반대 부호의 전하가 존재하기 위해서는, 전기장에서 일부 장소는 도체의 퍼텐셜보다 더 높은 퍼텐셜이고 다른 일부 장소는 도체의 퍼텐셜보다 더 낮은 퍼텐셜이어야 한다.

　그러면 퍼텐셜이 동일하도록 양전하로 대전된 두 도체로부터 시작하자. 이 두 물체 사이에는 평형점이 존재한다. 이제 첫 번째 물체의 퍼텐셜이 조금씩 감소한다고 하자. 평형점은 첫 번째 물체로 접근하고, 이 과정의 어떤 단계에서 평형점은 첫 번째 물체의 표면 위의 한 점과 일치하게 된다. 이 과정의 다음 단계 동안에, 등전위 면이 첫 번째 물체의 퍼텐셜과 같은 퍼텐셜의 두 번째 물체를 돌아가 두 번째 물체를 수직으로 자르는 선은 폐곡선이 되는데, 그 폐곡선이 평형선이다. 이 폐곡선은, 도체의 전체 표면을 쓸고 지나간 다음에, 다시 한 점으로 수축하고, 그러면 평형점은 첫 번째 물체의 다른 쪽으로 이동하고, 두 물체에 대전된 전하의 크기가 같고 부호가 반대이면 그 평형점은 무한히 먼 곳에 놓인다.

언쇼* 정리

116. 전기장에 놓인 대전된 물체는 안정 평형 상태에 있을 수 없다.

　우선 움직일 수 있는 물체(A)의 전하와 주위에 분포된 물체들의 시스템(B)의 전하는 각 물체들에 고정되어 있다고 가정하자.

　주위 물체들(B)의 작용 때문에 생긴, 움직일 수 있는 물체의 한 점에서 퍼텐셜이 V이고, 그 점 주위에서 움직일 수 있는 물체 A의 작은 일부에 대전된 전하가 e라고 하자. 그러면 B에 대한 A의 퍼텐셜 에너지는

---

*　언쇼(Samuel Earnshaw, 1805-1888)는 영국의 성직자로 수학과 이론 물리학에 크게 기여하였다. 특히 점전하 모임의 안정성에 대한 언쇼 정리로 유명하다.

$$M = \sum (Ve)$$

인데, 여기서 더하기는 A의 대전된 모든 부분에 대해 수행한다.

그러면 A에 고정된 축에 대해, A에서 임의로 고른 대전된 부분의 x 축, y 축, z 축에 평행한 좌표가 a, b, c라고 하자. 그리고 그 축의 원점의 절대 좌표가 ξ, η, ζ라고 하자.

또한 당분간은 A가 자신에 대해 평행한 방향으로만 움직일 수 있다고 가정하자. 그러면 점 a, b, c의 절대 좌표는

$$x = \xi + a, \qquad y = \eta + b, \qquad z = \zeta + c$$

이다.

B에 대한 A의 퍼텐셜은 이제 여러 항의 합으로 표현될 수 있는데, 각 항에서 V는 a, b, c와 ξ, η, ζ의 함수로 표현되며, 이 항들의 합은 물체의 각 점에 대해 일정한 값을 갖는 세 양 a, b, c와 물체가 움직이면 변하는 ξ, η, ζ의 함수이다.

이 항들 하나하나가 모두 라플라스 방정식을 만족하므로, 그 항들의 합도 역시 라플라스 방정식을 만족해서

$$\frac{d^2 M}{d\xi^2} + \frac{d^2 M}{d\eta^2} + \frac{d^2 M}{d\zeta^2} = 0$$

이 성립한다.

이제 A를 조금 움직여서 작은 변위를 주면

$$d\xi = l\,dr, \qquad d\eta = m\,dr, \qquad d\zeta = n\,dr$$

라고 하고 주위 시스템 B에 대한 A의 퍼텐셜 증가분을 dM이라고 하자.

만일 dM이 0보다 더 크면, r을 증가시키기 위해 일을 해야 하고, 그러면 A가 이전 위치를 회복하기 위해 r을 감소시키려 하는 힘 $R = \dfrac{dM}{dr}$이 존재하게 된다. 반면에 dM이 0보다 더 작으면, 힘은 r를 증가시키려 하고 평형은 불안정해진다.

이제 원점이 중심이고 반지름이 r인데 아주 작아서 물체에 고정된 점이 그 구 내부에 놓이면 움직일 수 있는 물체 A에 속한 어떤 부분도 외부 시스템 B의 어떤 부분과도 일치할 수 없는 구를 생각하자. 그러면 구 내부에서는 $\nabla^2 M = 0$이므로, 다음 그 구 표면에 대해 적분한 면적분

$$\iint \frac{dM}{dr} dS$$

는 0이다.

그러므로, 만일 구 표면의 어떤 부분에서라도 $\frac{dM}{dr}$이 0보다 더 크면, 그 구 표면에 $\frac{dM}{dr}$이 0보다 더 작은 어떤 다른 부분이 존재해야 하며, 만일 물체 A가 $\frac{dM}{dr}$이 0보다 더 작은 방향으로 이동되면, 물체 A는 원래 위치에서 벗어나는 방향으로 움직이려 하고, 그래서 물체의 평형은 불안정할 수밖에 없다.

그래서 물체는 심지어 자신에 평행하게 이동하도록 구속된 경우에도 불안정하므로, 구속이 전혀 안 된 경우라면, 더 확실하게 물체는 불안정하다.

이제 물체 A가 도체라고 가정하자. 이것을 여러 물체로 구성된 시스템의 평형에 관한 사례로 취급하고, 움직일 수 있는 전하가 이 시스템의 일부라고 간주하면, 그 전하를 고정하는 방법으로 많은 자유도를 제거할 때 그 시스템은 불안정하다고 주장할 수 있으며, 이 시스템이 그 자유도를 다시 회복할 때는 시스템은 더 확실히 불안정해야 한다.

그러나 이 경우를 좀 더 특별한 방법으로 고려할 수도 있다.

먼저, 전하가 A에 고정되어 있고, A는 짧은 거리 dr만큼 이동한다고 하자. 그러한 원인으로 말미암아 A의 퍼텐셜이 더 커진 증가분은 이미 고려되었다.

다음으로, 전하가 물체 A 내부에서 항상 안정된 평형 위치로 이동하는 것이 허용된다고 하자. 이렇게 운동하는 동안에 퍼텐셜은 반드시 Cdr라고 부를 수 있는 양만큼 줄어들어야 한다.

그러므로 전하가 자유롭게 움직일 때 퍼텐셜의 전체 증가분은

$$\left(\frac{dM}{dr} - C\right)dr$$

가 되며, A를 원래 위치로 되돌리려는 힘은

$$\frac{dM}{dr} - C$$

인데, 여기서 C는 항상 0보다 더 크다.

그래서 우리는 어떤 특별한 방향의 r에 대해서는 $\frac{dM}{dr}$이 0보다 더 작다는 것을 보였으며, 그러므로 전하가 자유롭게 이동할 수 있을 때, 그 방향으로의 불안정성은 증가한다.

7장
간단한 경우에 등전위 면과 전기력선의 형태

117. 우리는 앞에서, 도체 표면의 전하분포를 구하는 것은 라플라스 방정식

$$\frac{d^2V}{dx^2}+\frac{d^2V}{dy^2}+\frac{d^2V}{dz^2}=0$$

의 풀이에 의존하는데, 여기서 V는 x, y, z의 함수로 항상 유한하고 연속적이며, 무한히 먼 거리에서는 0이 되고, 각 도체의 표면에서는 주어진 일정한 값을 갖는 것을 알았다.

알려진 수학적 방법을 이용해서 임의로 준 조건을 만족하면서 이 방정식의 풀이를 구하는 것이 일반적으로 가능하지는 않지만, 이 방정식을 만족하는 함수 V에 대한 여러 표현을 쓰고, 각 경우에 함수 V가 진정한 풀이가 되도록 도체 표면의 형태를 정하는 것은 어렵지 않다.

그러므로 도체의 형태가 주어질 때 퍼텐셜을 구하는 직접 문제에 비해, 우리가 흔히 역문제라고 부르는 퍼텐셜에 대한 표현이 주어질 때 도체의 형태를 결정하는 문제가 더 취급하기 쉬운 것처럼 보인다.

실제로, 풀이가 알려진 모든 전기 문제는 이런 역과정을 통해 이루어졌다. 그래서 전기학자가 새로운 문제를 대할 때 그 문제를 푸는 것이 가능하

다고 기대할 방법은 역과정에 의해 구성된 것과 비슷한 경우 중의 하나로 그 문제를 환원시키는 것밖에는 없으므로, 전기학자는 역과정의 방법으로 어떤 결과를 얻었는지 아는 것이 대단히 중요하다.

역사적으로 어떤 결과들이 나왔는지에 대한 지식은 두 가지 방법으로 이용될 수 있다. 만일 전기적 현상에 대한 측정을 가장 정확하게 하는 기구를 고안하라는 과제가 있다면, 우리가 정확한 풀이를 아는 경우들에 대응하는 대전된 표면의 형태를 선택하면 된다. 반면에, 만일 형태를 이미 알고 있는 물체에 대전된 전하를 구하는 과제가 있다면, 등전위 면들 중 하나가 물체의 형태와 비슷한 것에 대응하는 문제로부터 출발해서 임시 방법을 이용하여 등전위 면이 물체의 형태와 거의 같아질 때까지 문제를 조금씩 수정할 수 있다. 이 방법은 수학적 관점에서 볼 때 매우 불완전한 것이 분명하지만, 이것이 우리가 이용할 수 있는 유일한 방법이며, 만일 우리 조건을 우리가 고르는 것이 허용되지 않는다면 근사적인 계산을 통해서 전하를 구할 수밖에 없다. 그러므로 우리가 한데 모아서 기억할 수 있는 많은 서로 다른 사례들에서 전기력선과 등전위 면이 어떤 형태인지에 대한 지식이 있어야 하는 것처럼 보인다. 사례 중에서 구(球)와 관련된 것들과 같은 특별한 부류에서는, 어떻게 진행하면 되는지를 구하는 알려진 수학적 방법이 존재한다. 그렇지 않은 사례들에서는 종이 위에 실제로 그림을 대충 그려보고 가장 다르지 않은 그림을 고르는 약간은 조잡한 방법을 이용하더라도 비난할 형편이 되지 못한다.

내 생각에 이 나중 방법이 심지어 정확한 풀이를 구한 경우에도 쓸모가 있을 것 같은데, 왜냐하면 나는 등전위 면의 형태가 눈에 익숙해지면 자주 풀이를 구할 수 있는 수학적 방법을 제대로 찾아내곤 하였기 때문이다.

그래서 등전위 면과 전기력선에 대한 몇 가지 도표를 그려놓고 학생들이 그 선들의 형태에 익숙해지도록 지도하였다. 123절에서 그런 도표를 그리는 데 이용되는 방법들을 설명할 예정이다.

118. 이 책(제1권)의 끝에 실은 그림 I에는 전하량의 비가 20대 5인 같은 부호의 두 점전하가 만드는 등전위 면의 단면이 나와 있다.

이 그림에서 각 점전하는 일련의 등전위 면으로 에워싸여 있는데, 그 등전위 면들은 크기가 더 작을수록 더 구에 가깝지만, 그중에서 정확하게 구인 것은 하나도 없다. 만일 각 점전하를 에워싸는 등전위 면들 중에서 두 표면이 구에 가까운 두 도체의 표면을 대표한다면, 그리고 두 도체가 같은 부호의 전하로 대전되어 있고 그 비는 4대 1이라면, 두 물체 내부에 그린 표면들은 모두 지운다는 조건 아래서 이 도표는 등전위 면을 대표한다. 도표에서 보면 두 물체 사이의 작용은 두 물체에 대전된 전하와 같은 전하의 두 점전하 사이의 작용과 같을 것처럼 보이는데, 이 두 점전하는 각 물체의 축에서 정확히 가운데에 있지 않고 다른 물체와 사이의 중간점보다 약간 더 멀리 떨어져 있다.

같은 도표로부터 두 중심 모두를 둘러싸는 한쪽 끝이 다른 쪽 끝보다 더 큰 달걀 형태의 표면들 중 하나에 전하분포가 어떻게 되는지 알 수 있다. 그런 물체는, 만일 25단위의 전하가 대전되어 있고 외부로부터 영향을 받지 않는다면, 달걀 모양의 작은 쪽 끝에 가장 많은 면전하 밀도를 갖고 큰 쪽 끝의 면전하 밀도는 그보다 약간 작으며 큰 쪽 끝보다는 작은 쪽 끝에 약간 더 가까운 원형 부분의 면전하 밀도가 가장 적다.

이 도표에는 점선으로 표시한 등전위 면이 하나 있는데, 그 등전위 면은 원뿔 꼭짓점인 점 P에서 만나는 두 개의 둥근 돌출부로 이루어져 있다. 그 점은 평형점이며, 그 등전위 면과 같은 형태의 물체 표면의 면전하 밀도는 그 점에서 0이다.

이 경우에 전기력선은 두 시스템으로 뚜렷이 나뉘는데, 그 둘을 나누는 경계는 평형점 P를 지나는 점선으로 표시된 6도의 표면으로, 그 표면은 두 쌍곡면 중 하나와 어느 정도 비슷하다.

이 도표는 또한 질량의 비가 4대 1인 두 구의 질량 사이에 작용하는 만유

인력에 대한 등퍼텐셜 표면과 중력 선을 대표한다고 생각해도 좋다.

119. 그림 II*에도 역시 전하량의 비는 20대 5지만 부호가 반대인 두 점전하에 대한 것이 나와 있다. 이 경우에 등전위 면들 중에서 퍼텐셜이 0에 대응하는 하나는 구이다. 그 구는 도표에 점선으로 된 원 Q로 표시되어 있다. 이 구 표면의 중요성은 앞으로 영상 전하 이론을 다룰 때 알게 될 것이다.

이 도표로부터 만일 두 개의 둥근 물체가 서로 반대 부호의 전하로 대전되면, 대전된 전하는 그와 같은 두 점전하가 두 둥근 물체의 중심점들 사이보다 약간 더 가까운 거리에 놓여 있을 때와 서로 잡아당기는 것과 똑같은 정도로 잡아당기는 것을 알 수 있다.

여기서도 역시 등전위 면들 중에서 점선으로 표시된 하나는 두 개의 둥근 돌출부를 가지고 있는데, 안쪽 둥근 돌출부는 전하가 5인 점전하를 둘러싸고 바깥쪽 돌출부는 두 물체 모두를 둘러싸는데, 두 돌출부가 평형점인 원뿔 꼭짓점 P에서 만난다.

만일 어떤 도체의 표면이 바깥쪽 돌출부의 형태와 같으면, 둥근 물체는 대칭축의 한쪽 끝에 마치 사과처럼 원뿔형 보조개를 갖는데, 이 도체가 대전되면 도체 표면의 어디서나 면전하 밀도를 구할 수 있다. 그리고 보조개 모양의 맨 밑바닥에서 면전하 밀도는 0이 된다.

이 표면을 둘러싸는 다른 표면들은 점점 평평해지는 둥근 보조개를 갖는데, 마지막으로 M이라고 표시된 점을 통과하는 등전위 면에서 그런 보조개는 완벽히 없어진다.

이 도표에서 전기력선들은 두 시스템을 형성하는데, 그 두 시스템은 평형점을 통과하는 표면에 의해 나뉜다.

---

* 그림 I과 마찬가지로 그림 II도, 그리고 앞으로 언급될 그림 III에서 그림 XIII까지 모두 이 책(제1권)의 끝에 실려 있다.

만일 점 B보다 더 먼 쪽의 축 위에 놓인 점들을 고려하면, 합력은 감소해서 이중점 P에 이르면 합력이 0이 되는 것을 알 수 있다. 그다음에는 합력이 부호를 바꾸고 M에서 최대가 되며 그다음에는 계속해서 감소한다.

그렇지만 여기서 최대는 단지 이 축 위에서 다른 점들에 대해 상대적인 최대일 뿐인데, 왜냐하면 이 축에 수직이면서 M을 지나는 표면을 생각했을 때, 그 표면 위의 주위 점들과 비교하면 M는 최소의 힘이 작용하는 점이기 때문이다.

120. 그림 III은 전하량이 10인 점전하가 A에 놓여 있고, 그 점전하가 놓이기 전에는 모든 부분에서 크기와 방향이 균일한 전기장으로 둘러싸여 있을 때의 등전위 면과 전기력선을 보여준다.

등전위 면들은 하나하나가 모두 대응하는 점근 평면을 가지고 있다. 그들 중 하나인 점선으로 표시된 등전위 면은 원뿔 꼭짓점과 점 A를 둘러싼 돌출부를 가지고 있다. 이 표면 아래쪽에는 축 근처가 오목하게 들어간 시트가 있다. 위쪽의 등전위 면은 A를 둘러싸는 닫힌 부분과 축에 가까운 부분이 약간 오목하게 들어간 분리된 시트들이 있다.

만일 A 아래쪽의 표면 중 하나가 한 도체의 표면이고 A에서 아래쪽으로 많이 내려와 존재하는 표면 중 하나가 서로 다른 퍼텐셜의 두 번째 도체의 표면이라면, 두 도체 사이의 전기력선들과 등전위 면들의 시스템은 전기력의 분포를 가리킨다. 만일 더 아래쪽 도체가 A로부터 매우 멀면, 그 표면은 거의 평면이 되고, 그래서 이것은 두 개의 평행한 거의 평면인 두 표면에서 전하분포에 대한 풀이를 알려주는데, 다만 위쪽 도체는 중간 점 부근에 불룩 도드라진 부분을 가지고 있고, 그 부분은 우리가 어떤 등전위 면을 고르느냐에 따라 어느 정도 두드러진 것만 예외이다.

121. 그림 IV는 세 점 A, B, C에 의한 등전위 면과 전기력선을 보여주는

데, A의 전하량은 15단위의 양전하이고, B의 전하량은 12단위의 음전하이며, C의 전하량은 20단위의 양전하이다. 이 세 점은 직선 위에 놓여 있고

$$AB = 9, \quad BC = 16, \quad AC = 25$$

이다.

이 경우에 퍼텐셜이 0인 표면은 두 개의 구인데 각 구의 중심은 A와 C이고 반지름은 각각 15와 20이다. 이 두 구는 지면(紙面)을 D와 D'에서 수직으로 자르는 원에서 서로 교차하며, 그래서 이 원의 중심은 B이고 반지름은 12이다. 이 원은 평형선의 예인데, 왜냐하면 이 선 위의 모든 점에서 합력이 0이 되기 때문이다.

중심이 A인 구가 3단위의 양전하로 대전된 도체이고 C에 놓인 20단위의 양전하의 영향 아래 놓인 경우의 상태는 이 도표에서 구 A 내부의 모든 선을 지운 것으로 대표된다. 이 구의 표면 중에서 작은 원 내부에 포함된 부분인 DD'는 C의 영향으로 음으로 대전된다. 구의 나머지 부분은 모두 양으로 대전되고 작은 원 DD' 자체는 전하가 0인 선이다.

또한 이 도표는 A에 놓인 15단위의 양전하의 영향을 받는, 중심이 C이고 8단위의 양전하로 대전된 구를 대표한다고 생각할 수도 있다.

이 도표는 또한 23단위의 양전하로 대전되어 있으면서 DD'에서 만나는 두 구의 더 큰 쪽 활 모양의 도체를 대표한다고 생각해도 좋다.

우리는 나중에 톰슨의 **영상 전하 이론**의 예로 이 도표를 다시 고려할 예정이다. 168절을 보라.

122. 이 도표들은 패러데이가 '전기력선'이나 '대전된 물체의 힘' 등에 대해 이야기할 때의 예로 유심히 보아야 한다.

힘이라는 용어는 두 물체 사이의 작용 중에서 만일 두 물체 사이에 그 작용이 없었다면 하게 될 그 물체들의 운동이 어떻게 달라지는지와 같은 제

한된 측면을 표시한다. 두 물체를 한꺼번에 다룰 때 전체 현상을 스트레스라고 부르며 한 물체에서 다른 물체로 운동량이 이동하는 것으로 설명할 수 있다. 우리 관심을 두 물체 중 첫 번째 물체로 제한하면, 그 물체에 작용하는 스트레스를 움직이는 힘 또는 간단히 그 물체에 대한 힘이라고 부르며, 단위 시간 동안 그 물체가 받은 운동량으로 측정된다.

두 대전된 물체 사이의 역학적 작용은 스트레스이고 그들 중 하나에 대한 역학적 작용은 힘이다. 대전된 작은 물체에 작용하는 힘은 그 물체 자신에 대전된 전하에 비례하며, 단위 전하당 힘을 힘의 세기라고 부른다.

패러데이는 대전된 물체들이 상대방과 연관된 방식을 표시하기 위해 유도라는 용어를 채택했으며, 한 단위의 음전하와 연결된 매 단위의 양전하는 선(線)으로 연결되는데, 유체인 유전체에서 이 선의 방향은 선이 연결된 모든 부분에서 전기 세기의 방향과 일치한다. 그런 선을 힘 선이라고도 종종 부르지만 유도선이라고 부르는 것이 더 정확하다.

이제 물체에 대전된 전하량을 패러데이의 아이디어를 따라 물체에서 나오는 전기력선의 수 또는 더 정확하게는 유도선의 수로 측정된다. 이 전기력선은 어디선가 반드시 끝나야 하는데, 그것이 주위의 다른 물체일 수도 있고 또는 방의 벽이나 천장일 수도 있고, 지구일 수도 있고 또는 하늘의 별일 수도 있으며, 그것이 어디이든지 그것에는 물체에서 전기력선이 출발한 부분의 전하량과 크기는 정확하게 똑같고 부호는 반대인 전하가 존재한다. 도표를 잘 보면 정말 그렇다는 것을 알 수 있다. 그러므로 패러데이의 생각과 이전 이론의 수학적 결과 사이에는 어떤 모순도 존재하지 않지만, 그렇다고 할지라도 전기력선이라는 아이디어는 이런 결과를 도출하는 데 큰 도움이 되었으며, 이전 이론의 어쩌면 고착된 개념으로부터 더 크게 확장될 가능성을 갖는 생각으로 연속적인 과정을 통해 발전하는 수단을 가능하게 만들어서, 더 많은 연구를 통해 우리 지식을 증진할 가능성을 제공해 주는 것처럼 보인다.

123. 이 도표들은 다음과 같은 방법으로 그린다.

첫째, 전하 e로 대전된 작은 물체인 힘의 단일 중심의 경우를 고려한다. 이 물체로부터 거리가 r인 곳의 퍼텐셜은 $V = \dfrac{e}{r}$이며, 그래서 $r = \dfrac{e}{V}$라고 쓰면 퍼텐셜이 V인 구의 반지름 r를 구할 수 있다. 이제 V의 값으로 1, 2, 3, 등을 부여하고 각각에 대응하는 구를 그리면 자연수에 의해 측정된 퍼텐셜에 대응하는 일련의 등전위 면을 얻는다. 그 구들의 공동 중심을 통과하는 평면으로 이 구들을 자른 단면들은 원을 그리는데, 그 원 하나하나에 대응하는 퍼텐셜을 표시하는 숫자를 써 넣어도 좋다. 그것들이 그림 6의 오른쪽에 점선으로 그린 반원으로 표시되어 있다.

만일 다른 힘의 중심이 존재한다면, 그 힘의 중심에 속한 등전위 면을 같은 방법으로 그릴 수 있으며, 이제 우리는 두 중심 모두에 의한 등전위 면의 형태를 구하고 싶다면, V_1이 한 중심에 의한 퍼텐셜이고 V_2가 다른 중심에 의한 퍼텐셜이라고 할 때, 두 중심 모두에 의한 퍼텐셜은 $V_1 + V_2 = V$임을 기억하면 된다. 그래서 두 종류에 속한 등전위 면들의 모든 교차점에서는 V_1과 V_2를 모두 알므로 V 값도 또한 안다. 그러므로 만일 V의 값이 같은 모든 그런 교차점들을 통과하는 표면을 그린다면 그 표면은 이 모든 교차점에서 진짜 등전위 면과 일치하며, 원래 표면들의 시스템을 충분히 가까이 그린다면 새로운 표면은 어떤 요구되는 정확도로라도 그릴 수 있다. 전하량의 크기는 같고 부호는 반대인 두 점전하가 만드는 등전위 면이 그림 6*의 오른쪽 실선으로 표시되어 있다.

이 방법은 퍼텐셜이 두 퍼텐셜의 합일 때 임의의 등전위 면 시스템을 그리는 데에도 적용될 수 있으며, 그런 때에 대해 우리가 이미 등전위 면을 그렸다.

---

* 원본에 그림 5는 그림 6 다음에 나온다. 아마 교정 과정에서 그림 6을 나중에 포함시키느라 그렇게 된 것 같아 보인다.

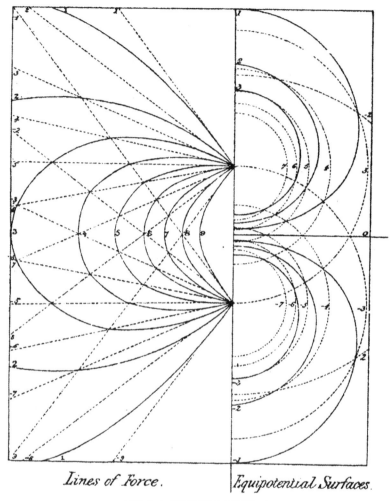

Lines of Force. Equipotential Surfaces.

그림 6 | 전기력선과 등전위 면

 힘의 중심 하나가 원인인 전기력선은 그 중심에서 뻗어나가는 직선들이
다. 임의의 점에서 힘의 세기뿐 아니라 방향도 이 선들로 표시하기를 원한
다면, 등전위 면에서 유도에 대한 면적분이 정해진 값을 갖는 부분을 표시
해야 한다. 그렇게 하는 가장 좋은 방법은 평면 모습이 힘의 중심을 지나는

축에 대해 그 평면 모습을 회전시키면 공간에 만들어지는 형태의 단면이라고 상상하는 것이다. 힘의 중심에서 뻗어나가고 축과 각 θ를 만드는 직선은 어느 것이나 그렇게 상상하면 원뿔을 만들며, 축의 양(陽) 방향 다음에 놓인 이 원뿔에 의해 잘리는 표면의 부분을 통과하는 유도에 대한 면적분은 $2\pi e(1-\cos\theta)$이다.

그에 더해서 이 표면은 축을 지나는 두 평면으로 경계가 지어지고, 원호의 길이가 반지름의 절반과 같은 각으로 기울어져 있다면, 그렇게 경계가 지워진 이 표면을 통과하는 유도는

$$e(1-\cos\theta) = 2\Phi$$

에 따라 정해져서

$$\theta = \cos^{-1}\left(1 - 2\frac{\Phi}{e}\right)$$

가 된다.

이제 Φ 값으로 1, 2, 3, $\cdots$, e를 부여하면 그 값에 대응하는 θ 값을 구할 수 있고, e가 자연수이면 축을 포함해서 대응하는 전기력선의 수는 e와 같다.

이처럼 전기력선을 그리는 방법을 알면 어떤 힘의 중심의 전하든지 그 중심으로부터 밖으로 나가는 전기력선의 수로부터 알 수 있으며, 어떤 표면이든지 위에서 설명된 방법으로 자른 부분을 통과하는 유도는 그 부분을 통과하는 전기력선의 수로 측정된다. 그림 6의 왼쪽 부분에서 점선으로 된 직선들은 전하량이 각각 10과 -10인 두 점전하 각각에 의한 전기력선을 대표한다.

그림의 축에 힘의 중심이 두 개 있다면 각 축에 대해 두 값 Φ_1과 Φ_2에 대응하는 전기력선을 그릴 수 있으며, 그다음에는, $\Phi_1 + \Phi_2$ 값이 같은 선들의 연이은 교차점을 통과하는 선들을 그리는 방법으로, 두 힘의 중심 모두에 의한 전기력선들을 구할 수 있고, 같은 방법으로 같은 축에 대해 대칭적으로 놓여 있는 전기력선들로 이루어진 두 시스템을 결합시켜도 된다. 그림 6

의 왼쪽 부분에서 연속된 곡선은 두 점전하가 동시에 작용한 결과로 만들어진 전기력선들을 대표한다.

이 방법으로 등전위 면들과 전기력선들을 그린 다음에는, 전기력선들과 등전위 면들이 어디서나 서로 직교하고 이웃하는 등전위 면 사이의 거리와 이웃하는 전기력선 사이의 거리의 비가 축에서부터 평균 거리의 절반과 미리 가정한 단위길이의 비와 같은지 검토하면 그린 결과가 얼마나 정확한지 확인할 수 있다.

유한한 크기의 시스템이면 지수(指數)가 Φ인 전기력선은 시스템의 전기 중심을 통과하는 점근선을 갖는데, 그 점근선은 축에 대해 코사인 값이 $1 - 2\dfrac{\Phi}{e}$인 각만큼 기울어져 있다. 여기서 e는 Φ가 e보다 더 작다는 조건 아래 시스템의 전체 전하량이다. 지수가 e보다 더 큰 전기력선은 유한한 전기력선이다. 만일 e가 0이면 전기력선들은 모두 유한하다.

축에 평행하고 균일한 전기장에 대응하는 전기력선은 축에 평행한 선들이며, 축으로부터 전기력선들까지 거리는 산술급수의 제곱근과 같다.

2차원에서 등전위 면과 전기력선에 대한 이론은 켤레 함수 이론을 공부할 때 다루게 된다.[22]

8장
간단한 전하분포

평행한 두 평면

124. 우선 무한히 넓은 평행한 두 평면으로 된 도체 표면을 생각하자. 두 표면 사이의 거리는 c이고 각 표면의 퍼텐셜은 A와 B로 유지된다.

이 경우에 퍼텐셜 V는, 대전된 표면의 경계로부터 가까운 곳만 제외하면, 평면 A로부터의 거리 z의 함수이고 A와 B 사이의 임의의 평행한 평면 위의 모든 점에서는 다 같을 것임은 명백하다. 그런데 대전된 표면의 경계는 가정상 고려하고 있는 점으로부터 무한히 멀리 떨어져 있다.

그래서 라플라스 방정식은

$$\frac{d^2 V}{dz^2} = 0$$

으로 간단해지는데, 이 식의 적분은

$$V = C_1 + C_2 z$$

이며, $z = 0$일 때 $V = A$이고 $z = c$일 때 $V = B$이므로

$$V = A + (B - A)\frac{z}{c}$$

가 된다.

두 평면 사이의 모든 점에서는 결과적인 세기가 두 평면에 수직이고 그 크기는

$$R = \frac{A - B}{c}$$

이다.

도체 내부에서는 $R = 0$이다. 그러므로 첫 번째 평면에서 전하의 분포는 면전하 밀도 σ가 되는데 여기서

$$4\pi\sigma = R = \frac{A - B}{c}$$

이다.

퍼텐셜이 B인 다른 표면에서 면전하 밀도 σ'은 σ와 크기가 같고 부호가 반대여서

$$4\pi\sigma' = -R = \frac{B - A}{c}$$

이다.

다음으로 첫 번째 표면에서 넓이가 S인 부분을 생각하자. S의 어떤 부분도 이 표면의 경계와 가깝지 않아야 한다.

이 표면의 전하량은 $e_1 = S\sigma$이고, 79절에 따라 각 단위 전하에 작용하는 힘은 $\frac{1}{2}R$이기 때문에, 넓이 S에 작용하는 전체 힘은 그 부분을 다른 평면 쪽으로 잡아당기는 방향으로 작용하고 그 크기는

$$F = \frac{1}{2}RS\sigma = \frac{1}{8\pi}R^2 S = \frac{S}{8\pi}\frac{(B - A)^2}{c^2}$$

이다.

여기서 이 힘은 넓이 S, 두 표면의 퍼텐셜 차이 $(A - B)$, 그리고 그 두 표면 사이의 거리 c로 표현된다. 넓이 S에서 전하량 e_1으로 표현된 잡아당기는 힘은

$$F = \frac{2\pi}{S} e_1^2$$

이다.

넓이 S에 대전된 전하분포와 표면 B의 대응하는 넓이 S'에 대전된 전하분포에 의한 전기 에너지는

$$
\begin{aligned}
W &= \frac{1}{2}\left(e_1 A + e_2 B\right) \\
&= \frac{1}{2}\frac{S}{4\pi}\frac{(A-B)^2}{c} \\
&= \frac{R^2}{8\pi} Sc \\
&= \frac{2\pi}{S} e_1^2 c \\
&= Fc
\end{aligned}
$$

인데, 넓이 S'는 이 경우에 평면에 수직으로 들어오는 전기력선들에 의해 넓이 S가 표면 B에 투영된 것으로 정의된다.

이 표현 중 첫 번째 것은 전기 에너지에 대한 일반적인 표현이다(84절).

두 번째 것은 넓이, 거리, 그리고 퍼텐셜 차이에 의해 표현된 에너지이다.

세 번째 것은 합력 R와 두 넓이 S와 S' 사이에 포함된 부피 Sc로 표현된 에너지로 단위 부피의 에너지는 p임을 보여주는데, 여기서 $8\pi p = R^2$이다.

두 평면 사이의 잡아당기는 힘은 pS인데, 이것을 다른 말로 하면 단위 넓이마다 p와 같은 전기 장력(또는 0보다 작은 압력)이 존재한다.

네 번째 표현은 전하로 에너지를 표현한다.

다섯 번째 표현은 두 표면을 대전된 전하분포를 일정하게 유지하면서 자신들에 평행하게 이동시켜서 맞닿게 만들 때 전기력이 한 일과 전기 에너지가 같음을 보여준다.

전하를 퍼텐셜 차이로 표현하면

$$e_1 = \frac{1}{4\pi}\frac{S}{c}(A-B) = q(A-B)$$

가 된다.

여기서 계수 q는 퍼텐셜 차이가 1과 같을 때 전하를 대표한다. 이 계수를 표면 S가 건너편 표면에 대한 상대적 위치 때문에 갖는 용량이라고 부른다.

이제 두 표면 사이의 매질이 공기가 아니고 비유전율이 K인 어떤 다른 유전체라고 하자. 그러면 주어진 퍼텐셜 차이에 따라 생기는 전하는 매질이 공기일 때보다 K배만큼 더 커져서

$$e_1 = \frac{KS}{4\pi c}(A - B)$$

가 된다.

전체 에너지는

$$W = \frac{KS}{8\pi c}(A - B)^2$$
$$= \frac{2\pi}{KS}e_1^2 c$$

이다.

두 표면 사이에 작용하는 힘은

$$F = pS = \frac{KS}{8\pi}\frac{(A - B)^2}{c^2}$$
$$= \frac{2\pi}{KS}e_1^2$$

이다.

그래서 주어진 퍼텐셜로 유지되는 두 표면 사이의 힘은 비유전율인 K에 비례해서 변하지만, 주어진 양의 전하로 대전된 두 표면 사이의 힘은 K에 반비례해서 변한다.

두 개의 동심 구 표면

125. b가 a보다 더 클 때, 반지름이 a와 b인 두 개의 동심 구 표면이 각각 퍼텐셜 A와 B로 유지되면, 퍼텐셜 V는 두 구의 공동 중심으로부터 거리 r의 함수임은 명백하다. 이 경우에 라플라스 방정식은

$$\frac{d^2V}{dr^2} + \frac{2}{r}\frac{dV}{dr} = 0$$

이다.

이 라플라스 방정식의 풀이는

$$V = C_1 + \frac{C_2}{r}$$

이고, $r = a$일 때 $V = A$이고 $r = b$일 때 $V = B$라는 조건을 이용하면 구 표면 사이의 공간에서

$$V = \frac{Aa - Bb}{a - b} + \frac{A - B}{\dfrac{1}{a} - \dfrac{1}{b}}\frac{1}{r}$$

$$R = -\frac{dV}{dr} = \frac{A - B}{\dfrac{1}{a} - \dfrac{1}{b}}\frac{1}{r^2}$$

이 된다.

반지름이 a인 속이 찬 도체 구의 바깥쪽 면전하 밀도가 σ_1이고, 반지름이 b인 속이 빈 구 껍질의 면전하 밀도가 σ_2이면

$$\sigma_1 = \frac{1}{4\pi a^2}\frac{A - B}{\dfrac{1}{a} - \dfrac{1}{b}}, \qquad \sigma_2 = \frac{1}{4\pi b^2}\frac{B - A}{\dfrac{1}{a} - \dfrac{1}{b}}$$

이다.

이제 e_1과 e_2는 이 표면들에서 총전하량이면

$$e_1 = 4\pi a^2\sigma_1 = \frac{A - B}{\dfrac{1}{a} - \dfrac{1}{b}} = -e_2$$

이다. 그러므로 둘러싸인 구의 용량은 $\dfrac{ab}{b - a}$이다.

만일 껍질의 바깥쪽 표면도 역시 반지름이 c인 구형이면, 그리고 부근에 어떤 다른 도체도 존재하지 않는다면, 바깥쪽 표면의 전하는

$$e_3 = Bc$$

이다.

그래서 안쪽 구의 전체 전하는

$$e_1 = \frac{ab}{b-a}(A-B)$$

이고 바깥쪽 껍질의 전체 전하는

$$e_2 + e_3 = \frac{ab}{b-a}(B-A) + Bc$$

이다.

만일 $b = \infty$ 라고 놓는다면, 무한히 넓은 공간에 구가 하나 존재하는 경우가 된다. 그런 공간의 전기용량은 a, 즉 그 값이 구의 반지름과 같다.

안쪽 구에서 단위 넓이마다의 전기 장력은

$$p = \frac{1}{8\pi} \frac{b^2}{a^2} \frac{(A-B)^2}{(b-a)^2}$$

이다.

이 장력을 반구에 대해 더하면 $\pi a^2 p = F$로 반구의 밑면에 수직이고, 만일 이것이 반구의 원형 경계를 가로질러서 작용되는 표면 장력과 평형을 이룬다면, 단위길이당 장력을 T라고 할 때

$$F = 2\pi a T$$

가 된다.

그래서

$$F = \frac{b^2}{8} \frac{(A-B)^2}{(b-a)^2} = \frac{e_1^2}{8a^2}$$

$$T = \frac{b^2}{16\pi a} \frac{(A-B)^2}{(b-a)^2}$$

이다.

만일 구 모양의 비눗방울이 퍼텐셜 A로 대전되고, 비눗방울의 반지름이 a라면, 전하량은 Aa이고 면전하 밀도는

$$\sigma = \frac{1}{4\pi} \frac{A}{a}$$

가 된다.

표면 바로 바깥에서 전기장의 세기는 $4\pi\sigma$이며, 비눗방울 안쪽에서 전기장은 0이어서, 79절에 따라 표면의 단위 넓이마다 전기력은 $2\pi\sigma^2$이며 바깥쪽으로 작용한다. 그래서 비눗방울이 대전되면 비눗방울 내부 공기의 압력을 $2\pi\sigma^2$만큼 또는

$$\frac{1}{8\pi}\frac{A^2}{a^2}$$

만큼 감소시킨다.

그러나 만일 액체 필름이 단위길이마다 작용하는 장력이 T_0라면, 비눗방울이 쪼그라들지 않는 데 필요한 안쪽 압력은 $\dfrac{2T_0}{a}$임을 증명할 수도 있다. 비눗방울의 안쪽과 바깥쪽 압력이 같을 때, 비눗방울이 평형 상태를 유지하기에 딱 필요한 만큼 전기력이 작용한다면

$$A^2 = 16\pi a T_0$$

이다.

무한히 긴 두 개의 동축 원통형 표면

126. 원통형 도체의 바깥쪽 표면의 반지름이 a이고, 처음 것과 축이 같은 원통형 도체 껍질의 안쪽 표면의 반지름이 b라고 하자. 두 원통형 도체의 퍼텐셜은 각각 A와 B라고 하자. 그러면 이 경우에 퍼텐셜 V는 축으로부터 거리인 r의 함수이므로, 라플라스 방정식은

$$\frac{d^2V}{dr^2} + \frac{1}{r}\frac{dV}{dr} = 0$$

이 되는데, 여기서

$$V = C_1 + C_2 \log r$$

이다.

$r = a$일 때 $V = A$이고, $r = b$일 때 $V = B$이므로

$$V = \frac{A\log\dfrac{b}{r} + B\log\dfrac{r}{a}}{\log\dfrac{b}{a}}$$

가 된다.

만일 안쪽 표면과 바깥쪽 표면의 면전하 밀도가 σ_1과 σ_2라면

$$4\pi\sigma_1 = \frac{A-B}{a\log\dfrac{b}{a}}, \; 4\pi\sigma_2 = \frac{B-A}{b\log\dfrac{b}{a}}$$

가 된다.

만일 두 원통에서 축을 따라 거리 l만큼 떨어진 두 단면 사이의 부분에 대전된 전하량이 e_1과 e_2라면

$$e_1 = 2\pi a l \sigma_1 = \frac{1}{2}\frac{A-B}{\log\dfrac{b}{a}}l = -e_2$$

가 된다.

그러므로 안쪽 원통에서 길이가 l인 부분의 용량은

$$\frac{1}{2}\frac{l}{\log\dfrac{b}{a}}$$

이다.

두 원통 사이의 공간이 공기 대신에 비유전율이 K인 유전체로 채워져 있으면, 안쪽 원통의 용량은

$$\frac{1}{2}\frac{lK}{\log\dfrac{b}{a}}$$

이다.

무한히 긴 원통에서 우리가 고려하고 있는 부분의 전하분포의 에너지는

$$\frac{1}{4}\frac{lK(A-B)^2}{\log\dfrac{b}{a}}$$

이다.

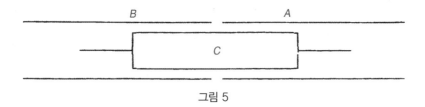

그림 5

127. 그림 5에 보인 것처럼 두 개의 속이 빈 무한히 긴 원통형 도체 A와 B가 있는데, x 축이 둘의 공동 중심축이고, 하나는 원점에서 0보다 큰 쪽 다른 하나는 0보다 작은 쪽에 놓여 있으며, 좌표의 원점 가까운 곳에서 짧은 간격을 두고 분리되어 있다.

이제 길이가 $2l$인 속이 빈 원통의 가운뎃점이 원점의 0보다 큰 쪽으로 거리 x 되는 곳에 놓여 있어서 양쪽 빈 원통 모두 속으로 뻗어나가 있다고 하자.

또한 0보다 큰 쪽에 놓인 속이 빈 원통의 퍼텐셜이 A이고 0보다 작은 쪽에 놓인 속이 빈 원통의 퍼텐셜은 B이며, 내부에 놓인 원통의 퍼텐셜은 C라고 하자. 그리고 A에 대한 단위길이마다 C의 용량을 α라고 놓고 B에 대한 단위길이마다 C의 용량을 β라고 놓자.

원점 부근의 고정된 점들에서 그리고 안쪽 원통의 양 끝으로부터 작은 주어진 거리의 점들에서 원통의 부분들의 면전하 밀도는, 안쪽 원통의 상당한 길이가 양쪽 속이 빈 원통에 삽입되어 있다는 조건 아래서, x의 값에 별로 영향을 받지 않는다.

아직은 속이 빈 원통의 끝부분 가까이에서, 그리고 안쪽 원통의 끝 가까이에서 전하분포를 계산할 수는 없지만,[*] 그러나 안쪽 원통의 양쪽 끝 중 어느 하나라도 원점에 가까이 오지만 않는다면, 원점 부근에서 전하분포는 안쪽 원통을 이동시키더라도 바뀌지 않으며, 안쪽 원통 양쪽 끝에 분포된

---

[*] 오늘날에는 그런 부분의 전하분포를 정확하게 계산한다. 맥스웰이 언젠가는 그런 계산이 가능할 것으로 예상한 듯싶다.

전하는 안쪽 원통과 함께 이동해서, 안쪽 원통의 운동이 만드는 유일한 효과는 안쪽 원통 중에서 무한히 긴 원통의 전하분포와 비슷한 전하분포를 갖는 길이를 증가하거나 감소시키는 것뿐이다.

그러므로 이 시스템의 전체 에너지는

$$Q = \frac{1}{2}\alpha(l+x)(C-A)^2 + \frac{1}{2}\beta(l-x)(C-B)^2 + x \text{와 무관한 양들}$$

와 같이 x에 의존하며, 원통의 축에 평행한 합력은

$$X = \frac{dQ}{dx} = \frac{1}{2}\alpha(C-A)^2 - \frac{1}{2}\beta(C-B)^2$$

이 된다.

만일 두 원통 A와 B의 단면이 같다면, $\alpha = \beta$이고

$$X = \alpha(B-A)\left(C - \frac{1}{2}(A+B)\right)$$

가 된다.

그러므로 안쪽 원통에는 퍼텐셜 차이가 가장 큰 바깥쪽 원통 쪽으로 밀어내려는 일정한 크기의 힘이 존재하는 것처럼 보인다.

만일 C 값은 크고 $A+B$ 값은 비교적 작다면, 그 힘은 근사적으로

$$X = \alpha(B-A)C$$

이어서 만일 X를 측정할 수 있으면 두 원통의 퍼텐셜 차이를 측정할 수 있으며, 안쪽 원통의 퍼텐셜인 C를 증가시킴으로써 이 측정의 민감도를 좋게 만들 수 있다.

219절에 나오는 톰슨의 상한(象限) 전위계에서 이 원리가 개선된 형태로 채택된다.

B와 C를 연결하면 세 원통을 같게 배열해서 용량을 측정하는 데에도 이용할 수 있다. A의 퍼텐셜이 0이고 B와 C의 퍼텐셜이 V이면, A에 대전된 전하량은

$$E_3 = (q_{13} + \alpha(l+x))V$$

가 되는데, 그래서 x가 $x + \xi$가 될 때까지 C를 오른쪽으로 이동시키면 원통 C의 용량은 정해진 양 $\alpha\xi$로 증가하는데 여기서 a와 b가 서로 마주 보는 원통 표면의 반지름이면

$$\alpha = \frac{1}{2\log\dfrac{b}{a}}$$

이다.

9장
구면 조화함수

128. 특별한 몇 저서에서 구면 조화함수에 대한 수학적 이론을 중요 주제로 다루었다. 이 주제에 대해 가장 상세하게 설명한 책인 E. 하이네* 박사의 *Handbuch der Kugelfunctionen*은 이제 (1878년) 2권으로 된 개정판이 출판되었고, F. 노이만** 박사는 저서 *Beiträge zur Theorie der Kugelfunctionen* (Leipzig, Teubner, 1878)을 출판하였다. 톰슨과 테이트가 저술한 *Natural Philosophy*에서는 이 주제에 대한 설명이 개정판(1879년)에서 상당히 개선되었으며, 페러***의 *Elementary Treatise on Spherical Harmonics and subjects connected with them*과 함께 토던터****의 *Elementary Treatise on Laplace's Functions, Lamé's Fuctions and Bessel's Functions*에서 이 주제에 대해 충분히

---

* 하이네(Eduard Heine, 1821-1881)는 독일의 수학자로 해석학에 크게 이바지한 사람이다.

** 노이만(Franz Ernst Neumann, 1798-1895)은 독일의 물리학자로 그의 고체의 몰비열에 관한 법칙과 유도 전류에 대한 법칙 등이 유명하다.

*** 페러(Norman Macleod Ferrers, 1829-1903)는 영국의 수학자로 자연수의 분할로 유명하며 구면 조화함수에 대한 저서로 잘 알려져 있다.

**** 토던터(Isaac Todhunter, 1820-1884)는 영국의 수학자로 수학 교과서 저자로 유명하며 수학사 연구에 이바지했다.

잘 설명하고 있으므로, 전기에 관한 책에서 이 주제의 순수하게 수학적 발전 부분에는 많은 분량을 할애할 필요가 전혀 없다.

그럼에도 나는 이 책에 구면 조화함수의 극(極)과 관련한 설명을 포함시켰다.

퍼텐셜이 무한대가 되는 특이점에 대해

129a. 중심의 좌표가 (a, b, c)인 구의 표면에 전하 A_0가 균일하게 분포되어 있으면, 구 바깥의 임의의 점 (x, y, z)에서 퍼텐셜은 125절에 의해

$$V = \frac{A_0}{r} \tag{1}$$

인데 여기서

$$r^2 = (x-a)^2 + (y-b)^2 + (z-c)^2 \tag{2}$$

이다.

V에 대한 표현이 구의 반지름에 독립이므로, 반지름이 무한히 작다고 가정해도 이 표현의 형태는 변하지 않는다. 이 표현을 물리적으로 해석하면 무한히 작은 구의 표면에 전하 A_0가 분포되면, 그것은 실질적으로 수학적 점과 같다는 의미이다. 우리는 (55절과 81절에서) 이미 면전하 밀도에 한계가 존재해서 유한한 양의 전하를 어떤 정해진 값보다 더 작은 반지름의 구에 대전시키는 것이 물리적으로 불가능함을 보였다.

그렇지만 (1) 식이 구 주위의 공간에 있을 수 있는 퍼텐셜의 분포를 대표하는 것과 꼭 마찬가지로, 수학적 목적에서 (1) 식이 수학적인 점 (a, b, c)에 집중된 전하 A_0로부터 발생한 퍼텐셜 분포라고 취급할 수도 있으며, 그 점을 차수가 0인 무한 점(點)이라고 불러도 좋다.

수학에는 다른 특이점도 있고, 그런 특이점의 성질에 대해서는 곧 조사할 예정이지만, 그렇게 하기 전에 공간에서 방향과 구(球)에서 그 방향에 대

응하는 점을 다루는 데 유용한 일부 표현들을 정의하는 것이 필요하다.

129b. 축(軸)은 공간에서 임의로 정한 방향이다. 축을 구의 표면에 그린 표시로 정의해도 되는데, 구의 중심으로부터 축 방향으로 그린 반지름이 구 표면과 만난 점이 그 표시가 된다. 이 점을 그 축의 극이라고 부른다. 그러므로 축은 두 개가 아니고 단 한 개의 극만 갖는다.

축 h와 임의의 벡터 r 사이의 각의 코사인이 μ라면, 그리고

$$p = \mu r \tag{3}$$

이면, p는 축 h 방향으로 분해한 r의 성분이다.

서로 다른 축은 서로 다른 첨자로 구분되며, 두 축 사이의 사잇각의 코사인을 λ_{mn}으로 표시하는데, 여기서 m과 n은 축을 지정하는 첨자이다.

방향 코사인이 L, M, N인 축 h에 대한 미분은

$$\frac{d}{dh} = L\frac{d}{dx} + M\frac{d}{dy} + N\frac{d}{dz} \tag{4}$$

라고 표시한다.

이 정의로부터

$$\frac{dr}{dh_m} = \frac{p_m}{r} = \mu_m \tag{5}$$

$$\frac{dp_n}{dh_m} = \lambda_{mn} = \frac{dp_m}{dh_n} \tag{6}$$

$$\frac{d\mu_m}{dh_n} = \frac{\lambda_{mn} - \mu_m\mu_n}{r} \tag{7}$$

이 성립하는 것은 명백하다.

이제 원점에 놓인 임의의 차수의 특이점에 의해 점 (x, y, z)에 생긴 퍼텐셜이

$$Af(x, y, z)$$

이면, 만일 그 점이 축 h의 끝에 놓이면 (x, y, z)에서 퍼텐셜은

$$Af[(x-Lh), (y-Mh), (z-Nh)]$$

가 되며, 만일 모든 면에서 똑같지만 A의 부호만 반대인 점이 원점에 놓이면, 그 한 쌍의 점 때문에 생긴 퍼텐셜은

$$V = Af[(x-Lh), (y-Mh), (z-Nh)] - Af(x, y, z)$$
$$= -Ah\frac{d}{dh}f(x, y, z) + h^2 \text{을 포함하는 항들}$$

이 된다.

이제 h는 계속 줄이고 A는 계속 늘리면, 둘의 곱은 유한하고 A'와 같은 채로 계속되며, 그 한 쌍의 점의 퍼텐셜의 궁극적인 값은

$$V' = -A'\frac{d}{dh}f(x, y, z) \tag{8}$$

가 된다.

만일 $f(x, y, z)$가 라플라스 방정식을 만족하면, 라플라스 방정식은 선형이므로, 각각 라플라스 방정식을 만족하는 두 함수의 차이인 V'도 역시 라플라스 방정식을 만족해야 한다.

129c. 이제 차수가 0인 무한히 먼 점이 원인인 퍼텐셜인

$$V_0 = A_0\frac{1}{r} \tag{9}$$

은 라플라스 방정식을 만족하고, 그러므로 이 퍼텐셜은 몇 개의 축에 대해서든지 연이어 미분해서 구하는 모든 함수도 역시 라플라스 방정식을 만족해야 한다.

크기가 같고 부호가 반대인 전하 $-A_0$와 A_0로 대전된 차수가 0인 두 점을 취하고 첫 번째 점을 원점에 그리고 두 번째 점을 h_1 축의 끝에 오게 하면 차수가 1인 점을 만들 수 있다. 그다음에 h_1 값을 무한히 줄이고 A_0 값은 무한히 늘리는데, 단 곱 A_0h_1은 항상 일정한 값 A_1과 같게 한다. 두 점이 일치할 때 이 과정의 궁극적인 결과는 차수가 1인 점으로 그 모멘트는 A_1이고 축은 h_1이다. 그러므로 차수가 1인 점은 이중점이다. 그 점의 퍼텐셜은

$$V_1 = -h_1 \frac{d}{dh_1} V_0$$
$$= A_1 \frac{\mu_1}{r^2} \tag{10}$$

이다.

차수가 1이고 모멘트가 $-A_1$인 점을 원점에 놓고 모멘트가 A_1인 다른 점을 h_2 축의 끝에 놓은 다음 h_2를 줄이고 A_1을 늘리는데

$$A_1 h_2 = \frac{1}{2} A_2 \tag{11}$$

를 유지하도록 만들면 퍼텐셜이

$$V_2 = -\frac{1}{2} h_2 \frac{d}{dh_2} V_1$$
$$= A_2 \frac{1}{2} \frac{3\mu_1\mu_2 - \lambda_{12}}{r^3} \tag{12}$$

인 차수가 2인 점을 얻는다.

차수가 2인 점은 차수가 0인 점 네 개를 모두 서로 접근시켜서 구성했기 때문에 그 점을 4중극 점이라고 불러도 좋다. 4중극 점은 두 축 h_1과 h_2를 그리고 모멘트 A_2를 갖는다. 이 두 축의 방향과 모멘트의 크기가 4중극 점의 성질을 완벽히 정의한다.

n개의 축들에 대해 연이어 미분하는 방법으로 차수가 n번째인 점에 의한 퍼텐셜을 구한다. 그 퍼텐셜은 상수와 코사인과 $\frac{1}{r^{n+1}}$ 의 조합으로 구성된 세 인자의 곱이다. 앞으로 알게 될 원인 때문에 그 상수의 값은 모든 축이 한 벡터와 일치할 때 모멘트의 계수가 $\frac{1}{r^{n+1}}$ 이 되도록 만드는 것이다. 그래서 h_n에 대해 미분할 때 결과를 n으로 나눈다.

이런 방법으로 구하는 퍼텐셜의 정해진 값을 구하는데, 차수가 $-(n+1)$인 고체 조화함수라는 이름을 그 값만으로, 즉

$$V_n = (-1)^n \frac{1}{1 \cdot 2 \cdot 3 \cdot \, \cdots \, \cdot n} \frac{d}{dh_1} \frac{d}{dh_2} \cdots \frac{d}{dh_n} \frac{1}{r} \tag{13}$$

만으로 제한한다.

이 양에 상수를 곱해도 여전히 차수가 n번째인 점에 의한 퍼텐셜이다.

129d. (13) 식을 연산한 결과는

$$V = Y_n \frac{1}{r^{n+1}} \tag{14}$$

의 형태인데, 여기서 Y_n은 r과 n 축 사이의 각들에 대한 n개의 코사인들인 $\mu_1 \cdots \mu_n$과 한 쌍의 축들 사이의 각에 대한 $\frac{1}{2}n(n-1)$개의 코사인들인 λ_{12} 등의 함수이다.

만일 구의 표면에 있는 점들에 의해 정해진 r과 n개의 축들의 방향을 고려하면, Y_n은 그 표면 위의 점에서 점으로 변하는 양이라고 볼 수 있어서, Y_n은 축들로 된 n개의 극과 주어진 벡터들 사이의 $\frac{1}{2}n(n+1)$개의 거리의 함수이다. 그래서 Y_n을 차수가 n인 표면 조화함수라고 부른다.

130a. 다음으로 계수가 n인 표면 조화함수마다 단지 차수가 $-(n+1)$인 고체 조화함수뿐 아니라 차수가 n인 또 다른 고체 조화함수도 대응한다는 것을, 다시 말하면

$$H_n = Y_n r^n = V_n r^{2n+1} \tag{15}$$

도 라플라스 방정식을 만족한다는 것을 보이려고 한다.

$$\frac{dH_n}{dx} = (2n+1)r^{2n-1}x V_n + r^{2n+1}\frac{dV_n}{dx},$$

$$\frac{d^2 H_n}{dx^2} = (2n+1)\big[(2n-1)x^2 + r^2\big]r^{2n-3}V_n + 2(2n+1)r^{2n-1}x\frac{dV_n}{dx} + r^{2n+1}\frac{d^2 V_n}{dx^2}$$

이 성립하므로

$$\frac{d^2 H_n}{dx^2} + \frac{d^2 H_n}{dy^2} + \frac{d^2 H_n}{dz^2} = (2n+1)(2n+2)r^{2n-1}V_n$$

$$+ 2(2n+1)r^{2n-1}\left(x\frac{dV_n}{dx} + y\frac{dV_n}{dy} + z\frac{dV_n}{dz}\right)$$

$$+r^{2n+1}\left(\frac{d^2 V_n}{dx^2}+\frac{d^2 V_n}{dy^2}+\frac{d^2 V_n}{dz^2}\right) \tag{16}$$

이 된다.

이제 V_n은 x, y, z의 멱수가 $-(n+1)$인 동차 함수이므로

$$x\frac{d V_n}{dx}+y\frac{d V_n}{dy}+z\frac{d V_n}{dz}=-(n+1)V_n \tag{17}$$

이 된다.

그러므로 (16) 식 우변의 처음 두 항은 서로 상쇄되고, V_n은 라플라스 방정식을 만족하므로, 세 번째 항은 0이고, 그래서 H_n도 역시 라플라스 방정식을 만족하며, 그러므로 H_n이 차수가 n인 고체 조화함수이다.

이것은 전기 역산의 좀 더 일반적인 정리에 속하는 특별한 경우로, 그 일반적인 정리에 의하면 만일 $F(x, y, z)$가 라플라스 방정식을 만족하는 x, y, z의 함수이면, 라플라스 방정식을 만족하는 다른 함수

$$\frac{a}{r}F\left(\frac{a^2 x}{r^2}, \frac{a^2 y}{r^2}, \frac{a^2 z}{r^2}\right)$$

가 존재한다는 것이다. 162절을 보라.

130b. 표면 조화함수 Y_n은 구 위의 n개의 극의 위치에 의해 정의되고 위치 하나마다 두 개의 좌표로 정의되므로, Y_n은 모두 $2n$개의 임의의 변수를 포함한다.

그러므로 고체 조화함수 V_n과 H_n도 역시 $2n$개의 임의의 변수를 포함한다. 그리고 이 양들 하나하나가 상수로 곱하더라도 여전히 라플라스 방정식을 만족한다.

AH_n이 라플라스 방정식을 만족할 수 있는 차수가 n인 가장 합리적인 동차 함수임을 증명하기 위해, 차수가 n인 일반적으로 합리적인 동차 함수인 K가 $\frac{1}{2}(n+1)(n+2)$항을 포함하고 있음을 확인한다. 그러나 $\nabla^2 K$는 차수

가 $n-2$인 동차 함수이고, 그러므로 $\frac{1}{2}n(n-1)$개의 항을 포함하며, $\nabla^2 K = 0$이라는 조건이 만족되려면 그 항들 하나하나가 모두 0이어야 한다. 그러므로 함수 K에 포함된 $\frac{1}{2}(n+1)(n+2)$ 항들의 계수 사이에는 $\frac{1}{2}n(n-1)$개의 식이 존재하고, 그 결과로 라플라스 방정식을 만족하는 차수가 n인 동차 함수의 가장 일반적인 형태에는 $2n+1$개의 서로 독립인 상수가 포함된다. 그러나 H_n은 임의의 상수로 곱하더라도 앞에서 요구된 조건을 만족해야 하며, 그래서 $2n+1$개의 임의 상수를 갖는다. 그래서 그것이 가장 일반적인 형태이다.

131a. 이제 우리는 퍼텐셜 자체나 퍼텐셜의 1차 도함수가 어떤 점에서도 무한대가 되지 않는 퍼텐셜 분포를 형성할 수 있다.

함수 $V_n = Y_n \dfrac{1}{r^{n+1}}$은 무한대에서 0이 되어야 한다는 조건을 만족하지만, 이 함수가 원점에서는 무한대가 된다.

함수 $H_n = Y_n r^n$은 원점에서 거리가 유한한 위치에서는 유한하고 연속이지만, 거리가 무한대일 때 0이 되지 않는다.

그러나 만일 원점이 중심이고 반지름이 a인 구 외부의 모든 점에서는 퍼텐셜이 $a^n Y_n \dfrac{1}{r^{n+1}}$이고, 그 구 내부의 모든 점에서는 퍼텐셜이 $\dfrac{1}{a^{n+1}} Y_n r^n$이며, 그 구 표면에는 표면 전하 밀도 σ가

$$4\pi\sigma a^2 = (2n+1) Y_n \tag{18}$$

이 되도록 만들면, 이런 방식으로 구 껍질에 대전된 전하가 원인인 퍼텐셜에 대해 성립해야 할 모든 조건이 만족된다.

왜냐하면 퍼텐셜은 모든 곳에서 유한하고 연속적이며, 무한히 먼 거리에서 0이어야 하고, 퍼텐셜의 1차 도함수는 대전된 표면을 제외하고는 모든 곳에서 유한하고 연속적이며, 구 표면에서는 다음 식

$$\frac{dV}{d\nu} + \frac{dV'}{d\nu'} + 4\pi\sigma = 0 \tag{19}$$

을 만족하고, 라플라스 방정식은 구 내부와 외부 모두에서 만족해야 하기 때문이다.

그러므로 이것이 그런 조건들을 만족하는 퍼텐셜 분포이고, 100a절에 의해 그것만이 라플라스 방정식을 만족하는 유일한 풀이이기 때문이다.

131b. 표면에 다음 식

$$4\pi a^2 \sigma = (2n+1) Y_n \tag{20}$$

으로 주어지는 면전하 밀도를 갖는 반지름이 a인 구에 의한 퍼텐셜은, 구 외부의 모든 점에서 차수가 n인 대응하는 특이점에 의한 퍼텐셜과 똑같다.

이제 그 구 외부에 전기 시스템이 존재한다고 가정하고 그 시스템을 E라고 부르자. 그리고 그 시스템에 의한 퍼텐셜이 Ψ라고 하고 특이점에 대해 $\sum(\Psi e)$ 값을 구하자. 이것은 그 특이점에 대한 전기 에너지 중에서 외부 시스템의 작용에 의존하는 부분이다.

만일 A_0가 계급이 0인 한 점의 전하이면, 구하려는 퍼텐셜 에너지는

$$W_0 = A_0 \Psi \tag{21}$$

이다.

만일 그런 점이 원점에 음전하 그리고 h_1 축의 끝에 전하량이 같은 양전하의 두 개 존재하면, 퍼텐셜 에너지는

$$-A_0\Psi + A_0\left(\Psi + h_1\frac{d\Psi}{dh_1} + \frac{1}{2}h_1^2\frac{d^2\Psi}{dh_1^2} + 등등\right)$$

이며, A_0는 끝없이 증가하고 h_1은 끝없이 감소하나 그 곱은 $A_0 h_1 = A_1$으로 일정하면, 계급이 1인 점에 대한 퍼텐셜 에너지는

$$W_1 = A_1\frac{d\Psi}{dh_1} \tag{22}$$

이다.

비슷하게 계급이 n인 점에 대한 퍼텐셜 에너지는

$$W_n = \frac{1}{1 \cdot 2 \cdots n} A_n \frac{d^n \Psi}{dh_1 \cdots dh_n} \text{23)} \tag{23}$$

이다.

131c. 외부 시스템이 몇 부분으로 구성된다고 가정하고, 그중에서 임의의 하나를 dE라고 표시하고, 특이점이 그런 부분들로 만들어지는데 그 부분 중 하나를 de라고 하면

$$\Psi = \sum \left(\frac{1}{r} dE \right) \tag{24}$$

이다.

그러나 만일 V_n이 특이점에 의한 퍼텐셜이라면

$$V_n = \sum \left(\frac{1}{r} de \right) \tag{25}$$

이고, E가 e에 작용해서 생기는 퍼텐셜 에너지는

$$W = \sum (\Psi de) = \sum \sum \left(\frac{1}{r} dE de \right) = \sum V_n dE \tag{26}$$

인데, 마지막 표현은 e가 E에 작용한 결과로 생기는 퍼텐셜 에너지이다.

비슷하게, σds가 구 껍질의 전하 요소라면, 외부 시스템에서 구 껍질에 의한 퍼텐셜이 V_n이므로

$$W = \sum (V_n dE) = \sum \sum \left(\frac{1}{r} dE \sigma ds \right) = \sum (\Psi \sigma ds) \tag{27}$$

가 된다.

이 식에서 마지막 항은 구 표면 전체에서 수행하는 더하기를 포함한다. 이것을 W에 대한 첫 번째 표현과 같다고 놓으면

$$\iint \Psi \sigma ds = \sum (\Psi de) = \frac{1}{n!} A_n \frac{d^n \Psi}{dh_1 \cdots dh_n} \tag{28}$$

가 된다. $4\pi \sigma a^2 = (2n+1) Y_n$이고 $A_n = a^n$임을 기억하면, 이 식은

$$\iint \Psi Y_n ds = \frac{4\pi}{n!(2n+1)} a^{n+2} \frac{d^n \Psi}{dh_1 \cdots dh_n} \tag{29}$$

가 된다.

이 식은 반지름이 a인 구의 표면 위에 놓인 모든 요소에 대해 $\Psi Y_n ds$를 면적분하는 연산을 조화함수의 n개의 축에 대해 Ψ를 미분하고 구의 중심에서 미분 계수의 값을 취하는 연산으로 바꾸는데, 이때 Ψ는 구 내부의 모든 점에서 라플라스 방정식을 만족하고 Y_n은 계급이 n인 표면 조화함수이다.

132. 이제 Ψ의 형태는

$$\Psi = a^{-m} Y_m r^m \tag{30}$$

이고 차수가 0보다 더 큰 m인 고체 조화함수라고 가정하자.

구의 표면에서는 $r = a$이고 $\Psi = Y_m$이므로 (29) 식은 이 경우에

$$\iint Y_m Y_n ds = \frac{4\pi}{n!(2n+1)} a^{n-m+2} \frac{d^n(Y_m r^m)}{dh_1 \cdots dh_n} \tag{31}$$

이 되는데, 여기서 미분 계수의 값은 구의 중심에서 취한다.

n이 m보다 더 작으면, 미분의 결과는 차수가 $m-n$인 x, y, z에 대한 동차 함수인데, 구의 중심에서 그 값이 0이다. n이 m과 같으면 미분의 결과는 상수이고, 그 값은 134b절에서 정할 예정이다. 미분을 더 계속하면 결과는 0이다. 그러므로 m과 n이 다르면 언제나 면적분 $\iint Y_m Y_n ds$가 0이다.

이 결과에 이르기까지 각 단계는 모두가 다 순수하게 수학적이며, 비록 전기 에너지 같은 물리적 의미를 갖는 용어를 사용했지만 그런 용어들 하나하나는 조사할 물리적 현상이 아니라 단지 정해진 수학적 표현으로 취급되었다. 수학자는 이 용어들을 어떤 다른 유용하다고 판단되는 수학적 함수를 사용하는 것과 똑같이 유용하게 사용할 수 있으며, 물리학자는 수학적 계산을 수행하면서 계산의 각 단계를 물리적으로 해석할 수 있으면 그 계산을 훨씬 더 잘 이해하게 된다.

133. 이제 표면 조화함수 Y_n의 형태를 조화함수의 n개의 극을 갖는 구 위

의 한 점 P의 위치의 함수로 구하자.

우리는 이미

$$\left.\begin{aligned}
Y_0 &= 1, \quad Y_1 = \mu_1, \quad Y_2 = \frac{3}{2}\mu_1\mu_2 - \frac{1}{2}\lambda_{12} \\
Y_3 &= \frac{6}{2}\mu_1\mu_2\mu_3 - \frac{1}{2}(\mu_1\lambda_{23} + \mu_2\lambda_{31} + \mu_3\lambda_{12})
\end{aligned}\right\} \tag{32}$$

등임을 알고 있다.

그러므로 Y_n에 포함된 각 항은, 하나의 아래 첨자를 갖는 μ의 형태로 된 P와 서로 다른 극들 사이의 각의 코사인인, 코사인들의 곱과, 두 개의 아래 첨자를 갖는 λ의 형태로 된 서로 다른 두 극 사이의 각의 코사인인 코사인 들의 곱으로 구성되어 있다.

각 축은 n개의 미분 중 하나로부터 도입되었으므로, 그 축을 나타내는 기호는 각 항의 코사인의 첨자 중에서 오직 한 번만 나와야 한다.

그러므로 만일 어떤 항에서든지 이중 첨자를 갖는 s개의 코사인이 존재 하면 단일 첨자를 갖는 $n-2s$개의 코사인도 존재해야 한다.

코사인들의 모든 곱의 합을 생각하자. 그 합 중에서 s개가 이중 첨자를 갖는다면, 그 합은 축약된 형태로

$$\sum(\mu^{n-2s}\lambda^s)$$

와 같이 쓸 수 있다.

그 곱들 하나하나에 모든 첨자가 한 번만 나타나고 어떤 것도 반복되지 않는다.

어떤 특정한 첨자 m이 μ들 중에서만 나타나거나 λ들 중에서만 나타나 도록 표현하기를 원하면, 그 첨자를 μ의 첨자 또는 λ의 첨자로 쓰자. 그러 면 다음 식

$$\sum(\mu^{n-2s}\lambda^s) = \sum(\mu_m^{n-2s}\lambda^s) + \sum(\mu^{n-2s}\lambda_m^s) \tag{33}$$

이 전체 곱을 두 부분으로 나누어 표현하는데, 한 부분에서는 첨자 m이 변 하는 점 P의 방향 코사인 중에서 나타나고, 다른 부분에서는 첨자 m이 두

극 사이의 사잇각의 코사인 중에서 나타난다.

이제 어떤 특정한 값 n에 대해

$$Y_n = A_{n,0}\sum(\mu^n) + A_{n,1}\sum(\mu^{n-2}\lambda^1) + 등등 + A_{n,s}\sum(\mu^{n-2s}\lambda^s) + 등등 \quad (34)$$

이라고 가정하자. 여기서 A들은 숫자로 나타낼 계수이다. 그러면 이 급수를 축약된 형태로

$$Y_n = S\Big[A_{n,s}\sum(\mu^{n-2s}\lambda^s)\Big] \quad (35)$$

라고 써도 좋은데, 여기서 S는 더하기를 가리키는데 0을 포함하여 $\frac{1}{2}n$보다 더 크지 않은 모든 s 값에 대해 더한다.

여기에 대응하는 차수가 음의 $(n+1)$이고 계급이 n인 고체 조화함수를 구하려면, $\frac{1}{r^{n+1}}$로 곱해서

$$V_n = S\Big[S_{n,s}\,r^{2s-2n-1}\sum(p^{n-2s}\lambda^s)\Big] \quad (36)$$

를 얻는데, (3) 식에서처럼 $r\mu = p$라고 놓았다.

만일 V_n을 새로운 축 h_m에 대해 미분하면 $-(n+1)V_{n+1}$을 얻는데, 그러므로

$$(n+1)V_{n+1} = S\Big[A_{n,s}(2n+1-2s)\,r^{2s-2n-3}\sum(p_m^{n-2s+1}\lambda^s)$$
$$- A_{n,s}\,r^{2s-2n-1}\sum(p^{n-2s-1}\lambda_m^{s+1})\Big] \quad (37)$$

가 된다.

만일 이중 첨자를 갖는 s개의 코사인을 포함하는 항을 구하고 싶으면, 마지막 항에서 s를 1로 줄여야 하는데, 그러면

$$(n+1)V_{n+1} = S\Big[r^{2s-2n-s}\Big\{A_{n,s}(2n-2s+1)\sum(p_m^{n-2s+1}\lambda^s)$$
$$- A_{n,s-1}\sum(p^{n-2s+1}\lambda_m^s)\Big\}\Big] \quad (38)$$

가 나온다.

이제 두 종류의 곱은 하나에서는 첨자 m이 p들에서만 나타나고 다른 하나에서는 λ에서만 나타난다는 것을 제외하면 어떤 방법으로도 구분되지

않는다. 그러므로 그들의 계수는 같아야 하며, V_n에 대한 표현에서 n 자리에 $n+1$을 쓰고 $n+1$을 곱하면 같은 결과를 얻어야 하므로, 다음 식

$$(n+1)A_{n+1,s} = (2n-2s+1)A_{n,s} = -A_{n,s-1} \tag{39}$$

를 얻는다.

이 식에 $s=0$을 대입하면

$$(n+1)A_{n+1} = (2n+1)A_n \tag{40}$$

을 얻는데, 그러므로 $A_{1,0} = 1$을 이용하면

$$A_{n,0} = \frac{2n!}{2^n (n!)^2} \tag{41}$$

가 되고, 이로부터 계수에 대한 일반적인 값인

$$A_{n,s} = (-1)^s \frac{(2n-2s)!}{2^{n-s} n!(n-s)!} \tag{42}$$

를 얻고, 마지막으로 표면 조화함수에 대한 삼각법 표현인

$$Y_n = S\left[(-)^s \frac{(2n-2s)!}{2^{n-s} n!(n-s)!} \sum (\mu^{n-2s} \lambda^s) \right] \tag{43}$$

을 얻는다.

이 표현은 구 표면 위의 임의의 점 P에서 표면 조화함수의 값을 서로 다른 극으로부터 P까지 거리와 서로 다른 극들 사이의 거리의 코사인으로 나타낸다.

극 중에서 어느 하나라도 구 표면의 건너편 점으로 이동하면, 조화함수의 값의 부호가 바뀌는 것을 어렵지 않게 알 수 있다. 왜냐하면 그 극의 지수(指數)와 관련된 어떤 코사인이라도 부호가 바뀌며, 조화함수의 각 항에서 그 극에 대한 지수는 단 한 번만 나타나기 때문이다.

그러므로 둘 또는 임의의 짝수 개의 극이 각각 구면에서 건너편 점으로 이동하면, 조화함수의 값은 바뀌지 않는다.

그런데 실베스터* 교수는 조화함수가 주어질 때 축과 일치하는 n개의 선을 찾는 문제의 풀이는 단 하나뿐임을 증명했지만(*Phil. Mag*, Oct.

1876), 우리가 바로 앞에서 본 것처럼 축의 + 방향은 두 개씩 (쌍으로) 거꾸로 바꾸어도 상관없다.

134. 이제 두 표면 조화함수의 계급이 같으나 그 축의 방향은 일반적으로 다르더라도 면적분 $\iint Y_m Y_n ds$의 값을 구할 수 있다.

그 면적분을 구하기 위해서는 고체 조화함수 $Y_m r^n$를 만들고 Y_n의 n개의 축 하나하나에 대해 미분해야 한다.

형태가 $r^m \mu^{m-2s} \lambda^s$인 어떤 $Y_m r^m$ 항도 $r^{2s} p_m^{m-2s} \lambda_{mm}^s$라고 쓸 수 있다. 이것을 Y_n의 n개의 축에 대해 연이어 n번 미분하면, r^{2s}를 그런 축들의 s에 대해 미분하면서 p_n의 s와 다음 값을 갖는 인자

$$2s(2s-2)\cdots 2 \quad \text{또는} \quad 2^s s!$$

를 구하게 된다. 다음 s개의 축들에 대해 미분을 계속하면 p_n들은 λ_{nn}들로 전환되지만 숫자로 된 인자가 더 나오지는 않으며, 나머지 $n-2s$개의 축에 대해 미분하면서 p_m들은 λ_{mn}들로 전환되어서, 마지막 결과는 $2^s s! \lambda_{nn}^s \lambda_{mm}^s \lambda_{mn}^{m-2s}$이 된다.

그러므로 (31) 식에 따라

$$\iint Y_m Y_n ds = \frac{4\pi}{n!(2n+1)} a^{n-m+2} \frac{d^n(Y_m r^m)}{dh_1 \cdots dh_n} \tag{44}$$

이 되고 (43) 식에 따라

$$Y_m r^m = S\left[(-1)^s \frac{(2m-2s)!}{2^{m-s} m!(m-s)!} \sum (r^{2s} p_m^{m-2s} \lambda_{mn}^s) \right] \tag{45}$$

이 된다.

그러므로 미분들을 수행하고 $m = n$임을 기억하면

$$\iint Y_m Y_n ds = \frac{4\pi a^2}{(2n+1)(n!)^2} S\left[(-)^s \frac{(2n-2s)!s!}{2^{n-2s}(n-s)!} \sum (\lambda_{mm}^s \lambda_{mn}^{n-2s}) \right] \tag{46}$$

---

* 실베스터(James Joseph Sylvester, 1814-1897)는 영국인으로서 변호사로 활동하다 수학자가 되었으며 행렬 이론, 정수론, 조합론 등에 이바지했다.

이 된다.

135a. 두 표면 조화함수의 곱의 면적분에 대한 표현인 (46) 식은 조화함수 중의 하나인 Y_m의 모든 축을 서로 일치시키면 놀라운 형태가 되는데, 그것을 우리는 나중에 기호 P_m으로 표시하고 계급이 m인 띠 조화함수라고 정의할 것이다.

이 경우에 λ_{nm} 형태의 모든 코사인을 μ_n이라고 쓸 수 있는데, 여기서 μ_n은 p_m의 공동 축과 Y_n의 축 중 하나 사이의 각에 대한 코사인을 표시한다. 형태가 λ_{mm}인 코사인들은 모두 1이 되는데, 그래서 $\sum \lambda_{mm}^s$ 대신에 s 부호를 갖는 조합의 수를 대입해야 하고, 그것들 하나하나는 n 중에서 이중 첨자로 구분되며 어떤 첨자도 반복되지 않는다. 그러므로

$$\sum \lambda_{mm}^s = \frac{n!}{2^s s!(n-2s)!} \tag{47}$$

가 된다.

P_m의 축들의 나머지 $n-2s$ 첨자들이 만드는 순열들의 수는 $(n-2s)!$이다. 그러므로

$$\sum \left(\lambda_{mn}^{n-2s} \right) = (n-2s)! \mu^{n-2s} \tag{48}$$

이다.

그러므로 Y_m의 모든 축들이 일치하면 (46) 식은

$$\iint Y_n P_m ds = \frac{4\pi a^2}{(2n+1)n!} S\left[(-)^s \frac{(2n-2s)!}{2^{n-s}(n-s)!} \sum \left(\mu^{n-2s} \lambda^s \right) \right] \tag{49}$$

가 되며, (43) 식에 따라

$$\iint Y_n P_m ds = \frac{4\pi a^2}{2n+1} Y_{n(m)} \tag{50}$$

이 되는데, 여기서 $Y_{n(m)}$은 P_m의 극에서 Y_n 값을 표시한다.

다음과 같은 더 짧은 과정에 의해서도 같은 결과를 얻을 수 있다.

z 축이 P_m의 축과 일치하도록 직각 좌표계를 정하고, $Y_n r^n$을 차수가 n인

x, y, z의 동차 함수로 전개하자.

P_m의 극에서 $x = y = 0$이고 $z = r$이므로, 만일 Cz^n이 x 또는 y를 전혀 포함하지 않는 항이면, C는 P_m의 극에서 Y_n의 값이다.

이 경우에 (31) 식은

$$\iint Y_n P_m ds = \frac{4\pi a^2}{2n+1} \frac{1}{n!} \frac{d^m}{dz^m}(Y_n r^n)$$

이 된다.

만일 m이 n과 같으면, Cz^n을 미분한 결과는 $n!C$이고 다른 항들에 대해서는 0이다. 그러므로

$$\iint Y_n P_m ds = \frac{4\pi a^2}{2n+1} C$$

인데, C는 P_m의 극에서 Y_n의 값이다.

135b. 이 결과는 구 표면에서 임의로 부여된 유한하고 연속적인 양의 값을 표현하는 일련의 구면 조화함수를 어떻게 정하는지 보여주기 때문에, 구면 조화함수 이론에서 매우 중요하다.

그 양의 값을 F라고 하고 구 표면 위의 점 Q에서 넓이 요소를 ds라고 하면, 만일 $F ds$를 같은 표면의 점 P가 극인 띠 조화함수 P_n로 곱하고 표면에 대해 적분하면, 그 결과는 점 P에 의존할 것이므로 그 결과를 P의 위치의 함수라고 간주해도 좋다.

그러나 극이 Q인 띠 조화함수의 P에서 값은 극이 P인 같은 계급의 띠 조화함수의 Q에서 값과 같기 때문에, 표면의 어떤 넓이 요소 ds에 대해서든지 띠 조화함수는 극이 Q에 있고 계수가 $F ds$이도록 구성된다.

그래서 F가 값을 갖는 구의 모든 점이 극인 일련의 띠 조화함수들이 서로 중첩되어 존재한다. 띠 조화함수들 하나하나는 계급이 n인 표면 조화함수의 배수(倍數)이므로, 그 띠 조화함수들의 합은 (꼭 띠 조화함수일 필요는

없는데) 계급이 n이다.

그러므로 점 P의 함수라고 간주한 면적분 $\iint FP_n ds$ 는 표면 조화함수 Y_n에 비례한다. 그래서 F가 그렇게 표현될 수 있다는 조건 아래서

$$\frac{2n+1}{4\pi a^2} \iint FP_n ds$$

도 역시 F를 표현하는 일련의 조화함수들에 속하는 계급이 n번째인 특정한 표면 조화함수이다.

왜냐하면 만일 F가

$$\iint FP_n ds = \frac{4\pi a^2}{2n+1} A_n Y_n$$

의 형태로 표현될 수 있다면, 거기에 $P_n ds$를 곱하고 전체 구 표면에 대해 면적분을 수행하면, 서로 다른 계급에 속하는 조화함수들의 곱과 관계된 항들은 모두 0이 되고

$$\iint FP_n ds = \frac{4\pi a^2}{2n+1} A_n Y_n$$

만 남기 때문이다. 그러므로 F를 구면 조화함수로 전개하는 것이 가능한 유일한 경우는

$$F = \frac{1}{4\pi a^2}\left[\iint FP_n ds + \text{등등} + (2n+1) \iint FP_n ds + \text{등등} \right] \tag{51}$$

뿐이다.

켤레 조화함수

136. 계급이 다른 두 조화함수의 곱의 면적분은 항상 0이 되는 것을 알았다. 그러나 두 계급이 같은 조화함수의 곱의 면적분도 0이 되는 예도 있다. 그러면 그 두 조화함수를 서로 상대에 대해 켤레가 된다고 말한다. 계급이

같은 두 조화함수가 서로 켤레이기 위한 조건은 0과 같다고 놓은 (46) 식으로 표현된다.

만일 조화함수 중 하나가 띠 조화함수이면, 켤레가 될 조건은 띠 조화함수의 극에서 다른 조화함수의 값이 0이 되어야 한다는 것이다.

계급이 n번째인 주어진 조화함수로부터 시작하면, 두 번째 조화함수가 그 조화함수와 켤레가 되기 위해서는 그 조화함수의 $2n$개 변수들이 조건 하나를 만족해야 한다.

세 번째 조화함수가 앞의 두 조화함수 모두와 켤레이기 위해서는, 그 조화함수의 $2n$개 변수들이 조건 두 가지를 만족해야 한다. 계속해서 이런 식으로 각 조화함수가 그 전에 만들어진 모든 조화함수와 켤레가 되도록 구성한다면, 각 조화함수에서 만족해야 할 조건의 수는 이미 존재하는 조화함수의 수와 같아서, $(2n+1)$번째 조화함수는 그 조화함수의 $2n$ 변수들이 $2n$개의 조건을 만족해야 하며, 그러면 그런 조화함수가 완벽히 결정된다.

n번째 계급인 표면 조화함수의 임의 배수 AY_n은 임의로 정한 같은 계급의 $2n+1$개의 서로 켤레인 조화함수들 세트의 배수 합으로 표현될 수 있는데, 왜냐하면 $2n+1$개의 서로 켤레인 조화함수의 계수들은 개수가 Y_n에 속한 변수들 $2n$개와 계수 A까지 모두 $2n+1$개와 같은 수의 정해져야 할 양의 집합이기 때문이다.

켤레인 조화함수 중 하나로 예를 들어 Y_n^σ의 계수를 구하기 위해

$$AY_n = A_0 Y_n^\sigma + \text{등등} + A_\sigma Y_n + \text{등등}$$

이라고 가정하자. 그리고 양변을 $Y_n^\sigma ds$로 곱하고 구의 표면에 대해 면적분을 구하자. 그러면 서로 켤레인 조화함수들의 곱과 관계된 항들은 모두 0이 되고

$$A \iint Y_n Y_n^\sigma ds = A_\sigma \iint \left(Y_n^\sigma \right)^2 ds \qquad (52)$$

만 남는데, 이 식으로 A_σ를 정한다.

그러므로 $2n+1$개의 서로 켤레인 조화함수의 세트를 안다고 가정하면, 계급이 n번째인 어떤 다른 조화함수도 그들에 의해 표현될 수 있으며 그 표현은 단 한 가지밖에 없다. 그러므로 어떤 다른 조화함수도 그들 모두와 켤레일 수 없다.

137. 만일 모두가 다 서로 켤레인 n 번째 계급의 $2n+1$개의 모든 조화함수를 다 안다면, 계급이 같은 어떤 다른 조화함수도 그들에 의해 표현될 수 있다. $2n+1$개의 조화함수로 이루어진 그런 시스템에서는 $n(2n+1)$개의 식으로 연결된 $2n(2n+1)$개의 변수가 존재하며, 그러므로 그중에서 $n(2n+1)$개의 변수는 아무 값이나 가질 수 있다.

톰슨과 테이트가 제안한 것처럼, 각 조화함수에 속한 n개의 극이 알맞게 분포되어 그 극들 중에서 j는 x 축의 극과 일치하고, k는 y 축의 극과 일치하고, $l(=n-j-k)$는 z 축의 극과 일치하는 조화함수들을 서로 켤레인 조화함수들의 시스템으로 선택할 수 있다. $l=0$인 $n+1$개의 분포와 $l=1$인 n개의 분포를 알면, 다른 모든 분포는 그 알고 있는 분포로 표현될 수 있다.

(톰슨과 테이트를 포함하여) 모든 수학자가 실제로 채택하는 시스템은 $n-\sigma$개의 극들이 구(球)의 양극(陽極)이라고 부르는 점과 일치하도록 만들고, 나머지 σ개의 극들은 만일 σ가 홀수이면 구의 적도*를 돌아가며 등 간격으로 놓이게 만들고, 만일 σ가 짝수이면 구의 적도의 절반에 등 간격으로 놓이게 만든 것이다.

이 경우에 μ_1, μ_2, $\cdots$, $\mu_{n-\sigma}$는 하나하나가 $\cos\theta$와 같은데, 그것을 μ라고 표시하자. 또한 $\sin\theta$를 ν라고 쓰면, β가 적도에 놓인 극 중 하나의 방위각일 때, $\mu_{n-\sigma+1}$, $\cdots$, μ_n은 $\nu\cos(\phi-\beta)$의 형태이다.

또한 λ_{pq}의 값은, p와 q가 모두 $n-\sigma$보다 더 작으면 1이고, 하나는 $n-\sigma$

---

* 구의 적도란 원점이 구의 중심일 때 xy 평면과 구 표면이 교차하는 원을 말한다.

보다 더 크고 하나는 더 작으면 0이고, 둘 다 $n-\sigma$보다 더 크면 r를 σ보다 더 작은 자연수라고 할 때 $\cos r\dfrac{\pi}{\sigma}$이다.

138. 모든 극이 구의 극에서 일치하면 $\sigma = 0$이고, 그 경우에 조화함수를 띠 조화함수라 부른다. 띠 조화함수는 매우 중요하기 때문에 띠 조화함수는 특별히 P_n이라는 기호로 표시한다.

띠 조화함수의 값은 삼각법 표현인 (43) 식이나 좀 더 직접 미분으로 구할 수 있으며

$$P_n = (-)^n \frac{r^{n+1}}{n!} \frac{d^n}{dz^n}\left(\frac{1}{r}\right) \tag{52}$$

$$P_n = \frac{1 \cdot 3 \cdot 5 \cdots (2n-1)}{1 \cdot 2 \cdot 3 \cdots n}\left[\mu^n - \frac{n(n-1)}{2 \cdot (2n-1)}\mu^{n-2}\right.$$
$$\left. + \frac{n(n-1)(n-2)(n-3)}{2 \cdot 4 \cdot (2n-1)(2n-3)}\mu^{n-4} - \text{등등}\right]$$

$$= \sum\left[(-)^p \frac{(2n-2p)!}{2^n P!(n-p)!(n-2p)!}\mu^{n-2p}\right] \tag{53}$$

인데, 여기서 p는 0에서 $\dfrac{1}{2}n$을 초과하지 않는 가장 큰 정수 사이의 모든 정숫값을 부여해야 한다.

때로는 P_n을 $\cos\theta$와 $\sin\theta$의 동차 함수로 표현하는 것이 편리한데, $\cos\theta$와 $\sin\theta$를 μ와 ν라고 쓰면

$$P_n = \mu^n - \frac{n(n-1)}{2 \cdot 2}\mu^{n-2} + n(n-1)(n-2)\frac{(n-3)}{2 \cdot 2 \cdot 4 \cdot 4}\mu^{n-4}\nu^4 - \text{등등}$$

$$= \sum\left[(-)^p \frac{n!}{2^{2p}(p!)^2(n-2p)!}\mu^{n-2p}\nu^{2p}\right] \tag{54}$$

가 된다.

이 주제에 대한 수학 관련 논문에 $P_n(\mu)$가 $(1-2\mu h + h^2)^{-\frac{1}{2}}$의 전개에서 h^n의 계수임이 증명되어 있다.

띠 조화함수 제곱의 면적분은

$$\iint (P_n)^2 ds = 2\pi a^2 \int_{-1}^{+1}(P_n(\mu))^2 du = \frac{4\pi a^2}{2n+1} \tag{55}$$

이다.

그래서

$$\int_{-1}^{+1} (P_n(\mu))^2 d\mu = \frac{2}{2n+1} \tag{56}$$

이다.

139. 구의 표면을 언급하지 않고 단순히 μ의 함수라고 생각한 띠 조화함수를 르장드르 계수라고 부른다.

띠 조화함수가 좌표 θ와 ϕ로 정의되는 구의 표면 위에 존재하고 띠 조화함수의 극이 (θ', ϕ')에 있다고 생각하면, 점 (θ, ϕ)에서 띠 조화함수 값은 네 개의 각 θ', ϕ', θ, ϕ의 함수이며, 그 값은 두 점 (θ, ϕ)와 (θ', ϕ')를 잇는 원호의 코사인인 μ의 함수이기 때문에, θ와 θ'의 값과 ϕ와 ϕ' 값이 서로 뒤바뀌더라도 띠 조화함수의 값은 바뀌지 않는다. 그렇게 표현된 띠 조화함수를 라플라스 계수라고 부른다. 톰슨과 테이트는 라플라스 계수를 쌍축(雙軸) 조화함수라고 부른다.

라플라스 방정식을 만족하는 x, y, z의 동차 함수이면 어느 것이나 고체 조화함수라고 부를 수 있으며 원점이 중심인 구의 표면에서 고체 조화함수의 값을 표면 조화함수라고 부른다. 이 책에서는 표면 조화함수를 그 함수에 속한 n개의 극으로 정의했는데, 그래서 표면 조화함수는 단 $2n$개의 변수만 갖는다. $2n+1$개의 변수를 갖는 더 일반적인 표면 조화함수는 임의의 상수로 곱한 더 제한된 표면 조화함수이다. θ와 ϕ에 의해 표현한 더 일반적인 표면 조화함수를 르장드르 함수라 부른다.

140a. 대칭 시스템의 다른 조화함수를 구하려면, xy 평면에서 두 축 사이의 각이 $\frac{\pi}{\sigma}$으로 기울어진 σ 축에 대해 미분해야 한다. 그렇게 하는 데 가장 편리한 방법은 톰슨과 테이트가 저술한 교과서인 *Natural Philosophy*, 1권 148쪽(개정판은 185쪽)에 나온 것처럼 복소수 좌표계를 이용하는 것이다.

이제 i가 $\sqrt{-1}$을 표시한다고 하고

$$\xi = x + iy, \quad \eta = x - iy \tag{57}$$

라고 쓸 때, 만일 축 중에서 하나가 y축과 일치하면 σ축에 대한 미분 연산을

$$i\left(\frac{d^\sigma}{d\xi^\sigma} - \frac{d^\sigma}{d\eta^\sigma}\right) = D_S^{(\sigma)} \tag{58}$$

라고 쓸 수 있고, 만일 y축이 두 축 사이의 각을 절반으로 자르면 σ축에 대한 미분 연산을

$$\left(\frac{d^\sigma}{d\xi^\sigma} + \frac{d^\sigma}{d\eta^\sigma}\right) = D_C^{(\sigma)} \tag{59}$$

라고 쓸 수 있다.

이 연산을 각각 축약된 연산 기호 $D_S^{(\sigma)}$와 $D_C^{(\sigma)}$로 표현하면 편리하다. 이 연산들은 물론 실수(實數) 연산이고 허수 기호를 사용하지 않고 표현할 수 있는데, 그렇게 표현하면

$$2^{\sigma-1} D_S^{(\sigma)} = \sigma \frac{d^{\sigma-1}}{dx^{\sigma-1}} \frac{d}{dy} - \frac{\sigma(\sigma-1)(\sigma-2)}{1 \cdot 2 \cdot 3} \frac{d^{\sigma-3}}{dx^{\sigma-3}} \frac{d^3}{dy^3} + \text{등등} \tag{60}$$

$$2^{\sigma-1} D_C^{(\sigma)} = \frac{d^\sigma}{dx^\sigma} - \frac{\sigma(\sigma-1)}{1 \cdot 2} \frac{d^{\sigma-2}}{dx^{\sigma-2}} \frac{d^2}{dy^2} + \text{등등} \tag{61}$$

이 된다.

또한

$$\frac{d^{n-\sigma}}{dz^{n-\sigma}} D_S^{(\sigma)} = \underset{n}{D_S^{(\sigma)}} \qquad \text{그리고} \qquad \frac{d^{n-\sigma}}{dz^{n-\sigma}} D_C^{(\sigma)} = \underset{n}{D_C^{(\sigma)}} \tag{62}$$

라고 써서 $\underset{n}{D_S^{(\sigma)}}$와 $\underset{n}{D_C^{(\sigma)}}$가 n축에 대한 미분 연산을 표시하는데 그중에서 $n-\sigma$개는 z축과 일치하고 나머지 σ개는 xy 평면에서 서로 각 $\frac{\pi}{\sigma}$를 이루도록 하자. 이때 $\underset{n}{D_S^{(\sigma)}}$는 y축이 축 중 하나와 일치할 때 이용되며 $\underset{n}{D_C^{(\sigma)}}$는 y축이 두 축 사이의 각을 절반으로 나눌 때 이용된다.

이제 계급이 n이고 형태가 σ인 두 가지 등축(等軸) 조화함수를

$$\underset{n}{Y_S^{(\sigma)}} = (-)^n \frac{1}{n!} r^{n+1} \underset{n}{D_S^{(\sigma)}} \frac{1}{r} \tag{63}$$

$$Y_{\substack{C \\ n}}^{(\sigma)} = (-)^n \frac{1}{n!} r^{n+1} D_{\substack{C \\ n}}^{(\sigma)} \frac{1}{r} \tag{64}$$

이라고 쓸 수 있다.

$\mu = \cos\theta$, $\nu = \sin\theta$, $\rho^2 = x^2 + y^2$이라고 써서 $z = \mu r$, $\rho = \nu r$, $x = \rho\cos\phi$, $y = \rho\sin\phi$이면

$$D_S^{(\sigma)} \frac{1}{r} = (-)^\sigma \frac{(2\sigma)!}{2^{2\sigma}\sigma!} i(\eta^\sigma - \xi^\sigma) \frac{1}{r^{2\sigma+1}} \tag{65}$$

$$D_C^{(\sigma)} \frac{1}{r} = (-)^\sigma \frac{(2\sigma)!}{2^{2\sigma}\sigma!} i(\xi^\sigma + \eta^\sigma) \frac{1}{r^{2\sigma+1}} \tag{66}$$

이 되는데, 여기서

$$\frac{i}{2}(\eta^\sigma - \xi^\sigma) = \rho^\sigma \sin\sigma\phi, \qquad \frac{i}{2}(\xi^\sigma + \eta^\sigma) = \rho^\sigma \cos\sigma\phi \tag{67}$$

라고 쓸 수 있다.

이제 z에 대해 미분하기만 하면 되는데, 결과를 r와 z로 구할 수도 있고 z와 ρ의 동차 함수를 r의 멱수로 나눈 것으로 구할 수도 있으며, 그 결과는

$$\frac{d^{n-\sigma}}{dz^{n-\sigma}} \frac{1}{r^{2\sigma+1}} = (-)^{n-\sigma} \frac{(2n)!}{2^n n!} \frac{2^\sigma \sigma!}{(2\sigma)!} \frac{1}{r^{2n+1}}$$
$$\times \left[z^{n-\sigma} - \frac{(n-\sigma)(n-\sigma-1)}{2(2n-1)} z^{n-\sigma-2} r^2 + 등등 \right] \tag{68}$$

또는

$$\frac{d^{n-\sigma}}{dz^{n-\sigma}} \frac{1}{r^{2\sigma+1}} = (-)^{n-\sigma} \frac{(n+\sigma)!}{(2\sigma)!} \frac{1}{r^{2n+1}}$$
$$\times \left[z^{n-\sigma} - \frac{(n-\sigma)(n-\sigma-1)}{4(\sigma+1)} z^{n-\sigma-2} \rho^2 + 등등 \right] \tag{69}$$

이다.

만일

$$\Theta_n^{(\sigma)} = \nu^\sigma \left[\mu^{n-\sigma} - \frac{(n-\sigma)(n-\sigma-1)}{2 \cdot (2n-1)} \mu^{n-\sigma-2} \right.$$
$$\left. + \frac{(n-\sigma)(n-\sigma-1)(n-\sigma-2)(n-\sigma-3)}{2 \cdot 4 \cdot (2n-1)(2n-3)} \mu^{n-\sigma-4} - 등등 \right] \tag{70}$$

그리고

$$\varsigma_n^{(\sigma)} = \nu^\sigma \left[\mu^{n-\sigma} - \frac{(n-\sigma)(n-\sigma-1)}{4(\sigma+1)} \mu^{n-\sigma-2} \nu^2 \right.$$
$$\left. + \frac{(n-\sigma)(n-\sigma-1)(n-\sigma-2)(n-\sigma-3)}{4 \cdot 8 \cdot (\sigma+1)(\sigma+2)} \mu^{n-\sigma-4} \nu^4 - \text{등등} \right] \tag{71}$$

라고 쓰면

$$\Theta_n^{(\sigma)} = \frac{2^{n-\sigma} n! (n+\sigma)!}{(2n)! \sigma!} \varsigma_n^{(\sigma)} \tag{72}$$

가 성립하므로 이 두 함수는 단지 상수로 곱한 것만큼만 다르다.

이제 계급이 n이고 형태가 σ인 두 가지 등축 조화함수를 Θ 또는 ς 중 하나에 의해 다음과 같이

$$Y_{\underset{n}{S}}^{(\sigma)} = \frac{(2n)!}{2^{n+\sigma} n! n!} \Theta_n^{(\sigma)} 2\sin\sigma\phi = \frac{(n+\sigma)!}{2^{2\sigma} n! \sigma!} \varsigma_n^{(\sigma)} 2\sin\sigma\phi \tag{73}$$

$$Y_{\underset{n}{C}}^{(\sigma)} = \frac{(2n)!}{2^{n+\sigma} n! n!} \Theta_n^{(\sigma)} 2\cos\sigma\phi = \frac{(n+\sigma)!}{2^{2\sigma} n! \sigma!} \varsigma_n^{(\sigma)} 2\cos\sigma\phi \tag{74}$$

라고 쓸 수 있다.

$\sigma = 0$일 때는 $\sin\sigma\phi = 0$이고 $\cos\sigma\phi = 1$임을 꼭 기억해야 한다.

1부터 n까지 모든 σ 값에 대해, 한 쌍 즉 두 개의 조화함수가 존재하지만, $\sigma = 0$이면 $Y_{\underset{n}{S}}^{(0)} = 0$이며 $Y_{\underset{n}{C}}^{(0)} = 2P_n$ 즉 띠 조화함수이다. 그러므로 계급이 n인 조화함수의 전체 수는 그래야 하는 것처럼 $2n+1$이다.

140b. 이 책에서 사용하는 Y의 값은 $\frac{1}{r}$을 n개의 축에 대해 미분하고 그 결과를 $n!$로 나누어서 구한다. 그 값은 $\sigma\phi$의 사인 또는 코사인, ν^σ, μ의 함수(또는 μ와 ν의 함수), 그리고 상수의 네 인자들의 곱이다.

두 번째 인자와 세 번째 인자의 곱, 다시 말하면 θ에 의존하는 부분은 단지 상숫값만 차이가 나는 세 가지 서로 다른 기호로 표현되었다. 그 곱이 첫 번째 항인 $\mu^{n-\sigma}$로부터 시작한 μ의 내림차순 급수에 ν^σ를 곱한 형태로 표현될 때, 그것을 톰슨과 테이트를 따라 Θ라고 표현한 함수이다.

하이네가 *Handbuch der Kugelfunction*, §47에서 $P_\sigma^{(n)}$이라고 표시하고 eine zugeordenete Function erster Art라고 부른, 토던터가 '첫 번째 종류의 연관 함수'라고 번역한 함수는 다음 식

$$\Theta_n^{(\sigma)} = (-)^{\frac{\sigma}{2}} P_\sigma^{(n)} \tag{75}$$

에 의해 $\Theta_n^{(\sigma)}$와 관련된다.

하이네는 $\mu^{n-\sigma}$가 첫 항인 내림차순 급수를 기호 $\mathcal{B}_\sigma^{(n)}$으로 표현하고, 토던터는 이 급수를 기호 $\varpi(\sigma, n)$으로 표현한다.

이 급수는 다음과 같은

$$\mathcal{B}_\sigma^{(n)} = \varpi(\sigma, n) = \frac{(n-\sigma)!}{(2n)!}\cdot\frac{d^{n+\sigma}}{d\mu^{n+\sigma}}(\mu^2-1)^n = \frac{2^n(n-\sigma)!\,n!}{(2n)!}\,\frac{d^\sigma}{d\mu^\sigma}P_n \tag{76}$$

두 가지 다른 형태로도 표현될 수 있다. 이 중에서 띠 조화함수를 μ에 대해 미분해서 얻는 급수는 패러가 채택한 기호를 암시하는 것처럼 보이는데, 패러는 이 급수를

$$T_n^{(\sigma)} = v^\sigma \frac{d^\sigma}{d\mu^\sigma}P_n = \frac{(2n)!}{2^n(n-\sigma)!\,n!}\Theta_n^{(\sigma)} \tag{77}$$

라고 정의한다.

같은 양이 μ와 ν의 동차 함수로 표현되고 $\mu^{n-\sigma}\nu^\sigma$의 계수로 나누면, 그 결과가 앞에서 본 $\varsigma_n^{(\sigma)}$로 표시된 것이다.

140c. 톰슨과 테이트는 대칭 시스템의 조화함수를 조화함수가 0이 되는 구면 곡선의 형태를 기준으로 분류하였다.

구의 임의의 점에서 띠 조화함수의 값은 극거리(極距離)의 코사인의 함수 인데, 그 값을 0이라고 놓으면 n차 방정식이 나오고, 그 방정식의 근들은 모두 -1과 $+1$ 사이에 놓이는데, 그러므로 구에서 n개의 위도선*에 대응한다.

---

*　여기서 위도선이란 원점이 중심인 구 표면과 xy 평면에 평행한 평면과 만나는 원을 말한다.

이러한 위도선 사이에 포함된 띠 부분들은 양음(陽陰)을 교차하는데, 극 부분을 둘러싸는 원은 항상 양이다.

그러므로 띠 조화함수는 구 위의 일부 위도선에서 0이 되거나 공간에서 어떤 원뿔 표면에서 0이 되는 함수를 표현하는 데 적당하다.

대칭 시스템에 대한 다른 조화함수들은 쌍으로 존재하는데, 하나는 $\sigma\phi$ 의 코사인 항으로 되어 있고 다른 하나는 $\sigma\phi$의 사인 항으로 되어 있다. 그러 므로 그 조화함수들은 구(球) 위의 σ개의 자오선*에서 0이 되고 또한 $n-\sigma$ 개의 위도선에서 0이 되어서, 구 표면이 양 극에서 4σ개의 세모들과 함께 $2\sigma(n-\sigma-1)$개의 네모들, 즉 테세라**들로 나뉜다. 그래서 그 조화함수들 은 ᅥ 표면에서 자오선과 위도선으로 나뉘는 네모들, 즉 테세라들과 연관 된 조사를 하는 데 유용하다.

그 조화함수들은 n개의 자오선 원에서만 0이 되고 구 표면을 $2n$개의 부 채꼴로 나누는 마지막 쌍을 제외하고 모두 등축 조화함수라고 부른다. 마 지막 한 쌍의 조화함수는 부채꼴 조화함수라고 부른다.

141. 다음으로 구 표면에서 등축 조화함수의 제곱에 대한 면적분을 구하 자. 이 면적분은 134절의 방법을 이용하여 구할 수 있다. 표면 조화함수 $Y_n^{(\sigma)}$에 r^n을 곱해서 0보다 큰 차수를 갖는 고체 조화함수로 만들고, 고체 조 화함수를 그 조화함수 자체의 n개의 축에 대해 미분한 다음에 $x=y=z=$ 0으로 만들고 그 결과에 $\dfrac{4\pi a^2}{n!(2n+1)}$ 을 곱한다.

우리 표기법에서는 그런 연산을

$$\iint (Y_n^{(\sigma)})^2 ds = \frac{4\pi a^2}{n!(2n+1)} D_n^{(a)}(r^n Y_n^{(\sigma)}) \tag{78}$$

---

* 여기서 자오선은 원점이 중심인 구 표면과 z 축이 만나는 두 점에서 구 표면을 따라 그린 원 호를 말한다.

** 테세라(tessera)는 흔히 모자이크에서 이용되는 것과 같은 모난 유리나 돌을 말한다.

로 나타낸다.

고체 조화함수를 z와 ξ 그리고 η의 동차 함수 형태로

$$r^n Y_s^{(\sigma)} = \frac{(n+\sigma)!}{2^{2\sigma} n! \sigma!} \cdot i(\eta^\sigma - \xi^\sigma)\left(z^{n-\sigma} - (n-\sigma) - \frac{(n-\sigma-1)}{4 \cdot (\sigma+1)} z^{n-\sigma-2} \xi\eta + \text{등등}\right) \quad (79)$$

과 같이 쓸 때, z에 대한 미분을 수행하면 급수에서 첫 항을 제외한 나머지 항들을 모두 다 0이 되고 $(n-\sigma)!$라는 인자가 들어오는 것을 보게 된다.

이어서 ξ와 η에 대해 미분하면, ξ와 η 또한 제거되며 $\sigma!$이라는 인자가 들어와서 마지막 결과는

$$\iint \left(Y_s^{(\sigma)}\right)^2 ds = \frac{8\pi a^2}{2n+1} \frac{(n+\sigma)!(n-\sigma)!}{2^{2\sigma} n! \, n!} \quad (80)$$

이다.

이 식 우변의 두 번째 인자를 축약된 기호 $[n, \sigma]$로 표시하려고 한다.

이 표현은 1에서 n까지 σ의 모든 값에 대해 성립하지만, $\sin\sigma\phi$에서 $\sigma = 0$에 대응하는 조화함수는 존재하지 않는다.

같은 방법으로, 1에서 n까지 모든 σ 값에 대해

$$\iint \left(Y_c^{(\sigma)}\right)^2 ds = \frac{8\pi a^2}{2n+1} \frac{(n+\sigma)! \, (n+\sigma)!}{2^{2\sigma} n! n!} \quad (81)$$

가 성립하는 것도 보일 수 있다.

이 조화함수는 $\sigma = 0$일 때 띠 조화함수가 되어서

$$\iint \left(Y_c^{(0)}\right)^2 ds = \iint (P_n)^2 ds = \frac{4\pi a^2}{2n+1} \quad (82)$$

인데, (50) 식에 $Y_n = P_m$이라고 놓고 극에서 띠 조화함수의 값은 1임을 기억하면 이 결과를 직접 구할 수 있다.

142a. 이제 136절의 방법을 적용하여 구 표면 위의 한 점의 위치에 의존하는 임의의 함수를 전개한 것에서 주어진 등축 표면 조화함수를 정할 수 있다. F를 임의의 함수라고 하고, 대칭 시스템에 대한 표면 조화함수에서 이

함수를 전개할 때 $Y_n^{(\sigma)}$의 계수를 A_n^σ라고 하면

$$\iint FY_n^{(\sigma)}ds = A_n^{(\sigma)} \iint (Y_n^{(\sigma)})^2 ds = A_n^{(\sigma)} [n,\sigma] \tag{83}$$

가 성립하는데, 여기서 $[n,\sigma]$는 (80) 식으로 준 면적분 값을 축약한 것이다.

142b. 라플라스 방정식을 만족하는 임의의 함수 ψ는 점 O로부터 거리가 a 이내인 위치에서 특이점을 갖지 않는다고 하고 O 점을 좌표계의 원점으로 정하자. 그런 함수는 항상 원점이 O인 차수가 0보다 큰 고체 조화함수로 전개할 수 있다.

그렇게 하는 한 가지 방법은 O가 중심이고 반지름이 a보다 작은 구를 기술하고, 구의 표면에서 퍼텐셜 값을 표면 조화함수의 급수로 전개하는 것이다. 그런 조화함수들 하나하나를 $\dfrac{r}{a}$로 곱해서 표면 조화함수의 계급과 같도록 멱수를 증가시키면, 주어진 함수가 합이 되는 고체 조화함수들을 얻는다.

그런데 적분을 하지 않는 좀 더 편리한 방법으로 대칭 시스템에 속한 조화함수의 축들에 대해 미분하는 것이 있다.

예를 들어, ψ에 대한 표현에 $A_n^{(\sigma)} Y_n^{(\sigma)} r^n$의 형태인 항이 있다고 가정하자. ψ와 ψ를 전개한 것에 다음 연산

$$\frac{d^{n-\sigma}}{dz^{n-\sigma}}\left(\frac{d^\sigma}{d\xi^\sigma} + \frac{d^\sigma}{d\eta^\sigma} \right)$$

를 수행하고, 미분한 다음에 x,y,z를 0과 같다고 놓으면 급수에서 $A_n^{(\sigma)}$를 포함한 항을 제외한 모든 항이 0이 된다.

ψ에 대한 연산자를 실수 축에 대한 미분으로 표현하면 다음 식

$$\frac{d^{n-\sigma}}{dz^{n-\sigma}}\left(\frac{d^\sigma}{dz^\sigma} - \frac{\sigma(\sigma-1)}{1\cdot 2}\frac{d^{\sigma-2}}{dx^{\sigma-2}}\frac{d^2}{dy^2} + 등등 \right)\psi$$
$$= A_n^{(\sigma)} \frac{(n+\sigma)!\,(n-\sigma)!}{2^\sigma n!} \tag{84}$$

를 얻는데, 이 식으로부터 급수에 속한 어떤 조화함수의 계수든지 원점에서 x, y, z에 대한 Ψ의 미분 계수로 결정될 수 있다.

143. (50) 식으로부터 조화함수를 항상 구의 표면 위에 극들이 분포된 계급이 같은 띠 조화함수들의 합으로 표현하는 것이 가능함을 알 수 있다. 그렇지만 그 시스템을 간단히 만드는 것이 간단해 보이지 않는다. 그렇지만 구면 조화함수가 갖는 성질 중 몇 가지를 쉽게 알아볼 수 있도록 만들기 위하여, 계급이 세 번째와 네 번째인 띠 조화함수들을 계산하고, 함수의 덧셈에 대해 이미 설명된 방법을 이용하여, 두 띠 조화함수의 합인 조화함수에 대해 구 표면에 등전위선을 그렸다. 이 책(제1권)의 끝에 포함된 그림 VI에서 그림 IX까지를 보라.

그림 VI은 계급이 세 번째인 두 띠 조화함수의 차이를 대표하는데, 그 두 띠 조화함수의 축은 지면(紙面)에서 $120°$ 기울어져 있으며, 이 차이는 $\sigma = 1$이고 그 축이 지면에 수직인 두 번째 형태의 조화함수이다.

그림 VII에 보인 것도 역시 계급이 세 번째인 조화함수이지만, 그 조화함수를 만든 띠 조화함수의 축들은 $90°$만큼 기울어져 있으며, 그 결과는 대칭 시스템의 어떤 형태도 보여주지 않는다. 마디 선 중에서 하나는 대원이지만, 그 조화함수가 교차하여 생긴 다른 두 마디선은 원이 아니다.

그림 VIII은 축이 직교하며 네 번째 계급인 두 띠 조화함수의 차이를 대표한다. 그 결과는 $n = 4$이고 $\sigma = 2$인 등축 조화함수이다.

그림 IX는 같은 두 띠 조화함수의 합을 대표한다. 이 결과는 계급이 네 번째인 좀 더 일반적인 조화함수의 한 종류가 어떤 모습일지 느낄 수 있게 해준다. 이 종류에서 구 표면 위의 마디선은 서로 교차하지 않는 여섯 개의 계란형 타원들로 구성된다. 이 계란형 타원들 내부에서는 조화함수가 0보다 더 크며, 계란형 타원들 외부에 놓인 구 표면의 여섯 겹으로 연결된 부분에서는 조화함수가 0보다 더 작다.

이 그림들은 모두 다 구 표면을 수직으로 투영하여 그린 것이다.

그림 V에는 계급이 첫 번째인 구면 조화함수의 값에 따라 대전된 구 표면의 면전하 밀도에 의해서 생긴 등전위 면과 전기력선을 보여주기 위해 구의 축을 통한 단면도 역시 그려져 있다.

구 내부에서 등전위 면은 거리가 같은 평면들이며, 전기력선은 축에 평행한 직선들인데 축에서 그 직선들까지 거리는 자연수의 제곱근과 같다. 구 외부에 그린 선들은 지구의 지자기(地磁氣)가 가장 간단한 종류로 분포되었다면, 그 지자기가 원인으로 만들어진 선을 대표한 것으로 생각할 수 있다.

144a. 이제 퍼텐셜을 알고 있는 전기력의 작용으로 구 모양의 도체에 생긴 전하의 분포를 구할 수 있다.

이미 알고 있는 방법을 이용하여, 알고 있는 힘에 의한 퍼텐셜인 $\varPsi$를 구의 중심이 원점인 0보다 큰 차수의 고체 조화함수의 급수로 전개하자.

그렇게 전개한 항 중 하나가 $A_n r^n Y_n$이라면, 도체 구 내부에서는 퍼텐셜이 균일하므로, 구 표면의 전하분포에 의해 발생한 다른 항 $-A_n r^n Y_n$도 반드시 존재해야 하며, 그러므로 $4\pi\sigma$의 전개에는

$$4\pi\sigma_n = (2n+1)a^{n-1}A_n Y_n$$

인 항이 반드시 존재해야 한다.

이런 방법으로 면전하 밀도를 표현하는데 계급이 0인 것을 제외한 모든 계급의 조화함수 계수를 정할 수 있다. 계급이 0에 대응하는 계수는 구에 대전된 전하 e에 의존하고 $4\pi\sigma_0 = \dfrac{e}{a^2}$으로 주어진다.

그의 퍼텐셜은

$$V = \varPsi_0 + \frac{e}{a}$$

이다.

144b. 다음으로 구가 접지된 도체들 주위에 놓여 있는데, 그 구가 위치한 영역의 임의의 두 점의 좌표인 x, y, z와 x', y', z'에 의해 정해진 그린 함수 G가 있다고 가정하자.

구 표면에서 면전하 밀도가 구면 조화함수의 급수로 표현된다면, 구 표면의 전하에 의해 발생한 구 외부의 전기적 현상은 모두 다 구의 중심에 놓인 특이점들로 이루어진 가상의 급수에 의해 발생한 전기적 현상과 완벽히 똑같은데, 그 급수의 첫 항은 구에 대전된 총전하와 같은 전하로 이루어진 점전하에 의한 항이고, 다른 항들은 면전하 밀도를 표현한 조화함수들에 대응하는 서로 다른 계급의 다중점(多重點)들로 이루어진 항들이다.

그린 함수를 $G_{pp'}$로 표시하자. 여기서 p는 좌표가 x, y, z인 점을 가리키고, p'는 좌표가 x', y', z'인 점을 가리킨다.

만일 전하 A_0가 p' 점에 놓이면, x', y', z'를 상수라고 놓은 $G_{pp'}$은 x, y, z의 함수이며 A_0에 의해 주위 물체에 유도된 전하로부터 발생한 퍼텐셜은

$$\Psi = A_0 G_{pp'} \tag{1}$$

이다.

만일 점 p'에 전하 A_0를 놓는 대신, 그 전하가 중심이 p'이고 반지름이 a인 구 표면에 균일하게 분포되더라도, 구 외부에서 Ψ의 값은 전과 똑같다.

만일 구 표면의 전하가 균일하지 않게 분포되면, 항상 그럴 수 있는 것처럼, 그 면의 전하 밀도가 구면 조화함수의 급수로 전개될 수 있어서

$$4\pi a^2 \sigma = A_0 + 3A_1 Y_1 + \text{등등} + (2n+1)A_n Y_n \tag{2}$$

이라고 하자.

이 분포 중 임의의 항으로 예를 들어

$$4\pi a^2 \sigma_n = (2n+1)A_n Y_n \tag{3}$$

에 의해 발생한 퍼텐셜은, 구 내부의 점에 대해서는 $\dfrac{r^n}{a^{n+1}}A_n Y_n$이고, 구 외부의 점에 대해서는 $\dfrac{a^n}{r^{n+1}}A_n Y_n$이다.

이제 나중 표현은 129절의 (13) 식과 (14) 식에 따라

$$(-)^n A_n \frac{a^n}{n!} \frac{d^n}{dh_1 \cdots dh_n} \frac{1}{r}$$

과 같아진다. 즉 구의 표면에 분포된 전하에 의해 구 외부에 발생한 퍼텐셜은 축이 $h_1 \cdots h_n$이고 그 축들이 모멘트가 각각 $A_n a^n$인 다중점들이 원인인 퍼텐셜과 똑같다.

그래서 주위 도체의 전하분포와 그런 전하분포에 의한 퍼텐셜은 그런 다중점에 의한 퍼텐셜과 같다.

그러므로 주위 물체에 유도된 전하에 의해 (x, y, z)에 위치한 점 p에 발생한 퍼텐셜은

$$\Psi_n = A_n \frac{a^n}{n!} \frac{d'^n}{d'h_1 \cdots d'h_n} G \tag{4}$$

인데, 여기서 d 위에 강조해 찍은 표시는 미분을 x', y', z'에 대해 수행해야 한다는 것을 가리킨다. 이 좌표들은 나중에 구의 중심의 좌표와 같다고 놓게 된다.

Y_n이 대칭 시스템의 $2n+1$가지 구성 요소로 나뉜다고 가정하는 것이 편리하다. 그런 구성 요소 중 하나가 $A_n^{(\sigma)} Y_n^{(\sigma)}$라고 가정하면

$$\frac{d'^n}{d'h_1 \cdots d'h_n} = D_n'^{(\sigma)} \tag{5}$$

이 된다. 여기서는 조화함수에서 $\sin\sigma\phi$가 나오는지 $\cos\sigma\phi$가 나오는지를 가리키는 첨자 s 또는 c를 붙일 필요가 없다.

이제 Ψ에 대한 완전한 표현을

$$\Psi = A_0 G + \sum \sum \left[A_n^{(\sigma)} \frac{a^n}{n!} D_n'^{(\sigma)} G \right] \tag{6}$$

라고 쓸 수 있다. 그러나 구 내부에서는 퍼텐셜이 일정하고 그래서

$$\Psi + \frac{1}{a} A_0 + \sum \sum \left[\frac{r^{n_1}}{a^{n_1}+1} A_{n_1}^{(\sigma_1)} Y_{n_1}^{(\sigma_1)} \right] = \text{일정} \tag{7}$$

이 된다.

이제 이 표현에 연산 $D_{n_1}^{(\sigma_1)}$을 수행하자. 여기서 미분은 x, y, z에 대해 하고, n_1과 σ_1의 값은 n과 σ 값과는 아무 관계도 없다. 그러면 (7) 식에 속한 모든 항은 $Y_{n_1}^{(\sigma_1)}$에 포함된 것들만 제외하고 모두 0이 되며, 그래서

$$-2\frac{(n_1+\sigma_1)!(n_1-\sigma_1)!}{2^{2\sigma_1}n_1!}\frac{1}{a^{n_1+1}}A_{n_1}^{(\sigma_1)}$$
$$= A_0 D_{n_1}^{(\sigma_1)} G + \sum\sum\left[A_n^\sigma \frac{a^n}{n!}D_{n_1}^{(\sigma_1)}D_n^{\prime(\sigma)}G\right] \qquad (8)$$

가 된다.

이처럼 일련의 식들을 구했는데, 각 식의 첫 번째 변은 우리가 정하기를 원하는 계수 중 하나를 포함한다. 두 번째 변의 첫 번째 항은 구의 전하를 대표하는 A_0를 포함하는데, 이 항을 주된 항으로 취급할 수 있다.

당분간은 다른 항들을 무시하면, 첫 번째 근사로

$$A_{n_1}^{(\sigma_1)} = -\frac{1}{2}\frac{2^{2\sigma}n_1!}{(n_1+\sigma_1)!(n_1-\sigma_1)!}A_0 a^{n_1+1}D_{n_1}^{(\sigma_1)}G \qquad (9)$$

를 얻는다.

구의 중심으로부터 주위에서 가장 가까운 도체까지의 거리를 b라고 표시하면

$$a^{n_1+1}D_{n_1}^{(\sigma_1)}G < \left(\frac{a}{b}\right)^{n_1+1}$$

가 된다.

그러므로 b가 구의 반지름인 a보다 크면, 다른 구면 조화함수들의 계수는 A_0보다 매우 작다. 그래서 (8) 식의 우변에서 첫 번째 항 다음 항들은 $\left(\frac{a}{b}\right)^{2n+n_1+1}$과 비슷한 크기 정도가 된다.

그러므로 첫 번째 근사에서는 그런 항들을 무시할 수 있고, 두 번째 근사에서 이 항들에 첫 번째 근사에서 구한 계수들을 대입하는 식으로 계속하면 정확도가 요구되는 단계의 근사에 도달한다.

거의 구형인 도체 표면의 전하분포

145a. 도체 표면에 대한 식이

$$r = a(1 + F) \tag{1}$$

라고 가정하자. 여기서 F는 r의 방향 즉 θ와 ϕ의 함수이며 이 조사에서는 제곱하면 무시될 수 있는 양이다.

F를 구면 조화함수로 된 급수 형태로 전개하면

$$F = f_0 + f_1 Y_1 + f_2 Y_2 + 등등 + f_n Y_n \tag{2}$$

가 된다.

이 항들 중에서 첫 번째 항은 평균 반지름에서 a보다 더 큰 부분에 의존한다. 그러므로 a가 평균 반지름이어서 구의 부피가 주어진 도체의 부피와 근사적으로 같다고 가정하면, 계수 f_0는 0이 된다.

f_1을 포함한 둘째 항은 원점으로부터 밀도가 균일하다고 가정한 도체의 질량 중심까지 거리에 의존한다. 그러므로 그 질량 중심을 원점으로 취하면, 계수 f_1도 또한 0이 된다.

이제 도체에는 전하 A_0가 대전되어 있고 어떤 외부 전기력도 도체에 작용하지 않는다고 가정하고 시작하자. 그러면 도체 외부에서 퍼텐셜은

$$V = A_0 \frac{1}{r} + + A_1 Y_1' \frac{1}{r^2} + 등등 + A_n Y_n' \frac{1}{r^{n+1}} \tag{3}$$

의 형태여야 하는데, 여기서 구면 조화함수는 F를 전개할 때의 구면 조화함수와 같은 종류는 아니라고 가정한다.

도체의 표면에서 퍼텐셜은 도체의 퍼텐셜과 같아서 상수 양인 a이다.

그래서 a와 F를 이용하여 r의 멱수로 전개하고, F의 제곱과 그 이상의 멱수 곱을 무시하면

$$a = A_0 \frac{1}{a}(1 - F) + A_1 \frac{1}{a^2} Y_1'(1 - 2F) + 등등$$

$$+A_n \frac{1}{a^{n+1}} Y_n' (1-(n+1)F) \qquad (4)$$

가 된다.

계수 A_1 등은 A_0와 비교하면 명백히 작으므로, 이 계수들을 F에 곱한 항들은 무시하고 시작해도 좋다.

그다음에 F에 대해 첫 번째 항에서 구면 조화함수의 전개를 쓰고, 같은 계급의 조화함수들을 포함한 항들을 0과 같다고 놓으면

$$a = A_0 \frac{1}{a} \qquad (5)$$

$$A_1 Y_1' = A_0 a f_1 Y_1 = 0 \qquad (6)$$

$$\cdots \quad \cdots \quad \cdots$$

$$A_n Y_n' = A_0 a^n f_n Y_n \qquad (7)$$

이 되는 것을 알 수 있다.

이 식들로부터 Y'들은 Y들과 같은 종류이어야 하고 그러므로 그들과 똑같으며, $A_1 = 0$이고 $A_n = A_0 a^n f_n$ 임을 알 수 있다.

표면의 임의의 점에서 전하 밀도를 정하려면,

$$4\pi\sigma = -\frac{dV}{d\nu} = -\frac{dV}{dr} \cos\epsilon \qquad (8)$$

이라는 식을 이용하는데, 여기서 ν는 법선이고 ϵ은 법선과 반지름 사이의 각이다. 이 조사에서 F와 θ와 ϕ에 대한 F의 1차 미분 계수들이 모두 작다고 가정했으므로, $\cos\epsilon = 1$이라고 놓을 수 있고, 그러면

$$4\pi\sigma = -\frac{dV}{dr} = A_0 \frac{1}{r^2} + \text{등등} + (n+1) A_n Y_n \frac{1}{r^{n+2}} \qquad (9)$$

이 된다.

r의 거듭제곱을 a와 F로 전개하고, F에 A_n을 곱한 곱을 무시하면

$$4\pi\sigma = A_0 \frac{1}{a^2}(1-2F) + \text{등등} + (n+1) A_n \frac{1}{a^{n+2}} Y_n \qquad (10)$$

을 얻는다.

F를 구면 조화함수로 전개하고, A_n 값으로 이미 구한 것을 이용하면

$$4\pi\sigma = A_0 \frac{1}{a^2}[1 + f_2 Y_2 + 2f_3 Y_3 + 등등 + (n-1)f_n Y_n \tag{11}$$

을 얻는다.

　그러므로 표면이 구의 표면과 얇은 층만큼만 다르고, 그 층의 두께는 계급이 n인 구면 조화함수의 값에 따라 변하면, 임의의 두 점에서 표면 전하밀도의 차와 합 사이의 비는 같은 두 점에서 두 반지름의 사이의 차와 합 사이의 비에 $n-1$을 곱한 것과 같다.

145b. 거의 구형인 도체에 외부에서 전기력이 작용할 때, 그런 힘으로부터 발생한 퍼텐셜 U를 도체 부피의 중심을 원점으로 하는 0보다 큰 차수의 구면 조화함수 급수로 전개하자. 그러면

$$U = B_0 + B_1 r Y_1' + B_2 r^2 Y_2' + 등등 + B_n r^n Y_n' \tag{12}$$

가 되는데, 여기서 Y 위의 강조 표시는 이 조화함수가 F를 전개할 때 같은 계급의 조화함수와 꼭 같은 종류일 필요는 없음을 가리킨다.

　만일 도체가 정확히 구형(球形)이면, 그 표면의 면전하로부터 도체 외부의 한 점에 발생하는 퍼텐셜은

$$V = A_0 \frac{1}{r} - B_1 \frac{a^3}{r^2} Y_1' - 등등 - B_n \frac{a^{2n+1}}{r^{n+1}} Y_n' \tag{13}$$

가 된다.

　이제 표면 전하로부터 발생하는 실제 퍼텐셜이 $V + W$라고 하자. 여기서 W는

$$W = C_0 \frac{1}{r} + C_1 \frac{1}{r^2} Y_1'' + 등등 + C_m \frac{1}{r^{m+1}} Y_m'' + \cdots \tag{14}$$

인데, 여기서 이중 강조 표시가 된 조화함수는 F나 U를 전개할 때 사용된 조화함수와 다르며, F가 작아서 계수 C도 역시 작다.

　이제 만족해야 할 조건은, $r = a(1+F)$일 때 도체의 퍼텐셜이

$$U + V + W = 일정 = A_0 \frac{1}{a} + B_0$$

라는 것이다.

r의 거듭제곱을 a와 F를 이용하여 전개하고, F에 곱한 것이 A 또는 B이면 F의 1차를 취하지만, F에 곱한 것이 작은 양인 C이면 F를 무시하기로 하면 그 결과는

$$F\left[-A_0\frac{1}{a}+3B_1a^3Y_1'+5B_1a^5Y_2'+\text{등등}+(2n+1)b_na^{2n+1}Y_n'\right]$$
$$+C_0\frac{1}{r}+C_1\frac{1}{r^2}Y_1''+\text{등등}+C_m\frac{1}{r^{m+1}}Y_m''=0 \qquad (15)$$

이 됨을 알 수 있다.

계수들 C를 정하려면, 첫 항에 나온 곱을 수행하고 그 결과를 구면 조화함수의 급수로 표현해야 한다. 이 급수는 부호를 거꾸로 바꾸면 도체의 표면에서 W에 대한 급수가 된다.

계급이 n과 m인 두 구면 조화함수의 곱은 $\frac{x}{r}$, $\frac{y}{r}$, $\frac{z}{r}$에서 차수가 $n+m$인 유리 함수이어서 계급이 $m+n$을 초과하지 않는 구면 조화함수의 급수로 전개할 수 있다. 그러므로 F가 m을 초과하지 않는 계급의 구면 조화함수로 전개될 수 있고, 외부 전기력에 의한 퍼텐셜은 n을 초과하지 않는 계급의 구면 조화함수로 전개될 수 있으면, 표면 전하로부터 발생하는 퍼텐셜을 전개하는 데 들어오는 구면 조화함수의 계급은 $m+n$을 초과하지 않는다.

그러면 그런 표면 전하 밀도는 다음 식

$$4\pi\sigma+\frac{d}{dr}(U+V+W)=0 \qquad (16)$$

에 따라 퍼텐셜로부터 구할 수 있다.

145c. 거의 구형(球形)이고 도체와 거의 동심(同心)인 용기에 포함된 거의 구형인 도체

도체의 표면을 기술하는 식이

$$r = a(1 + F) \tag{17}$$

라고 하자. 여기서 F는

$$F = f_1 Y_1 + 등등 + f_n^{(\sigma)} Y_n^{(\sigma)} \tag{18}$$

이다.

용기의 안쪽 표면을 기술하는 식은

$$r = b(1 + G) \tag{19}$$

라고 하자. 여기서 G는

$$G = g_1 Y_1 + 등등 + g_n^{(\sigma)} Y_n^{(\sigma)} \tag{20}$$

인데, f와 g는 1과 비교하여 작고 $Y_n^{(\sigma)}$는 계급이 n이고 종류가 σ인 표면 조화함수이다.

이제 도체의 퍼텐셜은 α이고 용기의 퍼텐셜은 β라고 하자. 도체와 용기 사이의 임의의 점에서 퍼텐셜을 구면 조화함수로 전개해서

$$\Psi = h_0 + h_1 Y_1 r + 등등 + h_n^{(\sigma)} Y_n^{(\sigma)} r^n + k_0 \frac{1}{r} + k_1 Y_1 \frac{1}{r^2} + 등등 + k_n^{(\sigma)} Y_n^{(\sigma)} \frac{1}{r^{n+1}} \tag{21}$$

라면, $r = a(1 + F)$일 때 $\Psi = \alpha$이고 $r = b(1 + G)$일 때 $\Psi = \beta$이도록 h와 k 형태로 된 상수를 정해야 한다.

앞에서 다룬 조사 결과로부터 h_0를 제외한 모든 h들과 k_0를 제외한 모든 k들은 작은 양이고, 그것들을 F에 곱하면 무시될 수 있음은 명백하다. 그러므로

$$\alpha = h_0 + k_0 \frac{1}{a}(1 - F) + 등등 + \left(h_n^{(\sigma)} a^n + k_n^{(\sigma)} \frac{1}{a^{n+1}} \right) Y_n^{(\sigma)} \tag{22}$$

$$\beta = h_0 + k_0 \frac{1}{b}(1 - G) + 등등 + \left(h_n^{(\sigma)} b^n + k_n^{(\sigma)} \frac{1}{b^{n+1}} \right) Y_n^{(\sigma)} \tag{23}$$

라고 쓸 수 있다. 그러므로

$$\alpha = h_0 + k_0 \frac{1}{a} \tag{24}$$

$$\beta = h_0 + k_0 \frac{1}{b} \tag{25}$$

$$k_0 \frac{1}{a} f_n^{(\sigma)} = h_n^{(\sigma)} a^n + k_n^{(\sigma)} \frac{1}{a^{n+1}} \tag{26}$$

$$k_0 \frac{1}{a} g_n^{(\sigma)} = h_n^{(\sigma)} b^n + k_n^{(\sigma)} \frac{1}{b^{n+1}} \tag{27}$$

이 되는데, 그러므로 안쪽 도체에 대전된 전하는

$$k_0 = (\alpha - \beta) \frac{ab}{a-b} \tag{28}$$

이고, 계급이 n인 조화함수의 계수는

$$h_n = k_0 \frac{b^n g_n - a^n f_n}{b^{2n+1} - a^{2n+1}} \tag{29}$$

$$k_n = k_0 a^n b^n \frac{b^{n+1} f_n - a^{n+1} g_n}{b^{2n+1} - a^{2n+1}} \tag{30}$$

인데, 여기서 계수들 f_n, g_n, h_n, k_n은 계급이 같을 뿐 아니라 종류도 같은 조화함수에 속한다는 것을 기억해야 한다.

용기 안에 들어 있는 도체의 면전하 밀도는 다음 식

$$4\pi \sigma a^2 = k_0 (1 + \cdots + A_n Y_n^{(\sigma)} + \cdots)$$

에 의해 주어지는데 여기서

$$A_n = \frac{f_n \{na^{2n+1} + (n+1)b^{2n+1}\} - g_n (2n+1) a^{n+1} b^n}{b^{2n+1} - a^{2n+1}} \tag{31}$$

이다.

146. 띠 조화함수를 적용하는 예로, 두 구형 도체에서 전하의 평형을 조사하자.

두 구의 반지름이 각각 a와 b이고, 두 구의 중심 사이의 거리가 c라고 하자. 또한 문제를 간단히 만들기 위해 $a = cx$, $b = cy$라고 쓰자. 그러면 x와 y는 1보다 작은 양이 된다.

두 구의 중심을 잇는 선을 띠 조화함수의 축으로 정하고, 두 구 중 어느 하나에 속하는 띠 조화함수의 극을 다른 구에 가장 가까운 점으로 정하자.

첫 번째 구의 중심으로부터 임의의 점까지 거리를 r라 하고, 두 번째 구의 중심으로부터 같은 점까지 거리를 s라고 하자.

첫 번째 구의 표면 전하 밀도 σ_1은 다음 식

$$4\pi\sigma_1 a^2 = A + A_1 P_1 + 3A_2 P_2 + \text{등등} + (2m+1)A_m P_m \tag{1}$$

에 따라 주어져서 A가 그 구에 대전된 총전하이고 A_1 등등은 띠 조화함수 P_1 등등의 계수라고 하자.

이러한 전하분포가 만드는 퍼텐셜을 구 내부의 점에 대해서는

$$U' = \frac{1}{a}\left[A + A_1 P_1 \frac{r}{a} + A_2 P_2 \frac{r^2}{a^2} + \text{등등} + A_m P_m \frac{r^m}{a^m}\right] \tag{2}$$

으로 대표할 수 있고, 점 외부의 점에 대해서는

$$U = \frac{1}{r}\left[A + A_1 P_1 \frac{a}{r} + A_2 P_2 \frac{a^2}{r^2} + \text{등등} + A_m P_m \frac{a^m}{r^m}\right] \tag{3}$$

으로 대표할 수 있다.

비슷하게, 두 번째 구의 표면에서 면전하 밀도가 다음 식

$$4\pi\sigma_2 b^2 = B + B_1 P_1 + \text{등등} + (2n+1)B_n P_n \tag{4}$$

에 따라 주어지면, 그 구 내부와 외부에서 퍼텐셜을

$$V' = \frac{1}{b}\left[B + B_1 P_1 \frac{s}{b} + \text{등등} + B_n P_n \frac{s^n}{b^n}\right] \tag{5}$$

$$V = \frac{1}{s}\left[B + B_1 P_1 \frac{b}{s} + \text{등등} + B_n P_n \frac{b^n}{s^n}\right] \tag{6}$$

과 같은 형태의 식으로 대표할 수 있는데, 여기서 일반적인 조화함수들은 두 번째 구와 연관된다.

두 구에 대전된 전하는 각각 A와 B이다.

첫 번째 구 내부의 모든 점에서 퍼텐셜은 그 구의 퍼텐셜인 일정한 값 a와 같아서, 첫 번째 구 내부에서는

$$U' + V = \alpha \tag{7}$$

가 성립한다.

비슷하게, 두 번째 구의 퍼텐셜이 β이면, 그 구 내부 점에 대해서는

$$U + V' = \beta \tag{8}$$

가 성립한다.

두 구 모두의 외부에 존재하는 점에 대한 퍼텐셜은 Ψ인데

$$U + V = \Psi \tag{9}$$

가 된다.

두 구의 중심 사이의 축에서는

$$r + s = c \tag{10}$$

가 성립한다.

그래서 r에 대해 미분하고, 미분한 다음에 $r = 0$이라고 놓고, 띠 함수들은 하나하나가 모두 극에서 1임을 기억하면

$$A_1 \frac{1}{a^2} - \frac{dV}{ds} = 0$$
$$A_2 \frac{2!}{a^3} + \frac{d^2V}{ds^2} = 0 \tag{11}$$
$$\cdots \cdots \cdots$$
$$A_m \frac{m!}{a^{m+1}} + (-)^m \frac{d^mV}{ds^m} = 0$$

이 되는 것을 알 수 있는데, 여기서 미분 뒤에 s를 c와 같다고 놓아야 한다.

미분을 수행한 다음에 $\frac{a}{c} = x$ 그리고 $\frac{b}{c} = y$라고 쓰면 위의 식들은

$$\left.\begin{aligned}
0 &= A_1 + Bx^2 + 2B_1x^2y + 3B_2x^2y^2 + \text{등등} + (n+1)B_nx^2y^n, \\
0 &= A_2 + Bx^3 + 3B_1x^3y + 6B_2x^3y^2 + \text{등등} + \frac{1}{2}(n+1)(n+2)B_nx^3y^n, \\
&\quad\cdots\cdots\cdots\cdots \\
0 &= A_m + Bx^{m+1} + (m+1)B_1x^{m+1}y + \frac{1}{2}(m+1)(m+2)B_2x^{m+1}y^2 \\
&\quad + \text{등등} + \frac{(m+n)!}{m!\,n!}B_nx^{m+1}y^n
\end{aligned}\right\} \tag{12}$$

이 된다.

두 번째 구에 대해 대응하는 연산을 하면

$$
\left.
\begin{aligned}
0 &= B_1 + Ay^2 + 2A_1xy^2 + 3A_2x^2y^2 + \text{등등} + (m+1)A_mx^my^2, \\
0 &= B_2 + Ay^3 + 3A_1xy^3 + 6A_2x^2y^3 + \text{등등} + \frac{1}{2}(m+1)(m+2)A_mx^my^3, \\
&\qquad\cdots\cdots\cdots\cdots \\
0 &= B_n + Ay^{n+1} + (n+1)A_1xy^{n+1} + \frac{1}{2}(n+1)(n+2)x^2y^{n+1} \\
&\qquad\qquad + \text{등등} + \frac{(m+n)!}{m!\,n!}A_mx^my^{n+1}
\end{aligned}
\right\}
\tag{13}
$$

이 되는 것을 알 수 있다.

두 구의 퍼텐셜 α와 β를 정하기 위해 (7) 식과 (8) 식을 이용하는데, 이제 그 두 식을

$$
c\alpha = A\frac{1}{x} + B + B_1y + B_2y^2 + \text{등등} + B_ny^2 \tag{14}
$$

$$
c\beta = B\frac{1}{y} + A + A_1x + A_2x^2 + \text{등등} + A_mx^m \tag{15}
$$

이라고 써도 좋다.

그래서 우리의 관심을 A_1에서 A_m까지 계수와 B_1에서 B_n까지 계수로 제한하면, 두 구에 대전된 전하인 α와 β를 A와 B를 이용하여 정할 수 있는 $m+n$개의 방정식을 얻고, (14) 식과 (15) 식에 그 계수들의 값을 대입하면 두 구의 퍼텐셜을 두 구에 대전된 전하로 표현할 수 있다.

그러한 연산은 행렬식의 형태로 표현될 수 있지만, 계산의 목적으로는 다음과 같이 진행하는 것이 더 편리하다.

(13) 식으로부터 구한 $B_1 \cdots B_n$의 값들을 (12) 식에 대입하면

$$
\begin{aligned}
A_1 = {}&-Bx^2 + A\,x^2y^3[2\cdot1 + 3\cdot1y^2 + 4\cdot1y^4 + 5\cdot1y^6 + 6\cdot1y^8 \\
&+ A_1x^3y^3[2\cdot2 + 3\cdot3y^2 + 4\cdot4y^4 + 5\cdot5y^6 \\
&+ A_2x^4y^3[2\cdot3 + 3\cdot6y^2 + 4\cdot10y^4 \\
&+ A_3x^5y^3[2\cdot4 + 3\cdot10y^2 \\
&+ A_4x^6y^3[2\cdot5
\end{aligned}
\tag{16}
$$

$$
\begin{aligned}
A_2 = {}&-Bx^3 + A\,x^3y^3[3\cdot1 + 6\cdot1y^2 + 10\cdot1y^4 + 15\cdot1y^6 \\
&+ A_1x^4y^3[3\cdot2 + 6\cdot3y^2 + 10\cdot4y^4
\end{aligned}
$$

$$+ A_2 x^5 y^3 [3 \cdot 3 + 6 \cdot 6y^2$$

$$+ A_3 x^6 y^3 [3 \cdot 4 \tag{17}$$

$$A_3 = -Bx^4 + A \, x^4 y^3 [4 \cdot 1 + 10 \cdot 1y^2 + 20 \cdot 1y^4$$

$$+ A_1 x^5 y^3 [4 \cdot 2 + 10 \cdot 3y^2$$

$$+ A_2 x^6 y^3 [4 \cdot 3 \tag{18}$$

$$A_4 = -Bx^5 + A \, x^5 y^3 [5 \cdot 1 + 15y^2$$

$$+ A_1 x^6 y^3 [5 \cdot 2 \tag{19}$$

임을 알 수 있다.

이 식들의 두 번째 변에 A_1 등등의 근삿값을 대입하고, 다음 근사를 위해 같은 과정을 반복하면, x와 y 곱의 오름차순으로 어떤 범위까지든 계수를 근사적으로 구할 수 있다. 만일

$$A_n = p_n A - q_n B$$

$$B_n = -r_n A + s_n B$$

라고 쓰면

$$
\begin{aligned}
p_1 = x^2 y^3 [\; & 2 + \;\;\; 3y^2 + \;\;\; 4y^4 + \;\;\; 5y^6 + \;\;\; 6y^8 + 7y^{10} + 8y^{12} + 9y^{14} + 등등 \\
+ x^5 y^6 [\; & 8 + \;\; 30y^2 + \;\; 75y^4 + 154y^6 + 280y^8 + 등등 \\
+ x^7 y^6 [\; & 18 + \;\; 90y^2 + 288y^4 + 735y^6 + 등등 \\
+ x^9 y^6 [\; & 32 + 200y^2 + 780y^4 + 등등 \\
+ x^{11} y^6 [\; & 50 + 375y^2 + 등등 \\
+ x^{13} y^6 [\; & 72 + 등등 \\
& \cdots\cdots\cdots \\
+ x^8 y^9 [\; & 32 + 192y^2 \\
+ x^{10} y^9 [\; & 144 + 등등 \\
& \cdots\cdots\cdots
\end{aligned}
\tag{20}
$$

$$
\begin{aligned}
q_1 = x^2 & \\
+ x^5 y^3 [\; & 4 + \;\;\; 9y^2 + \;\; 16y^4 + \;\; 25y^6 + \;\; 36y^8 + \;\; 49y^{10} + 64y^{12} + 등등 \\
+ x^7 y^3 [\; & 6 + 18y^2 + \;\; 40y^4 + \;\; 75y^6 + 126y^8 + 196y^{10} + 등등 \\
+ x^9 y^3 [\; & 8 + 30y^2 + \;\; 80y^4 + 175y^6 + 336y^8 + 등등 \\
+ x^{11} y^3 [\; & 10 + 45y^2 + 140y^4 + 350y^6 + 등등 \\
+ x^{13} y^3 [\; & 12 + 63y^2 + 224y^4 + 등등 \\
+ x^{15} y^3 [\; & 14 + 84y^2 + 등등 \\
+ x^{17} y^3 [\; & 16 + 등등 \\
& \cdots\cdots\cdots
\end{aligned}
$$

$$+ x^8 y^6 [\quad 16 + \quad 72y^2 + 209y^4 + 488y^6 + \text{등등}$$
$$+ x^{10} y^6 [\quad 60 + \quad 342y^2 + 1222y^4 + \text{등등}$$
$$+ x^{12} y^6 [150 + 1050y^2 + \text{등등}$$
$$+ x^{14} y^6 [308 + \text{등등}$$
$$\cdots\cdots\cdots\cdots$$
$$+ {}^{11}xy^9 [\quad 64 + \text{등등} \tag{21}$$

을 구한다.

이 이후 연산에서는 이 계수들을 a, b, c를 이용하여 쓰고, c의 차원에 따라 항들을 정리하는 것이 더 편리하다. 그렇게 하면

$$p_1 = 2a^2b^3c^{-5} + 3a^2b^5c^{-7} + 4a^2b^7c^{-9} + (5a^2b^3 + 8a^5b^6)c^{-11}$$
$$+ (6a^2b^{11} + 30a^5b^8 + 18a^7b^6)c^{-13}$$
$$+ (7a^2b^{13} + 75a^5b^{10} + 90a^7b^8 + 32a^9b^6)c^{-15}$$
$$+ (8a^2b^{15} + 154a^5b^{12} + 288a^7b^{10} + 32a^8b^9 + 200a^9b^8 + 50a^{11}b^6)c^{-17}$$
$$+ (9a^2b^{17} + 280a^5b^{14} + 735a^7b^{12} + 192a^8b^{11} + 780a^9b^{10}$$
$$+ 144a^{10}b^9 + 375a^{11}b^8 + 72a^{13}b^6)c^{-19} \tag{22}$$

$$q_1 = a^2c^{-2} + 4a^5b^3c^{-8} + (6a^7b^3 + 9a^5b^5)c^{-10}$$
$$+ (8a^9b^3 + 18a^7b^5 + 16a^5b^7)c^{-12}$$
$$+ (10a^{11}b^3 + 30a^9b^5 + 16a^8b^6 + 40a^7b^7 + 25a^5b^9)c^{-14}$$
$$+ (12a^{13}b^3 + 45a^{11}b^5 + 60a^{10}b^6 + 80a^9b^7$$
$$+ 72a^8b^8 + 75a^7b^9 + 36a^5b^{11})c^{-16}$$
$$+ (14a^{15}b^3 + 63a^{13}b^5 + 150a^{12}b^6 + 140a^{11}b^7 + 342a^{10}b^8$$
$$+ 175a^9b^9 + 209a^8b^{10} + 126a^7b11 + 49a^5b^{13)c^{-18}}$$
$$+ (16a^{17}b^3 + 84a^{15}b^5 + 308a^{14}b^6 + 224a^{13}b^7 + 1050a^{12}b^8$$
$$+ 414a^{11}b^9 + 1222a^{10}b^{10} + 336a^9b^{11} + 488a^8b^{12} + 196a^7b^{13}$$
$$+ 64a^5b^{15})c^{-20} \tag{23}$$

$$p_2 = 3a^3b^3c^{-6} + 6a^3b^5c^{-8} + 10a^3b^7c^{-10} + (12a^6b^6 + 15a^3b^9)c^{-12}$$
$$+ (27a^8b^6 + 54a^6b^8 + 21a^3b^{11})c^{-14}$$
$$+ 48a^{10}b^6 + 162a^8b^8 + 158a^6b^{10} + 28a^3b^{13})c^{-16}$$
$$+ (75a^{12}b^6 + 360a^{10}b^8 + 48a^9b^9 + 606a^8b^{10}$$
$$+ 372a^6b^{12} + 36a^3b^{15})c^{-18} \tag{24}$$

$$q_2 = a^3c^{-3} + 6a^6b^3c^{-9} + (9a^8b^3 + 18a^6b^5)c^{-11}$$
$$+ (12a^{10}b^3 + 36a^8b^5 + 40a^6b^7)c^{-13}$$

$$+(15a^{12}b^3+60a^{10}b^5+24a^9b^6+100a^8b^7+75a^6b^9)c^{-15}$$
$$+(18a^{14}b^3+90a^{12}b^5+90a^{11}b^6+200a^{10}b^7$$
$$+126a^9b^8+225a^8b^9+126a^6b^{11})c^{-17}$$
$$+(21a^{16}b^3+126a^{14}b^5+225a^{13}b^6+350a^{12}b^7+594a^{11}b^8$$
$$+525a^{10}b^9+418a^9b^{10}+441a^8b^{11}+196a^6b^{13})c^{-19} \tag{25}$$

$$p_3=4a^4b^3c^{-7}+10a^4b^5c^{-9}+20a^4b^7c^{-11}+(16a^7b^6+35a^4b^9)c^{-13}$$
$$+(36a^9b^6+84a^7b^8+56a^4b^{11})c^{-15}$$
$$+(64a^{11}b^6+252a^9b^8+282a^7b^{10}+84a^4b^{13})c^{-17} \tag{26}$$

$$q_3=a^4c^{-4}+8a^7b^3c^{-10}+(12a^9b^2+30a^7b^5)c^{-12}$$
$$+(16a^{11}b^3+60a^9b^5+80a^7b^7)c^{-14}$$
$$+(20a^{13}b^3+100a^{11}b^5+32a^{10}b^6+200a^9b^7+175a^7b^9)c^{-16}$$
$$+(24a^{15}b^3+150a^{13}b^5+120a^{12}b^6+400a^{11}b^7+192a^{10}b^8$$
$$+525a^9b^9+336a^7b^{11})c^{-18} \tag{27}$$

$$p_4=5a^5b^3c^{-8}+15a^5b^5c^{-10}+35a^5b^7c^{-12}+(20a^8b^6+70a^5b^9)c^{-14} \tag{28}$$
$$+(45a^{10}b^6+120a^8b^8+126a^5b^{11})c^{-16}$$

$$q_4=a^5c^{-5}+10a^8b^3c^{-11}+(15a^{10}b^3+45a^8b^5)c^{-13}$$
$$+(20a^{12}b^3+90a^{10}b^5+140a^8b^7)c^{-15}$$
$$+(25a^{14}b^3+150a^{12}b^5+40a^{11}b^6+350a^{10}b^7+350a^8b^9)c^{-17} \tag{29}$$

$$p_5=6a^6b^3c^{-9}+21a^6b^5c^{-11}+56a^6b^7c^{-18}$$
$$+(24a^9b^6+126a^6b^9)c^{-15} \tag{30}$$

$$q_5=a^6c^{-6}+12a^9b^3c^{-12}+(18a^{11}b^3+63a^9b^5)c^{-14}$$
$$+(24a^{13}b^3+126a^{11}b^5+224a^9b^7)c^{-16} \tag{31}$$

$$p_6=7a^7b^3c^{-10}+28a^7b^5c^{-12}+84a^7b^7c^{-14} \tag{32}$$

$$q_6=a^7c^{-7}+14a^{10}b^3c^{-13}+(21a^{12}b^3+84a^{10}b^5)c^{-15} \tag{33}$$

$$p_7=8a^8b^3c^{-11}+36a^8b^5c^{-13} \tag{34}$$

$$q_7=a^8c^{-8}+16a^{11}b^3c^{-14} \tag{35}$$

$$p_8=9a^9b^3c^{-12} \tag{36}$$

$$q_8=a^9c^{-9} \tag{37}$$

이 되는 것을 알 수 있다.

r와 s의 값들은 각각 q와 p에서 a와 b를 교환하면 구할 수 있다.

이제 두 구의 퍼텐셜을 이 계수들에 의해

$$\alpha = lA + mB \tag{38}$$

$$\beta = mA + nB \tag{39}$$

형태로 계산하면, l, m, n은 퍼텐셜의 계수이며(87절) 이들 중에서 m과 n은

$$m = c^{-1} + p_1 ac^{-2} + p_2 a^2 c^{-3} + \text{등등} \tag{40}$$

$$n = b^{-1} - q_1 ac^{-2} - q_2 a^2 c^{-3} - \text{등등} \tag{41}$$

으로 쓸 수 있고, a, b, c로 전개하면

$$\begin{aligned}
m = {} & c^{-1} + 2a^3 b^3 c^{-7} + 3a^3 b^3 (a^2 + b^2) c^{-9} + a^2 b^3 (4a^4 + 6a^2 b^2 + 4b^4) c^{-11} \\
& + a^3 b^3 [5a^6 + 10a^4 b^2 + 8a^3 b^3 + 10a^2 b^4 + 5b^6] c^{-13} \\
& + a^3 b^3 [6a^8 + 15a^6 b^2 + 30a^5 b^3 + 20a^4 b^4 + 30a^3 b^5 + 15a^2 b^6 + 6b^8] c^{-15} \\
& + a^3 b^3 [7a^{10} + 21a^8 b^2 + 75a^7 b^3 + 35a^6 b^4 + 144a^5 b^5 \\
& \qquad\qquad + 35a^4 b^6 + 75a^3 b^7 + 21a^2 b^8 + 7b^{10}] c^{-17} \\
& + a^3 b^3 [8a^{12} + 28a^{10} b^2 + 154a^9 b^3 + 56a^8 b^4 + 446a^7 b^5 + 102a^6 b^6 \\
& \qquad\qquad + 446a^5 b^7 + 56a^4 b^8 + 154a^3 b^9 + 28a^2 b^{10} + 8b^{12}] c^{-19} \\
& + a^2 b^3 [9a^{14} + 36a^{12} b^2 + 280a^{11} b^2 + 84a^{10} b^4 + 1107a^9 b^5 + 318a^8 b^6 \\
& \qquad\qquad + 1668a^7 b^7 + 318a^6 b^8 + 1107a^5 b^9 + 84a^4 b^{10} + 280a^3 b^{11} \\
& \qquad\qquad + 36a^2 b^{12} + 9b^{14}] c^{-21}
\end{aligned} \tag{42}$$

$$\begin{aligned}
n = {} & b^{-1} - a^3 c^{-4} - a^5 c^{-6} - a^7 c^{-8} - (a^3 + ab^3) a^6 c^{-10} \\
& - (a^5 + 12a^2 b^3 + 9b^5) a^6 b^{-12} - (a^7 + 25a^4 b^3 + 36a^2 b^5 + 16b^7) a^6 c^{-14} \\
& - (a^9 + 44a^6 b^3 + 96a^4 b^5 + 16a^3 b^6 + 80a^2 b^7 + 25b^9) a^6 c^{-16} \\
& - (a^{11} + 70a^8 b^3 + 210a^6 b^5 + 84a^5 b^6 + 260a^4 b^7 \\
& \qquad\qquad + 72a^3 b^8 + 150a^2 b^9 + 36b^{11}) a^6 c^{-18} \\
& - (a^{13} + 104a^{10} b^3 + 406a^8 b^5 + 272a^7 b^6 + 680a^6 b^7 + 468a^5 b^8 \\
& \qquad\qquad + 575a^4 b^9 + 209a^3 b^{10} + 252a^2 b^{11} + 49b^{13}) a^6 c^{-20} \\
& - (a^{15} + 147a^{12} b^3 + 720a^{10} b^5 + 693a^9 b^6 + 1548a^8 b^7 + 1836a^7 b^8 \\
& \qquad\qquad + 1814a^6 b^9 + 1640a^5 b^{10} + 1113a^4 b^{11} + 488a^3 b^{12} \\
& \qquad\qquad + 392a^2 b^{13} + 64b^{15}) a^6 c^{-22}
\end{aligned} \tag{43}$$

이 된다.

l 값은 n 값에서 a와 b를 교환하면 구할 수 있다.

이 시스템의 퍼텐셜 에너지는 87절에 따라

$$W = \frac{1}{2}lA^2 + mAB + \frac{1}{2}nB^2 \tag{44}$$

이며, 두 구 사이의 척력은 93a절에 따라

$$-\frac{dW}{dc} = \frac{1}{2}A^2\frac{dl}{dc} + AB\frac{dm}{dc} + \frac{1}{2}B^2\frac{dn}{dc} \tag{45}$$

이다.

두 구 중 어느 구에서든지 임의의 점에서 면전하 밀도는 (1) 식과 (4) 식에 의해 계수들 A_n과 B_n으로 주어진다.

10장

공 초점 2차 곡면[24]

147. 공 초점 시스템*의 일반식을

$$\frac{x^2}{\lambda^2 - a^2} + \frac{y^2}{\lambda^2 - b^2} + \frac{z^2}{\lambda^2 - c^2} = 1 \tag{1}$$

이라고 하자. 여기서 λ는 가변 매개 변수로 2차 곡면의 종류에 따라 첨자로 구분할 예정이다. 즉 두 시트로 된 쌍곡면은 λ_1으로, 한 시트로 된 쌍곡면은 λ_2로, 타원면은 λ_3로 취한다. 다음 양들

$$a, \lambda_1, b, \lambda_2, c, \lambda_3$$

은 오름차순의 크기이다. a라는 양은 대칭성을 지키기 위해 도입되지만, 우리 결과에서는 항상 $a = 0$이라고 가정한다.

매개 변수가 각각 λ_1, λ_2, λ_3인 세 표면을 고려하면, 그들에 대한 식들 사이의 소거에 의해, 교차하는 점에서 x^2의 값은 다음 식

---

* 원, 타원, 쌍곡선, 포물선 등은 초점을 가지고 있다. 초점이 같으나 형태가 다른 원들, 초점이 같으나 형태가 다른 타원들, 초점이 같으나 형태가 다른 쌍곡선들, 초점이 같으나 형태가 다른 포물선들을 공 초점 시스템(confocal system)이라 한다.

$$x^2(b^2-a^2)(c^2-a^2)=(\lambda_1^2-a^2)(\lambda_2^2-a^2)(\lambda_3^2-a^2) \tag{2}$$

을 만족한다.

y^2과 z^2의 값은 a, b, c를 대칭적으로 순환시키면 구할 수 있다.

이 식을 λ_1에 대해 미분하면

$$\frac{dx}{d\lambda_1}=\frac{\lambda_1}{\lambda_1^2-a^2}x \tag{3}$$

가 된다.

두 표면 λ_1과 $\lambda_1+d\lambda_1$ 사이에서 λ_2와 λ_3를 잘라낸 교차 곡선의 절편의 길이를 ds_1이라면

$$\left.\frac{ds_1}{d\lambda_1}\right|^2=\left.\frac{dx_1}{d\lambda_1}\right|^2=\left.\frac{dy_1}{d\lambda_1}\right|^2=\left.\frac{dz_1}{d\lambda_1}\right|^2=\frac{\lambda_1^2(\lambda_2^2-\lambda_1^2)(\lambda_3^1-\lambda_1^2)}{(\lambda_1^2-a^2)(\lambda_1^2-b^2)(\lambda_1^2-c^2)} \tag{4}$$

가 성립한다.

이 분수의 분모는 표면 λ_1의 반축(半軸) 제곱의 곱이다.

이제

$$D_1^2=\lambda_3^2-\lambda_2^2, \qquad D_2^2=\lambda_3^2-\lambda_1^2, \qquad D_3^2=\lambda_2^2-\lambda_1^2 \tag{5}$$

이라고 놓고 $a=0$라고 하면

$$\frac{ds_1}{d\lambda_1}=\frac{D_2 D_3}{\sqrt{b^2-\lambda_1^2}\sqrt{c^2-\lambda_1^2}} \tag{6}$$

가 된다.

D_2와 D_3는 λ_1의 반축으로, λ_1은 주어진 점을 지나는 지름에 켤레이고, D_2는 ds_2와 평행하고 D_3는 ds_3와 평행인 것을 이해하기는 어렵지 않다.

또한 세 매개 변수들 λ_1, λ_2, λ_3에 다음 식

$$\alpha=\int_0^{\lambda_1}\frac{c\,d\lambda_1}{\sqrt{(b^2-\lambda_1^2)(c^2-\lambda_1^2)}}$$

$$\beta=\int_b^{\lambda_2}\frac{c\,d\lambda_2}{\sqrt{(\lambda_2^2-b^2)(c^2-\lambda_2^2)}}$$

$$\gamma = \int_c^{\lambda_3} \frac{c\,d\lambda_3}{\sqrt{(\lambda_3^2 - b^2)(\lambda_3^2 - c^2)}} \tag{7}$$

에 따라 정의된 세 함수 α, β, γ로 표현한 값을 대입하면

$$ds_1 = \frac{1}{c}D_2D_3 d\alpha, \quad ds_2 = \frac{1}{c}D_3D_1 d\beta, \quad ds_3 = \frac{1}{c}D_1D_2 d\gamma \tag{8}$$

가 된다.

148. 이제 임의의 점 α, β, γ에서 퍼텐셜이 V라고 하면, ds_1 방향을 향하는 합력은

$$R_1 = -\frac{dV}{ds_1} = -\frac{dV}{d\alpha}\frac{d\alpha}{ds_1} = -\frac{dV}{d\alpha}\frac{c}{D_2D_3} \tag{9}$$

가 된다.

ds_1과 ds_2 그리고 ds_3는 모두 서로에 대해 수직이므로, 넓이 요소가 $ds_2\,ds_3$에 대한 면적분은

$$\begin{aligned}
R_1 ds_2 ds_3 &= -\frac{dV}{d\alpha}\frac{c}{D_2D_3} \cdot \frac{D_3D_1}{c} \cdot \frac{D_1D_2}{c} \cdot d\beta d\gamma \\
&= -\frac{dV}{d\alpha}\frac{D_1^2}{c} d\beta d\gamma \tag{10}
\end{aligned}$$

가 된다.

이제 표면들 α, β, γ, 그리고 $\alpha+d\alpha$, $\beta+d\beta$, $\gamma+d\gamma$ 사이에서 잘라낸 부피 요소를 고려하자. 그런 부피 요소는 8분 공간마다 하나씩 모두 여덟 개가 존재한다.

우리는 앞에서 표면 α가 표면들 β와 $\beta+d\beta$, γ, 그리고 $\gamma+d\gamma$에 의해 잘린 표면 요소에 대해 (안쪽으로 측정한) 힘의 수직성분을 면적분을 한 값을 구했다.

표면 $\alpha+d\alpha$에서 대응하는 요소에 대한 면적분은, D_1은 α에 독립이기 때문에

$$+\frac{dV}{d\alpha}\frac{D_1^2}{c} d\beta d\gamma + \frac{d^2V}{d\alpha^2}\frac{D_1^2}{c} d\alpha\, d\beta d\gamma$$

가 된다. 부피 요소에서 건너편 두 면에 대한 면적분은 이 양들에 대한 합, 즉

$$\frac{d^2 V}{d\alpha^2} \frac{D_1^2}{c} d\alpha\, d\beta\, d\gamma$$

가 된다.

똑같은 방법으로 다른 두 쌍의 면에 대한 면적분은

$$\frac{d^2 V}{d\beta^2} \frac{D_2^2}{c} d\alpha\, d\beta\, d\gamma \quad \text{그리고} \quad \frac{d^2 V}{d\gamma^2} \frac{D_3^2}{c} d\alpha\, d\beta\, d\gamma$$

가 된다.

이 여섯 면들이 부피가

$$ds_1 ds_2 ds_3 = \frac{D_1^2 D_2^2 D_3^2}{c^3} d\alpha\, d\beta\, d\gamma$$

인 부피 요소를 둘러싸며, 그 부피 요소 내의 부피 밀도가 ρ이면, 77절에 의해 그 요소의 전체 면적분에 내부의 전하량을 더한 것을 4π로 곱하면 0이고, 그래서 그 결과를 $d\alpha\, d\beta\, d\gamma$로 나누면

$$\frac{d^2 V}{d\alpha^2} D_1^2 + \frac{d^2 V}{d\beta^2} D_2^2 + \frac{d^2 V}{d\gamma^2} D_3^2 + 4\pi\rho \frac{D_1^2 D_2^2 D_3^2}{c^2} = 0 \tag{11}$$

이 되는데, 이것은 푸아송이 라플라스 방정식을 타원 좌표라고 알려진 것으로 확장한 형태이다.

만일 $\rho = 0$이면 네 번째 항은 0이 되고, 이 방정식은 다시 라플라스 방정식과 같아진다.

이 식에 대한 일반적인 논의에 대해서는 이미 앞에서 언급한 라메의 연구를 추천한다.

149. 다음 세 양 α, β, γ를 정하려면,

$$\lambda_1 = b\sin\theta \tag{12}$$

$$\lambda_2 = \sqrt{c^2\sin^2\phi + b^2\cos^2\phi} \tag{13}$$

$$\lambda_3 = c\sec\psi \tag{14}$$

를 이용해 정의된 보조 각 θ, ϕ, ψ를 도입하여 그 양들을 우리가 잘 아는 타원 적분으로 표현할 수 있다.

이제 $b = kc$와 $k^2 + k'^2 = 1$이라고 놓으면, k와 k'를 공 초점 시스템의 두 상보 계수라고 부르며

$$\alpha = \int_0^\theta \frac{d\theta}{\sqrt{1 - k^2\sin^2\theta}} \tag{15}$$

즉 제1종 타원적분이 되는데, 이것을 흔히 사용하는 표기법으로 $F(k, \theta)$라고 쓸 수 있다:

같은 방법으로

$$\beta = \int_0^\phi \frac{d\phi}{\sqrt{1 - k'^2\cos^2\phi}} = F(k') - F(k', \phi) \tag{16}$$

가 되는데, 여기서 $F(k')$은 계수 k'에 대한 완전한 함수이며,

$$\gamma = \int_0^\psi \frac{d\psi}{1 - k^2\cos^2\psi} = F(k) - F(k, \psi) \tag{17}$$

가 된다.

여기서 α는 각 θ의 함수로 대표되었는데, 각 θ는 다시 매개 변수 λ_1의 함수이며, β는 ϕ의 함수로 대표되었는데 ϕ는 다시 λ_2의 함수이며, γ는 ψ의 함수로 대표되었는데 ψ는 다시 λ_3의 함수이다.

그런데 이 각들과 매개 변수들이 α, β, γ의 함수라고 생각될 수도 있다. 그런 역함수의 성질은, 그리고 그런 역함수들과 연관된 것들의 성질은 그 주제에 대한 M. 라메의 저서에 설명되어 있다.

매개 변수들은 보조 각에 대한 주기 함수이므로, 매개 변수들이 세 양 α, β, γ의 주기 함수이기도 하다는 것을 알기는 어렵지 않다. λ_1과 λ_3의 주기는 $4F(k)$이고 λ_2의 주기는 $2F(k')$이다.

특수 풀이

150. 만일 V가 α, β, 또는 γ의 선형함수이면, 그 식은 만족된다. 그러므로 주어진 퍼텐셜을 유지하는 같은 가족의 어떤 두 공 초점 표면의 전하분포와 그 두 표면 사이의 어떤 점에서든지 퍼텐셜도 그 식으로부터 유추하여 알아낼 수 있다.

두 시트로 된 쌍곡면

α가 상수이면 대응하는 표면은 두 시트로 된 쌍곡면이다. 이제 α의 부호를 고려하고 있는 시트에서 x의 부호와 같도록 정하자. 그렇게 하면 두 시트 중 한 번에 하나씩 조사할 수 있다.

다른 쌍곡면이거나 같은 쌍곡면이거나에 관계없이, 두 개의 단일 시트에 해당하는 α 값이 α_1, α_2라 하고, 그 두 쌍곡면에서 일정하게 유지되는 퍼텐셜을 각각 V_1, V_2라고 하자. 그다음에, 만일

$$V = \frac{\alpha_1 V_2 - \alpha_2 V_1 + \alpha(V_1 - V_2)}{\alpha_1 - \alpha_2} \tag{18}$$

라고 놓는다면, 두 표면과 두 표면 사이의 공간 전체를 통해 위에서 준 조건이 만족된다. 표면 α_1 너머의 공간에서는 V가 V_1으로 일정한 값을 갖고, 표면 α_2 너머의 공간에서는 V가 V_2로 일정한 값을 갖는다고 놓으면, 이 특별한 경우에 완전 풀이를 구한 것이다.

두 시트 중 어느 것에서나 임의의 점에서 합성력은

$$R_1 = -\frac{dV}{ds_1} = -\frac{dV}{d\alpha}\frac{d\alpha}{ds_1} \tag{19}$$

또는

$$R_1 = \frac{V_1 - V_2}{\alpha_1 - \alpha_2}\frac{c}{D_2 - D_3} \tag{20}$$

이다.

임의의 점에서 접선 면의 중심에 세운 수직한 면이 p_1이면, 그리고 그 표면의 반축들의 곱이 P_1이면 $p_1 D_2 D_3 = P_1$이다.

그러므로

$$R_1 = \frac{V_1 - V_2}{\alpha_1 - \alpha_2} \frac{cp_1}{P_1} \tag{21}$$

임을 알 수 있는데, 즉 그 표면 위의 임의의 점에서 힘은 접선면의 중심으로부터 수직면에 비례한다.

면전하 밀도는 다음 식

$$4\pi\sigma = R_1 \tag{22}$$

로부터 구할 수 있다.

쌍곡면의 한 시트로부터 $x = \alpha$라는 식으로 정해지는 평면으로 자른 조각에 포함된 총전하량은

$$Q = \frac{c}{2} \frac{V_1 - V_2}{\alpha_1 - \alpha_2} \left(\frac{\alpha}{\lambda_1} - 1 \right) \tag{23}$$

이다. 그러므로 무한히 큰 시트 전체의 총전하는 무한대이다.

표면들의 제한된 형태로는 다음과 같은 것들이 있다.

(1) $\alpha = F(k)$로 정해지는 표면은 다음 식

$$\frac{x^2}{b^2} - \frac{z^2}{c^2 - b^2} = 1 \tag{24}$$

로 정해지는 두 쌍곡선 중에서 0보다 더 큰 값을 갖는 곡선의 0보다 더 큰 쪽에서 xz 평면의 한 부분이다.

(2) $\alpha = 0$으로 정해지는 표면은 yz 평면이다.

(3) $\alpha = -F(k)$로 정해지는 표면은 같은 쌍곡선에서 0보다 더 작은 값을 갖는 곡선의 0보다 더 작은 쪽에서 xz 평면의 한 부분이다.

한 시트로 된 쌍곡면

β가 상수이면 한 시트로 된 쌍곡면 방정식을 얻는다. 그러므로 전기장의 경계를 형성하는 두 표면은 반드시 두 개의 서로 다른 쌍곡면에 속해야 한다. 이 조사가 다른 측면에서는 두 시트로 된 쌍곡면과 같아서, 퍼텐셜의 차이를 알면 그 표면들의 임의의 점에서 전하 밀도는 접선면의 중심에 세운 수직면에 비례하고, 무한히 큰 시트에 포함된 총전하량은 무한대이다.

표면의 제한된 형태

(1) $\beta = 0$으로 정해지는 표면은 위의 (24) 식으로 정해지는 쌍곡선의 두 곡선 사이에 놓인 xz 평면의 한 부분이다.

(2) $\beta = F(k')$으로 정해지는 표면은 다음 식

$$\frac{x^2}{c^2} + \frac{y^2}{c^2 - b^2} = 1 \tag{25}$$

로 정해지는 초점 타원의 밖에 놓인 xy 평면의 한 부분이다.

타원면

타원면을 주면 γ는 상수이다. 두 타원면 γ_1과 γ_2의 퍼텐셜이 각각 V_1과 V_2로 유지되면, 두 타원면 사이 공간의 임의의 점 γ에 대해

$$V = \frac{\gamma_1 V_2 - \gamma_2 V_1 + \gamma(V_1 - V_2)}{\gamma_1 - \gamma_2} \tag{26}$$

가 성립한다.

임의의 점에서 면전하 밀도는

$$\sigma = -\frac{1}{4\pi} \frac{V_1 - V_2}{\gamma_1 - \gamma_2} \frac{cp_3}{P_3} \tag{27}$$

인데, 여기서 p_3는 접선 면의 중심에서 수직면이고 P_3는 반축들의 곱이다.

두 표면 중 어느 하나의 총전하는

$$Q_2 = c\frac{V_1 - V_2}{\gamma_1 - \gamma_2} = -Q_1 \tag{28}$$

으로 주어지고 유한하다.

$\gamma = F(k)$이면 타원면의 표면은 모든 방향으로 무한히 먼 거리에 있다.

$V_2 = 0$이고 $\gamma_2 = F(k)$이면, 무한히 확장된 전기장에서 퍼텐셜 V로 유지되는 타원면에 대전된 전하량이

$$Q = c\frac{V}{F(k) - \gamma} \tag{29}$$

이다.

$\gamma = 0$일 때는 타원면 중에서 제한된 형태가 나타나는데, 그 경우에 그렇게 결정된 표면은 위의 (25) 식에 쓴 식으로 정해지는 초점 타원 내부에 놓인 xy 평면의 한 부분이다.

(25) 식으로 정해지고 이심률이 k인 타원 판의 양쪽 면 중 어느 면에서나 면전하 밀도는

$$\sigma = \frac{V}{4\pi\sqrt{c^2 - b^2}}\,\frac{1}{F(k)}\,\frac{1}{\sqrt{1 - \dfrac{x^2}{c^2} - \dfrac{y^2}{c^2 - b^2}}} \tag{30}$$

이고 그 판에 대전된 전하는

$$Q = c\frac{V}{F(k)} \tag{31}$$

이다.

특별한 경우

151. b가 궁극적으로 0이 될 때까지 감소하고, 그래서 k도 역시 그렇게 감소하는데 c는 유한하게 유지되면, 표면들 시스템은 다음 방식으로 변

형된다.

두 시트 쌍곡면의 실수축과 허수축 중 하나는 끝없이 감소하고, 표면은 궁극적으로 z 축에서 교차하는 두 평면과 일치하게 된다.

α라는 양은 θ와 똑같아지며, 처음 시스템이 변형한 마지막 형태인 메리디오널 평면 시스템의 식은

$$\frac{x^2}{(\sin\alpha)^2} - \frac{y^2}{(\cos\alpha)^2} = 0 \tag{32}$$

이 된다.

β라는 양에 대해서는, 147절의 (7) 식에 의한 정의를 취하면 정적분의 아래 한계를 대입할 때 무한대 값이 나온다. 이것을 피하려고 이런 특별한 경우에는 β를 다음의 적분 값

$$\int_{\lambda_2}^{c} \frac{c d\lambda_2}{\sqrt{c^2 - \lambda_2^2}}$$

로 정의한다.

이제 $\lambda_2 = c\sin\phi$를 대입하면 β는

$$\int_{\phi}^{\frac{\pi}{2}} \frac{d\phi}{\sin\phi} \quad 즉 \quad \log\cot\frac{1}{2}\phi$$

가 된다. 그래서 $\cos\phi = \dfrac{e^{\beta} - e^{-\beta}}{e^{\beta} + e^{-\beta}}$이므로 $\sin\phi = \dfrac{2}{e^{\beta} + e^{-\beta}}$가 된다.

지수로 표현된 양인 $\frac{1}{2}(e^{\beta} + e^{-\beta})$를 β의 하이퍼볼릭 코사인이라고 부르거나 더 간결하게 β의 하이퍼코사인 또는 $\cosh\beta$라고 부르면, 그리고 $\frac{1}{2}(e^{\beta} - e^{-\beta})$를 β의 하이퍼사인 또는 $\sinh\beta$라고 부르면, 그리고 같은 방법으로 다른 간단한 삼각비에 대응하는 것도 비슷한 성질의 함수를 채택하면, $\lambda_2 = c\,\mathrm{sech}\,\beta$가 되고, 한 시트 쌍곡면 시스템의 식은

$$\frac{x^2 + y^2}{(\mathrm{sech}\beta)^2} - \frac{z^2}{(\tanh\beta)^2} = c^2 \tag{35}$$

이 된다.

γ라는 양은 ψ로 바뀌고, 그래서 $\lambda_3 = c \operatorname{cosec} \gamma$이며, 타원면 시스템의 식은

$$\frac{x^2 + y^2}{(\sec\gamma)^2} + \frac{z^2}{(\tan\gamma)^2} = c^2 \tag{36}$$

이 된다.

켤레축에 대해 회전한 그림인 이런 종류의 타원면을 행성형 타원면이라고 부른다.

무한히 확장된 전기장에서 퍼텐셜이 V로 유지되는 행성형 타원면에 대전된 전하량은

$$Q = c \frac{V}{\frac{1}{2}\pi - \gamma} \tag{37}$$

인데, 여기서 $c \sec\gamma$가 적도 반지름이고, $c \tan\gamma$는 극 반지름이다.

$\gamma = 0$으로 정해지는 그림은 반지름이 c인 원형 접시로

$$\sigma = \frac{V}{2\pi^2 \sqrt{c^2 - r^2}} \tag{38}$$

$$Q = c \frac{V}{\frac{1}{2}\pi} \tag{39}$$

이다.

152. 두 번째 경우. $b = c$이면 $k = 1$이고 $k' = 0$이어서

$$\lambda_1 = c \tanh\alpha \text{인 경우에} \qquad \alpha = \log\tan\frac{\pi + 2\theta}{4} \tag{40}$$

이며 두 시트 회전 쌍곡면의 식은

$$\frac{x^2}{(\tanh\alpha)^2} - \frac{y^2 + z^2}{(\operatorname{sech}\alpha)^2} = c^2 \tag{41}$$

이 된다.

β라는 양은 ϕ로 바뀌고, 한 시트 쌍곡면 하나하나가 x 축에서 교차하는 한 쌍의 평면으로 바뀌는데, 그 평면은 다음 식

$$\frac{y^2}{(\sin\beta)^2} - \frac{z^2}{(\cos\beta)^2} = 0 \tag{42}$$

을 만족한다. 이 평면은 메리디오널 평면 시스템으로 거기서 β는 경도이다.

이 경우에 147절에 나오는 (7) 식으로 정의된 γ라는 양은 적분에서 아래한곗값을 대입하면 무한대가 된다. 이것을 피하려고 이런 특별한 경우에는 γ를 다음의 적분 값

$$\int_{\lambda_3}^{\infty} \frac{c d\lambda_3}{\sqrt{\lambda_3^2 - c^2}}$$

로 정의하자.

그다음에는 $\lambda_3 = c \sec\psi$를 대입하면 $\lambda_3 = c \coth\gamma$인 경우 $\gamma = \int_{\psi}^{\frac{\pi}{2}} \frac{d\psi}{\sin\psi}$ 가 되고 타원면 가족의 식은

$$\frac{x^2}{(\coth\gamma)^2} + \frac{y^2 + z^2}{(\operatorname{cosech}\gamma)^2} = c^2 \tag{43}$$

이 된다.

두 초점을 통과하는 축이 회전축인 이러한 타원면을 계란형 타원면이라고 부른다.

이 경우에 무한히 확장된 전기장에서 퍼텐셜이 V로 유지되는 계란형 타원면에 전하량은 (29) 식에 의해

$$c V - \int_{\psi_0}^{\frac{\pi}{2}} \frac{d\psi}{\sin\psi} \tag{44}$$

가 되는데, 여기서 $c \sec\psi_0$가 극 반지름이다.

극 반지름을 A, 적도 반지름을 B라고 표시하면, 방금 얻은 결과는

$$V \frac{\sqrt{A^2 - B^2}}{\log\dfrac{A + \sqrt{A^2 - B^2}}{B}} \tag{45}$$

가 된다.

만일 끝의 단면이 둥근 도선처럼 극 반지름에 비해 적도 반지름이 매우 작다면,

$$Q = \frac{AV}{\log 2A - \log B} \tag{46}$$

이다.

b와 c의 비는 일정하게 유지되면서 b와 c가 모두 0이 되면, 표면들의 시스템은 공 초점의 원뿔들인 두 시스템과 반지름이 γ에 반비례하는 구 표면들인 한 시스템이 된다.

b와 c의 비가 0이거나 또는 1이면, 표면들의 시스템은 자오면(子午面)들인 하나의 시스템 그리고 공동 축을 갖는 직원뿔들인 하나의 시스템, 그리고 반지름이 γ에 반비례하는 공 초점 구면들인 하나의 시스템이 된다. 구 좌표계에서는 이 시스템들을 흔히 본다.

원통 면

153. c가 무한대인 표면은 발생 선이 z 축에 평행인 원통 면들이다. 원통들인 한 시스템은 쌍곡선 형인데, 즉 두 시트의 쌍곡면이 그 시스템으로 축퇴한다. c가 무한대일 때는 k는 0이므로, $\theta = \alpha$가 되어서, 결과적으로 이 시스템의 식은

$$\frac{x^2}{\sin^2\alpha} = \frac{y^2}{\cos^2\alpha} = b^2 \tag{47}$$

가 된다.

다른 한 시스템은 타원형인데, $k = 0$일 때 β는

$$\int_b^{\lambda_2} \frac{d\lambda_2}{\sqrt{\lambda_2^2 - b^2}} \qquad \text{또는} \qquad \lambda_2 = b\cosh\beta$$

로 되므로, 이 시스템의 식은

$$\frac{x^2}{(\cosh\beta)^{\frac{1}{2}}} + \frac{y^2}{(\sinh\beta)^{\frac{1}{2}}} = b^2 \tag{48}$$

이 된다.

이 두 시스템이 제1권의 끝의 그림 X에 그려져 있다.

공 초점 포물면

154. 일반식에서 좌표계 원점을 시스템의 중심으로부터 x 축을 따라 거리가 t인 곳으로 옮기고, x, λ, b, c 자리에 각각 $t+x$, $t+\lambda$, $t+b$, $t+c$를 대입하고, 그다음에 t를 끝없이 증가시키면, 마지막에 초점이 $x=b$와 $x=c$인 포물면들인 시스템에 대한 식을 얻는데, 그 식은

$$4(x-\lambda)+\frac{y^2}{\lambda-b}+\frac{z^2}{\lambda-c}=0 \tag{49}$$

이다.

타원형 포물면의 첫 번째 시스템에서 바뀔 수 있는 매개 변수를 λ라 하고, 쌍곡선형 포물면에서 바뀔 수 있는 매개 변수는 μ, 그리고 타원형 포물면의 두 번째 시스템에서 바뀔 수 있는 매개 변수는 ν라고 하면, 크기가 커지는 순서로 쓰면 λ, b, μ, c, ν이고

$$\left.\begin{aligned}
x &= \lambda+\mu+\nu-c-b \\
y^2 &= 4\frac{(b-\lambda)(\mu-b)(\nu-b)}{c-b} \\
z^2 &= 4\frac{(c-\lambda)(c-\mu)(\nu-c)}{c-b}
\end{aligned}\right\} \tag{50}$$

가 된다.

(7) 식으로 주어진 적분들이 무한대 값을 갖지 않도록, 포물면 시스템에서 그에 대응하는 적분들은 서로 다른 적분 한계를 취한다.

이 경우에는

$$\alpha = \int_\lambda^b \frac{d\lambda}{\sqrt{(b-\lambda)(c-\lambda)}}$$
$$\beta = \int_b^\mu \frac{d\mu}{\sqrt{(\mu-b)(c-\mu)}}$$

$$\gamma = \int_c^\nu \frac{d\nu}{\sqrt{(\nu-b)(\nu-c)}}$$

와 같이 쓴다.

이로부터

$$\left.\begin{aligned}
\lambda &= \frac{1}{2}(c+b) - \frac{1}{2}(c-b)\cosh\alpha \\
\mu &= \frac{1}{2}(c+b) - \frac{1}{2}(c-b)\cos\beta \\
\nu &= \frac{1}{2}(c+b) - \frac{1}{2}(c-b)\cosh\gamma
\end{aligned}\right\} \tag{51}$$

$$\left.\begin{aligned}
x &= \frac{1}{2}(c+b) + \frac{1}{2}(c-b)(\cosh\gamma - \cos\beta - \cosh\alpha) \\
y &= 2(c-b)\sinh\frac{\alpha}{2}\sin\frac{\beta}{2}\cosh\frac{\gamma}{2} \\
z &= 2(c-b)\cosh\frac{\alpha}{2}\cos\frac{\beta}{2}\sinh\frac{\gamma}{2}
\end{aligned}\right\} \tag{52}$$

가 된다.

$b = c$일 때는 x 축 주위의 회전체인 포물면의 경우가 되며

$$\begin{aligned}
x &= a(e^{2\alpha} - e^{2\gamma}) \\
y &= 2ae^{\alpha+\gamma}\cos\beta \\
z &= 2ae^{\alpha+\gamma}\sin\beta
\end{aligned} \tag{53}$$

가 된다.

β가 상수인 표면은 축을 통과하는 평면들인데, 이때 β는 그런 평면이 축을 통과하는 고정된 평면과 사이에 만드는 각이다.

α가 상수인 표면은 공 초점 포물면들이다. $\alpha = -\infty$이면 포물면은 원점에서 끝나는 직선으로 바뀐다.

α, β, γ 값을 초점을 원점으로 하고 구의 축으로 포물선의 축을 이용하는 구 좌표계의 좌표인 r, θ, ϕ로 구할 수도 있는데, 그러면

$$\begin{aligned}
\alpha &= \log\left(\gamma^{\frac{1}{2}}\cos\frac{1}{2}\theta\right) \\
\beta &= \phi
\end{aligned} \tag{54}$$

$$\gamma = \log(\gamma^{\frac{1}{2}} \sin \frac{1}{2}\theta)$$

가 된다.

퍼텐셜이 α와 같은 경우를 띠 고체 조화함수 $r_i Q_i$와 비교할 수도 있다. 둘 다 라플라스 방정식을 만족하며, x, y, z에 대한 동차 함수이지만, 포물면으로부터 유도되었으면 축에서 불연속이 존재하고, i는 0과 어떤 유한한 양만큼도 다르지 않은 값을 갖는다.

(한 방향으로 무한한 직선의 경우를 포함해서) 무한히 확장된 전기장에서 대전된 포물면의 면전하 밀도는 초점으로부터 거리의 제곱근에 반비례하거나, 또는 직선의 경우, 선의 끝으로부터 거리의 제곱근에 반비례한다.

11장
전기 영상 전하와 전기 역문제 이론

155. 우리는 앞에서 도체 구가 알려진 전하분포의 영향 아래 놓이면, 구 표면에서 전하분포는 구면 조화함수 방법으로 정해질 수 있다는 것을 이미 보았다.

그렇게 하려면, 영향을 주는 시스템의 퍼텐셜을 구(球)의 중심을 원점으로 하는 0보다 큰 차수의 고체 조화함수의 급수로 전개하면, 그 급수에 대응하는 0보다 작은 차수의 고체 조화함수 급수를 구하는데, 그 급수가 구의 전하가 만드는 퍼텐셜을 표현한다.

매우 강력한 이 분석법을 이용하여, 푸아송은 알고 있는 전기 시스템의 영향 아래 놓인 구의 전하를 구했으며, 그는 두 도체 구에 상대방 도체 구의 영향으로 대전된 전하분포를 정하는 더 어려운 문제도 역시 풀었다. 이 연구는 플라나*와 그의 동료들이 상세하게 추구했으며 그들은 푸아송이 얼마나 정확했는지를 확인하였다.

---

* 플라나(Giovanni Antonio Amedeo Plana, 1781-1864)는 천문학자이자 수학자로서 당대 최고의 이탈리아 과학자 중 한 명이다. 달의 분화구 플라나는 그의 이름을 딴 것이다.

이 방법을 가장 기본적인 경우인 점전하 한 개의 영향 아래 놓인 구에 적용하려면, 점전하가 만드는 퍼텐셜을 고체 조화함수의 급수로 전개하고, 그 구 위부에 구에 대전된 전하가 만드는 퍼텐셜을 표현하기 위해 고체 조화함수의 두 번째 급수를 결정하는 것이 필요하다.

앞서 연구한 수학자들 중 누구도 이 두 번째 급수가 실제로는 존재하지 않는 가상의 점전하가 만드는 퍼텐셜을 표현한다는 것을 깨달은 사람은 없는 것처럼 보인다. 그 가상의 점전하를 전기 영상 전하라고 불러도 좋은데, 그 표면의 작용이 표면 외부의 점들에는 마치 구의 표면은 존재하지 않고 그 가상의 점전하만으로 만들어지는 퍼텐셜과 똑같기 때문이다.

그렇게 하는 것을 발견한 사람은 W. 톰슨 경처럼 보이는데, 그는 이것을 전기 문제의 풀이를 구하고 동시에 그것을 기초적인 기하학의 형태로 나타낼 수 있는 강력한 방법으로 발전시켰다.

그의 독창적인 최초 연구는 *Cambridge and Dublin Mathematical Journal* (1848)에 실렸으며, 접촉하지 않고 작용하는 인력에 대한 종전과 같은 이론으로 표현되어 있고 퍼텐셜 방법이나 4장에 나오는 일반적 정리에 의한 방법은 전혀 사용하지 않는데, 아마도 그런 방법으로 발견되었을 것으로 짐작된다. 그렇지만 나는 톰슨의 방법을 따르는 대신에, 퍼텐셜과 등전위 면에 대한 아이디어를, 언제든지 연구가 그런 방법에 의해 더 잘 이해될 수 있는 한, 자유롭게 이용하려고 한다.

전기 영상 전하 이론

156. 그림 7에서 A와 B가 무한히 큰 균일한 유전 매질에서 두 점을 대표한다고 하자. A와 B의 전하는 각각 e_1과 e_2이다. 공간에서 임의의 점 P로부터 A와 B까지 거리는 각각 r_1과 r_2이다. 그러면 P에서 퍼텐셜의 값은

$$V = \frac{e_1}{r_1} + \frac{e_2}{r_2} \qquad (1)$$

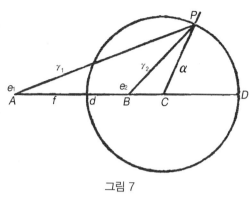

이다.

e_1과 e_2의 부호가 같은 경우, 이 전하분포에 의한 등전위 면이 (제1권의 끝에 실려 있는) 그림 I에 나와 있으며, e_1과 e_2의 부호

그림 7

가 반대인 경우. 이 전하분포에 의한 등전위 면은 그림 II에 나와 있다. 이제 이 시스템에서 유일한 구 표면인 $V=0$인 표면을 고려하자. e_1과 e_2의 부호가 같으면 이 표면은 전체가 무한히 먼 곳에 놓이는데, 그러나 e_1과 e_2의 부호가 반대이면 퍼텐셜이 0인 표면으로 유한한 거리에 평면 또는 구 표면이 존재한다.

그런 표면에 대한 식은

$$\frac{e_1}{r_1} + \frac{e_2}{r_2} = 0 \qquad (2)$$

이다. 그 구의 중심은 AB의 연장선 위 점 C에 놓이는데

$$AC : BC :: e_1^2 : e_2^2$$

이 만족되며, 구의 반지름은

$$AB \frac{e_1 e_2}{e_1^2 - e_2^2}$$

와 같다.

두 점 A와 B는 이 구에 대해 서로 역(逆)이 되는 점인데, 다시 말하면, 두 점은 같은 반지름에 놓이고, 그 반지름은 구의 중심에서 두 점까지 거리의 비례 중항이다.

이 구의 표면의 퍼텐셜이 0이기 때문에, 그 구는 얇은 금속으로 만들어졌

고 접지되어 있다고 가정하더라도, 그 외부와 내부의 어떤 점에서도 퍼텐셜이 조금도 바뀌지 않는데, 그러나 모든 곳에서 전기적 작용은 두 점전하 A와 B에 의한 것임은 변하지 않는다.

이제 금속 구 껍질은 접지된 채로 그대로 유지하고 점 B를 제거하면, 구 내부의 모든 곳에서는 퍼텐셜이 0이 되지만 구 외부에서 퍼텐셜은 전과 똑같이 유지된다. 왜냐하면 구 표면의 퍼텐셜은 여전히 똑같이 유지되며 구 외부에 존재하는 전하에는 전혀 변화가 없기 때문이다.

그래서 점전하 A가 퍼텐셜이 0인 구형 도체의 외부에 놓이면, 그 구 외부의 모든 점에서 전기적 작용은 점 A와 구 내부의 다른 점 B가 원인으로 생기는데, 그 점에 놓인 점전하를 A의 전기 영상 전하라고 부른다.

같은 방법으로 B가 구 껍질 내부에 놓인 점이라면, 구 내부에서 전기적 작용은 B에 의한 것과 함께 A의 영상 전하에 따른 것이다.

157. 영상 전하의 정의

영상 전하는 표면의 한쪽에 존재하는 하나의 점전하 또는 여러 점전하들의 시스템으로 표면의 반대쪽에 표면의 실제 전하분포가 실제로 만드는 것과 똑같은 전기적 작용을 만든다.

광학에서 거울 또는 렌즈의 한쪽에 한 점 또는 점들의 시스템이 만일 존재한다면 거울 또는 렌즈의 건너편 쪽에 실제로 존재하는 광선들의 시스템을 방출한다고 생각될 때 그것을 **가상 영상(허상)**이라고 부른다.

전기 영상 전하는 표면의 건너편 공간과 관계하여 광학에서 허상에 대응한다. 전기 영상이 허상의 실제 위치 또는 단순히 광학적 초점의 근사적 성격과 대응하는 것은 아니다.

전기 영상 전하가, 다시 말하면 대전된 표면과 같은 쪽의 영역에 표면의 전하분포가 만드는 효과와 똑같은 효과를 만드는, 가상의 전하를 띤 점들은 **실제로는** 존재하지 않는다.

왜냐하면 공간의 임의 영역에서 퍼텐셜이 같은 영역에서 어떤 전하가 만든 퍼텐셜과 같다면, 그 퍼텐셜은 바로 그 전하에 의해 실제로 만들어져야 하기 때문이다. 실제로 어떤 점에 놓인 전하든지 푸아송 방정식을 적용하면 그 점 부근에서 퍼텐셜로부터 구할 수 있다.

이제 구의 반지름을 a라고 하자.

구의 중심 C로부터 전하가 놓인 점 A까지 거리를 f라고 하자.

그 점전하는 e라고 하자.

그러면 그 점의 영상은 B에 놓이는데, 거리가 $\dfrac{a^2}{f}$인 구와 같은 반지름 위에 있고, 영상 전하의 전하는 $-e\dfrac{a}{f}$이다.

이 영상 전하는 표면의 건너편에 표면의 실제 전하가 만드는 것과 같은 효과를 만든다는 것은 이미 증명되었다. 다음으로 구 표면 위의 임의의 점 P에서 이 전하의 면전하 밀도를 정하는데, 그 목적으로 80절에서 설명한 쿨롱의 정리를 이용하려고 한다. 쿨롱의 정리란 도체 표면에서 R이 합성력이고, σ가 표면의 밀도라면

$$R = 4\pi\sigma$$

인데, 여기서 R는 표면에서 멀어지는 쪽으로 측정한다.

R를 AP를 따라 작용하는 척력 $\dfrac{e}{AP^2}$과 PB를 따라 작용하는 인력 $e\dfrac{a}{f}\dfrac{1}{PB^2}$인 두 힘의 합성력이라고 볼 수도 있다.

이 두 힘을 AC 방향과 CP 방향으로 분해하면, 척력의 성분은

$$AC \text{를 따라서는 } \frac{ef}{AP^3}, \quad CP \text{를 따라서는 } \frac{ea}{AP^3}$$

이 된다.

인력의 성분은

$$AC \text{를 따라서는 } -e\frac{a}{f}\frac{1}{BP^3}, \quad CP \text{를 따라서는 } -e\frac{a^2}{f}\frac{1}{BP^3}$$

이다.

이제 $BP = \dfrac{a}{f} AP$ 그리고 $BC = \dfrac{a^2}{f}$ 이어서, 인력의 성분을

AC를 따라서는 $-ef\dfrac{1}{AP^3}$, $\quad CP$를 따라서는 $-e\dfrac{f^2}{a}\dfrac{1}{AP^3}$

이다.

AC를 따른 방향으로 인력과 척력의 성분들은 크기가 같고 방향이 반대이어서 결과적으로 합성력은 전적으로 반지름 CP의 방향이다. 이것은 단지 우리가 이미 증명한 것, 즉 구는 등전위 면이며, 그러므로 합성력이 모든 위치에서 수직인 표면임을 확인해 줄 뿐이다.

CP를 따라서 측정된, A가 놓인 쪽을 향하는 방향으로 표면에서 수직인 합성력은

$$R = -e\frac{f^2 - a^2}{a}\frac{1}{AP^3} \tag{3}$$

이다.

만일 A가 구 내부에 있다면, f는 a보다 더 작고, R를 안쪽으로 측정해야 한다. 그러므로 그럴 때는

$$R = -e\frac{a^2 - f^2}{a}\frac{1}{AP^3} \tag{4}$$

이다.

모든 경우에

$$R = -e\frac{AD \cdot Ad}{CP}\frac{1}{AP^3} \tag{5}$$

이라고 쓸 수 있는데, 여기서 AD와 Ad는 A를 통해 구를 자르는 임의의 선의 부분들이며, 그 곱은 모든 경우에 0보다 더 크다고 간주한다.

158. 이로부터 80절의 쿨롱 정리에 따르면 P에서 면전하 밀도는

$$\sigma = -e\frac{AD \cdot Ad}{4\pi \cdot CP}\frac{1}{AP^3} \tag{6}$$

이다. 구의 임의의 점에서 전하 밀도는 점 A로부터 거리의 세제곱에 반비례하며 변한다.

이런 표면 분포의 효과는, 점 A와 함께, 점 A와 같은 쪽의 표면에 점 A에 놓인 e와 점 B에 놓인 A의 영상 전하 $-e\dfrac{a}{f}$가 만드는 것과 똑같은 퍼텐셜을 만드는 것이고, 표면의 다른 쪽에서는 퍼텐셜이 모든 위치에서 0이다. 그래서 표면에 분포된 전하의 효과는 그 자체로 A가 놓인 쪽에 B에 놓인 영상 전하 $-e\dfrac{a}{f}$로 인해 생기는 퍼텐셜과 똑같은 퍼텐셜을 만들고, 건너편 쪽에는 A에 놓인 e가 만드는 퍼텐셜과 크기는 같고 부호가 반대인 퍼텐셜을 만드는 것이다.

구의 표면의 총전하는 B에 놓인 영상 전하와 똑같아야 하므로 생각할 것도 없이 $-e\dfrac{a}{f}$이다.

그러므로 구 표면에 분포된 전하의 작용에 대해 다음과 같은 정리에 도달한다. 면전하 밀도는 점 A가 구 외부에 있든 구 내부에 있든, 점 A로부터 거리의 세제곱에 반비례한다.

그 면전하 밀도가 다음 식

$$\sigma = \frac{C}{AP^3} \tag{7}$$

로 주어진다고 하자. 여기서 C는 어떤 상수 양이다. 그러면 (6) 식에 따라서

$$C = -e\frac{AD \cdot Ad}{4\pi a} \tag{8}$$

가 된다.

그 표면에 의해서 A와 분리된 임의의 점에서 이 표면 전하분포의 작용은 전하량 $-e$의 효과와 같고 그 값은 A에 집중된

$$\frac{4\pi a C}{AD \cdot Ad}$$

이다.

그 표면 전하분포가 표면에서 A와 같은 쪽의 임의의 점에 미치는 작용은

B에 집중된 A의 영상 전하

$$\frac{4\pi Ca^2}{fAD \cdot Ad}$$

와 같다.

구에 대전된 총전하량은 만일 A가 구 내부에 있다면 위에서 언급한 양들 중 첫 번째와 같고, 만일 A가 구 외부에 있다면 위에 언급한 양 중 두 번째와 같다.

학생들은 반드시 참고해야 할, 구형 도체에서 전하의 분포와 관련된 그의 독창적인 기하학을 적용한 연구에서, W. 톰슨 경이 이런 주장들이 옳음을 밝혔다.

159. 접지되어 퍼텐셜이 0으로 유지되는 반지름이 a인 도체 구의 주위에 전하분포가 알려진 시스템이 놓이면, 시스템의 여러 부분의 전하들이 중첩된다.

A_1, A_2 등등이 시스템의 대전된 점들이고, f_1, f_2 등등은 구의 중심으로부터 그 점들까지 거리이며, e_1, e_2 등등은 그 점들에 대전된 전하라면, 그 점들의 영상 전하 B_1, B_2 등등은 그 점 자체와 같은 반지름 위에 놓이며, 구의 중심으로부터 거리는 $\frac{a^2}{f_1}$, $\frac{a^2}{f_2}$ 등등이고, 대전된 전하는 $-e_1\frac{e}{f_1}$, $-e_2\frac{a}{f_2}$ 등등이다.

구 외부에서 표면 전하로 인한 퍼텐셜은 영상 전하 B_1, B_2 등등의 시스템이 만드는 퍼텐셜과 같다. 그러므로 이 시스템을 A_1, A_2 등등의 시스템의 전기 영상 전하라고 부른다.

만일 구의 퍼텐셜이 0이 아니라 V이면, 균일한 면전하

$$\sigma = \frac{V}{4\pi a}$$

를 갖는 구의 바깥쪽 표면의 전하분포를 중첩해야 한다. 구 외부의 모든 점

에서 그 효과는 구의 중심에 놓인 전하량이 Va인 전하의 효과와 같으며, 구 내부의 모든 점에서는 퍼텐셜이 단순히 V만큼 증가할 뿐이다.

영향을 주는 점들인 A_1, A_2 등등으로 인해 구에 대전된 총전하는

$$E = Va - e_1 \frac{a}{f_1} - e_2 \frac{a}{f_2} - 등등 \tag{9}$$

이며, 이로부터 전하 E 또는 퍼텐셜 V 중 하나를 알면 다른 하나를 구할 수 있다.

대전된 시스템이 구형 표면 내부에 존재하면, 이미 앞에서 구 내부 점들에 관해서 모든 폐곡면에 대해 증명한 것처럼, 표면에 유도된 전하는 유도를 야기한 전하와 크기는 같고 부호는 반대가 된다.

160.[25] 구의 중심으로부터 거리가 구의 반지름 a보다 더 큰 f에 놓인 대전된 점 e와, 대전된 점 때문에 생긴 구형 표면의 전하와 구의 전하 사이의 상호 작용에 의한 에너지는

$$M = \frac{Ee}{f} - \frac{1}{2} \frac{e^2 a^3}{f^2(f^2 - a^2)} \tag{10}$$

인데, 여기서 V는 구의 퍼텐셜이고 E는 구의 전하이다.

그러므로 대전된 점과 구 사이의 척력은 92절에 따라

$$F = ea\left(\frac{V}{f^2} - \frac{ef}{(f^2 - a^2)^2} \right) = \frac{e}{f^2}\left(E - e\frac{a^3(2f^2 - a^2)}{f(f^2 - a^2)^2} \right) \tag{11}$$

이다.

그러므로 점과 구 사이에 작용하는 힘은 다음 경우에 항상 인력이다.

(1) 구가 절연되지 않을 때.

(2) 구에 전하가 대전되지 않을 때.

(3) 대전된 점이 표면과 매우 가까울 때.

둘 사이에 작용하는 힘이 척력이 되려면, 구의 퍼텐셜은 0보다 크고

$e\dfrac{f^3}{(f^2-a^2)^2}$ 보다 더 커야 하며, 구의 전하는 e와 같은 부호이고 $e\dfrac{a^3(2f^2-a^2)}{f(f^2-a^2)}$ 보다 더 커야 한다.

평형점에서는 평형이 불안정한데, 작용하는 힘이 두 물체가 평형점에서보다 더 가까우면 인력이고 더 멀어지면 척력이다.

대전된 점이 구형 표면 내부에 있을 때는, 대전된 점에 작용하는 힘은 항상 구의 중심에서 멀어지는 방향으로 작용하고, 그 크기는

$$\frac{e^2af}{(a^2-f^2)^2}$$

와 같다.

대전된 점이 구 바깥에 놓였으면, 구에서 대전된 점에 가장 가까운 점에서 면전하 밀도는

$$\sigma_1=\frac{1}{4\pi a^2}\left(Va-e\frac{a(f+a)}{(f-a)^2}\right)=\frac{1}{4\pi a^2}\left(E-e\frac{a^2(3f-a)}{f(f-a)^2}\right) \tag{12}$$

이다.

구에서 대전된 점에서 가장 먼 점에서 면전하 밀도는

$$\sigma_2=\frac{1}{4\pi a^2}\left(Va-e\frac{a(f-a)}{(f+a)^2}\right)=\frac{1}{4\pi a^2}\left(E+e\frac{a^2(3f+a)}{f(f+a)^2}\right) \tag{13}$$

이다.

구의 전하인 E가

$$e\frac{a^2(3f-a)}{f(f-a)^2}\text{와}\quad -e\frac{a^2(3f+a)}{f(f+a)^2}$$

사이이면, 이 전하는 대전된 점 다음에서는 음전하이고 그 반대편에서는 양전하이다. 표면에서 양전하로 대전된 부분과 음전하로 대전된 부분을 구분하는 원형 선이 존재하며, 그 선은 평형선이다.

만일

$$E=ea\left(\frac{1}{\sqrt{f^2-a^2}}-\frac{1}{f}\right) \tag{14}$$

이면, 평형 선에서 구를 자르는 등전위 면은 중심이 대전된 점이고 반지름은 $\sqrt{f^2 - a^2}$ 인 구이다.

이런 종류의 경우에 속한 전기력선과 등전위 면이 제1권의 끝에 그림 IV로 그려져 있다.

무한히 넓은 평면으로 된 도체 표면에서 영상 전하

161. 두 점 A와 B가 크기는 같고 부호가 반대인 전하로 대전되면, 퍼텐셜이 0인 표면은 평면이고 평면 위의 모든 점에서 A까지 거리와 B까지 거리는 같다는 것을 156절에서 보았다.

그래서 A는 전하가 e인 대전된 점이고, AD는 평면에 그린 수선이며, $DB = AB$이도록 AD를 B까지 연장하고 B에 $-e$와 같은 전하를 놓으면, B에서 이 전하는 A의 영상 전하이며, 평면에 대해 A와 같은 쪽의 모든 점에 평면의 실제 전하가 만드는 효과와 같은 효과를 만든다. A와 B에 의해 평면의 A 쪽에 생기는 퍼텐셜은 A를 제외하고 모든 곳에서 $\nabla^2 V = 0$이라는 조건을 만족하며, 이 조건을 만족하는 V의 형태는 오직 한 가지밖에 존재하지 않는다. 평면의 P 점에서 합성력을 정하기 위해서는, 각각이 $\dfrac{e}{AP^2}$와 같고 하나는 AP를 따라 작용하며 다른 하나는 PB를 따라 작용하는 두 힘이 합해진다는 것을 알면 된다. 그래서 이 두 힘의 합성력은 AB에 평행한 방향으로 작용하고

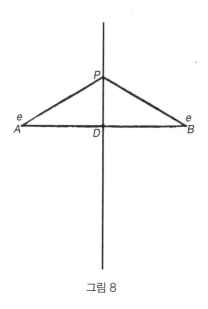

그림 8

$$\frac{e}{AP^2} \cdot \frac{AB}{AP}$$

와 같다. 그러므로 표면으로부터 A가 놓인 공간 쪽으로 측정한 합성력은

$$R = -\frac{2eAD}{AP^3} \qquad\qquad (15)$$

이며, 점 P에서 면전하 밀도는

$$\sigma = -\frac{eAD}{2\pi AP^3} \qquad\qquad (16)$$

이다.

전기 역문제에 대해

162. 전기 영상 전하 방법은 풀이를 알고 있는 어떤 전기 문제든지 그 풀이를 가지고 얼마든지 많은 수의 다른 문제 풀이를 구하는 변환 방법으로 바로 인도한다.

반지름이 R인 구의 중심으로부터 거리가 r인 점의 영상 전하는 같은 반지름 위의 거리가 r'인 곳에 놓이는데 r'와 r 사이에는 $rr' = R^2$이 성립한다는 것을 보았다. 그래서 점들, 선들, 또는 표면들로 된 시스템의 영상 전하는 순수한 기하학에서 샬과 살몬* 그리고 다른 수학자들이 상세히 설명한 역문제라고 알려진 방법에 따라 원래 시스템으로부터 구한다.

A와 B가 두 점이고, A'와 B'가 그 점들의 영상 전하이고, O가 역의 중심이고, R가 역의 구의 반지름이면

$$OA. OA' = R^2 = OB. OB'$$

가 성립한다. 그래서 두 삼각형 OAB와 $OA'B'$가 닮은꼴이고

---

* 살몬(George Salmon, 1819-1904)은 아일랜드의 수학자로 대수학과 기하학에 이바지하였다. 50세 이후로는 수학보다 신학에 더 몰두하여 성공회 신학자로 저술활동에 전념하였다.

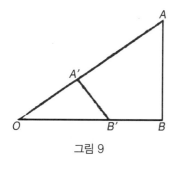

그림 9

$$AB : A'B' :: OA : OB' :: OA . OB : R^2$$

이 성립한다.

전하량 e가 A에 놓이면 B에서 e에 의한 퍼텐셜은 $V = \dfrac{e}{AB}$ 이다.

전하량 e'이 A'에 놓이면 B'에서 e'에 의한 퍼텐셜은 $V' = \dfrac{e'}{A'B'}$ 이다.

전기 영상 전하 이론에서

$$e : e' :: OA : R :: R : OA'$$

가 성립한다. 그래서

$$V : V' :: R : OB \tag{17}$$

즉 A의 전하에 의한 B의 퍼텐셜과 A의 전기 영상 전하에 의한 B의 영상에서 퍼텐셜 사이의 비는 R와 OB 사이의 비와 같다.

구의 중심으로부터 임의의 점 A까지 거리가 r이고 그 점의 영상 A'까지 거리가 r'면, 그리고 A의 전하는 e이고 A'의 전하는 e'면, 그리고 또한 L, S, K는 A에 위치한 선 요소, 면 요소, 고체 요소이고 L', S', K'는 A'에서 각각 선 요소, 면 요소, 고체 요소의 영상이고, λ, σ, ρ, λ', σ', ρ'는 두 점에서 전하의 대응하는 선 밀도, 면 밀도, 부피 밀도이고, V는 원래 시스템에 의한 A에서 퍼텐셜이고, V'는 역 시스템에 의한 A'에서 퍼텐셜이면,

$$\left.\begin{array}{ll} \dfrac{r'}{r} = \dfrac{L'}{L} = \dfrac{R^2}{r^2} = \dfrac{r'^2}{R^2}, & \dfrac{S'}{S} = \dfrac{R^4}{r^4} = \dfrac{r'^4}{R^4}, \quad \dfrac{K'}{K} = \dfrac{R^6}{r^6} = \dfrac{r'^6}{R^6}; \\[3mm] \dfrac{e'}{e} = \dfrac{R}{r} = \dfrac{r'}{R}, & \dfrac{\lambda'}{\lambda} = \dfrac{r}{R} = \dfrac{R}{r'}, \\[3mm] \dfrac{\sigma'}{\sigma} = \dfrac{r^3}{R^3} = \dfrac{R^3}{r'^3}, & \dfrac{\rho'}{\rho} = \dfrac{r^5}{R^5} = \dfrac{R^5}{r'^5}, \\[3mm] \dfrac{V'}{V} = \dfrac{r}{R} = \dfrac{R'}{r'} \end{array}\right\} \quad 26)(18)$$

가 성립한다.

원래 시스템에서 어떤 표면이 도체의 표면이면, 그래서 그 표면의 퍼텐셜이 일정한 값 P이면, 변환된 시스템에서 그 표면의 영상의 퍼텐셜은 $P\dfrac{R}{r}$이 된다. 그러나 역의 중심인 O에 $-PR$과 같은 전하량을 놓으면, 변환된 표면의 퍼텐셜은 0으로 줄어든다.

그래서 도체가 열린 공간에서 절연되고 퍼텐셜 P까지 대전될 때 그 전하 분포를 알면, 역 방법을 이용하여 그 도체가 접지 될 때 역의 중심에 놓은 전하 $-PR$로 대전된 점의 영향으로 생긴 도체의 전하분포를 구할 수 있는데, 그 전하분포는 처음 전하의 영상 전하 형태이다.

163. 다음 기하학 정리는 역문제의 사례들을 조사하는 데 유용하다.

모든 구는 역으로 변환할 때 그 구가 역의 중심을 통과하지 않는 한 다른 구가 된다. 역의 중심을 통과할 때는 변환하면 평면이 된다.

역의 중심으로부터 두 구의 중심까지 거리가 a와 a'이고, 두 구의 반지름이 α와 α'이며, 역의 중심에 대해 구의 **능률***을 역의 중심에서 나오는 선을 각 구가 잘라낸 두 조각의 곱이라고 정의하면, 첫 번째 구의 능률은 $a^2 - \alpha^2$**이고 두 번째 구의 능률은 $a'^2 - \alpha'^2$이다. 이 경우에는

$$\frac{a'}{a} = \frac{\alpha'}{\alpha} = \frac{R^2}{a^2 - \alpha^2} = \frac{a'^2 - \alpha'^2}{R^2} \tag{19}$$

가 성립하는데, 즉 첫 번째 구와 두 번째 구까지 거리 사이의 비는 두 구의 반지름 사이의 비와 같고, 역의 구의 능률과 첫 번째 구의 능률 사이의 비와도 같으며, 또는 두 번째 구의 능률과 역의 구의 능률 사이의 비와도 같다.

한 구에 대한 역의 중심의 영상은 다른 구의 중심의 역 점이다.

---

* 원문에서 'power'라고 한 것을 역자가 '능률'로 번역하였다. 능률의 정의는 본문에 나와 있다.
** 역의 중심에서 출발한 선을 첫 번째 구가 잘라낸 두 선 중에서 짧은 조각의 길이는 $a - \alpha$이고 긴 조각의 길이는 $a + \alpha$이어서 두 길이의 곱은, 즉 능률은 $(a - \alpha)(a + \alpha) = a^2 - \alpha^2$이다.

역 표면들이 평면과 구인 경우에, 역의 중심으로부터 평면에 세운 수선과 역의 반지름 사이의 비는 역의 반지름과 구의 지름 사이의 비와 같으며, 구의 중심은 그 수선에 놓이고 구는 역의 중심을 지나간다.

모든 원은 그 원이 역의 중심을 지나가지 않는 한 그 역이 다른 원이고, 역의 중심을 지나가는 경우에는 역은 직선이 된다.

두 표면 또는 두 선의 교차점에서 이루는 각은 역에 의해 바뀌지 않는다.

한 점을 지나가는 모든 원과, 한 구에 대한 그 점의 영상은 그 구를 수직으로 자른다.

그래서 한 점을 지나고 그 구를 수직으로 자르는 임의의 원은 그 점의 영상을 지나간다.

164. 어떤 다른 물체의 영향도 받지 않은 절연된 구에 균일하게 분포된 전하로부터 점전하의 영향을 받아서 절연된 구에 분포된 전하를 구하는 데 역변환 방법을 적용할 수 있다.

점전하가 놓인 A를 역의 중심으로 취하고, A와 반지름이 a인 구의 중심 사이의 거리가 f이면, 역변환된 그림은 반지름이 a'이고 중심까지의 거리가 f'인 원인데, 이들 사이에는

$$\frac{a'}{a} = \frac{f'}{f} = \frac{R^2}{f^2 - a^2} \tag{20}$$

가 성립한다.

이 두 구 중 어느 하나의 중심은 A에 대해 다른 구의 역변환 점에 해당한다. 즉 C가 중심이고 B가 첫 번째 구의 역변환 점이면, C'는 역변환 점이고 B'는 두 번째 구의 중심이다.

이제 전하량 e'가 두 번째 구에 대전된다고 하고 그 전하가 외력에 영향을 받지 않는다고 하자. 그러면 그 전하는 구의 표면에 균일하게 분포되고 그 면전하 밀도는

$$\sigma' = \frac{e'}{4\pi a'^2} \tag{21}$$

이다.

그 전하가 구의 외부의 임의의 점에 미치는 작용은 전하 e'가 그 구의 중심인 B'에 놓일 때 작용과 똑같다.

구의 표면과 구 내부에서 퍼텐셜은 일정한 값인

$$P' = \frac{e'}{a'} \tag{22}$$

이다.

이제 이 시스템을 역변환시키자. 역변환된 시스템에서 중심 B'는 역변환된 점 B가 되며, B'의 전하 e'는 B에서 $e'\frac{R}{f}$가 되고, 구의 표면에 의해서 B와 분리된 어떤 점에서든 퍼텐셜은 B에 놓인 이 전하가 만든 퍼텐셜이다.

구 표면 위의 임의의 점 P 또는 B와 같은 쪽에서 퍼텐셜은 역변환된 시스템에서 $\frac{e'}{a'}\frac{R}{AP}$가 된다.

이제 이 시스템의 A에 전하 e가 있다고 가정하고

$$e = -\frac{e'}{a'}R \tag{23}$$

라면, 구 표면과 B와 같은 쪽의 모든 점에서 퍼텐셜은 0이 된다. A와 같은 쪽의 모든 점에서 퍼텐셜은 A에 놓인 전하 e와 B에 놓인 전하 $e'\frac{R}{f}$가 만드는 퍼텐셜이 된다.

그러나 앞에서 본 것과 같이 B에 놓인 영상 전하에 대해서는

$$e'\frac{R}{f'} = -\frac{a'}{f'} = -e\frac{a}{f} \tag{24}$$

가 성립한다.

첫 번째 구의 임의의 점에서 전하 밀도는

$$\sigma = \sigma'\frac{R^3}{AP^3} \tag{25}$$

이 된다.

첫 번째 구에 속한 양들로 σ' 값을 표현하면 158절에서 구한 값과 같은 값인

$$\sigma = -\frac{e(f^2 - a^2)}{4\pi a A P^3} \tag{26}$$

을 얻는다.

연이은 영상 전하들로 된 유한한 시스템에 대하여

165. 두 도체 평면이 180도의 약수인 각으로 교차하면, 전하를 완벽히 결정할 영상 전하들로 된 유한한 시스템이 존재한다.

그 이유는 다음과 같다. AOB가 두 도체 평면의 단면이라고 하자. 이 단면은 두 도체 평면의 교차 선을 수직으로 나눈다. 그리고 교차각이 $AOB = \frac{\pi}{n}$이고, 전하를 띤 점 P에 대해 $PO = r$이고 $POB = \theta$라고 하자. 그다음에 중심이 O이고 반지름이 OP인 원을 그리고 OB에서 시작해서 두 평면에서 P의 연이은 영상 전하들인 점을 구하면, OB에서 P의 영상 전하로 Q_1을 구하고, OA에서 Q_1의 영상 전하로 P_2를 구하며, OB에서 P_2의 영상 전하로 Q_3를 구하고, OA에서 Q_3의 영상 전하인 P_3를 구하고, OB에서 P_3의 영상 전하인 Q_2를 구한다.

만일 AO에서 P의 영상 전하로부터 시작했다면, AOB가 180도의 약수이기만 하면, 같은 점들을 반대 순서인 Q_2, P_3, Q_3, P_2, Q_1 순서로 발견했을 것이다.

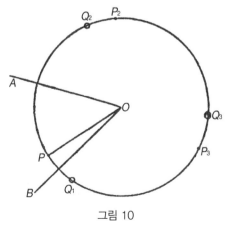

그림 10

하나씩 번갈아 생기는 영상 전하 P_1, P_2, P_3는 원의 둘레 위에 $2AOB$의 같은 각 간격으로 배열되며, 그사이에 놓이는 영상 전하 Q_1, Q_2, Q_3도 같은 간격으로 배열된다. 그래서 $2AOB$가 2π의 약수이면, 유한한 수의 영상 전하가 존재하며, 그것 중 어느 하나도 각 AOB 사이에 놓이지 않는다. 그렇지만 만일 AOB가 π의 약수가 아니면, 유한한 수의 점전하들로 된 결과로는 실제 전하를 대표할 수 없다.

$AOB = \dfrac{\pi}{n}$이면, P와 크기가 같고 부호가 반대이어서 음전하인 n개의 영상 전하 Q_1, Q_2 등과, P와 크기가 같고 부호가 같아서 양전하인 $n-1$개의 영상 전하 P_2, P_3 등이 존재한다.

부호가 같고 연이어 놓인 두 영상 전하 사이의 각은 $\dfrac{2\pi}{n}$이다. 두 도체 평면 중 어느 하나를 대칭면이라고 생각하면, 그 평면에 대해 양전하와 음전하가 대칭적으로 놓여서, 양전하인 영상 전하마다 모두 같은 법선 위에 음전하인 영상 전하가 대칭 평면 건너 쪽의 같은 거리에 존재한다.

이제 이 시스템을 임의의 점에 대해 역변환시키면, 두 평면은 두 구가 되거나, 또는 한 구와 각 $\dfrac{\pi}{n}$에서 교차하는 평면이 되는데, 영향을 주는 점 P는 이 각 내부에 놓인다.

연이은 영상 전하들은 P를 통과하며 두 구 모두를 수직인 각으로 교차하는 원 위에 놓인다.

영상 전하들의 위치를 구하기 위해, 한 점과 그 점의 영상은 구의 같은 반지름에 놓인다는 원리를 이용하고, P에서 시작해서 두 구의 중심을 교대로 지나가는 원에 대한 연이은 현을 그린다.

각 영상 전하에 부여할 전하를 구하려면, 교차하는 원에서 임의의 점을 택하면, 각 영상의 전하는 그 점에서 거리에 비례하며, 부호는 그 영상 전하가 첫 번째 시스템에 속하는지 두 번째 시스템에 속하는지에 따라 양전하이거나 또는 음전하이다.

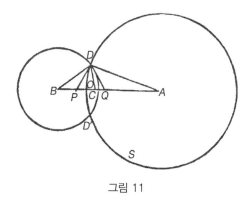

그림 11

166. 이처럼 두 구형 표면으로 이루어진 각 $\frac{\pi}{n}$ 에서 만나는 도체로 둘러싸인 임의의 공간의 퍼텐셜이 0으로 유지될 때 전하의 분포가 점 전하에 의해 영향을 받는다는 것을 알았다.

두 개의 현이 재입사 각 $\frac{\pi}{n}$ 에서 만나고 퍼텐셜이 1이 되도록 충전되어 자유 공간에 놓은 도체의 문제를 역변환을 이용하여 해결할 수 있다.

그렇게 하려면 시스템을 P에 대해 역변환시킨다. 전에 영상 전하들이 놓인 원은 이제 구의 중심을 통과하는 직선이 된다.

그림 11이 두 중심을 잇는 선 AB를 지나가는 단면을 대표하고, D와 D'는 교차한 원이 종이 면을 자르는 두 점이면, 연이은 영상 전하들을 구하기 위해, 첫 번째 원의 반지름인 DA를 그리고, DA와 $\frac{\pi}{n}$, $\frac{2\pi}{n}$ 등의 각을 만드는 DC, DB 등을 그리자. 그렇게 그린 선들이 중심을 지나는 선을 자르는 점 C, B 등이 양전하인 영상 전하의 위치들이고, 각 점의 전하는 D로부터 그 점까지 거리로 대표된다. 이 영상들 중 마지막은 두 번째 원의 중심에 위치한다.

음전하인 영상 전하를 구하기 위해, 두 중심을 잇는 선과 $\frac{\pi}{n}$, $\frac{2\pi}{n}$ 등의 각을 만드는 선인 DP, DQ 등을 그리자. 이 선들과 두 중심을 잇는 선 사이의 교차점이 음전하인 영상 전하의 위치가 되며, 각 점의 전하는 D로부터 그 점까지 거리로 대표된다.

두 구 중 어느 하나의 임의의 점에서 면전하 밀도는 영상 전하들의 시스템이 만드는 면전하 밀도의 합이다. 예를 들어, 중심이 A인 구에 속하는 임의의 점 S에서 면전하 밀도는

$$\sigma = \frac{1}{4\pi DA}\left\{1+(AD^2-AB^2)\frac{DB}{BS^3}+(AD^2-AC^2)\frac{DC}{CS^2}+\text{등등}\right\}$$

인데, 여기서 A, B, C 등은 양전하인 영상 전하들이다.

S가 교차하는 원 위에 있으면 밀도는 0이다.

구형 조각 하나하나에 대전된 총전하를 구하기 위해, 그 조각을 통과하는 각 영상 전하가 원인인 유도에 대한 면적분을 구할 수 있다.

A에 위치한 전하가 DA인 영상 전하가, 중심이 A인 구의 조각에 만드는 총전하는

$$DA\frac{DA+OA}{2DA}=\frac{1}{2}(DA+OA)$$

인데, 여기서 O는 교차원의 중심이다.

같은 방법으로 B에 놓인 영상 전하가 같은 조각에 만드는 전하는 $\frac{1}{2}(DB+OB)$이며, 그런 식으로 계속되는데, OB와 같은 선들은 O로부터 측정되고 왼쪽이 마이너스라고 정한다.

그래서 중심이 A인 조각의 총전하는

$$\frac{1}{2}(DA+DB+DC+\text{등등})+\frac{1}{2}(OA+OB+OC+\text{등등})$$
$$-\frac{1}{2}(DP+PQ+\text{등등})-\frac{1}{2}(OP+OQ+\text{등등})$$

이다.

167. 평면 또는 구형 표면들이 모두 서로 180도의 약수인 각으로 상대를 자르면 영상 전하 방법이 적용될 수 있다.

구형 표면의 그러한 시스템이 존재할 수 있으려면, 그 형태의 모든 고체 각이 3면체이어야 하며, 3면체의 두 각은 90도여야 하고, 세 번째 각은 90도이거나 180도의 약수여야 한다.

그래서 영상의 수가 유한한 경우는 다음과 같다.

(1) 하나의 구 표면 또는 평면.

(2) 두 평면, 한 구와 한 평면, 또는 $\frac{\pi}{n}$의 각으로 교차하는 두 구.

(3) 위의 두 표면과 두 표면을 모두 수직으로 자르는 평면 또는 구면으로 된 세 번째.

(4) 위의 세 표면과 처음 두 표면을 수직으로 자르고 세 번째 표면을 각 $\frac{\pi}{n'}$로 자르는 네 번째. 이 네 표면 중에서 적어도 하나는 반드시 구형이어야 한다.

첫 번째와 두 번째 경우는 이미 검토하였다. 첫 번째 경우에는 영상이 단 하나만 있다. 두 번째 경우에는 $2n-1$개의 영상이 영향을 주는 점을 통과하는 원을 지나는 두 개의 시리즈로 있으며, 원은 두 표면 모두와 직교한다. 세 번째 경우에는, 그 영상들에 더해서, 세 번째 표면에 대한 그 영상의 영상이 있다. 즉 영향을 주는 점을 제외하고 모두 $4n-1$개의 영상이 있다.

네 번째 경우에 먼저 처음 두 표면과 직교하며 동시에 영향을 주는 점을 지나는 원을 그리고, 그 위에 n개의 음전하인 영상과 $n-1$개의 양전하인 영상의 위치와 크기를 정한다. 그런 다음에 영향을 주는 점을 포함하여 그렇게 구한 $2n$개의 점 하나하나를 통과하는 원을 그리는데, 그 원은 세 번째 표면과 네 번째 표면에 수직이어야 하며, 그 원 위에서 두 시리즈의 영상을 정하는데, 시리즈마다 n'개씩이다. 이런 방법으로, 영향을 주는 점을 제외하고, $2nn'-1$개의 양전하인 영상과 $2nn'$개의 음전하인 영상을 구한다. 이 $4nn'$ 점들은 n개의 원과 다른 n'개의 원들의 교차점인데, 그 원들은 사이클라이드*의 곡률을 갖는 선들로 된 두 시스템에 속한다.

이 점들 하나하나가 적절한 양의 전하로 대전되면 퍼텐셜이 0인 표면은 $n+n'$개의 구로 구성되며 두 시리즈를 형성하는데, 첫 번째 세트의 연이은 구들은 $\frac{\pi}{n}$의 각으로 교차하며, 두 번째 세트의 연이은 구들은 $\frac{\pi}{n'}$의 각으로

---

* 사이클라이드(cyclide)는 4차원 식을 만족하는 곡면이다.

교차하고, 또한 첫 번째 세트에 속한 모든 구들은 두 번째 세트에 속한 모든 구들과 직교한다.

서로 직교하며 만나는 두 구의 사례[이 책 끝의 그림 IV를 보라]

168. 그림 12에서 A와 B는 D와 D'에서 서로를 수직으로 자르는 두 구의 중심이라고 하자. 그리고 직선 DD'가 두 중심 사이의 선을 C에서 자른다고 하자. 그러면 C는 구 B에 대해 A의 영상이며, 또한 중심이 A인 구에 대해서는 B의 영상이다. 그래서 만일 $AD=\alpha$이고 $BD=\beta$이면 $AB=\sqrt{\alpha^2+\beta^2}$이고, 만일 A, B, C에 각각 α, β, $-\dfrac{\alpha\beta}{\sqrt{\alpha^2+\beta^2}}$과 같은 전하량을 부여하면 두 구는 모두 퍼텐셜이 1인 등전위 면이 된다.

그러므로 이 시스템으로부터 다음과 같은 경우에 전하분포를 정할 수 있다.

(1) 두 구의 더 큰 조각으로 구성된 도체 $PDQD'$ 위의 전하분포. 이 부분의 퍼텐셜은 1이고 총전하는

$$\alpha+\beta-\frac{\alpha\beta}{\sqrt{\alpha^2+\beta^2}}=AD+BD-CD$$

이다.

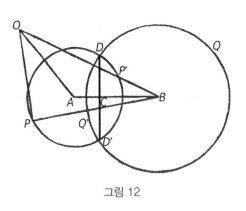

그림 12

그러므로 이 양은 다른 물체의 유도 작용이 없을 때 그런 형태의 전기용량을 측정한다.

중심이 A인 구의 임의의 점 P에서 전하 밀도와, 중심이 B인 구의 임의의 점 Q에서 전하 밀도는 각각

$$\frac{1}{4\pi\alpha}\left(1-\left(\frac{\beta}{BP}\right)^3\right) \quad \text{그리고} \quad \frac{1}{4\pi\beta}\left(1-\left(\frac{\alpha}{AQ}\right)^3\right)$$

이다.

교차점 D와 D'에서 전하 밀도는 0이다.

만일 두 구 중 하나가 다른 하나보다 훨씬 더 크면, 더 작은 구의 정점(頂點)에서 전하 밀도는 궁극적으로 더 큰 구의 정점에서 전하 밀도보다 3배이다.

(2) 전하량 $= -\dfrac{\alpha\beta}{\sqrt{\alpha^2+\beta^2}}$ 으로 대전되고, 각각 전하량 α와 β로 대전된 두 점 A와 B의 작용을 받는 두 구의 작은 조각으로 형성된 렌즈 $P'DQ'D'$도 역시 퍼텐셜이 1이며, 임의의 점에서 전하 밀도도 같은 공식으로 표현된다.

(3) 전하량 α로 대전된 두 조각의 차이에 의해 형성되고, 각각 전하량 β와 $\dfrac{-\alpha\beta}{\sqrt{\alpha^2+\beta^2}}$로 대전된 점 B와 C의 작용을 받는 초승달 모양의 $DPD'Q'$도 역시 퍼텐셜이 1로 평형 상태에 있다.

(4) 또 다른 초승달 모양 $QDP'D'$는 A와 C의 작용 아래 있다.

또한 다음과 같은 내부 표면들에서도 전하분포를 알아낼 수 있다.

원 DD'의 중심에 놓인 내부의 대전된 점 C의 영향 아래 있는 속이 빈 렌즈 $P'DQ'D$.

오목한 표면의 중심에 놓인 점의 영향 아래 있는 속이 빈 초승달 모양 부분.

세 점 A, B, C의 영향 아래 놓인 두 구 모두의 두 더 큰 조각으로 형성된 속이 빈 모양.

여기서는 이 경우들의 풀이를 계산해서 구하는 대신, 단위 전하가 대전된 점 O의 점전하의 작용 때문에 도체 $PDQD'$의 외부 표면의 한 점 P에 유도된 전하 밀도를 구하기 위해 영상 전하 원리를 적용할 예정이다.

이제 $OA = a$, $OB = b$, $OP = r$, $BP = p$, $AD = \alpha$, $BD = \beta$, $AB = \sqrt{\alpha^2+\beta^2}$이라고 하자.

중심이 O이고 반지름이 1인 구에 대해 이 시스템을 역변환시킨다.

두 구는 계속 구를 유지하는데, 서로 상대 구를 수직으로 자르고, 두 구의 중심은 A와 B와 함께 같은 반지름에 놓인다. 강조 표시를 한 문자는 역변환된 시스템에 대응하는 양을 가리킨다면, $a' = \dfrac{\alpha}{a^2 - \alpha^2}$, $b' = \dfrac{b}{b^2 - \beta^2}$, $\alpha' = \dfrac{\alpha}{a^2 - \alpha^2}$, $\beta' = \dfrac{\beta}{b^2 - \beta^2}$, $r' = \dfrac{1}{r}$, $p'^2 = \dfrac{\beta^2 r^2 + (b^2 - \beta^2)(p^2 - \beta^2)}{r^2 (b^2 - \beta^2)}$ 가 된다.

만일 역변환된 시스템에서, 표면의 퍼텐셜이 1이면, 점 P'에서 전하 밀도는

$$\sigma' = \frac{1}{4\pi a'}\left(1 - \left(\frac{\beta'}{p'}\right)^3\right)$$

이다.

만일 원래 시스템에서 점 P의 전하 밀도가 σ이면

$$\frac{\sigma}{\sigma'} = \frac{1}{r^3}$$

이 성립하며, 퍼텐셜은 $\dfrac{1}{r}$이다. O 점에 크기가 1인 음전하를 놓으면, 표면에서 퍼텐셜은 0이고 P에서 전하 밀도는

$$\sigma = \frac{1}{4\pi}\frac{a^2 - a^2}{ar^3}\left(1 - \frac{\beta^3 \gamma^3}{(\beta^2 \gamma^2 + (b^2 - \beta^2)(p^2 - \beta^2))^{\frac{3}{2}}}\right)$$

이다.

이것이 O에 놓인 전하가 원인이 되어 구형 표면 하나에 생긴 전하분포를 알려준다. 이 식에서 a와 b, α와 β를 서로 바꿔 쓰고 p 대신에 q, 즉 AQ를 대입하면 또 다른 하나의 구 표면에 생긴 전하분포도 구할 수 있다.

O에 놓인 점전하에 의해 도체에 유도되는 총전하를 구하기 위해, 역변환된 시스템을 조사하자.

변환된 시스템에는 A'에 전하 α'가, B'에 β'가 있고, 선 $A'B'$ 위의 점 C'에는 음전하 $\dfrac{\alpha'\beta'}{\sqrt{\alpha'^2 + \beta'^2}}$가 있어서, $A'C' : C'B' :: \alpha'^2 : \beta'^2$이 성립한다.

만일 $OA' = a'$, $OB' = b'$, $OC' = c'$이면

$$c'^2 = \frac{a'^2\beta'^2 + b'^2\alpha'^2 - \alpha'^2\beta'^2}{\alpha'^2 + \beta'^2}$$

임을 알 수 있다.

이 시스템을 역변환시키면 전하들은

$$\frac{\alpha'}{a'} = \frac{\alpha}{a}, \quad \frac{\beta'}{b'} = \frac{\beta}{b} \quad \text{그리고} \quad -\frac{\alpha'\beta'}{\sqrt{\alpha^2+\beta^2}}\frac{1}{c'} = -\frac{\alpha\beta}{\sqrt{\alpha^2\beta^2 + b^2\alpha^2 - a^2\beta^2}}$$

가 된다.

그래서 O에 놓인 크기가 1인 음전하에 의해 도체에 생기는 총전하는

$$\frac{\alpha}{a} + \frac{\beta}{b} - \frac{\alpha\beta}{\sqrt{\alpha^2\beta^2 + b^2\alpha^2 - a^2\beta^2}}$$

이다.

서로 직교하는 세 구 표면의 전하분포

169. 세 구의 반지름이 α, β, γ이면

$$BC = \sqrt{\beta^2 + \gamma^2}, \quad CA = \sqrt{\gamma^2 + \alpha^2}, \quad AB = \sqrt{\alpha^2 + \beta^2}$$

이다. 그림 13에서 PQR이 건너편 쪽의 삼각형인 ABC로부터 그린 삼각형의 수선들이고, O가 수선들의 교점이라고 하자.

그러면 P는 구 γ에서 B의 영상이면서 동시에 구 β에서 C의 영상이다. 또한 O는 구 α에서 P의 영상이다.

이제 A, B, C에 전하 α,

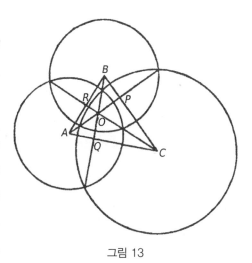

그림 13

β, γ를 놓았다고 하자.

그러면 P에 놓일 전하는

$$-\frac{\beta\gamma}{\sqrt{\beta^2+\gamma^2}}=-\frac{1}{\sqrt{\dfrac{1}{\beta^2}+\dfrac{1}{\gamma^2}}}$$

이다.

또한 $AP=\dfrac{\sqrt{\beta^2\gamma^2+\gamma^2\alpha^2+\alpha^2\beta^2}}{\sqrt{\beta^2+\gamma^2}}$ 이어서, P의 영상이라고 생각되는 O
에서 전하는

$$\frac{\alpha\beta\gamma}{\sqrt{\beta^2\gamma^2+\gamma^2\alpha^2+\alpha^2\beta^2}}=\frac{1}{\sqrt{\dfrac{1}{\alpha^2}+\dfrac{1}{\beta^2}+\dfrac{1}{\gamma^2}}}$$

이다.

똑같은 방법으로 서로 수직으로 직교하며 퍼텐셜은 1로 유지되는 네 개의 구형 표면과 전기적으로 똑같이 취급할 수 있는 영상 전하 시스템을 구할 수 있다.

네 번째 구의 반지름이 δ이고, 이 구의 중심에 전하량$=\delta$을 대전시키면, 임의로 고른 두 구의 중심을 잇는 선, 예를 들어 α와 β의 중심을 잇는 선이 두 구가 교차하는 평면이 교차하는 점에서 전하는

$$-\frac{1}{\sqrt{\dfrac{1}{\alpha^2}+\dfrac{1}{\beta^2}}}$$

이다.

임의로 고른 세 중심 ABC가 만드는 평면에 D에서 그린 수선이 만나는 점의 전하는

$$+\frac{1}{\sqrt{\dfrac{1}{\alpha^2}+\dfrac{1}{\beta^2}+\dfrac{1}{\gamma^2}}}$$

이며, 네 수선들의 교점에서 전하는

$$-\frac{1}{\sqrt{\dfrac{1}{\alpha^2}+\dfrac{1}{\beta^2}+\dfrac{1}{\gamma^2}+\dfrac{1}{\delta^2}}}$$

이다.

점전하의 작용을 받는 수직으로 만나는 네 구의 시스템

170. 네 구가 A, B, C, D이고 점전하는 O에 있다고 하자. 네 개의 구 A_1, B_1, C_1, D_1을 그리고, 그중에서 하나를, 예를 들어 A_1을, O를 통과시켜 나머지 세 구를, 이 경우에 B, C, D를 수직으로 자르자. 여섯 개의 구 (ab), (ac), (ad), (bc), (bd), (cd)를 그리고, 이 구들 모두를 O와 원래 구들 중에 두 개가 교차하는 원을 통과시키자.

세 구 B_1, C_1, D_1은 O가 아닌 다른 점에서 교차하게 된다. 이 점을 A'라 부르고, C_1, D_1, A_1의 교차점을 B'라 부르고, D_1, A_1, B_1의 교차점을 C'라 부르고, A_1, B_1, C_1의 교차점을 D'라 부르자. 이 구들 중에서 임의로 고른 두 개는, 예를 들어 A_1과 B_1은, 여섯 개 중 하나인 (cd)의 점 $(a'b')$에서 교차한다. 그런 점은 모두 여섯 개가 생긴다.

구들 중에서 임의로 고른 하나는, 예를 들어 A_1은, 여섯 개 중에서 세 개인 (ab), (ac), (ad)와 점 a'에서 교차한다. 그런 점은 모두 네 개가 생긴다. 마지막으로, 여섯 개의 구 (ab), (ac), (ad), (cd), (db), (bc)는 한 점 S에서 교차한다.

이제 반지름이 R이고 중심이 O인 구에 대해 이 시스템을 역변환시키면, 네 구 A, B, C, D는 구들로 역변환되고, 다른 열 개의 구는 평면으로 역변환된다. 교차점 중에서 처음 네 개인 A', B', C', D'는 구의 중심이 되고, 나머지 구들은 앞에서 설명한 열한 개의 점에 대응한다. 이 열다섯 개의 점이 네 구의 시스템에서 O의 영상을 형성한다.

구 A에서 O의 영상인 점 A'에 O의 영상의 전하와 같은 전하인 $-\dfrac{\alpha}{a}$를 놓아야 하는데, 여기서 a는 구 A의 반지름이고, α는 O에서 구의 중심까지 거리이다. 같은 방법으로 B', C', D'에도 적절한 전하를 놓아야 한다.

다른 열한 개 점 하나하나에 대한 전하도 앞에서 설명한 표현으로부터 구할 수 있는데, α, β, γ, δ 자리에 α', β', γ', δ'를 대입하고 O로부터 그 점까지의 거리를 곱하면 되며 여기서

$$\alpha' = -\frac{\alpha}{a^2 - \alpha^2}, \quad \beta' = -\frac{\beta}{b^2 - \beta^2}, \quad \gamma' = -\frac{\gamma}{c^2 - \gamma^2}, \quad \delta' = -\frac{\delta}{d^2 - \delta^2}$$

이다.

[169절과 170절에서 논의된 경우들은 다음과 같이 다루면 된다. 좌표계의 좌표축이 만드는 서로 수직인 세 평면 즉 좌표축 평면을 취하고, 여덟 개의 점 $\left(\pm\dfrac{1}{2\alpha}, \pm\dfrac{1}{2\beta}, \pm\dfrac{1}{2\gamma}\right)$로 된 시스템에 전하 $\pm e$를 놓자. 이때 좌표 중에서 한 개 또는 세 개가 음수인 점에는 $-e$를 놓고 그렇지 않은 점에는 $+e$를 놓는다. 그러면 좌표축 평면의 퍼텐셜은 0임이 분명하다. 이제 임의의 점에 대해 역변환시키면 점전하의 영향 아래서 서로 수직으로 자르는 세 구의 경우가 된다. 전하를 띤 점 중 하나에 대해 역변환시키면 서로 수직으로 자르는 반지름이 α, β, γ인 세 구의 형태로 된 임의로 대전된 도체의 경우에 대한 풀이를 얻는다.

위에서 구한 전하를 띤 점들의 시스템에 원점이 중심인 구에서 그 점들의 영상을 추가하면, 세 좌표축 평면에 더하여, 구 표면도 역시 퍼텐셜이 0인 표면 일부가 된다.]

교차하지 않는 두 구

171. 서로 교차하지 않는 두 구 표면에 의해 제한된 공간이 있을 때, 이 공간 내부의 영향을 주는 점의 연이은 영상들이 두 무한급수를 형성하고 그

영상들은 모두 구면 바깥에 놓이며, 그러므로 전기 영상 전하 방법을 적용하는 데 필요한 조건을 만족한다.

어떤 두 서로 교차하지 않는 두 구도 역변환 점이 한 쌍의 구의 두 공동 역변환 점이라고 가정하면 두 동심 구로 역변환될 수 있다.

그러므로 두 개의 절연되지 않은 공심 구 표면의 경우로부터 시작하자. 두 표면은 그들 사이에 놓인 점전하에 의한 유도의 영향 아래 있다.

첫 번째 구의 반지름은 b이고 두 번째 구의 반지름은 be^ϖ이라고 하자. 그리고 중심으로부터 영향을 주는 점까지의 거리는 $r = be^u$이라고 하자.

그러면 모든 연이은 전하들은 영향을 주는 점이 놓인 반지름과 같은 반지름에 놓이게 된다.

그림 14에서 Q_0는 첫 번째 구 P에서 P의 영상이고, P_1은 두 번째 구에서 Q_0의 영상이며, Q_1은 첫 번째 구에서 P_1의 영상이고, 그렇게 계속된다고 하자. 그러면

$OP_s \cdot OQ_s = b^2$, 그리고 $OP_s \cdot OQ_{s-1} = b^2 e^{2\varpi}$이고, 또한 $OQ_0 = be^{-u}$, $OP_1 = be^{u+2\varpi}$, $OQ_1 = be^{-(u+2\varpi)}$ 등이다. 그래서 $OP_s = be^{(u+2s\varpi)}$, $OQ_s = be^{-(u+2s\varpi)}$이다. 만일 P의 전하를 P라고 쓰면 $P_s = Pe^{s\varpi}$, $Q_s = -Pe^{-(u+s\varpi)}$가 된다.

다음으로, Q_1'가 두 번째 구에서 P의 영상이고, P_1'는 첫 번째 구에서 Q_1'의 영상이며, 그런 식으로 계속된다면 $OQ_1' = be^{2\varpi-u}$, $OP_1' = be^{u-2\varpi}$, $OQ_2' = be^{4\varpi-u}$, $OP_2' = be^{u-4\varpi}$, $OQ_s' = be^{2s\varpi-u}$, $OP_s' = be^{u-2s\varpi}$, $Q_s' = -Pe^{s\varpi-u}$, $P_s' = pe^{-s\varpi}$이 성립한다.

이 영상들 중에서 모든 P들은 양전하이고 모든 Q들은 음전하이며, 모든 P'들과 Q들은 첫 번째 구에 속

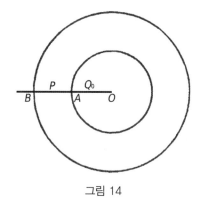

그림 14

하고, 모든 P들과 Q'들은 두 번째 구에 속한다.

첫 번째 구 내부의 영상들은 수렴하는 급수를 형성하는데, 그 급수의 합은

$$-P\frac{e^{\varpi-u}-1}{e^{\varpi}-1}$$

이다.

이 값은 그러므로 첫 번째 구 즉 내부의 전하량이다. 두 번째 구 바깥의 영상들은 발산하는 급수를 형성하지만, 구 표면에 대한 각 항의 면적분은 0이다. 그러므로 바깥쪽 구 표면의 전하량은

$$-P\left(\frac{e^{\varpi-u}-1}{e^{\varpi}-1}-1\right)=-P\frac{e^{\varpi-u}-e^{\varpi-u}}{e^{\varpi}-1}$$

이다.

이 표현들에 OA, OB, OP로 그 값을 대입하면

$$A\text{의 전하}=-P\frac{OA}{OP}\frac{PB}{AB}$$

$$B\text{의 전하}=-P\frac{OB}{OP}\frac{AP}{AB}$$

가 된다.

구들의 반지름이 무한대가 된다고 가정하면, 이 경우는 평행한 두 평면 A와 B 사이에 놓인 점의 문제가 된다. 이 경우에 이 표현들은

$$A\text{의 전하}=-P\frac{PB}{AB}$$

$$B\text{의 전하}=-P\frac{AP}{AB}$$

가 된다.

172. 이 경우로부터 서로 교차하지 않는 두 구의 경우로 진행하기 위해서, 두 구 모두에 수직인 원들이 모두 지나가는 두 개의 공동 역변환 점 O, O'를 찾는 것부터 시작한다. 그다음에, 이 두 점 중 어느 하나에 대해 시스템을

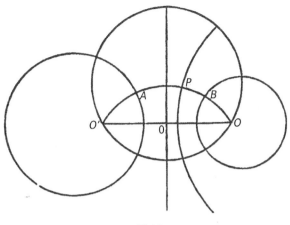

그림 15

역변환시키면, 구들은 처음 경우와 마찬가지로 공심 구들이 된다.

그림 15에서 O 점을 역변환의 중심으로 정하면, 그 점이 그림 14에서는 두 구 표면 사이의 어딘가에 놓인다.

퍼텐셜이 0인 두 공심 도체 사이에 전하를 띤 점이 놓인 경우는 171절에 풀려 있다. 그러므로 그 경우를 점 O 에 대해 역변환시키면 퍼텐셜이 0인 두 구형 도체에서 부근의 전하를 띤 점에 의해 유도된 전하분포를 구할 수 있다. 이렇게 구한 결과를 전하를 띤 두 구형 도체가 단지 그들 상호만의 영향을 받을 때 전하분포를 구하는 데 어떻게 적용되는지를 173절에서 설명할 예정이다. 그림 14에서 연이은 영상들이 놓이는 반지름 $OAPB$ 는 그림 15에서는 O 와 O' 를 지나가는 원의 원호가 되며, $O'P$ 와 OP 사이의 비는 Ce^{ϖ} 과 같은데, 여기서 C 는 상수이다.

이제 $\theta = \log \dfrac{O'P}{OP}$, $\alpha = \log \dfrac{O'A}{OA}$, $\beta = \log \dfrac{O'B}{OB}$ 라고 놓으면, $\beta - \alpha = \varpi$, $u + \alpha = \theta$ 가 된다. P 의 모든 연이은 영상들은 원호 $OAPBO'$ 에 놓인다.

A 에서 P 의 영상의 위치는 Q_0 인데 여기서

$$\theta(Q_0) = \log \frac{O'Q}{OQ} = 2\alpha - \theta$$

이다.

B에서 Q_0의 영상은 P_1인데 여기서

$$\theta(P_1) = \log\frac{O'P_1}{OP_1} = \theta + 2\varpi$$

이다.

비슷하게

$$\theta(P_s) = \theta + 2s\varpi \qquad \text{그리고} \qquad \theta(Q_s) = 2\alpha - \theta - 2s\varpi$$

이다.

같은 방법으로 B, A, B 등에서 P의 연이은 영상들이 Q_0', P_1', Q_1' 등이면
$\theta(Q_0') = 2\beta - \theta$, $\theta(P_1') = \theta - 2\varpi$, $\theta(P_s') = \theta - 2s\varpi$, $\theta(Q_s') = 2\beta - \theta + 2s\varpi$
등이다.

영상들 중 어느 것이든, 예를 들어 P_s의 전하를 구하려면, 역변환된 그림에서 그 점의 전하는

$$P\sqrt{\frac{OP_s}{OP}}$$

임을 유의한다. 원래 그림에서는 이것에 OP_s를 곱해야 한다. 그래서 이중극(二重極) 그림에서 P_s의 전하는

$$P\sqrt{\frac{OP_s \cdot O'P_s}{OP \cdot O'P}}$$

이다.

이제 $\xi = \sqrt{OP \cdot O'P}$라고 놓고 ξ를 점 P의 매개 변수라고 부르면

$$P_s = \frac{\xi_s}{\xi}P$$

라고 쓸 수 있는데, 즉 어떤 영상이든지 그 영상의 전하는 그것의 매개 변수에 비례한다.

이번에는 $2k$가 거리 OO'일 때

$$e^{\theta + \sqrt{-1}\,\phi} = \frac{x + \sqrt{-1}\,y - k}{x + \sqrt{-1}\,y + k}$$

인 곡선 좌표 θ와 ϕ를 이용하면

$$x = -\frac{k\sinh\theta}{\cosh\theta-\cos\phi}, \qquad y = -\frac{k\sin\phi}{\cosh\theta-\cos\phi};$$

$$x^2 + (y-k\cot\phi)^2 = k^2\operatorname{cosec}^2\phi,$$

$$(x+k\coth\theta)^2 + y^2 = k^2\operatorname{cosec}^2\theta,$$

$$\cot\phi = \frac{x^2+y^2-k^2}{2ky}, \qquad \coth\theta = -\frac{x^2+y^2+k^2}{2kx};$$

$$\xi = \frac{\sqrt{2}\,k}{\sqrt{\cosh\theta-\cos\phi}}$$

가 된다.[27)]

각 영상의 전하는 자기의 매개 변수 ξ에 비례하고, 형태가 P인지 또는 Q 인지에 따라 양전하인지 음전하인지가 정해지므로

$$P_s = \frac{P\sqrt{\cosh\theta-\cos\phi}}{\cosh(\theta+2s\varpi)-\cos\phi},$$

$$Q_s = \frac{P\sqrt{\cosh\theta-\cos\phi}}{\cosh(2\alpha-\theta-2s\varpi)-\cos\phi},$$

$$P'_s = \frac{P\sqrt{\cosh\theta-\cos\phi}}{\cosh(\theta-2s\varpi)-\cos\phi},$$

$$Q'_s = \frac{P\sqrt{\cosh\theta-\cos\phi}}{\cosh(2\beta-\theta+2s\varpi)-\cos\phi}$$

임을 알 수 있다.

이제 영상이 만드는 두 무한급수의 위치와 전하를 구했다. 다음으로는 그 무한급수에 포함된 형태가 Q 또는 P' 인 모든 영상의 합을 구해서 구 A 에 대전된 전하를 정해야 한다. 이것을

$$P\sqrt{\cosh\theta-\cos\phi}\sum_{s=1}^{s=\infty}\frac{1}{\sqrt{\cosh(\theta-2s\varpi)-\cos\phi}},$$

$$-P\sqrt{\cosh\theta-\cos\phi}\sum_{s=0}^{s=\infty}\frac{1}{\sqrt{\cosh(2\alpha-\theta-2s\varpi)-\cos\phi}}$$

라고 쓸 수 있다.

같은 방법으로 B에 유도된 총전하는

$$P\sqrt{\cosh\theta-\cos\phi}\sum_{s=1}^{s=\infty}\frac{1}{\sqrt{\cosh\left(\theta+2s\varpi\right)-\cos\phi}},$$

$$-P\sqrt{\cosh\theta-\cos\phi}\sum_{s=0}^{s=\infty}\frac{1}{\sqrt{\cosh\left(2\beta-\theta+2s\varpi\right)-\cos\phi}}$$

이다.

173. 이 결과를 반지름이 a와 b이고 중심 사이의 거리가 c인 두 구의 전기 용량 계수와 유도 계수를 정하는 데 적용하자.

구 A의 퍼텐셜은 1이고 구 B의 퍼텐셜은 0이라고 하자.

그러면 구 A의 중심에 놓은 전하 α의 연이은 영상들은 실제 전하분포의 영상들이다. 모든 영상은 극과 구의 중심을 잇는 축 위에 놓이며, 172절에서 결정된 네 가지의 영상 시스템 중에서 이 경우에는 단지 첫 번째와 네 번째만 존재한다.

이제

$$k=\frac{\sqrt{a^4+b^4+c^4-2b^2c^2-2c^2a^2-2a^2b^2}}{2c}$$

라고 놓으면

$$\sinh\alpha=-\frac{k}{a},\qquad \sinh\beta=\frac{k}{b}$$

가 된다.

구 A의 중심에 대해 θ와 ϕ 값은

$$\theta=2\alpha,\qquad \phi=0$$

이다.

그래서 P 자체가 A의 전하의 일부분을 형성한다는 것을 기억하면서, 앞에서 얻은 식의 P에는 α 또는 $-k\dfrac{1}{\sinh\alpha}$ 을, θ에는 2α를, ϕ에는 0을 대입해야 한다. 그러면 A의 전기용량 계수는

$$q_{aa}=k\sum_{s=0}^{s=\infty}\frac{1}{\sinh\left(s\varpi-a\right)}$$

이고 B에 대한 A의 유도 계수 또는 A에 대한 B의 유도 계수는

$$q_{ab} = -k \sum_{s=1}^{s=\infty} \frac{1}{\sinh s\varpi}$$

임을 알게 된다.

같은 방식으로 B의 퍼텐셜은 1이고 A의 퍼텐셜은 0이라고 가정하고 q_{bb}의 값을 정한다. 현재 표기법으로 쓰면

$$q_{bb} = k \sum_{s=0}^{s=\infty} \frac{1}{\sinh(\beta + s\varpi)}$$

임을 알게 된다.

이 양들을 두 구의 반지름인 a와 b와, 두 구의 중심 사이의 거리인 c로 계산하려면 만일

$$K = \sqrt{a^4 + b^4 + c^4 - 2b^2c^2 - 2c^2a^2 - 2a^2b^2}$$

가 성립하면

$$\sinh\alpha = -\frac{K}{2ac}, \qquad \sinh\beta = \frac{K}{2bc}, \qquad \sinh\varpi = \frac{K}{2ab},$$

$$\cosh\alpha = \frac{c^2 + a^2 - b^2}{2ca}, \qquad \cosh\beta = \frac{c^2 + b^2 - a^2}{2cb}, \qquad \cosh\varpi = \frac{c^2 - a^2 - b^2}{2ab}$$

라고 쓸 수 있음을 확인하고

$$\sinh(\alpha + \beta) = \sinh\alpha\cosh\beta + \cosh\alpha\sinh\beta,$$
$$\cosh(\alpha + \beta) = \cosh\alpha\cosh\beta + \sinh\alpha\sinh\beta$$

를 이용하면 된다.

이 과정에 따르거나 또는 W. 톰슨 경의 논문에 설명된 연이은 영상의 직접 계산에 따르면

$$q_{aa} = a + \frac{a^2b}{c^2 - b^2} + \frac{a^3b^2}{(c^2 - b^2 + ac)(c^2 - b^2 - ac)} + 등등,$$

$$q_{ab} = -\frac{ab}{c} - \frac{a^2b^2}{c(c^2 - a^2 - b^2)} - \frac{a^3b^3}{c(c^2 - a^2 - b^2 + ab)(c^2 - a^2 - b^2 - ab)} - 등등$$

$$q_{bb} = b + \frac{ab^2}{c^2 - a^2} + \frac{a^2b^3}{(c^2 - a^2 + bc)(c^2 - a^2 - bc)} + 등등$$

임을 알게 된다.

174. 다음으로 두 구가 각각 퍼텐셜 V_a와 V_b로 대전될 때 두 구의 전하 E_a와 E_b를 구하기 위해 다음 식

$$E_a = V_a q_{aa} + V_b q_{ab} \,,$$
$$E_b = V_a q_{ab} + V_b q_{bb}$$

를 이용한다.

만일

$$q_{aa} q_{bb} - q_{ab}^2 = D = \frac{1}{D'} \quad \text{그리고} \quad p_{aa} = q_{bb} D' , \quad p_{ab} = -q_{ab} D' , \quad p_{bb} = q_{aa} D'$$

이라고 놓으면

$$p_{aa} p_{bb} - p_{ab}^2 = D'$$

이므로 퍼텐셜을 전하로 정하는 데 이용할 식들은

$$V_a = p_{aa} E_a + p_{ab} E_b \,,$$
$$V_b = p_{ab} E_a + p_{bb} E_b$$

인데, p_{aa}, p_{ab}, p_{bb}는 퍼텐셜 계수들이다.

시스템의 총에너지는 85절에 따라

$$\begin{aligned}
Q &= \frac{1}{2}(E_a V_a + E_b V_b) \\
&= \frac{1}{2}(V_a^2 q_{aa} + 2 V_a V_b q_{ab} + V_b^2 q_{bb}) \\
&= \frac{1}{2}(E_a^2 p_{aa} + 2 E_a E_b p_{ab} + E_b^2 p_{bb})
\end{aligned}$$

가 된다.

그러므로 구들 사이의 척력은 92절과 93절에 따라

$$\begin{aligned}
F &= \frac{1}{2}\left\{ V_a^2 \frac{dq_{aa}}{dc} + 2 V_a V_b \frac{dq_{ab}}{dc} + V_b^2 \frac{dq_{bb}}{dc} \right\} \\
&= \frac{1}{2}\left\{ E_a^2 \frac{dp_{aa}}{dc} + 2 E_a E_b \frac{dp_{ab}}{dc} + E_b^2 \frac{dp_{bb}}{dc} \right\}
\end{aligned}$$

이며, 여기서 c는 두 구의 중심 사이의 거리이다.

척력에 대한 이 두 표현 중에서 두 구의 퍼텐셜과 전기용량 계수와 유도 계수의 변화로 척력을 구한 첫 번째가 계산하는 데는 가장 편리하다.

그러므로 q들을 c로 미분하는 것이 필요하다. 이 양들은 k, α, β, 그리고 ϖ의 함수로 표현되어서 a와 b가 변하지 않는 상수라는 가정 아래 미분되어야 한다. 다음 식

$$k = -a\sinh\alpha = b\sinh\beta = -c\frac{\sinh\alpha\sinh\beta}{\sinh\varpi}$$

로부터

$$\frac{dk}{dc} = \frac{\cosh\alpha\,\cosh\beta}{\sinh\varpi},$$

$$\frac{d\alpha}{dc} = \frac{\sinh\alpha\,\cosh\beta}{k\sinh\varpi},$$

$$\frac{d\beta}{dc} = \frac{\cosh\alpha\,\sinh\beta}{k\sinh\varpi},$$

$$\frac{d\varpi}{dc} = \frac{1}{k}$$

이 되므로

$$\frac{dq_{aa}}{dc} = \frac{\cosh\alpha\,\cosh\beta}{\sinh\varpi}\frac{q_{aa}}{k} - \sum_{s=0}^{s=\infty}\frac{(sc+b\cosh\beta)\cosh(s\varpi-\alpha)}{c(\sinh(s\varpi-\alpha))^2}$$

$$\frac{dq_{aa}}{dc} = \frac{\cosh\alpha\,\cosh\beta}{\sinh\varpi}\frac{q_{ab}}{k} + \sum_{s=1}^{s=\infty}\frac{s\cosh s\varpi}{(\sinh s\varpi)^2}$$

$$\frac{dq_{bb}}{dc} = \frac{\cosh\alpha\,\cosh\beta}{\sinh\varpi}\frac{q_{bb}}{k} - \sum_{s=0}^{s=\infty}\frac{(sc-a\cosh\alpha)\cosh(\beta+s\varpi)}{c(\sinh(\beta+s\varpi))^2}$$

가 된다.

윌리엄 톰슨 경은 한 구의 지름보다 더 작은 거리만큼 떨어져 있는 반지름이 같은 두 구 사이에 작용하는 힘을 계산하였다. 더 먼 거리에 대해서는 연이은 영상 두 개 또는 세 개보다 더 많이 이용할 필요가 없다.

c에 대한 q들의 미분 계수 급수는 직접 미분으로 쉽게 구할 수 있으며 다음과 같다.

$$\frac{dq_{aa}}{dc} = -\frac{2a^2bc}{(c^2-b^2)^2} - \frac{2a^3b^2c(2c^2-2b^2-a^2)}{(c^2-b^2+ac)^2(c^2-b^2-ac)^2} - \text{등등}$$

$$\frac{dq_{ab}}{dc} = \frac{ab}{c^2} + \frac{a^2b^2\left(3c^2 - a^2 - b^2\right)}{c^2\left(c^2 - a^2 - b^2\right)}$$

$$+ \frac{a^3b^3\left\{5c^2 - a^2 - b^2\right)\left(c^2 - a^2 - b^2\right) - a^2b^2\right\}}{c^2\left(c^2 - a^2 - b^2 + ab\right)^2\left(c^2 - a^2 - b^2 - ab\right)^2} - \text{등등}$$

$$\frac{dq_{bb}}{dc} = -\frac{2ab^2c}{\left(c^2 - a^2\right)^2} - \frac{2a^2b^3c\left(2c^2 - 2a^2 - b^2\right)}{\left(c^2 - a^2 + bc\right)^2\left(c^2 - a^2 - bc\right)^2} - \text{등등}$$

접촉한 두 구의 전하분포

175. 퍼텐셜이 1이고 어떤 다른 점에 의해서도 영향을 받지 않는 두 구를 가정하고, 이 시스템을 두 구가 접촉한 점에 대해 역변환시키면, 역변환 점으로부터 거리가 $\frac{1}{2a}$와 $\frac{1}{2b}$이고 역변환 점에 놓인 전하량이 1인 전하의 작용으로 대전된 두 개의 평행한 평면을 얻는다.

s를 $-\infty$에서 $+\infty$ 사이의 임의 정수라 할 때, 원점으로부터 거리가 $s\left(\frac{1}{a} + \frac{1}{b}\right)$인 곳에 전하량이 모두 1인 양전하로 된 영상의 급수가 생긴다.

또한 a를 향하는 방향으로 생각할 때 거리가 $\frac{1}{a} + s\left(\frac{1}{a} + \frac{1}{b}\right)$인 곳에 전하량이 모두 −1인 음전하로 된 영상의 급수가 생긴다.

이 시스템을 다시 원래의 접촉한 두 구의 형태로 역변환시키면, 대응하는 음전하 영상의 급수를 얻는데, 접촉 점으로부터 영상까지 거리는 $\dfrac{1}{s\left(\dfrac{1}{a} + \dfrac{1}{b}\right)}$

의 형태이고, 여기서 s는 구 A에 대해서는 양수(陽數)이고 구 B에 대해서는 음수(陰數)이다. 두 구의 퍼텐셜이 1일 때 각 영상 전하의 크기는 접촉점으로부터 거리와 같고 항상 음전하이다.

양전하의 영상 급수도 또한 존재하는데, 접촉점에서 a의 중심 방향으로 측정한 영상들까지 거리는 $\dfrac{1}{\dfrac{1}{a} + s\left(\dfrac{1}{a} + \dfrac{1}{b}\right)}$의 형태이다.

s가 0이거나 또는 0보다 더 큰 정수이면, 영상은 구 A에 있다.

s가 0보다 더 작은 정수이면 영상은 구 B에 있다.

각 영상 전하는 원점으로부터 그 영상까지 거리로 측정되며 항상 0보다 더 크다.

그러므로 구 A의 총전하는

$$E_a = \sum_{s=0}^{s=\infty} \frac{1}{\dfrac{1}{a} + s\left(\dfrac{1}{a} + \dfrac{1}{b}\right)} - \frac{ab}{a+b} \sum_{s=1}^{s=\infty} \frac{1}{s}$$

이다.

이 급수들은 모두 무한급수이지만, 각 항을 모두 더하면

$$E_a = \sum_{s=0}^{s=\infty} \frac{a^2 b}{s(a+b)\{s(a+b) - a\}}$$

형태가 되고 이 급수는 수렴한다.

같은 방법으로 구 B의 전하를 구하면

$$E_b = \sum_{s=1}^{s=\infty} \frac{ab}{s(a+b) - b} - \frac{ab}{a+b} \sum_{s=-1}^{s=-\infty} \frac{1}{s}$$

$$= \sum_{s=1}^{s=\infty} \frac{ab^2}{s(a+b)\{s(a+b) - b\}}$$

이다.

E_a에 대한 표현은

$$\frac{ab}{a+b} \int_0^1 \frac{\theta^{\frac{b}{a+b} - 1} - 1}{1 - \theta} d\theta$$

와 같은 것을 바로 알 수 있는데, 푸아송이 이 경우 결과를 이런 형태로 구했다.

E_a에 대한 위의 급수는

$$a - \left\{\gamma + \Psi\left(\frac{b}{a+b}\right)\right\} \frac{ab}{a+b}$$

와 같다는 것을 증명할 수 있는데(Legendre, *Traité des Fonctions Elliptiques*, ii, 438), 여기서 $\gamma = 0.57712\ldots$이고 $\Psi(x) = \dfrac{d}{dx} \log \Gamma(1+x)$이다. Ψ 값은 가

우스가 테이블로 만들어놓았다(*Werke*, Band iii, pp.161-162).

예를 들어 $b \div (a+b)$를 x로 표기하면, 두 전하 E_a와 E_b의 차이가

$$-\frac{d}{dx}\log\Gamma(x)\Gamma(1-x) \times \frac{ab}{a+b}$$

$$= \frac{d}{dx}\log\sin\pi x \times \frac{ab}{a+b}$$

$$= \frac{\pi ab}{a+b}\cot\frac{\pi b}{a+b}$$

임을 알게 된다.

두 구가 같을 때는, 퍼텐셜이 1인 경우 각 구의 전하는

$$E_a = a\sum_{s=1}^{\infty}\frac{1}{2s(2s-1)}$$

$$= a\left(1 - \frac{1}{2} + \frac{1}{3} - \frac{1}{4} + 등등\right)$$

$$= a\log_e 2 = 0.69314718a$$

이다.

구 A가 구 B에 비해 매우 작을 때 구 A의 전하는

근사적으로 $E_a = \frac{a^2}{b}\sum_{s=1}^{s=\infty}\frac{1}{s^2}$ 또는 $E_a = \frac{\pi^2}{6}\frac{a^2}{b}$

이다.

B에 대전된 전하는 마치 A가 제거된 것과 거의 같아서

$$E_b = b$$

이다.

각 구의 평균 면전하 밀도는 전하를 넓이로 나누어 구한다. 그 방법으로 구하면

$$\sigma_a = \frac{E_a}{4\pi a^2} = \frac{\pi}{24b}$$

$$\sigma_b = \frac{E_b}{4\pi b^2} = \frac{1}{4\pi b}$$

$$\sigma_c = \frac{\pi^2}{6}\sigma_b$$

이다.

그래서 만일 매우 작은 구와 매우 큰 구가 접촉하도록 하면, 작은 구에서 평균 면전하 밀도는 작은 구의 면전하 밀도에 $\frac{\pi^2}{6}$, 즉 1.644936을 곱한 것과 같다.

구형 단지의 경우에 전기 역변환의 적용

176. 전기 영상 전하에 대한 W. 톰슨 경의 방법이 지닌 위력에 대한 가장 경이로운 실례 중의 하나가 구형 표면에서 작은 원이 경계인 부분에서 전하분포에 관한 그의 연구이다. 이 연구의 결과가 증명은 포함되지 않은 채로 무슈 리우빌*에게 보내졌고 1847년에 그의 *Journal*에 출판되었다. 연구의 전체 내용은 톰슨의 재발행판인 *Electrical Papers*, Article XV에 나온다. 어떤 곡면에 대해서도 그 유한한 일부에서 전하분포를 구하는 문제에 대해 어떤 다른 수학자가 풀이를 구했는지에 대해서 나는 알고 있지 못한다.

나는 계산을 증명하기보다는 방법을 설명하기만을 원하므로, 기하학이나 적분에 대해서 자세히 설명하지는 않고 독자에게는 톰슨의 연구를 참고하라고 추천한다.

타원면의 전하분포

177. 비슷하게 생기고 비슷하게 놓인 두 동심 타원면의 껍질의 인력에 대

---

* 리우빌(Joseph Liouville, 1809-1882)은 프랑스 수학자로 스튀름-리우빌 이론 등 수학 분야에 크게 이바지했다. 그는 또한 수학 학술지 *Journal de mathématiques pures et appliquées*를 창간했는데, 이 학술지는 아직까지도 순수와 응용수학 분야의 권위 있는 학술지로 유명하다.

해서는 껍질 내부 어떤 점에서도 합성 인력이 0이라는 것은 잘 알려진 방법[28]으로 증명되었다. 껍질의 밀도는 증가하면서 두께는 끝없이 줄어든다고 가정하면, 접선 평면에서 중심으로부터 수선의 길이에 따라 변하는 면밀도의 개념에 도달하며, 타원면 내의 임의의 점에서 이런 표면 분포의 합성 인력은 0이므로, 표면에 그렇게 분포된 전하는 평형에 놓인다.

그래서 외부 영향에 의해 방해받지 않는 타원면의 임의의 점에서 면전하밀도는 접선 면에서 중심으로부터 거리에 따라 변한다.

원판의 전하분포

타원면의 두 축을 같게 만들고, 세 번째 축을 없애면, 원판의 경우에 도달하고 외부 영향에 방해받지 않고 퍼텐셜 V까지 대전될 때 그런 원판의 임의의 점 P에서 면전하 밀도에 대한 표현을 얻게 된다. 원판의 한쪽 면에서 면전하 밀도가 σ이고 KPL이 점 P를 통과하도록 그린 현(弦)이면,

$$\sigma = \frac{V}{2\pi^2 \sqrt{KP \cdot PL}}$$

가 된다.

전기 역변환 원리의 적용

178. 역변환의 중심으로 임의의 점 Q를 취하고, 역변환 구의 반지름을 R라고 하자. 그러면 원판 평면은 Q를 지나는 구 표면이 되며, 원판 자체는 원으로 둘러싸인 구 표면의 일부가 된다. 표면에서 이 부분을 **단지***라고 부르자.

---

*   원문의 'bowl'을 역자가 '단지'라고 번역하였다.

외부 영향을 받지 않고 퍼텐셜이 V'가 되도록 대전된 원판을 S'라면, 그 원판의 전기 영상 S는 퍼텐셜이 0이며 Q에 놓인 전하량이 $V'R$인 전하의 영향으로 대전된 구형 조각이 된다.

그러므로 구 표면 또는 평면에 있는 점전하가 만든 영향 아래 놓인 단지 또는 평면 원판의 전하분포 문제에 대한 풀이를 역변환 과정으로 구할 수 있다.

구 표면의 빈 부분에 놓은 점전하의 영향

이미 구한 원리와 역변환의 기하학으로부터 얻은 풀이의 형태는 다음과 같다.

구형 단지 S의 중심 점 또는 극이 C이고, C로부터 조각 가장자리의 임의의 점까지 거리가 a일 때, 전하량이 q인 전하가 생성된 구의 표면의 점 Q에 놓인다면, 그리고 단지 S의 퍼텐셜은 0으로 유지된다면, 단지에서 임의의 점 P에서 면전하 밀도 σ는

$$\sigma = \frac{1}{2\pi^2} \frac{q}{QP^2} \sqrt{\frac{CQ^2 - a^2}{a^2 - CP^2}}$$

인데, 여기서 CQ, CP, QP는 세 점 C, Q, P를 잇는 직선이다.

이 표현은 단지가 일부분을 차지하는 원래 구형 표면의 반지름에는 의존하지 않는 것이 놀라운 일이다. 그러므로 평면 원판에도 식을 변경하지 않고 적용할 수 있다.

임의의 수의 점전하의 영향

이제 두 부분으로 나눈 구를 고려하자. 한 부분은 우리가 **단지**라고 부르기로 한 부분인데, 전하분포를 결정한 구형 조각이고, 다른 부분은 그 나머

지 또는 구에서 빈 부분으로 그 위에 영향을 주는 점 Q가 위치한다.

구의 나머지 부분에 임의의 수의 영향을 주는 점들이 위치하면, 이 점들에 의해 단지의 임의의 점에 유도된 전하는 영향을 주는 점 하나하나가 개별적으로 유도해서 만들어낸 전하 밀도를 더해서 구할 수 있다.

179. 구의 남은 표면 모두가 균일하게 대전되고, 면전하 밀도는 ρ라고 하자. 그러면 단지의 임의의 점에서 전하 밀도는 그렇게 대전된 표면에 대해 통상 하는 적분으로 구할 수 있다.

그래서 단지의 퍼텐셜은 0이고, 밀도 ρ로 단단하게 대전된 구 표면의 나머지 부분의 영향으로 전하를 띤다.

이제 전체 시스템은 절연된 채로 지름이 f인 구 내부에 놓이고, 이 구는 균일하고 단단하게 대전되어서 그 면전하 밀도는 ρ'라고 하자.

이 구 내부에는 합성력이 존재하지 않으며, 그러므로 단지의 전하분포는 바뀌지 않지만, 단지 내의 모든 점에서 퍼텐셜은 V만큼 증가하는데 여기서 $V=2\pi\rho'f$이다. 그러므로 단지의 모든 점에서 퍼텐셜은 이제 V이다.

이번에는 단지가 일부분인 구와 이 구가 중심이 같고, 이 구의 반지름이 단지가 일부분인 구보다 무한히 작은 양만큼 더 크다고 하자.

그러면 풀어야 할 문제는 퍼텐셜이 V로 유지되며 단단히 대전되어 있고 면전하 밀도가 $\rho+\rho'$인 나머지 부분의 구에 영향을 받는 단지에 대한 경우이다.

180. 이제 단지 $\rho+\rho'=0$이라고 가정하기만 하면 되는데, 그러면 퍼텐셜은 V로 유지되고 외부 영향은 없는 경우가 된다.

단지의 퍼텐셜이 0일 때, 그리고 밀도가 ρ까지 대전된 구의 나머지 부분에 의해 영향을 받을 때, 주어진 점에서 단지의 어느 한 표면에서 전하 밀도가 σ이면, 단지의 바깥쪽에서 전하 밀도는 둘러싸는 구에 존재한다고 가정한 전하 밀도인 ρ'만큼 증가시켜야 한다.

이 연구의 결과는 만일 구의 지름이 f이고, 단지의 반지름의 현 길이는 a이며, 단지의 반지름의 현의 길이가 a이고, 단지의 극으로부터 P까지 거리의 현이 r이면, 단지 내부에서 면전하 밀도 σ는

$$\sigma = \frac{V}{2\pi^2 f}\left\{\sqrt{\frac{f^2 - a^2}{a^2 - r^2}} - \tan^{-1}\sqrt{\frac{f^2 - a^2}{a^2 - r^2}}\right\}$$

이고 단지 외부의 같은 점에서 면전하 밀도는

$$\sigma + \frac{V}{2\pi f}$$

이다.

이 결과를 계산하면서 구형 표면의 일부에 대한 흔히 하는 적분보다 더 어려운 연산은 하나도 사용되지 않는다. 구형 단지의 전하에 대한 이론을 완성하는 데는 단지 구형 표면을 역변환시키는 데 필요한 기하학만 필요할 뿐이다.

181. 이번에는 만들어진 구형 표면이 아니라 점 Q에 위치한 전하량이 q인 전하에 의해 단지의 임의의 점에 유도된 면전하 밀도를 구해야 하는 문제를 생각하자.

역변환 구의 반지름이 R일 때, 단지를 Q에 대해 역변환시키자. 단지 S는 그 영상 S'로 역변환되며, 점 P의 영상은 P'가 된다. 이제 단지 S'의 퍼텐셜이 V'로 유지될 때 $q = V'R$를 만족하며 단지는 어떤 외부 힘에도 영향받지 않는다는 조건 아래 P'에서 전하 밀도 σ'를 구하는 것이 문제이다.

그러면 원래 단지의 점 P에서 밀도 σ는

$$\sigma = -\frac{\sigma' R^3}{QP^3}$$

이며, 이 단지의 퍼텐셜은 0이고 Q에 위치한 전하량이 q인 전하에 의해 영

향을 받는다.

이 과정의 결과는 다음과 같다.

그림 16은 중심 O를 통과하는 단면과, 단지의 극 C, 영향을 주는 점 Q를 보여준다. D는 역변환된 그림에서 단지의 테두리의 비어 있는 극에 대응하는 점이고 다음과 같은 과정에 따라 구해진다.

Q를 통과하는 두 현 EQE'와 FQF'를 그리고 Q에서 나뉘는 현

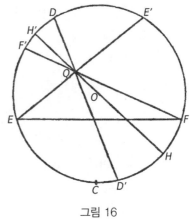

그림 16

의 부분들 사이의 비례 중항이 역변환된 구의 반지름이라고 가정하면, EF 의 영상은 $E'F'$가 된다. 원호 $F'CE'$를 D'에서 이등분하면 $F'D' = D'E'$ 가 되며, $D'QD$를 그려서 D에서 구와 만나게 한다. D가 구하는 점이다. 또 한 구의 중심인 O와 Q를 통과하여 $HOQH'$를 그려서 구와 H와 H'에서 만나게 한다. 그러면 단지 내의 임의의 점이 P라고 할 때, Q와 분리된 쪽의 P에서 전하량이 q인 전하에 의해 유도된 면전하 밀도는

$$\sigma = \frac{q}{2\pi^2}\frac{QH \cdot QH'}{HH' \cdot Q^3}\left\{\frac{PQ}{DQ}\left(\frac{CD^2-a^2}{a^2-CP^2}\right)^{\frac{1}{2}} - \tan^{-1}\left[\frac{PQ}{DQ}\left(\frac{CD^2-a^2}{a^2-CP^2}\right)^{\frac{1}{2}}\right]\right\}$$

인데, 여기서 a는 단지의 극인 C로부터 단지의 테두리까지 그린 현을 표시 한다.

Q와 이웃한 쪽에서 면전하 밀도는

$$\sigma + \frac{q}{2\pi}\frac{QH \cdot QH'}{HH' \cdot PQ^3}$$

이다.

12장

2차원에서 켤레 함수 이론

182. 전기적 평형 문제가 풀린 독립적인 경우의 수는 매우 적다. 구형 도체에 관해서는 구면 조화함수 방법이 적용되었고, 전기 영상 전하와 역변환 방법은 적용될 수 있는 경우에서는 여전히 더 강력하다. 내가 아는 한, 전기력선이 평면 곡선이 아니면서 등전위 면과 전기력선이 모두 알려진 것은 2차원 곡면의 경우가 유일하다.

그런데 전기적 평형 문제와 전류의 전도 문제에 대한 이론에서 단지 2차원만 고려하는 중요한 부류의 문제들이 존재한다.

예를 들어, 고려하는 전기자의 부분 전체에 대해 그리고 그로부터 상당히 먼 거리까지, 모든 도체의 표면은 z 축에 평행인 직선 운동으로 발생하며, 전기장 중에서 이것이 더는 적용되지 않는 부분은 너무 멀어서 전기적 작용이 무시된다면, 전하는 원인이 되는 선을 하나하나를 따로 균일하게 분포되며, 전기장 중에서 z 축에 수직이며 거리가 1인 두 평면이 경계인 부분만 고려하면 퍼텐셜과 전하분포는 오직 x와 y만의 함수가 된다.

밑면이 $dx\,dy$이고 높이가 1인 요소에 포함된 전하의 양이 $\rho\,dx\,dy$라면, 그리고 선 요소 ds와 높이 1로 이루어진 밑면이 넓이인 요소의 전하량이 $\sigma\,ds$

라면, 푸아송 방정식을

$$\frac{d^2 V}{dx^2} + \frac{d^2 V}{dy^2} + 4\pi\rho = 0$$

이라고 쓸 수 있다.

자유 전하가 존재하지 않을 때는 이 식은 라플라스 방정식

$$\frac{d^2 V}{dx^2} + \frac{d^2 V}{dy^2} = 0$$

으로 바뀐다.

전기적 평형에 대한 일반적인 문제는 다음과 같다고 말할 수 있다.

폐곡선 C_1, C_2 등이 경계인 2차원의 연속된 공간을 주면 함수 V의 형태를 구해야 하는데, 그 경계에서 함수의 값이 각각 V_1, V_2 등이고, 경계마다 그 값은 상수이며, 이 공간 내의 모든 위치에서 V는 유한하고 연속이며 한 값만을 갖고 라플라스 방정식을 만족한다.

이렇게 간단하게 만든 질문에 대해 완벽하게 일반적인 풀이가 나왔는지를 나는 알지 못한다. 그러나 190절에서 설명한 변환 방법이 이 경우에도 적용할 수 있으며, 3차원에 적용할 수 있는 어떤 알려진 방법보다 이 방법은 훨씬 더 강력하다.

이 방법은 두 변수를 갖는 켤레 함수의 성질에 의존한다.

켤레 함수의 정의

183. 만일 $\alpha + \sqrt{-1}\,\beta$가 $x + \sqrt{-1}\,y$의 함수이면 두 양 α와 β를 x와 y의 켤레 함수라고 말한다.

이 정의로부터

$$\frac{d\alpha}{dx} = \frac{d\beta}{dy} \quad \text{그리고} \quad \frac{d\alpha}{dy} + \frac{d\beta}{dx} = 0 \tag{1}$$

$$\frac{d^2\alpha}{dx^2} + \frac{d^2\alpha}{dy^2} = 0, \qquad \frac{d^2\beta}{dx^2} + \frac{d^2\beta}{dy^2} = 0 \qquad (2)$$

이 성립한다. 그래서 두 함수 모두 라플라스 방정식을 만족한다. 또한

$$\frac{d\alpha}{dx}\frac{d\beta}{dy} - \frac{d\alpha}{dy}\frac{d\beta}{dx} = \overline{\frac{d\alpha}{dx}}\bigg|^2 + \overline{\frac{d\alpha}{dy}}\bigg|^2 = \overline{\frac{d\beta}{dx}}\bigg|^2 + \overline{\frac{d\beta}{dy}}\bigg|^2 = R^2 \qquad (3)$$

이다.

x와 y가 직각 좌표이고, ds_1은 두 곡선 α와 $\alpha + d\alpha$ 사이에 들어간 ($\beta = $ 상수인) 곡선의 길이이면, 그리고 ds_2는 두 곡선 β와 $\beta + d\beta$ 사이에 들어간 곡선의 길이이면

$$\frac{ds_1}{d\alpha} = \frac{ds_2}{d\beta} = \frac{1}{R} \qquad (4)$$

이며 곡선들은 수직으로 교차한다.

k가 어떤 상수일 때 퍼텐셜이 $V = V_0 + k\alpha$라고 하면, V는 라플라스 방정식을 만족하며, 곡선들 (α)는 등전위선이 된다. 그러면 곡선들 (β)는 전기력선이 되며, xy 평면에 투영하면 곡선 AB를 만드는 원통의 표면 중 단위 길이에 대한 R의 면적분은 $k(\beta_B - \beta_A)$가 되는데, 여기서 β_A와 β_B는 그 곡선의 양 끝에서 β 값이다.

만일 등차수열에서 α 값에 대응하는 곡선들의 한 급수와 같은 공차를 갖는 β 값의 급수에 대응하는 다른 급수를 평면에 그리면, 두 급수로 표현되는 곡선들은 모든 위치에서 서로 직각을 이루며 교차하고, 공차가 매우 작으면 평면이 나뉘는 요소들은 결국 작은 정사각형들이 되는데, 전기장에서 서로 다른 부분들에서 그 정사각형들의 변들은 서로 다른 방향을 가리키고 R에 반비례하는 서로 다른 크기를 갖는다.

만일 둘이나 그보다 더 많은 등전위선 (α)가 그것들 사이에서 연속된 공간을 둘러싸는 폐곡면들이면, 그것들을 퍼텐셜이 각각 ($V_0 + k\alpha_1$), ($V_0 + k\alpha_2$) 등인 도체의 표면으로 취할 수 있다. 두 전기력선 β_1과 β_2 사이에 임의

로 고른 하나의 도체 표면에 대전된 전하량은 $\dfrac{k}{4\pi}(\beta_2 - \beta_1)$이다.

그러므로 두 도체 사이에 놓인 등전위선의 수는 퍼텐셜의 차이를 가리키며, 도체에서 나오는 전기력선의 수는 도체에 포함된 전하량을 가리킨다.

다음으로 켤레 함수에 관계하여 가장 중요한 정리 중에서 일부에 대해 말해야 하는데, 그 정리를 증명하면서 우리는 미분 계수들을 포함하는 (1) 식을 이용하거나 허수 기호를 활용하는 원래 정의를 이용하게 될 것이다.

184. 정리 I

x'과 y'이 x와 y에 대한 켤레 함수이면, 그리고 x''과 y''도 역시 x와 y의 켤레 함수이면, 두 함수들 $x'+x''$과 $y'+y''$도 역시 x와 y에 대한 켤레 함수이다.

왜냐하면

$$\frac{dx'}{dx} = \frac{dy'}{dy} \quad \text{그리고} \quad \frac{dx''}{dx} = \frac{dy''}{dy}$$

이므로

$$\frac{d(x'+x'')}{dx} = \frac{d(y'+y'')}{dy}$$

이다. 또한

$$\frac{dx'}{dy} = -\frac{dy'}{dx}, \quad \text{그리고} \quad \frac{dx''}{dy} = -\frac{dy''}{dx}$$

이므로

$$\frac{d(x'+x'')}{dy} = -\frac{d(y'+y'')}{dx}$$

이어서 $x'+x''$과 $y'+y''$은 x와 y에 대해 켤레 함수이다.

두 함수의 합인 함수를 그래프로 대표하기

x와 y의 함수 (α)가 xy 평면에서 곡선들의 급수로 대표되는데, 각 곡선

은 공차 δ에 의해 증가하는 값들로 된 급수에 속하는 α의 한 값에 대응한다고 하자.

x와 y의 또 다른 함수 β도 같은 방법으로 α의 공차와 같은 공차를 갖는 β 값의 급수에 대응하는 곡선들의 급수로 대표된다고 하자.

그러면 함수 $\alpha + \beta$를 같은 방법으로 대표하기 위해 두 이전 급수들의 교차점을 통과하는 곡선들의 급수를 그려야 하고, 그다음에는 곡선들 (α)와 (β)의 교차점으로부터 곡선들 $(\alpha + \delta)$와 $(\beta - \delta)$의 교차점까지 곡선들의 급수를 그려야 하고, 그다음에는 곡선들 $(\alpha + 2\delta)$와 $(\beta - 2\delta)$의 교차점까지 곡선들의 급수를 그려야 하고, 그런 식으로 계속된다. 이 점들 각각에서 함수는 같은 값인 $\alpha + \beta$를 갖는다. 그다음 곡선은 (α)와 $(\beta + \delta)$가 교차하는 점들을 지나게 그려야 하고, $(\alpha + \delta)$와 (β), $(\alpha + 2\delta)$와 $(\beta - \delta)$ 등이 교차하는 점들을 지나게 그려야 한다. 이 곡선에 속한 함수의 값은 $\alpha + \beta + \delta$이다.

이런 방법으로 곡선들 (α)의 급수와 곡선들 (β)의 급수를 그려놓으면, $(\alpha + \beta)$ 급수도 만들 수 있다. 이 세 가지 곡선의 급수를 서로 다른 투명한 종이에 그리면, 첫 번째와 두 번째를 적절하게 포개놓으면 세 번째가 그려진다.

이런 방법의 덧셈으로 켤레 함수를 어떻게 결합할지 알면, 처음 결합한 더 간단한 경우에 어떻게 그릴지 아는 것으로부터 별 어려움 없이 많은 흥미로운 경우에 대해 그림을 그릴 수 있게 해준다. 그런데 다음 정리에 의존하는 훨씬 더 강력한 변환 방법도 있다.

185. 정리 ||

x''와 y''가 변수 x'와 y'에 대해 켤레 함수이고, x'와 y'가 x와 y에 대해 켤레 함수이면, x''와 y''는 x와 y에 대한 켤레 함수이다. 왜냐하면

$$\frac{dx''}{dx} = \frac{dx''}{dx'}\frac{dx'}{dx} + \frac{dx''}{dy'}\frac{dy'}{dx}$$

$$= \frac{dy''}{dy'}\frac{dy'}{dy} + \frac{dy''}{dx'}\frac{dx'}{dy}$$

$$= \frac{dy''}{dy}$$

이고

$$\frac{dx''}{dy} = \frac{dx''}{dx'}\frac{dx'}{dy} + \frac{dx''}{dy'}\frac{dy'}{dy}$$

$$= -\frac{dy''}{dy'}\frac{dy'}{dx} + \frac{dy''}{dx'}\frac{dx'}{dx}$$

$$= -\frac{dy''}{dx}$$

인데, 이 식들이 x'' 와 y'' 는 x 와 y 의 켤레 함수라는 조건이다.

이것은 켤레 함수에 대한 원래 정의를 이용해도 역시 증명된다. $x'' + \sqrt{-1}\,y''$ 는 $x' + \sqrt{-1}\,y'$ 의 함수이고, $x' + \sqrt{-1}\,y'$ 는 $x + \sqrt{-1}\,y$ 의 함수이기 때문이다. 그래서 $x'' + \sqrt{-1}\,y''$ 는 $x + \sqrt{-1}\,y$ 의 함수이다.

같은 방법으로 만일 x' 와 y' 가 x 와 y 의 함수이면, x 와 y 는 x' 와 y' 의 켤레 함수이다.

이 정리는 그림으로 다음과 같이 해석된다.

x', y' 를 직각 좌표라고 하고, 등차 산술급수에서 취한 x'' 와 y'' 값에 대응하는 곡선들을 종이에 그리자. 이처럼 곡선들의 이중 시스템은 종이를 작은 사각형들로 자르며 그려진다. 종이에는 역시 등 간격으로 수평 방향 선들과 수직 방향 선들이 그려져 있으며, 이 선들에는 x' 와 y' 의 대응하는 값들이 표시되어 있다.

다음으로, 다른 종이에 직각 좌표 x 와 y 를 그리고 곡선들 x' 와 y' 의 이중 곡선을 그리며, 각 곡선은 x' 와 y' 에서 대응하는 값을 표시한다. 이 곡선 좌표 시스템은 점 대 점으로 첫 번째 종이에 그린 좌표 x', y' 에 대한 직선 시스템에 대응한다.

그래서, 첫 번째 종이의 곡선 x'' 에 임의의 수의 점들을 택하고, 그 점들에서 x' 와 y' 의 값들을 적어 놓고, 두 번째 종이에 대응하는 점들을 표시하면, 변환된 곡선 x'' 에서 같은 수의 점들을 찾게 된다. 첫 번째 종이에서 모든 곡선 x'', y'' 에 대해 같은 일을 반복하면, 곡선들 x'', y'' 에 대한 이중 급수를 두 번째 종이에서 다른 형태로 얻지만, 종이를 작은 사각형으로 자르는 같은 성질을 그대로 유지한다.

186. 정리 III

만일 V 가 x' 와 y' 의 임의 함수이고, x' 와 y' 는 x 와 y 의 켤레 함수이면

$$\iint \left(\frac{d^2 V}{dx^2} + \frac{d^2 V}{dy^2} \right) dx\,dy = \iint \left(\frac{d^2 V}{dx'^2} + \frac{d^2 V}{dy'^2} \right) dx'\,dy'$$

가 성립하는데, 두 적분의 적분 구간은 같다.

왜냐하면

$$\frac{dV}{dx} = \frac{dV}{dx'}\frac{dx'}{dx} + \frac{dV}{dy'}\frac{dy'}{dx}$$

$$\frac{d^2 V}{dx^2} = \frac{d^2 V}{dx'^2}\left(\frac{dx'}{dx} \right)^2 + 2\frac{d^2 V}{dx'dy'}\frac{dx'}{dx}\frac{dy'}{dx} + \frac{d^2 V}{dy'^2}\overline{\frac{dy'}{dx}}\Big|^2$$

$$+ \frac{dV}{dx'}\frac{d^2 x'}{dx^2} + \frac{dV}{dy'}\frac{d^2 y'}{dx^2}$$

그리고

$$\frac{d^2 V}{dy^2} = \frac{d^2 V}{dx'^2}\overline{\frac{dx'}{dy}}\Big|^2 + 2\frac{d^2 V}{dx'dy'}\frac{dx'}{dy}\frac{dy'}{dy} + \frac{d^2 V}{dy'^2}\overline{\frac{dy'}{dy}}\Big|^2$$

$$+ \frac{dV}{dx'}\frac{d^2 x'}{dy^2} + \frac{dV}{dy'}\frac{d^2 y'}{dy^2}$$

이기 때문이다.

마지막 두 식을 더하고, 켤레 함수에 대한 조건인 (1) 식을 기억하면

$$\frac{d^2 V}{dx^2} + \frac{d^2 V}{dy^2} = \frac{d^2 V}{dx'^2}\left(\overline{\frac{dx'}{dx}}\Big|^2 + \overline{\frac{dx'}{dy}}\Big|^2 \right) + \frac{d^2 V}{dy'^2}\left(\overline{\frac{dy'}{dx}}\Big|^2 + \overline{\frac{dy'}{dy}}\Big|^2 \right)$$

$$= \left(\frac{d^2 V}{dx'^2} + \frac{d^2 V}{dy'^2} \right)\left(\frac{dx'}{dx}\frac{dy'}{dy} - \frac{dx'}{dy}\frac{dy'}{dx} \right)$$

임을 알게 된다.

그래서

$$\iint \left(\frac{d^2 V}{dx^2} + \frac{d^2 V}{dy^2} \right) dx dy = \iint \left(\frac{d^2 V}{dx'^2} + \frac{d^2 V}{dy'^2} \right) \left(\frac{dx'}{dx} \frac{dy'}{dy} - \frac{dx'}{dy} \frac{dy'}{dx} \right) dx dy$$

$$= \iint \left(\frac{d^2 V}{dx'^2} + \frac{d^2 V}{dy'^2} \right) dx' dy'$$

이다.

만일 V가 퍼텐셜이면, 푸아송 방정식에 따라

$$\frac{d^2 V}{dx^2} + \frac{d^2 V}{dy^2} + 4\pi\rho = 0$$

이고, 이 결과를

$$\iint \rho \, dx dy = \iint \rho' \, dx' dy'$$

라고 쓸 수 있다. 즉 한 시스템의 좌표가 다른 시스템의 좌표의 켤레 함수이면, 두 시스템의 대응하는 부분에 있는 전하량이 같다.

켤레 함수의 덧셈 정리

187. 정리 IV

만일 x_1과 y_1이, 그리고 또한 x_2와 y_2가 모두 x와 y의 켤레 함수이면, $X = x_1 x_2 - y_1 y_2$이고 $Y = x_1 y_2 + x_2 y_1$일 때 X와 Y는 x와 y의 켤레 함수이다.

왜냐하면

$$X + \sqrt{-1}\, Y = (x_1 + \sqrt{-1}\, y_1)(x_2 + \sqrt{-1}\, y_2)$$

이기 때문이다.

정리 V

만일 ϕ가 다음 방정식

$$\frac{d^2 \phi}{dx^2} + \frac{d^2 \phi}{dy^2} = 0$$

의 풀이이고, 만일 $2R = \log\left(\left|\overline{\dfrac{d\phi}{dx}}\right|^2 + \left|\overline{\dfrac{d\phi}{dy}}\right|^2\right)$ 이고 $\Theta = -\tan^{-1}\dfrac{\dfrac{d\phi}{dx}}{\dfrac{d\phi}{dy}}$ 이면, R와 Θ는 x와 y의 켤레 함수이다.

왜냐하면 R와 Θ는 $\dfrac{d\phi}{dx}$ 와 $\dfrac{d\phi}{dy}$ 의 켤레 함수이고, $\dfrac{d\phi}{dx}$ 와 $\dfrac{d\phi}{dy}$ 는 x와 y의 켤레 함수이기 때문이다.

예 I — 역변환

188. 변환의 일반적인 방법의 예로, 2차원에서 역변환의 경우를 보자.

O가 평면에서 고정된 점이고, OA가 고정된 방향이며, $r = OP = ae^\rho$이고, $\theta = AOP$이면, 그리고 x, y는 O에 대해 P의 직각 좌표이면

$$\left.\begin{array}{l} \rho = \log\dfrac{1}{a}\sqrt{x^2+y^2}, \quad \theta = \tan^{-1}\dfrac{y}{x} \\[2mm] x = ae^\rho\cos\theta, \quad y = ae^\rho\sin\theta \end{array}\right\} \tag{5}$$

이고 ρ와 θ는 x와 y의 켤레 함수이다.

$\rho' = n\rho$이고 $\theta' = n\theta$이면 ρ'와 θ'는 ρ와 θ의 켤레 함수이다. $n = -1$인 경우에

$$r' = \frac{\alpha^2}{r} \quad\quad \text{그리고} \quad\quad \theta' = -\theta \tag{6}$$

가 되며, 이것이 보통 역변환과 그림을 OA에 대한 $180°$만큼의 회전을 결합한 것이다.

2차원 역변환

이 경우에 r와 r'가 O로부터 대응하는 거리를 대표하고, e와 e'는 물체의 총전하를 대표하고, S와 S'는 표면 요소를 대표하고, V와 V'는 고체 요소를 대표하고, σ와 σ'는 면전하 밀도를 대표하고, ρ와 ρ'는 부피 밀도를

대표하고, ϕ와 ϕ'는 대응하는 퍼텐셜을 대표하면

$$\left.\begin{array}{l} \dfrac{r'}{r}=\dfrac{S'}{S}=\dfrac{a^2}{r^2}=\dfrac{r^2}{a^2}, \quad \dfrac{V'}{V}=\dfrac{a^4}{r^4}=\dfrac{r'^4}{a^4}, \quad \dfrac{e'}{e}=1, \\[3mm] \dfrac{\sigma'}{\sigma}=\dfrac{r^2}{a^2}=\dfrac{a^2}{r'^2}, \quad \dfrac{\rho'}{\rho}=\dfrac{r^4}{a^4}=\dfrac{a^4}{r'^4}, \quad \dfrac{\phi'}{\phi}=1 \end{array}\right\} \tag{7}$$

이 성립한다.

예 Ⅱ — 2차원에서 영상 전하

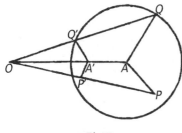

189. A는 반지름이 $AQ=b$인 원의 중심이고 E는 A에 놓인 전하이면, 임의의 점 P에서 퍼텐셜은

$$\phi=2E\log\frac{b}{AP} \tag{8}$$

그림 17

이며, 속이 빈 도체 원통의 단면이 원이면, 임의의 점 Q에서 면전하 밀도는 $-\dfrac{E}{2\pi b}$이다.

이 시스템을 점 O에 대해 역변환시켜서

$$AO=mb \quad \text{그리고} \quad \alpha^2=(m^2-1)b^2$$

으로 만들면 A'에서 전하는 A에서 전하와 같고 $AA'=\dfrac{b}{m}$가 성립한다.

Q'에서 전하 밀도는

$$-\frac{E}{2\pi b}b^2-\frac{\overline{AA'}\,|^2}{A'^2Q'^2}$$

이며 원 내부의 임의의 점 P'에서 퍼텐셜은

$$\phi'=\phi=2E(\log b-\log AP)$$
$$=2E(\log OP'-\log AP'-\log m) \tag{9}$$

가 된다.

이것은 A'에 대전된 전하 E와 O의 전하 $-E$의 결합과 같은데, 여기서 O는 원에 대한 A'의 영상이다. O에서 허수 전하는 A'에 놓인 허수 전하와 크기가 같고 부호가 반대이다.

점 P'가 원의 중심에 대한 극좌표로 정의되고

$$\rho = \log r - \log b \quad \text{그리고} \quad \rho_0 = \log AA' - \log b$$

라고 놓으면

$$AP' = be^\rho, \qquad AA' = be^{\rho_0}, \qquad AO = be^{-\rho_0} \tag{10}$$

이 되며 점 (ρ, θ)에서 퍼텐셜은

$$\phi = E \log(e^{-2\rho_0} - 2e^{\rho_0}e^\rho \cos\theta + e^{2\rho})$$
$$\qquad - E \log(e^{2\rho_0} - 2e^{2\rho_0}e^\rho \cos\theta + e^{2\rho}) + 2E\rho_0 \tag{11}$$

이다.

이것은 점 $(\rho_0, 0)$에 놓인 전하 E 때문에 점 (ρ, θ)에 생긴 퍼텐셜이며, $\rho = 0$이면 $\phi = 0$이라는 조건을 이용하였다.

이 경우에 ρ와 θ는 (5) 식에서 켤레 함수로 ρ는 한 점의 지름 벡터와 원의 반지름 사이의 비의 로가리듬이고 θ는 각이다.

이 좌표계에서 유일한 특이점은 중심이며, 폐곡선에 대한 선적분 $\int \dfrac{d\theta}{ds} ds$는 폐곡선이 중심 밖인지 아니면 중심을 포함하는지에 따라 0이거나 2π이다.

예 III — 이 경우에 대한 노이만 변환[29)]

190. 이제 α와 β는 x와 y의 임의의 켤레 함수인데, 원점에 $\dfrac{1}{2}$의 전하가 놓이고 원점으로부터 어떤 거리에 임의의 방식으로 분포된 전하들의 시스템에 대해 곡선 (α)는 등전위 곡선이고 곡선 (β)는 전기력선이라고 하자.

퍼텐셜이 α_0인 곡선은 폐곡선이며 이 시스템에 포함된 전하 중에서 원

점에 놓인 $\frac{1}{2}$를 제외하고는 그 폐곡선에 포함되어 있지 않다고 가정하자.

그러면 이 곡선과 원점 사이의 모든 곡선 (α)는 원점을 둘러싸는 폐곡선이며, 모든 곡선 (β)는 원점에서 만나고 곡선 (α)와 직교한다.

곡선 (α_0) 내부의 임의의 점의 좌표는 그 점에서 α와 β 값에 의해 정해지며, 만일 그 점이 곡선들 (α) 중 어느 하나를 따라 양(陽)의 방향으로 회전하면 한 바퀴 돌 때마다 β 값은 2π씩 증가한다.

이제 곡선 (α_0)는 임의의 형태를 보이는 속이 빈 원통의 안쪽 표면의 단면이라고 하자. 이 원통은 선형 전하 밀도 E의 영향을 받고 퍼텐셜이 0으로 유지된다. 또 선형 전하 밀도가 투영된 곳이 원점이다. 그러면 외부의 전하를 띤 시스템은 고려에서 제외할 수 있고, 임의의 점 (α)에서 퍼텐셜은 다음 곡선

$$\phi = 2E(\alpha - \alpha_0) \tag{12}$$

내부에 존재하며, β_1과 β_2에 대응하는 두 점 사이에서 곡선 α_0의 임의의 부분에서 전하량은

$$Q = \frac{1}{2\pi} E(\beta_1 - \beta_2) \tag{13}$$

이다.

만일 이 방법이나 어떤 다른 방법으로든지, 전하가 원점으로 취하게 될 어떤 점에 놓여 있을 때 알려진 단면의 곡선에 대한 퍼텐셜 분포를 구했다면, 그것을 변환에 대한 일반적인 방법을 적용하여 전하가 어떤 다른 점에 놓인 경우로 넘겨줄 수 있다.

전하가 위치한 점에 대한 α와 β 값이 α_1과 β_1이라고 하고, (11) 식에서 ρ 자리에 $\alpha - \alpha_0$를, 그리고 θ 자리에 $\beta - \beta_1$을 대입해서 좌표가 α와 β인 임의의 점에서 퍼텐셜을 구하면

$$\phi = E\log(1 - 2e^{\alpha + \alpha_1 - 2\alpha_0}\cos(\beta - \beta_1) + e^{2(\alpha + \alpha_1 - 2\alpha_0)})$$
$$- E\log(1 - 2e^{\alpha - \alpha_1}\cos(\beta - \beta_1) + e^{2(\alpha - \alpha_1)}) - 2E(\alpha_1 - \alpha_0) \tag{14}$$

가 된다.

퍼텐셜에 대한 이 표현은 $\alpha = \alpha_0$일 때 0이 되고, 점 (α_1, β_1)을 제외하면 곡선 α_0 내에서 유한하고 연속이다. 그러나 점 (α_1, β_1)에서는 이 식 우변의 두 번째 항이 무한대가 되고, 그 점의 바로 부근에서는 궁극적으로 $-2E \log r'$와 같아지는데, 여기서 r'는 그 점으로부터 거리이다.

그러므로 폐곡선 내의 임의의 점에 놓인 전하에 대한 그린의 문제에 대한 풀이를, 임의의 다른 점에 대한 풀이를 알 때 그 풀이로부터 유추하는 수단을 갖게 되었다.

점 (α_1, β_1)에 놓인 전하 E가 두 점 β와 $\beta + d\beta$ 사이에 놓인 곡선 α_0의 요소에 유도하는 전하는, 183절의 표기법을 이용하면,

$$-\frac{1}{4\pi}\frac{d\phi}{ds_1}ds_2$$

인데, 여기서 ds_1은 안쪽으로 측정되고 미분한 뒤에 α를 α_0과 같다고 놓는다.

이것은 183절의 (4) 식에 따라

$$\frac{1}{4\pi}\frac{d\phi}{d\alpha}d\beta, \quad (\alpha = \alpha_0) \quad \text{즉} \quad -\frac{E}{2\pi}\frac{1-e^{2(\alpha_1 - \alpha_0)}}{1-2e}d\beta \tag{15}$$

가 된다.

이 표현으로부터 폐곡선 위의 모든 점에서 퍼텐셜 값이 β의 함수로 주어지고, 그 폐곡선 내부에는 어떤 전하도 존재하지 않으면, 그 폐곡선 내부의 임의의 점 (α_1, β_1)에서 퍼텐셜을 구할 수 있다.

왜냐하면, 86절에 따라, n을 (α_1, β_1)에 놓인 크기가 1인 전하에 의해 $d\beta$에 유도된 전하일 때, 폐곡선 중에 $d\beta$인 부분에 V로 유지된 퍼텐셜에 따라 (α_1, β_1)에서의 퍼텐셜 부분은 nV이기 때문이다. 그래서 만일 V가 폐곡선 상의 한 점에서 β의 함수로 정의된 퍼텐셜이고, ϕ는 폐곡선 내의 점 (α_1, β_1)에서 퍼텐셜이며, 곡선 내부에는 전하가 존재하지 않으면

$$\phi = \frac{1}{2\pi} \int_0^{2\pi} \frac{\left(1 - e^{2(\alpha_1 - \alpha_0)}\right) V d\beta}{1 - 2e^{(\alpha_1 - \alpha_0)} \cos(\beta - \beta_1) + e^{2(\alpha_1 - \alpha_0)}} \tag{16}$$

이다.

예 IV — 두 평면에 의해 형성된
도체 가장자리 근처에서 전하분포

191. 면전하 밀도 σ_0로 대전된 무한히 넓은 도체 평면의 경우에, 평면으로부터 거리가 y인 곳의 퍼텐셜을 구하면

$$V = C - 4\pi\sigma_0 y$$

인데, 여기서 C는 도체 자체의 퍼텐셜 값이다.

평면에 그린 직선을 극축(極軸)이라고 가정하고, 극좌표로 변환하면, 퍼텐셜은

$$V = C - 4\pi\sigma_0 a e^\rho \sin\theta$$

이며, 폭이 1이고 축으로부터 측정한 길이가 ae^ρ인 평행 사변형에 대전된 전하량은

$$E = \sigma_0 a e^\rho$$

이다.

이제 $\rho = n\rho'$ 그리고 $\theta = n\theta'$로 만들자. 그러면 ρ'과 θ'는 ρ와 θ의 켤레 함수이므로, 다음 두 식

$$V = C - 4\pi\sigma_0 a e^{n\rho'} \sin n\theta' \qquad 그리고 \qquad E = \sigma_0 a e^{n\rho'}$$

은 전하와 퍼텐셜의 가능한 분포를 표현한다.

이제 $ae^{\rho'}$ 대신 r라고 쓰면, r는 축으로부터 거리이다. 각에 대해서도 θ' 대신 θ라고 써도 좋다. 그러면

$$V = C - 4\pi\sigma_0 \frac{r^n}{a^{n-1}} \sin n\theta$$

$$E = \sigma_0 \frac{r^n}{a^{n-1}}$$

이 된다. $n\theta = \pi$ 즉 π의 배수이면 언제나 V는 C와 같게 된다.

가장자리가 도체의 철각(凸角)*이고 겉면의 기울기가 α라고 하면, 유전체의 각도는 $2\pi - \alpha$이고, 그래서 $\theta = 2\pi - \alpha$일 때 그 점은 도체의 다른 겉면에 놓인다. 그러므로

$$n(2\pi - \alpha) = \pi \quad 즉 \quad n = \frac{\pi}{2\pi - \alpha}$$

라고 놓아야 한다.

그러면

$$V = C - 4\pi\sigma_0 a \left(\frac{r}{a}\right)^{\frac{\pi}{2\pi - \alpha}} \sin\frac{\pi\theta}{2\pi - \alpha}$$

$$e = \sigma_0 a \left(\frac{r}{a}\right)^{\frac{\pi}{2\pi - \alpha}}$$

이다. 가장자리로부터 임의의 거리 r에서 면전하 밀도 σ는

$$\sigma = \frac{dE}{dr} = \frac{\pi}{2\pi - \alpha}\sigma_0 \left(\frac{r}{a}\right)^{\frac{\alpha - \pi}{2\pi - \alpha}}$$

이다.

각이 철각이면 α는 π보다 작으며, 면전하 밀도는 가장자리로부터 거리에 몇 제곱 정도의 멱수로 반비례해서, 비록 가장자리로부터 어떤 유한한 거리까지든 계산한 총전하는 항상 유한하지만, 가장자리 자체에서 밀도는 무한대가 된다.

그래서 $\alpha = 0$일 때 가장자리는 수학적 평면의 가장자리처럼 무한히 날카롭다. 이 경우 전하 밀도는 가장자리로부터 거리의 제곱근에 반비례한다.

$\alpha = \frac{\pi}{3}$일 때는 가장자리는 등변 프리즘의 가장자리와 같고, 전하 밀도는 거리의 $\frac{2}{5}$제곱에 반비례한다.

---

* 180˚보다 작은 각이 철각(salient angle)이다.

$\alpha = \dfrac{\pi}{2}$ 일 때는 가장자리는 수직이고, 전하 밀도는 거리의 세제곱근에 반비례한다.

$\alpha = \dfrac{2\pi}{3}$ 일 때는 가장자리는 6각형 프리즘의 가장자리와 같고, 전하 밀도는 거리의 네제곱근에 반비례한다.

$\alpha = \pi$ 일 때는 가장자리가 흔적이 없어지고(평평해지고), 전하 밀도는 상수이다.

$\alpha = \dfrac{4}{3}\pi$ 일 때는 가장자리가 6각형 프리즘의 안쪽 가장자리와 같고, 전하 밀도는 가장자리로부터 거리의 제곱근에 **정비례**한다.

$\alpha = \dfrac{3}{2}\pi$ 일 때는 가장자리가 다시 들어가는 수직이고, 전하 밀도는 가장자리로부터 거리에 직접 비례한다.

$\alpha = \dfrac{5}{3}\pi$ 일 때는 가장자리가 다시 들어가는 60°의 각을 이루고, 전하 밀도는 가장자리로부터 거리의 제곱에 정비례한다.

실제로, 어떤 점에서든지 전하 밀도가 무한대가 되는 모든 경우에, 55절에서 설명된 것처럼, 그 점에서 유전체로 전하가 방전된다.

예 V — 타원과 쌍곡선[그림 X]

192. 만일

$$x_1 = e^{\phi}\cos\psi, \qquad y_1 = e^{\phi}\sin\psi \tag{1}$$

이면 x와 y는 ϕ와 ψ의 켤레 함수임을 알았다.

또한 만일

$$x_2 = e^{-\phi}\cos\psi, \qquad y_2 = -e^{-\phi}\sin\psi \tag{2}$$

이면 x_2와 y_2도 켤레 함수이다. 그래서 만일

$$2x = x_1 + x_2 - (e^{\phi}+e^{-\phi})\cos\psi, \qquad 2y = y_1 + y_2 - (e^{\phi}-e^{-\phi})\sin\psi \tag{3}$$

이면 x와 y도 또한 ϕ와 ψ의 켤레 함수이다.

이 경우에 ϕ는 상수인 점들은 축이 $e^\phi + e^{-\phi}$와 $e^\phi - e^{-\phi}$인 타원에 놓인다. ψ가 상수인 점들은 축이 $2\cos\psi$와 $2\sin\psi$인 쌍곡선에 놓인다.

x 축 위에서 $x = -1$과 $x = +1$ 사이에서는

$$\phi = 0, \qquad \psi = \cos^{-1} x \tag{4}$$

이다.

x 축 위에서, 양쪽으로 이 한계 바깥에서는

$$x > 1, \quad \psi = 0, \quad \phi = \log(x + \sqrt{x^2 - 1})$$
$$x < -1, \quad \psi = \pi, \quad \phi = \log(\sqrt{x^2 - 1 - x}) \tag{5}$$

가 된다.

그래서 만일 ϕ가 퍼텐셜 함수이고 ψ는 흐름을 나타내는 함수이면, x 축 위의 양(陽)의 쪽에서 음(陰)의 쪽으로 이동하는 전하가 이동하는 경우가 되며, 이때 전하는 끝점이 −1과 +1인 공간을 통해 이동하고, 이 끝점을 벗어나는 곳에서는 전하의 영향을 받지 않는다.

이 경우에 y 축은 흐름이 일어나는 선이므로, y 축 역시 전하와 관계없다고 가정해도 좋다.

또한 타원을 폭이 2이며 단위 길이마다 $\frac{1}{2}$ 단위의 전하로 대전된 무한히 길고 평평한 도체가 만드는 등전위 면의 단면이라고 생각할 수 있다.

ψ를 퍼텐셜 함수로, 그리고 ϕ를 흐름 함수로 만들면, 이 문제는 무한히 넓은 평면에서 폭이 2인 가늘고 긴 조각을 떼어내고 평면의 한쪽은 퍼텐셜이 π로 그리고 다른 쪽은 퍼텐셜이 0으로 유지된 경우가 된다.

이 경우들은 10장에서 다룬 2차 곡면 중에서 특별한 경우라고 생각할 수 있다. 곡선들의 형태는 그림 X에 나와 있다.

예 VI[그림 XI]

193. 다음으로 x'와 y'가 x와 y의 함수인데

$$x' = b \log \sqrt{x^2 + y^2}, \qquad y' = b \tan^{-1} \frac{y}{x} \tag{6}$$

인 경우를 보면, x'와 y'도 역시 ϕ와 ψ의 켤레 함수이다.

그림 X의 변환에서 결과로 얻은 곡선들을 이 새로운 좌표에 대해 그린 곡선들이 그림 XI에 나와 있다.

x'와 y'가 직각 좌표이면, 첫 번째 그림에서 x 축의 성질은 두 번째 그림에서 x'에 평행인 선들의 급수에 속하는데, 그 경우에 n'는 임의의 정수이고 $y' = bn'\pi$이다.

이 선들에서 x'의 0보다 더 큰 값들은 x에서 1보다 더 큰 값들에 대응하며, 그 값들에 대해서는 이미 앞에서 본 것처럼

$$\psi = n\pi, \qquad \phi = \log(x + \sqrt{x^2 - 1}) = \log\left(e^{\frac{x'}{b}} + \sqrt{e^{\frac{2x'}{b}} - 1}\right) \tag{7}$$

이다.

같은 선들에서 0보다 작은 x' 값은 1보다 더 작은 x 값에 대응하는데, 그 값들에 대해서는, 이미 본 것처럼

$$\phi = 0, \qquad \psi = \cos^{-1} x = \cos^{-1} e^{\frac{x'}{b}} \tag{8}$$

이다.

첫 번째 그림에서 y 축의 성질은 두 번째 그림에서 x'에 평행한 선들의 급수에 속하는데, 그 경우에

$$y' = b\pi\left(n' + \frac{1}{2}\right) \tag{9}$$

이다.

이 선들을 따라서 ψ 값은 0보다 크거나 작거나 관계없이 항상 모든 점에 대해서 $\psi = \pi\left(n + \frac{1}{2}\right)$이며

$$\phi = \log(y + \sqrt{y^2 + 1}) = \log\left(e^{\frac{x'}{b}} + \sqrt{e^{\frac{2x'}{b}} + 1}\right) \tag{10}$$

이다.

[ϕ와 ψ가 상수인 곡선들은 다음 식

$$x' = \frac{1}{2} b \log \frac{1}{4} \left(e^{2\phi} + e^{-2\phi} + 2\cos 2\psi \right)$$

$$y' = b \tan^{-1} \left(\frac{e^{\phi} - e^{-\phi}}{e^{\phi} + e^{-\phi}} \tan\psi \right)$$

로부터 직접 추적할 수 있다. 그림은 y' 값에서 πb의 간격으로 계속 반복하므로, 그런 구간 하나에 대해서만 선을 추적하는 것으로 충분하다.

이제 ϕ 또는 ψ가 y'와 함께 부호가 바뀌는지 바뀌지 않는지에 따라 두 가지 경우가 존재한다. 먼저 ϕ가 그렇게 부호를 바꾼다고 가정하자. 그러면 ψ가 상수면 어떤 곡선이든지 x' 축에 대해 대칭이며, 0보다 작은 쪽의 일부 점에서 x' 축을 수직으로 자른다. 그런 점에서 $\phi = 0$인 경우부터 시작하여, 점차로 ϕ를 증가시키면, 곡선은 처음의 수직인 위치부터 둥글게 구부러지기 시작하여, ϕ가 큰 값이 되면 마침내 x' 축에 평행하게 된다. x' 축의 0보다 더 큰 쪽도 시스템 중 하나이며, 즉 거기서 ψ는 0이고, $y' = \pm \frac{1}{2}\pi b$이면 $\psi = \frac{1}{2}\pi$이다. 그러므로 ψ가 0에서 $\frac{1}{2}\pi$까지 사이에서 상숫값을 갖는 경우 선들은 x' 축의 0보다 더 큰 쪽을 에워싸는 곡선들의 시스템을 형성한다.

ϕ가 상수이고 ϕ 값이 $+\infty$에서 $-\infty$까지인 경우 곡선들은 ψ를 수직으로 자른다. 위에서 x 축 위쪽에 그린 ϕ 곡선 중 어느 하나에 대해서도 ϕ 값은 0보다 더 크고, x' 축의 0보다 더 작은 쪽에서 ϕ 값은 0이며, x' 축의 아래쪽에 그린 곡선들은 ϕ 값이 0보다 더 작다.

앞에서 ψ 시스템은 x 축에 대한 대칭임을 보았다. PQR가 그 시스템을 수직으로 자르면서 $y' = \pm \frac{1}{2}\pi b$로 주어진 선의 P와 R에서 끝나는 임의의 곡선이라고 하자. 여기서 점 Q는 x' 축에 놓여 있다. 그러면 곡선 PQR는 x' 축에 대해 대칭이지만, 만일 PQ를 따라 ϕ 값이 c라면, QR를 따라서는 ϕ 값이 $-c$이다. ϕ 값에서 이와 같은 불연속은 195절에서 설명될 예정인 경우에 나오는 전하분포에 의해 설명된다.

다음으로 ϕ가 아니라 ψ가 y'와 함께 부호를 바꾼다고 가정하자. ϕ는 0에

서 ∞까지 범위의 값을 갖는다. $\phi = 0$이면 x' 축의 0보다 작은 쪽이 되고, $\phi = \infty$이면 x' 축에 수직이게 거리가 무한대인 선이 된다. 이 두 값 사이에서 임의의 선 PQR를 따라 ϕ 값은 전체 길이에서 0보다 더 큰 상수이다.

어떤 값이든지 ψ가 상수인 곡선은 x' 축의 0보다 더 작은 쪽을 건너가면서 갑자기 변하는데, 거기서 ψ의 부호가 바뀐다. 이러한 불연속의 중요성에 대해서는 197절에 다시 나온다.

어떻게 추적할지를 보여준 선들이 그림 XI에 그려져 있는데, 가장 위쪽의 3분의 1을 잘라내고 그 그림의 3분의 2로 제한하자.]

194. ϕ가 퍼텐셜 함수이고 ψ는 흐름에 대한 함수라고 생각하면, 폭이 πb이고 무한히 긴 금속 띠의 경우를 고려할 수 있다. 이 금속 띠는 원점에서 시작해서 양(陽)의 방향으로 끝없이 부전도체로 구분되어서, 띠의 0보다 더 큰 부분을 두 분리된 채널로 나눈다. 이런 구분을 금속 시트에서 좁은 틈이라고 가정해도 된다.

이렇게 구분된 것 중 하나에 전류가 흐르고 다른 하나를 통해 그 전류가 다시 돌아오게 만들고, 전류의 입구와 출구가 원점에서 0보다 더 큰 쪽으로 무한히 먼 거리에 있으며, 퍼텐셜과 전류의 분포는 각각 함수들 ϕ와 ψ로 주어진다.

반면에, ψ가 퍼텐셜이고 ϕ가 흐름의 함수로 만들면, y'의 일반적인 방향으로 흐르는 전류에 대한 경우가 되는데, 이때 전류는 많은 수의 부도체로 된 칸막이가 x'에 평행하게 y' 축에서 음(陰)의 방향으로 무한히 멀리 놓여 있는 시트를 통해 흐른다.

195. 이 결과를 정전하(靜電荷)에서 중요한 두 경우에 적용할 수 있다.

(1) 똑바른 것만 제외하고는 달리 제한받지 않는 테두리로 둘러싸인 평면 시트 형태의 도체가 원점의 양(陽)의 쪽 xz 평면에 놓여 있고, 이것에 평

행하게 양쪽으로 거리가 $\frac{1}{2}\pi b$인 곳에 무한한 두 개의 도체 평면이 놓여 있다고 하자. 그리고 ψ는 퍼텐셜 함수인데 중간 도체의 퍼텐셜은 0이고 양쪽 두 평면의 퍼텐셜은 $\frac{1}{2}\pi$이다.

가운데 도체에서 z 방향으로 거리가 1이고 원점에서 $x' = a$까지 확장된 부분에 전하량을 고려하자.

이 띠에서 x_1'으로부터 x_2'까지 차지하는 부분의 전하는 $\frac{1}{4\pi}(\phi_2 - \phi_1)$이다.

그래서 원점에서 $x' = a$까지 그 양은

$$E = \frac{1}{4\pi} \log\left(e^{\frac{a}{b}} + \sqrt{e^{\frac{2a}{b}} - 1}\right) \tag{11}$$

이다.

만일 b에 비해 a가 충분히 크면 이것은

$$E = \frac{1}{4\pi} \log 2e^{\frac{a}{b}} = \frac{a + b\log_e 2}{4\pi b} \tag{12}$$

가 된다.

그래서 똑바른 가장자리에 의해 경계가 지워진 평면의 전하량은 전하가 경계로부터 같은 거리만큼 떨어져 있을 때와 같은 밀도로 그 평면에 균일하게 분포되었을 때의 전하량에 비해 더 크며, 그 전하량은 같게 균일한 면전하 밀도이지만 판의 실제 경계를 넘어서 $b\log_e 2$와 같은 폭까지 넓혀졌을 때 전하량과 같다.

이런 가상의 균일한 분포는 그림 XI에 점선으로 된 직선으로 표시되어 있다. 수직으로 그린 선들은 전기력선을, 그리고 수평으로 그린 선들은 등전위선을 대표하는데, 이 선들은 모든 방향으로 무한하게 펼쳐져 있는 두 평면 모두에서 밀도가 균일하다는 가정 아래 구한 것이다.

196. 전기 축전기는 가끔 판 하나가 평행한 두 판 사이의 중간에 놓여 있

고, 양쪽의 평행한 두 판은 중간의 판 너머로 상당히 멀리까지 튀어나오게 만들어진다. 중간 판의 가장자리의 곡률 반지름이 양쪽 두 판의 거리에 비해서 매우 크면, 그 가장자리를 근사적으로 직선이라고 취급하고, 가장자리를 둘러싸는 폭이 균일한 띠에 의해 가운데 판의 넓이가 확장되며, 확장된 판에서의 면전하 밀도가 가장자리에서 가깝지 않은 부분의 면전하 밀도와 같다고 가정하고, 축전기의 전기용량을 계산한다.

그래서, 판의 실제 넓이가 S이고, 판의 둘레가 L이며, 큰 판 사이의 거리가 B이면

$$b = \frac{1}{\pi} B \tag{13}$$

이고, 추가한 띠의 폭은

$$\alpha = \frac{\log_e 2}{\pi} B \tag{14}$$

이어서, 확장된 넓이는

$$S' = S + \frac{\log_e 2}{\pi} BL \tag{15}$$

이다.

가운데 판의 전기용량은

$$\frac{1}{2\pi} \frac{S'}{B} = \frac{1}{2\pi} \left\{ \frac{S}{B} + L \frac{1}{\pi} \log_e 2 \right\} \tag{16}$$

이다.

판의 두께에 대한 보정

가운데 판은 일반적으로 양쪽 두 판 사이의 거리와 비교하여 무시할 수 없는 두께로 되어 있으므로, 가운데 판의 단면이 곡선 $\psi = \psi'$에 대응한다고 가정하면 이 경우에 속한 사실들을 더 잘 대표할 수 있다.

판의 두께는 거의 균일할 것이므로, 가장자리에서 먼 곳에서는 $\beta = 2b\psi'$

이지만, 테두리에 가까운 곳에서는 둥글다.

판의 실제 테두리의 위치는 $y' = 0$이라고 놓으면 구하는데, 그래서

$$x' = b\log_e \cos \psi' \qquad (17)$$

이다.

이 테두리에서 ϕ 값은 0이고, $x' = \alpha$인 점에서 ϕ 값은

$$\frac{a + b\log_e 2}{b}$$

이다.

그래서, 모두 합하면, 판에서 전하량은 폭이

$$\frac{B}{\pi}\left(\log_e 2 + \log_e \cos \frac{\pi\beta}{2B}\right)$$

인 띠와 같아서

$$\frac{B}{\pi}\log_e\left(2\cos \frac{\pi\beta}{2B}\right) \qquad (18)$$

가 판에 추가되었으며, 전하 밀도는 가장자리로부터 멀리 떨어진 곳의 전하 밀도가 같다고 가정된다.

테두리 근처에서 전하 밀도

판의 임의의 점에서 전하 밀도는

$$\frac{1}{4\pi}\frac{d\phi}{dx'} = \frac{1}{4\pi b}\frac{e^{\frac{x'}{b}}}{\sqrt{e^{\frac{2x'}{b}} - 1}}$$
$$= \frac{1}{4\pi b}\left(1 + \frac{1}{2}e^{-\frac{2x'}{b}} + \frac{3}{8}e^{-\frac{4x'}{b}} - 등등\right) \qquad (19)$$

이다.

이 식에서 괄호 안에 포함된 양은 x'가 커지면 급격히 1로 가까워지며, 그래서 가장자리로부터 먼 곳에서는 띠의 폭인 a의 n배가 되고, 실제 전하

밀도는 정상적인 밀도에 비해 정상적인 밀도의 약 $\dfrac{1}{2^{2n+1}}$ 배만큼 더 크다.

같은 방식으로 무한히 넓은 평면에서 전하 밀도를 계산하면

$$= \frac{1}{4\pi b} \frac{e^{\frac{x'}{b}}}{\sqrt{e^{\frac{2x'}{b}}+1}} \tag{20}$$

이 된다. $x' = 0$이면 전하 밀도는 정상적인 밀도의 $2^{-\frac{1}{2}}$ 배이다.

양(陽)의 쪽으로 띠의 폭의 n배가 되는 곳에서, 전하 밀도는 정상적인 밀도에 비해 약 $\dfrac{1}{2^{n+1}}$ 배만큼 더 작다.

음(陰)의 쪽으로 띠의 폭의 n배가 되는 곳에서, 전하 밀도는 정상 밀도의 약 $\dfrac{1}{2^n}$ 배이다.

이 결과는 이 방법을 유한한 크기이거나 가장자리에서 매우 멀지 않은 곳에 불규칙한 것이 존재하는 경우의 판에 적용하면 기대할 수 있는 정확도를 알려준다. 같은 거리로 떨어진 무한히 많은 똑같은 판도 똑같은 전하 분포가 존재할 수 있는데, 이 판들의 퍼텐셜은 $+V$와 $-V$가 교대로 반복된다. 이런 경우에 판 사이의 거리는 B와 같다고 취해야 한다.

197. (2) 여기서 고려할 두 번째 경우는 거리가 $B = \pi b d$ 놓인 xz에 평행인 무한히 많은 평면이 모두 yz 평면에 의해 절단되어서, 그 판들이 단지 yz 평면의 음(陰)의 쪽으로만 펼쳐진 경우이다. ϕ를 퍼텐셜 함수로 만들면, 이 평면들이 퍼텐셜이 0인 도체라고 간주할 수 있다.

이제 ϕ가 상수인 곡선들을 고려하자.

$y' = n\pi b$일 때, 즉, 각 평면이 연장된 부분에서는

$$x' = b \log \frac{1}{2}\left(e^\phi + e^{-\phi}\right) \tag{21}$$

이고, $y' = \left(n+\dfrac{1}{2}\right) b\pi$일 때, 즉 중간 위치에서는

$$x' = b \log \frac{1}{2}\left(e^\phi - e^{-\phi}\right) \tag{22}$$

이다.

그래서 ϕ가 크면, ϕ가 상수인 곡선은 굽이치는 선인데 y' 축으로부터 그 선까지 평균 거리는 근사적으로

$$\alpha = b(\phi - \log_e 2) \tag{23}$$

이고 이 선 양쪽에서 굽이치는 진폭은

$$\frac{1}{2} b \log \frac{e^{\phi} + e^{-\phi}}{d^{\phi} - e^{-\phi}} \tag{24}$$

이다.

ϕ가 클 때 이 진폭은 $be^{-2\phi}$가 되어서, 곡선은 y' 축에 평행인 그리고 그 축의 0보다 더 큰 쪽에서 거리가 α인 직선의 형태에 접근한다.

만일 평행한 평면들의 시스템은 다른 퍼텐셜로 유지되는 동안 $x' = \alpha$인 평면은 상수인 퍼텐셜로 유지된다고 가정하면, $b\phi = \alpha + b\log_e 2$이기 때문에, 그 평면에 유도된 전하의 면전하 밀도는 자신에게 평행하고 일련의 평면들의 퍼텐셜과 같은 퍼텐셜이지만 거리가 테두리에서 $b\log_e 2$만큼 더 먼 평면에 의해 그 평면에 유도되었을 전하 밀도와 같다.

B가 일련의 평면 중에서 두 평면 사이의 거리이면 $B = \pi b$이므로, 추가되는 거리는

$$\alpha = B \frac{\log_e 2}{\pi} \tag{25}$$

이다.

198. 다음으로 두 등전위 면 사이에 포함된 공간을 생각하자. 한 등전위 면은 일련의 평행한 파동들로 구성되고 다른 등전위 면은 큰 값을 갖는 ϕ에 대응하는데 근사적으로 평면이라고 간주될 수 있다.

D가 각 파동의 꼭대기에서 바닥까지 진폭이라면, 그에 대응하는 ϕ 값은

$$\phi = \frac{1}{2} \log \frac{e^{\frac{D}{b}} + 1}{e^{\frac{D}{b}} - 1} \tag{26}$$

이다. 파동의 꼭대기에서 x' 값은

$$b\log\frac{1}{2}(e^{\phi}+e^{-\phi}) \tag{27}$$

이다.

그래서 파동의 꼭대기에서 반대편 평면까지 거리가 A이면, 평면의 표면과 파동의 표면으로 구성된 시스템의 전기용량은 거리가 $A+\alpha'$인 두 평면의 전기용량과 같으며, 여기서

$$\alpha' = \frac{B}{\pi}\log_e\frac{2}{1+e^{-\pi\frac{D}{B}}} \tag{28}$$

이다.[30]

199. 도체의 나머지 표면은 평면이고 단 하나의 이런 형태의 홈이 나 있으면, 그리고 다른 도체는 거리가 A인 곳에 놓인 평면 표면을 가졌으면, 다른 도체에 대한 원래 도체의 전기용량은 감소한다. 그렇게 감소한 양은 n개의 그런 홈들이 옆으로 죽 뚫려 있을 때 감소하는 양의 $\frac{1}{n}$배보다 더 작은데, 그 이유는 후자(後者)의 경우 두 도체 사이의 평균 전기력이 전자(前者)의 경우보다 더 작아서, 각 홈의 표면에 생기는 유도가 주위 홈에 의해 줄어들기 때문이다.

L과 B와 D가 각각 홈의 길이, 폭, 깊이라면, 건너편 평면에서 넓이가 S인 부분의 전기용량은

$$\frac{S-LB}{4\pi A}+\frac{LB}{4\pi(A+\alpha')} = \frac{S}{4\pi A}-\frac{LB}{4\pi A}\frac{\alpha'}{A+\alpha'} \tag{29}$$

이다.

A가 B 또는 α'보다 크면, (28) 식에 따라

$$\frac{L}{4\pi^2}\frac{B^2}{A^2}\log_e\frac{2}{1+e^{-\pi\frac{D}{B}}} \tag{30}$$

만큼 보정해야 하며, 깊이가 무한히 깊은 틈의 경우, $D=\infty$라고 놓으면 보정 항은

$$\frac{L}{4\pi^2}\frac{B^2}{A^2}\log_e 2 \tag{31}$$

가 된다.

일련의 평행한 판에 생기는 면전하 밀도를 구하기 위해 $\phi = 0$일 때 $\sigma = \frac{1}{4\pi}\frac{d\psi}{dx'}$을 구해야 하는데, 그 결과는

$$\sigma = \frac{1}{4\pi b}\frac{1}{\sqrt{e^{-2\frac{x}{b}}-1}} \tag{32}$$

이다.

일련의 판들의 테두리로부터 거리가 A인 곳의 평면에서 평균 밀도는 $\bar{\sigma} = \frac{1}{4\pi b}$이다. 그래서 판 중 하나의 테두리로부터 거리가 na와 같은 곳에서 면전하 밀도는 평균 면전하 밀도의 $\frac{1}{\sqrt{2^{2n}-1}}$ 배이다.

200. 다음으로 이 결과들로부터 그림의 평면을 $y' = -R$ 축에 대해 회전시켜서 형성되는 그림에서 전하를 구하도록 시도하자. 이 경우에 푸아송 방정식은

$$\frac{d^2 V}{dx'^2}+\frac{d^2 V}{dy'^2}+\frac{1}{R+y'}\frac{dV}{dy'}+4\pi\rho = 0 \tag{33}$$

의 형태를 취한다.

V가 193절에서 준 함수인 $V = \phi$라고 가정하고, (33) 식으로부터 ρ의 값을 정하자. 처음 두 항은 없어지는 것을 알고 있으므로

$$\rho = -\frac{1}{4\pi}\frac{1}{R+y'}\frac{d\phi}{dy'} \tag{34}$$

이다.

이미 조사한 면전하 밀도에 더하여 바로 앞에서 말한 법칙에 따라 공간에 전하가 분포된다고 가정하면, 퍼텐셜의 분포는 그림 XI에서 곡선들로 대표된다.

이제 이 그림으로부터 $\frac{d\phi}{dy'}$은 판의 경계에서 가까운 곳을 제외하고는 일반적으로 매우 작다는 것이 명백하므로, 새로운 분포는 실제로 존재하는

것, 즉 판의 테두리 근처의 일부 표면 분포에 의해서 근사적으로 대표될 수 있다.

그러므로 적분 $\iint \rho\, dx'\, dy'$ 을 적분 한계인 $y' = 0$과 $y' = \frac{\pi}{2} b$ 사이와 $x' = -\infty$에서 $x' = +\infty$까지에서 적분하면, 판의 한쪽에 곡률이 만드는 추가 전하 총량을 구할 수 있다.

$\dfrac{d\phi}{dy'} = -\dfrac{d\psi}{dx'}$ 이므로

$$
\begin{aligned}
\int_{-\infty}^{+\infty} \rho\, dx' &= \int_{-\infty}^{\infty} \frac{1}{4\pi} \frac{1}{R+y} \frac{d\psi}{dx'} dx' \\
&= \frac{1}{4\pi} \frac{1}{R+y'} (\psi_\infty - \psi_{-\infty}) \\
&= \frac{1}{8} \frac{1}{R+y'} \left(2\frac{y'}{B} - 1 \right)
\end{aligned}
$$
(35)

를 얻는다.

이것을 y'에 대해 적분하면

$$
\int_0^{\frac{B}{2}} \int_{-\infty}^{\infty} \rho\, dx'\, dy' = \frac{1}{8} - \frac{1}{8} \frac{2R+B}{B} \log \frac{2R+B}{2R}
$$
(36)

$$
= -\frac{1}{32} \frac{B}{R} + \frac{1}{192} \frac{B^2}{R^2} + \text{등등}
$$
(37)

이 된다.

이것은 원통 모양의 판 중 하나의 테두리 근처 공간에서 단면 원둘레의 단위길이마다 분포되어 있다고 가정해야 하는 총전하량의 절반이다. 전하 밀도가 감지될 정도로 분포된 곳은 단지 판의 가장자리에 가까운 곳뿐이므로, 전하는 건너편 판에 대한 작용을 감지될 만큼 바꾸지 않으면서 모두 판의 표면에 밀집되어 있다고 가정해도 되며, 그 표면과 원통형 표면 사이의 인력을 계산하는 데 이 전하는 원통형 표면에 속한다고 가정해도 좋다.

만일 곡률이 없었다면 판의 0보다 더 큰 표면 위에 단위길이마다 표면 전하는

$$
-\int_{-\infty}^{0} \frac{1}{4\pi} \frac{d\phi}{dy'} dx' = \frac{1}{4\pi} (\psi_0 - \psi_{-\infty}) = -\frac{1}{8}
$$

이었을 것이다.

그래서, 그 판에 위의 분포를 모두 더하면, 0보다 더 큰 쪽의 총전하를 얻기 위해 이 전하를 $\left(1+\dfrac{1}{2}\dfrac{B}{R}\right)$이라는 인자로 곱해야 한다.

거리가 B만큼 떨어져서 두 무한히 넓은 평행하게 놓인 두 판 사이의 중간에 놓인 반지름이 R인 원판의 경우에, 원판의 전기용량을 구하면

$$\frac{R^2}{B}+2\frac{\log_e 2}{\pi}R+\frac{1}{2}B \tag{38}$$

이다.[31]

톰슨의 보호 반지에 대한 이론

201. W. 톰슨 경의 전위계 중에서 일부에, 평면으로 된 큰 표면이 한 퍼텐셜로 유지되고, 그 표면으로부터 거리가 a인 곳에 반지름이 R인 원판이 놓여 있는데, 그 원판은 보호 반지라고 부르는 큰 평면 판에 의해 둘러싸여 있다. 보호 반지에는 반지름이 R'이고 원판과 동심인 원형 틈이 나 있다. 이 원판과 판의 퍼텐셜은 모두 0으로 유지된다.

원판과 보호판 사이의 간격은 무한한 깊이와 너비가 $R'-R$인 원형 홈이라고 생각해도 좋으며, 그 너비를 B라고 표시하자.

큰 원판의 단위 퍼텐셜이 원인으로 생기는 원판의 전하는, 밀도가 균일하다고 가정하면, $\dfrac{R^2}{4A}$이다.

너비가 B이고 길이가 $L=2\pi R$이며 깊이는 무한대인 똑바른 홈의 한쪽에 대전된 전하는 큰 원판에서 나와서 홈의 옆으로 떨어지는 전기력선의 수에 의해 추산할 수 있다. 그래서 197절과 미주를 참고하면 구하는 전하는, 이 경우에 $\varPhi=1$, $\phi=0$, 그래서 $b=A+a'$이므로

$$\frac{1}{2}LB\times\frac{1}{4\pi b}$$
$$즉\quad \frac{1}{4}\frac{RB}{A+a'}$$

이다.

그러나 홈이 똑바르지 않고 곡률 반지름이 R이므로, 이 결과에 인자 $\left(1 + \dfrac{1}{2}\dfrac{B}{R}\right)$을 곱해야 한다.

그러므로 원판의 총전하는

$$\frac{R^2}{4A} + \frac{1}{4}\frac{RB}{A+\alpha'}\left(1 + \frac{B}{2R}\right) \tag{39}$$

$$= \frac{R^2 + R'^{\,2}}{8A} - \frac{R'^{\,2} - R^2}{8A}\frac{\alpha'}{A+\alpha'} \tag{40}$$

이다.

α'의 값은

$$거의 \quad \frac{B\log 2}{\pi} = 0.22B$$

보다 더 클 수 없다.

만일 A나 R에 비해 B가 작으면, 이 표현은 퍼텐셜 차이가 1인 것 때문에 원판에 생기는 전하에 대한 충분히 좋은 근삿값을 제공해 준다. A와 R 사이의 비는 어떤 값이나 가질 수 있지만, 큰 원판의 반지름과 보호 반지의 반지름은 R보다 A의 몇 배만큼 더 커야 한다.

예 VII[그림 XII]

202. 헬름홀츠는 비연속적인 유체 운동[32]에 대한 그의 논문에서 몇 가지 공식의 적용을 지적했는데, 그 공식 중에는 좌표가 퍼텐셜과 퍼텐셜의 켤레 함수로 표현된다.

그것들 중에서 한 가지가 접지된 무한히 넓은 평면 표면에 평행하게 놓인 유한한 크기의 전하를 띤 판의 경우에 적용될 수 있다.

$x_1 = A\phi$ 와 $y_1 = A\psi$, 그리고 또한 $x_2 = Ae^\phi\cos\psi$와 $y_2 = Ae^\phi\sin\psi$가 ϕ와 ψ의 켤레 함수이기 때문에, x_1과 x_2의 합과 y_1과 y_2의 합도 역시 켤레 함수이다. 그리고 만일

$$x = A\phi + Ae^\phi\cos\psi$$

$$y = A\psi + Ae^\phi \sin\psi$$

이면 x와 y는 ϕ와 ψ에 대해 켤레이고, ϕ와 ψ는 x와 y에 대해 켤레이다.

이제 x와 y는 직각 좌표이고, $k\psi$는 퍼텐셜이라고 하자. 그러면 k는 임의의 상수일 때 $k\phi$는 $k\psi$의 켤레이다.

이제 $\psi = \pi$라고 놓자. 그러면 $y = A\pi$이고 $x = A(\phi - e^\phi)$이다.

ϕ가 $-\infty$에서 0까지 변하고, 그다음에 0에서 $+\infty$까지 변하면, x는 $-\infty$에서 $-A$까지 변하고 그다음에 $-A$에서 $-\infty$까지 변한다. 그래서 $\psi = \pi$에 대한 등전위 면은 원점으로부터 거리가 $b = \pi A$이며 $-\infty$에서 $x = -A$까지 퍼져 있는 x에 평행한 평면이다.

이 평면 중에서

$x = -(A + \alpha)$에서 $x = -A$까지, 그리고 $z = 0$에서 $z = c$까지

퍼져 있는 부분을 고려하고, 평면 xz에서 이 부분까지 거리가 $y = b = A\pi$이고, 이 부분의 퍼텐셜은 $V = k\psi = k\pi$라고 가정하자.

평면 중에서 고려하는 부분의 전하량은 끝부분에서 ϕ 값을 확인하여 구한다.

그러므로 다음 식

$$x = -(A + \alpha) = A(\phi - e^\phi)$$

로부터 ϕ를 정하면, 평면의 가장자리에서 음수 값인 ϕ_1과 양수 값인 ϕ_2를 갖는데, 여기서 $x = -A$, $\phi = 0$이다.

그래서 한쪽에서 전하는 $-ck\phi_1 \div 4\pi$이고, 다른 쪽에서 전하는 $ck\phi_2 \div 4\pi$이다.

이 두 전하는 모두 0보다 더 크므로, 둘의 합은

$$\frac{ck(\phi_2 - \phi_1)}{4\pi}$$

이다.

α가 A에 비해 더 크다고 가정하면

$$\phi_1 = -\frac{\alpha}{A} - 1 + e^{-\frac{\alpha}{A} - 1 + e^{\frac{\alpha}{A} - 1 + 등등}}$$

$$\phi_2 = \log\left\{\frac{\alpha}{A} + 1 + \log\left(\frac{\alpha}{A} + 1 + 등등\right)\right\}$$

이다.

ϕ_1에서 지수 항을 무시하면, 0보다 작은 쪽 표면의 전하가, 표면 전하가 균일하고 경계로부터 좀 떨어진 곳의 표면 전하와 같을 때의 전하보다, 균일한 표면 전하로 대전된 너비가 $A = \frac{b}{\pi}$인 띠의 전하와 같은 양의 전하만큼 더 크다는 것을 알게 된다.

평면에서 고려하는 부분의 총전기용량은

$$C = \frac{c}{4\pi^2}(\phi_2 - \phi_1)$$

이다.

총전하는 CV이며, 식이 $y = 0$이고 퍼텐셜이 $\psi = 0$인 무한히 넓은 평면을 향한 인력은

$$-\frac{1}{2}V^2\frac{dC}{db} = V^2\frac{ac}{8\pi b^2}\left(1 + \frac{\frac{A}{\alpha}}{1 + \frac{\alpha}{A}\log\frac{\alpha}{A}} + e^{-\frac{\alpha}{A}} + 등등\right)$$

$$= \frac{V^2 c}{8\pi b^2}\left\{a + \frac{b}{\pi} - \frac{b^2}{\pi^2 a}\log\frac{\alpha}{A} + 등등\right\}$$

이다.

등전위선과 전기력선은 그림 XII에 나와 있다.

예 VIII. 평행한 도선으로 된 격자 이론[그림 XIII]

203. 많은 전기 기구에서 장치의 특정한 부분이 유도 때문에 대전되는 것을 방지하기 위해 도선으로 만든 격자가 이용된다. 만일 도체가 자신과 같은 퍼텐셜인 금속 용기로 완벽히 둘러싸이면 용기 외부의 어떤 대전된 물

체에 의해서도 그 도체의 표면에 전하가 유도되지 못한다는 것을 우리는 안다. 그렇지만 도체가 금속에 완벽히 둘러싸이면, 그 도체를 볼 수 없으므로, 어떤 경우에는 가느다란 도선으로 만든 격자로 덮은 작은 구멍을 남겨 놓는다. 전기 유도의 효과를 줄이는 데 이런 격자가 어떤 효과를 내는지 조사하자. 격자는 한 평면에 일련의 평행한 도선들이 똑같은 간격으로 놓여 있는데, 도선의 지름은 도선들 사이의 거리보다 작다고 가정한다. 또한 스크린의 평면에서 격자의 한쪽에 놓인 대전된 물체에서 가장 가까운 부분까지 거리와 그 반대쪽에 놓인 보호 받는 도체에서 가장 가까운 부분까지 거리가 이웃한 도선들 사이의 거리에 비해 상당히 더 크다고 가정한다.

204. 길이가 무한히 긴 직선으로 된, 단위길이마다 전하 λ로 대전된 도선으로부터 거리가 r'인 곳의 퍼텐셜은

$$V = -2\lambda \log r' + C \tag{1}$$

이다.

이 퍼텐셜을 이 도선으로부터 거리가 1인 축에 대한 극좌표로 표현하자. 이 경우에 항상

$$r'^2 = 1 - 2r\cos\theta + r^2 \tag{2}$$

가 성립하는데, 만일 기준 축도 역시 선형 밀도 λ'으로 대전되어 있다고 가정하면 위의 퍼텐셜은

$$V = -\lambda \log(1 - 2r\cos\theta + r^2) - 2\lambda' \log r + C \tag{3}$$

가 된다.

이제

$$r = e^{2\pi \frac{y}{\alpha}}, \qquad \theta = \frac{2\pi x}{\alpha} \tag{4}$$

라고 놓으면, 켤레 함수 이론에 의해

$$V = -\lambda \log\left(1 - 2e^{\frac{2\pi y}{\alpha}}\cos\frac{2\pi x}{\alpha} + e^{\frac{4\pi y}{\alpha}}\right) - 2\lambda' \log e^{\frac{2\pi y}{\alpha}} + C \tag{5}$$

가 되는데, 여기서 x와 y는 직각 좌표이다. 이것은 xz 평면에서 z 축에 평행하게 놓여 있는 무한히 많은 수의 가느다란 도선들에 의한 퍼텐셜 값이다. 이 도선들은 x 축의 점들을 지나가는데 이때 x는 α의 배수이다.

이 도선들 하나하나는 모두 선형 밀도 λ로 대전되어 있다.

λ'이 들어 있는 항은 y 방향으로 일정한 힘 $\dfrac{4\pi\lambda'}{\alpha}$를 만드는 전하를 가지고 있음을 가리킨다.

$\lambda' = 0$일 때 등전위 면들과 전기력선들의 형태가 그림 XIII에 나와 있다. 도선에서 가까운 곳의 등전위 면은 거의 원통들이며, 그래서 설사 원통 모양의 도선의 지름이 유한하더라도 도선들 사이의 거리에 비해 작으면 이 풀이가 근사적으로 옳다고 간주할 수 있다.

도선으로부터 어느 정도 먼 거리의 등전위 면들은 점점 더 격자 평면과 평행인 거의 평면이 되어간다.

만일 (5) 식에서 $y = b_1$이라고 놓으면, b_1이 α보다 클 때, 근사적으로 거의

$$V_1 = -\frac{4\pi b_1}{\alpha}(\lambda + \lambda') + C \tag{6}$$

가 됨을 알 수 있다.

다음으로 $y = -b_2$라고 놓으면, 여기서 b_2는 α보다 큰 0보다 더 큰 양이면, 근사적으로 거의

$$V_2 = \frac{4\pi b_2}{\alpha}\lambda' + C \tag{7}$$

가 된다.

c가 격자를 만든 도선의 반지름이면, c가 α보다 작을 때, 도선의 표면이 z 축으로부터 거리가 c인 xz 평면을 지나가는 등전위 면과 일치한다고 가정하면, 격자 자체의 퍼텐셜을 구할 수 있다. 그러므로 격자의 퍼텐셜을 구하기 위해 $x = c$ 그리고 $y = 0$이라고 놓으면

$$V = -2\lambda \log 2 \sin\frac{\pi c}{\alpha} + C \tag{8}$$

가 된다.

205. 이제 다음과 같은 시스템의 전기적 상태를 대표하는 표현을 구한 셈이다. 그 시스템은 도선으로 만든 격자와 격자의 양쪽에 도체 표면으로 이루어진 두 평면으로 이루어져 있는데, 격자를 만든 도선의 지름은 도선들 사이의 간격보다 작고, 격자와 도체 평면 사이의 거리는 격자를 만든 도선들 사이의 거리보다 더 크다.

첫 번째 평면의 면전하 밀도 σ_1은 (6) 식으로부터 구하며

$$4\pi\sigma_1 = \frac{dV_1}{db_1} = -\frac{4\pi}{\alpha}(\lambda + \lambda') \tag{9}$$

이다.

두 번째 평면의 면전하 밀도 σ_2는 (7) 식으로 구하며

$$4\pi\sigma_2 = \frac{dV_2}{db_2} = \frac{4\pi}{\alpha}\lambda' \tag{10}$$

이다.

이제

$$a = -\frac{\alpha}{2\pi}\log_e\left(2\sin\frac{\pi c}{\alpha}\right) \tag{11}$$

라고 쓰고 (6), (7), (8), (9), (10) 식으로부터 λ와 λ'을 소거하면

$$4\pi\sigma_1\left(b_1 + b_2 + \frac{b_1 b_2}{\alpha}\right) = V_1\left(1 + \frac{b_2}{\alpha}\right) - V_2 - V\frac{b_2}{\alpha} \tag{12}$$

$$4\pi\sigma_2\left(b_1 + b_2 + \frac{b_1 b_2}{\alpha}\right) = -V_1 + V_2\left(1 + \frac{b_1}{\alpha}\right) - V\frac{b_1}{\alpha} \tag{13}$$

를 얻는다.

도선이 무한히 가늘면, α는 무한대가 되고, α가 분모에 들어 있는 항들은 없어지므로, 이 경우는 그 사이에 격자가 놓여 있지 않은 평행한 두 평면의 문제가 된다.

만일 격자가 두 평면 중 하나, 예를 들어 첫 번째 평면과, 금속으로 연결되면 $V = V_1$이고 σ_1에 대한 식의 우변은 $V_1 - V_2$가 된다. 그래서 격자가 놓여 있을 때 첫 번째 평면에 유도되는 전하 밀도 σ_1은 격자가 놓여 있지 않지만

두 번째 평면이 첫 번째 평면과 같은 퍼텐셜인 $1 + \dfrac{b_1 b_2}{a(b_1 + b_2)}$ 일 때 그 평면에 유도되었을 면전하 밀도와 같다.

만일 격자가 두 번째 표면에 연결되었다고 가정했다면, 두 번째 표면에 대한 첫 번째 표면의 전기적 영향을 줄이는 격자의 효과로 같은 값을 얻었을 것이다. 이것은 b_1과 b_2가 표현에 같은 방법으로 들어가 있어서 명백하다. 이것은 또한 88절에 나오는 정리의 직접적인 결과이기도 하다.

전하를 띤 한 평면이 격자를 통해 다른 평면에 만드는 유도는 격자가 놓이지 않을 때와 똑같으며, 평면 사이의 거리는 $b_1 + b_2$로부터

$$b_1 + b_2 + \frac{b_1 b_2}{\alpha}$$

로 증가한다.

만일 두 평면의 퍼텐셜이 0으로 유지되고 격자가 주어진 퍼텐셜로 대전된다면, 격자에 대전된 전하의 양은

$$b_1 b_2 : b_1 b_2 + \alpha (b_1 + b_2)$$

와 같은 위치에 놓인 같은 넓이의 평면에 유도된 전하량과 같다.

이 연구는 b_1과 b_2가 a에 비해 크고, α는 c에 비해 클 때만 근사적으로 성립한다. a라는 양은 크기가 얼마여도 상관없는 길이이다. c가 무한히 작아진다면 a는 무한대가 된다.

만일 $c = \dfrac{1}{2} a$라고 가정하면, 격자의 도선들 사이에는 틈이 없어지고, 그러므로 격자를 통한 유도는 존재하지 않는다. 그러므로 이 경우에 $\alpha = 0$이다. 그렇지만 (11) 식은 이 경우에

$$\alpha = -\frac{a}{2\pi} \log_e 2 = -0.11 a$$

로 만드는데, 격자의 방법으로 유도의 부호를 바꿀 수는 없어서 이 결과는 명백히 잘못되었다. 그렇지만 원통형 도선들로 만든 격자의 경우에 근사의 정도를 높이는 과정은 어렵지 않다. 다음에 그 과정의 단계들을 간단히 설명한다.

근사 방법

206. 도선이 원통형이고, 각 도선의 전하분포가 y에 평행한 지름에 대해 대칭적이기 때문에, 퍼텐셜을 적절하게 전개하면

$$V = C_0 \log r + \sum C_i r^i \cos i\theta \tag{14}$$

의 형태가 되는데, 여기서 r는 도선 중 하나의 축으로부터 거리이고, θ는 r와 y 사이의 각이며, 도선은 도체이기 때문에, r가 반지름과 같으면 V는 일정한 상수이어야 하며, 그러므로 θ의 배수에 대한 코사인 하나하나의 계수는 0이어야 한다.

정확하게 하도록 새로운 좌표들 ξ, η 등을 도입하자. 이 좌표들은

$$a\xi = 2\pi x, \quad \alpha\eta = 2\pi y, \quad \alpha\rho = 2\pi r, \quad a\beta = 2\pi b \quad \text{등등} \tag{15}$$

로 주어지며

$$F_\beta = \log(e^{\eta+\beta} + e^{-(\eta+\beta)} - 2\cos\xi) \tag{16}$$

라고 하자.

그다음에

$$V = A_0 F + A_1 \frac{dF}{d\eta} + A_2 \frac{d^2 F}{d\eta^2} + \text{등등} \tag{17}$$

라고 놓으면, 계수들 A에 적당한 값을 부여하면 η와 $\cos\xi$의 함수인 어떤 퍼텐셜이라도 표현할 수 있으며, 어떤 퍼텐셜도 $\eta + \beta = 0$과 $\cos\xi = 1$만 제외하면 무한대가 되지 않는다.

$\beta = 0$일 때 F를 ρ와 θ로 전개하면

$$F_0 = 2\log\rho - \frac{1}{12}\rho^2 \cos 2\theta - \frac{1}{1440}\rho^4 \cos 4\theta + \text{등등} \tag{18}$$

이 된다. β 값이 유한하면 F에 대한 전개는

$$F_\beta = \beta + 2\log(1 - e^{-\beta}) + \frac{1 + e^{-\beta}}{1 - e^{-\beta}}\rho\cos\theta - \frac{e^{-\beta}}{(1 - e^{-\beta})^2}\rho^2 \cos 2\theta + \text{등등} \tag{19}$$

이다.

식이 $\eta = \beta_1$과 $\eta = -\beta_2$로 주어지는 평면을 갖는 격자의 경우, 격자의 평면식은 $\eta = 0$이면, 격자에 대한 두 개의 무한급수가 존재한다. 첫 번째 급수는 격자 자체와 양쪽 모두에 똑같게 생겼고 비슷하게 대전된 무한급수로 구성된다. 이 가상의 원통의 축들은 식이

$$\eta = \pm 2n(\beta_1 + \beta_2) \tag{20}$$

의 형태인 평면들에 놓여 있고, 여기서 n은 정수이다.

두 번째 급수는 그 계수가 A_0, A_2, A_4 등으로 격자 자체에서 크기는 같고 부호는 반대인 양과 그리고 A_1, A_3 등은 크기와 부호가 모두 같은 양인 영상들의 무한급수로 이루어진다. 이 영상들의 축은 식이

$$\eta = 2\beta_2 \pm 2m(\beta_1 + \beta_2) \tag{21}$$

인 평면들에 놓여 있고, 여기서 m인 정수이다.

그런 영상들로 구성된 어떤 유한급수의 퍼텐셜도 영상의 수가 홀수인지 또는 짝수인지에 따라 다르다. 그래서 무한급수에 의한 퍼텐셜은 정해지지 않지만, 그 무한급수에 함수 $B\eta + C$를 더하면, 문제의 조건이 전하분포를 정하는 데 충분하다.

먼저 두 도체 평면의 퍼텐셜인 V_1과 V_2를 계수들 A_0, A_1 등과 B와 C를 이용하여 정하자. 그다음에는 이 평면들 위의 임의의 점에서 면전하 밀도인 σ_1과 σ_2를 정해야 한다. σ_1의 평균값과 σ_2의 평균값은 다음 식

$$4\pi\sigma_1 = \frac{2\pi}{\alpha}(A_0 - B), \qquad 4\pi\sigma_2 = \frac{2\pi}{\alpha}(A_0 + B) \tag{22}$$

로 주어진다.

그다음에는 격자 자체와 모든 영상에 의한 퍼텐셜을 ρ와 θ의 배수의 코사인으로 전개해서 다음 결과

$$B\rho\cos\theta + C$$

에 더해야 한다.

그러면 θ에 독립인 항이 격자의 퍼텐셜인 V가 되고, θ의 배수의 코사인 계수가 0과 같다고 놓으면 정해지지 않는 계수들에 대한 식이 된다.

이런 방법으로 많은 식들이 나오는데, 그 식들이면 이 모든 계수들을 소거하는 데 충분하고, 마지막 남는 두 식으로부터 V_1, V_2, V를 이용하여 σ_1과 σ_2를 정한다.

그 두 식은

$$V_1 - V = 4\pi\sigma_1(b_2 + \alpha - \gamma) + 4\pi\sigma_2(\alpha + \gamma)$$
$$V_2 - V = 4\pi\sigma_1(\alpha + \gamma) + 4\pi\sigma_2(b_2 + \alpha - \gamma) \tag{23}$$

의 형태가 된다.

두 평면 중 한 평면에 유도된 격자로 보호받는 전하량은, 다른 평면은 주어진 퍼텐셜 차이로 유지될 때, 마치 두 판 사이의 거리가 $b_1 + b_2$ 대신

$$\frac{(\alpha - \gamma)(b_1 + b_2) + b_1 b_2 - 4\alpha\gamma}{\alpha + \gamma}$$

일 때와 같다.

α와 γ의 값은 근사적으로 다음

$$\alpha = \frac{a}{2\pi}\left\{ \log\frac{a}{2\pi c} - \frac{5}{3} \cdot \frac{\pi^4 c^4}{15a^4 + \pi^4 c^4} \right.$$
$$\left. + 2e^{-4\pi\frac{b_1 + b_2}{a}}\left(1 + e^{-4\pi\frac{b_1}{a}} + e^{-4\pi\frac{b_2}{a}} + 등등\right) + 등등 \right\} \tag{24}$$

$$\gamma = \frac{3\pi ac^2}{3a^2 + \pi^2 c^2}\left(\frac{e^{-4\pi\frac{b_1}{a}}}{1 - e^{-4\pi\frac{b_1}{a}}} - \frac{e^{-4\pi\frac{b_2}{a}}}{1 - e^{-4\pi\frac{b_2}{a}}} \right) + 등등 \tag{25}$$

과 같다.

13장
정전기 도구

정전기(靜電氣) 도구에 대하여

여기서 다뤄야 하는 도구들은 다음 두 종류로 구분할 수 있다.

(1) 전하를 생산하고 증가시키는 전기적 기계

(2) 전하를 알려진 비율로 증가시키기 위한 증배기

(3) 전기 퍼텐셜과 전하를 측정하기 위한 전위계

(4) 많은 양의 전하를 보관하기 위한 축전지

전기 기계

207. 흔히 보는 전기 기계에서 유리판이나 유리로 만든 기둥을 가죽의 표면을 문지르도록 회전시키는데, 가죽에는 아연과 수은의 혼합물이 펼쳐져 있다. 유리의 표면은 양전하로 대전되고 유리와 문지른 것의 표면은 음전하로 대전된다. 전하를 띤 유리의 표면이 음전하를 띠는 문지른 것으로부터 멀리 이동하면, 유리는 0보다 크고 높은 퍼텐셜을 얻는다. 유리 표면은

다음으로 기계의 도체에 연결된 한 세트의 날카로운 금속 끝에 마주 서게 된다. 유리의 양전하는 금속 끝에 음전하를 유도하는데, 유도된 전하는 금속 끝이 더 날카로우면 더 세어지고 유리에 더 가까울수록 더 세어진다.

기계가 제대로 동작하면 유리와 금속 끝 사이에는 공기를 통하여 방전이 일어나고, 유리는 자신의 양전하 일부를 잃는데, 그렇게 잃은 전하는 날카로운 끝으로 전달되고 그래서 기계의 절연된 가장 중요한 도체로 이동해서, 그로부터 전하의 교류가 일어날 다른 물체로 전달된다.

그래서 문지른 것을 향해 이동한 유리 부분의 양전하는 동시에 유리로부터 멀어지는 부분의 음전하보다 더 작고, 그 결과 문지르는 것과 전하를 전달받는 도체는 음전하를 띠게 된다.

문지르는 것에서 멀어지고 있는 유리의 높은 퍼텐셜의 표면은, 문지르는 것을 향해 다가가고 있는 부분적으로 방전된 표면이 끌리는 것보다, 문지르는 것의 음전하에 의해 더 많이 끌린다. 그러므로 전기력은 기계를 회전시키는 데 사용되는 힘에 저항처럼 행동한다. 그래서 기계를 돌리는 데 한 일은 보통 마찰과 다른 저항을 이겨내는 데 사용되는 일보다 더 크며, 그 초과분은 그만큼 해당하는 에너지를 갖는 전하 상태를 만드는 데 사용된다.

마찰을 극복하는 데 사용되는 일은 즉시 서로 문지르는 물체들에서 열로 전환된다. 전기 에너지도 또한 역학적 에너지로 전환될 수도 있고 열로 전환될 수도 있다.

만일 기계가 역학적 에너지로 저장하지 않으면, 모든 에너지는 열로 바뀌며, 마찰에 의한 열과 전기적 작용에 의한 열 사이의 유일한 차이는 전자(前者)는 문지르는 표면들 사이에서 발생하고 후자(後者)는 접촉하지 않은 도체에서 발생한다는 것이다.[33]

유리 표면 위의 전하는 문지르는 것에 의해 끌리는 것을 보았다. 이런 끌림이 매우 강력하면 유리와 전류를 수집하는 끝들 사이에서 방전이 발생하는 대신 유리와 문지르는 것 사이에 방전이 발생한다. 이런 것을 방지하기 위해, 문지르는 것에 비단으로 만든 덮개를 붙인다. 이런 덮개는 음전하로 대전되고 유리에 달라붙어서 문지르는 것에 가까운 부분의 퍼텐셜을 감소시킨다.

그러므로 퍼텐셜은 유리가 문지르는 것한테서 멀어질 때 좀 더 서서히 증가하고, 그래서 어떤 한 점에서는 유리에 문지르는 것을 향해 작용하는 인력이 더 작아지며, 결과적으로 문지르는 것에 방전이 직접 일어나는 위험을 낮춘다.

어떤 전기 기계에서는 움직이는 부분으로 유리 대신 에보나이트를 사용하고, 문지르는 부분으로는 양모 또는 모피를 사용한다. 그러면 문지르는 것은 양전하로 대전되고 주된 도체는 음전하로 대전된다.

볼타*의 전기쟁반

208. 전기쟁반은 금속으로 뒤판을 붙인 수지(樹脂) 또는 에보나이트 판과 같은 크기의 금속판으로 구성되어 있다. 이 판 중 어느 한 판에 절연시키는 손잡이를 고정해 놓을 수도 있다. 에보나이트 판에는 금속 바늘이 달려 있어서, 에보나이트 판과 금속판이 접촉할 때 그 금속 바늘에 의해 에보나이트의 금속 뒤판이 금속판과 연결된다.

에보나이트 판은 양모 또는 고양이 껍질로 문지르면 음전하를 띤다. 그 다음에 절연된 손잡이를 이용해서 금속판을 에보나이트 가까이 가져온다. 에보나이트와 금속판 사이에는 어떤 직접 방전도 일어나지 않지만, 금속판의 퍼텐셜이 유도로 음전하를 발생시키며, 그래서 금속판과 금속 바늘 사이 거리가 어떤 값 이내로 들어오면 방전이 발생하고, 이제 금속판이 어떤

---

* 볼타(Alessandro Volta, 1745-1827)는 이탈리아의 물리학자로 전류를 계속 공급하는 장치인 전지를 발명하였다. 전위의 단위인 볼트는 그를 기념하기 위해 1881년 정해졌다.

거리에 도달하면 양전하를 갖게 되는데 그것이 도체로 전달된다. 에보나이트 판 뒤의 금속에는 금속판의 전하와 크기는 같고 부호가 반대인 음전하가 대전된다.

축전기를 충전시키기 위해 이 장치를 이용하는데, 판 중 하나가 접지된 도체 위에 놓이고, 다른 판은 처음에는 그 위에 놓였다가 옮겨서 축전기의 전극에 접속한 다음, 고정된 판 위에 놓는데, 이런 과정을 반복한다. 에보나이트 판이 고정되면 축전기에는 양전하가 충전된다. 금속판이 고정되면 축전기에는 음전하가 충전된다.

두 판을 분리하는 데 손이 한 일은 두 판이 접근하는 데 인력인 전기력이 한 일보다 항상 더 크며, 그래서 축전기를 충전시키는 동작은 일을 소비하게 된다. 이 일의 일부는 충전된 축전기의 에너지가 되고, 일부는 소음이나 방전의 열을 발생시키는 데 소비되며, 나머지는 다른 저항의 움직임을 극복하는 데 쓰인다.

역학적 일에 의해 전기를 생산하는 기계에 대해

209. 보통 마찰을 이용한 전기 기계에서 마찰을 극복하기 위한 일은 전하를 증가시키는 데 이용된 일보다 훨씬 더 크다. 그래서 전기력에 대항하는 역학적 에너지에 의해 전적으로 전하가 생산되는 어떤 배열도 과학적으로 중요하고, 그렇지 않다고 해도 실용적인 면에서 중요하다. 이런 종류로 첫 번째 기계가 1788년도 *Philosophical Transactions*에 '윈치*로 회전시켜서 마찰과 접지 없이 전하의 두 상태를 발생하는 장치'라고 발표된 니콜슨**의

---

*   윈치(winch)는 기중기의 일종으로 밧줄이나 쇠사슬로 무거운 물체를 들어 올리거나 내리는 기계를 말한다.
**   니콜슨(William Nicholson, 1753-1815)은 영국의 저명한 화학자로 번역가, 언론인, 출판인, 발명가로 알려져 있다.

회전하는 배전압기이다.

210. 볼타는 회전하는 배전압기를 이용하여 전퇴*의 전하 발생으로부터 그의 전위계에 영향을 줄 수 있는 전하 발생 장치의 개발에 성공하였다. 같은 원리의 장치를 Mr. C. F. 발리**34)와 W. 톰슨 경 두 사람이 서로 독립적으로 발명하였다.

이 장치들은 기본적으로 일부는 고정된, 그리고 다른 일부는 움직일 수 있는 여러 가지 형태의 절연된 도체들로 구성된다. 움직일 수 있는 도체를 운반기라고 부르고 고정된 도체는 유도기, 수전기(受電器), 재생기 등으로 부른다.

유도기와 수전기가 적절히 배치되어 운반기가 회전하다가 어떤 점에 도착하면 운반기는 거의 완벽히 도체로 둘러싸인다. 유도기와 수전기가 운반기를 완벽히 둘러싸고 움직일 수 있는 부분들을 복잡하게 배열하지 않으면서도 동시에 운반기가 자유롭게 들어갔다 나갔다 할 수 없으며, 이런 장치는 한 쌍의 재생기를 갖추지 않으면 이론적으로 완전하지가 않은데, 여기서 재생기는 운반기가 수전기로부터 나올 때 소량의 전하를 저장한다.

그렇지만 당분간은 운반기가 유도기와 수전기 안으로 들어오면 그들이 운반기를 완벽히 둘러싼다고 가정하자. 그러면 이론이 무척 간단해진다.

이 기계는 두 개의 유도기 A와 C, 두 개의 수전기 B와 D가 두 개의 운반기 F와 G와 함께 구성된다고 가정한다.

유도기 A는 양전하로 대전되어서 퍼텐셜이 A라고 가정하고, 운반기 F가 유도기 A 안에 있고 퍼텐셜은 F라고 가정한다. 그러면, A와 F 사이의

---

* 전퇴(電堆, pile)는 두 가지 금속판을 헝겊으로 싸 겹쳐서 전기를 발생시키는 장치이다.
** 발리(Cromwell Fleetwood Varley, 1828-1883)는 영국의 엔지니어로 전기 텔레그래프의 개발과 대서양 횡단의 텔레그래프 케이블을 설치한 것으로 유명하다.

유도 계수가 Q일 때 (Q는 0보다 더 크다) 운반기에 대전된 전하량은 $Q(F - A)$가 된다.

운반기가 유도기 안에 있는 동안에 접지된다면, $F = 0$이고 운반기의 전하는 $-QA$, 즉 음전하가 된다. 이제 운반기가 이동하여 수전기 B 안으로 들어오고, 그다음에 용수철과 접촉하여 전기적으로 B와 연결된다고 하자. 그러면 32절에서 보인 것처럼, 운반기는 완벽히 방전되고, 자신이 나르던 음전하 전체를 수전기 B에 건네줄 것이다.

운반기는 그다음에 유도기 C로 들어가는데, 이 유도기는 음전하로 대전되어 있다고 가정한다. 운반기는 유도기 C 안에 있는 동안 접지되고 그래서 양전하를 얻는데, 운반기는 그 양전기를 운반하여 수전기 D에 전달하며, 그런 식으로 계속된다.

이런 방법으로, 유도기의 퍼텐셜이 항상 일정하게 유지된다면, 수전기 B와 D는 연이은 전하를 받고, 그래서 매번 회전할 때마다 수전기에 같은 양의 전하가 생산된다.

그러나 유도기 A를 수전기 D와 연결하고, 유도기 C를 수전기 B와 연결하면, 두 유도기의 퍼텐셜은 계속 증가하고 회전마다 수전기에 전달되는 전하량은 계속해서 증가하게 된다.

예를 들어, A와 D의 퍼텐셜이 U이고, B와 C의 퍼텐셜이 V라고 하자. 그러면 운반기가 A 내부에 있을 때는 운반기의 퍼텐셜은 0이 되고, 접지되면 운반기의 전하는 $z = -QU$가 된다. 운반기는 이 전하와 함께 B로 들어가고 그 전하를 B에 전달한다. B와 C의 전기용량이 B라면, 그 둘의 퍼텐셜은 V로부터 $V - \dfrac{Q}{B}U$로 바뀐다.

다른 운반기가 동시에 C에서 D로 전하 $-QV$를 날랐다면, Q'이 운반기와 C 사이의 유도 계수이고, A는 A와 D 사이의 전기용량이면, 운반기는 A와 D의 퍼텐셜을 U로부터 $U - \dfrac{Q'}{A}V$로 바꾼다. 그러므로 U_n과 V_n이 n번째 반 회전 뒤의 두 유도기의 퍼텐셜이라면, 그리고 U_{n+1}과 V_{n+1}이 $n + 1$

번째 반 회전 뒤의 두 유도기의 퍼텐셜이라면

$$U_{n+1} = U_n \frac{Q'}{A} V_n$$

$$V_{n+1} = V_n - \frac{Q}{B} U_n$$

이다.

이제 $p^2 = \frac{Q}{B}$ 그리고 $q^2 = \frac{Q'}{A}$ 라고 쓰면

$$pU_{n+1} + qV_{n+1} = (pU_n + qV_n)(1-pq) = (pU_0 + qV_0)(1-pq)^{n+1}$$

$$pU_{n+1} - qV_{n+1} = (pU_n - qV_n)(1+pq) = (pU_0 - qV_0)(1+pq)^{n+1}$$

임을 알게 된다.

그래서

$$U_n = U_0\{(1-pq)^n + (1+pq)^n\} + \frac{q}{p} V_0\{(1-pq)^n - (1+pq)^n\}$$

$$V_n = \frac{p}{q} U_0\{(1-pq)^n - (1+pq)^n\} + V_0\{(1-pq)^n + (1+pq)^n\}$$

이 된다.

이 식들로부터 다음 양 $pU + qV$는 연속적으로 줄어들어서, 수전기에 대전된 처음 전하 상태가 무엇이든 간에 수전기는 궁극적으로 반대 부호로 대전되고, A와 B의 퍼텐셜 비는 p와 $-q$의 비와 같아지는 것처럼 보인다.

반면에 다음 양 $pU - qV$는 연속적으로 늘어나서, 처음에는 pU가 qV보다 더 얼마나 작든 간에, 그 차이는 회전마다 기하급수로 증가해서 결국에는 장치의 절연 처리를 극복할 때까지 커진다.

이런 종류의 장치는 다양한 목적으로 이용된다.

Mr. 발리의 대형 기계로 행한 것처럼 높은 퍼텐셜에서 많은 양의 전하를 생산하는 데 이용된다.

톰슨의 전위계의 경우처럼 축전기의 전하를 조정하는 데에도 이용되는데, 당시에 보충기(Replenisher)라고 부른, 이런 종류 기계로는 매우 작은 기계가 단 몇 회전 만에 전하가 증가하거나 감소할 수 있다.

근소한 퍼텐셜 차이를 몇 배로 키우는 데에도 이용된다. 처음에는 유도

기를, 예를 들어 열-전기 쌍이 원인인 것처럼, 기계를 회전시켜서 지극히 낮은 퍼텐셜로 대전시키고, 퍼텐셜 차이가 보통 전위계로 측정이 가능할 때까지 퍼텐셜 차이를 연속적으로 증대시킨다. 실험으로 기계가 한 번 회전할 때 이 퍼텐셜 차이가 증가하는 비율을 결정하면, 회전수와 마지막 전하로부터 유도기가 최초로 대전되었을 때 사용한 원래 기전력을 유추해 낼 수 있다.

대부분의 이런 기구에서 운반자가 한 축을 중심으로 회전하고, 회전축을 돌리는 방법으로 유도기에 대해 적절한 위치에 들어오도록 제작된다. 접촉은 용수철을 통해 이루어지는데, 용수철을 잘 배치해서 운반자가 적절한 순간에 용수철과 접촉하도록 한다.

211. 그런데 W. 톰슨 경[35]은 전하를 증식시키는 기계를 제작했는데, 그 기계에서 운반자는 유도기 내부에서 절연된 수전기로 떨어지는 물방울이다. 그래서 수전기에는 유도기의 전하와 부호가 반대인 전하가 연속적으로 공급된다. 유도기가 양전하로 대전되면, 수전기는 연속적으로 증가하는 음전하를 받는다.

물은 깔때기를 이용하여 수전기로부터 나오며, 깔때기의 구멍은 수전기의 금속에 의해 거의 둘러싸여 있다. 그러므로 이 구멍을 통해 떨어지는 물방울에는 거의 전하가 없다. 같게 제작된 또 다른 유도기와 수전기가 배치되어, 한 시스템의 유도기는 다른 시스템의 수전기와 연결된다. 그래서 수전기에서 전하가 증가하는 비율은 더는 일정하지 않고, 시간에 대해 기하급수적으로 증가하며, 두 수전기의 전하는 반대 부호이다. 전기력 때문에 떨어지는 물방울의 경로가 휘어져서 물방울이 수전기 바깥에 떨어지거나 심지어 유도기에 부딪칠 때까지 전하는 계속 증가한다.

이 장치에서 충전시키는 에너지는 떨어지는 물방울의 에너지로부터 뽑아낸다.

212. 전기 유도의 원리를 이용한 몇 가지 다른 기계들도 제작되었다. 그런 기계 중에서 가장 주목할 만한 것이 홀츠*의 기계인데, 그 기계에서 운반 자는 랙**을 바른 유리판이며 유도기는 몇 장의 판지(板紙)이다. 회전하는 운반기 판의 양면 각각에 유리판을 붙여서 장치의 부품들이 지나가면서 생 기는 방전을 방지하였다. 이 기계는 매우 효과적이고 대기의 상태에 별 영 향을 받지 않는 것이 알려졌다. 이 기계의 원리도 회전하는 증배기의 원리 와 같으며, 그와 같은 아이디어로부터 장치가 개발되었지만, 이 기계에서 는 운반자가 절연판이고 유도기는 불완전 도체이어서, 운반자가 알려진 형 태의 양호한 도체이고 정해진 지점에서 충전되고 방전될 때보다 이 기계의 동작을 완벽히 설명하는 것이 더 어렵다.

213. 앞에서 설명된 전기 기계에서는 운반자가 자신과 퍼텐셜이 다른 도 체와 접촉할 때마다 방전이 일어난다.

그런 일이 벌어질 때마다 에너지 손실이 일어나므로, 기계를 회전하는 데 이용된 전체 일이 이용 가능한 형태의 전하로 전환되지 않고 일부는 전 기 방전에서 열이나 소음의 형태로 소비된다.

그래서 나는 어떻게 설계하면 이런 효율의 손실이 일어나지 않을지를 설 명하는 것이 바람직하다고 생각한다. 나는 이것을 기계의 유용한 형태로 제안하는 것이 아니고, 다만 일의 손실을 방지하기 위하여 열기관에서 축 열기(蓄熱器)라고 부르는 전기 기계에 적용될 수 있는 방법의 예를 제안하 는 것일 뿐이다.

그림 18에서 A, B, C, A', B', C' 는 운반자 P가 그들 사이에서 연이어

---

* 홀츠(Wilhelm Holtz, 1836-1913)는 독일의 물리학자로서, 1865년에 '홀츠 정전 발전기'라고 부 르는 유도로 역학적 에너지를 전기 에너지로 전환하는 장치를 발명한 것으로 유명하다.
** 랙(lac)은 랙깍지진디 따위가 내는 끈적거리는 나무의 진 같은 분비물 또는 그것의 가공물을 말한다.

통과하는 속이 빈 고정된 도체
들을 대표한다. 이것 중에서 A,
A'과 B, B'는 운반자가 통과
하면서 중앙 점에 도달했을 때
운반자를 거의 둘러싸지만, C,
C'는 그만큼 덮지를 못한다.

이제 A, B, C는 퍼텐셜 V에
서 매우 큰 전기용량을 갖는 레
이던병과 연결되어 있고, A',
B', C'는 퍼텐셜이 $-V$인 다

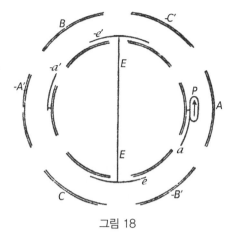

그림 18

른 레이던병과 연결될 예정이라고 가정한다.

P는 A에서 C' 등까지 원을 따라 이동하는 운반자 중 하나이며, 이동하
면서 특정한 용수철들과 접촉하는데, 용수철 중에서 a와 a'는 각각 A와 A'
에 연결되어 있고, e, e'는 접지되어 있다.

이제 운반자 P가 A의 가운데로 들어올 때 P와 A 사이의 유도 계수는
$-A$라고 가정하자. 이 위치에서 P의 전기용량은, P가 수전기 A에 의해 완
벽히 둘러싸이지 않았기 때문에, A의 전기용량보다 더 크다. 그 전기용량
이 $A+\alpha$라고 하자.

그러면 P의 퍼텐셜이 U이고 A의 퍼텐셜은 V라고 할 때 P에 대전된 전
하는 $(A+\alpha)U-AV$이다.

이제 P가 수전기 A의 중앙으로 들어올 때 용수철 a와 접촉한다고 하자. 그
러면 P의 퍼텐셜은 V로 A의 퍼텐셜과 같고, 그래서 P의 전하는 αV이다.

이제 P가 용수철 a에서 분리되면 P는 전하 αV를 나른다. P가 A를 떠
나면 P의 퍼텐셜은 줄어들고, P가 음전하로 대전된 C'의 영향 안으로 들
어오면 퍼텐셜은 더 줄어든다. P가 C' 안으로 들어오면 C'에 대한 P의
유도 계수는 $-C'$이며, P의 전기용량은 $C'+c'$이다. 그래서 P의 퍼텐셜

이 U이면 P에 대전된 전하는

$$(C' + c')U + C'V' = \alpha V$$

가 된다.

만일

$$C'V' = \alpha V$$

이면, 이 점에서 P의 퍼텐셜인 U는 0으로 줄어든다.

이 점에서 P가 접지된 용수철 e'와 접촉한다고 하자. P의 퍼텐셜은 용수철의 퍼텐셜과 같으므로 접촉하더라도 방전이 일어나지 않는다.

운반자가 방전을 일으키지 않고 접지될 수 있는 이 도체 C'이 열기관에서 축열기라고 부르는 장치에 응답한다. 그래서 우리도 그 장치를 축열기라고 부르려고 한다.

이제 여전히 접지된 용수철 e'와 연결된 P가 퍼텐셜이 V인 유도기 B의 가운데로 들어올 때까지 계속 움직인다고 하자. P와 B 사이의 유도 계수가 이 점에서 $-B$라면, $U = 0$이므로 P에 대전된 전하는 $-BV$가 된다.

P가 접지된 용수철에서 멀어지면 P는 이 전하를 함께 나른다. P가 0보다 큰 유도기 B를 떠나서 0보다 작은 수전기 A'를 향해 다가가면, P의 퍼텐셜은 점점 더 0보다 더 작아진다. A'의 가운데서 P가 전하를 얻으면, P의 퍼텐셜은

$$-\frac{A'V' + BV}{A' + \alpha'}$$

가 되며, BV가 $\alpha'V'$보다 더 크면 P의 퍼텐셜 값은 V'의 값보다 더 커진다. 그래서 P가 A'의 가운데에 도달하기 전에 P의 퍼텐셜이 $-V'$가 되는 점이 존재한다. 그 점에서 P가 0보다 작은 수전기 용수철 a'과 접촉한다고 하자. 두 물체는 같은 퍼텐셜이기 때문에 두 물체가 접촉하더라도 방전이 일어나지 않는다. P는 A'의 가운데까지 계속 이동해서 A'의 퍼텐셜과 같은 퍼텐셜인 용수철과 접촉하게 하자. 이 동작 동안에 운반자 P는 A'에 음

전하를 전달한다. A'의 가운데서 P는 용수철과 분리되어 전하 $-\alpha'V'$를 0보다 큰 축열기 C를 향해 나르는데, 여기서 P의 퍼텐셜은 0으로 줄어들고 접지된 용수철 e와 접촉한다. P는 그다음에 접지된 용수철을 따라 0보다 작은 유도기 B'로 미끄러져 들어가며, 그렇게 동작하는 동안 P는 양전하 $B'V'$를 얻는데, P는 이 양전하를 마지막으로 0보다 큰 수전기 A에게 전달하며, 이런 순환 동작이 반복된다.

이런 순환 동작이 일어나는 동안 0보다 큰 수전기는 전하 αV를 잃고 전하 $B'V'$를 얻는다. 그래서 양전하의 총이득은

$$B'V' - \alpha V$$

이다.

비슷하게 음전하의 총이득은 $BV - \alpha'V'$이다.

유도기가 절연을 유지하면서 운반자의 표면에 최대한 접근시키면, B와 B'를 크게 만들 수 있으며, 운반기가 수전기 안으로 들어오면 수전기가 운반자를 거의 둘러싸도록 만들어서, α와 α'가 매우 작아질 수 있는데, 그러면 두 레이던병의 전하가 한 번 회전할 때마다 증가한다.

축열기에서 만족해야 할 조건은

$$C'V' = \alpha V \quad \text{그리고} \quad CV = \alpha'V'$$

이다.

α와 α'가 작으므로 축열기들은 클 필요도 없고 운반자와 매우 가까이 다가갈 필요도 없다.

전위계와 검전기에 대해

214. 전위계는 전하 또는 전기 퍼텐셜을 측정하는 장치이다. 전하의 존재 또는 퍼텐셜 차이의 존재가 표시될 수는 있지만 그 값을 알려주지는 못하는 장치를 검전기라고 부른다.

검전기가 전하를 발생시키지 않는다는 조건 아래 매우 민감하면 전기 측정에 사용될 수 있다. 예를 들어, 두 대전된 물체 A와 B가 있을 때 1장에서 설명한 방법으로 둘 중 어떤 물체가 더 많은 전하를 가졌는지 정할 수 있다. 물체 A를 절연된 지지대에 의해 절연된 닫힌 용기 C의 내부에 넣는다고 하자. C는 접지되고 다시 절연된다. 그러면 C의 외부에서는 전하가 발생하지 않는다. 이제 A를 꺼내고 B를 C의 내부에 넣는다. 그다음에 검전기로 C에 전하가 생겼는지 시험한다. 만일 B의 전하가 A의 전하와 같으면, C에는 어떤 전하도 생기지 않지만, B의 전하가 A의 전하보다 더 크거나 작으면, C에는 B와 같은 부호 또는 반대 부호의 전하가 생긴다.

관찰되는 대상이 어떤 현상의 비존재(非存在)를 관찰하는 이런 종류의 방법을 영위법(零位法)이라고 부른다. 영위법은 단지 어떤 현상의 존재를 감지하는 것이 가능한 도구만 필요로 한다.

현상을 기록하는 다른 등급의 도구가 있는데, 그런 도구는 기록될 양에 대해 항상 같은 값을 가리키는 것에 의존하지만, 그 도구의 눈금을 읽은 측정값은 그 양의 값에 비례하지 않고, 눈금과 실제량 사이에 어떤 연속적인 함수 관계가 있다는 것만 제외하면 그 둘 사이의 관계는 알려지지 않을 수도 있다. 도구에서 같은 부호로 대전된 부분들 사이에 상호 척력에 의존하는 몇 가지 전위계들이 바로 그런 종류에 속한다. 그런 도구는 현상을 측정하는 것이 목적이 아니라 현상을 기록하는 것이 목적이다. 측정될 양의 실제 값 대신에 일련의 숫자를 구하는데, 그 숫자들은 나중에 도구의 눈금이 적절하게 조사되어 표로 작성된 후, 그 양의 값을 정하는 데 이용될 수도 있다.

이보다 더 높은 등급의 도구에서는 눈금의 측정값이 측정될 양에 비례해서, 그 양에 대한 완전한 측정에서 요구되는 모든 것은 단지 그 양의 실제 값을 얻기 위해 눈금의 측정값에 곱해준 계수에 대한 지식뿐이다.

그렇게 제작되어서 자체적으로 측정한 양의 실제 값을 독립적으로 결정하는 수단을 갖는 도구를 절대 도구라고 부른다.

쿨롱의 비틀림 저울

215. 전기에 대한 기본 법칙을 수립하면서 쿨롱은 전하를 띤 두 작은 구 사이의 힘을 수많이 측정했는데, 두 구 중 하나는 고정되고 다른 하나는 두 구 사이의 전기적 작용과 유리 섬유 또는 도선의 비틀림 탄성에 의한 두 힘을 받으며 평형을 유지하였다. 38절을 보라.

비틀림 저울은 가느다란 도선 또는 유리 섬유에 의해 매달린 수지(樹脂)로 만든 수평 막대로 구성되는데, 수평 막대의 한쪽 끝에는 금가루를 고르게 바른 오래된 중과피가 연결되어 있다. 버팀 도선은 수평 막대의 연직 축 위에 고정되어서, 수평 막대는 수평면 위에 눈금을 매긴 원을 따라 회전할 수 있으며, 그래서 도선의 위쪽 끝을 자신의 축 주위로 어떤 각도로든 비틀 수 있다.

이 장치 전체가 상자 안에 들어가 있다. 또 다른 작은 구 하나가 굴대 위에 붙어 있어서 전하를 띠게 만든 다음 구멍을 통해 그 구를 상자 속으로 넣을 수 있다. 상자 속에서는 매달린 첫 번째 구가 그리는 수평면 위의 원이 지나가는 정해진 점과 두 번째 구의 중심이 일치하도록 만든다. 매달린 구의 위치는 이 장치의 원통형 유리 상자에 표시된 원형 눈금으로 확인된다.

이제 두 구가 모두 대전되어 있으며, 매달린 구는 고정된 구의 중심을 통과하는 반지름이 비틀림 수평막대와 만드는 각 θ에 의해 알려진 위치에서 평형 상태에 놓여 있다고 가정하자. 그러면 두 구의 중심 사이의 거리는 $2a\sin\frac{1}{2}\theta$인데, 여기서 a는 비틀림 수평 막대의 반지름이며, 만일 F가 두 구 사이에 작용하는 힘이면, 비틀림 축에 대한 이 힘의 모멘트는 $Fa\cos\frac{1}{2}\theta$ 이다.

두 구를 완벽히 방전시키고 비틀림 수평 막대가 이제 고정된 구를 통과하는 반지름과 각 ϕ를 이루며 평형 상태에 있다고 하자.

그러면 전기력이 비틀림 수평 막대를 비틀게 만든 각은 $\theta - \phi$여야 하며, M이 유리 섬유의 비틀림 탄성 모멘트라면, 다음 식

$$Fa \cos \frac{1}{2}\theta = M(\theta - \phi)$$

가 성립해야 한다.

그래서 M을 안다면 두 구 사이의 거리가 $2a \sin \frac{1}{2}\theta$일 때 두 구 사이의 실제 힘인 F를 구할 수 있다.

비틀림 모멘트인 M을 구하기 위해, 수평 막대의 관성 모멘트가 I이고, 비틀림 탄성이 작용할 때 수평 막대의 이중 진동 시간이 T라면

$$M = 4\pi^2 \frac{I}{T^2}$$

가 성립한다.

모든 전위계에서 우리가 측정하는 것이 어떤 힘인지 아는 것이 대단히 중요하다. 매달린 구에 작용하는 힘은 부분적으로 고정된 구가 직접 작용한 원인에 의한 것이지만, 또한 부분적으로는 상자의 벽에 조금이라도 있을지 모르는 전하가 생긴 원인에 의한 것일 수도 있다.

상자가 유리로 만든 것이면 모든 점에서 매우 어려운 측정을 하지 않는 이상 다른 방법으로 그 표면에 생기는 전하를 측정하는 것이 매우 어렵다. 그렇지만 금속으로 만든 상자이거나 또는 장치를 거의 완벽히 에워쌀 수 있는 금속 상자를 스크린처럼 두 구와 유리 상자 사이에 놓으면, 금속 스크린 내부에서 생기는 전하는 전적으로 두 구의 전하에만 의존하고, 유리 상자에 생기는 전하는 두 구에 어떤 영향도 주지 않는다. 이런 방법으로 상자의 작용 때문에 생길지도 모르는 불확정성을 피할 수 있다.

모든 효과를 계산할 수 있는 예를 들어 이것을 설명하기 위하여, 상자는 반지름이 b인 구이고, 반지름이 a인 비틀림 수평 막대의 운동 중심이 이 구의 중심과 일치하며, 두 구에 대전된 전하는 E_1과 E_2이며, 두 구의 위치 사이의 각은 θ이고, 고정된 구는 중심으로부터 거리가 a_1곳에 놓여 있고, r은 두 작은 구 사이의 거리라고 가정하자.

당분간은 작은 구의 전하분포에 의한 유도의 효과를 무시하면, 두 구 사

이의 힘은 척력으로

$$= \frac{EE_1}{r^2}$$

이고, 중심을 지나는 연직 축에 대한 이 힘의 모멘트는

$$\frac{EE_1 aa_1 \sin\theta}{r^3}$$

가 된다.

상자의 구형 표면이 원인으로 생기는 E_1의 영상은 같은 반지름에서 거리가 $\frac{b^2}{\alpha_1}$인 곳의 점으로 영상의 전하는 $-E_1 \frac{b}{\alpha_1}$이며, E와 이 영상 사이에 매달린 축에 대한 인력의 모멘트는

$$EE_1 \frac{b}{\alpha_1} \frac{a\dfrac{b^2}{\alpha_1}\sin\theta}{\left\{ a^2 - 2\dfrac{ab^2}{\alpha_1}\cos\theta + \dfrac{b^4}{\alpha_1^2}\right\}^{\frac{3}{2}}}$$

$$= EE_1 \frac{aa_1 \sin\theta}{b^3\left\{ 1 - 2\dfrac{\alpha\alpha_1}{b^2}\cos\theta + \dfrac{\alpha^2\alpha_1^2}{b^4}\right\}^{\frac{3}{2}}}$$

이다. 구형 상자의 반지름인 b가 중심으로부터 두 구까지의 거리인 α와 α_1보다 크면, 분모의 둘째 항과 셋째 항을 무시할 수 있다. 그러면 비틀림 수평 막대를 회전시키려는 전체 모멘트를

$$EE_1 aa_1 \sin\theta \left\{ \frac{1}{r^3} - \frac{1}{b^3}\right\} = M(\theta - \phi)$$

라고 쓸 수 있다.

퍼텐셜 측정을 위한 전위계

216. 모든 전위계에서 움직일 수 있는 부분은 전하를 띤 물체이고, 그 물체의 퍼텐셜은 주위의 일부 고정된 부분의 퍼텐셜과는 같지 않다. 쿨롱의 방

법에서처럼, 어떤 전하를 띤 절연된 물체가 이용될 때, 측정의 직접 대상은 그 전하이다. 그렇지만 쿨롱의 전위계의 구들을 가느다란 도선을 이용해서 다른 도체에 연결할 수 있다. 그러면 구에 대전된 전하는 이 도체들의 퍼텐셜과 장치의 상자의 퍼텐셜에 의존한다. 각 구의 전하는, 두 구의 반지름이 두 구 사이의 거리보다 짧고, 상자의 벽과 상자의 구멍으로부터의 거리보다도 짧다는 조건 아래, 근사적으로 구의 반지름에 구의 퍼텐셜에서 장치 상자의 퍼텐셜을 뺀 초과분을 곱한 것과 근사적으로 같다.

그렇지만 쿨롱 장치의 형태는, 적당한 거리에서 두 구 사이의 퍼텐셜 차이가 적을 때 두 구 사이의 힘이 너무 작아서, 이런 종류의 측정에는 최적화되어 있지 않다. 좀 더 편리한 형태는 끌려가는 원반 전위계의 형태이다. 이런 원리에 의한 첫 번째 전위계를 W. 스노 해리스 경이 제작하였다.[36] 그 뒤로 전위계는 이론과 제작 모두에서 W. 톰슨 경에 의해 크게 완벽해졌다.[37]

서로 다른 퍼텐셜의 두 원반이 사이에 작은 간격을 두고 서로 마주 볼 때, 주위에 다른 도체 또는 대전된 물체가 없다는 조건 아래, 건너편 두 표면에는 거의 균일한 전하가 존재하고 원반의 뒤쪽에는 거의 전하가 존재하지 않는다. 0보다 큰 원반의 전하는 근사적으로 원반의 넓이와 두 원반의 퍼텐셜의 차이에 비례하고, 두 원반 사이의 거리에 반비례한다. 그래서 원반의 넓이를 넓게 그리고 두 원반 사이의 거리를 짧게 만들면 작은 퍼텐셜 차이로도 측정할 만한 인력이 생길 수 있다.

이처럼 배열된 두 원반의 전하분포에 대한 수학적 이론은 202절에 나오지만, 장치의 상자를 그렇게 크게 만드는 것은 불가능하므로 원반이 무한한 공간에서 절연되어 있다고 가정하면, 이런 형태의 장치가 시사하는 것을 수치상으로 쉽게 이해하기가 어렵다.

217. W. 톰슨 경은 끌려가는 원반에 보호 반지를 추가하여 이 장치를 크게 개선하였다.

원반 중 하나를 전부 매달고 그 원반에 작용하는 힘을 측정하는 대신, 그 원반의 중심 부분이 나머지 부분으로부터 분리되어 끌리는 원판을 구성하며, 원반의 나머지 부분을 형성하는 바깥쪽 반지는 고정된다. 이런 방법으로 원반 중에서 힘이 가장 고르게 작용하는 부분에서만 힘이 측정되며, 원반의 매달린 부분이 아니라 보호 반지에서 발생하는 테두리 근처의 균일하지 않은 전하의 발생은 별로 중요하지 않다.

그런 점 이외에도, 보호 반지를 끌려가는 원반과 모든 매달린 장치의 뒤쪽을 둘러싸는 금속 상자에 연결하여, 그것이 닫힌 속이 빈 모두 같은 퍼텐셜인 도체의 안쪽 표면의 일부분이어서, 원반 뒤쪽에 전하가 발생하는 것이 원천적으로 불가능하게 만든다.

그러므로 톰슨의 절대 전위계는 실질적으로 서로 다른 퍼텐셜의 평행한 두 판으로 구성되며, 그중에서 하나는 어떤 부분도 판의 테두리와 가깝지 않은 어떤 부분이 전기력의 작용 아래서 움직일 수 있도록 제작된다. 우리 개념을 확실하게 하려고, 끌려가는 원반과 가장 위의 보호 반지를 생각해 보자. 고정된 원반은 수평 방향으로 놓여 있고 절연시키는 굴대 위에 올려 있는데, 굴대의 수직 방향 움직임은 마이크로미터 나사를 이용해서 측정할 수 있다. 보호 반지는 적어도 고정된 원반의 크기와 같으며, 보호 반지의 아래쪽 표면은 엄밀하게 평면이며 고정된 원반과 평행하게 놓여 있다. 민감한 저울을 보호 반지 위에 세워놓았고, 거기서 가볍고 이동이 가능한 원반이 매달려 있는데, 그 원반은 보호 반지의 원형 틈을 거의 채우지만 보호 반지 옆면과 접촉하지는 않는다. 매달린 원반의 아래쪽 표면은 엄밀하게 평면이어야 하며, 원반과 보호 반지 사이에 단지 좁은 간격에 의해서만 가로막히는 하나의 평면을 형성할 수 있도록, 그 아래쪽 표면이 보호 반지의 아래쪽 표면과 일치하는 때를 알 수 있는 수단을 반드시 갖고 있어야 한다.

그런 목적으로 아래쪽 원반을 보호 반지와 접촉할 때까지 위로 나사를 돌려 올리며, 매달린 원반은 아래쪽 원반 위에 정지해 있도록 해서, 매달린

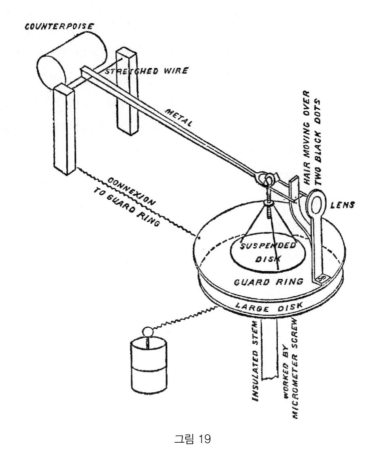

그림 19

원반의 아래쪽 표면이 보호 반지의 표면과 같은 평면에 놓이게 한다. 그러면 보호 반지를 기준으로 한 매달린 원반의 위치는 기준 표시 시스템에 의해 확인된다. W. 톰슨 경은 이런 목적으로 대부분 움직이는 부분에 붙인 검은 가느다란 털을 이용하였다. 이 가느다란 털은 백색의 에나멜을 칠한 바탕에 표시한 두 개의 검은 점 바로 앞에서 올라가거나 내려가며, 평면 볼록 렌즈를 이용하여 이 점을 따라 가느다란 털을 관찰하는 데 렌즈의 평면 부분이 눈 쪽을 향한다. 렌즈를 통해 본 가느다란 털이 똑바르고 검은 점 사이의 중간을 지나가면, 가느다란 털은 **정상 위치**에 있다고 말하며, 가느다란 털이 함께 움직이는 매달린 원반이 원하는 높이의 적당한 위치에서 움직이고 있음을 가리킨다. 매달린 원반의 수평 상태는 그 위쪽 표면의 물체의 부분에서 나오는 반사와 보호 반지의 위쪽 표면의 같은 물체의 나머지 부분에서 나오는 반사를 비교하여 확인한다.

그렇게 저울이 준비된 다음에는 알려진 추를 매달린 원판의 중앙에 놓는데, 그 추가 정상 위치이면 추는 평형에 있게 되고, 전체 장치의 모든 부분을 금속과 연결해서 전체 장치에는 전하가 존재하지 않는다. 저울과 매달린 원반을 에워싸기 위해 금속 상자를 보호 반지 위에 놓는데 기준 표시를 보기에 충분할 정도의 틈을 남겨놓는다.

보호 반지와 상자 그리고 매달린 원반은 모두 서로 간에 금속으로 연결되지만, 장치의 다른 부분과는 절연된다.

이제 두 도체의 퍼텐셜 차이를 측정한다고 하자. 두 도체는 도선에 의해 각각 위쪽과 아래쪽 원반과 연결되며, 매달린 원반에 놓인 추는 치우고, 전기적 인력이 매달린 원반을 정상 위치로 내려올 때까지 마이크로미터 나사를 이용하여 아래쪽 원반을 위로 이동시킨다. 그러면 두 원반 사이의 인력은 원반을 정상 위치로 가져온 추의 무게와 같다는 것을 알 수 있다.

W가 추의 숫자 값이고 g가 중력의 힘이면 그 힘은 Wg이고, A가 매달린 원반의 넓이이고 D가 두 원반 사이의 거리이며 V가 두 원반의 퍼텐셜 차이라면[38]

$$Wg = \frac{V^2 A}{8\pi D^2} \quad \text{또는} \quad V = D\sqrt{\frac{8\pi g W}{A}}$$

이다.

매달린 원반이 반지름이 R인 원형이면, 그리고 보호 반지의 구멍의 반지름이 R'면

$$A = \frac{1}{2}\pi(R^2 + R'^2) \quad \text{그리고} \quad V = 4D\sqrt{\frac{g W}{R^2 + R'^2}}$$

이다.

218. $D=0$에 대응하는 마이크로미터 눈금값을 정하는 데는 항상 약간의 불확정성이 존재하므로, 그리고 매달린 원반의 위치에 대한 오차는 D가 작을 때 가장 중요하므로, W. 톰슨 경은 그의 모든 측정이 기전력 V의 차이에 의존하도록 만들었다. 그래서 V와 V'가 두 퍼텐셜이고 D와 D'가 그 두 퍼텐셜에 대응하는 거리라면

$$V - V' = (D - D') \sqrt{\frac{8\pi g W}{A}}$$

가 성립한다.

예를 들어, 갈바니 전지의 기전력을 측정하기 위해 전위계 두 개가 사용된다.

필요하면 보충기*로 충전시킨 축전기를 이용하여, 제1전위계의 아래쪽 원반이 일정한 퍼텐셜로 유지된다. 그 퍼텐셜은 제1전위계의 아래쪽 원반을 제2전위계의 접지된 아래쪽 원반에 연결하여 조사한다. 제2전위계의 원반들 사이의 거리와 매달린 원반을 정상 위치까지 가져오는 데 필요한 힘이 일정할 때, 제2전위계가 정상 위치에 있을 때까지 축전기의 퍼텐셜을 높인다면, 제1전위계의 아래쪽 원반의 퍼텐셜은 지구의 퍼텐셜보다 V라고 부르는 양만큼 더 초과하는 것을 알 수 있다.

이제 전지의 양극(陽極)을 접지시키고, 제1전위계의 매달린 원반을 전지의 음극에 연결하면, 두 원반 사이의 퍼텐셜 차이는 v가 전지의 기전력일 때 $V+v$가 된다. 이 경우에 D가 마이크로미터의 눈금이 가리키는 값이라면, 그리고 D'가 매달린 원반을 접지시켰을 때 마이크로미터의 눈금이 가리키는 값이라면,

$$v = (D - D') \sqrt{\frac{8\pi g W}{A}}$$

---

* 보충기(replenisher)는 발리가 발명하고 톰슨 경이 발전시킨 정전기 도구로, 소량의 전하를 발생시키는 데 이용되었다.

가 된다.

이런 방법으로 전위계에 딸린 두 원반 사이의 거리가 편리하게 측정할 수 있으면 작은 기전력 v를 측정할 수 있다. 그 거리가 너무 작을 때, 힘은 그 거리의 제곱에 반비례하기 때문에, 절대 거리를 약간만 바꾸더라도 힘에서 큰 차이가 나며, 그래서 절대 거리에 조금이라도 오차가 있으면, 그 거리가 마이크로미터 나사의 오차 한계보다 크지 않는 이상, 그 결과에 아주 큰 오차가 발생한다.

원반 표면의 형태에 생긴 작은 불규칙성의 효과와 두 원반 사이의 간격에 생긴 작은 불규칙성의 효과는 모두 거리의 세제곱에 반비례하여 줄어들거나 더 높은 멱수에 반비례하여 줄어들며, 주름진 표면의 형태가 어떻게 생겼든지 간에 주름진 표면의 돌출부가 평면의 표면에 도달하는 즉시, 주름들 사이의 폭에 비해 상당히 큰 임의의 거리에서 전기적 효과는 돌출부의 가장 꼭대기들이 만드는 평면 뒤에 얼마 안 되는 짧은 거리에 있는 평면의 전기적 효과와 같다. 197절과 198절을 보라.

보조 전위계로 시험된 보조 전하의 도움으로 원반들 사이의 적절한 간격을 확보한다.

보조 전위계는 더 간단한 구조로 되어 있으며, 단지 일정한 전하를 확보하는 것이 유일한 목표이므로, 보조 전위계에서는 절대 기준으로 인력을 정하기 위해 준비하지 않는다. 그런 전위계를 게이지 전위계라고 부른다.

전위계에 의한 측량에서, 전체 효과가 측정할 전하에 의해 발생하는 방법인 이디오스테틱(idiostatic) 방법에 대해, 측정할 전하에 더하여 보조 전하를 이용하는 이런 방법을 헤테로스테틱(heterostatic) 방법이라고 부른다.

끌려가는 원반 전위계의 몇 가지 형태에서, 끌려가는 원반은 수평 막대 한쪽 끝에 연결되는데, 수평 막대는 무게 중심을 지나가고 용수철에 의해 늘어나 있는 백금 도선에 붙어서 매달려 있다. 수평 막대의 다른 쪽 끝에는 가느다란 털을 나르는데, 가느다란 털은 두 원반 사이의 거리가 바뀌면서 정상 위치로 이동하며, 그렇게 해서 전기력을 일정한 값으로 조정한다. 이 전위계들에서 이런 힘은 일반적으로 절대 기준으로 정해지지 않지만, 백금 도선의 비틀림 탄성이 변하지 않으면 변하지 않는 상수라고 알려져 있다.

전체 장치는 레이던병 안에 들어가 있으며, 레이던병의 안쪽 표면은 대전되어 있고 끌려가는 원반과 보호 반지에 연결된다. 마이크로미터 나사가 작동하는 다른 원반은 처음에는 접지되고 그다음에 퍼텐셜을 측정하려는 도체와 연결된다. 이때 읽은 눈금값의 차이에 전위계마다 정해지는 상수를 곱하면 원하는 퍼텐셜이 나온다.

219. 앞에서 설명한 전위계는 자동으로 동작하지는 않고, 관찰자는 측정할 때마다 마이크로미터 나사 또는 일부 다른 부품을 조정해야 한다. 그러므로 그런 전위계들은, 스스로 적당한 위치로 이동할 수 있어야 하는, 자동으로 기록하는 장치로 동작하는 데에는 적당하지 않다. 그런 조건은 톰슨의 상한 전위계에서 만족된다.

그래서 이런 장치가 근거하는 전기적 원리는 다음과 같이 설명될 수 있다.

A와 B는 같은 퍼텐셜이거나 또는 다른 퍼텐셜인 두 개의 고정된 도체이다. C는 높은 퍼텐셜의 이동이 가능한 도체로, C의 한 부분은 A의 표면을 마주 보고 있고 다른 부분은 B의 표면을 마주 보고 있어서, C가 이동하면 이런 부분들 사이의 비율이 변한다.

그런 목적으로는 C가 한 축 주위로 이동할 수 있고, A의 마주 보는 표면과 B의 마주 보는 표면 그리고 C의 부분의 표면들이 모두 같은 축에 대해 회전하게 하는 것이 가장 편리하다.

이런 방법으로 C의 표면과 A의 마주 보는 표면 또는 B의 마주 보는 표면 사이의 거리가 항상 일정하게 유지되며, C가 양(陽)의 방향으로 이동하면 간단히 B와 마주 보는 부분의 넓이가 증가하고 A와 마주 보는 부분의 넓이가 감소한다.

장치를 적절하게 배치하면 미리 정해진 범위 내에서 C의 위치가 바뀌더라도 이 힘을 거의 일정하게 만들 수 있으며, 그래서 C가 비틀림 섬유에 의해 매달려 있으면, C의 기울어짐은 A의 퍼텐셜과 B의 퍼텐셜 사이의 차이를 A와 B의 퍼텐셜의 평균과 C의 퍼텐셜 사이의 차이를 곱한 것에 거의 비례한다.

C는 보충기가 딸린 축전기에 의해 높은 퍼텐셜로 유지되며 게이지 전위계로 검사하고, A와 B는 퍼텐셜 차이를 측정할 두 도체와 연결된다. C의 퍼텐셜이 더 높을수록 전위계가 더 정밀해진다. 측정될 전하와 독립인 C의 전하 때문에 이 전위계는 헤테로스테틱 등급으로 분류된다.

이 전위계에 93절과 127절에서 설명한 도체 계에 대한 일반적인 이론을 적용할 수 있다.

A, B, C는 각각 세 도체의 퍼텐셜을 표시한다고 하자. a, b, c는 그 도체들 각각의 전기용량이고 p는 B와 C 사이의 유도 계수이며 q는 C와 A 사이의 유도 계수, 그리고 r은 A와 B 사이의 유도 계수라고 하자.

이 모든 계수는 일반적으로 C의 위치와 함께 변하며, C가 그렇게 준비되면 C의 움직임이 정해진 범위 내로 제한되기만 하면, A와 B의 끝은 C의 끝에 가까이 가지 않으며, 이 계수들의 형태를 확인할 수 있다. θ가 A로부터 B 쪽으로 C의 기울기를 대표하면, C를 마주 보는 A 표면의 부분이 θ가 증가할 때 감소한다. 그래서 B와 C의 퍼텐셜이 0으로 유지되는데 A의 퍼텐셜은 1로 유지되면, A에 대전된 전하는 $\alpha = \alpha_0 - a\theta$가 되는데, 여기서 α_0와 α는 상수이고 a는 A의 전기용량이다.

A와 B가 대칭이면, B의 전기용량은 $b = b_0 + a\theta$이다.

C의 전기용량은 움직이더라도 바뀌지 않는데, 그것은 C가 움직이면 생기는 단 한 가지 효과는 A와 B 사이 간격의 건너편에 C의 다른 부분이 오는 것뿐이기 때문이다. 그래서 $c = c_0$이다.

B의 퍼텐셜이 1로 높아질 때 C에 유도되는 전하량은 $p = p_0 - \alpha\theta$이다.

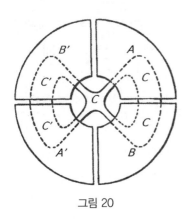

A와 C 사이의 유도 계수는 $q = q_0 + \alpha\theta$이다.

A와 B 사이의 유도 계수는 C가 움직이더라도 바뀌지 않고 $r = r_0$로 유지된다.

그래서 이 시스템의 전기 에너지는

그림 20

$$W = \frac{1}{2}A^2 a + \frac{1}{2}B^2 b + \frac{1}{2}C^2 c + BCp + CAq + ABr$$

이며, Θ가 θ를 증가시키려고 하는 힘의 모멘트이면, A, B, C가 변하지 않는다고 가정할 때

$$\Theta = \frac{dW}{d\theta}$$
$$= \frac{1}{2}A^2\frac{da}{d\theta} + \frac{1}{2}B^2\frac{db}{d\theta} + \frac{1}{2}C^2\frac{dc}{d\theta} + CA\frac{da}{d\theta} + AB\frac{dr}{d\theta}$$
$$= \frac{1}{2}A^2 a + \frac{1}{2}B^2 a - BCa + CAa$$

즉 $\quad \Theta = \alpha(A - B)\left(C - \frac{1}{2}(A + B)\right)$

이다.

톰슨 상한 전위계의 현재 형태를 보면 두 도체 A와 B가 네 사분면(四分面)에 완벽히 나뉘어 따로 절연된 원통 상자의 형태로 놓여 있지만, 도선으로 이어져서 두 마주 보는 사분면은 A와 그리고 다른 두 사분면은 B와 연결된다.

도체 C는 매달려 있어서 수직축 주위로 돌 수 있으며, 두 개의 서로 마주 보는 평평한 사분면 원호로 구성되는데 원호의 양쪽 끝은 반지름으로 받쳐져 있다. 평형의 위치에서 이 사분면들은 일부는 A에 그리고 다른 일부는 B에 포함되어 있어야 하며, 받침인 반지름은 비어 있는 밑면의 사분면 중

앙 가까운 곳에 있어서, 상자의 경계와 *C*의 끝과 받침대가 서로 가능한 한 가장 멀리 있어야 한다.

도체 *C*는 장치의 상자 역할을 하는 레이던병의 안쪽 도금과 연결되어서 높은 퍼텐셜로 고정된다. *B*와 *A*는 연결되어 있으며, 처음에는 접지되었다가 다음에 퍼텐셜을 측정하려는 물체와 연결된다.

이 물체의 퍼텐셜이 0이면 그리고 장치가 조정된 상태이면, *C*를 움직이게 만들려는 힘은 존재하지 않아야 하지만, *A*의 퍼텐셜이 *C*의 퍼텐셜과 같은 부호이면, *C*는 거의 균일한 힘으로 *A*에서 *B* 쪽으로 움직이려고 하며, 같은 힘이 생겨서 평형이 이루어질 때까지 버팀 장치가 비틀어지게 된다. 정해진 범위 안에서 *C*의 기울어짐은 다음 곱

$$(A - B)\left(C - \frac{1}{2}(A + B)\right)$$

에 비례한다. *C*의 퍼텐셜이 높아지면 장치의 민감도가 더 좋아지며, $\frac{1}{2}(A + B)$ 값은 작더라도 기울기는 거의 $(A - B)C$에 비례한다.

전기 퍼텐셜의 측정에 대하여

220. 절대 기준으로 퍼텐셜의 큰 차이를 측정하기 위하여, 끌려가는 원반 전위계를 이용하여 인력을 무게의 효과와 비교할 수 있다. 그와 동시에 상한 전위계를 이용하여 같은 두 도체 사이의 퍼텐셜 차이도 측정하면, 상한 전위계 눈금의 절댓값을 확인할 수 있으며, 이런 방법으로 상한 전위계의 한 눈금이 가리키는 값과 매달린 부분의 퍼텐셜 그리고 매달린 장치의 비틀림 모멘트 사이의 관계를 얻을 수 있다.

유한한 크기인 대전된 도체의 퍼텐셜을 알기 위해, 그 도체를 전위계의 한 전극(電極)에 연결하고, 다른 전극은 접지시키거나 일정한 퍼텐셜을 갖는 물체에 연결한다. 전위계의 눈금은 도체의 전하를 그 도체와 그 도체가

연결된 전위계 일부와 사이에 나눈 다음의 도체의 퍼텐셜을 알려준다. K 가 도체의 전기용량을 표시하고, K' 가 전위계의 그 부분의 전기용량을 표시하면, 그리고 V, V' 가 연결되기 전 두 물체의 퍼텐셜을 표시하면, 두 도체를 연결한 다음 두 도체의 공통 퍼텐셜은

$$\overline{V} = \frac{KV + K'V'}{K + K'}$$

가 된다.

그래서 도체의 처음 퍼텐셜은

$$V = \overline{V} + \frac{K'}{K}(\overline{V} - V')$$

이었음을 알 수 있다.

만일 도체가 전위계에 비해 크지 않으면 K' 는 K 와 크게 다르지 않으며, K 와 K' 의 값을 정확하게 알지 않는 한, 위 표현의 두 번째 항은 믿지 못할 값을 갖는다. 그러나 물체가 전위계와 접촉하기 전에 전위계 전극의 퍼텐셜을 물체의 퍼텐셜과 매우 비슷하게 만들 수만 있다면, K 와 K' 값을 잘 알지 못하더라도 결과에 큰 영향을 주지 않는다.

물체의 퍼텐셜 값을 근사적으로 알면, '보충기'를 이용하거나 다른 방법을 이용하여 전극이 그 근사적 퍼텐셜 값을 갖도록 전극을 충전시킬 수 있으며, 그러면 그다음 실험부터는 더 정확한 근삿값을 얻을 수 있다. 이런 방법으로 전기용량이 전위계의 전기용량에 비해 작은 도체의 퍼텐셜을 측정할 수 있다.

공기 중 임의의 점에서 퍼텐셜 측정하기

221. 첫 번째 방법

대전된 두 도체 사이의 거리보다 작은 반지름의 구를 퍼텐셜을 측정하기 원하는 점에 놓는데, 구의 중심이 그 점과 일치하게 한다. 그 구를 가느다란

도선을 이용하여 접지시킨 다음에는 절연시켜서 그 구를 전위계로 가지고
와서 구에 대전된 총전하를 구한다.

그러면, 그 점에서 퍼텐셜이 V이고 구의 반지름이 a이면, 구에 대전된
전하는 $-Va = Q$가 되며, 그 구를 벽이 접지된 방에 가져다 놓고 전위계로
측정한 그 구의 퍼텐셜이 V'면,

$$Q = V'a$$

가 성립하는데, 그러므로

$$V + V' = 0$$

즉 그 구의 중심을 놓았던 점에서 공기의 퍼텐셜은 접지시킨 구를 절연시
킨 다음에 방으로 가져와 측정한 구의 퍼텐셜과 크기는 같고 부호는 반대
이다.

이 방법은 크로이츠나흐*의 M. 델만이 지표면에서 높이의 함수로 공기
의 퍼텐셜을 측정하는 데 이용되었다.

두 번째 방법

미리 정해진 점에 가져다 놓은 구를 처음에는 접지시키고 그다음에 절연
시켜서 퍼텐셜이 0인 도체로 둘러싸인 공간으로 가져온다고 가정하자.

이제 전위계의 전극으로부터 가늘고 절연된 도선을 퍼텐셜을 측정하려
는 장소까지 가지고 온다고 가정하자. 구는 처음에 완벽히 방전시킨다. 구
와 금속으로 만든 용기의 가운데 구를 넣고 구를 거의 모두 다 에워싸도록
하고 구와 용기를 접촉하면 구가 완벽히 방전된다. 이제 그렇게 방전된 구
를 도선의 끝으로 가지고 와서 그 끝과 접촉하게 만든다. 구는 대전되지 않
았으므로 구의 퍼텐셜은 그 장소의 공기 퍼텐셜과 같다. 만일 전극 도선의
퍼텐셜이 구의 퍼텐셜과 같다면 이런 접촉에 구가 영향을 받지 않지만, 만

---

* 크로이치나흐(Kreuznach)는 독일 농촌의 지명이다.

일 전극의 퍼텐셜이 다르다면 전극이 구와 접촉한 후 전극의 퍼텐셜은 전보다 공기의 퍼텐셜에 더 가까워진다. 그런 동작을 반복하면, 구는 교대로 방전되고 전극에 접촉되면서, 전위계 전극의 퍼텐셜은 계속해서 주어진 점에서 공기의 퍼텐셜에 접근한다.

222. 도체를 접촉하지 않고 도체의 퍼텐셜을 측정하기 위하여, 도체 주위의 임의의 점에서 공기의 퍼텐셜을 측정하고, 그 결과로부터 도체의 퍼텐셜을 계산할 수 있다. 만일 도체를 거의 둘러싸는 속이 빈 공간이 있다면, 그 속이 빈 공간의 공기 중 어느 점에서든지 퍼텐셜은 도체의 퍼텐셜과 아주 상당히 비슷하다.

이런 방법으로 W. 톰슨 경은 하나는 구리로 만들고 다른 하나는 아연으로 만든 속이 빈 두 도체가 금속성으로 접촉하면 아연으로 둘러싸인 빈 공간의 공기의 퍼텐셜은 구리로 둘러싸인 빈 공간의 공기의 퍼텐셜에 대해 0보다 크다는 것을 확인하였다.

세 번째 방법

만일 어떤 방법으로든 전극의 끝에서 조그만 물체를 계속 떼어낼 수 있다면, 전극의 퍼텐셜은 근사적으로 주위 공기의 퍼텐셜이라고 근사적으로 말할 수 있다. 전극과 연결된 깔때기 또는 관에서 발사하거나, 줄질을 하거나, 사포질을 하거나, 물을 이용하면 그렇게 하는 것이 가능하다. 퍼텐셜을 측정하는 점은 전극에서 나온 흐름이 더는 연속적이지 않고 분리된 부분으로 나뉘거나 떨어지는 점이다.

또 다른 한 가지 편리한 방법은 심지를 전극에 연결하는 것이다. 심지의 불타는 쪽 끝의 퍼텐셜은 아주 빨리 공기의 퍼텐셜과 같아진다. 심지어 미세한 금속 끝이면 퍼텐셜 차이가 충분히 클 때는 공기 입자들에 의해 방전을 일으킬 만하지만, 이 퍼텐셜 차이가 0이기를 바라면, 위에서 설명한 방법을 이용해야 한다.

퍼텐셜 차이의 값이 아니라 단지 두 장소에서 퍼텐셜 차이의 부호만 확실히 구분하고 싶다면, 한 장소에서 방전시킬 작은 조각이나 줄밥*을 절연된 용기에 받는데 그 작은 조각이나 줄밥은 다른 장소와 연결된 노즐에서 떨어지게 만든다. 조각 하나하나는 약간의 전하를 띠면서 떨어지며, 용기에서 완벽히 방전된다. 그러므로 용기의 전하는 연속적으로 축적되고, 충분히 많은 수의 조각들이 떨어지고 난 뒤에, 용기의 전하를 대략적인 방법으로 조사한다. 노즐의 퍼텐셜이 주위 공기의 퍼텐셜에 상대적으로 0보다 더 크면 전하의 부호도 0보다 더 크다.

면전하 밀도의 측정

시험판 이론

223. 도체 표면의 전하분포에 대한 수학 이론의 결과를 조사하려면, 도체의 여러 다른 점에서 면전하 밀도를 측정할 수 있어야 한다. 그런 목적으로 쿨롱은 수지(樹脂)로 만든 절연 손잡이에 작은 금박 종이를 붙였다. 쿨롱은 이 원판을 가능한 한 도체의 표면과 일치하는 곳에 놓는 방법으로 원판을 도체의 여러 점에 적용했다. 그다음에 그는 절연 손잡이를 이용하여 원판을 떼어서 전위계로 원판의 전하를 측정하였다.

원판의 표면은 도체에 적용했을 때 도체의 표면과 거의 일치했기 때문에, 그는 원판의 바깥쪽 표면의 면전하 밀도는 그 장소에서 도체 표면의 면전하 밀도와 거의 같고, 떼어낸 다음에 원판의 전하는 원판의 한쪽 표면의 넓이와 같은 넓이의 도체 표면의 전하와 같다고 결론지었다. 이런 방법으

---

* 줄밥이란 쇠붙이를 줄로 갈 때 생기는 조각이다.

로 사용된 원판을 쿨롱의 시험판이라고 부른다.

쿨롱의 시험판 이용에 대해 반대 의견이 제기되었으므로, 나는 이 실험의 이론에 대해 약간의 논평을 하려고 한다.

이 실험은 작은 도체로 된 물체를 전하 밀도를 측정하려는 위치의 한 점에 놓인 도체의 표면에 접촉하고, 그다음에 물체를 떼어내 물체의 전하를 측정하는 것으로 구성된다.

작은 물체의 전하는, 도체와 접촉했을 때, 작은 물체가 그곳에 놓이기 전 접촉점에 이미 존재했던 면전하 밀도에 비례한다고 증명하는 것이 첫 번째로 할 일이다.

작은 물체의 모든 방향의 크기는, 그리고 특히 접촉점에서 법선 방향의 크기는, 그 접촉점에서 도체의 두 곡률 반지름 중 어느 것과 비교해서도 작다고 가정하자. 그래서 작은 물체가 차지한 공간 내에서 엄밀하게 대전되었다고 가정된 도체가 원인인 합성력의 변화를 무시할 수 있으며, 작은 물체에서 가까운 도체의 표면을 평면으로 취급할 수 있다.

이제 작은 물체가 평면인 표면에 접촉하면 얻는 전하는 표면에 수직인 합성력에 비례하는데, 그것은 다시 말하면 면전하 밀도에 비례한다. 물체의 특별한 형태에 따라 전하의 양이 어떻게 달라지는지 확인해야 한다.

다음으로 작은 물체를 떼어낸 뒤에는 물체와 도체 사이에 불꽃이 일어나지 않는 것을 확인해야 하는데, 그래야 떼어낸 물체가 전하를 모두 나르게 된다. 불꽃이 일어나지 않으리라는 것은 사실 분명한데, 그것은 두 물체가 접촉하면 두 물체의 퍼텐셜은 같으므로 접촉점에 가장 가까운 부분들의 전하 밀도는 대단히 작기 때문이다. 작은 물체를 떼어서, 양전하로 대전되어 있다고 가정한 도체로부터 매우 가까운 거리로 옮기면, 작은 물체에 가장 가까운 점에서 전하는 이제 더는 0이 아니라 0보다 더 크지만, 작은 물체의 전하도 0보다 더 크므로, 작은 물체에 가까운 곳의 양전하는 표면의 다른 가까운 점들에서보다 더 작게 된다. 이제 불꽃이 지나가는 것은 일반적으로 합성력의 크기에, 그러므로 면전하 밀도에 비례한다. 그래서, 도체는 그 표면의 다른 부분으로부터 전하를 방전시킬 정도로 높게 대전되지는 않았다고 이미 가정했으므로, 도체는 이미 더 작은 면전하 밀도를 갖는다고 보인 표면의 부분으로부터 작은 물체로 불꽃을 내며 방전하지는 않을 것이다.

224. 이제 작은 물체의 여러 가지 형태를 고려해 보자. 작은 물체가 작은 반구 모양이어서 반구의 평평한 쪽 면의 중심이 도체와 닿는다고 가정하자.

도체는 큰 구이며, 반구의 형태를 조금 고쳐서 그 표면이 반구보다 조금 더 커서 구의 표면을 수직으로 만난다고 하자. 그러면 앞에서 정확한 풀이를 얻었던 것과 똑같은 경우가 된다. 167절을 보라.

A와 B가 서로를 직각으로 자르는 두 구의 중심이고, DD'는 교차하는 원의 지름이며, C는 그 원의 중심이면, V가 바깥 표면이 두 구의 표면과 일치하는 도체의 퍼텐셜일 때, 구 A의 노출된 표면에 대전된 전하량은

$$\frac{1}{2}V(AD+BD+AC-CD-BC)$$

이고, 구 B의 노출된 표면에 대전된 전하량은

$$\frac{1}{2}V(AD+BD+BC-CD-AC)$$

이며, 이들 두 전하를 합한 총전하는

$$V(AD+BD-CD)$$

이다.

α와 β가 두 구의 반지름이면, α가 β보다 클 때, B의 전하와 A의 전하 사이의 비는

$$\frac{3}{4}\frac{\beta^2}{\alpha^2}\left(1+\frac{1}{3}\frac{\beta}{\alpha}+\frac{1}{6}\frac{\beta^2}{\alpha^2}+\text{등등}\right)\text{과} \quad 1$$

사이의 비와 같다.

이제 B를 치웠을 때 A의 균일한 면전하 밀도를 σ라고 하면, A의 전하는

$$4\pi a^2 \sigma$$

이며, 그러므로 B의 전하는

$$3\pi\beta^2\sigma\left(1 + \frac{1}{3}\frac{\beta}{\alpha} + 등등\right)$$

이다. 즉 β가 α에 비해 매우 작을 때, 반구 B의 전하는 반구의 원형 밑면의 넓이와 같은 넓이에 분포된 면전하 밀도 σ에 의한 전하의 3배와 같다.

175절에 의하면 만일 작은 구를 대전된 물체와 접속한 다음에 떼어서 어떤 거리만큼 이동시키면, 구의 평균 면전하 밀도와 접촉점에서 물체의 면전하 밀도 사이의 비는 π^2과 6 사이의 비 즉 1.645와 1 사이의 비와 같은 것처럼 보인다.

225. 시험판으로 가장 편리한 형태는 원판이다. 그래서 대전된 물체에 올려놓은 원판의 전하를 어떻게 측정할지 알아보자.

이 목적을 위해 퍼텐셜 함수의 값을 구하려고 한다. 그러면 등전위 면 중 하나는 마치 평면에 놓은 원반의 형태와 닮아서 돌출부를 평평하게 편 돌출부와 같다.

σ가 xy라고 가정할 평면의 면전하 밀도라고 하자.

그런 면전하 밀도에 의한 퍼텐셜은

$$V = -4\pi\sigma z$$

이다.

이제 반지름이 a인 두 원판이 면전하 밀도 $-\sigma'$와 $+\sigma'$로 단단하게 대전되어 있다고 하자. 첫 번째 원판은 xy 평면에 놓이는데 그 중심이 원점에 있고, 두 번째 원판은 매우 작은 거리 c에 첫 번째 원판과 평행하게 놓여 있다.

그러면, 앞에서 자기(磁氣) 이론에서 보게 될 내용과 마찬가지로, 임의의 점에서 두 원판의 퍼텐셜은 $\omega\sigma'c$임을 증명할 수 있는데, 여기서 ω는 그 점

에서 두 원판 중 하나의 테두리가 만드는 고체각이다. 그래서 전체 시스템의 퍼텐셜은

$$V = -4\pi\sigma z + \sigma' c\omega$$

가 된다.

등전위 면과 유도선의 형태는 제2권의 끝에 실린 그림 XX의 왼쪽에 나와 있다.

$V = 0$인 표면의 형태의 윤곽을 구하자. 이 표면은 점선으로 표시되어 있다.

z 축에서 임의의 점까지 거리를 r라고 놓으면, r가 α보다 훨씬 더 작고, z가 작을 때

$$\omega = 2\pi - 2\pi \frac{z}{\alpha} + \text{등등}$$

이 된다.

그래서, α보다 상당히 더 작은 r 값에 대해, 퍼텐셜이 0인 등전위 면에 대한 식은

$$0 = -4\pi\sigma z + 2\pi\sigma' c - 2\pi\sigma' \frac{zc}{\alpha} + \text{등등}$$

$$\text{즉} \quad z + 0 = \frac{\sigma' c}{2\sigma + \sigma' \dfrac{c}{\alpha}}$$

이다. 그래서 축 가까이서 등전위 면은 거의 평평하다.

r가 a보다 더 큰 원판 바깥에서는, z가 0일 때 ω도 0이고, 그래서 xy 평면이 등전위 면의 부분이 된다.

표면의 이 두 부분이 어디서 만나는지 구하기 위해, 이 평면의 어떤 점에서 $\dfrac{dV}{dz} = 0$이 되는지 구하자.

r가 α와 거의 같을 때는, 고체각 ω가 근사적으로 반지름이 1인 구의 둘레 중에서 각이 $\tan^{-1}\{z \div (r-\alpha)\}$인 활 모양의 고체각으로 ω는 $2\tan^{-1}\{z \div (r-\alpha)\}$이고, 그러므로

$$\frac{dV}{dz} = -4\pi\sigma + \frac{2\sigma' c}{r - \alpha}$$

이다.

그래서 $\frac{dV}{dz} = 0$일 때 거의

$$r_0 = \alpha + \frac{\sigma' c}{2\pi\sigma} = \alpha + \frac{z_0}{\pi}$$

이다.

그러므로 등전위 면 $V = 0$은 반지름이 r_0이고 두께가 거의 균일한 z_0인 원판 같은 형태와 그리고 그 형태 위에 놓인 무한히 넓은 xz 평면의 일부로 구성된다.

전체 원판에 대한 면적분은 그 위에 대전된 전하가 된다. 4부의 원형 전류 이론에서처럼

$$Q = 4\pi a\sigma' \left\{ \log \frac{8\alpha}{r_0 - \alpha} - 2 \right\} + \pi\sigma r_0^2$$

임을 알 수 있다.

평면에서 같은 넓이에 대전된 전하는 $\pi\sigma r_0^2$이며, 그래서 원판에 대전된 전하는 같은 넓이의 평면에 대전된 전하보다

$$1 + 8\frac{z}{r}\log\frac{8\pi r}{r} : 1$$

의 비율로 더 큰데, 여기서 z는 원판의 두께이며 r는 원판의 반지름이고, z가 r에 비해 작다고 가정한다.

전기 축전기와 전기용량의 측정에 대하여

226. 축전기는 절연시키는 유전 매질에 의해 분리된 두 도체 표면으로 구성된 장치이다.

레이던병은 축전기로 안쪽 박막으로 입힌 도금은 바깥쪽 도금과 병을 만

든 유리로 분리되어 있다. 원래 레이던의 작은 병은 물을 담은 유리 용기로, 작은 병과 병을 든 손을 유리로 분리하였다.

어떤 절연된 도체의 바깥쪽 표면도 축전기의 두 표면 중 하나이고, 다른 한 표면은 지구이거나 그 도체가 위치한 방의 벽이고, 사이에 낀 공기가 유전 매질이라고 생각해도 좋다.

축전기의 전기용량은 축전기의 두 표면 사이의 퍼텐셜 차이가 1이 되도록 축전기의 안쪽 표면에 대전되어야 하는 전하량으로 측정된다.

어떤 전기 퍼텐셜이든지 발견된 부분들을 각 전기 요소마다 한 점에서 그 요소까지 거리로 나누어 모두 더한 것이므로, 전하량과 퍼텐셜의 비의 차원은 반드시 길이 차원이어야 한다. 그래서 정전(靜電) 전기용량은 선(線)의 양으로, 피트나 미트로 측정하면 틀림없다.

전기 분야 연구에서 축전기는 두 주요 목적으로 이용되는데, 하나는 가능한 가장 작은 범위에서 가장 많은 양의 전하를 받아 보관하는 목적이고, 다른 하나는 축전기를 올리는 퍼텐셜을 이용하여 정해진 양의 전하를 측정하는 목적이다.

전하를 보관하는 데는 레이던병보다 더 완전한 것은 고안되지 않았다. 전하가 손실되는 주요 부분은 한 도금에서 다른 도금 사이의 도금되지 않은 축축한 유리 표면을 따라 조금씩 새어나가는 전하로부터 발생한다. 이것은 병의 내부 공기를 인위적으로 건조하게 하고, 대기에 노출된 부분의 유리 표면에 광택제를 바르면 크게 개선할 수 있다. W. 톰슨 경의 검전기에는 하루하루 지나가면서 매우 작은 비율로 손실이 일어났는데, 이 손실 중 어느 것도 공기를 통한 직접 전도이거나 또는 유리가 좋을 때 유리를 통한 전도가 아니고, 오히려 그 손실은 주로 다양한 절연 부분과 기구의 유리 표면을 통한 사소한 전도로부터 발생한다고 믿는다.

실제로, 같은 전기 기술자가 목 부분이 긴 커다란 전구 속에 들어 있는 황산에 전하를 옮긴 다음에 목 부분을 녹여서 밀봉하고 그래서 전하는 유리로 완벽히 둘러싸였는데, 몇 년 뒤에서 전하는 여전히 그대로 유지되었다.

그렇지만 유리가 이런 방법으로 절연하는 것은 단지 찰 때뿐인데, 왜냐하면 유리가 100℃ 밑으로 가열되어도 전하는 즉시 달아나기 때문이다.

작은 규모로 큰 전기용량을 얻기를 원할 때는 유전체로 얇은 생고무판, 운모, 또는 파라핀을 주입한 종이인 축전기가 편리하다.

227. 전하량을 측정하려는 목적으로 만든 두 번째 종류의 축전기에서는, 모든 고체로 된 유전체는 그것들이 가지고 있는 전기 흡수라 부르는 성질 때문에 매우 조심스럽게 다루어야 한다.

그런 목적의 축전기에서 사용할 유일하게 안전한 유전체는 공기인데, 공기는 대신 다른 불편한 점으로 서로 마주 보는 표면 사이의 오직 공기만 들어 있어야 하는 좁은 공간에 먼지나 불결물이 조금이라도 포함되면, 그것은 단지 공기층의 두께만 바꾸는 것이 아니라 마주 보는 표면 사이가 연결될 수도 있다는 것이며, 그럴 때는 축전기가 전하를 유지하지 못한다.

축전기의 전기용량을 절대 기준으로 측정하려면, 다시 말하면 피트 또는 미터의 단위로 측정하려면, 먼저 축전기의 형태와 크기를 확인하고, 그다음에 서로 마주 보는 표면에 전하가 어떻게 분포되어 있는지에 대한 문제를 풀어야 한다. 또는 측정하려는 축전기의 전기용량을 그런 문제를 이미 풀어놓은 다른 축전기의 전기용량과 비교해야 한다.

이것은 매우 어려운 문제에 속하므로, 이미 풀이를 알고 있는 축전기의 형태로 축전기를 제작하는 것부터 시작하는 것이 가장 좋다. 그래서 제한되지 않은 공간에서 절연된 구의 전기용량이 구의 반지름으로 측정된다는 것이 알려져 있다.

MM.* 콜라우시**와 베버***는 실제로 절대적인 표준으로 방에 매달린

---

* 여기서 MM.은 프랑스에서 사용되는 Messieurs의 약자로, 존경하는 복수의 남자 이름 앞에 붙

구를 사용하였고, 그들은 다른 축전기의 전기용량과 방에 매달린 구의 전기용량을 비교하였다.

그렇지만 적당한 크기의 구의 전기용량은 보통 사용하는 축전기의 전기용량에 비해 너무 작아서 구가 편리한 측정 기준이 되지는 못한다.

구를 그 구의 반지름보다 약간 더 큰 반지름을 갖는, 속이 빈 중심이 같은 구 표면으로 둘러싸면 전기용량은 매우 증가할 수 있다. 그러면 안쪽 표면의 전기용량은 공기층의 두께와 두 표면의 반지름의 네 번째 비례항*이다.

W. 톰슨 경은 이런 배열을 전기용량의 표준으로 채택했지만, 표면들이 정확히 구면이게 만들고, 두 구가 정확하게 동심이게 만들고, 두 표면 사이의 거리와 두 구의 반지름을 정확히 측정하는 어려움이 상당하다.

그러므로 전기용량의 절대 기준으로 마주 보는 표면이 평행한 두 평면인 형태를 선택하는 것이 좋다.

평면의 표면이 얼마나 정확한지는 어렵지 않게 조사할 수 있으며, 두 평면 사이의 거리는 마이크로미터 나사로 측정할 수 있고, 두 평면 사이의 거리를 연속적으로 바꿀 수도 있는데, 측정 기구에서 그것은 가장 중요한 성질이다.

여기서 남은 단 한 가지 어려움은 평면이 필연적으로 유한하고, 평면의 경계 부근에서 전하분포는 엄밀하게 계산되지 못한다는 사실에서 발생한다. 만일 두 평면을 똑같은 원판으로 만들고, 원판의 반지름이 두 원판 사이의 거리에 비해 크다면, 원판의 테두리를 마치 직선처럼 취급하고 202절에

이는 경칭이다.

** 콜라우시(Friedrich Wilhelm Georg Kohlrausch, 1840-1910)는 오늘날 가장 중요한 실험 물리학자 중 한 사람으로 대우받는 독일 물리학자이다. 가우스와 베버의 절대 단위계에 전자기 현상을 측정하는 단위가 포함되는 데 그의 초기 연구가 크게 이바지했다.

*** 베버(Wilhelm Eduard Weber, 1804-1891)는 독일의 물리학자로서, 1846년 베버의 법칙을 발견하여 전기 역학 현상의 기초를 세웠다.

* 세 수 a, b, c의 네 번째 비례항(fourth proportional) x는 $a : b = c : x$를 만족하는 x를 말한다.

서 설명한 헬름홀츠가 했던 방법으로 전하분포를 계산할 수 있는 것이 사실이다. 그러나 이 경우에는 전하의 일부가 각 원판의 뒤에 분포되며, 계산 과정에서 주위에 도체가 존재하지 않는다고 가정됨을 알게 되는데, 그런 경우는 존재하지 않고 작은 도구에서는 그런 가정이 성립할 수 없다.

228. 그러므로 우리는 W. 톰슨 경이 제안한, 보호 반지 배열이라고 부를 수 있는 다음과 같은 배열을 선호하는데, 그런 배열을 이용하면 절연된 원판의 전하량이 퍼텐셜에 의해 정확하게 결정될 수 있다.

보호 반지 축전기

Bb는 도체 물질로 만든 원통형 용기로 그중에서 위쪽 면의 바깥쪽 표면은 정확한 평면이다. 이 위쪽 표면은 원판 A와 넓은 반지 BB의 두 부분으로 구성되고, 방전에 의한 불꽃이 지나가는 것을 방지하는 데 딱 알맞은 만큼 매우 좁은 간격으로 빙 둘러서 분리된다. 원판의 위쪽 표면은 보호 반지의 표면과 정확하게 같은 평면에 놓인다. 절연 물질로 만든 기둥 GG가 원판을 받치고 있다. C는 금속 원판으로, 금속 원판의 표면 아래쪽은 정확하게 평면이며 BB와 평행하다. 원판 C는 A보다 상당히 더 크다. A에서 원판 C까지 거리는 조절되며 그림에는 그려져 있지 않은 마이크로미터 나사에 의해 그 거리를 측정한다.

이 축전기는 다음과 같이 측정 도구로 사용된다.

C의 퍼텐셜이 0이고, 원판 A와 용기 Bb의 퍼텐

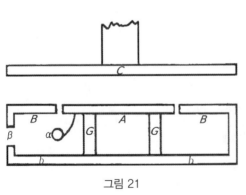

그림 21

셜은 모두 V라고 가정하자. 그러면 용기가 거의 닫혀 있고 모든 부분의 퍼텐셜이 같아서 원판의 뒤쪽에는 전하가 존재하지 않는다. 또 BB의 퍼텐셜은 원판의 퍼텐셜과 같아서 원판의 테두리에도 전하가 거의 없다. 원판의 앞면의 전하는 거의 균일하며, 그러므로 원판의 총전하는, 124절에 설명한 것처럼, 원판의 넓이에 평면에서 면전하 밀도를 곱한 것으로 거의 정확하게 대표된다.

실제로 201절의 조사로부터 원판 위의 전하는

$$V\left\{ \frac{R^2+R'^2}{8A} - \frac{R'^2-R^2}{8A}\frac{\alpha}{A+\alpha} \right\}$$

임을 배웠는데, 여기서 R는 원판의 반지름이고, R'는 보호 반지의 구멍의 반지름이며, A는 A와 c 사이의 거리이고, α는 $(R'-R)\frac{\log_e 2}{\pi}$에 비해 더 초과할 수 없는 양이다.

만일 원판과 보호 반지 사이의 간격이 A와 C 사이의 거리에 비해 작다면, 위 식의 두 번째 항은 매우 작으며, 원판 위의 전하는 거의

$$V\frac{R^2+R'^2}{8A}$$

가 된다.

이제 용기 Bb가 지구와 연결된다고 하자. 원판 A의 전하는 그 이상 균일하게 분포되지는 않지만 그 양은 전과 똑같이 유지되며, 이제 만일 A를 방전시키면 전하를 얻는데, 그 양은 V와 퍼텐셜의 원래 차이, 그리고 측정이 가능한 양인 R, R', 그리고 A로 우리가 알고 있다.

축전기 전기용량의 비교에 대하여

229. 형태와 부품들의 크기로부터 절대 기준으로 전기용량을 구하는 데 가장 적당한 축전기의 형태가 일반적으로 전기 실험하는 데에도 가장 알맞

은 것은 아니다. 실제 사용에서 전기용량을 측정하는 데 가장 바람직한 축전기는 단 두 개의 도체 표면만으로 구성된 축전기로, 그중에 한 표면이 다른 표면을 가능한 한 거의 다 둘러싼 축전기이다. 반면에 보호 반지 축전기는 세 개의 서로 독립적이며 전도도를 갖는 부분으로 구성되어 있으며, 그 세 부분이 특정한 순서로 충전되고 방전해야 한다. 그래서 나중에 보조 표준의 목적으로 축전기를 조사하기 위해, 두 축전기의 전기용량은 전기적 과정에 의해 비교할 수 있는 것이 바람직하다.

먼저 두 보호 반지 축전기의 전기용량이 같은지 어떻게 조사할 수 있는지 알아보자.

A가 원판이고 B는 나머지 도체 용기가 연결된 보호-반지라고 하고, C는 두 축전기 중 하나의 큰 원판이라고 하자. 그리고 A', B', C'는 두 축전기 중 다른 하나의 대응하는 부분들이라고 하자.

두 축전기 중 어느 하나가 단지 두 개의 도체만으로 이루어진 좀 더 간단한 종류라면, 단지 B 또는 B'를 사용하지 않고 A는 안쪽 도체 표면이고 C는 바깥쪽 도체 표면이라고 가정하기만 하면 된다. 이 경우에 C는 A를 둘러싼다고 가정한다.

그러면 다음과 같이 연결하자.

B는 항상 C'와 연결을 유지하고, B'는 C와 연결을 유지하자. 다시 말하면, 각 보호 반지가 다른 축전기의 큰 원판과 연결된다는 의미이다.

(1) A를 B와 C'에 연결하고 레이던병의 전극인 J에도 연결하자. 그리고 A'를 B'와 C에 연결하고 접지시키자.

(2) A, B, 그리고 C'는 J에서 절연시키자.

(3) A는 B와 C'와 절연시키고, A'는 B'와 C와 연결하자.

(4) B와 C를 B'와 연결하고 C를 접지하자.

(5) A를 A'와 연결하자.

(6) A와 A'를 검전기 E와 연결하자.

이 연결을 다음과 같이 표현할 수 있다.

(1) $0 = C = B' = A'$ | $A = B = C' = J$

(2) $0 = C = B' = A'$ | $A = B = C' = J$

(3) $0 = C = B'$ | A' | A | $B = C'$

(4) $0 = C = B'$ | A' | A | $B = C' = 0$

(5) $0 = C = B'$ | $A' = A$ | $B = C' = 0$

(6) $0 = C = B'$ | $A' = E = A$ | $B = C' = 0$

여기서 등호는 전기적으로 연결되었음을 표현하고, 가로막대는 절연을 표현한다.

(1)에서 두 축전기가 반대 부호로 충전되어서, A는 양(陽)이고 A'은 음 (陰)이며, A와 A'의 전하는 각 축전기의 큰 원판을 마주 보는 위쪽 표면에 균일하게 분포되어 있다.

(2)에서 레이던병이 제거되고, (3)에서 A와 A'의 전하가 절연된다.

(4)에서 보호 반지가 큰 원판과 연결되어서, A와 A'의 전하는 비록 크기가 바뀌지는 않지만 이제 두 축전기 전체 표면에 분포된다.

(5)에서 A는 A'에 연결된다. 두 축전기에 대전된 전하가 크기가 같고 부호가 반대이면, 전하는 완벽히 소멸하고 (6)에서 검전기 E로 그 결과를 조사한다.

검전기 E는 A 또는 A' 중 어느 것이 더 큰 전기용량을 갖느냐에 따라 양전하 또는 음전하를 가리킨다.

적절한 제작이라는 비결을 이용해서, 이 동작들 전체가 1초보다 더 작은 시간 동안에 당연한 순서대로 동작하면, 검전기로 전하가 검출되지 않을 때까지 전기용량이 조절될 수 있는데, 이런 방법으로 축전기의 전기용량이 어떤 다른 축전기의 전기용량과도 같도록 또는 몇 개의 축전기의 전기용량들의 합과 같도록 조정될 수 있어서, 각 축전기의 전기용량이 절대 기준으로, 즉 피트 또는 미터로 정해진 축전기의 시스템을 구성할 수 있으며, 동시에 이것이 전기 실험에 가장 적절한 제작에 해당한다.

이런 비교 방법이 아마도 판이나 원판 형태에서 서로 다른 유전체의 정전(靜電) 유도에 대한 비유전율을 정하는 데 유용함을 알게 될 것이다. 유전체로 된 원판을 A와 C 사이에 끼우면, 원판이 A에 비해 상당히 더 클 때, 축전기의 전기용량은 바뀌어 A와 C의 거리가 더 가까운 같은 축전기의 전기용량과 같아진다. 거리가 x인 A와 C 그리고 유전체를 갖는 축전기의 전기용량과 유전체가 없고 A와 C의 거리가 x'인 똑같은 축전기의 전기용량이 같을 때, x가 판의 두께이고 K는 표준으로 공기에 대한 비유전율일 때

$$K = \frac{\alpha}{\alpha + x' - x}$$

이다.

W. 톰슨 경은 전기용량을 측정될 만큼 매우 증가시킬 수도 있고 감소시킬 수도 있는 축전기로 127에 설명된 것과 같은 세 원통의 조합을 이용하였다.

이 장치를 이용하여 깁슨과 바클레이가 실험한 내용이 *Proceedings of Royal Society*(1831.2.2)와 *Philosophical Transactions of the Royal Society of London*(1871) 573쪽에 나와 있다. 그들은 파라핀의 비유전율이 1.975이고 공기의 비유전율은 1임을 발견하였다.

2부
전기운동학
(電氣運動學)

1장

전류

230. 45절에서 도체가 전기적 평형에 놓이면 도체의 모든 점에서 퍼텐셜이 다 같아야 함을 알았다.

두 도체 A와 B가 대전되어 A의 퍼텐셜이 B의 퍼텐셜보다 더 높으면, 그 둘을 접촉하는 금속 도선 C에 의해 두 도선이 연결된다면, A의 전하 중 일부가 B로 이동해서, A와 B의 퍼텐셜은 아주 짧은 시간 동안에 같아진다.

231. 이 과정 동안에 도선 C에서 특정한 현상이 관찰되는데, 그것을 전기적 충돌 또는 전류라고 부른다.

이 현상의 첫 번째는 A에서 B로 양전하가 이동하고 B에서 A로 음전하가 이동하는 것이다. A와 B 사이에 작은 절연체를 교대로 접촉하면 전하의 이동이 더 천천히 일어날 수도 있다. 전기적 대류라고 부르는 이런 과정에 따라서, 각 물체의 전하의 연이은 작은 부분들이 다른 물체로 이동한다. 어느 경우에나 정해진 양의 전하가, 또는 정해진 양의 전하의 상태가 두 물체 사이의 공간에서 정해진 경로를 따라 한 장소에서 다른 장소로 전달된다.

그러므로 전하의 성질에 대한 우리 견해가 무엇이건 간에, 여기서 묘사되는 과정이 전하의 전류를 구성한다는 것을 인정해야 한다. 이 전류는 A에서 B로 이동하는 양의 전하의 흐름이라고 설명할 수도 있고 B에서 A로 이동하는 음의 전하의 흐름이라고 설명할 수도 있고 또는 그 두 전류의 혼합이라고 설명할 수도 있다.

페히너*의 이론과 베버의 이론에 따르면, 전류는 양전하와 정확히 같은 양의 음전하가 같은 물질에서 반대 방향으로 흐르는 전류의 혼합이다.** 베버의 가장 값진 실험 결과의 일부가 의미하는 것을 이해하기 위하여 무엇이 전류를 구성하는지에 대한 이런 지극히 인위적인 가설을 기억할 필요가 있다.

36절에서처럼, 단위 시간 동안에 P 단위의 양전하가 A에서 B로 이동하고, N 단위의 음전하가 B에서 A로 이동한다고 가정하자. 그러면 베버의 이론에 따르면 $P = N$이고 P 또는 N은 전류를 측정하는 수치로 취한 것이다.

그와는 반대로, 우리는 P와 N 사이의 관계로 아무것도 가정하지 않지만, 단지 전류의 결과에만 주의를 기울인다. 즉 A에서 B로 $P + N$의 양전하가 이동하며, $P + N$이 전류에 대한 확실한 측정이라고 간주한다. 그러므로 전류에 대해서 베버가 1이라고 말하는 것을 우리는 2라고 말한다.

정상 전류에 대하여

232. 서로 다른 퍼텐셜의 두 절연된 도체 사이의 전류의 경우에, 두 물체의 퍼텐셜이 같아져서 그 동작은 곧 끝나며, 그러므로 전류는 실질적으로 일시적인 전류이다.

---

* 페히너(Gustav Theodor Fechner, 1801-1887)는 정신 물리학을 창시한 독일의 물리학자이다. 자극과 감각의 강도 관계를 수량화하여 실험 심리학의 연구법을 세웠다.

** 도체에서 전류는 음전하인 전자의 이동으로 흐른다는 것은 1879년에 비로소 미국 물리학자 에드윈 홀(Edwin Hall, 1855-1938)이 발견하였다.

그러나 도체들의 퍼텐셜 차이가 일정하게 유지되는 방법이 존재하며, 그럴 때 전류는 균일한 세기로 계속해서 흐르는데 그것이 정상 전류이다.

볼타 전지

정상 전류를 만드는 가장 편리한 방법이 볼타 전지를 이용하는 것이다. 명백하게 하도록, 먼저 다니엘*의 항수(恒數) 전지에 대해 설명하자.

황산아연 용액을 다공질 토기로 만든 셀**에 담고, 이 셀을 황산구리의 포화 용액이 들어 있는 용기에 넣는다. 아연 조각을 황산아연 용액에 넣고 구리 조각을 황산구리 용액에 넣는다. 아연 조각과 구리 조각에 납땜으로 연결한 도선들을 용액의 표면 위로 올려놓는다. 이 조합물을 셀 또는 다니엘 전지의 요소라고 부른다. 272절을 보라.

233. 셀이 부도체인 선반에 올려놓아서 절연되면, 그리고 구리에 연결한 도선을 절연된 도체 A와 접촉하면, 그리고 아연에 연결한 도선은 A와 같은 금속으로 만든 또 다른 절연된 도체 B와 접촉하면, 민감한 전위계를 이용해서 A의 퍼텐셜이 B의 퍼텐셜보다 정해진 양만큼 더 큰 것을 보일 수 있다. 이 퍼텐셜 차이를 다니엘 셀의 기전력이라고 부른다.

이제 A와 B가 셀과 연결된 것을 끊고 도선을 이용해 서로 연결하면, 도선을 통하여 A에서 B로 일시적인 전류가 흐르고, A와 B의 퍼텐셜은 같아진다. 그런 다음에 셀을 이용하여 A와 B를 다시 충전시킬 수 있고, 셀이 동

---

*   다니엘(John Frederic Daniell, 1790-1845)은 영국의 화학자이자 기상학자로서, 1820년에 이슬점습도계를 발명하고 장시간 이용할 수 있는 다니엘 전지를 고안하였다.

** 여기서 셀(cell)이란 전지(battery)의 단위로 행동하는 단위 전지를 말한다. 보통 cell과 battery를 모두 전지라고 번역하지만 역자는 여기서 둘을 구분하여 cell은 셀로, battery는 전지로 번역한다.

작하는 한 그 과정은 계속 반복될 수 있다. 그러나 A와 B가 도선 C를 이용하여 연결되고, 동시에 전과 마찬가지로 전지에 연결되면, 셀은 C를 통하여 일정한 전류가 흐르는 것을 유지하고, 또한 A와 B 사이에 일정한 퍼텐셜 차이도 유지한다. 앞으로 알게 되겠지만, 이 기전력의 일부는 셀 자체에서 전류가 흐르는 것을 유지하는 데 사용되므로, 이 퍼텐셜 차이가 셀의 전체 기전력과 같지 않다.

많은 수의 셀을 직렬로 연결하여 첫 번째 셀의 아연이 금속으로 두 번째 셀이 구리와 연결되고, 그런 방식으로 계속한 것을 볼타 전지라고 부른다. 그런 전지의 기전력은 그 전지를 구성한 셀들의 기전력의 합과 같다. 전지가 절연되면 전체적으로 전하를 충전시킬 수 있지만, 양쪽 끝의 어느 쪽 퍼텐셜의 절댓값이 얼마나 큰지에 관계없이, 구리 쪽 끝의 퍼텐셜은 항상 아연 쪽 끝의 퍼텐셜보다 전지의 기전력만큼 더 크다. 전지를 구성하는 셀들은, 전류가 흐르지 않으면 화학 작용이 계속되지 않는 한, 서로 다른 화학물질이나 서로 다른 금속을 이용하여 매우 다양하게 제작될 수 있다.

234. 이제 양쪽 끝이 서로에 대해 절연된 볼타 전지를 살펴보자. 구리 쪽 끝은 양(陽)으로 대전하고 아연 쪽 끝은 음(陰)으로 대전한다.

전지의 두 끝이 이제 도선으로 연결된다고 하자. 전류가 흐르기 시작하며 아주 짧은 시간이 흐른 뒤에 일정한 값에 도달한다. 그것을 정상 전류가 흐른다고 말한다.

전류의 성질

235. 전류는 도선 쪽에서는 구리에서 아연을 향하는 방향으로, 그리고 용액을 통해서는 아연에서 구리를 향하는 방향으로 폐회로를 형성한다.

한 셀의 구리와 그다음 순서로 놓인 다른 셀의 아연을 잇는 도선 중 어느 하나라도 끊어져서 회로가 깨지면, 전류는 흐르기를 정지하고, 구리와 연결된 도선 끝의 퍼텐셜은 아연과 연결된 도선 끝의 퍼텐셜보다 일정한 양, 즉 회로의 전체 기전력만큼 더 높다.

전류의 전해(電解) 성질

236. 회로가 끊어져 있으면 셀에서 화학 작용은 진행되지 않지만, 회로가 복원되자마자 다니엘 셀 하나하나에서 모두 아연 조각으로부터 아연이 용해되고, 구리 조각에는 구리가 침전된다.

더 많은 것이 연속적으로 공급되지 않는 한 황산아연의 양이 증가하면 황산구리의 양은 감소한다.

셀의 판 크기가 얼마이든 간에 각 다니엘 셀에서 용해되는 아연의 양과 또한 침전되는 구리의 양은 회로 전체를 통해 같고, 만일 셀 중 어느 하나가 다르게 제작되었으면 그 셀에서 화학 작용의 양은 다니엘 셀에서 작용과 일정한 비례 관계를 갖는다. 예를 들어 셀 중 하나가 물에 희석된 황산에 담근 두 개의 백금 판으로 구성되어 있다면, 전류가 액체로 들어가는 그 판, 즉 다니엘 셀의 구리와 금속 연결이 되어 있는 판의 표면에서 산소가 나오며, 전류가 액체를 떠나는 그 판, 즉 다니엘 셀의 아연과 금속 연결이 되어 있는 판의 표면에서 산소가 나온다.

동시에 나오는 수소의 부피는 정확히 산소 부피의 2배이며, 산소 무게는 정확히 수소 무게의 8배이다.

회로의 모든 셀에서 각 물질이 용해되고, 침전되고, 분해된 무게는 그 물질의 전기화학 당량이라고 부르는 양에 전류의 세기를 곱하고, 전류가 흐르는 시간을 곱한 것과 같다.

이 원리를 수립하는 데 이용된 실험에 대해서는 패러데이의 *Experimental Researches* 일곱 번째 시리즈와 여덟 번째 시리즈를 보고, 이 규칙의 예외에 대한 조사에 대해서는 밀러의 *Chemical Physics*와 비데만*의 *Galvanismus*를 보라.

237. 이런 방법으로 분해되는 물질을 전해질(電解質)이라고 부른다. 이 과정을 전기 분해라고 한다. 전해질에 전류가 들어오고 나가는 장소를 전극(電極)이라고 부른다. 전극 중에서 전류가 들어오는 전극을 양극(陽極), 그리고 전류가 나가는 전극을 음극(陰極)이라고 부른다. 전해질이 분해된 성분을 이온이라고 한다. 양극에서 나타나는 이온을 음이온이라고 하고 음극에서 나타나는 이온을 양이온이라 한다.

이 용어들 중에서, 내 생각에 패러데이가 휴얼** 박사와 상의해서 만든 것이 분명한 전극, 전기 분해, 전해질 세 가지가 널리 통용되었고, 이런 종류의 분해와 성분의 이동이 발생하는 전류의 전도(傳導) 방식을 전해질 전도라고 부른다.

같은 종류의 전해질을 일부가 변하는 칸으로 된 관에 놓으면, 그리고 이 관의 양쪽 끝에 전극을 설치하면, 전류가 흐를 때 양극에서는 음이온이 나타나고 음극에서는 양이온이 나타나는데, 이들의 양은 전기화학적으로 등량(等量)이어서, 정해진 양의 전해질과 같아짐을 알 수 있다. 관의 다른 부분에서는 그 구역이 크든 작든, 변하지 않든 변하든 상관없이 전해질의 구성 비율은 바뀌지 않고 일정하게 유지된다. 그래서 관의 모든 구역에서 발생하는 전기 분해의 양은 모두 같다. 그러므로 구역이 작은 곳에서는 구역이 큰 곳에서보다 작용이 더 격렬하게 일어나야 하지만, 주어진 시간에 전해질의 전체 구역을 지나가는 각 이온의 전체 양은 모든 구역에서 다 똑같다.

---

* 비데만(Gustav Heinrich Wiedemann, 1826-1899)은 독일 물리학자로 전자기학에 크게 기여하고 평생 독일의 유명한 물리학 학술지의 편집인으로 활동하였다.
** 휴얼(William Whewell, 1794-1866)은 영국의 과학자로 과학철학, 과학사, 윤리학, 광물학, 신학, 천문학 등 광범위한 분야에 크게 이바지한 사람이다.

그러므로 전류의 세기는 주어진 시간에 전기 분해의 양으로 측정될 수 있다. 생성되는 전해질의 양을 간단히 측정할 수 있는 도구를 볼타미터*라고 부른다.

이렇게 측정된 전류의 세기는 회로의 모든 부분에서 다 똑같으며, 정해진 시간이 흐른 뒤 전기 분해의 생성물의 전체 양은 같은 시간 동안에 임의의 구역을 지나간 전기의 양에 비례한다.

238. 볼타 전지의 회로 한 부분에 볼타미터를 연결하고, 다른 부분에서 회로를 끊으면, 그렇게 전도될 전류의 측정을 가정할 수 있다. 끊어진 회로의 양쪽 끝을 A와 B라고 하고, A가 양극이고 B가 음극이라고 하자. 절연된 공이 A와 B를 교대로 접촉한다면, 공은 여행할 때마다 A에서 B로 어떤 측정할 수 있는 양의 전기를 나른다. 이 양을 전위계로 측정할 수 있거나, 또는 이 양을 회로의 기전력에 공의 정전(靜電) 전기용량을 곱하여 계산할 수도 있다. 전기는 이렇게 대류라고 부를 수 있는 과정에 의해 절연된 공을 통하여 A로부터 B로 이동된다. 동시에 볼타미터와 전지의 셀에서 전기 분해는 계속되며, 각 셀에서 전기 분해의 양이 절연된 공에 의해 나른 전기의 양과 비교될 수 있다. 한 단위의 전기에 의해 전기 분해된 물질의 양을 그 물질의 전기화학 당량이라고 부른다.

실험이 보통 크기의 공과 다루기 쉬운 전지를 이용하여 이런 식으로 진행된다면, 측정될 만한 양의 전해질이 분해되려면 무지무지하게 많은 수의 여행이 일어나야 해서, 이 실험은 지극히 지루하고 다루기 힘든 실험이다. 그러므로 이 실험은 단순히 한 예라고 생각해야 하며, 전기화학 당량의 실제 측정은 다른 방법으로 진행된다. 그렇지만 이 실험이 전기 분해 자체의

---

* 볼타미터(Voltameter, 전해 전량계)는 전류계의 일종으로 전기 분해의 양을 측정하여 전류를 측정하는 장치이다.

과정에 대한 예로 생각될 수 있는데, 왜냐하면 비록 전기의 본성이 무엇인지, 화학적 화합물의 본성이 무엇인지 아직 잘 알지 못해서 실제로 일어나는 것을 불완전하게 대표할지도 모르지만, 그래도 전해질 전도를 일종의 대류라고 보면 거기서 전기화학 당량에 해당하는 음이온은 음전하를 띠고 양극을 향해 여행하고, 동시에 전기화학 당량에 해당하는 양이온은 양전하를 띠고 음극을 향해 여행해서, 전기가 이동하는 전체 양은 한 단위가 되어서, 내가 아는 한 전기 분해 과정이라는 생각이 알려진 사실과 모순되지 않기 때문이다.

전류의 자기적 작용

239. 외르스테드*가 직선 전류 가까운 곳에 놓은 자석은 스스로 자석과 전류를 지나가는 평면과 수직으로 놓이려고 한다는 것을 발견하였다. 475절을 보라.

사람이 전류가 흐르는 선에 자기 몸을 놓아서 구리에서 도선을 따라 아연으로 흐르는 전류가 그 사람의 머리로부터 다리로 흐른다면, 그리고 그 사람은 자기 얼굴이 자석의 중심을 향하게 몸을 돌린다면, 전류가 흐를 때 북쪽을 향하려는 자석의 끝은 사람의 오른쪽 손을 향하려고 한다.

이런 전자기 작용의 성질과 법칙은 이 책의 4부에서 논의될 예정이다. 지금 우리가 관심 두는 내용은 전류가 전류 밖에서 자기적(磁氣的)으로 작용하고 있고, 그 작용 때문에 전류의 존재가 확인될 수 있으며, 회로를 끊거나 전류 자체에 아무것도 집어넣지 않더라도 전류의 세기를 측정할 수 있다는

---

*   외르스테드(Hans Christian Örsted, 1777-1851)는 덴마크의 물리학자로 전기현상과 자기현상
    이 서로 무관하다고 믿던 시대에 최초로 전류 부근에서 나침반의 바늘이 움직이는 것을 발견
    한 것으로 유명하다.

사실이다.

자기적 작용의 양은 볼타미터에서 전기 분해의 생성물에 의해 측정된 전류의 세기에 엄격하게 비례하며, 전류가 흐르는 도체가 금속 또는 전해질 중 무엇인지에는 전혀 무관하다는 것이 확인되었다.

240. 자기적 효과에 의해 전류의 세기를 표시하는 도구를 검류계*라고 부른다.

일반적으로 검류계는 하나 또는 그 이상의 비단으로 덮은 도선으로 만든 코일과 그 내부에 수평 방향의 축에 매달린 자석으로 구성된다. 도선에 전류가 흐르면 자석은 코일들이 놓인 평면에 수직인 축에 자신을 놓으려고 한다. 코일들의 평면이 지구의 적도 평면과 평행하게 놓이고, 전류는 태양의 겉보기 운동의 방향인 동쪽에서 서쪽으로 코일을 지나서 흐른다고 가정하면, 코일 내부에 들어 있는 자석은 자신의 자기화가 거대한 자석이라고 생각하여, 지구의 북극이 남쪽을 향하는 나침반의 끝과 비슷한 지구의 자기화와 일치시키려는 방향으로 이동한다.

검류계는 전류의 세기를 측정하는 가장 편리한 도구이다. 그러므로 이런 전류의 법칙에 관해 연구하는 데 그런 도구를 제작할 가능성이 있다고 추정하고, 그 도구의 원리에 대한 논의는 4부로 미룬다. 그러므로 전류가 어떤 세기라고 말할 때는 검류계로 전류를 측정한 것이라고 가정된다.

---

* 검류계를 영어로는 사람의 이름을 따서 갈바노미터(galvanometer)라고 한다.

2장
전기 전도와 전기저항

241. 전위계에 의해 일정한 전류가 흐르는 회로의 서로 다른 점에서 전기 퍼텐셜을 측정하면, 모두가 균일한 온도이고 같은 금속으로 이루어진 회로의 어떤 부분에서도, 어떤 점의 퍼텐셜은 전류의 방향으로 떨어진 어떤 다른 점의 퍼텐셜보다 전류의 세기와 회로에서 두 점 사이에 놓인 부분의 성질과 크기에 의존하는 어떤 양만큼 더 크다는 것을 알게 된다. 회로에서 이 부분의 양쪽 끝에서 퍼텐셜의 차이를 그 부분에 작용하는 외부 기전력이라고 부른다. 회로에서 고려하는 부분이 같은 종류의 물질이 아니고, 금속에서 전해질로라든지, 또는 더 뜨거운 부분에서 더 찬 부분이라든지, 한 물질에서 다른 물질로 바뀌는 부분을 포함하면, 외부 기전력에 추가로, 고려해야 하는 내부 기전력이 존재할 수도 있다.

기전력과 전류 그리고 저항 사이의 관계에 대해서는 G. S. 옴* 박사가 최초로 연구했는데, 그 결과는 1827년에 *Die Galvanische Kette Mathematisch*

---

* 옴(Georg Simon Ohm, 1789-1854)은 독일의 물리학자로 전류에 대한 실험에 전념하고 옴의 법칙을 발견하였다.

Bearbeitet 라는 제목으로 출판되었고, 테일러의 *Sientific Memoirs*에 번역되었다. 균일한 도체의 경우에 대해 이 연구의 결과를 흔히 '옴의 법칙'이라고 부른다.

옴의 법칙

회로의 임의의 부분에서 양쪽 끝 사이의 기전력은 전류의 세기와 회로의 그 부분에서 저항의 곱이다.

여기서 도체의 저항이라는 새로운 용어가 도입되는데, 저항은 기전력과 기전력이 만드는 전류의 세기 사이의 비로 정의된다. 저항은 진짜 물리량이어서 도체의 성질이 바뀌어야 그 도체의 저항값이 바뀐다는 것을 옴이 실험으로 보이지 않았더라면, 저항이라는 용어의 도입이 어떤 과학적 가치도 갖지 못했을 것이다.

그러면 첫째, 도체의 저항은 그 도체를 통해 흐르는 전류의 세기와 무관하다.

둘째, 저항은 도체가 유지하는 전기 퍼텐셜과도 무관하며, 도체의 표면에 전하가 분포되는 면전하 밀도에도 무관하다.

저항은 전적으로 도체가 구성된 물질의 성질과 도체의 부분들이 모인 상태, 그리고 도체 온도에만 의존한다.

도체의 저항은 그 값의 1만 분의 1까지 정확하게 또는 심지어 10만 분의 1까지 정확하게 측정할 수 있어서, 많은 도체가 조사되었고 이제 옴의 법칙이 옳다는 확신이 매우 높다. 저항의 응용과 결과에 대해서는 6장에서 논의할 것이다.

전류에 의한 열의 발생

242. 기전력이 도체에서 전류가 흐르게 만들 때, 전기는 퍼텐셜이 높은 곳에서 낮은 곳으로 이동하는 것을 보았다. 만일 그러한 이동이 대류에 의해 일어났다면, 다시 말해 한 장소에서 다른 장소로 공이 연이어 전하를 나른 것이라면, 공에 작용하는 전기력에 의해 공에 일해야 했고, 그 일이 어디엔가 이용되었어야 한다. 그 일은 건전지 회로에서 실제로 부분적으로 이용되는데, 그 회로에서 전극은 종(鐘)의 형태이고 전하를 운반하는 공은 마치 진자(振子)처럼 두 종 사이에서 흔들려서 교대로 종을 때린다. 이런 방법으로 전기적 작용이 진자의 흔들거림을 유지하여 종의 소리가 먼 거리까지 전달되도록 설계된다. 도체로 된 도선의 경우에는 외부에 어떤 일도 하지 않고 전기가 높은 퍼텐셜의 장소에서 낮은 퍼텐셜의 장소로 똑같이 이동한다. 그러므로 에너지 보존 원리는 우리에게 도체 내의 내부 일을 찾도록 안내한다. 전해질에서 이런 내부 일은 부분적으로 전해질을 구성하는 화합물의 분리에 해당한다. 도체에서는 그 일은 전적으로 열로 변환된다.

이 경우에 열로 변환되는 에너지는 기전력을 통과한 전하량으로 곱한 것이다. 그러나 기전력은 전류와 저항의 곱이며, 전하량은 전류와 시간의 곱이다. 그래서 열의 양을 열의 단위에 역학적으로 해당하는 것을 곱하면 전류의 세기의 제곱을 저항과 시간으로 곱한 것과 같다.

도체의 저항을 극복하면서 전류가 발생한 열을 줄 박사가 구했는데, 그는 처음에는 주어진 시간 동안에 발생한 열이 전류의 제곱에 비례하는 것을 보이고, 그다음에 관계된 모든 양을 대해 세심하게 절대 측정하여 다음 식

$$JH = C^2 Rt$$

가 성립하는 것을 증명했는데, 여기서 J는 줄이 찾아낸 열의 동적 당량이고, H는 열이 몇 단위인지, C는 전류의 세기, R는 도체의 저항, t는 전류가

흐르는 시간이다. 기전력과 일, 그리고 열 사이의 이런 관계는 역학적 효과의 원리를 기전력의 측정에 적용하는 논문[1])에서 W. 톰슨 경이 최초로 충분히 설명하였다.

243. 전기 전도(傳導) 이론과 열의 전도 이론 사이의 유사성은 언뜻 보기에 거의 완벽했다. 만일 두 시스템이 기하학적으로 닮은꼴이어서, 첫 번째 물체의 임의의 부분의 열에 대한 전도도가 두 번째 물체의 해당 부분의 전기에 대한 전도도에 비례한다면, 그리고 첫 번째 물체의 임의의 부분에서 온도가 두 번째 물체의 해당 부분에서 전기 퍼텐셜에 비례한다면, 첫 번째 물체의 임의의 넓이를 통과하는 열의 흐름은 두 번째 물체의 해당하는 넓이를 통과하는 전기의 흐름에 비례한다.

그래서, 위의 예에서 전기의 흐름이 열의 흐름에 해당하고 전기 퍼텐셜이 온도에 해당하고, 열이 높은 온도의 장소에서 낮은 온도의 장소로 흐르려고 하는 것과 꼭 마찬가지로 전기도 높은 퍼텐셜의 장소에서 낮은 퍼텐셜의 장소로 흐르려고 한다.

244. 그러므로 퍼텐셜 이론과 열 이론은 둘 중 하나로 나머지 하나를 설명할 수 있을지도 모른다. 그렇지만 전기 현상과 열 현상 사이에는 한 가지 뚜렷한 차이가 있다.

닫힌 도체 용기 내에서 도체로 된 물체를 명주실에 매달면 용기가 전하를 띤다. 용기의 퍼텐셜과 그 내부의 모든 것의 퍼텐셜은 순간적으로 높아지지만, 얼마나 오랫동안 전하를 띠고 있든 얼마나 강력하게 용기가 대전되어 있든, 용기 안의 물체가 용기와 접촉하든 안 하든, 용기 내부에서는 전하의 징조가 전혀 나타나지 않으며, 용기 안의 물체가 용기 밖으로 꺼낼 때 어떤 전기적 효과도 보이지 않는다.

그러나 용기를 높은 온도로 올리면, 용기 안의 물체도 같은 온도로 올라

가지만, 그렇게 되기까지 상당히 오랜 시간이 흘러야 하며, 용기 안의 물체를 밖으로 꺼내면 물체는 뜨겁다는 것을 알게 되고 상당히 긴 시간 동안 그렇게 유지되면서 물체는 계속해서 열을 내보낸다.

두 현상 사이의 차이는 물체는 열을 흡수하고 방출하지만, 물체가 전기를 흡수하거나 방출하는 성질은 갖지 않는다는 사실에 있다. 물체는 질량과 물체의 비열에 의존하여 정해지는 일정한 양의 열을 받지 않고는 뜨거워질 수 없지만, 물체의 전기 퍼텐셜은 앞에서 이미 설명한 것처럼 물체에 전기를 전혀 전달하지 않고도 어떤 정도의 퍼텐셜이든 올라갈 수 있다.

245. 다시 한 번 더, 처음에 물체에 열을 가한 뒤 그다음에 닫힌 용기에 넣었다고 가정하자. 용기의 바깥 온도는 처음에는 주위 물체의 온도와 같지만, 곧 뜨거워지며, 용기 안의 물체의 열이 모두 달아날 때까지 높은 온도가 유지된다.

그것에 대응하는 전기적 실험을 수행하는 것은 불가능하다. 즉 물체를 충전시킨 다음 속이 빈 용기에 넣으면 용기의 바깥은 처음에는 전기의 징조를 보이지 않았는데, 시간이 흐른 뒤에 전기를 띠게 되는 것은 불가능하다. 패러데이가 전기의 절대 전하라는 이름으로 찾았으나 결국 실패한 것이 바로 이런 종류의 현상이었다.

열은 물체의 내부에 숨어서 외부에 아무런 작용을 하지 않을 수도 있지만, 전기 중에서 일부를 떼어내 종류가 반대인 같은 양의 전기와 연속적으로 유도 관계를 갖는 것을 방지하는 것은 불가능하다.

그러므로 전기 현상 중에는 열에 대해 물체의 열용량에 해당하는 것이 존재하지 않는다. 이것은 이 책에서 강조한 원칙, 즉 전기는 비압축성 유체가 만족하는 연속 조건과 같은 조건을 만족한다는 사실로부터 즉시 성립한다. 그러므로 어떤 물질에도 추가의 전하를 주입하여 물체의 전하를 갖게 만드는 것은 불가능하다. 61절, 111절, 329절, 334절을 보라.

3장
접촉한 물체들 사이의 기전력

서로 다른 접촉한 물질들의 퍼텐셜

246. 속이 빈 도체 용기의 퍼텐셜을 용기 내부 공기의 퍼텐셜이라고 정의하면, 1부 222절에서 설명한 전위계를 이용하여 그 퍼텐셜을 확인할 수 있다.

이제 서로 다른 금속으로 만든, 예를 들어 구리와 아연으로 만든, 두 개의 속이 빈 용기가 있는데, 두 용기를 서로 금속 접촉*하고 그다음에 각 용기 내부 공기의 퍼텐셜을 조사하면, 아연 용기 내부 공기의 퍼텐셜이 구리 용기 내부 공기의 퍼텐셜에 비해 더 높다. 두 퍼텐셜의 차이는 용기 내부 표면의 성질에 의존하는데, 아연이 밝을 때와 구리가 산화되어 있을 때 퍼텐셜이 가장 높다.

이로부터 서로 다른 두 금속이 접촉하면 일반적으로 한 금속에서 다른 금속으로 기전력이 작용해서 한 금속의 퍼텐셜이 일정한 양만큼 다른 금속의 퍼텐셜보다 더 커지는 것처럼 보인다. 이것이 접촉 전기에 대한 볼타의

---

* 금속 접촉(metallic contact)이란 두 금속이 맞닿아서 전류가 흐르는 통로를 만드는 접촉을 말한다.

이론이다.

구리와 같은 한 금속을 표준으로 정하면, 퍼텐셜이 0인 구리와 접촉한 철의 퍼텐셜이 I이면, 그리고 퍼텐셜이 0인 구리와 접촉한 아연의 퍼텐셜이 Z이면, 퍼텐셜이 0인 철과 접촉한 아연의 퍼텐셜은 $Z-I$가 된다.

어떤 세 가지 종류의 금속에 대해서도 성립하는 이 결과로부터, 같은 온도에서 접촉한 임의의 두 금속의 퍼텐셜의 차이는 각 금속이 제3의 금속과 접촉할 때 퍼텐셜 사이의 차이와 같으며, 그래서 같은 온도의 금속이 몇 가지이든 회로를 형성하면, 그 금속들이 알맞은 퍼텐셜을 얻는 즉시 전기 평형이 이루어지고, 회로에는 전류가 흐르지 않는다.

247. 그렇지만 볼타 이론에 따르면 전해질은 자기와 접촉된 금속의 퍼텐셜을 자신과 같도록 낮추려고 노력하기 때문에, 회로가 두 종류의 금속과 전해질로 구성되면 두 금속의 접점에서 기전력이 더는 같지 않게 되고 전류는 계속 유지된다. 이 전류의 에너지는 전해질과 금속 사이에서 발생하는 화학적 작용으로 공급된다.

248. 그렇지만 화학적 작용이 아닌 어떤 방법으로든 접촉한 두 금속의 퍼텐셜을 같게 만들 수 있으면 화학적 작용이 없더라도 전기적 효과가 발생할 수 있다. 그래서 W. 톰슨 경이 주도한 실험[2]에서 구리 깔때기가 수직으로 놓인 아연 원통과 접촉하여, 구리 부스러기들이 깔때기를 통과하도록 허용될 때, 부스러기들은 서로 떨어져서 아연 원통의 중간 부근으로부터 아래쪽에 놓인 절연된 수전기로 떨어진다. 그러면 수전기는 음(陰)으로 대전되었음을 알게 되며, 부스러기들이 수전기로 계속 떨어지면서 전하는 증가한다. 동시에 속에 구리 깔때기가 들어간 아연 원통도 점점 더 양(陽)으로 충전된다.

이제 아연 원통이 도선에 의해 수전기와 연결되면, 도선에는 원통에서 수전기 쪽으로 0보다 큰 전류가 흐른다. 구리 부스러기는 유도에 의해 음으로 대전되고, 그러면 그런 부스러기의 흐름은 깔때기에서 수전기 쪽으로 음의 전류를 만드는데, 이것이 다른 말로는 수전기에서 깔때기 쪽으로 양의 전류가 흐르는 것이다. 그러므로 양의 전류가 (부스러기에 의해서) 공기를 통해 아연으로부터 구리로 흐르며, 보통이 볼타 배열에서와 똑같이 구리에서 아연으로 금속 접점을 통해 흐르지만, 이 경우에 전류를 유지하는 힘은 양으로 대전된 깔때기와 음으로 대전된 부스러기들 사이에서 전기적 인력이 작용하고 있음에도 화학적 작용이 아니라 부스러기들을 아래로 떨어지게 만드는 중력이다.

249. 접촉 전기 이론이 펠티에*의 발견으로 확실하게 증명되었는데, 그 발견에서 전류가 두 금속의 접점을 통과할 때 전류가 한 방향이면 접점이 가열되면 전류가 반대 방향일 때는 그 접점이 냉각되었다. 전류가 금속을 통과하면 항상 열이 발생하는 것을 기억해야 하는데, 열이 발생하는 이유는 전류가 저항과 만나서 전체적으로 냉각 효과는 가열 효과보다 항상 더 작아야 하기 때문이다. 그러므로 각 금속에서 보통 저항 때문에 열이 발생하는 것과 두 금속의 접점에서 열이 발생하거나 흡수되는 것을 구분해야 한다. 이런 첫 번째를 전류에 의한 마찰열의 발생이라고 부르고, 앞에서 본 것처럼, 마찰열은 전류의 제곱에 비례하며 전류가 양의 방향으로 흐르건 음의 방향으로 흐르건 같다. 두 번째는 펠티에 효과라고 부르며 이때 발생되는 열은 전류의 방향이 바뀌면 부호를 바꾼다.

두 가지 금속으로 이루어진 합성 도체의 한 부분에서 발생하는 전체 열은

---

* 펠티에(Jean Charles Athanase Peltier, 1785-1845)는 프랑스의 물리학자로서, 1834년 두 개의 다른 금속의 접점을 통해 전류를 보내면 열의 흡수 또는 발생이 일어난다는 '펠티에 효과'를 발견하였다.

$$H = \frac{R}{J} C^2 t - \Pi C t$$

라고 표현할 수 있는데, 여기서 H는 열의 양이고, J는 열의 단위에 대한 역학적 당량이며, R은 도체의 저항이고, C는 전류이고 t는 시간이다. Π는 펠티에 효과의 계수로, 다시 말하면 단위 시간 동안 단위 전류에 의해 접점에서 흡수되는 열이다.

이제 발생한 열은 도체에서 전기력에 대항해서 한 일의 역학적 당량이며, 다시 말하면, 열은 전류와 그 전류를 만드는 기전력의 곱과 같다. 그래서 E가 도체를 통해 흐르는 전류의 원인이 되는 외부 기전력이면

$$JH = CEt = RC^2 t - J\Pi C t$$

인데, 그래서

$$E = RC - J\Pi$$

이다.

이 식으로부터 합성 도체를 통해 전류를 흐르게 만드는 외부 기전력은 기전력 $J\Pi$에 의해 저항 하나만이 원인인 기전력보다 더 적어 보인다. 그래서 $J\Pi$는 양(陽)의 방향으로 작용하는 접점에서 기전 접촉력을 대표한다.

W. 톰슨 경이 주도했던 열의 동적 이론[3]을 국소 기전력의 측정에 이렇게 적용한 것은 과학적으로 굉장히 중요한데, 그것은 합성 도체의 두 점을 검류계 또는 검전기의 전극과 도선으로 연결하는 보통 방법은 도선과 합성 도체의 물질 사이의 접점에서 접촉력이 발생해서 별 쓸모가 없기 때문이다. 반면에, 열적(熱的) 방법에서는 유일한 에너지 공급원이 전류임이 알려져 있으며, 전류는 회로의 특정한 부분에서 도체의 그 부분에 대한 가열을 제외하면 전류는 일하지 않는다. 그러므로 전류의 양과 생성되거나 흡수된 열의 양을 측정할 수 있으면, 도체의 그 부분을 통하여 전류를 흐르게 만드는 데 필요한 기전력을 정할 수 있으며, 그런 측정은 회로의 다른 부분에서 접촉력의 효과에 전적으로 무관하다.

두 금속의 접점에서 이 방법으로 결정된 기전력은 246절에서 설명된 볼

타의 기전력을 설명하지 못한다. 후자(後者)는 일반적으로 이 절에서 구한 기전력보다 훨씬 더 크며, 때로는 부호도 반대이다. 그래서 금속의 퍼텐셜은 그 금속과 접촉한 공기의 퍼텐셜에 의해 측정한다는 추론이 잘못되었어야 하며, 볼타 기전력의 더 많은 부분을 두 금속의 접점에서가 아니라 공기 또는 회로의 제3요소를 구성하는 다른 매질로부터 금속을 분리하는 한 표면 또는 모든 표면에서 찾아야 한다.

250. 서로 다른 금속으로 이루어진 회로 온도가 다른 접점들에서 제벡*이 발견한 열전류(熱電流)는 이러한 접촉력들이 전체 회로에서 항상 서로 평형을 이루지는 않음을 보여준다. 그러나 균일한 온도의 서로 다른 금속으로 만든 완전한 회로에서 접촉력은 서로 평형을 이루어야 함은 자명하다. 왜냐하면 만일 그렇지 않다면 회로에는 전류가 형성될 것이며, 그러면 회로의 모든 부분은 같은 온도이고 어떤 화학적 변화나 다른 변화가 일어나지 않아서, 에너지를 소비하지 않으면서도 동시에 기계를 운전하거나 회로에서 열을 발생시키는 데, 다시 말하면 일을 하는 데 이 전류를 이용할 수 있을 것이기 때문이다. 그래서 두 금속 a와 b의 접점에서 전류가 a에서 b로 흐를 때 펠티에 효과를 Π_{ab}로 대표하면, 같은 온도의 두 금속으로 이루어진 회로에서

$$\Pi_{ab} + \Pi_{ba} = 0$$

이 성립해야 하며, 세 금속 a, b, c에서는

$$\Pi_{bc} + \Pi_{ca} + \Pi_{ab} = 0$$

이 성립해야 한다.

이 식으로부터 세 펠티에 효과는 서로 독립이지 않고, 그중에 하나는 나

---

* 제벡(Thomas Johann Seebeck, 1770-1831)은 독일의 물리학자로서 1821년에 열전류를 발견하였다. 이 열전류는 오늘날 열전기쌍에 응용되어 고체상의 온도계로 널리 활용된다.

머지 둘로부터 유도될 수 있음을 알게 된다. 예를 들어 c가 표준 금속이라고 가정하면, 그리고 $P_a = Л_{ac}$이고 $P_b = Л_{bc}$라고 쓰면

$$Л_{ab} = P_a - P_b$$

이다.

P_a라는 양은 온도의 함수이며 금속 a의 성질에 의존한다.

251. 마그누스*도 또한, 단 한 가지 금속으로 형성된 회로에서는 전류가 흐르지 않지만 그러나 회로의 서로 다른 부분들에서 도체의 단면과 온도는 변할 수도 있음을 보였다.

이런 경우에 열의 전도가 존재하고 그 결과로 에너지의 소비도 존재하므로, 이전 경우처럼 이 결과가 자명하다고 간주할 수는 없다. 예를 들어, 회로의 두 부분 사이의 기전력은 뜨거운 부분에서 찬 부분으로 또는 그 반대 방향으로, 빨리 또는 천천히 흐르는지에 의존하는 것만큼, 전류가 도체의 굵은 부분에서 가는 부분으로 흐르는지 또는 그 반대 방향으로 흐르는지에 의존하며, 이것이 한 가지 종류의 금속으로 만든 서로 다르게 가열된 회로에서 전류가 흐르는 것이 가능할 수도 있다.

그래서 펠티에 현상의 경우와 같은 논리에 따라서, 한 가지 금속으로 만든 도체를 통한 전류의 흐름이 조금이라도 열적 효과를 발생시키면, 그리고 그 효과가 전류가 반대 방향으로 흐르면 거꾸로 발생한다면, 전류가 높은 온도의 장소에서 낮은 온도의 장소로 흐를 때만 그런 효과가 발생하는 것을 알 수 있으며, 한 가지 금속으로 된 도체에서 온도가 x인 장소에서 온도가 y인 정소로 흐를 때 발생하는 열량이 H라면

$$JH = RC^2t - S_{xy}Ct$$

---

* 마그누스(Heinrich Gustav Magnus, 1802-1870)는 독일의 물리학자이자 화학자로서 열전류에 대한 마그누스 효과를 발견하였다.

이며, 여기서 전류를 유지하려는 기전력은 S_{xy} 임을 알 수 있다.

x, y, z가 동종 회로의 세 점에서 온도이면 마그누스의 결과에 따라

$$S_{yz} + S_{zx} + S_{xy} = 0$$

이 성립해야 한다. 그래서 z의 온도가 0이라고 가정하고

$$Q_x = S_{xz} \quad \text{그리고} \quad Q_y = S_{yz}$$

이라고 놓으면

$$S_{xy} = Q_x - Q_y$$

임을 알 수 있는데, 여기서 Q_x는 온도 x의 함수이며, 이 함수의 형태는 금속의 성질에 의존한다.

이제 두 가지 금속 a와 b로 이루어진 회로를 고려하는데, 그 회로에서 전류가 a에서 b로 흐르면 온도가 x이며 전류가 b에서 a로 흐르면 온도가 y이면, 기전력은

$$F = P_{ax} - P_{bx} + Q_{bx} - Q_{by} + P_{by} - P_{ay} + Q_{ay} - Q_{ax}$$

가 되며, 여기서 P_{ax}는 금속 a가 온도 x일 때 P의 값을 나타내어서

$$F = P_{ax} - Q_{ax} - (P_{ay} - Q_{ay}) - (P_{ax} - Q_{ax}) + P_{by} - Q_{by}$$

가 성립한다.

서로 다른 금속으로 만든 회로가 균일하지 않게 가열되면 일반적으로 열전류가 존재하므로, 같은 금속과 같은 온도에서 P와 Q는 일반적으로 다르다.

252. W. 톰슨 경은, 이 책이 이미 인용한 적이 있는 논문에서, Q라는 양(量)이 실제로 존재함을 최초로 증명했는데, 그 증명에서는 커밍*이 발견

---

* 커밍(James Cumming, 1777-1861)은 영국의 화학자로서, 케임브리지 대학 교수로 재직하면서 강의 중 고양이를 감전사시키는 등 전기력의 위력을 보여준 것으로 유명하다.

한 열전기 역전 현상4)을 이용하였다. 커밍은 열전(熱電) 스케일에서 금속들의 순서가 온도에 따라 달라서, 어떤 온도에서는 두 금속이 서로 중립적일 수 있음을 발견하였다. 그래서 구리와 철로 된 회로에서, 한 접점은 보통 온도로 유지되는데 다른 접점의 온도를 높이면 뜨거운 접점을 통하여 구리에서 철로 전류가 흐르기 시작하며, 뜨거운 접점의 온도가 T로 될 때까지 기전력이 계속 증가하는데, 그 온도가 톰슨에 의하면 약 284℃이다. 뜨거운 접점의 온도가 여전히 더 높이 올라가면 기전력은 감소하며, 마지막에 온도가 충분히 높이 올라가면, 전류의 방향이 거꾸로 바뀐다. 차가운 접점의 온도를 올리면 전류의 방향을 좀 더 쉽게 바꿀 수도 있다. 혹시 두 접점 모두의 온도가 T를 초과하면, 더 뜨거운 접점에서 철에서 구리로 전류가 흐르기 시작하는데, 다시 말하면 두 접점 모두의 온도가 T 미만일 때 전류 방향과 반대 방향이다.

그래서, 만일 두 접점 중 하나의 온도가 중립 온도 T이고, 다른 접점의 온도가 더 뜨겁거나 더 차면, 전류는 중립 온도인 접점을 통하여 구리에서 철로 흐르기 시작한다.

253. 이 사실로부터 톰슨은 다음과 같이 설명하였다.

다른 접점의 온도가 T에 비해 더 낮다고 가정하자. 전류가 엔진에 일하도록 만들거나 도선에서 열을 발생하도록 만들 수 있고, 이런 에너지의 소비는 열이 전기 에너지로 변환되어야 계속되는데, 다시 말하면 회로의 어디선가 열이 자취를 감추어야 한다. 이제 온도 T에서는 철과 구리가 서로 중립이며, 그래서 뜨거운 접점에서 역전할 수 있는 열 효과가 발생하지 않고, 차가운 접점에서는, 펠티에의 원리에 의해, 전류에 의한 열의 진화(進化)가 존재한다. 그래서 열이 자취를 감출 수 있는 유일한 장소는 회로의 구리 부분이거나 철 부분으로, 철에서 뜨거운 접점에서 차가운 접점 방향으로 흐르는 전류가 철을 식히거나, 또는 구리에서 차가운 접점에서 뜨거운 접점 방향으로 흐르는 전류가 구리를 식히거나, 또는 이 두 가지 효과가 모두 일어나야 한다. 톰슨은 정성 들여 수행한 독창적인 많은 실험에서 서로 다른 온도의 부분들 사이를 통과하는 전류의 역전(逆轉)이 가능한 열작용을 측정하는 데 성공했으며, 그는 구리와 철에서 전류가 서로 반대인 효과를 만드는 것을 발견하였다.[5]

물질 유체 흐름이 뜨거운 부분에서 찬 부분으로 관을 따라 지나가면 그 흐름은 관을 가열시키고, 그 흐름이 찬 부분에서 뜨거운 부분으로 관을 따라 지나가면 그 흐름은 관을 냉각시키며, 이 효과는 유체의 열에 대한 비용량에 의존한다. 만일 전하가, 양전하인지 음전하인지는 관계없이 물질 유체라고 가정하면, 서로 다르게 가열된 도체에 대한 열적 효과에 의해서 그 도체의 비열을 측정할 수 있어야 한다. 그런데 톰슨의 실험은 구리에서는 양전하가 그리고 철에서는 음전하가, 뜨거운 곳에서 찬 곳으로 열을 나른 다는 것을 보여주었다. 그래서 양전하 또는 음전하가 유체이고, 가열되고 냉각될 수 있으며 다른 물체에 열을 전달할 수 있다고 가정하면, 우리 가정이 철에 의해서는 양전하에 대해 그리고 구리에 의해서는 음전하에 대해 모순되어서, 두 가설을 모두 포기해야 한다.

서로 다르게 가열된 한 가지 금속으로 만든 도체에 대한 전류의 가역적 효과라는 이 과학적 예언은 과학 분야 연구에서 새로운 방향을 제시하기 위해 에너지 보존 이론을 적용한 또 다른 하나의 유익한 예이다. 톰슨도 역시 열역학 제2법칙을 적용하여 우리가 P와 Q라고 표시한 두 양(量) 사이의 관계를 보여주었으며, 방향이 다르면 구조도 다른 물체에서 있을 법한 열전기(熱電氣) 성질을 조사하였다. 그는 또한 그런 성질들이 압력이나 자기화(磁氣化) 등에 의해 발생하는 조건에 대해서도 실험을 이용하여 조사하였다.

254. 테이트 교수[6]는 최근에 서로 다른 금속으로 구성되고 서로 다른 온도의 접점을 갖는 열전기 회로의 기전력에 관해 연구하였다. 그는 회로의

기전력은 다음 공식

$$E = \alpha(t_1 - t_2)\left[t_0 - \frac{1}{2}(t_1 + t_2)\right]$$

에 의해 매우 정확하게 표현될 수 있는데, 여기서 t_1은 뜨거운 접점의 절대 온도이고, t_2는 차가운 접점의 절대 온도이며, t_0는 두 금속이 서로에 대해 중립인 온도이다. 인자 α는 회로를 구성하는 두 금속의 성질에 의존하는 계수이다. 테이트 교수는 이 법칙을 상당히 넓은 영역 온도에서 확인했으며, 그의 제자들과 그는 열전도에 대한 실험에서, 그리고 수은 온도계가 편리하지 않거나 충분한 범위 온도에 이용되지 못할 때에, 온도를 측정하는 도구로 활용될 수 있는 열전기 회로를 제작하려고 희망하고 있다.

테이트의 이론에 따르면, 비록 크기는 금속마다 다르고 심지어 부호까지 금속마다 다른 예도 있지만, 톰슨이 전기 비열이라고 부른 양은 각각의 순수한 금속에서 절대 온도에 비례한다. 그 이론으로부터 테이트는 열역학 원리를 이용하여 다음과 같은 결과를 추론하였다. $k_a t$, $k_b t$, $k_c t$는 세 금속 a, b, c에서 전기 비열이라고 하고, T_{bc}, T_{ca}, T_{ab}는 이런 세 가지 금속의 쌍마다 서로에 대해 중립인 온도라고 하면, 다음 식들

$$(k_b - k_c)T_{bc} + (k_c - k_a)T_{ca} + (k_a - k_b)T_{ab} = 0$$

$$J\Pi_{ab} = (k_a - k_b)t(T_{ab} - t)$$

$$E_{ab} = (k_a - k_b)(t_1 - t_2)\left[T_{ab} - \frac{1}{2}(t_1 + t_2)\right]$$

는 각각 중립 온도들 사이의 관계와 펠티에 효과의 값, 그리고 열전기 회로의 기전력을 표현한다.

4장
전기 분해

전해질 전도

255. 나는 이미 회로 중 임의의 부분에서 전류가 전해질이라고 부르는 합성 물질을 지나갈 때, 전류의 통과는 전기 분해라고 부르는 화학 과정을 수반하며, 전기 분해에서 그 물질은 녹아서 이온이라고 부르는 두 성분이 되는데, 그중에서 하나인 아니온(anion)이라고 부르는 음이온 성분은 양극, 즉 전류가 전해질로 들어가는 장소에서 나오고, 다른 하나인 카티온(cation)이라고 부르는 양이온 성분은 음극, 즉 전류가 전해질에서 나오는 장소에서 나온다는 것을 설명했다.

전기 분해에 대한 완전한 연구는 전기에 속하는 만큼이나 화학에도 속한다. 여기서는 전기 분해를 화합물의 구성 이론에 응용하는 것에 대한 논의는 제외하고, 오직 전기적인 관점에서만 고려할 예정이다.

보통 물질의 흐름이나 전기의 흐름이 같은 현상의 필수적인 부분을 형성하고 있으므로, 모든 전기적 현상 중에서 전기 분해가 전류의 진정한 본성에 대해 가장 실질적인 통찰력을 가장 잘 제공해 줄 수 있을 것처럼 보인다.

아마도 바로 그런 이유로, 전기에 대한 현재 우리 생각이 불완전한 상태 속에서 전기 분해 이론이 이렇게도 만족스럽지 못한 것처럼 보인다.

패러데이에 의해 수립되고 베츠,* 히토르프,** 그리고 그 밖의 다른 사람들에 의한 실험으로서 현재까지 확인된 전기 분해에 대한 기초 이론은 다음과 같다.

정한 시간 동안 통과한 전류에 의해 분해된 전해질의 전기화학 당량 수는 같은 시간 동안 전류에 의해 전달된 전하 단위의 수가 같다.

어떤 물질의 전기화학 당량은 단위 시간 동안에 단위 전류가 그 물질을 통과해서, 즉 다시 말하면 단위 전하량이 통과해서, 전기 분해된 그 물질의 양이다. 전하의 단위가 절대 기준으로 정의되면, 전기화학 당량의 절댓값이 그레인*** 또는 그램으로 정해질 수 있다.

서로 다른 물질의 전기화학 당량은 그 물질의 보통 화학 당량에 비례한다. 그렇지만 보통 화학 당량은 단순히 물질이 결합하는 숫자로 표현된 비율일 뿐이지만, 전기화학 당량은 전하 단위의 정의에 의존하는 확실히 정해진 크기의 물질의 양이다.

모든 전해질은 두 성분으로 구성되는데, 그 두 성분은 전기 분해가 진행되는 동안 전해질로 전류가 들어오는 장소와 나가는 장소에서만 나타나고 다른 장소에서는 나타나지 않는다. 그래서 전해질의 물질 내부에 그려진 표면을 상상하면, 그 표면을 통과하면서 발생한 전기 분해의 양은, 반대 방향으로 이동한 성분들의 전기화학 당량으로 측정할 때, 그 표면을 통과하는 총전류에 비례한다.

---

*   베츠(Wilhelm von Beetz, 1822-1886)는 독일의 물리학자로서 전기 전도도의 특성에 관한 연구에 크게 이바지했다.

**   히토르프(Johann Wilhelm Hittorf, 1824-1914)는 독일의 물리학자로서 전해질에 관한 연구에 이바지했고 전기화학의 기초를 구축했다.

***   그레인(grain)은 질량의 단위로 64.79891밀리그램과 정확히 같은 질량이다.

그러므로 전해질에 그린 그 표면을 반대 방향으로 통과한 이온의 실제 이동은 전해질을 통과하는 전류의 전도(傳導) 현상의 일부이다. 전류가 지나간 전해질의 모든 점에서, 서로 반대 방향인 음이온과 양이온으로 이루어진 물질의 흐름도 또한 존재하는데, 그것들도 역시 전류와 같은 선을 따라 흐르며 크기도 전류에 비례한다.

그러므로 이온의 흐름은 전기의 대류 전류라고 가정하는 것이 지극히 당연하며, 특별히 양이온의 각 분자는 어떤 고정된 양(量)의 양전하로 대전되고, 그 양은 모든 양이온마다 다 똑같으며, 음이온의 각 분자는 같은 양의 음전하로 대전되어 있다.

그래서 전해질에서 반대 방향으로 이동하는 양이온과 음이온의 움직임이 전류를 물리적으로 완벽하게 대표한다. 이온의 이런 움직임을 확산이 일어나는 동안에 서로를 통과하는 기체와 액체의 움직임과 비교해 볼 만한데, 여기서 이 두 과정 사이에 차이는, 확산에서는 물질들이 단지 서로 섞여 있을 뿐이고 그 섞임이 균일하지 않은 데 반해서, 전기 분해에서는 그들이 화학적으로 결합되어 있으며 전해질은 그 섞임이 균일하다는 데 있다. 확산에서는 주어진 방향으로 물질이 움직이는 원인을 결정하는 것이 그 방향으로 단위 부피마다 물질의 양이 줄어드는 것이라면, 전기 분해에서는 각 이온의 움직임은 대전된 분자에 작용하는 기전력이 원인이다.

256. 물체에서 분자들의 교란 이론에 대해 많이 연구한 클라우지우스[7]는 모든 물체의 분자들은 끊임없는 교란 상태에 있지만, 고체에서는 각 분자가 자기 원래 위치에서 어떤 정해진 거리를 초과하여 절대로 이동하지는 않지만, 액체에서는 한 분자가 자기 원래 위치에서 어떤 정해진 거리를 이동한 다음에는, 그 위치에서 여전히 더 멀리 움직이려는 것만큼 다시 돌아오려고 한다고 가정하였다. 그래서 겉보기로는 정지해 있는 것처럼 보이는 액체의 분자들은 끊임없이 자기의 위치를 바꾸고 있으며, 액체의 한 부분

에서 다른 부분으로 불규칙적으로 움직이고 있다. 클라우지우스는 화합물로 된 액체에서 단지 화합물 분자만 이런 방법으로 이리저리 움직이는 것이 아니라, 화합물 분자들 사이에서 발생하는 충돌에서, 화합물이 구성된 분자들이 때로는 분리되어서 동반자를 바꾸어 같은 개별적 원자가 한 번은 반대 종류의 원자와 결합하기도 하고 다른 때는 또 다른 원자와 결합하기도 한다고 가정한다. 클라우지우스는 액체에서 이 과정이 항상 진행되고 있다고 가정하지만, 분자들이 모든 방향으로 차이 없이 운동하던 액체에 기전력이 작용하면 분자들의 운동은 이제 기전력에 의해 영향을 받아서, 양전하로 대전된 분자들은 양극으로 가려고 하는 것보다 음극으로 더 가려고 하고, 음전하로 대전된 분자들은 그것과 반대 방향으로 더 가려고 한다고 가정한다. 그래서 양이온인 분자들은 자유롭게 움직일 수 있는 기간에 음극을 향해 가려고 하지만, 그 항로 동안에, 잠깐 역시 반대 방향으로 가려고 시도하는 음이온의 분자들과 짝을 이루는 방법으로 끊임없이 억제된다.

257. 클라우지우스의 이 이론에 의해 전해질의 실제 분해는 유한한 크기의 기전력이 있어야 하지만, 전해질에서 전류의 전도는 어떻게 옴의 법칙을 준수해서 전해질 내부에서 모든 기전력은, 심지어 가장 약한 기전력까지 비례하는 크기의 전류를 발생시키는지 이해할 수 있게 되었다.

클라우지우스의 이론에 따르면, 전해질의 분해와 결합은 심지어 전류가 흐르지 않을 때도 끊임없이 계속되고 있으며, 가장 약한 기전력도 그 과정에 어느 정도의 방향성을 주기에 충분하며, 그런 방법으로 같은 현상의 일부인 이온의 흐름과 전류를 만든다. 그렇지만 전해질 내부에는 유한한 양의 이온이 자유로워지는 일은 절대 벌어지지 않으며, 유한한 기전력은 이온을 그렇게 해방하는 데 필요하다. 전극(電極)에서는 이온들이 모이는데, 전극에 연이어 도달하는 이온의 각 부분들은 자기와 결합할 수 있는 종류가 반대인 이온으로 된 분자를 찾는 대신, 자기와는 결합할 수 없는 종류가 같은 이온으로 된 분자와 함께 이동하도록 강요된다. 이 효과를 만드는 데 필요한 유도 기전력의 크기는 유한하며, 다른 기전력이 제거될 때 반대 방향의 흐름을 만드는 거스르는 기전력을 형성한다. 전극에서 이온이 모이기 때문에 생기는 이러한 반대 방향의 기전력이 관찰되면, 전극이 편극된다고 말한다.

258. 어떤 물체가 전해질인지 아닌지 정하는 가장 좋은 방법 중 하나는 그 물체를 백금 전극 사이에 놓고 얼마의 시간이 지나는 동안 전류를 통과시키고, 그다음에 볼타 전지로부터 전극을 분리하고, 전극에 검류계를 연결해서 전극의 편극 때문에 반대 방향의 전류가 검류계에 흐르는지 관찰하는 것이다. 두 전극에 서로 다른 물질이 모여서 발생하는 그런 흐름이 전지로부터 원래 나온 전류에 의해 그 물질이 전기 분해되었다는 증거이다. 화학적 방법을 직접 적용해서 전극에서 분해 생성물의 존재를 검출하기가 어려울 때 이 방법이 자주 적용된다. 271절을 보라.

259. 지금까지는 전기 분해 이론이 매우 만족스러운 것처럼 보인다. 전기 분해 이론은 전극의 물질 성분의 흐름을 이용하여 그 본성을 아직 이해하지 않고 있는 전류에 관해 설명하는데, 물질 성분의 이동은 비록 눈에 보이지는 않아도 어렵지 않게 입증될 수 있다. 전기 분해 이론은, 패러데이가 보인 것처럼, 액체 상태에서 전기 전도(傳導)를 일으키는 전해질이 응고하면 왜 부도체(不導體)가 되는지를 명쾌하게 설명하는데, 그 이유는 분자들이 한 부분에서 다른 부분으로 이동할 수 없으면 어떤 전해질 전도도 일어날 수 없으며, 그래서 도체이기 위해서는 그 물질이 반드시, 융합하든지 녹든지 무슨 방법으로든, 액체 상태여야 하기 때문이다.

그러나 계속해서 전해질 내부의 이온의 분자가 실제로 정해진 양의 양전하와 음전하로 대전되어 있다고 추정하면, 그래서 전해질의 흐름은 단순히 대류에 의한 흐름이라면, 이런 솔깃한 가설이 매우 어려운 처지로 우리를 인도한다.

첫째, 모든 전해질에서 양이온 분자들 하나하나가 음극에서 해방되면서, 음극에 양전하를 전달해 주어야 하는데, 단지 그 특정한 양이온의 분자뿐 아니라 다른 모든 양이온의 분자들에서도 그 양은 똑같다. 같은 방법으로 음이온 분자들 하나하나가 양극에서 해방되면서, 양극에 음전하를 전달해 주어야 하는데, 그 전하량의 크기는 음이온의 분자에 의한 양전하의 전하량 크기와 같고, 단지 부호만 반대이다.

만일 분자 한 개가 아니라 이온의 전기화학 당량을 구성하는 분자들의 모임을 고려하면, 모든 분자의 총전하는 앞에서 본 것처럼 양전하인지 음전하인지 불문하고 한 단위의 전하이다.

260. 우리는 물질마다 전기화학 당량에 얼마나 많은 분자가 존재하는지 아직 알지 못하지만, 많은 물리적 고려로 입증된 화학의 분자이론에 의하면 전기화학 당량에 포함된 분자들의 수는 모든 물질에 대해 다 똑같다. 그러므로 분자 규모의 생각에서, 한 전기화학 당량에 포함된 분자들의 수가 현재로는 알지 못하는 숫자 N이라고 가정하고, 지금부터 그 숫자를 찾는 방법을 모색할 수도 있다.[8]

그러므로 결합의 상태로부터 해방된 분자마다, 크기가 $\frac{1}{N}$인 전하가 갈라지며, 그 전하는 양이온에서는 양전하이고 음이온에서는 음전하이다. 이 정해진 양의 전하를 분자전하라고 부르자. 만일 분자전하를 안다면, 분자전하가 가장 자연스러운 전하의 단위가 될 수 있다.

지금까지 우리는 분자의 전하와 그 전하의 방출을 추적하는 데 우리 상상력을 발휘하면서 단지 우리 생각의 정확한 정도를 높였을 뿐이다.

이온들이 나오는 것과 양전하가 양극에서 음극으로 통과하는 것은 동시에 일어나는 사실이다. 이온은 방출되면 전하로 대전되어 있지 않아서, 이온들이 결합하면 위에서 설명한 분자전하를 갖는다.

그렇지만 분자가 전하를 띠는 것이 비록 쉽게 이야기되지만 쉽게 이해되지는 않는다.

우리는 두 금속이 임의의 점에서 접촉하면, 나머지 표면은 대전되고, 두 금속이 중간에 좁은 공기 간격에 의해 분리된 두 판의 형태라면, 각 판의 전하는 상당히 큰 크기가 될 수 있다는 것을 알고 있다. 그런 것과 비슷한 일은 전해질의 두 성분이 결합할 때 일어난다고 가정할 수 있다. 두 분자의 모든 쌍은 한 점에서 접촉하고, 분자의 나머지 표면에서는 접촉의 기전력에 의한 전하로 대전된다.

그러나 이 현상을 설명하려면, 각 분자에서 그렇게 만들어진 전하가 왜 고정된 양인지를, 그리고 염소와 아연 사이의 기전력이 염소와 구리 사이의 기전력보다 훨씬 더 큼에도 왜 염소 분자가 아연 분자와 결합할 때의 분자전하가, 염소 분자가 구리 분자와 결합할 때 분자전하와 같은지를 증명해야 한다. 만일 분자가 전하를 띠는 것이 접촉의 기전력 효과 때문에 일어난다면, 왜 서로 다른 세기의 기전력이 정확히 같은 전하를 만들어내는가?

그런데도, 분자전하가 일정한 값을 갖는다는 사실을 인정하고 이 어려움을 그냥 뛰어넘고, 이 일정한 값의 분자전하를 설명할 때는 편의상 **전하 한 분자**라고 부른다고 가정하자.

이 명칭은, 비록 표현도 마음에 들지 않고 이 책의 나머지 부분과 조화도 이루지 못하지만, 적어도 전기 분해에 대해 알려진 것을 분명히 표명하며, 어려움이 얼마나 큰지를 실감시킨다.

모든 전해질은 그 전해질의 아니온과 카티온으로 된 2원 화합물로 이해되어야 한다. 아니온이나 카티온 또는 그 둘 모두는 합성 물체의 구성물이어서 아니온 또는 카티온 분자는 간단한 물체의 분자가 많은 수가 모여서 형성될 수 있다. 아니온의 분자와 카티온의 분자는 함께 결합해 전해질의 한 분자를 형성한다.

전해질에서 아니온으로 행동하기 위해서, 그렇게 행동하는 분자는 우리가 음전하의 한 분자라고 부른 것으로 대전되어야 하며, 카티온으로 행동하기 위해서 분자는 양전하의 한 분자로 대전되어야 한다.

이 전하들은 단지 전해질에서 아니온과 카티온으로 결합한 때만 분자들과 연결된다.

분자들이 전기 분해되면, 그 분자들은 결합으로부터 해방될 때, 자신의 전하를 전극으로 나눠주고 전하를 띠지 않은 것처럼 보인다.

만일 같은 분자가 한 전해질에서 카티온으로 행동하는 것이 가능하고, 다른 전해질에서는 아니온으로 행동하는 것이 가능하면, 그리고 또한 전해질이 아닌 합성 물체로 들어가는 것이 가능하면, 그 분자가 카티온으로 행동할 때는 그 분자는 양전하를 받는다고 가정해야 하고, 아니온으로 행동할 때는 음전하를 받는다고 가정해야 하며, 전해질에 있지 않으면 전하가 없다고 가정해야 한다.

예를 들어, 요오드는 금속의 요오드화물과 요오드화수소산에서는 아니온으로 행동하지만, 요오드의 브롬화물에서는 카티온으로 행동한다고 전해진다.

분자전하에 대한 이 이론은 전기 분해에 대해 많은 좋은 사실이라고 생각하는 것을 기억하는 방법의 역할을 할 수 있다.

전기 분해의 정확한 본성이 무엇인지 이해하게 될 때, 어떤 형태로도 분자전하 이론을 계속 유지할 개연성은 지극히 낮아 보이는데, 그 이유는 그렇게 되면 전류에 대한 진정한 이론을 형성하는 튼튼한 기초를 얻게 될 것이고, 그러면 그 기초 이론은 이런 조건부 이론과는 무관할 것이기 때문이다.

261. 전기 분해에 대한 우리 지식에서 가장 중요한 단계 중 하나는 전극에서 이온의 진화로부터 발생하는 2차 화학 과정을 깨닫는 것이다.

많은 경우에 전극에서 발견된 물질들은 전기 분해의 실제 이온이 아니었고 이러한 이온이 전극에 행한 작용의 생성물이었다.

그래서, 황산나트륨 용액이 묽은 황산을 통과한 전류에 의해 전기 분해될 때, 황산나트륨 용액과 묽은 황산 용액 모두에서 양극에서는 같은 양의 수소가 발생하고, 음극에서는 같은 양의 수소가 발생한다.

그러나 만일 전기 분해가, 각 전극을 둘러싸는 물질이 분리되어 조사될 수 있도록 U자 모양의 관 또는 구멍이 뚫린 가로막과 같은 적절한 용기에서 일어나면, 황산나트륨 용액의 양극에는 산소 한 당량뿐 아니라 황산염 한 당량도 존재하고, 음극에는 수소 두 당량뿐 아니라 소다 한 당량도 존재한다는 것이 관찰된다.

처음 보면 이것은 마치 염분의 성분에 관한 옛날 이론에서, 황산나트륨이 그 구성 성분인 황산과 소다로 전기 분해되고, 그동안에 용액의 물이 동시에 산소와 수소로 전기 분해되는 것처럼 보였다. 그러나 이런 설명은 묽은 황산 용액을 통과하는 같은 전류가 물 한 당량을 전기 분해하고 그 전류가 황산나트륨 용액을 통과할 때 물 한 당량에 더하여 소금 한 당량을 전기 분해한다는 것을 인정하는 셈인데, 이것은 전기화학 당량의 법칙을 위배한다.

그러나 만일 황산나트륨의 성분이 SO_3와 NaO가 아니라 SO_4와 Na라고 가정하면, 즉 황산과 소다가 아니라 설피온*과 나트륨이라고 가정하면, 설피온은 양극으로 가서 자유롭게 되지만 자유 상태로 존재하는 것이 불가능하므로 각각 한 당량씩의 황산과 산소로 나뉜다. 동시에 나트륨은 음극에서 자유롭게 되고 거기서 용액의 물을 분해해서 나트륨 한 당량과 수소 두 당량을 형성한다.

묽은 황산에서는 전극에서 수집된 기체들은 물의 성분으로, 즉 산소 한 부피와 수소 두 부피이다. 양극에는 또한 황산의 증가도 존재하지만, 그 양

---

* 설피온(sulphion)은 전해질의 분해에서 황산의 성분을 구성한다고 생각한 가상적인 라디칼인 SO_4를 부르는 이름이다.

은 한 당량과 같지 않다.

순수한 물이 전해질인지 아닌지는 분명하지 않다. 물의 순도가 더 커질수록 전해질 전도에 대한 저항이 더 커진다. 극미량이 불순물 흔적이면 물의 전기저항을 크게 줄이는 데 충분하다. 서로 다른 관찰자들에 의해 정해진 물의 전기저항은 그 값이 너무 크게 달라서 그것을 결정된 양이라고 말할 수 없다. 물이 순수하면 할수록 물의 저항도 더 커지며, 만일 진정으로 순수한 물을 얻을 수만 있다면 물이 전도를 일으킬 수나 있을지 의심스럽다.

과거에 실제로 물을 일종의 전해질이라고 간주했었듯이, 물을 전해질이라고 생각하는 한, 물은 이원 화합물이며 두 부피의 수소는 화학적으로 한 부피의 산소와 등가라는 생각을 유지하는 데에는 상당히 강력한 이유가 있었다. 그렇지만 만일 물이 전해질이 아니라고 인정하면, 산소와 수소의 같은 부피가 화학적으로 등가라고 가정해도 전혀 문제가 없다.

기체의 동역학적 이론에 의하면 이상 기체의 같은 부피는 항상 같은 수의 분자를 포함한다고 가정하고, 또한 비열의 주요 부분은, 즉 서로에 대해 분자의 무질서한 운동에 의존하는 비열은 모든 기체의 같은 수의 분자에 대해 모두 똑같다고 가정한다. 그래서 우리는 같은 부피의 산소와 같은 부피의 수소는 등가라고 취급하는 화학적 시스템을 선호하게 되며, 그런 시스템에서 물은 두 당량의 수소와 한 당량의 산소로 이루어진 합성물이라고 간주하고, 그러므로 아마도 직접적인 전기 분해를 일으킬 수는 없다.

전기 분해가 전기 현상과 화학 결합 현상 사이에 긴밀한 관계가 있음을 충분히 수립했지만, 모든 화학적 합성물이 전해질은 아니라는 사실은 화학적 결합이 그저 순수한 전기 현상이기보다는 한 단계 더 복잡한 과정임을 보여준다. 그래서 비록 금속은 좋은 도체이고 금속이 결합한 화합물의 성분들은 접촉에 의한 전기 순서에서 서로 다른 점들에 속하지만, 금속끼리의 결합은 고체 상태에서뿐 아니라 심지어 액체 상태에서도 전류에 의해 분해되지 않는다. 아니온으로 행동하는 물질들의 합성물 중 대부분은 도체가 아니고 그러므로 전해질이 아니다. 이것들을 제외하고도 같은 성분을 전해질로 포함하는 많은 합성물이 있지만, 당량 비율에 따르는 것은 아니고, 이들은 또한 부도체이며 그러므로 전해질이 아니다.

전기 분해에서 에너지 보존에 대해

262. 일부는 전지이고, 일부는 도선이며, 일부는 전해질 셀로 구성되는 임의의 볼타 회로를 생각하자.

한 단위의 전하가 회로의 임의의 단면을 통과하는 동안에, 셀에서 물질 하나하나의 한 전기화학 당량이, 볼타 전지에 의한 것이든 전해질에 의한 것이든, 전기 분해된다.

임의의 주어진 화학적 과정에 등가인 역학적 에너지의 양은, 그 과정에서 발생하는 총에너지를 열로 전환하고 그 열에 줄(Joule)이 구한 열의 일 당량을 적용한 열 단위의 수를 곱하여 열을 동역학적 수치로 표현하면 확인될 수 있다.

이런 직접적인 방법을 적용할 수 없는 경우에는, 물질에 의해 방출된 열의 양을 정할 수 있는 경우 먼저 과정이 시작하기 전에 상태에서 방출된 열과 그다음에 마지막 상태로 진행하는 과정 다음의 상태에서 방출된 열을 구하면 두 열의 양의 차이가 그 과정에 대한 열 당량이 된다.

화학적 작용이 볼타 회로를 유지할 때에, 줄은 볼타 셀에서 생긴 열이 그 셀 내부에서 화학적 과정에 의해 생긴 열보다 더 작은데, 열의 차이는 연결하는 도선 또는 회로에 전자기 엔진이 존재할 때 열의 일부는 엔진의 역학적 일에 의해 설명되는 것을 발견했다.

예를 들어, 볼타 셀의 전극이 처음에는 짧고 두꺼운 도선으로 연결되었다가 그다음에는 길고 가느다란 도선으로 연결되면, 아연 한 그레인이 녹을 때 셀에서 발생한 열은 두 번째 경우보다 첫 번째 경우에서 더 크지만, 도선에서 발생한 열은 첫 번째 경우보다 두 번째 경우에서 더 크다. 아연한 그레인이 녹는 데 대해 셀에서 발생한 열과 도선에서 발생한 열의 합은 두 경우 모두에서 같다. 이 결과는 줄이 실험으로 직접 수립하였다.

셀에서 발생한 열과 도선에서 발생한 열 사이의 비는 셀의 저항과 도선의 저항 사이의 비와 같아서, 만일 도선이 충분히 큰 저항으로 만들어졌다면 열의 거의 전체는 도선에서 발생할 것이며, 만일 도선이 충분히 좋은 전도율의 도선이라면 열의 거의 전체는 셀에서 발생하게 된다.

매우 큰 저항의 도선을 만들었다고 하자. 그러면 그 도선에서 발생된 열은, 동역학적 기준으로, 전달된 전하의 양에 그 전하가 이동하도록 만든 기전력을 곱한 것과 같다.

263. 이제 셀에서 한 전기화학 당량의 물질이 화학적 과정을 진행하여 전류가 흐르면 도선에는 한 단위의 전하가 통과한다. 그래서 한 단위의 전하가 통과하면서 발생한 열은 이 경우에 기전력으로 측정된다. 그러나 이 열은 주어진 화학적 과정이 진행하는 동안 셀에서인지 도선에서인지는 관계없이 한 전기화학 당량에 해당하는 물질이 발생한다.

그래서 톰슨이 최초로 증명했던 다음과 같은 중요한 정리가 나온다(*Phil. Mag*, Dec. 1851).

"전기화학적 장치의 기전력은 절대 기준으로 물질의 한 전기화학 당량에 대한 화학적 작용의 역학적 당량과 같다."

많은 화학적 작용의 열적 당량들이 안드루스, 헤스, 파브르, 실버만 등에 의해 결정되었으며 그 열 당량에 대한 역학적 당량은 열의 역학적 당량을 곱하면 유추할 수 있다.

이 정리는 순수한 열적 자료로부터 서로 다른 볼타 배열의 기전력과 서로 다른 경우에 전기 분해가 가능하게 하는 데 필요한 기전력을 계산하도록 해줄 뿐 아니라, 화학적 친화력을 실제로 측정하는 수단을 제공한다.

어떤 화학적 변화가 일어나도록 존재하는 화학적 친화력, 또는 화학적 성향이 어떤 경우가 다른 경우보다 더 강하다는 것이 오랫동안 알려져 있었지만, 그런 성향을 측정하려는 어떤 적당한 수단도 찾지 못하다가, 그런 성향이 어떤 경우에는 어떤 기전력과 정확히 같다는 것이 밝혀졌으며, 그러므로 기전력을 측정하는 데 이용한 원리와 아주 똑같은 원리에 의해서 측정할 수 있다.

그러므로 화학적 친화력이 어떤 특정한 경우에는 측정이 가능한 형태로 치환되면서, 그 비율로 진행되면서 한 물질에서 다른 물질 등으로 바뀌는 화학적 과정에 대한 전체 이론이, 화학적 친화성이 무엇으로도 나타낼 수 없는 독특한 성질로 간주하고 그 값을 측정하지 못할 때보다 훨씬 더 잘 이해할 수 있게 된다.

전기 분해의 생성물의 부피가 전해질의 부피보다 더 클 때, 전기 분해 동안에 압력을 극복하면서 일한다. 전해질의 전기화학 당량의 부피가 압력 p 에서 전기 분해 되면서 부피 v만큼 증가하면, 이 압력을 극복하면서 한 단위의 전하가 통과하는 동안 한 일은 vp이고, 전기 분해에 필요한 기전력은 그 역학적 에너지를 수행하는 데 소비될 vp와 같은 부분을 포함해야 한다.

전기 분해의 생성물이 전해질보다 훨씬 더 희박한 산소와 수소 같은 기체이고, 보일의 법칙을 매우 정확하게 만족하면, 온도가 일정할 때 vp는 매우 거의 일정하게 되고, 전기 분해가 일어나는 데 필요한 기전력은 어떤 감지(感知)할 만한 정도로도 압력에 의존하지 않는다. 그래서 묽은 황산의 전해질 분해가 분해된 기체를 작은 공간에 담는 것만으로는 검증할 수 없다는 것이 발견되었다.

전기 분해의 생성물이 액체이거나 또는 고체일 때는, vp라는 양은 압력이 증가하면 증가해서, v가 0보다 더 크면 압력의 증가가 전기 분해에 필요한 기전력을 증가시킨다.

같은 방법으로, 전기 분해 동안에 어떤 다른 일이라도 기전력의 값에 효과를 줄 것인데, 예를 들면 황산아연 용액에서 두 개의 아연 전극 사이에 수직으로 전류가 통과하면, 그 용액에서 전류가 위로 흐를 때가 아래로 흐를 때보다 더 큰 기전력이 필요하다. 왜냐하면, 첫 번째 경우에는 전류가 아연을 아래쪽 전극에서 위쪽 전극으로 나르지만, 두 번째 경우에는 위쪽 전극에서 아래쪽 전극으로 나르기 때문이다. 이런 목적으로 필요한 기전력은 다니엘의 셀 1피드마다 필요한 기전력이 100만 분의 1보다 더 작다.

5장

전해질 편극

264. 금속 전극이 경계를 이루는 전해질을 통해서 전류가 통과할 때, 전극에 이온들이 모이면서 편극이라고 부르는 현상이 발생하는데, 그 현상은 원래 전류와 반대 방향으로 작용하는 기전력과 저항의 겉보기 증가의 발생으로 이루어진다.

연속 전류가 이용될 때, 그 저항은 전류의 시작으로부터 신속하게 증가하는 것처럼 보이며, 결국 거의 일정한 값에 도달한다. 전해질이 담긴 용기의 모양이 변하면 저항도 변하는데, 금속 도체가 변형될 때 저항이 바뀌는 것과 비슷하게 바뀌지만, 항상 전극의 성질에 의존하는 추가의 겉보기 저항이 전해질의 실제 저항에 더해진다.

265. 이런 현상 때문에 몇몇 사람들은, 전류가 전해질을 통과하려면 필요한 유한한 기전력이 존재한다고 가정하게 되었다. 그렇지만 렌츠, 노이만, 베츠, 비데만,[9] 파알조우[10] 등의 연구로 그리고 최근에는 MM. F. 콜라우시와 W. A. 니폴트[11]의 연구로, 전해질 자체에서 전도(傳導)는 금속 도체에서와 같은 정확도로 옴의 법칙을 만족하며, 전해질의 경계를 이루는 표면

과 전극에서 겉보기 저항은 전적으로 편극에 의한 것임이 증명되었다.

266. 편극이라고 부르는 현상은 연속 전류의 경우에 전류의 감소로 명백히 나타나며, 전류에 거스르는 힘이 존재함을 가리킨다. 저항도 역시 전류에 거스르는 힘으로 인식되지만, 순간적으로 기전력을 제거하거나 방향을 바꿀 수 있느냐에 따라 두 현상을 구분할 수 있다.

저항력은 항상 전류에 반대 방향이며, 저항력을 극복하는 데 필요한 외부의 기전력은 전류의 세기에 비례하고, 전류의 방향이 바뀌면 기전력도 방향을 바꾼다. 만일 기전력이 0이 되면 전류는 그냥 바로 멈춘다.

반면에 편극이 원인인 기전력은 그 편극을 만드는 전류의 방향과 반대 방향으로 고정된 방향이다. 만일 전류를 만드는 기전력이 제거되면, 편극은 반대 방향으로 흐르는 전류를 만든다.

두 현상 사이의 차이는 기다란 모세관을 통한 물의 흐름을 강제하여 적당한 길이의 관을 통해 물을 수조(水槽)로 올리는 힘의 차이에서 비교될 수 있다. 첫 번째 경우에, 흐름을 만드는 압력을 제거하면 전류는 그냥 바로 멈춘다. 두 번째 경우에는, 압력을 제거하면 물은 수조로부터 다시 아래로 흐르기 시작한다.

역학적 실례를 좀 더 완전하게 만들려면, 수조의 깊이는 보통 정도여서 어떤 정해진 양의 물이 수조에 차면 물은 넘치기 시작한다고 가정하기만 하면 된다. 이것이 편극에 의한 총기전력은 최대 한계를 가지고 있다는 사실을 대표한다.

267. 편극의 원인은 전극 사이에 담긴 유체의 전해질 분해 생성물이 전극에 존재하는 것 때문인 것처럼 보인다. 두 전극의 표면은 이처럼 전기적으로 다르게 나타나며, 두 전극 사이의 기전력이 작용하게 되고, 기전력의 방향은 편극의 원인이 된 전류의 방향과 반대 방향이 된다.

전극에 존재해서 편극 현상을 만들어내는 이온은 완벽히 자유 상태에 있지 않고, 상당한 힘을 받으며 전극의 표면에 붙어 있어야 하는 조건에 놓인다.

편극 때문에 생기는 기전력은 이온들이 전극을 덮고 있는 밀도에 의존하지만, 이 밀도가 증가하는 것에 맞추어 기전력이 그만큼 빨리 증가하지는 않기 때문에, 기전력이 그 밀도에 비례하지는 않는다.

이렇게 전극에 침전된 이온은 끊임없이 자유로워지려고 시도하는데, 액체로 확산되거나 기체로 탈출하거나 침전되어 고체가 되려고 한다.

편극이 이렇게 흩어지는 비율은 편극이 얼마 되지 않을 때는 지극히 작고, 편극의 한곗값 부근에서는 극도로 빠르다.

268. 262절에서 어떤 전해질 과정에서 작용하는 기전력이든지 그 크기가 물질의 한 전기화학 당량에 해당하는 과정의 결과의 역학적 당량과 같다는 것을 보았다. 만일 그 과정이, 볼타 셀에서처럼, 거기 참여하는 물질의 고유 에너지를 줄이는 데 관여하면, 기전력은 전류의 방향으로 작용한다. 만일 그 과정이 전해질 셀의 경우처럼 물질의 고유 에너지를 증가시키는 데 관여하면, 기전력은 전류의 방향과 반대 방향으로 작용하며, 이 기전력을 편극이라고 부른다.

전기 분해가 연속적으로 계속되고 전극에서 이온들이 자유 상태에서 분리되는 정상 전류의 경우에 전기 분해를 위해 필요한 기전력을 계산하려면, 적당한 과정을 이용하여 단지 분리된 이온들의 고유 에너지만 측정하고 그것을 전해질의 고유 에너지와 비교하기만 하면 된다. 그렇게 하면 최대 편극이 나온다.

그러나 전기 분해 과정의 최초 순간들 동안에, 전극에 침전될 때 이온들은 자유 상태에 있지 않으며, 그 이온들의 고유 에너지는, 비록 전해질에 결합될 때 그 이온들의 에너지보다는 더 크지만, 그 이온들의 자유 상태에서 에너지보다는 더 작다. 실제로, 전극과 접촉한 이온의 상태는, 침전이 매우 얇을 때 전극과 화학적 결합의 상태와 비교될 수 있지만, 침전의 밀도가 증가하면, 뒤이은 부분들은 전극과 더는 그렇게 끈끈하게 결합되어 있지 않고 그냥 단순히 전극에 붙어만 있으며, 결국에는 그 침전은 만일 기체가 되면 거품을 이루며 탈출하고, 만일 액체가 되면 전해질을 통해 환산하고, 만일 고체가 되면 침전한다.

편극을 조사할 때는 그러므로 다음과 같은 것들을 고려해야 한다.

(1) σ라고 부르는 침전의 표면 밀도. 이 양(量) σ는 단위 넓이에 침전된 이온의 전기화학 당량의 수를 대표한다. 침전된 각각의 전기화학 당량은 전류에 의해 전달된 한 단위의 전하에 대응하므로, σ가 물질의 면 밀도를 대표한다고 생각해도 좋고 전하의 면 밀도라고 생각해도 좋다.

(2) p라고 부르는 편극의 기전력. 이 양 p는 전해질을 통과하는 전류가 너무 작아서 전해질의 적절한 저항이 퍼텐셜 사이에 어떤 감지할 만한 차이도 만들지 않을 때, 두 전극 사이의 퍼텐셜 차이이다.

임의의 순간에 기전력 p는 그 순간에 진행되는 전해질 과정의 역학적 당량으로 전해질의 한 전기화학 당량에 해당하는 것과 같은 크기이다. 반드시 기억해야 할 것은, 이 전해질 과정이 전극에 침전된 이온들과 이온들이 침전된 상태가 이전 침전으로 수정될 수 있는 전극 표면의 실제 상태에 의존하는 것으로 구성된다는 점이다.

그래서 임의의 순간에 기전력은 전극의 이전 역사에 의존한다. 대략 설명하면, 기전력은 침전 밀도인 σ의 함수이어서 $\sigma = 0$일 때 $p = 0$이지만, σ가 한곗값에 도달하는 것보다 훨씬 더 먼저 p가 한곗값에 도달한다. 그렇지만 p가 σ의 함수라는 진술은 정확하다고 간주할 수는 없다. p는 침전 표면층의 화학적 상태의 함수이고, 이 상태는 시간을 포함하는 어떤 법칙에 따라 침전의 밀도에 의존한다고 말하는 것이 더 옳다.

269. (3) 우리가 고려해야 하는 세 번째 사항은 편극의 흩어짐이다. 편극을 홀로 내버려 두면 편극은 부분적으로 편극의 세기에 또는 침전의 밀도에 의존하여 줄어들고 부분적으로는 주위 매질의 성질과 그리고 전극의 표면이 노출된 화학적, 역학적, 열적 작용에 의존하는 비율로 줄어든다.

침전이 어떤 비율로 흩어지면, 전체 침전이 시간 T 만에 모두 제거된다고 할 때 이 시간 T를 측정할 수 있으면, 이 T를 흩어짐 시간의 크기라고 부를 수 있다. 침전의 밀도가 매우 작으면 T는 매우 크고, 며칠 또는 몇 달이라고 생각할 수 있다. 침전의 밀도가 한곗값에 가까워지면 T는 매우 급속하게 줄어들며, 아마도 1초의 아주 작은 부분이 된다. 실제로 흩어지는 비율은 너무 급속하게 증가해서 전류의 세기가 일정하게 유지될 때는, 분리된 기체는 침전의 밀도를 증가시키는 방향으로 이바지하지 않고, 그 기체가 형성되자 바로 거품이 되어서 도망친다.

270. 그러므로 편극이 미미할 때와 편극이 최댓값일 때, 전해질 셀의 전극의 편극의 상태 사이의 차이는 매우 크다. 예를 들어, 백금 전극이 꽂힌 묽은 황산 용액의 전해질 셀 여러 개가 직렬로 배열되어 있으면, 그리고 하나의 다니엘 셀과 같이 작은 기전력이 회로에 작용한다면, 기전력은 지극히 짧은 기간 동안 전류를 만들고, 매우 짧은 시간이 지난 뒤에는 셀의 편극 때문에 발생하는 기전력이 다니엘 셀의 기전력과 평형을 이룬다.

그렇게 미미한 편극 상태의 경우에는 흩어짐이 매우 작고, 그 흩어짐은 매우 느린 기체의 흡수와 액체를 통한 확산으로 일어난다. 이 흩어짐의 비율은 관찰할 수 있는 어떤 기체의 분리도 없이 여전히 계속 흐르는 지극히 미미한 전류에 의해 알 수 있다.

편극 상태가 마련된 짧은 시간 동안 흩어짐을 무시하면, 그리고 그 시간 동안에 전류에 의해 전달된 전하의 전체 양을 Q라고 부르면, A가 전극 중 하나의 넓이이고, σ는 균일하다고 가정한 침전의 밀도이면

$$Q = A\sigma$$

가 성립한다.

이제 전해질 장치의 전극과 다니엘 셀 사이의 연결을 끊고, 전극을 검류계 케이블에 연결하여 케이블을 통해 흐르는 전체 방전을 측정하면, 편극이 없어지면서 거의 Q와 같은 전하량이 방전된다.

271. 그래서 일종의 리터*의 2차 파일 형태인 이 장치의 작용과 레이던병의 작용을 비교할 수도 있다.

2차 파일과 레이던병 모두 정해진 양의 전하로 충전되고 그다음에 방전될 수 있다. 방전하는 동안에는 충전과 거의 같은 전하의 양이 반대 방향으로 통과한다. 충전과 방전의 차이는 일부는 흩어짐으로부터 오는데, 이 흩어짐은 작은 전하의 경우 매우 느린 과정이지만, 전하가 어떤 한계를 초과하면 지극히 빨라진다. 충전과 방전 사이의 차이 중 또 다른 한 부분은 전류가 완벽히 사라지도록 전극을 외견상 완벽히 방전하기에 충분한 시간 동안 연결한 다음에, 잠깐 전극을 분리하고 그다음에 전극을 연결하면, 처음 방전 때 전류와 같은 방향으로 2차 방전을 얻게 된다는 사실로부터 발생한다. 이것을 잔여 방전이라고 부르고, 이것은 2차 파일뿐 아니라 레이던병에서도 일어나는 현상이다.

그러므로 2차 파일을 몇 가지 측면에서 레이던병과 비교할 수 있다. 그런데 둘 사이에는 확실히 중요한 차이가 있다. 레이던병의 충전은 매우 정확하게 그 충전의 기전력에, 다시 말하면 레이던병의 두 표면의 퍼텐셜 차이에 비례하며, 단위 기전력에 대응하는 전하를 레이던병의 전기용량이라고 부르고 이 양은 일정한 값이다. 2차 파일에서 대응하는 양인 2차 파일의 전

---

* 리터(Johann Wilhelm Ritter, 1776-1810)는 독일의 의사이자 화학자로서, 1800년 물을 전기 분해하여 산소와 수소를 분리하였고, 1801년 태양의 스펙트럼 중 강한 화학 작용을 하는 자외선을 발견하였다. 또 전기 편극작용을 연구하여 전지 제작에 선구적 역할을 하였다.

기용량이라고 부를 수 있는 양은 기전력이 커질수록 증가한다.

레이던병의 전기용량은 서로 마주 보는 표면들의 넓이와 두 표면 사이의 거리, 그리고 두 표면 사이에 놓인 물질의 성질에 의존하지만, 금속 표면 자체가 무엇으로 만들어졌는지에는 의존하지 않는다. 2차 파일의 전기용량은 전극 표면의 넓이에 의존하지만, 두 전극 사이의 거리에는 의존하지 않고, 두 전극 사이의 액체가 무엇인지에 의존할 뿐 아니라 전극의 표면이 무엇인지에도 의존한다. 2차 파일의 각 요소에 포함된 전극들 사이의 퍼텐셜 차이 중 최댓값은 충전된 레이던병의 두 전극 사이의 최대 퍼텐셜 차이보다 매우 작아서, 2차 파일에서 상당한 크기의 기전력을 얻기 위해서는 많은 요소가 사용되어야 한다.

반면에, 2차 파일에서 전하의 표면 밀도는 레이던병의 표면에 쌓일 수 있는 전하의 최대 표면 밀도보다 엄청나게 더 커서, Mr. C. F. 발리는 전기용량이 매우 큰 축전기 제작에 관해 설명하면서, 절연 물체로 분리된 은박지로 된 유도 판의 싼값에 비하여 묽은 산에 담글 금 또는 백금으로 만든 판이 더 좋다고 추천할 정도였다.[12]

레이던병의 에너지가 저장된 형태는 전도 표면 사이 유전체의 구속 상태로, 전기 편극이라는 이름으로 내가 이미 설명한 상태인데, 그때 현재 알려진 이 상태를 수반하는 현상들을 지적하고 무엇이 실제로 일어나는지에 대한 우리 지식이 불완전함을 보여주었다. 62절과 111절을 보라.

2차 파일의 에너지가 저장된 형태는 전극들의 표면에 존재하는 물질 층의 화학적 조건인데, 그 물질 층은 화학적 조합에서 표면의 응축, 역학적 부착, 또는 단순한 병렬에 이르기까지 변하는 관계에서 전해질의 이온과 전극의 물질로 구성되어 있다.

이 에너지가 보관된 자리는 전극 표면에 가까운 곳뿐이고 전해질을 구성하는 물질 전체는 아니며, 그 에너지가 존재하는 형태를 전해질 편극이라고 부를 수 있다.

레이던병과 관계를 지으며 2차 파일을 공부한 다음에는, 학생은 다시 한 번 더 볼타 전지를 211절에서 설명된 것과 같은 전기 기계의 일부 형태와 비교해야 한다.

Mr. 발리는 최근에, 묽은 황산에 잠긴 백금 판에서 1제곱인치의 전기용량은 175에서 542 마이크로패러드로 증가하고 전기용량은 기전력과 함께 증가하는데, 기전력이 다니엘 셀의 0.02일 때 전기용량은 175마이크로패러드이고 기전력이 다니엘 셀의 1.6일 때 전기용량은 542마이크로패러드임을 발견하였다.[13]

그런데 레이던병과 2차 파일 사이의 비교를, 다음 버프*가 했던 실험[14]에서와 같이, 더 멀리 가져갈 수 있다. 레이던병은 오직 병의 유리가 찰 때만 전하를 유지할 수 있다. 온도가 100℃ 미만에서만 유리는 도체가 된다. 수은을 담은 시험관을 수은 용기에 놓고 한 쌍의 전극을 하나는 안쪽 수은 부분에 연결하고 다른 하나는 바깥쪽 수은 부분에 연결하면, 이 배열은 레이던병이 되며 상온에서 전하를 보관한다. 그 두 전극이 볼타 전지의 전극과 연결되면, 유리가 차디찬 한 전류가 통과하지 않지만, 장치를 서서히 가열하면 전류가 통과하기 시작하고, 온도가 올라가면, 비록 유리는 겉보기에 언제보다도 더 단단하게 유지되지만 전류의 세기가 급속히 증가한다.

만일 전극을 전지로부터 분리한 다음에 검류계와 연결하면, 유리 표면의 편극으로 말미암아 반대 방향으로 상당한 양의 전류가 흐르는데, 그래서 이 전류는 명백하게 전해질에 의한 것이다.

전지가 작용하는 동안에 장치가 식는다면, 전류는 전과 마찬가지로 차디찬 유리에 의해서 정지되지만, 표면의 편극은 그대로 남아 있다. 수은을 비우고 표면을 질산과 물로 씻은 다음에 새 수은을 담아도 된다. 그런 다음에 장치를 가열하면, 유리가 전류를 전도할 정도로 충분히 따뜻해진 즉시 편

---

* 　버프(Johann Heinrich Buff, 1805-1878)는 독일의 화학자이자 물리학자이다.

극 전류가 나타난다.

그러므로 100℃의 유리는 비록 겉으로는 고체이지만 전해질이라고 생각해도 되며, 유전체가 약간의 전도도를 갖는 대부분의 경우 전도는 전해질에 의한 것이라고 믿을 만한 이유가 적지 않다. 편극의 존재는 전기 분해가 일어났다는 결정적인 증거로 간주할 수 있으며, 만일 온도가 오르면서 물질의 전도도가 증가한다면, 그것은 그 물질이 전해질이라고 믿을 만한 충분한 근거가 된다.

변하지 않는 볼타 요소에 대하여

272. 편극이 발생한 볼타 전지에 대해 일련의 실험을 수행할 때, 전류가 흐르지 않는 동안에는 편극이 감소하고, 그래서 전류가 다시 흐르기 시작하면 그 전류는 전류가 한참 흐른 뒤보다 더 많이 흐른다. 반면에, 전류가 단락 분류기*를 통해 흐르도록 허락해서 회로의 저항이 감소하면, 전류가 전의 회로를 통하여 다시 흐르게 될 때, 단락 회로의 사용으로 만들어진 매우 큰 편극 때문에 전류가 처음에는 원래의 정상적인 세기보다 더 약하다.

정확한 측정과 관계된 실험에서는 지극히 골칫거리인, 전류에서 이렇게 고르지 못한 부분을 제거하기 위해서, 편극을 제거하거나 적어도 편극을 가능한 한 많이 줄이는 것이 필요하다.

황산아연 용액 또는 묽은 황산에 담근 아연판의 표면에는 편극이 많이 존재하는 것처럼 보이지는 않는다. 편극이 발생하는 주요 자리는 음(陰)의 금속 표면이다. 음의 금속을 담근 유체가 묽은 황산이면, 그 유체의 전해질 분해로 발생한 수소 기체 거품으로 그 표면이 덮인 것을 볼 수 있다. 물론 유

---

* 단락 분류기(short shunt)란 회로에 병렬로 도체를 연결하여 전류가 더 많이 흐르도록 만들어 주는 장치이다.

체가 금속과 접촉하는 것을 방지하면 그런 거품이 접촉 표면을 줄이고 회로의 저항을 증가시킨다. 그러나 눈에 보이는 거품 외에도, 자유 상태에 있지 않고 금속에 붙은 수소가 만드는 얇은 막이 존재하는 것은 틀림없으며, 앞에서 본 것처럼 이러한 얇은 층은 반대 방향의 기전력을 발생시킬 수 있고, 그 얇은 층이 필연적으로 전지의 기전력을 감소시켜야 한다.

이런 수소의 얇은 층을 제거하기 위해 다양한 계획이 채택되었다. 액체를 젓는다거나 음(陰)의 판 표면을 문지르는 것과 같은 역학적 방법으로 얇은 층을 어느 정도 줄일 수 있다. 스미 전지에서는 음의 판이 수직으로 놓여 있으며 수소 거품이 쉽게 새어나가도록 정교하게 나뉜 백금으로 덮여 있고, 수소 거품들이 위로 올라가면서 유체의 흐름을 만들어서 다른 수소 거품이 만들어지는 족족 그 거품들을 털어내는 것을 돕는다.

그런데도 화학적 방법을 채택하는 것이 훨씬 더 효과적이다. 화학적 방법에는 두 가지 종류가 있다. 그로브* 전지**와 분젠 전지에서는 음의 판을 산소가 풍부한 유체에 담는데, 그러면 수소는 판에 얇은 막을 형성하는 대신에 산소와 결합한다. 그로브 전지에서 판은 강한 질산에 담근 백금이다. 분젠의 첫 번째 전지에서 판은 같은 질산에 담근 탄소이다. 같은 목적으로 크로뮴산도 역시 이용되며, 크로뮴산은 질산의 축소로 발생하는 산 연기에 영향을 받지 않는다는 장점이 있다.

수소를 제거하는 다른 방식으로 음(陰)의 금속으로 구리를 사용하고 표면을 산화물로 덮는 방식이 있다. 그런데 구리판은 음의 전극으로 사용되면 아주 빨리 없어진다. 그것을 개선하기 위해 줄은 구리판을 원판 형태로 만들어 절반은 액체에 잠기게 하고 그 판을 서서히 회전시켜서 결과적으로

---

* 그로브(Sir William Robert Grove, 1811-1896)는 영국의 법률가이며 물리학자로서 에너지 보존 법칙을 주장하였고, 그로브 전지라고 알려진 연료 전지를 개발하는 데 선구적 역할을 하였다.
** 그로브 전지(Grove's cell)는 윌리엄 그로브 경이 발명한 연료 전지로, 음극은 아연이고 음극실의 전해질은 묽은 황산을, 양극실의 전해질은 질산을 이용한 전지이다.

노출된 부분에 공기가 작용할 수 있도록 하자고 제안하였다.

다른 방법은 액체로 전해질을 사용하는 것인데, 전해질의 카티온은 아연에 대해 매우 음인 금속이다.

다니엘 전지에서 구리판은 포화한 황화아연 용액에 담겨 있다. 전류가 용액을 통해 아연에서 구리로 흐를 때, 구리판에 수소는 나타나지 않지만, 그 위에 구리가 침전된다. 용액은 포화하고 전류가 아주 세지 않을 때는, 구리는 진정한 카티온으로 작용하면서 나타나고 아니온인 SO_4는 아연을 향해 이동한다.

이 조건을 만족하지 않을 때, 즉 용액은 포화하지 않고 전류가 아주 셀 때는 음극에서 수소가 출현하지만, 즉시 용액에 작용하여 구리를 쓰러뜨리고 SO_4와 결합하여 진한 황산을 형성한다. 이런 경우 구리판 바로 옆의 황산구리는 진한 황산으로 대체되고, 용액은 무색으로 바뀌며, 수소에 의한 편극이 다시 발생한다. 이런 방법으로 침전된 구리는 진짜 전기 분해로 침전된 구리보다 더 헐겁고 더 잘 부서지는 구조이다.

구리와 접촉한 액체가 황산구리로 포화하도록 보장하기 위하여, 그 물질로 만든 결정체를 액체 내부 구리와 가까운 곳에 놓아야 한다. 그러면 구리의 침전으로 구리가 부족해질 때, 그 결정체에서 구리가 더 많이 녹을 수 있다.

구리 옆의 액체는 황산구리로 포화해 있어야 함을 알았다. 아연을 담근 액체에는 황산구리가 없어야 한다는 것은 훨씬 더 필요하다. 이런 염(鹽) 중에서 어느 것이든지 아연의 표면까지 도달하면, 아연은 감소하고 아연 위에 구리가 침전된다. 그러면 아연, 구리, 그리고 유체가 작은 회로를 형성하고, 그 회로 안에서 빠른 전해질 작용이 진행되며, 전지의 유용한 효과에는 어떤 기여도 하지 않는 작용으로 아연이 먹힌다.

이것을 방지하기 위해, 아연을 묽은 황산 또는 황산구리 용액에 담고, 황산구리 용액이 이 액체와 섞이는 것을 막기 위해, 쓸개 또는 구멍이 송송 뚫린 토기로 만든 칸막이를 이용하여 두 액체를 분리하는데, 그 칸막이를 통해서 전기 분해는 일어날 수 있지만, 눈에 보이는 흐름에 의해 유체들이 혼합되는 것을 효과적으로 차단한다.

어떤 전지에서는 전류를 방지하기 위해 톱밥이 사용된다. 그런데 그레이엄의 실험에 따르면, 두 액체가 이런 종류의 칸막이로 분리되어도 확산 과정은 액체 사이에 눈에 보이는 흐름만 없으면 두 액체가 직접 접촉될 때와 거의 같은 빠르기로 진행되었으며, 확산을 감소시키는 이중 막을 사용하면 정확하게 같은 비율로 그 원소의 저항이 증가할 가능성이 있는데, 그 이유는 전해질 전도에 대한 수학 법칙과 확산에 대한 수학 법칙이 똑같은 형태여서, 어떤 방법이든 하나를 방해하면 그 방법이 다른 하나도 똑같이 방해해야 하기 때문이다. 유일한 차이가 있다면 확산은 항상 진행되고 있지만, 그에 반하여 전류는 오직 전지가 작용해야만 흐른다는 것이다.

모든 형태의 다니엘 전지에서, 마지막 결과는 황산구리가 아연까지 도달해서 전지를 망친다는 것이다. 이 결과를 무기한으로 지연시키기 위하여, W. 톰슨 경은 다니엘 전지를 다음과 같은 형태로 제작하였다.[15]

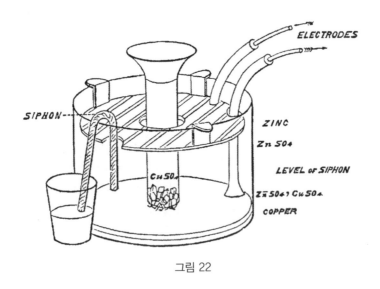

그림 22

각 셀에서 구리판을 바닥에 수평으로 놓고 그 위에 포화된 황산구리 용액을 붓는다. 아연은 창살 형태이며 용액의 표면 가까이에 수평으로 놓는다. 유리관을 용액에 수직으로 넣는데, 유리관의 아래쪽이 구리판 표면 바로 위에 놓이도록 놓는다. 황산구리 결정체를 이 관에 떨어뜨리고, 액체에서 녹아서 황산아연만 있을 때 밀도보다 더 큰 밀도의 용액을 만들어서, 구리는 확산에 의하지 않고서는 아연까지 도달할 수 없게 한다. 그런 확산 과정을 지연시키기 위하여, 무명 심지 마개로 틀어막은 유리관으로 만든 사이펀을 설치하여 한쪽 끝은 아연과 구리의 중간에 놓고, 다른 끝은 전지 바깥의 용기에 놓아서, 액체가 깊이의 중간쯤으로부터 매우 천천히 흘러나오게 만든다. 그렇게 흘러나온 자리를 메꾸기 위해 물 또는 묽은 황산구리 용액을 필요할 때마다 위에서 첨가한다. 이런 방법으로 확산 때문에 액체를 따라 위로 올라오는 더 많은 부분의 황산구리가 아연에 도달하기 전에 사이펀으로 제거하며, 아연은 황산구리가 거의 포함되지 않은 용액으로 둘러싸이고, 셀에서 매우 느리게 아래쪽으로 이동하여, 그것은 위쪽으로 움직이는 황산구리의 움직임을 여전히 더 지연시킨다. 전지가 작용하는 동안 구리는 구리판에 침전되며, SO_4는 액체를 통하여 천천히 아연으로 다가가 아연과 결합해서 황산아연을 형성한다. 이처럼 바닥의 액체는 구리의 침전으로 밀도가 줄어들며, 꼭대기의 액체는 아연이 추가되어 밀도가 증가한다. 이 작용이 각 층의 밀도의 순서를 바꾸고, 그래서 용기 내에서 불안정성과 눈에 보이는 액체의 흐름을 방지하기 위하여, 유리관에 황산구리 결정체의 공급이 잘 유지되고, 셀에서 액체의 어느 다른 층보다 더 가볍도록 충분히 묽은 황산구리 용액을 셀의 위에서 넣도록 잘 관리해야 한다.

다니엘 전지가 흔히 사용하기에 가장 강력한 전지는 결코 아니다. 그로브 셀의 기전력은 192,000,000이고 다니엘 셀의 기전력은 107,900,000이며, 분젠 셀의 기전력은 188,000,000이다.

다니엘 셀의 저항은 일반적으로 같은 크기의 그로브 셀의 저항이나 분젠 셀의 저항보다 더 크다.

그렇지만 정확한 측정이 요구되는 모든 경우에 다니엘 셀이 어떤 다른 알려진 배열에 비해 일정한 기전력을 공급한다는 점에서 그런 결점들은 더 많이 상쇄된다. 다니엘 셀은 또한 오랫동안 계속해서 사용할 수 있고 기체를 방출하지 않는다는 점에서 유리하기도 하다.

6장
선형 전류

선형 도체들의 시스템에 대하여

273. 어떤 도체든지 그 도체의 전극이라고 불리는 도체의 표면의 두 부분 사이에서 전류가 항상 같은 방식으로 통과하도록 배열되면, 그 도체를 선형(線形) 도체로 취급해도 좋다. 예를 들어, 아무렇게나 생긴 금속 덩어리의 표면 중에서 두 군데를 제외하고는 모두 절연체로 완벽히 덮여 있고, 도체에서 노출된 그 두 부분은 완전하게 전도하는 물질로 형성된 전극과 금속 접촉을 하는 도체는 선형 도체로 취급된다. 왜냐하면 전류가 이 두 전극 중에서 하나로 들어가고 다른 하나에서 나오면 그 흐름 선은 확정되고 기전력과 전류 그리고 저항 사이에 관계는 옴의 법칙으로 표현되는데, 질량 내의 모든 부분에서 전류는 E에 대해 선형함수이기 때문이다. 그러나 혹시 전극으로 이용될 수 있는 부분이 두 개보다 더 많다면, 하나보다 더 많은 서로 독립인 전류가 그 도체를 흐르고, 그 전류들은 서로 간에 켤레를 이루지 못할 수도 있다. 282절을 보라.

옴의 법칙

274. E가 선형 도체에서 전극 A_1에서 전극 A_2까지 기전력이라고 하자. (69절을 보라.) C는 그 도체를 따라 흐르는 전류의 세기, 즉 다시 말하면, 단위 시간 동안에 $A_1 A_2$의 방향으로 모든 단면을 가로질러 지나가는 C 단위의 전하라고 하고, R는 그 도체의 저항이라고 하면, 옴의 법칙에 대한 표현은

$$E = CR \tag{1}$$

이다.

직렬로 배열된 선형 도체들

275. A_1, A_2는 첫 번째 도체의 전극들이고 두 번째 도체의 전극 중에서 하나가 A_2와 접촉되어서, 두 번째 도체의 전극은 A_2, A_3라고 하자. 세 번째 도체의 전극을 A_3, A_4라고 표시한다.

이 도체들을 따른 기전력을 E_{12}, E_{23}, E_{34}라고 쓰고 다른 도체들에 대해서도 그런 식으로 쓰자.

각 도체의 저항은

$$R_{12}, \ R_{23}, \ R_{34} \ \text{등등}$$

이라고 하자. 그러면, 도체들이 직렬로 배열되어 있으므로, 같은 전류 C가 각 도체를 통해 흐르며, 옴의 법칙에 따라

$$E_{12} = CR_{12}, \quad E_{23} = CR_{23}, \quad E_{34} = CR_{34} \tag{2}$$

가 성립한다.

E가 시스템의 합성 기전력이고 R가 시스템의 합성 저항이면, 옴의 법칙에 따라

$$E = CR \tag{3}$$

가 성립해야 한다.

이제 개별적인 기전력의 합이

$$E = E_{12} + + E_{23} + E_{34} \tag{4}$$

이므로 (2) 식에 의해

$$E = C(R_{12} + R_{23} + R_{34})$$

가 성립한다.

이 결과를 (3)과 비교하면

$$R = R_{12} + R_{23} + R_{34} \tag{5}$$

가 되는 것을 알 수 있다. 즉 직렬로 연결된 도체들의 저항은 개별적으로 취한 도체의 저항들의 합이다.

직렬 연결된 임의의 점에서 퍼텐셜

A와 C가 직렬연결의 전극이고 B는 그들 사이의 한 점, 그리고 a, b, c는 각 점들의 퍼텐셜이라고 하자. R_1은 A에서 B까지 부분의 저항이고, R_2는 B에서 C까지 부분의 저항이며 R는 A부터 C까지 전체 저항이라면

$$a - b = R_1 C, \quad b - c = R_2 C, \quad \text{그리고} \quad a - c = RC$$

이므로 B에서 퍼텐셜은

$$b = \frac{R_2 a + R_1 c}{R} \tag{6}$$

인데, 이 식은 A와 C에서 퍼텐셜이 주어질 때 B에서 퍼텐셜을 정한다.

여러 도체의 저항

276. 많은 수의 도체 들 ABZ, ACZ, ADZ가 각 도체의 양쪽 끝이 같은 두 점 A와 Z에 연결되어 나란히 배열되어 있다고 하자. 그러면 그들은 병렬

아크로 배열된다고 말한다.

이 도체들의 저항이 각각 R_1, R_2, R_3이고, 전류는 C_1, C_2, C_3이며, 병렬 연결된 저항이 R이고 총전류는 C라고 하자. 그러면 A와 Z에서 퍼텐셜은 모든 도체에서 다 같으므로, 각 도체의 퍼텐셜 차이가 모두 같고 그것을 E라고 부르자. 그러면

$$E = C_1R_1 = C_2R_2 = C_3R_3 = CR$$

인데 그러나

$$C = C_1 + C_2 + C_3$$

이므로

$$\frac{1}{R} = \frac{1}{R_1} + \frac{1}{R_2} + \frac{1}{R_3} \tag{7}$$

를 얻는다. 즉 병렬 연결된 도체 저항의 역수는 성분이 되는 도체들의 저항의 역수들의 합과 같다.

도체 저항의 역수는 그 도체의 전도도임을 기억하면, 병렬 연결된 도체의 전도도는 그 성분이 되는 도체들의 전기 전도도의 합과 같다고 말할 수 있다.

병렬 연결된 도체의 한 가지의 전류

앞에 나온 식들로부터 C_1이 병렬 연결된 도체의 임의의 한 가지에 흐르는 전류이면, 그리고 R_1이 그 가지의 저항이면

$$C_1 = C\frac{R}{R_1} \tag{8}$$

이 성립하는데, 여기서 C는 총전류이고 R는 앞에서 결정한 병렬 연결된 도체의 저항이다.

균일한 단면을 갖는 도체의 세로 저항

277. 주어진 물질로 된 정육각형 물체에서 정육각형의 한 모서리에 평행으로 흐르는 전류에 대한 저항을 ρ라고 하고, 정육면체의 한 모서리가 길이의 단위이면, ρ를 '단위 부피의 그 물질에 대한 비저항'이라고 한다.

다음으로 같은 물질로 된 프리즘 모양의 도체를 고려하자. 그 도체의 길이는 l이고 단면의 넓이는 단위이다. 이것은 l개의 정육면체가 직렬로 배열된 것과 등가이다. 이 도체의 저항은 그러므로 $l\rho$이다.

마지막으로 길이가 l이고 균일한 단면의 넓이가 s인 도체를 생각하자. 이것은 마지막에 설명한 도체와 비슷한 s개의 도체가 병렬 아크로 배열된 것과 등가이다. 그러므로 이 도체의 저항은

$$R = \frac{l\rho}{s}$$

이다.

균일한 도선의 저항을 알고 그 도선의 길이와 단면의 넓이를 잴 수 있으면, 그 도체를 만든 물질의 비저항을 구할 수 있다.

작은 도선의 단면의 넓이는 길이, 무게, 그리고 표본의 비중으로부터 계산해서 정하는 것이 가장 정확하다. 비중을 구하기가 때로는 불편한데, 그럴 때 단위길이와 단위 질량인 도선의 저항을 '단위 무게당 비저항'으로 이용한다.

r가 도선의 그 저항이고, l이 도선의 길이, m이 도선의 질량이면

$$R = \frac{l^2 r}{m}$$

이다.

이 식들과 관련된 양(量)의 차원에 대하여

278. 도체의 저항은 그 도체에 작용하는 기전력과 발생한 전류 사이의 비이다. 도체의 전도도는 이 양(量)의 역수, 즉 다른 말로 전류와 그 전류를 발생하는 기전력 사이의 비이다.

이제 측정에 대한 정전(靜電) 시스템에서 전하량과 그 전하가 분포된 도체의 퍼텐셜 사이의 비는 그 도체의 전기용량임을 알고 있고, 길이의 단위로 측정된다. 도체가 무한한 장(場)에 놓인 구(球)이면, 전기용량을 나타내는 선은 그 구의 반지름이다. 그러므로 전하량과 기전력 사이의 비는 선이지만, 전하량과 전류 사이의 비는 그 전하량을 전달하기 위해 전류가 흐른 시간이다. 그래서 전류와 기전력 사이의 비는 선과 시간 사이의 비, 즉 다시 말하면 속도이다.

도체의 전도도는 측정의 정전 시스템에서 속도로 표현된다는 사실은 퍼텐셜 V로 대전된 반지름이 r인 구가 주어진 도체로 지구에 접지된다고 가정하면 증명될 수 있다. 구의 퍼텐셜은 항상 V와 같게 유지되면서 구가 줄어들어서, 전하는 도체를 통해 달아난다고 하자. 그러면 구의 전하는 어떤 순간에도 늘 rV이며, 전류는 $\frac{d}{dt}(rV)$이지만, V가 상수이므로 전류는 $\frac{dr}{dt}V$이고, 도체를 통한 기전력은 V이다.

도체의 전도도는 전류와 기전력, 즉 $\frac{dr}{dt}$, 다른 말로는 전하가 도체를 통하여 지구로 지나가도록 허락될 때, 퍼텐셜을 일정하게 유지하기 위하여 구의 반지름이 줄어들어야 하는 속도 사이의 비이다.

그러므로 정전 시스템에서, 도체의 전도도는 속도이며 차원은 $[LT^{-1}]$이다.

그러므로 도체 저항의 차원은 $[L^{-1}T]$이다.

단위 부피당 비저항의 차원은 $[T]$이고, 단위 부피당 비(非)전도도의 차원은 $[T^{-1}]$이다.

이런 계수들의 수치 크기는 오직 시간의 단위에만 의존하는데, 시간의 단위는 서로 다른 나라에서도 모두 같다.

단위 무게당 비저항의 차원은 $[L^{-3}MT]$이다.

279. 앞으로 우리는 측정의 전자기 시스템에서 도체의 저항은 속도로 표현됨을 알게 될 텐데, 그래서 시스템에서 도체 저항의 차원은 $[LT^{-1}]$이다.

도체의 전도도는 물론 이 양의 역수이다.

이 시스템에서 단위 부피당 비저항의 차원은 $[L^2T^{-1}]$이며, 단위 무게당의 비저항의 차원은 $[L^{-1}T^{-1}M]$이다.

일반적인 선형 도체 시스템에 대하여

280. 가장 일반적인 선형 시스템은 n개의 점 A_1, A_2, $\cdots$ A_n이 $\frac{1}{2}n(n-1)$개의 선형 도체에 의해 쌍으로 연결된 시스템이다. 임의의 한 쌍의 두 점을 연결한 도체의 전도도(저항의 역수)를, 말하자면 A_p와 A_q를 연결하는 도체의 전도도를 K_{pq}라고 하고, A_p에서 A_q로 흐르는 전류를 C_{pq}라고 하자. P_p와 P_q가 각각 두 점 A_p와 A_q에서 전기 퍼텐셜이고, A_p에서 A_q로 이은 도체를 따른 기전력을, 거기 기전력이 있다면, E_{pq}라고 하자.

옴의 법칙에 따라 A_p에서 A_q로 흐르는 전류는

$$C_{pq} = K_{pq}(P_p - P_q + E_{pq}) \tag{1}$$

이다.

이 양들 사이에는 다음과 같은 관계식이 성립한다.

도체의 전도도는 어느 쪽으로 향하거나 똑같아서

$$K_{pq} = K_{qp} \tag{2}$$

이다.

기전력과 전류는 방향을 갖는 양이어서

$$E_{pq} = -E_{qp} \quad \text{그리고} \quad C_{pq} = -C_{qp} \tag{3}$$

이다.

$P_1, P_2, \cdots P_n$이 각각 $A_1, A_2, \cdots A_n$에서 퍼텐셜이라고 하고 $Q_1, Q_2, \cdots Q_n$은 각각 이 점들에서 단위 시간 동안 들어가는 전하량이라고 하자. 전하는 끝없이 쌓일 수도 없고, 시스템 내에서 만들어질 수도 없어서, 이 양들은 '연속' 조건을 만족할 필요가 있고

$$Q_1 + Q_2 \cdots + Q_n = 0 \tag{4}$$

이 만족해야 한다.

임의의 점 A_p에서 '연속' 조건은

$$Q_p = C_{p1} + C_{p2} + \text{등등} + C_{pn} \tag{5}$$

이다.

전룻값을 (1) 식을 이용하여 대입하면

$$Q_6 = (K_{p1} + K_{p2} + \text{등등} + K_{pn}) P_p - (K_{p1}P_1 + K_{p2}P_2 + \text{등등} + K_{pn}P_n)$$
$$+ (K_{p1}E_{p1} + \text{등등} + K_{pn}E_{pn}) \tag{6}$$

이 된다.

기호 K_{pp}는 이 식에 나오지 않는다. 그러므로 K_{pp}에

$$K_{pp} = -(K_{p1} + + K_{p2} + \text{등등} + K_{pn}) \tag{7}$$

인 값을 부여하면, 다시 말하면 K_{pp}가 A_p에서 만나는 도체의 모든 전도도의 합과 크기는 같고 부호가 반대이다. 그러면 점 A_p에 대한 연속 조건을

$$K_{p1}P_1 + K_{p2}P_2 + \text{등등} + K_{pp}P_p + \text{등등} + K_{pn}P_n$$
$$= K_{p1}E_{p1} + \text{등등} + K_{pn}E_{pn} - Q_p \tag{8}$$

이라고 쓸 수 있다.

이 식의 p 자리에 1, 2, 등등, n을 대입하면 n개의 퍼텐셜 $P_1, P_2,$ 등등, P_n을 구하는 데 이용될 같은 종류의 식 n개를 얻는다.

그렇지만 식 (8)로 이루어진 모든 식을 다 더하면 (3), (4) 식과 (7) 식에 따라 그 결과는 0이 되므로, n개의 식 중에 $n-1$개의 식들만 독립이다. 이

$n-1$개의 식은 각 점 사이의 퍼텐셜 차이를 정하는 데 충분하지만, 어떤 한 퍼텐셜의 절댓값을 구하는 데도 충분하지 않다. 그렇지만 시스템에 존재하는 전류들을 계산하는 데 퍼텐셜의 절댓값이 필요한 것은 아니다.

다음 행렬식

$$\begin{vmatrix} K_{11}, & K_{12}, & \cdots\cdots K_{1(n-1)} \\ K_{21}, & K_{22}, & \cdots\cdots K_{2(n-1)} \\ & \cdots\cdots\cdots\cdots \\ K_{(n-1)1}, & K_{(n-1)2}, & \cdots\cdots K_{1(n-1)(n-1)} \end{vmatrix} \qquad (9)$$

을 D라고 표시하고, 이 행렬식에서 K_{pq}의 소행렬식을 D_{pq}로 표시하면, $P_p - P_n$의 값은

$$(P_p - P_n)D = (K_{12}E_{12} + 등등 - Q_1)D_{p1} + (K_{21} + E_{21} + 등등 - Q_2)D_{p2} + 등등$$
$$+ (K_{q1}E_{q1} + 등등 + K_{qn}E_{qn} - Qq)D_{pq} + 등등 \qquad (10)$$

이 된다.

같은 방법으로 임의의 다른 점, 예를 들어 점 A_q의 초과 퍼텐셜로 A_n의 퍼텐셜보다 얼마나 더 큰지도 정해질 수 있다. 그러면 (1) 식으로부터 A_p와 A_q 사이의 전류를 정하고 그러면 문제가 완벽히 풀린 것이다.

281. 이제 88절에서 정전기에 대해 이미 증명했던 반비례 관계와 일치하는, 시스템에 속한 임의의 두 도체가 갖는 반비례 관계를 증명하자.

P_p에 대한 표현에서 Q_q의 계수는 $\dfrac{D_{pq}}{D}$ 이다. P_q에 대한 표현에서 Q_p의 계수는 $\dfrac{D_{qp}}{D}$ 이다.

이제 D_{pq}는 K_{pq}를 K_{qp}로 바꿔 쓴 것처럼 단지 기호를 바꿔서 대입한 것만 D_{qp}와 다르다. 그러나 (2) 식에 의해, 도체의 전도도는 양방향 모두에서 같아서, 이 두 기호는 같다. 그래서

$$D_{pq} = D_{qp} \qquad (11)$$

이다.

이 결과로부터 A_q에서 단위 전류가 도입되어서 발생하는 퍼텐셜 일부는

A_p에서 단위 전류를 도입해서 A_q에서 발생하는 퍼텐셜 일부와 같다.

이 결과로부터 좀 더 실용적인 형태로 된 명제 하나를 도출할 수 있다.

A, B, C, D가 시스템에서 임의의 네 점이라고 하고, A에서 시스템으로 들어가고 B에서 시스템으로부터 나오는 전류 Q의 효과가 C에서 퍼텐셜을 D에서 퍼텐셜보다 P만큼 초과하게 만든다고 하자. 그러면 만일 같은 전류 Q가 C에서 시스템으로 들어오고 D에서 시스템을 나오게 만든다고 할 때, A에서 퍼텐셜은 B에서 퍼텐셜보다 같은 양 P만큼 초과하게 될 것이다.

기전력 E가 도입되어서 A에서 B까지 놓인 도체에 작용하고, 이 기전력이 X에서 Y로 전류 C가 흐르는 원인이 된다면, X에서 Y까지 놓인 도체에 도입된 기전력 E도 A에서 B로 흐르는 똑같은 전류 C의 원인이 될 것이다.

기전력 E는 앞에서 거명한 점들 사이에서 도입된 볼타 전지의 기전력일 수 있는데, 전지를 도입하기 전과 후의 도체의 저항이 같다고 취급되는지 주의해야 한다.

282a. 기전력 E_{pq}가 도체 A_pA_q를 따라 작용하면 시스템에 속한 다른 도체 A_rA_s에 전류를 흐르게 하는 것은 어렵지 않게

$$K_{rs}K_{pq}E_{pq}(D_{rp} + D_{sq} - D_{rq} - D_{sp}) \div D$$

로부터 알 수 있다.

만일

$$D_{rp} + D_{sq} - D_{rq} - D_{sp} = 0 \tag{12}$$

이면 전류가 흐르지 않는다. 그러나 만일 기전력이 A_rA_s를 따라 작용할 때 A_pA_q에 전류가 흐르지 않는다면, (11) 식에 따라 같은 식이 성립한다. 이런 반비례 관계 때문에 그 두 도체들은 서로 **켤레**를 이룬다고 말한다.

켤레 도체들에 대한 이론은 키르히호프에 의해 조사되었는데, 그는 선형

시스템의 조건을 다음과 같은 방식으로 천명하고 거기서 퍼텐셜에 대한 고려는 피했다.

(1) ('연속' 조건) 시스템에 속한 임의의 점에서 그 점으로 흘러 들어가는 모든 전류의 합은 0이다.

(2) 도체로 형성된 임의의 완전 회로에서, 회로를 한 바퀴 회전하면서 구한 기전력의 합은 각 도체에서 전류를 그 도체의 저항과 곱한 곱의 합과 같다.

이 결과는 완전한 회로에 대해, (1) 식 형태의 식들을 모두 더해서 얻으며, 그러면 퍼텐셜은 저절로 사라진다.

282b. 도체로 된 도선이 간단한 네트워크를 형성하고, 전류가 각 메시(mesh)를 회전한다고 가정하면, 두 이웃하는 메시가 결합한 하나의 가닥을 형성하는 도선에 흐르는 실제 전류는 두 메시를 회전하는 두 전류의 차이와 같은데, 이때 시곗바늘이 움직이는 방향과 반대 방향의 회전을 양(陽)의 방향 회전으로 정한다. 이 경우에 다음 명제를 수립하는 것은 어렵지 않다. 임의의 메시에서 x가 전류이고, E는 기전력이며, R는 총저항이라고 하자. 또한 $y, z, \cdots$가 이웃 메시들에 회전하는 전류들이고, 이 메시들은 x가 회전하는 메시와 공동 가닥을 가지고 있으며, 그런 부분의 저항은 $s, t, \cdots$라고 하자. 그러면

$$Rx - sy - tz - 등등 = E$$

가 성립한다. 이 규칙을 어떻게 사용하는지 보이기 위해 휘트스톤 브리지라고 알려진 배열을 취하는데, 그림과 표기법은 347절에 나오는 것과 같게 하자. 그러면 전류들 x, y, z가 각각 회전하는 세 회로 OBC, OCA, OAB의 경우에 적용할 규칙을 대표하는 다음 세 식

$$(a+\beta+\gamma)x \qquad\qquad -\gamma y \qquad\qquad -\beta z = E$$
$$-\gamma x \qquad\qquad +(b+\gamma+\alpha)y \qquad\qquad -\alpha z = 0$$
$$-\beta x \qquad\qquad -\alpha y + (c+\alpha+\beta)z = 0$$

을 만족한다.[16]

이 식들로부터 이제 가닥 OA에서 검류계 전류 $x - y$ 값을 정할 수 있지만, 독자에게 347절과 그다음을 읽기를 추천하는데, 그곳에는 이 문제와 휘트스톤 브리지와 관련된 다른 질문들이 논의된다.

시스템에서 발생한 열

283. 단위 시간 동안에 전류 C에 의해 저항이 R인 도선에서 발행하는 열의 양에 대한 역학적 당량은 242절에 의해

$$JH = RC^2 \tag{13}$$

이다.

그러므로 시스템에 속한 모든 도체에 대해 RC^2과 같은 양의 합을 구해야 한다.

A_p에서 A_q로 가는 도체에 대해 전도도는 K_{pq}이고 저항은 R_{pq}이면

$$K_{pq}R_{pq} = 1 \tag{14}$$

이 성립한다.

이 도체에서 전류는 옴의 법칙에 따라

$$C_{pq} = K_{pq}(P_p - P_q) \tag{15}$$

이다.

그렇지만 전류의 값은 옴의 법칙에 의해 주어지지 않고 X_{pq}라고 가정하는데, 여기서

$$X_{pq} = C_{pq} + Y_{pq} \tag{16}$$

이다. 시스템에서 발생한 열을 구하기 위해 다음 형태

$$R_{qp}X_{pq}^2$$

또는

$$JH = \sum \left\{ R_{pq}C_{pq}^2 + 2R_{pq}C_{pq}Y_{pq} + R_{pq}Y_{pq}^2 \right\} \tag{17}$$

로 표현된 모든 양의 합을 구해야 한다.

C_{pq}에 값을 부여하고, K_{pq}와 R_{pq} 사이의 관계를 기억하면 이 식은

$$\sum \left[(P_p - P_q)(C_{pq} + 2Y_{pq}) + R_{pq}Y_{pq}^2 \right] \tag{18}$$

로 바뀐다.

이제 C와 X 모두 A_p에서 연속 조건을 만족해야 하므로

$$Q_p = C_{p1} + C_{p2} + 등등 + C_{pn} \tag{19}$$

$$Q_p = X_{p1} + X_{p2} + 등등 + X_{pn} \tag{20}$$

가 만족되어야 하고, 그러므로

$$0 = Y_{p1} + Y_{p2} + 등등 + Y_{pn} \tag{21}$$

가 성립한다. 그러므로 (18) 식의 모든 항들을 함께 더하면

$$\sum (R_{pq}X_{pq}^2) = \sum P_p Q_p + \sum R_{pq}Y_{pq}^2 \tag{22}$$

가 된다.

이제 R는 항상 0보다 더 크고, Y^2은 실질적으로 0보다 더 크므로, 이 식의 마지막 항은 실질적으로 0보다 더 커야 한다. 그래서 첫 번째 항은 모든 도체에서 Y가 0일 때 최소인데, 그것은 다시 말하면, 모든 도체에서 전류가 옴의 법칙으로 주어진 전류와 같을 때이다.

그래서 다음 정리가 성립한다.

284. 내부 기전력이 존재하지 않는 도체의 어떤 시스템에서든지, 옴의 법칙에 따라 분포된 전류에 의해 발생한 열은, 전류가 실제 공급과 전류의 유출 조건에 부합하는 어떤 다른 방식으로 분포되면 방출되는 열과 비교하여 더 작다.

옴의 법칙이 만족할 때 실제로 방출되는 열은 역학적으로 $\sum P_p Q_q$와 등가인데, 그것은 서로 다른 외부 전극에서 공급된 전하의 양을 그 전하가 공급된 퍼텐셜과 곱하여 모두 더한 것이다.

7장
3차원 전도(傳導)

전류의 표기법

285. 임의의 점에서 넓이가 dS인 요소를 x 축에 수직으로 취하고, Q 단위의 전하가 이 넓이를 가로질러서 단위 시간 동안에 음에서 양쪽으로 이동하면, 만일 dS가 무한히 작아질 때 $\dfrac{Q}{dS}$가 궁극적으로 u와 같아진다면, u는 주어진 점에서 x 방향으로 흐르는 전류의 성분이라고 말한다.

각각 전류의 y 성분과 z 성분인 v와 w도 같은 방법으로 정할 수 있다.

286. 주어진 점 O를 통과해서 임의의 다른 방향 OR로 흐르는 전류의 성분을 구하려면, A, B, C에서 각각 x, y, z 축으로부터

$$\frac{r}{l}, \quad \frac{r}{m}, \quad \frac{r}{n}$$

과 같은 부분을 도려내면 삼각형 ABC는 OR에 수직이다.

이 삼각형 ABC의 넓이는

$$dS = \frac{1}{2}\frac{r^3}{lmn}$$

이며, r가 점점 줄어들면 이 넓이는 제한 없이 줄어든다.

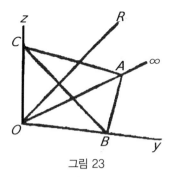

그림 23

삼각형 ABC에 의해 4면체 $ABCO$에서 나오는 전하량은 나머지 세 삼각형 OBC, OCA, OAB를 통하여 사면체로 들어간 전하량과 같아야 한다.

삼각형 OBC의 넓이는 $\dfrac{1}{2}\dfrac{r^2}{mn}$이며, 이 삼각형의 평면에 수직인 전류의 성분은 u이고, 그래서 이 삼각형으로 들어가는 전하량은 $\dfrac{1}{2}r^2\dfrac{u}{mn}$이다.

삼각형 OCA와 OAB로 들어가는 전하량은 각각

$$\frac{1}{2}r^2\frac{v}{nl} \quad 그리고 \quad \frac{1}{2}r^2\frac{w}{lm}$$

이다.

γ가 OR 방향의 속도 성분이면, ABC를 통해 4면체를 나가는 전하량은

$$\frac{1}{2}r^2\frac{\gamma}{lmn}$$

이다. 이것은 세 다른 삼각형으로 들어오는 전하량과 같으므로

$$\frac{1}{2}\frac{r^2\gamma}{lmn} = \frac{1}{2}r^2\left\{\frac{u}{mn}+\frac{v}{nl}+\frac{w}{lm}\right\}$$

인데 이 식의 양변에 $\dfrac{2lmn}{r^2}$을 곱해서

$$\gamma = lu + mv + nw \tag{1}$$

를 얻는다. 이제

$$u^2 + v^2 + w^2 = \Gamma^2$$

이라고 놓고 l', m', n'을

$$u = l'\Gamma,\ v = m'\Gamma,\ 그리고\ w = n'\Gamma$$

를 만족하도록 정하면

$$\gamma = \Gamma(ll' + mm' + nn') \tag{2}$$

가 된다.

그래서 크기가 Γ이고 방향 코사인은 l', m', n'인 벡터로 합성 전류를 정의하고, γ가 합성 전류와 각 θ를 이루는 방향의 전류 성분을 표시한다면

$$\gamma = \Gamma \cos \theta \tag{3}$$

인데, 이 식은 전류의 합성 법칙이 속도, 힘, 그리고 다른 모든 벡터의 합성 법칙과 같음을 보여준다.

287. 주어진 표면이 흐름의 표면이 될 수 있는 조건을 구하기 위해

$$F(x, y, z) = \lambda \tag{4}$$

를 λ가 상수라고 놓으면 얻을 수 있는 가족에 속하는 식이라고 하면,

$$\overline{\frac{d\lambda}{dx}}\Big|^2 + \overline{\frac{d\lambda}{dy}}\Big|^2 + \overline{\frac{d\lambda}{dz}}\Big|^2 = \frac{1}{N^2} \tag{5}$$

가 성립할 때, λ가 증가하는 방향으로 법선의 방향 코사인은

$$l = N\frac{d\lambda}{dx}, \qquad m = N\frac{d\lambda}{dy}, \qquad n = N\frac{d\lambda}{dz} \tag{6}$$

이다.

그래서 γ가 이 표면에 수직인 전류의 성분이면

$$\gamma = N\left\{ u\frac{d\lambda}{dx} + v\frac{d\lambda}{dy} + w\frac{d\lambda}{dz} \right\} \tag{7}$$

이다.

만일 $\gamma = 0$이면 그 표면을 통과해 나오는 전류는 없으며, 운동 선들이 그 표면에 있으므로 그 표면을 흐름 표면이라고 부를 수 있다.

288. 그러므로 흐름 표면의 식은

$$u\frac{d\lambda}{dx} + v\frac{d\lambda}{dy} + w\frac{d\lambda}{dz} = 0 \tag{8}$$

이다. 모든 λ 값에 대해 이 식이 성립하면, 그 가족에 속한 모든 표면이 흐름

표면이 된다.

289. 이제 다른 가족의 표면이 있어서, 그 가족의 매개 변수는 λ' 이라고 하자. 그러면 거기에도 역시 흐름 표면이 존재하며

$$u\frac{d\lambda'}{dx}+v\frac{d\lambda'}{dy}+w\frac{d\lambda'}{dz}=0 \tag{9}$$

이 성립한다.

이번에는 세 번째 가족의 흐름 표면 가족이 있어서, 그 가족의 매개 변수가 λ'' 이면

$$u\frac{d\lambda''}{dx}+v\frac{d\lambda''}{dy}+w\frac{d\lambda''}{dz}=0 \tag{10}$$

이 성립한다.

이 세 식에서 u, v, w를 소거해서 모두 없어지도록 하면

$$\begin{vmatrix} \dfrac{d\lambda}{dx}, & \dfrac{d\lambda}{dy}, & \dfrac{d\lambda}{dz} \\[2mm] \dfrac{d\lambda'}{dx}, & \dfrac{d\lambda'}{dy}, & \dfrac{d\lambda'}{dz} \\[2mm] \dfrac{d\lambda''}{dx}, & \dfrac{d\lambda''}{dy}, & \dfrac{d\lambda''}{dz} \end{vmatrix}=0 \tag{11}$$

즉

$$\lambda''=\phi(\lambda,\,\lambda') \tag{12}$$

가 성립한다.

290. 이제 매개 변수가 λ, $\lambda+\delta\lambda$, λ', 그리고 $\lambda'+\delta\lambda'$ 인 네 표면을 생각하자. 이 네 표면은 사변형 관을 둘러싸는데, 그 관을 관 $\delta\lambda\cdot\delta\lambda'$ 라고 부르자. 이 관은 흐름이 지나가지 않는 표면이 경계이므로, 이 관을 흐름 관이라고 부를 수 있다. 이 관을 가로지르는 두 단면을 취하면, 한쪽 단면을 통하여 들어가는 양은 다른 쪽 단면을 통하여 나가는 양과 같아야 하며, 이 양이 관의 모든 단면에서 같으므로 이것을 $L\delta\lambda\cdot\delta\lambda'$ 라고 부르는데, 여기서 L은 특정한 관을 규정하는 매개 변수인 λ와 λ'의 함수이다.

291. δS가 x에 수직인 평면으로 자른 흐름 관의 단면을 표시한다면, 독립 변수의 변화 이론에 의하여

$$\delta\lambda \cdot \delta\lambda' = \delta S\left(\frac{d\lambda}{dy}\frac{d\lambda'}{dz} - \frac{d\lambda}{dz}\frac{d\lambda'}{dy}\right) \tag{13}$$

를 얻으며, 전류 성분의 정의로부터

$$u\delta S = L\delta\lambda \cdot \delta\lambda' \tag{14}$$

를 얻는다. 그래서 u에 대한 표현과 비슷하게 v와 w에 대한 표현을 구하면

$$\left. \begin{aligned} u &= L\left(\frac{d\lambda}{dy}\frac{d\lambda'}{dz} - \frac{d\lambda}{dz}\frac{d\lambda'}{dy}\right) \\ v &= L\left(\frac{d\lambda}{dz}\frac{d\lambda'}{dx} - \frac{d\lambda}{dx}\frac{d\lambda'}{dz}\right) \\ w &= L\left(\frac{d\lambda}{dx}\frac{d\lambda'}{dy} - \frac{d\lambda}{dy}\frac{d\lambda'}{dx}\right) \end{aligned} \right\} \tag{15}$$

가 된다.

292. 두 함수 λ와 λ' 중 하나를 알 때, L이 1과 같도록 다른 하나를 결정하는 것은 항상 가능하다. 예를 들어 yz 평면을 취하고, 그 평면 위에 y에 평행한 같은 간격의 선들을 그어서, 이 평면으로 가족 λ'를 대표한다고 하자. 다른 말로는 함수 λ'가 $x = 0$이고 $\lambda' = z$라는 조건으로부터 정해진다고 하자. 그러면 $L = 1$이 되도록 하면 ($x = 0$일 때) 그러므로

$$\lambda = \int u\,dy$$

가 되고, 그러면 평면 ($x = 0$)에서 임의의 부분을 통과하는 전하량은

$$\iint u\,dy\,dz = \iint d\lambda\,d\lambda' \tag{16}$$

가 된다.

평면 yz에 의해 흐름 표면 단면의 성질을 정하면, 다른 곳에서 표면의 형태는 (8) 식과 (9) 식의 조건으로 정해진다. 그렇게 정해진 두 함수 λ와 λ'만 있으면, L 대신 1을 대입한 (15) 식에 의해 모든 점에서 전류를 구하기에 충

분하다.

흐름 선에 대하여

293. 일련의 λ와 λ'의 값을 골랐다고 하자. 각 시리즈에서 이웃하는 차이들은 1이다. 이 값들에 의해 정의된 두 시리즈의 표면들은 공간을 사변형 관들의 시스템으로 나누는데, 그 관들 하나하나에는 한 단위의 전류가 흐른다. 그 단위가 매우 작다고 가정하면, 전류의 세세한 점들은 아무리 작은 양이라고 하더라도 원하는 만큼 작은 이러한 관들로 표현할 수 있다. 그다음에 관들의 시스템을 자르는 표면을 그린다면, 관 하나하나는 단위의 전류를 나르므로, 그 표면을 통과하는 전류의 양은 그 표면이 자르는 관의 수로 표현된다.

그 표면들이 실제로 교차하는 선을 흐름 선이라고 부른다. 한 단위를 매우 작게 취하면, 어떤 표면을 자르는 흐름 선의 수는 근사적으로 그 표면을 자르는 흐름 관의 수와 같으며, 그래서 주어진 단면을 통과하는 각 흐름 선은 단위 전류에 해당하므로, 흐름 선을 단지 전류의 **방향**만 표시하는 것이 아니라 전류의 세기도 표현한다고 생각할 수 있다.

전류 시트와 전류 함수에 대하여

294. 한 시스템의 두 연이은 흐름 표면 사이에 포함된 도체 층, 예를 들어 λ'의 층을 전류 시트라고 부른다. 이 시트 내부의 흐름 관은 함수 λ에 의해 정해진다. λ_A와 λ_P가 각각 두 점 A와 P에서 λ 값을 표시하면, A에서 P로 향하는 시트에 그린 임의의 선을 오른쪽에서 왼쪽으로 가로질러 흐르는 전류는 $\lambda_P - \lambda_A$이다. AP가 이 시트에 그린 곡선의 요소 ds라면, 이 요소를 오른쪽에서 왼쪽으로 가로지르는 전류는

$$\frac{d\lambda}{ds}ds$$

이다. 시트에서 전류의 분포를 완벽히 정해주는 함수인 λ를 전류 함수라고 부른다. 양쪽이 공기 또는 어떤 다른 부도체인 매질로 경계를 이루는 금속 또는 도체인 물질로 만든 임의의 얇은 시트를 전류 시트로 취급할 수 있고, 그 시트 내에서 전류 분포는 전류 함수를 이용하여 표현할 수 있다. 647절을 보라.

'연속' 방정식

295. L은 λ와 λ′의 함수임을 잊지 않으면서, 세 식 (15)를 각각 x, y, z로 미분하면

$$\frac{du}{dx}+\frac{dv}{dy}+\frac{dw}{dz}=0 \tag{17}$$

을 얻는다.

유체 역학에서 이 식에 대응하는 식을 '연속' 방정식이라고 부른다. 여기서 말하는 연속은 존재의 연속인데, 다시 말하면 물질이 공간의 한 부분을 출발해서 공간의 다른 부분에 도착하면 그 물질이 그사이의 공간을 반드시 지나야 한다는 사실을 의미한다. 물질이 단순히 한 장소에서 사라지고 다른 장소에서 나타날 수는 없고, 물질은 반드시 연속적인 경로를 지나야 하며, 그래서 한 장소는 포함하고 다른 장소는 제외한 폐곡면을 그리면, 한 장소에서 다른 장소로 통과하는 물체는 반드시 폐곡면을 통과해야 한다. 그식을 유체 역학에서 가장 일반적인 형태로 쓰면

$$\frac{d(\rho u)}{dx}+\frac{d(\rho v)}{dy}+\frac{d(\rho w)}{dz}+\frac{d\rho}{dt}=0 \tag{18}$$

인데, 여기서 ρ는 물질의 양과 그 물질이 차지하는 부피 사이의 비를 의미하는데, 이 경우에 부피는 부피의 미분 요소이고, (ρu), (ρv), (ρw)는 단위

시간에 넓이 요소를 가로지르는 물질의 양과 그 넓이 사이의 비를 의미하는데, 여기서 넓이들은 각각 x, y, z 축과 수직이다. 이처럼 이해하면, 이 식들은 고체이거나 또는 유체이거나 어떤 물질에도 적용할 수 있으며, 그 물질의 부분들이 연속이라는 조건에서, 그 운동이 연속이거나 불연속이거나 이 식들을 적용할 수 있다. 물질이 아닌 무엇인가가 시간과 공간에서 연속적인 존재의 조건을 만족하면, 이 식이 그런 조건을 표현한다. 물리학의 다른 부분들, 예를 들어 전기적인 양과 자기적인 양에 대한 이론에서도 비슷한 형태인 식이 나온다. 그런 식들을, 비록 이 양들에 물질의 성질, 또는 심지어 시간과 공간에서 연속적인 존재의 성질까지도 부여하지 않더라도, 단지 그 형태를 표시하기 위해 '연속 방정식'이라고 부른다.

전류의 경우에 대해 도달했던 (17) 식은 $\rho = 1$이라고 놓으면, 다시 말하면 물질이 같은 종류이고 압축되지 않는다면, (18) 식과 똑같아진다. 유체의 경우에 이 식은 유체 역학에 대한 저서들에 나오는 증명의 방식으로도 역시 수립될 수 있다. 그 방식 중 하나에서는 유체의 한 요소가 움직이는데 그 요소의 운동 경로와 변형을 추적한다. 다른 방식에서는 공간의 한 요소에 관심을 고정하고, 그 요소로 들어가고 나가는 모든 것의 양을 취한다. 이 방법 중 처음 것은 전하가 물체를 통과해 지나갈 때 속도를 알지 못하고, 심지어 전류 방향으로 움직이는지 아니면 그 반대 방향으로 움직이는지도 알지 못해서 전류에는 적용되지 못한다. 전류에 대해 우리가 아는 것 모두는 단지 단위 시간 동안에 단위 넓이를 가로지르는 양이 대수적(代數的) 값뿐으로 (18) 식에서 (ρu)에 해당하는 양이다. 인자 ρ와 인자 u 중 어느 하나의 값을 확실히 할 수 있는 수단이 없으며, 그러므로 전하의 특정한 부분이 물체를 통과하는 경로를 따라갈 수 없다. 무엇이 부피 요소의 벽을 통과하는지 조사하는 다른 방법은 전류에 적용할 수 있으며, 그리고 아마도 여기서 주어진 형태와 연관되어 더 좋지만, 그 방법은 유체 역학에 관한 어떤 저서에서든지 찾을 수 있으므로, 여기서 반복할 필요가 없다.

주어진 표면을 통과하는 전하량

296. Γ라 표면의 임의의 점에서 합성 전류라고 하자. dS는 표면의 요소라고 하고 ϵ은 Γ와 표면의 법선 사이의 각이라고 하자. 그러면 표면을 지나가는 총전류는

$$\iint \Gamma \cos \epsilon \, dS$$

이며, 여기서 적분은 표면 전체에 대해 수행한다.

21절에서와 마찬가지로 이 적분을 다음 형태

$$\iint \Gamma \cos \epsilon \, dS = \iiint \left(\frac{du}{dx} + \frac{dv}{dy} + \frac{dw}{dz} \right) dx \, dy \, dz \tag{19}$$

로 변환시킬 수 있는데, 임의의 폐곡면의 경우 삼중 적분의 적분 한계는 표면 내부에 포함된 공간이다. 이 식은 폐곡면으로부터 나오는 총유출량에 대한 표현이다. 정상 전류에 해당하는 모든 경우에 대해서, 적분의 한계가 무엇이든 간에 이 적분 값은 0이어야 하며, 적분 기호 안에 든 양이 0이 되어야 하고, 이런 방법으로 연속 방정식 (17)을 얻는다.

8장

3차원에서 저항과 전도도

전류와 기전력 사이의 가장 일반적인 관계에 대하여

297. 임의의 점에서 전류의 성분이 u, v, w라고 하자. 기전력의 성분은 X, Y, Z라고 하자. 임의의 점에서 기전력은 그 점에 놓인 단위 양전하에 작용하는 합성력이다. 기전력은 (1) 정전(靜電) 작용으로부터 발생할 수 있다. 그럴 때는 V가 퍼텐셜이면

$$X = -\frac{dV}{dx}, \qquad Y = -\frac{dV}{y}, \qquad Z = -\frac{dV}{dz} \tag{1}$$

이다. 또는 (2) 전자기 유도로부터 발생할 수 있다. 전자기 유도의 법칙은 나중에 조사하게 된다. 또는 (3) 주어진 방향으로 전류를 만들어내려고 하는 그 점 자체의 열전기 또는 전기화학 작용으로부터 발생할 수 있다.

힘이 무엇으로부터 유래했는지는 관계없이 일반적으로 X, Y, A가 한 점에서 실제 기전력의 성분을 대표한다고 가정하자. 그러나 때때로 기전력이 전적으로 퍼텐셜의 변화 때문이라고 가정한 결과도 조사할 것이다.

옴의 법칙에 의해 전류는 기전력에 비례한다. 그래서 X, Y, Z는 u, v, w

의 선형함수여야 한다. 그러므로 저항에 대한 식으로

$$X = R_1 u + Q_3 v + P_2 w$$
$$Y = P_3 u + R_2 v + Q_1 w \tag{2}$$
$$Z = Q_2 u + P_1 v + R_3 w$$

가 성립한다고 가정하자.

이 식에서 계수 R를 좌표축의 방향에서 세로 저항 계수라고 불러도 좋다. 두 계수 P와 Q는 가로 저항 계수라고 부른다. 이 세 계수는 어떤 방향의 전류를 만드는 데 필요한 다른 방향의 기전력이 무엇인지 표시한다.

만일 고체를 선형 도체들의 시스템으로 취급할 수 있다면, 선형 시스템의 임의의 두 도체의 반비례 성질로부터(281절), y에 평행한 단위 전류를 만드는 데 필요한 z를 따른 기전력은 z에 평행한 단위 전류를 만드는 데 필요한 y를 따른 기전력과 같아야 한다. 이것은 $P_1 = Q_1$임을 보여주고, 비슷하게 $P_2 = Q_2$와 $P_3 = Q_3$도 성립한다. 이 조건들을 만족하면, 계수들의 시스템은 대칭적이라고 말한다. 이 조건들을 만족하지 않으면 계수들의 시스템을 스큐(skew) 시스템이라고 부른다.

모든 실제 경우는 시스템이 대칭적이라고 믿을 충분한 이유가 있지만, 스큐 시스템의 가능성을 인정하면 생기는 결과 중 일부에 대해서도 검토해 볼 것이다.

298. u, v, w라는 양을 전도도 방정식이라고 부르는 여러 개로 구성되는 식들에 의해서 X, Y, Z의 함수로 표현할 수 있는데, 그 식들은

$$u = r_1 X + p_3 Y + q_2 Z$$
$$v = q_3 X + r_2 Y + p_1 Z \tag{3}$$
$$w = p_2 X + q_1 Y + r_3 Z$$

이며, 이 식들에서 계수 r를 세로 전도도의 계수 그리고 p와 q를 가로 전도도의 계수라고 부른다.

저항의 계수는 전도도의 계수의 역수이다. 이 관계는 다음과 같이 정의
될 수 있다.

$[PQR]$가 저항의 계수로 된 행렬식이고 $[pqr]$는 전도도의 계수로 된 행렬
식이면

$$[PQR] = P_1P_2P_3 + Q_1Q_2Q_3 + R_1R_2R_3 - P_1Q_1R_1 - P_2Q_2R_2 - P_3Q_3R_3 \qquad (4)$$

$$[pqr] = p_1p_2p_3 + q_1q_2q_3 + r_1r_2r_3 - p_1q_1r_1 - p_2q_2r_2 - p_3q_3r_3 \qquad (5)$$

$$[PQR][pqr] = 1 \qquad (6)$$

$$[PQR]p_1 = (P_2P_3 - Q_1R_1), \qquad [pqr]P_1 = (p_2p_3 - q_1r_1) \qquad (7)$$
$$\text{등등} \qquad\qquad\qquad\qquad \text{등등}$$

이 성립한다.

기호들 P, Q, R, p, q, r와 첨자 1, 2, 3을 순환 순서*로 바꾸면 다른 식들
이 만들어진다.

열이 발생하는 비율

299. 저항을 극복하기 위하여 단위 시간 동안에 전류가 한 일을 구하고, 그
래서 발생한 열을 구하려면, 전류의 성분을 해당하는 기전력 성분으로 곱
한다. 그러면 단위 시간 동안에 소비한 일의 양인 W에 대한 다음 표현을 얻
는다.

$$W = Xu + Yv + Zw \qquad (8)$$

$$= R_1u^2 + R_2v^2 + R_3w^2 + (P_1 + Q_1)vw + (P_2 + Q_2)wu + (P_3 + Q_3)uv \qquad (9)$$

$$= r_1X^2 + r_2Y^2 + r_3Z^2 + (p_1 + q_1)YZ + (p_2 + q_2)ZX + (p_3 + q_3)XY \qquad (10)$$

좌표축을 적절하게 선택하면, 나중 두 식에서 u, v, w의 곱이나 X, Y, Z

---

*   1과 2와 3의 순환 순서는 (1, 2, 3), (2, 3, 1), (3, 1, 2)이고, 반순환 순서는 (1, 3, 2), (2, 1, 3), (3, 2, 1)
이다.

의 곱을 포함한 항들이 많이 줄어들 수 있다. 그렇지만 W를

$$R_1u^2 + R_2v^2 + R_3w^2$$

과 같은 형태로 바꾸어 놓는 좌표축은

$$r_1X^2 + r_2Y^2 + r_3Z^2$$

와 같은 형태로 바꾸어놓는 좌표축과 일반적으로 같지는 않다.

오직 P_1, P_2, P_3의 계수들이 각각 Q_1, Q_2, Q_3의 계수들과 같을 때만 두 시스템의 축들이 일치한다.

톰슨이 했던[17] 것처럼

$$P = S + T, \quad Q = S - T \quad \text{그리고} \quad q = s + t, \quad q = s - t \tag{11}$$

라고 쓰면

$$\left.\begin{aligned}[PQR] = R_1R_2R_3 + 2S_1S_2S_3 - S_1^2R_1 - S_2^2R_2 - S_3^2R_3 \\ + 2(S_1T_2T_3 + S_2T_3T_1 + S_3T_1T_2) + R_1T_1^2 + R_2T_2^2 + R_3T_3^2\end{aligned}\right\} \tag{12}$$

그리고

$$\left.\begin{aligned}[PQR]r_1 &= R_2R_3 - S_1^2 + T_1^2 \\ [PQR]s_1 &= T_2T_3 + S_2S_3 - R_1S_1 \\ [PQR]t_1 &= -R_1T_1 + S_2T_3 + S_3T_2\end{aligned}\right\} \tag{13}$$

를 얻는다.

그러므로 S_1, S_2, S_3를 삭제하려고 하면, 계수들 T가 0이 아닌 이상 s_1도 삭제되지는 않는다.

안정 조건

300. 전하의 평형은 안정적이기 때문에, 전류를 유지하는 데 소비되는 일은 항상 0보다 커야 한다. W가 0보다 더 클 조건은 세 계수 R_1, R_2, R_3와 세 표현

$$\left.\begin{array}{l} 4R_2R_3 - (P_1 + Q_1)^2 \\ 4R_3R_1 - (P_2 + Q_2)^2 \\ 4R_1R_2 - (P_3 + Q_3)^2 \end{array}\right\} \tag{14}$$

가 모두 0보다 더 커야 한다는 것이다.

전도도의 계수들에 대해서도 비슷한 조건들이 존재한다.

동종 매질에서 연속 방정식

301. 기전력의 성분을 퍼텐셜 V의 도함수로 표현하면 연속 방정식

$$\frac{du}{dx} + \frac{dv}{dy} + \frac{dw}{dz} = 0 \tag{15}$$

은 매질이 동종(同種)일 때

$$r_1\frac{d^2V}{dx^2} + r_2\frac{d^2V}{dy^2} + r_3\frac{d^2V}{dz^2} + 2s_1\frac{d^2V}{dydz} + 2s_2\frac{d^2V}{dzdx} + 2s_3\frac{d^2V}{dxdy} = 0 \tag{16}$$

이 된다.

매질이 동종이 아니면 한 점에서 다른 점으로 지나갈 때 전도도의 계수가 변하는 것 때문에 생기는 항이 존재한다.

이 식은 등방 매질에서 라플라스 방정식에 해당한다.

302. 다음 식

$$[rs] = r_1r_2r_3 + 2s_1s_2s_3 - r_1s_1^2 - r_2s_2^2 - r_3s_3^2 \tag{17}$$

그리고

$$[AB] = A_1A_2A_3 + 2B_1B_2B_3 - A_1B_1^2 - A_2B_2^2 - A_3B_3^2 \tag{18}$$

와 같이 놓으면

$$\left.\begin{array}{l} [rs]A_1 = r_2r_3 - s_1^2 \\ [rs]B_1 = s_2s_3 - r_1s_1 \end{array}\right\} \tag{19}$$

등과 같을 때, 시스템 A, B는 시스템 r, s의 역이고,

$$A_1 x^2 + A_2 y^2 + A_3 z^2 + 2B_1 yz + 2B_2 zx + 2B_3 xy = [AB]\rho^2 \qquad (20)$$

라고 놓으면

$$V = \frac{c}{4\pi} \frac{1}{\rho} \qquad (21)$$

을 얻는데, 이것이 연속 방정식의 풀이이다.

계수들 T가 0인 경우에, 계수들 A와 B는 R와 S와 똑같아진다. T가 존재하면 그렇지 않다.

그러므로 무한하고 동종이지만 등방이 아닌 매질의 중심으로부터 흘러 나오는 전하의 경우에, 등전위 면은 타원체면이고, 각 타원체면에서 ρ가 상수이다. 타원체면의 축은 전도도가 주축 방향이고, 시스템이 대칭적이지 않으면 전도도의 주축은 저항의 주축과 일치하지 않는다.

이 식을 변환시키면, x, y, z의 축으로 전도도의 주축을 취할 수 있다. 그러면 s 형태와 B 형태의 계수들은 0이 되고, A 형태의 계수 하나하나는 대응하는 r 형태의 계수와 반비례 관계를 이룬다. ρ에 대한 표현은

$$\frac{x^2}{r_1} + \frac{y^2}{r_2} + \frac{z^2}{r_3} = \frac{\rho^2}{r_1 r_2 r_3} \qquad (22)$$

이다.

303. 저항 방정식과 전도도 방정식의 완전 시스템 이론은 세 변수의 선형 함수 이론이며, 변형* 이론[18]과 물리학의 다른 부분에서 그 전형적인 예를 찾을 수 있다. 이 이론을 취급하는 가장 적절한 방법이 해밀턴과 테이트가 벡터의 선형 그리고 벡터 함수를 취급한 이론이다. 그렇지만 여기서는 특별히 4원수 표기법을 도입하지는 않는다.

---

*   여기서 변형(strain)은 물리량 중 하나의 이름으로 물체의 크기가 바뀌었을 때 크기의 변화량을 원래의 크기로 나눈 것을 변형이라고 한다.

계수들 T_1, T_2, T_3는 그 크기와 방향은 물체에 고정되어 있고 기준 축의 방향에는 독립인 벡터 T의 직각 성분으로 간주할 수 있다. 똑같은 이야기를 다른 벡터 t의 성분인 t_1, t_2, t_3에게도 할 수 있다.

벡터 T와 벡터 t의 방향이 일반적으로 일치하지는 않는다.

이제 z 축을 벡터 T와 일치하도록 취하고 거기에 맞게 저항 방정식을 변환시키자. 그러면 저항 방정식의 형태는

$$\left.\begin{array}{l} X = R_1 u + S_3 v + S_2 w - Tv \\ Y = S_3 u + R_2 v + S_1 w + Tu \\ Z = S_2 u + S_1 v + R_3 w \end{array}\right\} \tag{23}$$

와 같이 된다.

이 식으로부터 기전력은 두 힘의 합성력인데 그중 하나는 단지 계수 R와 S에만 의존하고, 다른 하나는 T에만 의존한다고 생각해도 좋은 것처럼 보인다. R와 S에 의존하는 부분과 전류 사이의 관계는 타원체면의 접선 평면에 내린 수선(垂線)과 반지름 벡터 사이의 관계와 같은 방법이다. T에 의존하는 다른 부분은 T와 전류 중에서 T의 축에 수직으로 분해된 부분의 곱과 같으며, 그 다른 부분의 방향은 T의 방향과 전류의 방향 모두에 수직인 방향인데, 전류의 분해된 부분이 T에서 양(陽)의 부분으로 90°만큼 돌리면 향하는 방향과 같다.

전류와 T를 벡터라고 생각하면, 기전력 중에서 T를 이유로 생기는 부분은 곱 $T \times$ 전류의 벡터 부분이다.

T의 계수를 회전성 계수라고 불러도 좋다. 이 계수는 어떤 알려진 물질에도 존재하지 않는다고 믿을 만한 이유가 있다. 회전성 계수가 어디엔가 존재한다면 자석에서 관찰되어야 한다. 자석은 아마도 물질에서 회전성 현상 때문에 한쪽으로 편극을 갖는다.

304. 그래서 회전성 계수는 존재하지 않는다고 가정하면, 100절에 나온

톰슨 정리가 어떻게 주어진 시간 동안에 시스템에서 전류에 의해 방출된 열이 하나의 최젓값을 갖는지 증명하는 데까지 확장될 수 있는지 보이자.

대수적(代數的) 과정을 간단히 하기 위해서 (9) 식으로 주어진 표현을, 그리고 이 경우에는 역시 (10) 식으로 주어진 표현도, 세 항으로 줄어들도록 만드는 좌표축의 방향을 선택했다고 하자. 그리고 일반적인 특성 방정식 (16)을 고려하는데, 좌표축을 그렇게 선택하면 이 식은

$$r_1\frac{d^2V}{dx^2}+r_2\frac{d^2V}{dy^2}+r_3\frac{d^2V}{dz^2}=0 \tag{24}$$

으로 바뀐다.

또한 a, b, c는 다음 조건

$$\frac{da}{dx}+\frac{db}{dy}+\frac{dc}{dz}=0 \tag{25}$$

을 만족하는 세 함수로, 이 함수들은 x, y, z의 함수라고 하자. 그리고

$$\left. \begin{aligned} a&=-r_1\frac{dV}{dx}+u \\ b&=-r_2\frac{dV}{dy}+v \\ c&=-r_3\frac{dV}{dz}+w \end{aligned} \right\} \tag{26}$$

라고 놓자.

마지막으로 다음 3중적분

$$W=\iiint \left(R_1a^2+R_2b^2+R_3c^2\right)dx\,dy\,dz \tag{27}$$

를 100절에서 열거한 경계로 둘러싸인 공간으로 확장하자. 말하자면 어떤 부분에서 V가 상수라거나, 또는 벡터 a, b, c의 법선 성분을 줬다든가 등이 있다. 나중 조건은 경계표면 전체에 대해 그 성분을 적분하면 0이 되어야 한다는 제한이 수반되기도 한다. 그러면 W는

$$u=0, \quad v=0, \quad w=0$$

일 때 최젓값을 갖는다.

왜냐하면, 그럴 때

$$r_1 R_1 = 1, \quad r_2 R_2 = 1, \quad r_3 R_3 = 1$$

이고, 그러므로 (26) 식에 의해

$$
\begin{aligned}
W = &\iiint \left(r_1 \left| \overline{\frac{dV}{dx}} \right|^2 + r_2 \left| \overline{\frac{dV}{dy}} \right|^2 + r_3 \left| \overline{\frac{dV}{dz}} \right|^2 \right) dx\, dy\, dz \\
&+ \iiint \left(R_1 u^2 + R_2 v^2 + R_3 w^2 \right) dx\, dy\, dz \\
&- 2 \iiint \left(u \frac{dV}{dx} + v \frac{dV}{dy} + w \frac{dV}{dz} \right) dx\, dy\, dz
\end{aligned}
\tag{28}
$$

이기 때문이다.

그러나

$$\frac{du}{dx} + \frac{dv}{dy} + \frac{dw}{dz} = 0 \tag{29}$$

이기 때문에, 경계점에서 조건에 의해서 세 번째 항이 0이 된다.

그러므로 (28) 식의 첫 번째 항은 W의 유일한 최젓값이다.

305. 전하에 대한 이론에서 이 명제는 대단히 중요하기 때문에, 가장 일반적으로 다음 증명을 해석적 연산이 없는 형태로 설명하는 것이 바람직하다.

동종(同種)이거나 다종(多種)이거나에 상관없이 임의의 형태인 도체를 통한 전하의 전파에 대해 고려하자.

그러면 다음과 같은 것은 이미 알고 있다.

(1) 전류의 방향으로 전류가 흐르는 경로를 따라 선을 그리면, 그 선은 높은 퍼텐셜의 장소에서 낮은 퍼텐셜의 장소로 이동해야 한다.

(2) 시스템의 모든 점에서 퍼텐셜이 균일한 비율로 바뀌면, 전류도 옴의 법칙에 의해 똑같은 비율로 바뀐다.

(3) 퍼텐셜의 어떤 분포가 어떤 분포의 전류를 발생시키고, 퍼텐셜의 두 번째 분포가 두 번째 분포의 전류를 발생시키면, 첫 번째 분포와 두 번째 분포의 합 또는 차인 세 번째 분포가 발생시키는 전류의 세 번째 분포로, 세 번

째 경우에 주어진 유한한 표면을 통과하는 총전류의 분포는, 첫 번째와 두 번째 경우에 그 표면을 통과하는 전류들의 합 또는 차의 분포가 된다. 왜냐하면, 옴의 법칙에 의해, 퍼텐셜의 변화로 인한 추가 전류는 원래 퍼텐셜 분포가 원인인 원래 전류에는 의존하지 않기 때문이다.

(4) 닫힌 표면의 전체에 걸쳐서 퍼텐셜이 상수이면, 그리고 그 표면 내에는 전극이나 또는 고유한 기전력이 존재하지 않으면, 그 닫힌 표면 내에는 전류가 존재하지 않고, 닫힌 표면 내부의 임의의 점에서 퍼텐셜은 표면에서 퍼텐셜과 같다.

만일 닫힌 표면 내부에 전류가 존재하면, 그 전류는 폐곡선을 그리거나 또는 닫힌 표면 내에서 또는 표면 자체에서 전류가 들어오고 나가야 한다.

그러나 전류는 높은 퍼텐셜의 장소에서 낮은 퍼텐셜의 장소로 이동해야 하므로, 전류가 폐곡선을 따라 흐를 수는 없다.

표면 내부에는 전극이 존재하지 않기 때문에 전류는 폐곡면 내부에서 시작하거나 끝날 수 없으며, 표면 위의 모든 점에서 퍼텐셜이 같아서, 표면 위의 한 점에서 다른 점으로 지나가는 선을 따라 전류가 흐를 수 없다.

그래서 표면 안에서는 전류가 존재하지 않고, 그러므로 표면 안에서 퍼텐셜 차이도 존재할 수 없는데, 왜냐하면 만일 퍼텐셜에 차이가 있다면 전류를 발생하기 때문이고, 그러므로 닫힌 표면 내부에서 퍼텐셜은 모든 곳에서 표면에서 퍼텐셜과 같다.

(5) 닫힌 표면의 어떤 부분을 통해서도 전류가 존재하지 않고, 표면 내부에는 전극 또는 고유한 기전력이 존재하지 않으면, 그 표면 내부에는 전류가 존재하지 않고 퍼텐셜은 균일하다.

전류는 폐곡선을 그릴 수 없음을 이미 보았다. 즉 전류는 표면 내에서 시작하거나 끝나지 못하고, 표면을 가로질러 지나가지 않는다고 가정했으므로, 전류는 존재할 수 없으며, 그러므로 퍼텐셜은 상수이다.

(6) 닫힌 표면의 한 부분에 대해 퍼텐셜이 균일하면, 그리고 그 표면의 나

머지 부분을 통하여 전류가 지나가지 않으면, 그 표면 내부의 퍼텐셜은 똑같은 이유로 균일하다.

(7) 물체의 표면의 한 부분에서 모든 점의 퍼텐셜을 알면, 그리고 물체의 표면의 나머지 부분에서 표면의 각 점을 지나가는 전류를 알면, 물체 내부의 각 점에서 오직 한 가지의 퍼텐셜 분포만 존재할 수 있다.

왜냐하면 만일 물체 내의 임의의 점에서 서로 다른 두 퍼텐셜 값이 존재하면, 첫 번째 경우 퍼텐셜 값이 V_1이고 두 번째 경우의 퍼텐셜 값이 V_2라고 할 때, 세 번째 경우를 상상하고, 물체의 모든 점에서 퍼텐셜이 첫 번째 퍼텐셜 값과 두 번째 퍼텐셜 값의 차이와 같다고 하자. 그러면 퍼텐셜이 알려진 표면 부분에서 세 번째 경우의 퍼텐셜 값은 0이 되며, 전룻값이 알려진 표면 부분에서 세 번째 경우의 전류는 0가 된다. 그래서 (6)에 의해 물체 내부의 모든 점에서 퍼텐셜은 0이거나 또는 V_1과 V_2의 차이가 없어야 한다. 그러므로 퍼텐셜 분포로는 오직 한 가지만 존재할 수 있다. 이 명제는 고체의 경계가 하나의 닫힌 표면이거나 여러 개의 닫힌 표면이거나 가리지 않고 성립한다.

주어진 형태의 도체 저항에 대해 근사적으로 계산하기

306. 여기서 고려하는 도체의 표면을 세 부분으로 나누자. 그중 한 부분에서 퍼텐셜이 상숫값으로 유지된다. 두 번째 부분에서는 퍼텐셜이 첫 번째와 다른 상숫값으로 유지된다. 그 표면의 나머지 부분 전체는 전하가 접근하지 못한다. 이제 도체에 완전한 전도도를 갖는 물질로 두 개의 전극을 만들어 첫 번째 부분과 두 번째 부분에 대한 조건을 만족하고, 나머지 표면은 완전한 부도체 물질로 도금하여 세 번째 조건도 만족한다고 하자.

이런 환경 아래 도체의 모든 부분에서 전류는 단순히 두 전극의 퍼텐셜 차이에 비례한다. 이 차이를 기전력이라고 부르면, 한 전극에서 다른 전극으로 흐르는 총전류는 기전력에 도체 전체의 전도도를 곱한 곱과 같으며, 도체의 저항은 이 전도도의 역수이다.

도체가 근사적으로라도 위에서 정의한 환경에 있을 때만 도체가 전체적으로 정해진 저항 또는 전도도를 갖는다고 말할 수 있다. 가느다란 도선으로 만들어 끝에는 큰 질량이 구리가 연결된 저항 코일이 근사적으로 이런 조건을 만족하는데, 왜냐하면 질량이 큰 전극의 퍼텐셜은 거의 일정하고, 같은 전극에서 서로 다른 점의 퍼텐셜 차이는 두 전극 사이의 퍼텐셜 차이에 비하여 무시될 수 있기 때문이다.

그런 도체의 저항을 계산하는 매우 유용한 방법이, 내가 아는 한, 레일리 경이 쓴 공명 이론에 대한 논문에서 최초로 발표되었다.[19]

그 방법은 다음과 같은 고려사항에 기초하였다.

도체에서 임의로 고른 한 부분의 비저항이 바뀌고 나머지 부분의 비저항은 바뀌지 않는다면, 그 부분의 저항이 증가하면 전체 도체의 저항도 증가하고, 그 부분의 저항이 감소하면 전체 도체의 저항도 감소한다.

이 원리는 자명한 것으로 간주할 수 있지만, 전극이 놓은 두 점 사이에서 구한 도체 시스템의 저항에 대한 표현 값이, 시스템에 속한 각 구성 도체의 저항이 증가하면 역시 증가한다는 것을 보이기는 어렵지 않다.

이로부터 다음과 같은 경우가 증명된다. 도체를 만드는 물질의 표면이 어떤 형태이건 간에, 이 표면이 완전 도체 물질로 된 무한히 얇은 시트이면, 그 표면이 도체의 자연 상태에서 등전위 면 중 하나가 아니면 도체 전체의 저항은 0이 되고, 자연 상태에서 등전위 면 중의 하나이면 그 도체가 이미 전기적 평형 상태이기 때문에, 도체 전체를 완전한 도체라고 하더라도 어떤 효과도 만들어지지 않는다.

그러므로 도체 내부에 일련의 표면들을 그리는데, 첫 번째 표면은 첫 번째 전극과 일치하고, 마지막 표면은 두 번째 전극과 일치하게 그리고, 그 사이 중간 표면들은 전도하지 않는 표면들로 둘러싸이고 중간 표면들 사이에

서로 교차하지 않는다면, 그리고 이 표면들 하나하나가 모두 완전 도체로 만든 무한히 얇은 시트라면, 이렇게 얻은 시스템의 저항은 원래 도체의 저항보다 더 크지 않을 것이고, 이 시스템의 저항은 앞에서 그린 표면들이 모두 자연스러운 등전위 면일 때만 원래 도체의 저항과 같다.

인위적으로 만든 시스템의 저항을 계산하기가 원래 문제의 저항을 계산하기보다 훨씬 더 쉬운 작업이다. 왜냐하면 전체의 저항은 연이은 표면들 사이에 포함된 모든 층 저항의 합이며, 각 층의 저항은 다음과 같이 구할 수 있기 때문이다.

dS가 얇은 층의 표면의 넓이 요소이고, ν는 그 요소에 수직인 층이 두께이며, ρ는 비저항, E는 완전 도체 표면의 퍼텐셜 차이, 그리고 dc는 dS를 통과하는 전류라고 하자. 그러면

$$dC = E\frac{1}{\rho\nu}dS \tag{1}$$

이며, 층을 통과하는 총전류는

$$C = E\iint \frac{1}{\rho\nu}dS \tag{2}$$

인데, 이 적분은 도체의 비전도(非傳導) 표면으로 둘러싸인 전체 층에 대해 수행된다.

그래서 층의 전도도는

$$\frac{C}{E} = \iint \frac{1}{\rho\nu}dS \tag{3}$$

이고 이 층의 저항은 이 양의 역수이다.

얇은 층의 경계가 두 표면이고 두 표면에서 함수 F는 각각 F와 $F+dF$의 값을 가지면

$$\frac{dF}{\nu} = \nabla F = \left[\left(\frac{dF}{dx}\right)^2 + \left(\frac{dF}{dy}\right)^2 + \left(\frac{dF}{dz}\right)^2\right]^{\frac{1}{2}} \tag{4}$$

이 되고 이 층의 저항은

$$\frac{dF}{\iint \frac{1}{\rho} \nabla F dS} \tag{5}$$

이다.

인위적인 도체 전체의 저항을 구하기 위해, F에 대해 적분하기만 하면 되는데, 그 결과는

$$R_1 = \int \frac{dF}{\iint \frac{1}{\rho} \nabla F dS} \tag{6}$$

이다.

자연 상태 도체의 저항 R는, 앞에서 선택한 모든 표면이 자연 상태에서 등전위 면이지 않는 한, 이렇게 구한 값보다 더 크다. 또한 R의 실제 값은 이렇게 구할 수 있는 R_1 값의 절대적인 최댓값이므로, 선택한 표면들이 실제 등전위 면들과 약간의 차이만 있더라도 비교적 작은 값인 R에 오차를 발생한다.

이 저항값의 아래쪽 한계를 결정하기는 완벽히 일반적이라는 것은 두말할 나위도 없으며, 어떤 형태의 도체에나 적용할 수 있고, 심지어 비저항인 ρ가 도체 내에서 어떤 방식으로 변하든지 역시 적용할 수 있다.

가장 친숙한 예는 단면의 넓이가 변하는 직선 도선의 저항을 정하는 보통 방법이다. 이 경우에 선택된 표면은 도선의 축에 수직인 평면들이고, 얇은 층은 서로 평행인 양쪽 면을 가지며, 단면의 넓이가 S이고 두께가 ds인 층의 저항은

$$dR_1 = \frac{\rho \, ds}{S} \tag{7}$$

이며, 길이가 s인 전체 도선의 저항은

$$R_1 = \int \frac{\rho \, ds}{S} \tag{8}$$

인데, 여기서 S는 가로 단면의 넓이로 s의 함수이다.

단면의 넓이가 길이에 따라 조금씩 변하는 도선의 경우에 적용한 이 방

법은 실제 값에 아주 가까운 결과를 주지만, 그 결과는 단지 아래쪽 한곗값일 뿐인데, 단면의 넓이가 완벽히 똑같은 경우만 제외하면, 실제 저항은 항상 이 값보다 더 크다.

307. 저항에 대한 높은 쪽 한곗값을 구하기 위해, 도체에 그린 표면이 전하가 통과할 수 없다고 가정하자. 그렇게 한 효과는 그 표면이 자연스러운 흐름면 중 하나가 아니면 도체의 저항을 증가시킬 것임이 틀림없다. 두 시스템의 표면들을 이용하면, 흐름을 완벽히 조절할 수 있는 관들의 세트를 형성할 수 있으며, 만일 시스템에 전하가 통과하지 못하는 표면이 하나라도 포함되어 있다면 그 효과는 저항은 실제 값보다 더 증가시킬 것이 틀림없다.

각 관의 저항은 앞에서 이미 가는 도선에 적용한 방법에 따라 계산할 수 있으며, 전체 도체의 저항은 모든 관 저항의 역수를 모두 더한 것의 역수와 같다. 이렇게 구한 저항은 관들이 자연 흐름 선을 따라갈 때를 제외하고는 실제 저항보다 더 크다.

도체가 회전면을 길게 늘인 고체의 형태인, 이미 고려했던 경우에서, 축에 따라 x를 측정하고, 임의의 점에서 단면의 반지름이 b라고 하자. 전하가 지나가지 못하는 표면들로 된 한 세트에 속한 각 표면은 축과 이루는 각이 ϕ로 일정하다고 하고, 다른 세트들에 속한 각 표면에서는

$$y^2 = \psi b^2 \tag{9}$$

을 만족한다고 하자. 여기서 ψ는 0과 1 사이 숫자로 된 양이다.

이제 관 중 하나에서 다음 면들 ϕ와 $\phi + d\phi$, ψ와 $\psi + d\psi$, x와 $x + dx$가 경계인 부분을 생각하자.

축에 수직이게 취한 관의 단면의 넓이는

$$y\,dy\,d\phi = \frac{1}{2}b^2\,d\psi\,d\phi \tag{10}$$

이다.

θ가 관과 축 사이의 각이면

$$\tan\theta = \psi^{\frac{1}{2}}\frac{db}{dx} \tag{11}$$

이다.

관의 이 요소의 실제 길이는 $dx\sec\theta$이고 이 요소의 실제 단면의 넓이는

$$\frac{1}{2}b^2\,d\psi\,d\phi\,\cos\theta$$

이어서, 이 요소의 저항은

$$2\rho\frac{dx}{b^2\,d\psi\,d\phi}\sec^2\theta = 2\rho\frac{dx}{b^2\,d\psi\,d\phi}\left(1+\psi\,\overline{\frac{db}{dx}}\,\bigg|^2\right) \tag{12}$$

이다.

이제

$$A = \int\frac{\rho}{b^2}dx \quad\text{그리고}\quad B = \int\frac{\rho}{b^2}\left(\frac{db}{dx}\right)^2dx \tag{13}$$

이고, 적분은 도체의 전체 길이 x에 대해 수행되면, 관 $d\psi\,d\phi$에 대한 저항은

$$\frac{2}{d\psi\,d\phi}(A+\psi B)$$

이고, 이 부분의 전도도는

$$\frac{d\psi\,d\phi}{2(A+\psi B)}$$

이다.

개별적인 관의 전도도의 합으로 주어지는 전체 도체의 전도도를 구하기 위해서는 이 표현을 $\phi = 0$부터 $\phi = 2\pi$까지, 그리고 $\psi = 0$와 $\psi = 1$ 사이에서 적분해야 한다. 그 결과는

$$\frac{1}{R'} = \frac{\pi}{B}\log\left(1+\frac{B}{A}\right) \tag{14}$$

인데, 이 결과는 도체의 실제 전도도보다 더 작을 수도 있지만 더 클 수는 없다.

$\dfrac{db}{dx}$가 항상 작은 양일 때는 $\dfrac{B}{A}$도 역시 작고, 전도도에 대한 표현을

$$\frac{1}{R'} = \frac{\pi}{A}\left(1 - \frac{1}{2}\frac{B}{A} + + \frac{1}{3}\frac{B^2}{A^2} - \frac{1}{4}\frac{B^3}{A^3} + \text{등등}\right) \tag{15}$$

와 같이 전개할 수 있다.

이 표현의 첫 항인 $\dfrac{\pi}{A}$는 도체의 가장 상급(上級)의 한계로 이전 방법으로 구한 값이다. 그래서 실제 전도도는 첫 항보다 더 작으나 전체 급수보다는 더 크다. 가장 상급의 저항값은 이 값의 역수로

$$R' = \frac{A}{\pi}\left(1 + \frac{1}{2}\frac{B}{A} - \frac{1}{12}\frac{B^2}{A^2} + \frac{1}{24}\frac{B^3}{A^3} - \text{등등}\right) \tag{16}$$

이다.

흐름이 표면들 ϕ와 ψ에 의해 인도된다고 가정하는 것에 추가하여, 각 관을 통과하는 흐름이 $d\psi\, d\phi$에 비례한다고 가정하면, 이런 추가의 구속조건 아래 저항값으로

$$R'' = \frac{1}{\pi}\left(1 + \frac{1}{2}B\right) \tag{17}$$

를 얻는데, 이것은 분명히 이전 값보다 더 크며, 그것은 추가 구속조건 때문에 당연하다. 레일리 경의 논문에서 이런 가정이 설정되었으며, 거기서 가장 상급 한곗값으로 (17)로 주어진 값을 얻었는데, 이 값은 여기서 (16) 식으로 얻은 값보다 약간 더 크다.

308. 이제 단면의 반지름이 a인 원통형 도체의 길이에 같은 방법을 적용하여 보정 항을 구하자. 이 도체의 한쪽 끝은 덩치가 큰 전극에 놓여 금속 접촉이 되어 있다. 그 전극은 다른 금속으로 가정할 수 있다.

저항의 아래쪽 한곗값을 구하기 위하여, 완전한 도체 물질로 된 무한히 얇은 원판이 원통의 끝과 덩치가 큰 전극 사이에 놓여 있다고 가정해서 원통의 끝 단면은 어디서나 다 같은 한 값의 퍼텐셜이라고 한다. 그러면 원통 내부에서 퍼텐셜은 단지 길이만의 함수가 되고, 원통이 접촉하는 전극의

표면이 근사적으로 평면이라고 가정하면, 그리고 전극의 크기는 원통의 지름에 비해 크다고 가정하면, 퍼텐셜의 분포는 무한히 큰 매질에 원판의 형태로 놓은 도체에 생기는 퍼텐셜 분포와 같게 된다. 151절과 177절을 보라.

E가 원판의 퍼텐셜과 전극에서 먼 부분의 퍼텐셜 사이의 차이이고, C는 원판의 표면에서 전극으로 들어가는 전류이고, ρ'는 전극의 비저항이라면, Q가 원판 위의 전하량으로 151절에서 설명한 것처럼 분포된다고 가정할 때

$$\rho'C = \frac{1}{2} \cdot 4\pi Q = 2\pi \frac{aE}{\frac{\pi}{2}}, \quad \text{151절에 의한 결과임}$$

$$= 4aE \tag{18}$$

가 된다.

그래서, 주어진 점에서 전극까지 도선의 길이가 L이고, 도선의 비저항이 ρ이라면, 그 점에서 전극 내에서 접촉점과 가깝지 않은 임의의 점까지 저항은

$$R = \rho \frac{L}{\pi a^2} + \frac{\rho'}{4a}$$

이고 이것을

$$R = \frac{\rho}{\pi a^2}\left(L + \frac{\rho'}{\rho}\frac{\pi a}{4}\right) \tag{19}$$

라고 쓸 수도 있는데, 여기서 괄호 내의 두 번째 항은 저항을 계산할 때 원통 또는 도선의 길이에 더해야 하는 양이고 이 양은 보정 항으로는 분명히 너무 작다.

가장 큰 오차가 어디서 나오는지 이해하기 위해서는 다음과 같은 점들을 눈여겨봐야 한다. 비록 도선에서 원판까지 전류가 단면에 균일하게 분포된다고 가정했지만, 원판에서 전극까지는 균일하지 않고 임의의 점에서 그 점을 통과하는 최소 현의 길이에 반비례한다. 실제 경우에, 원판을 통과하는 흐름은 균일하지는 않지만, 이렇게 가정된 경우처럼 한 점에서 다른 점

으로 가면서 그렇게 많이 바뀌지는 않는다. 실제 경우에 원판의 퍼텐셜은 균일하지는 않지만, 가운데서 가장자리로 가면서 줄어든다.

309. 다음으로 원판을 지나가는 흐름이 모든 점에서 균일하다는 제한 조건을 부여하고 실제 저항보다 더 큰 양을 구하자. 이런 목적으로 도입된 기전력은 원판의 표면에 수직으로 작용한다고 가정해도 좋다.

도선 내부에서 저항은 전과 같지만, 전극에서 열이 발생하는 비율은 전류와 퍼텐셜의 곱을 면적분한 것이 된다. 임의의 점에서 흐름의 비율은 $\frac{C}{\pi a^2}$이고 퍼텐셜은 면전하 밀도가 σ로 전하를 띤 면의 퍼텐셜과 같은데, 여기서

$$2\pi\sigma = \frac{C\rho'}{\pi a^2} \tag{20}$$

가 성립하고 ρ'는 비저항이다.

그러므로 균일한 면전하 밀도 σ로 대전된 원판의 전하에 대한 퍼텐셜 에너지를 구해야 한다.

전하 밀도가 균일한 σ인 원판의 가장자리에서 퍼텐셜은 어렵지 않게 구할 수 있고 $4a\sigma$이다. 이 원판의 둘레에 폭이 da인 원형 띠를 추가하는 데 한 일은 $2\pi a \sigma\, da \cdot 4a\sigma$이고, 원판의 전체 퍼텐셜 에너지는 이것을 적분하여

$$P = \frac{8\pi}{3} a^3 \sigma^2 \tag{21}$$

이 된다.[20]

전기 전도의 경우에 저항이 R'인 전극에서 일을 하는 비율은 $C^2 R'$이다. 그러나 전도에 대한 일반식으로부터 단위 넓이마다 원판을 건너는 전류는

$$-\frac{1}{\rho'}\frac{dV}{d\nu}$$

의 형태로 또는

$$\frac{4\pi}{\rho'}\sigma$$

이다. 그래서 일을 하는 비율은

$$\frac{4\pi}{\rho'}P$$

이다.

그러므로

$$C^2 R' = \frac{4\pi}{\rho'}P \tag{22}$$

를 얻는데, (20) 식과 (21) 식에 의해

$$R' = \frac{8\rho'}{3\pi^2 a}$$

가 되며 원통의 길이에 더해야 할 보정 항은

$$\frac{\rho'}{\rho}\frac{8}{3\pi}a$$

인데, 이 보정 항은 실제 값보다 더 크다. 길이에 더할 실제 보정 항 값은 그러므로 $\frac{\rho'}{\rho}an$인데, 여기서 n은 $\frac{\pi}{4}$와 $\frac{8}{3\pi}$ 사이에, 즉 0.785와 0.849 사이에 놓인 숫자이다.

레일리 경은, 두 번째 근사법으로, n에 대한 최상급 한계가 0.8282라고 구했다.[21]

9장
다종(多種) 매질을 통한 전도

두 도체 매질 사이의 경계면에서 만족하는 조건들에 대하여

310. 전류 분포가 일반적으로 만족해야 하는 두 조건이 있는데, 하나는 퍼텐셜이 연속적이어야 한다는 것과 다른 하나는 전류가 '연속 방정식'을 만족해야 한다는 것이다.

두 매질의 경계면에서 두 조건 중 첫 번째 조건은 표면의 양쪽 두 점에서, 그러나 서로 무한히 가까운 두 점에서, 퍼텐셜이 같아야 한다는 것이다. 여기서 퍼텐셜은 주어진 금속으로 만든 전극에 의해서 주어진 점과 연결된 전위계로 측정된다고 이해한다. 퍼텐셜을 222절과 246절에서 설명된 방법으로 측정한다면, 거기서 전극은 공기로 채워진 도체의 동공에서 끝나는데, 서로 다른 금속에 속한 인접한 두 점에서 그런 방법으로 측정된 퍼텐셜은 온도와 두 금속의 성질에 의존하는 양만큼 차이가 난다.

표면에서 다른 조건은 표면의 임의의 요소를 통과하는 전류는 양쪽 매질 어디서 측정하거나 같다는 것이다.

그래서, V_1과 V_2가 두 매질에서 퍼텐셜이면, 두 매질을 분리하는 표면의

어떤 점에서나

$$V_1 = V_2 \tag{1}$$

이고, u_1, v_1, w_1과 u_2, v_2, w_2가 두 매질에서 전류의 성분들이고, l, m, n이 경계면에 세운 법선의 방향 코사인이면

$$u_1 l + v_1 m + w_1 n = u_2 l + v_2 m + w_2 n \tag{2}$$

이 성립한다.

가장 일반적으로 성분들 v, v, w는 V의 도함수에 관한 선형함수이고, 그 함수의 형태는 다음 식

$$\left.\begin{aligned}
u &= r_1 X + p_3 Y + q_2 Z \\
v &= q_3 X + r_2 Y + p_1 Z \\
w &= p_2 X + q_1 Y + r_3 Z
\end{aligned}\right\} \tag{3}$$

로 주어지는데, 여기서 X, Y, Z는 각각 x, y, z에 대한 V의 도함수이다.

이제 이런 전도(傳導) 계수를 갖는 매질과 전도 계수가 r인 등방 매질을 나누는 표면에 대한 경우를 고려하자.

X', Y', Z'가 등방 매질에서 X, Y, Z의 값이라고 하자. 그러면 표면에서

$$V = V' \tag{4}$$

즉

$$X dx + Y dy + Z dz = X' dx + Y' dy + Z' dz \tag{5}$$

가 성립하는데 이때

$$l dx + m dy + n dz = 0 \tag{6}$$

도 만족해야 한다. 이 조건은

$$X' = X + 4\pi\sigma l, \qquad Y' = Y + 4\pi\sigma m, \qquad Z' = Z + 4\pi\sigma n \tag{7}$$

이 되는데, 여기서 σ는 면전하 밀도이다.

또한 등방 매질에서는

$$u' = r X', \qquad v' = r Y', \qquad w' = r Z' \tag{8}$$

이 성립하며 경계에서는 흐름의 조건이

$$u'l + v'm + w'n = ul + vm + wn \qquad (9)$$

또는

$$r(lX + mY + nZ + 4\pi\sigma) =$$
$$l(r_1 X + p_3 Y + q_2 Z) + m(q_3 X + r_2 Y + p_1 Z) + n(p_2 X + q_1 Y + r_3 Z) \qquad (10)$$

가 성립하는데, 그래서

$$4\pi\sigma r = (l(r_1 - r) + (l(r_1 - r) + mq_3 + np_2)X + (lp_3 + m(r_2 - r) + nq_1)Y$$
$$+ (lq_2 + mp_1 + n(r_3 - r))Z \qquad (11)$$

가 된다.

σ가 대표하는 양은 경계면의 면전하 밀도이다. 결정화되고 조직화한 물질에서 면전하 밀도는 힘의 경계면에 수직인 성분뿐 아니라 면의 방향에도 의존한다. 등방 물질에서는 두 계수 p와 q가 0이며, 계수들 r가 모두 같다. 그래서

$$4\pi\sigma = \left(\frac{r_1}{r} - 1\right)(lX + mY + nZ) \qquad (12)$$

가 성립하는데, 여기서 r_1은 물질의 전도도이고, r는 외부 매질의 전도도이며, l, m, n은 전도도가 r인 매질을 향하여 세운 법선의 방향 코사인들이다.

두 매질이 모두 등방이면 조건들은 매우 크게 간단해지는데, 왜냐하면 k가 단위 부피당 비저항이면

$$u = -\frac{1}{k}\frac{dV}{dx}, \qquad v = -\frac{1}{k}\frac{dV}{dy}, \qquad w = -\frac{1}{k}\frac{dV}{dz} \qquad (13)$$

이고 ν가 경계면의 임의의 점에서 첫 번째 매질에서 두 번째 매질로 그린 법선이면, 연속성의 조건은

$$\frac{1}{k_1}\frac{dV_1}{d\nu} = \frac{1}{k_2}\frac{dV_2}{d\nu} \qquad (14)$$

이기 때문이다.

θ_1과 θ_2가 각각 첫 번째 매질과 두 번째 매질에서 흐름 선이 경계면의 법선과 만드는 각이라면, 이 흐름 선들에 대한 탄젠트는 서로 마주 보는 양쪽에 법선과 같은 평면에 있고

$$k_1 \tan \theta_1 = k_2 \tan \theta_2 \tag{15}$$

가 성립한다. 이 식을 흐름 선의 굴절 법칙이라고도 부른다.

311. 전하가 두 매질의 경계면을 건너갈 때 만족해야 하는 조건의 예로, 경계면이 반지름이 a인 구 표면이고, 표면 안쪽에서 비저항은 k_1, 그리고 표면 바깥쪽에서 비저항은 k_2라고 하자.

경계면 안쪽과 바깥쪽 모두에서 퍼텐셜이 고체 조화함수로 전개되는데, 그중에서 표면 조화함수 S_i에 의존하는 부분을 구의 안쪽과 바깥쪽에서 각각

$$V_1 = \left(A_1 r^i + b_1 r^{-(i+1)} \right) S_i \tag{1}$$

$$V_2 = \left(A_2 r^i + B_2 r^{-(i+1)} \right) S_i \tag{2}$$

라고 하자.

경계면인 $r = a$에서는 반드시

$$V_1 = V_2 \quad \text{그리고} \quad \frac{1}{k_1} \frac{dV_1}{dr} = \frac{1}{k_2} \frac{dV_2}{dr} \tag{3}$$

가 성립해야 한다.

이 식들로부터

$$\left. \begin{aligned} &(A_1 - A_2)a^{2i+1} + B_1 - B_2 = 0 \\ &\left(\frac{1}{k_1} A_1 - \frac{1}{k_2} A_2 \right) i a^{2i+1} - \left(\frac{1}{k_1} B_1 - \frac{1}{k_2} B_2 \right)(i+1) = 0 \end{aligned} \right\} \tag{4}$$

을 얻는다. 이 두 식이면 충분해서, 네 양 A_1, A_2, B_1, B_2 중에서 둘을 알면 두 식으로부터 나머지 두 양을 구할 수 있다.

먼저 A_1과 B_1을 안다고 하자. 그러면 A_2와 B_2에 대해 구한 표현은

$$\left.\begin{aligned}
A_2 &= \frac{\{k_1(i+1)+k_2 i\}A_1+(k_1-k_2)(i+1)B_1 a^{-(2i+1)}}{k_1(2i+1)} \\
B_2 &= \frac{(k_1-k_2)iA_1 a^{(2i+1)}+\{k_1 i+k_2(i+1)\}B_1}{k_1(2i+1)}
\end{aligned}\right\} \tag{5}$$

이다.

이런 방법으로 동심의 구 표면이 경계인 원하는 수만큼의 층에 대하여 퍼텐셜을 조화함수로 전개한 것의 각 항이 만족해야 하는 조건들을 찾을 수 있다.

312. 첫 번째 구 표면이 반지름이 a_1인데, 반지름이 a_1보다 더 큰 a_2인 두 번째 구 표면이 존재하고, 그 바깥은 비저항이 k_3라고 가정하자. 이 구들 내에는 전하가 생기는 곳도 없어지는 곳도 존재하지 않는다면, 어디서도 V가 무한대 값을 갖지 않고, 그러면 $B_1 = 0$이다.

다음으로 바깥쪽 매질에 대한 계수인 A_3와 B_3를 구하면

$$\left.\begin{aligned}
A_3 k_1 k_2 (2i+1)^2 &= \left[\{k_1(i+1)+k_2 i\}\{k_2(i+1)+k_3 i\}\right. \\
&\quad \left. +i(i+1)(k_1-k_2)(k_2-k_3)\left(\frac{a_1}{a_2}\right)^{2i+1}\right]A_1 \\
B_3 k_1 k_2 (2i+1)^2 &= \left[i\{k_1(i+1)+k_2 i\}(k_2-k_3)a_2^{2i+1}\right. \\
&\quad \left. +i(k_1-k_2)\{k_1(i+1)+k_2 i\}(k_2-k_3)a_1^{2i+1}\right]A_1
\end{aligned}\right\} \tag{6}$$

이 된다.

바깥쪽 매질에서 퍼텐셜 값은 부분적으로 전하의 외부 공급원에 의존하는데, 그 공급원은 안쪽의 다종(多種) 물질의 구가 존재하는지와는 관계없이 전류를 만들어내며, 부분적으로는 다종 구를 도입한 것이 원인인 방해에 의존한다.

첫 번째 부분은 구 내부에서 무한대 값을 줄 수 없는 단지 차수가 0보다

큰 고체 조화함수에만 의존해야 한다. 두 번째 부분은 구의 중심에서부터 거리가 무한대인 곳에서는 퍼텐셜이 0이 되어야 하므로, 차수가 0보다 작은 조화함수에 의존해야 한다.

그래서 외부의 기전력 때문에 생기는 퍼텐셜은 차수가 0보다 큰 고체 조화함수의 시리즈에 의해 전개되어야 한다. 그중 하나의 계수가 A_3라면 그 항은

$$A_3 S_i r^i$$

의 형태이다. 그러면 안쪽 구에 대한 대응하는 계수인 A_1을 (6) 식으로 구할 수 있고, 그 결과로부터 A_2, B_2, B_3를 알아낼 수 있다. 이 중에서 B_3는 다종 (多種) 구들을 도입해서 바깥쪽 매질에서 퍼텐셜에 주는 효과를 대표한다.

이제 $k_3 = k_1$이라고 가정하자. 그래서 이것은 속이 비고 $k = k_2$인 구 껍질이 안쪽 구를 $k = k_1$으로 같은 매질의 바깥쪽으로부터 분리한 경우이다.

그러면 다음

$$C = \frac{1}{(2i+1)^2 k_1 k_2 + i(i+1)(k_2 - k_1)^2 \left\{ 1 - \left(\dfrac{a_1}{a_2} \right)^{2i+1} \right\}}$$

과 같이 놓는다면

$$\left.\begin{aligned}
A_1 &= k_1 k_2 (2i+1)^2 C A_3 \\
A_2 &= k_2 (2i+1) \{ k_1 (i+1) + k_2 i \} C A_3 \\
B_2 &= k_2 i (2i+1)(k_1 - k_2) a_1^{2i+1} C A_3 \\
B_3 &= i(k_2 - k_1) \{ k_1 (i+1) + k_2 i \} (a_2^{2i+1} - a_1^{2i+1}) C A_3
\end{aligned}\right\} \quad (7)$$

과 같이 된다.

방해받지 않은 계수인 A_3와 구 껍질 내부의 속이 빈 곳의 값인 A_1 사이의 차이는

$$A_3 - A_1 = (k_2 - k_1)^2 i(i+1) \left(1 - \left(\frac{a_1}{a_2} \right)^{2i+1} \right) C A_3 \quad (8)$$

이 된다.

이 양은 k_1과 k_2의 값이 무엇이든지 상관없이 항상 0보다 더 크므로, 구 껍질이 매질의 나머지 부분보다 더 잘 전도하든 못하든 관계없이, 그 구 껍질이 차지하는 공간에서 전기적 작용은 구 껍질이 없는 경우보다 더 약하다는 것을 알 수 있다. 만일 구 껍질이 나머지 매질보다 더 좋은 도체이면, 안쪽 구의 모든 부분의 퍼텐셜을 같게 만들려고 한다. 만일 구 껍질이 나머지 매질보다 더 나쁜 도체이면, 구 껍질은 전류가 안쪽 구로 들어가지 못하도록 막는다.

이 결과에서 $a_1 = 0$이라고 놓으면 속이 찬 구의 경우를 얻을 수 있으며, 속이 찬 구 문제를 따로 풀 수도 있다.

313. 조화함수로의 전개에서 가장 중요한 항은 $i = 1$인 항인데, 그 경우에는

$$
\left.
\begin{aligned}
C &= \frac{1}{9k_1 k_2 + 2(k_1 - k_2)^2 \left(1 - \left(\dfrac{a_1}{a_2}\right)^3\right)} \\
A_1 &= 9k_1 k_2 C A_3 \\
A_2 &= 3k_2(2k_1 + k_2) C A_3 \\
B_2 &= 3k_2(k_1 - k_2) a_1^3 C A_3 \\
B_3 &= (k_2 - k_1)(2k_1 + k_2)(a_2^3 - a_1^3) C A_3
\end{aligned}
\right\}
\tag{9}
$$

가 된다.

이 결과에서 $a_1 = 0$이라고 놓으면 저항이 k_3인 속이 찬 구의 경우가 된다. 그러면 결과는

$$
\left.
\begin{aligned}
A_2 &= \frac{3k_2}{k_1 + 2k_2} A_3 \\
B_2 &= 0 \\
B_3 &= \frac{k_2 - k_1}{k_1 + 2k_2} a_2^3 A_3
\end{aligned}
\right\}
\tag{10}
$$

가 된다.

일반적인 표현 식에서 저항이 k_1인 안쪽 부분을 갖는 속이 빈 구가 저항이 k_2인 구 껍질로 둘러싸였을 때 B_3 값은 바깥쪽 표면과 같은 반지름을 갖

는 균일한 고체 구에서 고체 구의 저항이 K일 때 K가

$$K = \frac{(2k_1 + k_2)a_2^3 + (k_1 - k_2)a_1^3}{(2k_1 + k_2)a_2^3 - 2(k_1 - k_2)a_1^3} k_2 \tag{11}$$

이면 얻는 B_3 값과 같다는 것을 보이기는 어렵지 않다.

314. 반지름이 a_1이고 저항이 k_1인 구 n개가 저항이 k_2인 매질에 놓여 있는데, 인접한 두 구 사이의 거리는 각 구가 전류의 경로에 미치는 영향이 다른 구와 관계없이 독립적이라고 볼 만큼 떨어져 있다면, 그리고 이 구들이 모두 반지름이 a_2인 구 안에 포함되어 있다면, 이 구의 중심으로부터 거리가 매우 먼 곳에서 퍼텐셜은

$$V = \left(Ar + nB\frac{1}{r^2} \right) \cos\theta \tag{12}$$

의 형태로, 여기서 B의 값은

$$B = \frac{k_1 - k_2}{2k_1 + k_2} a_1^3 A \tag{13}$$

이다.

n개의 작은 구의 부피와 작은 구를 포함하는 큰 구의 부피 사이의 비는

$$p = \frac{na_1^3}{a_3} \tag{14}$$

이다.

그러므로 이 구로부터 매우 먼 곳에서 퍼텐셜 값은

$$V = A\left(r + pa_2^3 \frac{k_1 - k_2}{2k_1 + k_2} \frac{1}{r^2} \right) \cos\theta \tag{15}$$

라고 쓸 수 있다.

이제 반지름이 a_2인 전체 구가 비저항이 K인 물질로 만들어졌다면 퍼텐셜은

$$V = A\left\{ r + a_2^3 \frac{K - k_2}{2K + k_2} \frac{1}{r^2} \right\} \cos\theta \tag{16}$$

였을 것이다.

두 표현이 등가가 되려면

$$K = \frac{2k_1 + k_2 + p(k_1 - k_2)}{sk_1 + k_2 - 2p(k_1 - k_2)} k_2 \qquad (17)$$

여야 한다.

그러므로 이것이 비저항이 k_2인 물질 내부에 비저항이 k_1인 작은 구가 퍼져 있는데, 모든 작은 구들의 부피와 작은 구를 포함하는 큰 구의 부피 사이의 비가 p인 복합 매질의 비저항이다. 이 작은 구들의 작용이 그들 사이의 간섭에 의존하는 효과를 내지 않으려면, 작은 구들이 반지름은 작은 구들 사이의 거리에 비해 작아야 하며, 그러므로 p는 작은 분수여야 한다.

이 결과를 다른 방법으로도 다른 방법으로도 구할 수 있지만 그러나 여기서 얻은 것은 구가 단 하나일 때 앞에서 구한 결과를 단지 반복할 것일 뿐이다.

작은 구들 사이의 거리가 그 작은 구들의 반지름보다 그리 크지 않을 때는, 그리고 $\frac{k_1 - k_2}{2k_1 + k_2}$가 그리 작지 않을 때는, 다른 항들이 결과에 들어오는데, 지금은 그런 항들을 고려하지 않는다. 그런 항들이 존재하는 결과로, 작은 구들이 어떻게 배열되어 있느냐에 따라 복합 매질의 저항이 다른 방향에서는 달라질 수도 있다.

영상 전하 원리의 적용

315. 두 매질의 경계가 평면인 경우를 보자. 첫 번째 매질에서 경계가 되는 표면으로부터 거리가 a인 곳에 전하 공급원 S가 있고 그 공급원으로부터 단위 시간 동안에 흘러나오는 전하의 양은 S라고 가정하자.

첫 번째 매질이 무한히 퍼져 있다면 임의의 점 P에서 전류는 SP 방향을 향하고, P에서 퍼텐셜은 $\frac{E}{r_1}$인데 여기서 $E = \frac{Sk_1}{4\pi}$ 그리고 $r_1 = SP$이다.

실제 경우에는 두 번째 매질의 점 I에 S의 영상(影像)이 있다고 하고, IS는 경계면에 수직이고 경계면이 IS를 이등분한다면 만족해야 할 조건들을 다 만족한다. r_2가 I로부터 임의의 점까지 거리라고 하자. 그러면 경계면에서는

$$r_1 = r_2 \tag{1}$$

$$\frac{dr_1}{d\nu} = -\frac{dr_2}{d\nu} \tag{2}$$

가 성립한다.

첫 번째 매질의 임의의 점에서 퍼텐셜 V_1은 S에 놓인 전하 E에 더해서 I에 놓인 가상의 전하 E_2가 원인으로 생겼으며, 두 번째 매질의 임의의 점에서 퍼텐셜 V_2는 S에 놓인 가상의 전하 E_1가 원인으로 생겼다면, 만일

$$V_1 = \frac{E}{r_1} + \frac{E_2}{r_2} \qquad \text{그리고} \qquad V_2 = \frac{E_1}{r_1} \tag{3}$$

이라면, 경계면에서 만족할 조건 $V_1 = V_2{}^*$에 의해

$$E + E_2 = E_1 \tag{4}$$

이 되며, 다음 조건

$$\frac{1}{k_1}\frac{dV_1}{d\nu} = \frac{1}{k_2}\frac{dV_2}{d\nu} \tag{5}$$

에 의해

$$\frac{1}{k_1}(E - E_2) = \frac{1}{k_2}E_1 \tag{6}$$

을 얻는데, 그래서

$$E_1 = \frac{2k_2}{k_1 + k_2}E, \qquad E_2 = \frac{k_2 - k_1}{k_1 + k_2}E \tag{7}$$

가 된다.

그러므로 첫 번째 매질에서 퍼텐셜은 전하 E가 S에 놓이고 전하 E_2가 I에 놓일 때 정전(靜電) 이론에 의해 공기 중에서 만들어지는 퍼텐셜과 같으

---

* 경계면에 놓인 임의의 점에서는 $r_1 = r_2$이다.

며, 두 번째 매질에서 퍼텐셜은 S에 놓인 전하 E_1에 의해 공기 중에 만들어지는 퍼텐셜과 같다.

첫 번째 매질의 임의의 점에서 전류는 공급원 S와 함께 만일 첫 번째 매질이 무한하다고 가정할 때 I에 놓인 공급원 $\dfrac{k_2 - k_1}{k_1 + k_2}$가 만든 것과 같으며, 두 번째 매질의 임의의 점에서 전류는 두 번째 매질이 무한하다고 할 때 S에 놓인 공급원 $\dfrac{2k_2 S}{k_1 + k_2}$가 만든 것과 같다.

이처럼 두 매질이 있고 그 경계면이 평면일 때 전기 영상 전하에 의한 완전한 이론을 얻는다. 첫 번째 매질에서 기전력이 무엇 때문에 생겼는지에 관계없이, 그 기전력이 첫 번째 매질에 만드는 퍼텐셜은 그 기전력의 직접 효과와 영상의 효과를 결합하면 구할 수 있다.

두 번째 매질이 완전한 도체라고 가정하면, $k_2 = 0$이고, I에 있는 영상은 S에 있는 공급원과 크기는 갖고 부호는 반대이다. 이것이 톰슨의 정전(靜電) 이론에서 전기 영상의 경우이다.

두 번째 매질이 완전한 절연체라고 가정하면, $k_2 = \infty$이고, I의 영상은 S의 공급원과 크기도 갖고 부호도 같다. 이것은 유체가 강체인 평면 경계로 둘러싸일 때 유체운동학에서 영상의 경우이다.

316. 경계 표면이 완전한 도체라고 가정할 때 그렇게도 중요하게 이용된 역변환 방법이 서로 다른 저항을 갖는 두 도체를 분리하는 표면이라는 좀 더 일반적인 경우에는 적용할 수 없다. 그렇지만 2차원에서 역변환 방법은 190절에서 설명한 더 일반적인 2차원 변형 방법처럼 적용될 수 있다.[22]

두 매질을 분리하는 판을 통한 전도

317. 다음으로 저항이 k_2인 매질로 된 두께가 AB인 판이 저항이 k_1과 k_3인 두 매질을 분리할 때, 첫 번째 매질에 놓인 공급원 S가 만드는 퍼텐셜을

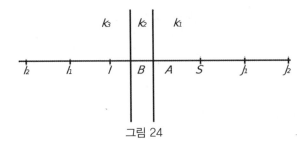

그림 24

변화시키는 효과를 고려하자.

　퍼텐셜은 S를 통과하는 판에 수직인 점들에, 공기 중에 놓인 전하들의 모임이 만드는 퍼텐셜과 같다.

　다음과 같이

$$AI = SA,\ BI_1 = SB,\ AJ_1 = I_1A,\ BI_2 = J_1B,\ AJ_2 = I_2A,\ \text{등등}$$

이라고 놓으면, 서로 판의 두께의 2배인 같은 거리로 떨어진 곳에 두 시리즈의 점들을 갖게 된다.

318. 첫 번째 매질의 임의의 점 P에서 퍼텐셜은

$$\frac{E}{PS} + \frac{I}{PI} + \frac{I_1}{PI_1} + \frac{I_2}{PI_2} + \text{등등} \tag{8}$$

과 같으며, 두 번째 매질의 점 P'에서 퍼텐셜은

$$\frac{E'}{P'S} + \frac{I'}{P'I} + \frac{I_1'}{P'I_1} + \frac{I_2''}{P'I_2} + \text{등등}$$
$$+ \frac{J_1'}{P'J_1} + \frac{J_2'}{P'J_2} + \text{등등} \tag{9}$$

와 같으며, 세 번째 매질의 점 P''에서 퍼텐셜은

$$\frac{E''}{P''S} + \frac{J_1}{P''J_1} + \frac{J_2}{P''J_2} + \text{등등} \tag{10}$$

과 같으며 여기서 $I,\ I'$ 등은 점 I등등에 놓인 영상 전하들을 대표하고, 문자에 찍힌 위첨자들은 판에서 구한 퍼텐셜임을 표시한다.

그러면 지난 마지막 절에 의해서, A를 통과하는 표면에 대해

$$I = \frac{k_2 - k_1}{k_1 + k_2} E, \qquad E' = \frac{2k_2}{k_1 + k_2} E \tag{11}$$

를 얻는다.

B를 통과하는 표면에서는

$$I_1' = \frac{k_3 - k_2}{k_3 + k_2} E', \qquad E'' = \frac{2k_3}{k_2 + k_1} E' \tag{12}$$

를 얻는다.

비슷하게 A를 통과하는 표면에서 다시 한 번 더

$$J_1' = \frac{k_1 - k_2}{k_1 + k_2} I_1', \qquad I_1 = \frac{2k_1}{k_1 + k_2} I_1' \tag{13}$$

와 B를 통과하는 표면에 대해서

$$I_2' = \frac{k_3 - k_2}{k_3 + k_2} J_1', \qquad J_1 = \frac{2k_3}{k_3 + k_2} J_1' \tag{14}$$

를 얻는다.

또한 다음과 같이 $\rho = \dfrac{k_1 - k_2}{k_1 + k_2}$ 그리고 $\rho' = \dfrac{k_3 - k_2}{k_3 + k_2}$ 라고 놓는다면, 첫 번째 매질에서 퍼텐셜로

$$V = \frac{E}{PS} - \rho \frac{E}{PI} + (1 - \rho^2) \rho' \frac{E}{PI_1} + \rho'(1 - \rho^2) \rho\rho' \frac{E}{PI_2} + 등등$$
$$+ \rho'(1 - \rho^2)(\rho\rho')^{n-1} \frac{E}{PI_n} \tag{15}$$

를 얻는다.

세 번째 매질에서 퍼텐셜로는

$$V = (1 + \rho')(1 - \rho) E \left\{ \frac{1}{PS} + \frac{\rho\rho'}{PJ_1} + 등등 + \frac{(\rho\rho')^n}{PJ_n} \right\} \tag{16}$$

을 얻는다.

만일 첫 번째 매질과 세 번째 매질이 같은 종류의 매질이면, $k_1 = k_3$이고 $\rho = \rho'$이며, 판의 양쪽 어디서나 퍼텐셜은

$$V = (1-\rho^2)E\left\{\frac{1}{PS} + \frac{\rho^2}{PJ_1} + \text{등등} + \frac{\rho^{2n}}{PJ_n}\right\} \tag{17}$$

이 된다.

만일 판이 다른 매질에 비해 훨씬 더 좋은 도체이면, ρ는 1과 매우 가깝다. 만일 판이 거의 완전한 절연체이면 ρ는 거의 -1과 같으며, 만일 판이 전도도에서 다른 나머지 매질과 약간 다르다면, ρ는 0보다 크거나 작은 절댓값이 작은 양이다.

이런 경우의 이론에 대해서는 그린이 자신의 '자기(磁氣) 유도에 대한 이론'(*Essay*, p. 65)에서 제일 먼저 진술하였다. 그런데 그의 결과는 단지 ρ가 거의 1과 같을 때만 옳다.[23] 그가 사용한 g라는 양은 ρ와 다음 식

$$g = \frac{2\rho}{3-\rho} = \frac{k_1 - k_2}{k_1 + 2k_2}, \qquad \rho = \frac{3g}{2+g} = \frac{k_1 - k_2}{k_1 + k_2}$$

에 의해 연결된다.

만일 $\rho = \dfrac{2\pi\kappa}{1 + 2\pi\kappa}$ 라고 놓으면, 자기화(磁氣化) 계수가 κ인 무한한 판에서 자기 극(極)에 의해 발생하는 자기 유도 문제의 풀이를 얻게 된다.

층으로 된 도체에 대해

319. 도체가 두께가 c와 c'인 전도도 계수가 다른 물질로 된 두 판이 교대로 놓여서 구성된다고 하자. 이렇게 만든 복합 도체의 저항 계수와 전도도 계수를 구하는 것이 문제이다.

층을 이루는 평면이 Z에 수직이라고 하자. 두 번째 종류의 층과 관련된 모든 기호는 위첨자로 악센트를 붙였고, 복합 도체와 관련된 모든 기호에는 $\overline{X}$처럼 위에 막대기를 얹혔다. 그러면

$$\overline{X} = X = X', \quad (c+c')\overline{u} = cu + c'u'$$
$$\overline{Y} = Y = Y', \quad (c+c')\overline{v} = cv + c'v'$$
$$(c+c')\overline{Z} = cZ + c'Z', \quad \overline{w} = w = w'$$

가 된다.

먼저 u, u', v, v', Z와 Z'를 297절의 저항식 또는 298절의 전도도 식으로부터 $\overline{X}$, $\overline{Y}$, 그리고 $\overline{w}$의 함수로 구하자. 저항 계수의 행렬식을 D라고 놓으면

$$ur_3 D = R_2 \overline{X} - Q_3 \overline{Y} + \overline{w}\, q_2 D$$

$$vr_3 D = R_1 \overline{Y} - P_3 \overline{X} + \overline{w}\, p_1 D$$

$$Zr_3 = -p_2 \overline{X} - q_1 \overline{Y} + \overline{w}$$

를 얻는다.

악센트를 붙인 기호로 된 비슷한 식들로부터 u', v', Z'를 얻는다. $\overline{u}$, $\overline{v}$, $\overline{w}$를 $\overline{X}$, $\overline{Y}$, $\overline{Z}$의 함수로 구하면, 층으로 된 도체의 전도도 식을 쓸 수 있다. $h = \dfrac{c}{r_3}$ 그리고 $h' = \dfrac{c'}{r_3'}$ 라고 놓으면

$$\overline{p}_1 = \frac{hp_1 + h'p_1'}{h+h'} \qquad\qquad \overline{q}_1 = \frac{hq_1 + h'q_1'}{h+h'}$$

$$\overline{p}_2 = \frac{hp_2 + h'p_2'}{h+h'} \qquad\qquad \overline{q}_2 = \frac{hq_2 + h'q_2'}{h+h'}$$

$$\overline{p}_3 = \frac{cp_3 + c'p_3'}{c+c'} - \frac{hh'(q_1 - q_1')(q_2 - q_2')}{(h+h')(c+c')}$$

$$\overline{q}_3 = \frac{cq_3 + c'q_3'}{c+c'} - \frac{hh'(p_1 - p_1')(p_2 - p_2')}{(h+h')(c+c')}$$

$$\overline{r}_1 = \frac{cr_1 + c'r_1'}{c+c'} - \frac{hh'(p_2 - p_2')(q_2 - q_2')}{(h+h')(c+c')}$$

$$\overline{r}_2 = \frac{cr_2 + c'r_2'}{c+c'} - \frac{hh'(p_1 - p_1')(q_1 - q_1')}{(h+h')(c+c')}$$

$$\overline{r}_3 = \frac{c+c'}{h+h'}$$

가 된다.

320. 층을 형성한 두 물질 중 어느 것도 303절의 회전성 성질을 갖지 않는다면, 어떤 P 또는 p의 값도 Q 또는 q의 대응하는 값과 같다. 이로부터 층으로 된 도체에서도 역시

$$\bar{p}_1 = \bar{q}_1, \qquad \bar{p}_2 = \bar{q}_2, \qquad \bar{p}_3 = \bar{q}_3$$

가 성립하고, 회전성이 물질에 존재하지 않는다면 층을 만들어도 역시 회전 성질은 생기지 않는다.

321. 이제 회전성은 존재하지 않는다고 가정하고, 또한 x, y, z 축이 주축이라고 하면, p와 q의 계수는 0이 되고

$$\bar{r}_1 = \frac{cr_1 + c'r_1'}{c+c'}, \qquad \bar{r}_2 = \frac{cr_2 + c'r_2'}{c+c'}, \qquad \bar{r}_3 = \frac{c+c'}{\dfrac{c}{r_3} + \dfrac{c'}{r_3'}}$$

가 성립한다.

이제 두 물질 모두 등방성이지만 그러나 두 물질의 전도도는 다르다고 하고 시작하자. 그러면 층 만들기의 결과는 층의 법선 방향으로 저항이 최대가 되며, 층의 평면에서는 모든 방향에서 저항이 모두 같다는 것이다.

322. 전도도가 r인 등방성 물질을 취하고, 두께가 a로 대단히 얇은 조각으로 잘라서 전도도가 s이고 두께는 k_1a인 물질로 된 다른 조각들과 교대로 쌓는다고 하자.

이 조각들이 x에 수직으로 놓여 있다고 하자. 그다음에 이 복합 도체를 y축에 수직이고 두께가 b로 더 두꺼운 조각으로 자르자. 그다음에 그 조각들을 전도도가 s이고 두께가 k_2b인 다른 조각들과 교대로 쌓는다고 하자.

마지막으로, 새로운 도체를 z에 수직이고 두께가 c로 전보다 더 두꺼운 조각으로 자르자. 그다음에 그 조각들을 전도도가 s이고 두께가 k_3c인 조각들과 교대로 쌓는다고 하자.

이 세 동작의 결과는 전도도가 r인 물질을 각 변의 길이가 a, b 그리고 c인 직각 육면체로 자르는데, 여기서 b는 c와 비교해서 굉장히 작고, a는 b와 비교해서 아주 작으며, 이 직각 육면체들을 전도도가 s인 물질에 끼워 넣어서, 그 직각 육면체들이 x 축 방향으로는 서로 k_1a만큼 분리되고 y 방향으

로는 $k_2 b$만큼 분리되며 z 방향으로는 $k_3 c$만큼 분리되도록 만든다. 이렇게 형성된 도체의 x, y, z 방향 전도도는 321절의 결과 순서대로 세 번의 적용으로 구한다. 그렇게 해서 구한 결과는

$$r_1 = \frac{\{1 + k_1(1+k_2)(1+k_3)\}r + (k_2 + k_3 + k_2 k_3)s}{(1+k_2)(1+k_3)(k_1 r + s)}s$$

$$r_2 = \frac{(1 + k_2 + k_2 k_3)r + (k_1 + k_3 + k_1 k_2 + k_1 k_3 + k_1 k_2 k_3)s}{(1+k_3)\{k_2 r + (1 + k_1 + k_1 k_2)s\}}s$$

$$r_3 = \frac{(1+k_3)\{r + (k_1 + k_2 + k_1 k_2)s\}}{k_3 r + (1 + k_1 + k_2 + k_2 k_3 + k_3 k_1 + k_1 k_2 + k_1 k_2 k_3)s}s$$

이다.

이 조사의 정확도는 직각 육면체의 세 변의 크기가 서로 상당히 다르다는 데 있어서, 직각 육면체의 모서리나 귀퉁이에서 조건을 만족하는 것은 무시해도 좋다. 만일 k_1, k_2, k_3를 각각 1이라고 놓으면

$$r_1 = \frac{5r + 3s}{4r + 4s}s, \qquad r_2 = \frac{3r + 5s}{2r + 6s}s, \qquad r_3 = \frac{2r + 6s}{r + 7s}s$$

가 된다.

만일 $r = 0$이면, 그래서 직각 육면체를 만든 매질이 완전한 절연체이면

$$r_1 = \frac{3}{4}s, \qquad r_2 = \frac{5}{6}s, \qquad r_3 = \frac{6}{7}s$$

가 된다.

만일 $r = \infty$이면, 다시 말하면 만일 직각 육면체들이 완전한 도체이면

$$r_1 = \frac{5}{4}s, \qquad r_2 = \frac{3}{2}s, \qquad r_3 = 2s$$

가 된다.

어떤 경우에나, $k_1 = k_2 = k_3$라면 r_1, r_2, r_3의 크기는 순서대로 점점 더 커지며, 그래서 가장 큰 전도도는 직각 육면체의 가장 긴 변의 방향이며, 가장 큰 저항은 가장 짧은 변의 방향이다.

323. 도체인 고체로 된 직각 육면체에서, 한 모서리에서 건너편 모서리까지 만든 도체 채널이 있다고 하자. 여기서 도체 채널이란 절연체로 감싼 도선을 말한다. 이 채널이 옆 크기는 너무 작아서 고체의 전도도는 도선을 따라 이동하는 전류 때문임을 제외하고는 영향을 받지 않는다고 하자.

좌표축 방향으로 직각 육면체의 크기는 a, b, c이며 원점에서 점 (abc)까지 연결하는 채널의 전도도는 $abcK$라고 하자.

이 채널의 양쪽 끝 사이에 작용하는 기전력은

$$aX + bY + cZ$$

이며, C'가 채널을 따른 전류이면

$$C' = Kabc(aX + bY + cZ)$$

이다.

직각 육면체의 면 bc를 통과하는 전류는 bcu이고, 이 전류는 고체의 전도도에 의한 것과 채널의 전도도에 의한 것이 있어서

$$bcu = bc(r_1 X + p_3 Y + q_2 Z) + Kabc(aX + bY + cZ)$$

또는

$$u = (r_1 + Ka^2)X + (p_3 + Kab)Y + (q_2 + Kca)Z$$

이다.

같은 방법으로 v 값과 w 값을 구할 수 있다. 채널의 효과 때문에 변경된 전도도 계수는

$$
\begin{array}{ccc}
r_1 + Ka^2 & r_2 + Kb^2 & r_3 + Kc^2 \\
p_1 + Kbc & p_2 + Kca & p_3 + Kab \\
q_1 + Kbc & q_2 + Kca & q_3 + Kab
\end{array}
$$

이다.

이 표현들에서, 채널의 효과 때문에 p_1 등의 값에 더한 것은 q_1 등에 더한 것과 같다. 그래서 고체의 모든 부피 요소에 선형 채널을 도입하더라도 p_1과 q_1의 값은 달라지지 않으며, 그러므로 303절의 회전성은, 만일 고체에 원

래 존재하지 않았다면, 그런 방법으로 추가될 수 없다.

324. 대칭적 시스템을 형성하여 임의의 전도도 계수를 갖는 선형 도체들의 틀을 제작하자.

공간을 똑같은 작은 정육면체들로 나누자. 다음 그림이 그중 하나를 대표한다. 각 점의 좌표가 O, L, M, N이라고 하고, 각 점이 퍼텐셜은 다음과 같다고 하자.

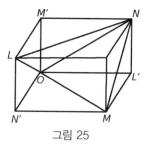

그림 25

	x	y	z	퍼텐셜
O	0	0	0	$X+Y+Z$
L	0	1	1	X
M	1	0	1	Y
N	1	1	0	Z

이 네 점이 여섯 개의 도체

$$OL, \ OM, \ ON, \ MN, \ NL, \ LM$$

으로 연결된다고 하자. 이들 각 도체의 전도도는 각각

$$A, \ B, \ C, \ P, \ Q, \ R$$

라고 하자.

이 도체들을 따른 기전력은 각각

$$Y+Z, \quad Z+X, \quad X+Y, \quad Y-Z, \quad Z-X, \quad X-Y$$

이며 전류는 $A(Y+Z)$, $B(Z+X)$, $C(X+Y)$, $P(Y-Z)$, $Q(Z-X)$, $R(X-Y)$이다. 이 전류 중에서 전하를 x의 양(陽)의 방향으로 나르는 것들은 LM, LN, OM과 ON이며, 나르는 양은

$$u = (B+C+Q+R)X \quad + (C-R)Y \quad + (B-Q)Z$$

이며, 비슷하게

$$v = (C-R)X \quad + (C+A+R+P)Y + (A-P)Z$$
$$w = (B-Q)X \quad + (A-P)Y \quad + (A+B+P+Q)Z$$

를 얻는데, 그래서 298절에서 전도도 식과 비교하면

$$4A = r_2 + r_3 - r_1 + 2p_1 \qquad 4P = r_2 + r_3 - r_1 - 2p_1$$

$$4B = r_3 + r_1 - r_2 + 2p_2 \qquad 4Q = r_3 + r_1 - r_2 - 2p_2$$

$$4C = r_1 + r_2 - r_3 + 2p_3 \qquad 4R = r_1 + r_2 - r_3 - 2p_3$$

를 얻는다.

10장

유전체에서 전도

325. 우리는 앞에서 기전력이 유전 매질에 작용하면 그 매질에 우리가 전기 편극이라고 부른 상태를 만드는 것을 보았다. 전기 편극을 우리는 매질 내에서 등방성 매질에서는 기전력의 방향과 같은 방향으로 생기는 전기 변위라고 설명했는데, 그 전기 변위는 모든 부피 요소마다 표면 전하와 결합하며, 유전 매질이 부피 요소로 나뉜다고 가정할 때 그 부피 요소에서 기전력이 작용하는 방향의 면에는 음의 표면 전하가, 그리고 그 반대 방향의 면에는 양의 표면전하가 존재한다.

기전력이 도체 매질에 작용할 때, 기전력은 역시 전류라고 부르는 것을 발생시킨다.

이제 유전 매질도 어느 정도는 불완전한 도체로, 예외로 도체가 아닌 완전한 유전 매질도 있지만 정말 드물고, 좋은 절연체는 아닌 많은 매질이 유전 유도 현상을 나타낸다. 그래서 유도와 전도가 동시에 나타나는 매질의 상태에 관해 공부하려고 한다.

간단하게 하도록, 매질은 모든 점에서 등방성이라고 가정하지만, 서로 다른 점에서 동종이 아닐 필요는 없다. 이 경우 푸아송 방정식은 83절에 의해

$$\frac{d}{dx}\left(K\frac{dV}{dx}\right)+\frac{d}{dy}\left(k\frac{dV}{dy}\right)+\frac{d}{dz}\left(K\frac{dV}{dz}\right)+4\pi\rho=0 \tag{1}$$

과 같이 되는데, 여기서 K는 '비유전율'이다.

전류에 대한 '연속 방정식'은

$$\frac{d}{dx}\left(\frac{1}{r}\frac{dV}{dx}\right)+\frac{d}{dy}\left(\frac{1}{r}\frac{dV}{dy}\right)+\frac{d}{dz}\left(\frac{1}{r}\frac{dV}{dz}\right)-\frac{dp}{dt}=0 \tag{2}$$

이 되는데, 여기서 r는 단위 부피에 적용할 비저항이다.

K 또는 r가 비연속이면, 이 식들은 불연속 표면에 적용하기에 적절한 형태로 변환되어야 한다.

엄격하게 동종인 매질에서는 r와 K가 모두 상수이고 그래서

$$\frac{d^2V}{dx^2}+\frac{d^2V}{dy^2}+\frac{d^2V}{dz^2}=-4\pi\frac{\rho}{K}=r\frac{d\rho}{dt} \tag{3}$$

가 성립함을 알게 되는데 여기서

$$\rho=Ce^{-\frac{4\pi}{Kr}t} \tag{4}$$

이고, 만일

$$T=\frac{Kr}{4\pi}$$

라고 놓으면

$$\rho=Ce^{-\frac{t}{T}} \tag{5}$$

이 된다.

이 결과는 동종 매질에 어떤 외부 전기력이 작용하더라도 매질의 내부는 어떤 방식으로든 원래 대전되어 있으며, 내부 전하는 외부 힘에 의존하지 않는 비율로 잦아들고, 그래서 시간이 지나면 매질에는 어떤 전하도 존재하지 않고, 그 뒤에는 기전력과 전기 편극 그리고 전도 사이의 관계가 같게 남아 있는 한 어떤 외부 힘도 매질의 내부에 전하를 만들거나 유지할 수 없다. 갑작스러운 방전이 발생할 때는 이런 관계가 더는 성립하지 않고, 내부 전하가 생성될 수도 있다.

축전기를 통한 전도에 대하여

326. C가 축전기의 전기용량이고, R와 E는 각각 축전기에 작용하는 저항과 기전력, 다시 말하면 금속 전극의 표면 사이의 퍼텐셜 차이라고 하자.

그러면 기전력이 작용하는 축전기 한쪽의 전하량은 CE이고, 축전기의 물질을 기전력 방향으로 통과하는 전류는 $\dfrac{E}{R}$이다.

축전기가 일부를 차지하는 회로에 작용하는 기전력 E에 의해서 전하가 발생한다고 가정하면, 그리고 $\dfrac{dQ}{dt}$가 회로의 전류를 대표하면 회로에서는

$$\frac{dQ}{dt} = \frac{E}{R} + C\frac{dE}{dt} \tag{6}$$

가 성립한다.

기전력이 E_0이고 저항이 r_1인 전지를 이 회로에 연결하면

$$\frac{dQ}{dt} = \frac{E_0 - E}{r_1} = \frac{E}{R} + C\frac{dE}{dt} \tag{7}$$

가 된다. 그래서 임의의 시간 t_1에

$$E(=E_1) = E_0\frac{R}{R+r_1}\left(1 - e^{-\frac{t_1}{T_1}}\right) \quad \text{여기서} \quad T_1 = \frac{CRr_1}{R+r_1} \tag{8}$$

이 된다.

다음으로, 회로 r_1이 시간 t_2 동안 끊어진다고 하자. 그러면

$$E(=E_2) = E_1 e^{-\frac{t_2}{T_2}} \quad \text{여기서} \quad T_2 = CR \tag{9}$$

가 된다.

마지막으로, 축전기의 두 면이 저항이 r_3인 도선으로 시간 t_3 동안 연결된다면

$$E(=E_3) = E_2 e^{-\frac{t_3}{T_3}} \quad \text{여기서} \quad T_3 = \frac{CRr_3}{R+r_3} \tag{10}$$

가 된다.

만일 Q_3가 시간 t_3 동안에 이 도선을 통하여 방전된 전체 전하라면

$$Q_3 = E_0 \frac{CR^2}{(R+r_1)(R+r_3)} \left(1 - e^{-\frac{t_1}{T_1}}\right) e^{-\frac{t_2}{T_2}} \left(1 - e^{-\frac{t_3}{T_3}}\right) \tag{11}$$

이다.

이런 방법으로 도선을 통해 방전된 전하량을 구할 수 있는데, 도선을 축전기의 두 면에 연결하여 시간 t_1 동안 충전시킨 다음 시간 t_2 동안 절연시킨다. 만일 충전 시간이 충분하면, 일반적으로 충분한데, 전체 전하가 모이고, 완벽히 방전될 정도로 방전 시간이 충분하면, 방전된 전하량은

$$Q_3 = E_0 \frac{CR^2}{(R+r_1)(R+r_3)} e^{-\frac{t_1}{CR}} \tag{12}$$

이다.

327. 이런 종류의 축전기에서, 처음에 어떤 방법으로든 충전되고, 다음에 작은 저항을 갖는 도선으로 방전된 다음에 절연되면 더는 새로운 전하가 나타나지 않는다. 그렇지만 대부분 실제 축전기에서, 방전하고 절연한 뒤에도, 새로운 전하가 점차로 나타나는데, 원래 전하와 같은 종류지만 세기는 더 약하다. 이것을 잔여 전하라고 부른다. 이 잔여 전하를 설명하기 위하여, 유전 매질의 구성이 우리가 바로 앞에서 설명한 것과 다르다는 것을 인정해야 한다. 그렇지만 작은 조각들로 된 서로 다른 간단한 매질의 복합체로 형성된 매질은 그런 성질을 가질 수도 있다.

합성 유전체 이론

328. 간단히 하기 위해, 서로 다른 물질로 만든 많은 수의 평면 층들로 이루어진 유전체의 넓이가 1이며, 전기력이 층에 수직인 방향으로 작용한다고 가정하자.

a_1, a_2 등은 서로 다른 층의 두께들이다.

X_1, X_2 등은 층들 내부에서 합성 전기력이다.

p_1, p_2, 등은 층을 통과하는 전도에 의한 전류들이다.

f_1, f_2 등은 전기 변위들이다.

u_1, u_2 등은 일부는 전도에 의한 총전류이고 일부는 변위의 변화에 의한 총전류이다.

r_1, r_2 등은 단위 부피에 적용하는 비저항들이다.

K_1, K_2 등은 비유전율들이다.

k_1, k_2 등은 비유전율의 역수들이다.

E는 볼타 전지의 기전력으로 회로 일부로 마지막 층에서 처음 층으로 연결되며 그 두 층은 좋은 도체라고 가정한다.

Q는 시간 t 동안 회로에서 이 부분을 통과한 총전하량이다.

R_0는 연결된 도선을 포함하여 전지의 저항이다.

σ_{12}는 첫 번째 층과 두 번째 층을 분리하는 표면의 면전하 밀도이다.

그러면 첫 번째 층에서 옴의 법칙에 따라

$$X_1 = r_1 p_1 \tag{1}$$

이 성립한다.

전기 변위 이론에 따라

$$X_1 = 4\pi k_1 f_1 \tag{2}$$

이 된다.

총전류의 정의에 따라

$$u_1 = p_1 + \frac{df_1}{dt} \tag{3}$$

이 다른 층들에 대한 비슷한 식과 함께 성립하는데, 각 식에 나오는 양은 그 층에 해당하는 아래 첨자를 갖는다.

임의의 층에 대전된 면전하 밀도를 정하기 위해,

$$\sigma_{12} = f_2 - f_1 \tag{4}$$

와 같은 형태의 식을 이용하고, 전하 밀도의 변화는

$$\frac{d\sigma_{12}}{dt} = p_1 - p_2 \tag{5}$$

를 만족한다.

(4) 식을 시간 t에 대해 미분하고, 그 결과를 (5) 식과 같다고 놓으면

$$p_1 + \frac{df_1}{dt} = p_2 + \frac{df_2}{dt} = u \qquad \text{말하자면} \tag{6}$$

를 얻고, (3) 식에 의해서

$$u_1 = u_2 = \text{등등} = u \tag{7}$$

가 된다. 다시 말하면 총전류 u는 모든 층에서 같고 도선과 전지를 통해 흐르는 전류와도 같다.

또한 (1) 식과 (2) 식을 이용하면

$$u = \frac{1}{r_1} X_1 + \frac{1}{4\pi k_1} \frac{dX_1}{dt} \tag{8}$$

가 성립하며, 이 식으로부터 u에 대한 역변환 연산을 이용하여 X_1을 구할 수 있는데 그 결과는

$$X_1 = \left(\frac{1}{r_1} + \frac{1}{4\pi k_1} \frac{d}{dt} \right)^{-1} u \tag{9}$$

이다.

총기전력 E는

$$E = a_1 X_1 + a_2 X_2 + \text{등등} \tag{10}$$

또는

$$E = \left\{ a_1 \left(\frac{1}{r_1} + \frac{1}{4\pi k_1} \frac{d}{dt} \right)^{-1} + a_2 \left(\frac{1}{r_2} + \frac{1}{4\pi k_2} \frac{d}{dt} \right)^{-1} + \text{등등} \right\} u \tag{11}$$

가 되는데, 이 식은 외부 기전력인 E와 외부 전류 u 사이의 식이다.

만일 r과 k의 비가 모든 층에서 다 같으면, 위의 식은 간단해져서

$$E + \frac{r}{4\pi k}\frac{dE}{dt} = (a_1 r_1 + a_2 r_2 + 등등)u \tag{12}$$

가 되는데, 이것은 앞에서 이미 검토한 경우이며, 이 경우에서는 잔여 전하 현상이 일어날 수 없다는 것이 발견되었다.

r와 k의 비가 다른 n가지의 물질이 있다면, 일반적인 (11) 식은, 역변환 연산들이 해제될 때, E에 대해서는 n차이고 u에 대해서는 $(n-1)$차인 선형 미분 방정식이 되며, 독립변수는 t이다.

이 방정식의 형태로부터, 서로 다른 층이 놓인 순서는 아무래도 좋아서, 혹시 같은 물질로 된 층이 여러 개 있다면 그 층들을 하나로 결합하여 한 층으로 만들어도 결과가 바뀌지 않는다는 것은 명백하다.

329. 이제 처음에는 f_1, f_2, 등이 모두 0이고, 기전력 E가 갑자기 작용하기 시작한다고 가정하고, 그 순간적인 효과가 무엇인지 구하자.

(8) 식을 t에 대해 적분하면

$$Q = \int u\, dt = \frac{1}{r_1}\int X_1 dt + \frac{1}{4\pi k_1}X_1 + 상수 \tag{13}$$

가 된다.

이제, 이 경우에 X_1은 항상 유한하므로, t를 느끼지 못할 때 $\int X_1 dt$도 느끼지 못해야 하며, 그러므로 X_1은 처음부터 0이어서, 순간적인 효과는

$$X_1 = 4\pi k_1 Q \tag{14}$$

가 된다.

그래서 (10) 식에 의해

$$E = 4\pi(k_1 a_1 + k_2 a_2 + 등등)Q \tag{15}$$

가 되며, C가 이런 순간적인 방법으로 측정된 시스템의 전기용량이면

$$C = \frac{Q}{E} = \frac{1}{4\pi(k_1 a_1 + k_2 a_2 + 등등)} \tag{16}$$

이다. 이것은 층들의 전도도를 무시하면 얻는 결과와 같은 결과이다.

다음으로 기전력 E가 무한히 긴 시간 동안, 또는 시스템을 통하여 일정한 값 p의 전도 전류에 도달할 때까지 균일하게 계속된다고 가정하자.

그러면 $X_1 = r_1 p$ 등등이고, 그러므로 (10) 식에 의해

$$E = (r_1 a_1 + r_2 a_2 + 등등)p \tag{17}$$

가 된다. 시스템의 전체 저항이 R이면

$$R = \frac{E}{p} = r_1 a_1 + r_2 a_2 + 등등 \tag{18}$$

이다.

이 상태에서는 (2) 식에 의해

$$f_1 = \frac{r_1}{4\pi k_1} p$$

이며, 그래서

$$\sigma_{12} = \left(\frac{r_2}{4\pi k_2} - \frac{r_1}{4\pi k_1} \right) p \tag{19}$$

가 된다.

이제 갑자기 작은 저항을 갖는 도체로 양쪽 끝 층을 연결하면, E는 순간적으로 원래 값 E_0에서 0으로 변하고, 전하량 Q가 축전기를 통과하게 된다.

Q를 구하기 위해 X_1'이 X_1의 새로운 값이면 (13) 식에 의해

$$X_1' = X_1 + 4\pi k_1 Q \tag{20}$$

가 됨을 주목하자.

그래서 (10) 식에 $E = 0$이라고 놓으면

$$0 = a_1 X_1 + 등등 + 4\pi(a_1 k_1 + a_2 k_2 + 등등)Q \tag{21}$$

또는

$$0 = E_0 + \frac{1}{C} Q \tag{22}$$

를 얻는다.

그래서 $Q = -CE_0$인데 여기서 C는 (16) 식으로 주어진 전기용량이다. 그러므로 순간적으로 방전하는 전하량은 순간적인 전하량과 같다.

다음으로 이 방전이 있은 다음에 즉시 연결을 끊는다고 가정하자. 그러면 $u = 0$이고, 그래서 (8) 식에 의해

$$X_1 = X' e^{-\frac{4\pi k_1}{r_1} t}$$

(23)

를 얻는데, 여기서 X'는 방전 후의 초기 값이다.

그래서 임의의 시간 t에

$$X_1 = E_0 \left\{ \frac{r_1}{R} - 4\pi k_1 C \right\} e^{-\frac{4\pi k_1}{r_1} t}$$

가 된다. 그러므로 임의의 시간에 E의 값은

$$= E_0 \left\{ \left(\frac{a_1 r_1}{R} - 4\pi a_1 k_1 C \right) e^{-\frac{4\pi k_1}{r_1} t} + \left(\frac{a_2 r_2}{R} - 4\pi a_2 k_2 C \right) e^{-\frac{4\pi k_2}{r_2} t} + 등등 \right\}$$

(24)

이며, 임의의 시간 t가 지난 다음에 순간적으로 방전하는 전하량은 EC이다. 이것을 잔여 방전이라고 부른다.

r와 k의 비가 모든 층에 대해 다 같으면, E의 값은 0으로 줄어든다. 그렇지만 r와 k의 비가 같지 않으면, 이 비의 크기가 작아지는 순서로 항들을 재배열하자.

모든 계수들의 합은 0인 것이 분명하고, 그래서 $t = 0$일 때, $E = 0$이다. 계수들은 또한 크기가 작아지는 순서이고, t가 0보다 더 클 때 지수 항들도 역시 크기가 작아지는 순서이다. 그래서 t가 0보다 더 클 때 E는 0보다 더 크고, 그러므로 잔여 방전은 항상 주 방전과 부호가 같다.

t가 무한히 클 때는 어떤 한 층이라도 완전한 절연체가 아닌 이상 모든 항이 0이 되며, 그런 경우 그 층에 대해 r_1이 무한대이고, 전체 시스템에 대해 R이 무한대이며, E의 마지막 값은 0이 아니고 다음 값

$$E = E_0 (1 - 4\pi a_1 k_1 C)$$

(25)

을 갖는다. 그래서 전부는 아니더라도 일부 층이 완전한 절연체이면, 잔여 방전 전하량이 시스템에 영구히 남아 있을 수 있다.

330. 다음으로 시스템을 처음에 기전력 E로 오랫동안 충전시켰다고 가정하고 저항이 R_0인 도선으로 시스템의 양쪽 끝 층을 영구히 연결할 때 도선을 통해 방전하는 전하량을 구하자.

임의의 순간에

$$E = a_1 r_1 p_1 + a_2 r_2 p_2 + 등등 + R_0 u = 0 \tag{26}$$

이 성립하며, 또한 (3) 식에 의해

$$u = p_1 + \frac{df_1}{dt} \tag{27}$$

이 된다.

그래서

$$(R + R_0) u = a_1 r_1 \frac{df_1}{dt} + a_2 r_2 \frac{df_2}{dt} + 등등 \tag{28}$$

이 된다.

Q를 구하기 위해 시간에 대해 적분하면

$$(R + R_0) Q = a_1 r_1 (f_1' - f_1) + a_2 r_2 (f_2' - f_2) + 등등 \tag{29}$$

을 얻는데, 여기서 f_1은 처음 값이고 f_1'은 f_1의 마지막 값이다.

이 경우에 $f_1' = 0$이며, (2) 식과 (20) 식에 의해 $f_1 = E_0 \left(\dfrac{r_1}{4\pi k_1} R - C \right)$이다. 그래서

$$(R + R_0) Q = \frac{E_0}{4\pi R} \left(\frac{a_1 r_1^2}{k_1} + \frac{a_2 r_2^2}{k_2} + 등등 \right) - E_0 CR \tag{30}$$

$$= -\frac{CE_0}{R} \sum \sum \left[a_1 a_2 k_1 k_2 \left(\frac{r_1}{k_1} - \frac{r_2}{k_2} \right)^2 \right] \tag{31}$$

이 되는데, 여기서 더하기는 모든 쌍의 층들에 대해 이런 형태를 한 모든 양에 적용된다.

이 결과를 보면 Q는 항상 0보다 더 작은 것처럼 보이는데, 그것은 다른 말로 하면, Q가 시스템을 충전하는 데 사용된 전류의 방향과 반대 방향이라는 의미이다.

이 조사에 따라 서로 다른 층으로 구성된 유전체는 전기 흡수와 잔여 방전이라고 알려진 현상을 나타낼 수 있음을 알게 되었는데, 이 결과는 유전체를 만든 물질 중 어느 것도 홀로 있을 때는 그런 현상을 전혀 나타내지 않을 때도 성립한다. 물질이 층으로 구성되지 않고 다르게 배열되었을 때의 조사에서도 비슷한 결과가 나왔다. 그럴 때 대한 계산은 더 복잡해서, 여기서는 따로 계산하지 않고 여러 종류의 부분들로, 비록 그 개별적인 부분들은 미시적으로 작다고 할지라도, 구성된 물질의 경우에 전기 흡수 현상을 예상할 수 있다고 결론을 내리자.

이런 현상을 보이는 물질은 모두 다 그렇게 구성되어 있다는 것은 결코 아니다. 왜냐하면 그 현상이 동종 물질에서도 가능할지 모르는 새로운 종류의 전기 편극을 암시할지도 모르기 때문이며, 이런 현상이 어떤 경우에는 어쩌면 유전 편극이라기보다 훨씬 더 전기화학적 편극과 닮았을지도 모른다.

이 조사의 목적은 단순히 소위 전기 편극의 실제 수학적 특성이 무엇인지 주목하고, 그것이 첫눈에는 비슷해 보이는 열 현상과 어떻게 근본적으로 다른지 보이는 것이다.

331. 종류에는 관계없이 임의의 물질로 두꺼운 판을 만들고 그 판의 한쪽을 가열하여 열이 그 판을 통해 지나가도록 만들면, 그리고 그다음에 갑자기 그 판의 가열된 쪽을 다른 쪽과 같은 온도로 냉각하고, 판을 그대로 놓아두면 내부의 전도 때문에 판의 가열된 쪽이 다시 다른 쪽보다 더 뜨거워진다.

이제 이것과 정확히 유사한 전기현상이 만들어질 수 있으며, 전신(電信) 케이블에서 실제로 발생하지만, 그것을 지배하는 수학적 법칙은, 비록 열에서 관찰되는 비슷한 현상과 정확히 일치하지만, 층 구조로 이루어진 축전기에서 관찰되는 현상에 대한 수학 법칙과는 전적으로 다르다.

열의 경우에, 열이 실제로 물질에 흡수되어 그 부분을 뜨겁게 만든다. 전기에서 그와 정확하게 유사한 현상을 만드는 것은 불가능하지만, 강의실 실험의 형태로 다음과 같은 방법을 이용하여 흉내 낼 수 있다.

A_1, A_2 등이 일련의 축전기들의 안쪽 도체 표면이라고 하고, B_0, B_1, B_2 등은 그 축전기들의 바깥쪽 표면이라고 하자.

A_1, A_2 등은 저항 R에 의해 직렬로 연결되고, 이 직렬연결에 왼쪽에서 오른쪽으로 전류가 흐른다고 하자.

먼저 판들 B_0, B_1, B_2는 각각 절연되고 전하를 대전하지 않았다고 가정하자. 그러면 판들 B 하나하나의 총전하량은 0으로 유지되어야 하고, 판들 A의 전하는 각 경우에 건너편 표면과 크기가 같고 부호가 반대이므로, 그 판들의 총전하량은 0이며 전류에 어떤 변화도 관찰되지 않는다.

그러나 판들 B는 모두 함께 연결되어 있거나 모두 다 각각 접지되어 있다고 하자. 그러면 B의 퍼텐셜은 0이지만 A_1의 퍼텐셜이 0보다 더 크므로, A_1은 양전하로 그리고 B_1은 음전하로 대전된다.

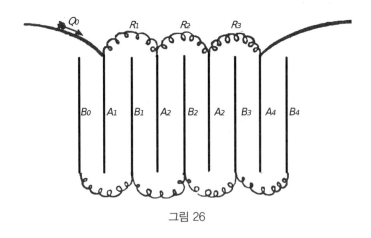

그림 26

P_1, P_2, 등이 판들 A_1, A_2, 등의 퍼텐셜이고 C는 각 판의 전기용량이면, 그리고 Q_0와 같은 전하량이 도선을 따라 왼쪽에서 흐르고, 연결하는 도선인 R_1을 통해 Q_1이 흐르고, 그런 식으로 계속된다고 가정하면 판 A_1에 존재하는 전하량은 $Q_0 - Q_1$이고

$$Q_0 - Q_1 = C_1 P_1$$

을 얻게 되며, 비슷하게

$$Q_1 - Q_2 = C_2 P_2$$

를 얻고, 그런 식으로 계속된다.

그러나 옴의 법칙에 의해

$$P_1 - P_2 = R_1 \frac{dQ_1}{dt}$$

$$P_2 - P_3 = R_2 \frac{dQ_2}{dt}$$

를 얻는다.

각 판에 대해 C 값이 모두 같다고 가정하면, 그리고 R 값도 각 도선에 대해 모두 같다고 가정하면, 다음과

$$Q_0 - 2Q_1 + Q_2 = RC \frac{dQ_1}{dt}$$

$$Q_1 - 2Q_2 + Q_3 = RC \frac{dQ_2}{dt}$$

같은 형태의 일련의 식들을 얻는다.

n개의 전하량이 결정되어야 하며, 전체 기전력 또는 다른 대등한 조건을 주면, n개의 전하량 중 임의의 하나를 구하는 데 필요한 미분 방정식은 선형이고 계급인 n이 된다.

이런 방법으로 배열된 장치로 Mr. 발리는 길이가 1만 2,000마일인 케이블의 전기적 작용을 흉내 내는 데 성공하였다.

기전력은 왼쪽에서 도선에 작용하도록 설계될 때, 시스템으로 흘러 들어오는 전류가 처음에는 A_1에서 시작하는 서로 다른 축전기들을 충전시키는

일에 주로 몰두하였고, 상당히 많은 시간이 흐른 뒤에야, 단지 매우 작은 일부의 전류만 오른쪽에 나타난다. 회로의 R_1, R_2 등의 위치에 검류계를 설치하면 그 검류계들은 차례로 전류의 영향을 받는데, 눈금이 같아지는 시간들 사이의 간격은 오른쪽으로 갈수록 점점 더 커진다.

332. 전신 케이블의 경우에 전도용 도선은 원통형 구타페르카 또는 다른 절연 물질로 만든 피복으로 외부와 분리된다. 케이블의 각 부분은 이처럼 축전기가 되며, 각 부분의 바깥쪽 표면의 퍼텐셜은 항상 0이다. 그래서 케이블의 주어진 부분 중 도선의 표면에서 자유 전하의 양은 케이블 중 축전기로 간주된 그 부분에서 퍼텐셜과 전기용량의 곱과 같다.

a_1, a_2가 절연시키는 피복의 바깥쪽 반지름과 안쪽 반지름이고, K가 비유전율이면, 케이블의 단위길이당 전기용량은 126절에 따라

$$c = \frac{K}{2\log\dfrac{a_1}{a_2}} \tag{1}$$

이다.

v가 도선의 임의의 점에서 퍼텐셜인데, 그 퍼텐셜은 같은 단면의 어느 부분에서나 모두 같다고 생각해도 좋다.

Q는 전류가 시작하고 그 단면을 통과하여 지나간 총전하량이라고 하자. 그러면 두 단면 x와 $x+dx$ 사이에 시간이 t일 때 존재한 전하량은

$$Q - \left(Q + \frac{dQ}{dx}\delta x \right) \quad \text{또는} \quad -\frac{dQ}{dx}\delta x$$

이며, 이것은 앞에서 설명한 것에 의해 $cv\delta x$와 같다.

그래서

$$cv = -\frac{dQ}{dx} \tag{2}$$

이다.

다시 한 번 더, 임의의 단면에서 기전력은 $-\dfrac{dv}{dx}$이고, 옴의 법칙에 따라

$$-\frac{dv}{dx} = k\frac{dQ}{dt} \tag{3}$$

인데, 여기서 k는 단위길이의 도체 저항이고, $\frac{dQ}{dt}$ 는 전류의 세기이다. (2) 식과 (3) 식에서 Q를 소거하면

$$ck\frac{dv}{dt} = \frac{d^2v}{dx^2} \tag{4}$$

를 얻는다.

이것이 케이블의 임의의 점에서 임의의 순간에 퍼텐셜을 얻기 위해 풀어야 하는 편미분 방정식이다. 이 식은 층과 수직인 방향으로 열이 흐르면 그 층의 임의의 점에서 온도를 구하는 데 푸리에가 이용한 것과 같은 식이다. 열의 경우에는 c가 단위 부피마다의 열용량으로 푸리에는 CD로 표현한 것을 대표하고, k는 열전도도의 역수를 대표한다.

만일 피복이 완전한 절연체가 아니고, k_1이 지름 방향으로 피복을 통해 전도되는 것을 방해하는 단위길이마다의 피복의 저항이라면, ρ_1이 절연 물질의 비저항일 때 다음 식

$$k_1 = \frac{1}{2\pi}\rho_1\log_e\frac{a_1}{a_2} \tag{5}$$

이 성립하는 것을 보이기는 어렵지 않다.

전하가 단지 도선을 cv로 대표될 정도로 충전하는 데만 소비되는 것이 아니라 $\frac{v}{k_1}$으로 대표되는 비율로 빠져나가는 데도 소비되므로, (2) 식이 더는 성립하지 않는다. 그래서 전하가 소비되는 비율은

$$-\frac{d^2Q}{dx\,dt} = c\frac{dv}{dt} + \frac{1}{k_1}v \tag{6}$$

가 되는데, 그래서 (3) 식과 비교하면

$$ck\frac{dv}{dt} = \frac{d^2v}{dx^2} - \frac{k}{k_1}v \tag{7}$$

를 얻으며, 이것이 푸리에가 구한 막대 또는 반지에서 열이 전도되는 데 적

용되는 식이다.[24)]

333. 물체의 퍼텐셜을 높게 올리면 마치 전하가 그 물체로 압축되어 들어가듯이 그 물질 전체에 걸쳐서 전하를 띤다고 가정하면, 바로 위에서 구한 식과 아주 똑같은 형태의 식에 도달한다. 옴 자신이 전하와 열 사이의 이런 비슷함에 속아서 그런 종류의 생각을 가졌고, 이 식들이 왜 적절한지를 의심하기 훨씬 전에, 긴 도선을 통하여 전하가 전도되는 정확한 법칙을 표현하기 위하여 푸리에의 식을 사용하기에 이르렀다는 점이 주목할 만하다.

유전체 성질의 역학적 예시

334. 단면의 넓이가 같은 다섯 개의 관 A, B, C, D 그리고 P가 그림과 같이 회로로 배열되어 있다. A, B, C와 D는 수직으로 서 있고 같으며 P는 수평으로 놓여 있다.

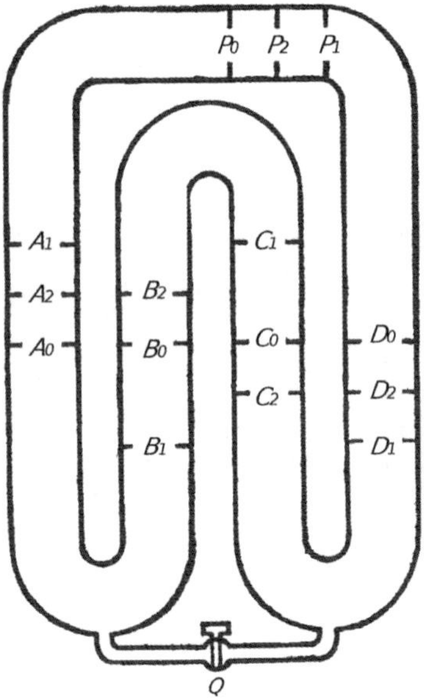

그림 27

A, B, C, D의 아래쪽 절반은 수은으로 채워져 있고, 위쪽 절반과 수평으로 놓인 관 P는 물로 채워져 있다.

멈춤 꼭지 Q가 달린 관이 A와 B의 아랫부분을 C와 D의 아랫부분과 연결하고, 피스톤 P가 수평으로 놓인 관에서 움직이게 되어 있다.

먼저 네 관의 수은의 높이가 같을 때 시작한다고 가정하고, 피스톤이 P_0에 있고 멈춤 꼭지 Q는 닫혀 있을 때 관의 높이가 각각 A_0, B_0, C_0, D_0, 를 가리킨다고 가정하자.

이제 피스톤을 P_0에서 P_1까지 거리 a만큼 움직인다. 그러면 모든 관의 단면의 넓이는 같으므로, A와 C에서 수은의 높이는 A_1과 C_1까지 거리 a만큼 올라가고 B와 D의 수은의 높이는 B_1과 D_1까지 거리 a만큼 내려간다.

피스틴 양쪽의 압력 차이는 $4a$로 대표된다.

이 배열은 기전력 $4a$가 작용하는 유전체의 상태를 대표하는 데 이용될 수 있다.

관 D에서 물의 초과분은 유전체 한쪽에서 양전하를 대표하도록 취해질 수도 있고, 관 A에서 수은의 초과분은 다른 쪽에서 음전하를 대표하도록 취해질 수 있다. 그러면 관 P에서 D 다음에 놓인 피스톤 쪽에서 압력의 초과분은 유전체의 퍼텐셜이 0보다 더 큰 쪽에서 퍼텐셜의 초과분을 대표할 수 있다.

만일 피스톤이 자유롭게 움직일 수 있으면, 피스톤은 다시 P_0로 돌아와서 거기서 평형이 된다. 이것이 유전체의 완전한 방전을 대표한다.

방전이 일어나는 동안에, 전체 관에 걸쳐서 액체들이 거꾸로 돌아가는 움직임이 존재하며, 이것은 유전체에서 발생한다고 가정한 전기 변위의 변화를 대표한다.

어떤 장소에도 실제 전하가 누적되어 있지 않은 모든 전기 변위의 성질을 대표하기 위해, 관으로 된 시스템에서 모든 부분은 압축되지 않는 액체로 채워져 있다고 가정된다.

이제 피스톤 P가 P_1에 있는 동안 멈춤 꼭지 Q를 열면 어떤 효과가 일어날지 생각해 보자.

A_1과 D_1의 높이는 변하지 않고 그대로 유지되지만, B와 C의 높이는 같아져서 B_0와 C_0가 된다.

멈춤 꼭지 Q를 연다는 것은 약간의 전도력을 갖는 유전체 일부가 존재하는 것에 대응하지만, 그 부분은 유전체 전체로 퍼져 나가서 열린 채널을 형성하지는 않는다.

유전체의 반대쪽 전하들은 절연된 채로 그대로 유지되지만, 양쪽의 퍼텐셜 차이는 줄어든다.

실제로, 피스턴의 양쪽 압력 차이는 Q를 통하여 유체가 지나가는 동안 $4a$에서 $2a$로 줄어든다.

이제 멈춤 꼭지 Q를 잠그고 피스톤 P가 자유롭게 움직이도록 놓아두면, 피스톤은 점 P_2에서 평형에 도달하고, 방전되는 전하량은 겉으로 보기에 단지 전하의 절반밖에 안 된다.

A와 B의 수은의 높이는 원래 높이보다 $\frac{1}{2}a$만큼 더 높으며, C와 D에서 수은의 높이는 원래 높이보다 $\frac{1}{2}a$만큼 더 낮다. 이 높이는 A_2, B_2, C_2, D_2로 표시되어 있다.

이제 피스톤을 고정하고 멈춤 꼭지를 열면, 수은은 높이가 다시 B_0와 C_0가 될 때까지 B에서 C로 흐른다. 그러면 피스톤 P의 양쪽 사이에는 퍼텐셜 차이 $= a$가 존재하게 된다. 멈춤 꼭지를 다시 잠그고 피스톤 P가 자유롭게 움직일 수 있게 하면, 피스톤은 다시 P_2와 P_0의 중간 점인 점 P_3에서 평형에 도달한다. 이것은 잔여 전하에 대응하는데, 잔여 전하는 전하를 띤 유전체가 처음 방전되고 그다음에 그대로 두었을 때 관찰된다. 유전체는 서서히 전하의 일부를 회복하며, 만일 이 전하가 다시 방전되면 세 번째 전하가 형성되며, 연이은 전하들은 그 양이 줄어든다. 예시 실험의 경우에 각 전하는 직전 전하의 절반이며, 원래 전하의 $\frac{1}{2}$, $\frac{1}{4}$ 등등인 방전된 전하는 그 합이 원래 전하와 같은 급수를 형성한다.

멈춤 꼭지를 여닫는 대신에, 전체 실험하는 동안에 멈춤 꼭지를 꽉 잠그지 않고 거의 잠근채로 유지한다면, 유전체의 전하가 완전한 유전체이지만 그러나 '전기 흡수'라고 불리는 현상을 나타내는 것과 유사한 경우가 된다.

유전체를 통과하는 확실한 전도가 존재하는 경우를 대표하려면, 피스톤을 따라 액체가 새어나가게 하거나 관 A의 꼭대기와 관 D의 꼭대기 사이에 전달이 생기도록 만들어야 한다.

이런 방법으로 어떤 종류의 유전체의 성질이라도 역학적으로 보일 수 있는 예시를 설계할 수 있는데, 그런 예시에서 두 종류의 전하는 두 종류의 실제 유체로 대표되며, 전기 퍼텐셜은 유체의 압력으로 대표된다. 충전과 방전은 피스톤 P의 움직임으로 대표되며, 기전력은 피스톤에 대한 합성력으로 대표된다.

11장
전기저항 측정

335. 전기학의 현 상태에서, 도체의 전기저항을 정하는 것은 마치 화학에서 무게를 정하는 것이 가장 중요한 작업인 것과 똑같은 의미로 전기에서 가장 중요한 작업이다.

그 이유는 전하량이나 기전력, 전류 등과 같은 전기와 관련된 다른 양들의 크기의 절대적인 값을 정하려면, 각 경우에 일반적으로 시간을 관찰하거나 거리를 측정하거나 관성 모멘트를 결정하거나 하는 일련의 복잡한 작업을 거쳐야 하며, 그중에서 적어도 일부는 새로 값을 구할 때마다 측정을 반복해야 하기 때문이다. 전하의 단위나 기전력의 단위 또는 전류의 단위는 직접 비교에 사용할 수 있도록 변할 수 없는 상태에서 유지할 수 없어서 그런 것이다.

그렇지만 적절하게 고른 물질로 만든 적절한 형태의 도체 전기저항은 일단 한번 정하면 온도가 변하지 않는 한 항상 같은 값을 유지한다는 것이 밝혀졌으며, 그래서 다른 도체의 저항과 비교할 수 있는 저항의 표준으로 그 도체를 이용할 수 있고, 두 저항의 비교는 지극히 정확한 작업이 된다.

전기저항의 단위가 정해지면 이 단위를 '저항 코일*'의 형태로 복제한 물질은 전기 관련 종사자들이 이용할 수 있도록 준비되며, 전 세계의 어떤 지역에서나 전기저항은 같은 단위로 표현될 수 있다. 이런 단위 저항 코일이 현재로는 유지될 수 있고, 복제될 수 있으며, 측정 목적으로 이용될 수 있는 물질로 만든 전기 표준의 유일한 예이다. 역시 그 중요성이 매우 큰 전기 용량의 척도는 전기 흡수라는 불편한 영향 때문에 아직 결함을 모두 제거하지 못하고 있다.

336. 무게가 22.4932그램이고 길이가 7.61975미터, 그리고 지름이 0.667 밀리미터인 야코비* 에탈론**의 경우와 같이 전기저항의 단위는 완벽히 임의로 정할 수 있다. 라이프치히의 라이저***도 야코비 에탈론의 복제품을 제작했으며 서로 다른 여러 지역에 있다.

또 다른 방법에 따르면, 전기저항의 단위를 분명하게 정한 물질을 분명하게 정한 크기로 만든 부분의 전기저항으로 정의할 수도 있다. 그래서 지멘스****의 전기저항 단위는 온도가 0℃인 수은 기둥의 단면의 넓이가 1제곱밀리미터이고 길이가 1미터일 때 전기저항으로 정의된다.

337. 마지막으로 전기저항의 단위를 전기 단위계 또는 전자 단위계와 관련지어 정의할 수도 있다. 실제로 전자 단위계가 모든 전신(電信) 작업에서

---

* 전기 회로에서 전기저항으로 이용되도록 도선을 코일 형태로 제작한 것을 저항 코일이라고 한다.

* 야코비(Moritz von Jacobi, 1801-1874)는 국적은 독일이나 러시아에서 출생하고 활동한 물리학자 겸 공학자로서, 회로의 최대 출력에 관한 야코비 법칙으로 알려져 있으며 많은 발명품을 냈다.

** 19세기에 산업체에서 전기를 이용하게 되면서 전 세계적으로 통용될 수 있는 전기저항의 단위를 만들어야 한다는 요구가 제기되었는데, 1848년에 야코비가 제작하여 당시 저명한 물리학자들에게 보낸 전기저항의 표준 단위를 야코비 에탈론(Jacobi's Etalon)이라고 부른다.

*** 라이프치히의 라이저(Leyser of Leipsig)는 각종 기구를 제작하는 독일 라이프치히 지방의 회사 이름이다.

**** 지멘스(Siemens)는 독일에 근거한 유럽 최대의 엔지니어링 회사 이름이다.

이용되며, 그러므로 실제로 이용되는 유일한 체계적인 단위들은 전자 단위계의 단위들이다.

앞으로 보게 될 예정으로, 전자 단위계에서 전기저항은 속도에 비례하며, 그래서 전기저항이 속도로 표현될 수도 있다. 628절을 보라.

338. 베버가 실제로 그런 단위를 이용한 최초 실제 측정을 수행했는데, 그는 매초 1밀리미터를 단위로 채택했다. 그 뒤로 W. 톰슨 경은 매초 1피트를 단위로 사용했지만, 많은 수의 전기 종사자들은 이제 영국 연합의 단위를 사용하기로 합의했는데, 영국 연합은 속도로 표현된 전기저항을 매초 1,000만 미터로 대표하라고 주장했다. 이 단위의 크기는 너무 작은 베버의 단위의 크기에 비해 더 편리하다. 영국 연합의 단위를 자주 B. A. 단위라고 부르기도 하지만 전기저항을 발견한 사람과 전기저항과 연결하기 위해 옴이라고 부른다.

339. 전기저항값을 절대적인 크기로 기억하려면, 1,000만 미터가 엄격하게 파리를 지나가는 자오선을 따라 북극에서 적도까지 거리임을 아는 것이 유용하다. 그래서 어떤 물체가 1초 만에 자오선을 따라 북극에서 적도까지 이동할 때의 속도가 전자기 단위계에서는 틀림없이 1옴으로 대표된다.

좀 더 정확한 실험을 통하여 영국 연합의 재료에 대한 규격에 의해 구축한 옴이 실제로는 그 속도로 대표되지 않음을 증명해야 한다면, 나는 전기 종사자들이 자기의 표준을 바꾸려고 하기보다는 단지 수정값을 적용할 것이라고 자신 있게 말한다. 같은 방법으로, 1미터는 어떤 사분면에서 자오선 길이의 1,000만 분의 1로 정의되었고, 이것이 정확하게 성립하지 않는다고 밝혀졌지만, 지구의 크기가 덜 간단한 숫자로 표현되었다.*

---

* 18세기 말, 북극에서 적도까지 거리를 정확히 1,000km라고 놓고 이 거리의 1,000만 분의 1을

영국 연합의 단위계에 따르면, 단위의 절댓값은 원래 될 수 있는 한 전자기 절대 단위계로부터 유도하는 것과 가까운 값이 되도록 선택되었다.

340. 이렇게 추상적인 양을 대표하는 물질 단위가 정해지면, 다른 규격은, 지극히 정교한 과정을 통해, 그 단위를 복제하여 구축되는데, 이것은 예를 들어 표준 피트로부터 복제하여 피트 잣대를 만드는 것보다 훨씬 더 정확하다. 복제품은 좀처럼 변하지 않는 물질로 만든 이러한 복제품은 전 세계의 방방곡곡으로 분배되고, 그래서 혹시 가장 먼저 만든 것을 분실하더라도 걱정할 필요가 없다.

그러나 지멘스가 만든 것과 같은 단위는 큰 고생을 하지 않더라도 매우 정확하게 다시 만들 수 있으며, 그래서 옴과 지멘스 단위 사이의 관계가 알려져 있으므로, 복제할 표준 규격품을 갖고 있지 않더라도 옴을 다시 제작할 수 있는데, 이 방법이 복제하는 경우와 비교해서 훨씬 더 고생해야 하고 정확도는 훨씬 더 떨어진다.

마지막으로 옴은 전자기 방법으로 다시 제작될 수도 있는데, 원래 옴이 그 방법으로 정해졌다. 초진자(秒振子)*에 의해 피트를 정하는 것보다 훨씬 더 힘든 이 방법은 어쩌면 마지막으로 언급된 방법보다 정확도 면에서 더 나쁠 수도 있다. 반면에, 전기 분야 학문의 발달에 대응하는 정확도를 가지고 옴을 이용해서 전자기 단위를 정하는 것은 가장 중요한 물리적 연구이며 여러 번 반복할 만한 가치가 충분히 있다.

옴을 대표하기 위해 제작된 실제 저항 코일은 은과 백금을 2 : 1의 비율로 섞은 합금을 도선의 형태로 만들었는데, 도선 단면의 지름은 0.5 - 0.8밀리

1미터라고 정의했으나, 1799년 백금으로 만든 표준 원기의 길이를 1미터라고 정의하였다. 이 정의로부터 북극에서 적도까지 거리를 표현하면 1,000km처럼 간단한 숫자로 표현되지 않는다.

* 초진자(seconds pendulum)란 주기가 정확히 1초인 진자이다.

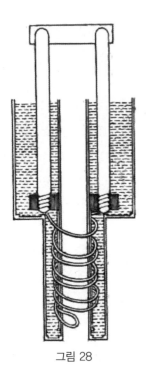

미터이고 길이는 1-2미터이다. 이 도선들은 단단한 전극(電極)에 납땜으로 연결되었다. 도선 자체는 두 겹의 명주로 피복을 입히고, 고체 파라핀에 박은 다음, 얇은 구리 상자 안에 넣어서, 그 저항이 정확히 1옴인 온도까지 어렵지 않게 가열할 수 있도록 만들었다. 그 온도는 코일을 받치고 있는 절연 지지대에 표시해 놓는다(그림 28을 보라).

그림 28

저항 코일의 형태에 대해

341. 저항 코일은 볼타 회로에 어렵지 않게 연결할 수 있는 도체로, 회로에 값을 아는 저항을 첨가할 수 있다.

코일의 전극, 즉 코일의 양쪽 끝은 연결 방식으로부터 상당한 오차가 발생하지 않아야 한다. 상당히 큰 크기의 저항에 대해서는, 전극을 양쪽 끝에서 구리와 수은을 잘 섞은 합금으로 만든 도선 또는 막대를 이용하고, 양쪽 끝은 수은이 담긴 컵의 위쪽 구리 합금으로 만든 평평한 표면을 누르도록 만들면 충분하다.

매우 큰 전기저항에 대해서도, 전극은 두꺼운 황동으로 만들고 연결 부분은 황동 또는 구리를 쐐기 모양으로 만들어 그것들 사이의 간격에 집어넣으면 충분하다. 이 방법은 매우 편리하다는 것이 밝혀졌다.

저항 코일 자체는 명주로 잘 덮인 도선으로 구성되고, 저항 코일의 양쪽 끝은 두 전극에 완벽하게 납땜이 되어 있다.

저항 코일은 온도를 편리하게 측정되도록 배열되어 있어야 한다. 그런 목적으로 도선은 기다란 관 표면에 감고 그 위에 또 다른 관으로 덮어서, 그것을 물이 담긴 용기에도 설치할 수 있고, 물은 코일의 안쪽과 바깥쪽 모두에 접근할 수 있도록 한다.

코일에 흐르는 전류의 전자기 효과를 차단하기 위해, 처음에는 도선을 이중으로 감은 다음에 가는 관 위에 또 감아서, 코일의 모든 부분에서 도선에 흐르는 전류와 바로 옆 도선에 흐르는 전류가 크기가 같고 방향이 반대가 되도록 만든다.

두 코일을 같은 온도로 유지하는 것이 필요하면, 때로는 도선을 나란히 놓고 함께 감는다. 전기저항의 절댓값을 알기보다 전기저항이 틀림없이 같게 하는 것이 더 중요하다면, 마치 휘트스톤* 다리의 같은 두 팔의 경우에서처럼, 이 방법이 특히 유용하다(347절).

전기저항을 측정하려고 처음 시도했을 때는, 원통형 절연 물체의 표면에 나선형 홈을 파고 피복을 입히지 않은 도선을 감아서 만든 저항 코일이 상당히 많이 사용되었다. 이것을 가변저항기(Rheostat)라고 불렀다. 그런데 가변저항기로 비교할 수 있다고 알려진 정확도가 가변저항기에서 얻을 수 있는 접촉보다 덜 완전한 경우 어떤 도구를 사용한 것과도 일치하지 않는 것이 알려졌다. 그렇지만 정확한 측정이 요구되지 않을 때는 저항을 조정하는 데 여전히 가변저항기가 사용된다.

저항 코일은 일반적으로 저항이 가장 크고 온도가 바뀌어도 저항이 가장 조금 바뀌는 금속으로 만든다. 양은**이 이 조건을 아주 잘 만족하는데, 그러나 일부 시료는 여러 해가 지나면 그 성질이 변하는 것이 알려졌다. 그래서 표준 코일로는 몇 가지 순수한 금속과 또는 백금과 은의 합금이 채택되

---

* 휘트스톤(Charles Wheatstone, 1802-1875)은 영국의 물리학자이자 발명가로서, 전기저항을 측정하는 휘트스톤 다리를 발명한 것으로 유명하다.
** 양은(洋銀)은 원래 중국에서 만든 합금 백동(白銅)을 19세기 독일 금속세공사들이 발전시켜서 German silver라고 부르는데, 구리 60%, 니켈 20%, 아연 20%로 구성된 합금으로 은은 포함되어 있지 않다.

며, 이 물질들의 상대 저항은 현대 정확도의 한계 내에서 여러 해가 지나더라도 일정하게 유지되는 것이 관찰되었다.

342. 도선의 저항이 수백만 옴과 같이 매우 크려면, 그 도선은 매우 길거나 매우 가늘어야 하며, 그런 코일을 제작하려면 비싸고 어렵다. 그래서 높은 전기저항에 대한 표준을 제작하는 물질로 텔루르*와 셀렌**이 제안되기도 하였다. 최근에 필립스가 매우 독창적이고 쉬운 제작 방법을 제안하였다.[25] 에보나이트 또는 젖빛 유리 조각에 연필로 가는 선을 그린다. 이 흑연 필라멘트의 끝들을 금속 전극에 연결하고 그다음에 전체를 절연 니스로 칠한다. 그렇게 연필 선으로 만든 저항의 전기저항이 일정하게 유지되면, 이것이 수백만 옴의 저항을 만드는 가장 좋은 방법이 된다.

343. 전기 회로에 저항 코일을 쉽게 연결하는 여러 가지 배열이 있다.

예를 들어, 전기저항을 1, 2, 4, 8, 16 등과 같이 2의 멱수로 배열하여 상자에 담아 직렬로 연결할 수도 있다.

전극은 통통한 놋쇠 판으로 만들어 상자의 바깥쪽에 연결하며 그 두 전극 사이에 놋쇠 마개 또는 쐐기 모양으로 만든 것을 끼워서 단락시키면, 해당 코일의 전기저항은 회로 밖으로 내놓을 수도 있다. 이런 방식은 지멘스***가 도입하였다.

전극 사이의 각 구간에는 그 구간에 대응하는 전기저항이 표시되어 있어서, 만일 107과 같은 저항 상자를 원하면, 이것을 2진법으로 64+32+8+2+1에 해당하는 1101011로 표현한다. 그러면 64, 32, 8, 2에 해당하는 구멍의

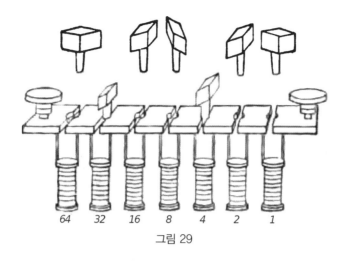

그림 29

마개는 제거하고 16과 4에 해당하는 구멍의 마개는 그대로 둔다.

2진법에 기초를 둔 이 방법은 가장 적은 수의 서로 분리된 코일이 있어야 하며, 또한 가장 편리하게 시험해 보는 방법이기도 하다. 왜냐하면, 1과 같은 다른 코일 1′이 있다면 1과 1′이 같은지 시험할 수 있고 그다음에 1+1′과 2를 시험해 볼 수 있으며 그다음에 1+1′+2와 4를 시험해 볼 수 있고, 이런 식으로 계속할 수 있기 때문이다.

이 방식의 유일한 한 가지 단점은 2진법에 기초한 표기법에 익숙해야 한다는 것인데, 모든 숫자를 10진법으로 표현하는 데 익숙한 대부분 사람은 그렇지 못한 것이 아쉽다.

344. 전기저항 대신 전도도를 측정하려는 목적으로는 저항 코일 상자를 다른 방식으로 준비할 수도 있다.

각 코일의 한쪽 끝을 상자의 한쪽 전극 역할을 하는 길고 두꺼운 금속에 연결한 코일들을 그 상자의 한 전극으로 만들고, 다른 끝은 이전 경우와 마찬가지로 통통한 놋쇠 판에 연결한다.

그 상자의 다른 전극은 긴 놋쇠 판이며, 코일의 전극들과 그 긴 놋쇠 판에

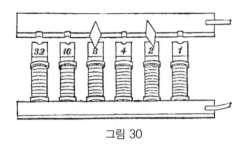

그림 30

놋쇠 마개를 끼우면, 원하는 어떤 수의 코일과도 처음 전극을 연결할 수 있다. 그러면 상자의 전도도는 각 코일의 전도도의 합과 같다.

코일들의 저항이 1, 2, 4 등인 그림 30에서 2와 8에 마개가 끼워져 있고, 상자의 전도도는 $\frac{1}{2}+\frac{1}{8}=\frac{5}{8}$ 이며, 그래서 이 상자의 전기저항은 $\frac{8}{5}$, 즉 1.6이다.

1보다 작은 전기저항을 측정하기 위해 저항 코일을 결합하는 이런 방법은 W. 톰슨 경이 병렬 아크라는 이름으로 도입하였다. 276절을 보라.

전기저항의 비교에 대해

345. 전지의 기전력이 E이며, 전류를 측정하는 데 사용된 검류계를 포함하여 전지에 연결된 것들과 전지 모두의 전기저항이 R이고, 전지의 연결 단자가 닫혀 있을 때 흐르는 전류의 세기가 I이며, 회로에 전기저항 r_1, r_2를 추가로 연결할 때 흐른 전류의 세기가 I_1, I_2이면 옴의 법칙에 의해

$$E = IR = I_1(R+r_1) = I_2(R+r_2)$$

이다.

전지의 기전력인 E와, 전지와 그 부속 연결의 전기저항인 R를 소거하면, 옴의 공식

$$\frac{r_1}{r_2} = \frac{(I-I_1)I_2}{(I-I_2)I_1}$$

를 얻는다. 이 방법을 이용하려면 I, I_1, I_2의 비를 측정해야 하며, 이것은 절대측정을 하도록 눈금이 조절된 검류계임을 의미한다.

두 전기저항 r_1과 r_2가 같으면 I_1과 I_2도 같으며, 원래 두 전류의 비를 결정

하는 것이 가능하지 않은 검류계를 이용하여 두 전류가 같은지를 조사할 수 있다.

그렇지만 이것을 저항을 정하는 실용적인 방법이라고 생각하기 보다는 불완전한 방법의 예라고 생각하는 것이 더 옳다. 기전력 E가 엄격히 일정하게 유지될 수는 없으며, 전지의 내부저항 역시 대단히 가변적이어서, 이런 것이 짧은 시간 간격 동안 일정할 것으로 가정해야 하는 어떤 방법이든 신뢰할 수는 없다.

346. 결과가 R와 E의 변화에 의존하지 않는 다음 두 방법 중 어느 것을 이용하든 전기저항을 매우 정확하게 비교할 수 있다.

이 두 방법 중 첫 번째는 두 개의 코일이 포함된 도구인 차동검류계(差動檢流計, differential galvanometer)를 사용하는데, 두 코일에 흐르는 전류가 서로 독립이어서, 두 전류가 반대 방향으로 흐르면 두 전류는 계기 바늘에 반대 방향으로 작용하고, 두 전류의 비가 m과 n 사이의 비와 같으면 두 전류는 결과적으로 검류계 계기 바늘에 아무런 영향도 미치지 않는다.

검류계의 두 코일에 흐르는 전류를 각각 I_1과 I_2라 하면 계기 바늘의 편향을

$$\delta = mI_1 - nI_2$$

라고 쓸 수 있다.

이제 전지 전류 I가 검류계의 코일 사이에서 나뉜다고 하고, 첫 번째 코일과 두 번째 코일의 전기저항이 각각 A와 B라고 하자. 그리고 두 코일과 접속부의 전기저항이 각각 α와 β라고

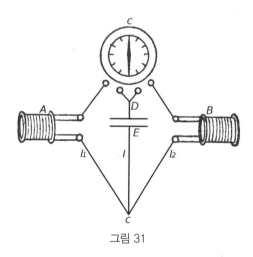

그림 31

하고, 전지와 C와 D 사이 접속부의 전기저항이 r, 전지의 기전력이 E라고 하자.

그러면 C와 D 사이의 퍼텐셜 차이는, 옴의 법칙에 의해

$$I_1(A+\alpha) = I_2(B+\beta) = E - ir$$

이고,

$$I_1 + I_2 = I$$

이므로

$$I_1 = E\frac{B+\beta}{D}, \quad I_2 = E\frac{A+\alpha}{D}, \quad I = E\frac{A+\alpha+B+\beta}{D}$$

가 성립하는데, 여기서

$$D = (A+\alpha)(B+\beta) + r(A+\alpha+B+\beta)$$

이다.

그러므로 검류계 바늘의 편향은

$$\delta = \frac{E}{D}\{m(B+\beta) - n(A+\alpha)\}$$

가 되는데, 만일 편향이 관찰되지 않으면, 괄호 안의 양은 전지의 전력과 배열의 적절성, 검류계의 민감성, 그리고 관찰자의 정확성에 의해 정해지는 어떤 작은 양보다 더 많이 0과 차이가 날 수 없음을 알 수 있다.

B를 잘 조정하여 편향이 관찰되지 않는다고 가정하자.

이제 A를 다른 도체 A'로 바꾸고, 편향이 관찰되지 않도록 A'을 조정하자. 그러면 명백하게 1차 근사 이내로 $A' = A$가 된다.

이렇게 추정하기의 정확도를 높이기 위해, 두 번째 관찰에서 바뀐 양에 악센트($'$)를 표시하자. 그러면

$$m(B+\beta) - n(A+\alpha) = \frac{D}{E}\delta$$
$$m(B+\beta) - n(A'+\alpha) = \frac{D'}{E'}\delta'$$

이므로

$$n(A' - A) = \frac{D}{E}\delta - \frac{D'}{E'}\delta'$$

가 된다.

δ와 δ'이 모두 분명히 0으로 관찰되는 대신, δ와 δ'이 단지 같다고만 관찰되었다면, 동시에 $E = E'$이라고 확신할 수 없다면, 이 식의 우변은 0이 아닐 수도 있다. 실제로 이 방법은 이미 설명한 방법을 단지 수정한 것일 뿐이다.

이 방법의 진가(眞價)는 편향이 일어나지 않음을 관찰한다는 사실인데, 다른 말로 하면 이 방법은 영위법(零位法, Null method)으로 만일 힘이 어떤 작은 양만큼이라도 0과 차이가 난다면 반드시 측정되어야 하는 효과를 가져와야 하는 관찰로부터 힘이 존재하지 않음을 확인하는 방법이다.

영위법은 사용할 수만 있으면 크게 유용하지만, 크기가 같으나 부호는 반대인 같은 종류의 두 양을 함께 실험에 활용할 수 있어야만 채택될 수 있다.

우리가 다루고 있는 두 양 δ와 δ'와 같이 모두 너무 작아서 관찰되지 않을 때는, E 값이 어떻게 변하든 결과의 정확도에는 영향을 주지 않는다.

이 방법이 실제로 얼마나 정확한지는 A'을 따로 조정하여 그 결과를 전체 급수의 평균과 비교하며 관찰하기를 여러 번 반복해서 확인할 수 있다.

그러나 예를 들어 A 또는 B에 A 또는 B의 100분의 1에 해당하는 저항을 추가로 삽입하는 식으로, 알려진 양으로 A'을 정하고, 그 결과로 생긴 검류계 바늘의 편차를 관찰하여, 1퍼센트의 오차에 대응하는 각도를 추정할 수 있다. 실제 정확도를 구하려면 관찰에서 확인할 수 있는 최소 편침을 구해서 오차가 1퍼센트일 때 편침과 비교해야 한다.

A와 B를 비교한 다음에 A와 B의 위치를 바꾸면 두 번째 식은

$$m(A+\beta) - n(B+\alpha) = \frac{D'}{E}\delta'$$

가 되며, 그래서

$$(m+n)(B-A) = \frac{D}{E}\delta - \frac{D'}{E}\delta'$$

이다.[26]

만일 m과 n이, A와 B가, 그리고 α와 β가 근사적으로 같다면

$$B - A = \frac{1}{2nE}(A+\alpha)(A+\alpha+2r)(\delta-\delta')$$

가 성립한다. 여기서 검류계에서 관찰할 수 있는 최소 편침을 $\delta-\delta'$로 취할 수 있다.

만일 검류계 도선의 총질량은 그대로 유지하면서 더 길고 더 가늘게 만든다면, n은 도선의 길이에 비례해서 변하고 α는 도선 길이의 제곱에 비례해서 변한다. 그래서

$$\alpha = \frac{1}{3}(A+r)\left\{2\sqrt{1-\frac{3}{4}\frac{r^2}{(A+r)^2}}-1\right\}$$

일 때 최솟값 $\dfrac{(A+\alpha)(A+\alpha+2r)}{n}$ 이 존재하게 된다.

전지의 저항인 r이 A와 비교해서 작다고 가정하면,

$$\alpha = \frac{1}{3}A$$

가 되는데, 즉 검류계를 만드는 각 코일의 저항이 측정될 저항의 3분의 1이어야 한다.

그러면

$$B - A = \frac{8}{9}\frac{A^2}{nE}(\delta-\delta')$$

임을 알 수 있다.

전류가 검류계의 코일로만 흐르도록 하고, 그렇게 해서 만들어진 편침이 Δ라면 (편침이 편향시키는 힘에 엄격하게 비례한다고 가정하면), $r=0$이고 $\alpha = \frac{1}{3}A$인 경우에

$$\Delta = \frac{mE}{A+\alpha+r} = \frac{3}{4}\frac{nE}{A}$$

이다.

그러므로

$$\frac{B-A}{A} = \frac{2}{3}\frac{\delta-\delta'}{\Delta}$$

이 된다.

차동검류계에서는 두 전류가 매달린 바늘에 크기가 같고 방향이 반대인 효과를 주어야 한다. 두 전류 중 어느 것에 의해서든지 바늘에 작용하는 힘은 단지 전류의 세기에만 의존하지 않고 바늘에 대해 도선이 감긴 위치에도 역시 의존한다. 그래서 코일이 매우 조심스럽게 감기지 않은 이상, 바늘의 위치가 바뀔 때 m과 n 사이의 비도 바뀔 수 있으며, 그러므로 만일 실험의 각 과정마다 바늘의 위치가 조금이라도 바뀌지 않았을지 의심스럽다면 적당한 방법을 이용해서 이 비를 정할 필요가 있다.

휘트스톤 브리지가 사용되는 다른 영위법에서는 단지 보통 검류계가 필요하며, 서로 반대인 두 전류 때문이 아니라 도선에 전류가 흐르지 않아서 바늘의 편향이 0으로 관찰된다. 그래서 편향이 단순히 0이라는 것뿐 아니라 관찰된 현상으로 전류가 0인 것 역시 알게 되며, 검류계의 코일에 어떤 종류라도 규칙적이지 못하다거나 또는 변화가 부족해서 오차가 생기지는 않는다. 검류계는 어떤 방법으로도 전룻값을 정하거나 다른 전룻값과 비교하지 않고 단지 전류가 흐르는지와 어느 쪽을 향하는지를 감지할 정도로만 민감하면 충분하다.

347. 휘트스톤 브리지는 네 점을 연결하는 여섯 개의 도체로 구성되는 것이 기본이다. 볼타 전지를 이용하여 두 점 B와 C 사이에 기전력 E를 작용하게 한다. 다른 두 점 O와 A 사이에 흐르는 전류를 검류계로 측정한다.

어떤 특별한 조건 아래서 이 전류가 0이 된다. 그러면 두 도체 BC와 OA는 서로 켤레를 이룬다고 말하며, 그렇게 되면 다른 네 도체의 저항들 사이에는 정

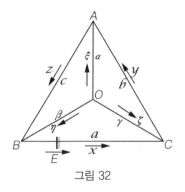

그림 32

해진 관계가 성립하고, 이 관계를 이용해서 저항을 측정한다.

만일 OA에 흐르는 전류가 0이면, O에서 퍼텐셜은 A에서 퍼텐셜과 같아야 한다. 이제 B에서 퍼텐셜과 C에서 퍼텐셜을 알면, OA에는 전류가 흐르지 않는다는 조건에서, 275절에 나온 규칙에 따라 O에서 퍼텐셜과 A에서 퍼텐셜을 구할 수 있는데, b, c, β, γ가 각각 CA, AB, BO, OC에서 저항이라면, 그 결과는

$$O = \frac{B\gamma + C\beta}{\beta + \gamma}, \qquad A = \frac{Bb + Cc}{b + c}$$

이고, 그러므로 구하는 조건은

$$b\beta = c\gamma$$

이다.

이 방법으로 얻는 것이 가능한 정확도를 구하려면, 이 조건이 정확히 만족하지 않을 때는 OA에 흐르는 전류의 세기를 확실히 알아야 한다.

네 점을 A, B, C, 그리고 O라고 하자. 또 BC, CA, AB를 따라 흐르는 전류를 각각 x, y, z라 하고, 이 도체들의 저항을 각각 a, b, c라고 하자. 그리고 OA, OB, OC를 따라 흐르는 전류를 ξ, η, ζ라 하고 저항은 α, β, γ라고 하자. 또한 BC에는 기전력 E가 작용한다고 하자. OA를 따라 흐르는 전류 ξ를 구하는 것이 목표이다.

네 점 A, B, C, 그리고 O에서 퍼텐셜을 기호 A, B, C, O로 표시하자. 전도 방정식은

$$ax = B - C + E \qquad\qquad a\xi = O - A$$
$$by = C - A \qquad\qquad \beta\eta = O - B$$
$$cz = A - B \qquad\qquad \gamma\zeta = O - C$$

이고, 연속 방정식은

$$\xi + y - z = 0$$
$$\eta + z - x = 0$$
$$\zeta + x - y = 0$$

이다.

이 계가 세 회로 OBC, OCA, OAB로 구성되며, 각 회로에 흐르는 전류는 각각 x, y, z라고 생각하고, 각 사이클에 키르히호프 법칙을 적용하면, 퍼텐셜 O, A, B, C와 전류 ξ, η, ζ를 소거하고 x, y, z에 대해 다음 식들

$$
\begin{array}{llll}
(\alpha+\beta+\gamma)x & -\gamma y & -\beta z & = E \\
-\gamma x & +(b+\gamma+\alpha)y & -\alpha z & = 0 \\
-\beta z & -\alpha y & +(c+\alpha+\beta)z & = 0
\end{array}
$$

을 얻는다.

그러므로

$$
D = \begin{vmatrix}
\alpha+\beta+\gamma & -\gamma & -\beta \\
-\gamma & b+\gamma+\alpha & -\alpha \\
-\beta & -\alpha & c+\alpha+\beta
\end{vmatrix}
$$

라고 놓으면

$$
\xi = \frac{E}{D}(b\beta - c\gamma)
$$

그리고

$$
x = \frac{E}{d}\{(b+\gamma)(c+\beta) + \alpha(b+c+\beta+\gamma)\}
$$

를 얻는다.

348. D의 값을 대칭적 형태로 $D = abc + bc(\beta+\gamma) + ca(\gamma+\alpha) + ab(\alpha+\beta) + (a+b+c)(\beta\gamma+\gamma\alpha+\alpha\beta)$와 같이 표현할 수도 있고, 또는 전지는 도체 α에 그리고 검류계는 도체 a에 연결된다고 가정했으므로, α에 대한 전지 저항을 B에 그리고 a에 대한 검류계 저항을 G에 포함할 수 있다. 그러면

$$
D = BG(b+c+\beta+\gamma) + B(b+\gamma)(c+\beta) \\
+ G(b+c)(\beta+\gamma) + bc(\beta+\gamma) + \beta\gamma(b+c)
$$

가 된다.

기전력 E가 OA를 따라 작용하게 만든다고 하더라도 OA의 저항은 여전

히 a이고, 검류계를 BC에 놓는다고 하더라도 BC의 저항은 여전히 a이므로, D의 값은 전과 마찬가지이고, OA를 따라 작용하는 기전력 E에 의해 BC에 흐르는 전류는 BC에 작용하는 기전력 E에 의해 OA에 흐르는 전류와 같게 된다.

그런데 만일 단순히 전지와 검류계의 연결을 끊고, 그들 각각의 저항은 바꾸지 않으면서 전지를 O와 A에 연결하고 검류계를 B와 C에 연결하면, D의 값에 대한 표현에서 B와 G의 값을 교환해야 한다. 그렇게 교환한 다음 D의 값을 D'라고 하면

$$D - D' = (G - B)\{(b + c)(\beta + \gamma) - (b + \gamma)(\beta + c)\}$$
$$= (B - G)\{(b - \beta)(c - \gamma)\}$$

가 됨을 알 수 있다.

이제 검류계의 저항이 전지의 저항보다 더 크다고 가정하자.

또한 검류계는 원래 위치에서 가장 작은 저항을 갖는 두 도체 β, γ를 가장 큰 저항을 갖는 두 도체 b, c와 연결한다고 가정하자. 다시 말하면, 다음 양들 b, c, γ, β가 크기순으로 배열되어 있으면 b와 c가 함께 그리고 γ와 β가 함께 있다고 가정하자. 그러면 두 양 $b - \beta$와 $c - \gamma$의 부호가 같고, 그래서 그 둘의 곱은 0보다 크며, 그러므로 $D - D'$의 부호는 $B - G$의 부호와 같다.

그러므로 가장 큰 두 저항의 연결점과 가장 작은 두 저항의 연결점 사이에 검류계가 놓이고, 검류계의 저항이 전지의 저항보다 더 크면, 연결이 교환된 때에 비해 D의 값은 더 작아지고 검류계가 편향된 값은 더 커진다.

그러므로 주어진 시스템에서 가장 큰 검류계 편향을 얻는 규칙은 다음과 같다.

전지의 저항과 검류계의 저항 둘 중에서 큰 것을, 다른 네 저항 중에서 가장 큰 두 개를 가장 작은 두 개와 결합하도록 연결하라.

349. 두 도체 AB와 AC의 저항의 비를 정하는데, 도체 BOC에서 도선으

로 두 점 A와 O를 연결하고 그 과정에서 사이에 검류계를 삽입한 다음에 B와 C 사이에 전지를 동작시키더라도 검류계 바늘이 감지할 만큼 편향하지 않는 점 O를 구하는 방법을 이용한다고 가정하자.

도체 BOC는 균일한 저항을 갖는 도선이 똑같은 부분들로 나뉘어 있다고 가정하면, BO의 저항과 OC의 저항 사이의 비를 즉시 읽을 수 있다.

전체 도체가 균일한 도선인 것보다, O에서 가까운 부분은 그렇게 균일한 도선으로 만들고, 양쪽 끝부분은 어떤 형태든 코일로 만들어서, 코일의 저항은 정확하게 알려져 있다고 하자.

이제 처음 시작한 것처럼 대칭적인 표기법 대신 서로 다른 표기법을 이용할 예정이다.

BAC의 전체 저항을 R라고 하자.

$c = mR$이고 $b = (1-m)R$이다.

BOC의 전체 저항은 S라고 하자.

$\beta = nS$이고 $\gamma = (1-n)S$이다.

n의 값은 직접 읽고, m의 값은 검류계에 감지될 만한 편침이 없을 때 n 값을 이용해서 구한다.

전지와 전지에 연결된 부분의 저항은 B이고, 검류계와 검류계에 연결된 부분의 저항은 G라고 하자.

그러면 전과 마찬가지로

$$D = G\{BR + BS + RS\} + m(1-m)R^2(B+S)$$
$$+ n(1-n)S^2(B+R) + (m+n-2mn)BRS$$

가 되고, 검류계 도선의 전류가 ξ이면

$$\xi = \frac{ERS}{D}(n-m)$$

이다.

가장 정확한 결과를 얻기 위해, 바늘의 편침은 $(n-m)$ 값과 비교하여 가능한 한 가장 크게 만들어야 한다. 검류계의 크기와 표준 저항 도선의 크기를 적절하게 고르면 그렇게 할 수 있다.

앞으로 716절에서 전류 측정법을 다룰 때, 검류계 도선의 질량은 그대로 유지하면서 도선의 형태를 바꾸면, 단위 전류에 대해 바늘의 편침은 길이에 비례하나 저항은 거리의 제곱에 비례해서 증가하는 것을 알게 된다. 그 결과 검류계 도선의 저항이 회로의 나머지 일정한 저항과 같을 때 최대 편향이 일어난다.

현재 경우, δ가 바늘의 편침이면

$$\delta = C\sqrt{G}\xi$$

인데, 여기서 C는 상수이고, G는 도선 길이의 제곱에 비례하는 검류계 저항이다. 그래서 D의 값 중에서 δ가 최대일 때 G와 관계되는 부분은 표현식의 나머지 부분과 같아야 함을 알게 된다.

관찰을 제대로 한 경우에 해당하는 $m = n$이라고 놓으면, G의 가장 좋은 값은

$$G = n(1-n)(R+S)$$

임을 발견한다.

AO의 켤레인 BC가 시스템에서는 A에서 O에 이르기까지 갖는 저항에 아무런 영향을 주지 않는다는 것을 기억하면서, A에서 O에 이르기까지 저항을 고려하면 이 결과를 쉽게 얻을 수 있다.

같은 방법으로 전지가 작용하는 표면의 전체 넓이를 알면,

$$B = \frac{RS}{R+S}$$

일 때가 전지의 가장 유리한 배열임을 알게 된다.

마지막으로, 검류계 편침을 최대로 만드는 n 값에서 S 값을 구하자. 위의 ξ에 대한 표현을 미분하면

$$S^2 = \frac{BR}{B+R}\left(R + \frac{G}{n(1-n)}\right)$$

를 얻는다.

혹시 실제 저항은 거의 같은 값이어서 아주 많은 서로 다른 저항값을 갖게 된다면, 그런 목적으로 검류계와 전지를 준비하는 것이 가치가 있을 수 있다. 이 경우에 가장 좋은 배열은

$$S = R, \quad B = \frac{1}{2}R, \quad G = 2n(1-n)R$$

이고, 만일 $n = \frac{1}{2}$이면 $G = \frac{1}{2}R$임을 알게 된다.

휘트스톤 브리지의 이용에 대해

350. 휘트스톤 브리지의 일반적인 이론에 대해서는 이미 설명하였고, 이제 휘트스톤 브리지의 이용에 대해 알아보자.

휘트스톤 브리지에서는 효과적으로 두 같은 저항을 가장 정확하게 비교할 수 있다.

표준 저항 코일을 β라고 하고 γ의 저항이 β의 저항과 같게 조정하기를 원한다고 가정하자.

저항이 서로 같거나 아주 비슷한 두 다른 코일 b와 c도 준비되어 있으며, 이 네 코일은 수은 컵에 담긴 전극들과 연결되어서 전지의 전류는 하나는 β와 γ 그리고 다

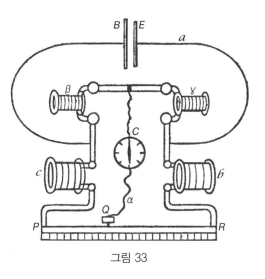

그림 33

른 하나는 b와 c로 구성된 두 갈래 사이에 나뉘어 흐른다. 두 코일 b와 c는 저항이 가능한 균일한 도선 PR에 의해 연결되며, 그 도선에는 같은 크기의 눈금이 매겨져 있다.

검류계 도선이 β와 γ를 이은 선을 도선 PR의 점 Q와 연결하고, 접촉점 Q의 위치를 바꾸는데, 처음에는 전지 회로에서 그다음에는 검류계 회로에서 검류계 바늘의 편침이 전혀 관찰되지 않을 때 멈춘다.

그런 다음에 두 코일 β와 γ의 위치를 교환하고 Q에 대한 새로운 위치를 찾는다. 만일 이렇게 구한 새로운 위치가 전의 위치와 같으면, β와 γ를 교환해도 저항의 비율에 아무런 변화도 발생시키지 않으며, 그러므로 γ가 제대로 조정된 것을 알게 된다. 만일 Q를 이동해야 한다면, 그 변화의 방향과 변화시킨 양으로부터 γ의 저항이 β의 저항과 같게 만들려면 γ 도선의 길이를 어떤 방향으로 얼마만큼 바꾸어야 하는지 알게 된다.

두 코일 b와 c의 저항은, 도선 PR의 영점까지 저항을 포함하면, 도선 중에서 각각 b에 속한 부분과 c에 속한 부분의 저항과 같고, 그러면 첫 번째 경우 Q의 눈금을 x라고 하고, 두 번째 경의 Q의 눈금을 y라고 하면

$$\frac{c+x}{b-x} = \frac{\beta}{\gamma}, \qquad \frac{c+y}{b-y} = \frac{\gamma}{\beta}$$

이므로

$$\frac{\gamma^2}{\beta^2} = 1 + \frac{(b+c)(y-x)}{(c+x)(b-y)}$$

가 된다.

그런데 $b-y$는 $c+x$와 거의 같고, 그 둘 모두 x 또는 y에 비해 훨씬 더 크므로 마지막 식을

$$\frac{\gamma^2}{\beta^2} = 1 + 4\frac{y-x}{b+c}$$

라고 써도 좋고, 그러면

$$\gamma = \beta\left(1 + 2\frac{y-x}{b+c}\right)$$

가 된다.

우리가 γ를 마음대로 조절할 수 있다면, b와 c를 다른 코일로 바꾸는데 (예를 들어) 저항이 10배가 더 큰 것으로 바꾼다.

그러면 β와 γ 사이의 차이는 이제 원래 코일 b와 c일 때보다 Q의 위치가 10배 더 큰 차이를 내게 되며, 이런 방법으로 비교의 정확도를 계속 높일 수 있다.

이동 접점을 갖는 도선을 이용하여 조정하는 것이 저항 상자를 이용하는 것보다 더 빠르고 연속적으로 변화시키는 것이 가능하다.

이동 접점을 갖는 도선에 검류계 대신 전지를 연결하는 일은 결코 해서는 안 된다. 그 접점에 강력한 전류가 흐르면 도선의 표면이 손상될 수 있기 때문이다. 그래서 위와 같은 배열은 검류계의 저항이 전지의 저항보다 더 큰 경우로 맞추어져 있다.

측정 예정인 저항 γ와, 전지의 저항 α, 그리고 검류계의 저항 a가 주어지면, 다른 저항들의 최적값은

$$c = \sqrt{a\alpha}$$

$$b = \sqrt{\alpha\gamma \frac{\alpha + \gamma}{a + \gamma}}$$

$$\beta = \sqrt{\alpha\gamma \frac{a + \gamma}{\alpha + \gamma}}$$

임을 올리버 헤비사이드*가 보였다(*Phil. Mag.* Feb. 1873).

작은 저항의 측정에 대해

351. 회로에 짧고 두꺼운 도체가 연결되면 그 도체의 저항은 접점이 허술

---

* 헤비사이드(Oliver Heaviside, 1850-1925)는 영국의 수리 물리학자 및 전기 공학자로 대기권 상층부의 전리층 존재를 발견한 사람이다.

하거나 납땜이 완전하지 못한 것과 같이 연결에서 피하지 못한 흠결 때문에 생긴 저항보다 너무 작아서, 위에서 설명한 방법으로 수행된 실험으로는 어떤 저항값도 제대로 구할 수 없다.

그런 실험의 목표는 일반적으로 물질의 비저항을 구하는 것이며, 물질을 가늘고 긴 형태로 구할 수 없거나 세로 방향 전도뿐 아니라 가로 방향 전도를 측정해야 할 때 이런 경우를 채택해야 한다.

W. 톰슨 경은 그럴 때 적용할 수 있는 방법을 소개했는데,[27) 그 방법을 아홉 개의 도체로 된 시스템의 예로 간주해도 된다.

이 방법의 가장 중요한 부분은 도체 길이 전부가 아니라 도체의 양쪽 끝으로부터 약간의 거리만큼 들어간 두 표시 사이의 저항을 측정하는 데 있다.

측정하기를 원하는 저항은 도체의 임의의 부분에서 세기가 균일하고 도체 축에 평행한 방향으로 흐르는 전류가 경험하는 저항이다.

이제 어떤 도체의 양쪽 끝에 납땜되거나 합금되거나 아니면 간단히 눌러서 붙인 전극에 의해 전류가 흐를 때, 그 도체의 끝부분에서는 일반적으로 전류 분포가 균일하지 않게 된다. 양쪽 끝에서 조금만 거리가 떨어지면 전류가 균일한 것으로 감지될 수도 있다. 학생이 스스로 이 연구와 193절에 나온 도표를 조사할 수도 있는데, 그 도표에서 평행인 두 측면의 한쪽을 통하여 가늘고 긴 금속에 전류가 들어가는데, 전류는 곧 두 측면에 평행하게 된다.

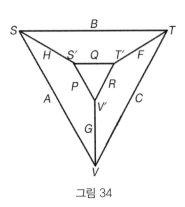

그림 34

도체 중에서 S와 S' 그리고 T와 이라고 적은 표시 사이 부분의 저항을 비교한다.

도체들은 연달아 연결되어 있고, 작은 저항을 갖는 전지 회로와 가능한 한 완전한 도체로 연결되어 있다. 도선 SVT는 S와 T에서 두 도체와 연결되

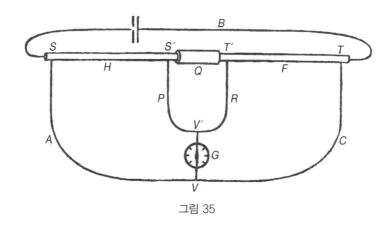

그림 35

고, $S'V'T'$는 S'과 T'에서 두 도체와 연결되는 다른 도선이다.

검류계 도선은 이 두 도선의 V와 V'로 표시된 점에 연결되어 있다.

두 도선 SVT와 $S'V'T'$는 저항이 아주 커서 연결점 S, T, S', T'가 완전하지 못해서 발생하는 저항은 두 도선의 저항에 비해 무시될 수 있으며, 두 점 V와 V'는 잘 선택해서 두 도체로 가는 양쪽 도선 갈래의 저항이 두 도체 사이 저항의 비와 거의 같아지도록 한다.

이제 다음과 같이 부르자.

두 도체 SS'와 $T'T$의 저항은 각각 H와 F라고 부른다.

두 갈래 SV와 VT의 저항은 각각 A와 C라고 부른다.

두 갈래 $S'V'$와 $V'T'$의 저항은 각각 P와 R라고 부른다.

연결 부분 $S'T'$의 저항은 Q라고 부른다.

전지와 전지에 연결된 부분의 저항은 B라고 부른다.

검류계와 검류계에 연결된 부분의 저항은 G라고 부른다.

이 시스템의 대칭 관계는 골조도인 그림 34로부터 이해될 수 있다.

전지 B와 검류계 G가 서로 켤레 도체 관계일 조건은, 이 경우에

$$\frac{F}{C} - \frac{H}{A} + \left(\frac{R}{C} - \frac{P}{A}\right)\frac{Q}{P+Q+R} = 0$$

이다.

이제 연결 부위 Q의 저항은 가능한 한 최소이다. 만일 Q가 0이면 이 식은

$$\frac{F}{C} = \frac{H}{A}$$

로 바뀌며, 비교 대상인 두 도체의 저항 사이의 비는 보통 형태의 휘트스톤 브리지에서와 마찬가지로, C와 A 사이의 비와 같다.

이 경우에 Q의 값은 P 또는 R와 비교하여 작으므로, R와 C 사이의 비가 P와 A 사이의 비와 거의 같도록 두 점 V와 V'가 정해져 있다고 가정하면, 위의 켤레 도체 관계일 식의 마지막 항이 0이 되고

$$F : H :: C : A$$

가 성립한다.

이 방법의 성공 여부는 어느 정도 도선들 사이의 접촉과 S, S', T', T에서 조사용 도체들의 접촉이 얼마나 완전한지에 달려 있다. 매티슨[*]과 호

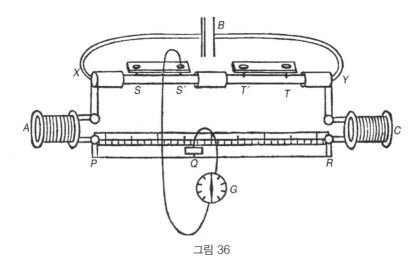

그림 36

---

[*] 매티슨(Augustus Matthiessen, 1831-1870)은 독일에서 박사학위를 받은 영국의 화학자이자 물리학자로서, 결정체인 금속의 비저항에 대한 매티슨 규칙과 정밀 저항을 측정하는 휘트스톤 브리지의 일종인 매티슨-호킨 브리지로도 알려져 있다. 젊은 나이에 우울증으로 자살했다.

킨*이 이용한 다음 방법에서는 이 조건이 필요 없다.[28]

352. 조사 대상인 도체들은 앞에서 이미 설명한 방식대로 배열되어 있으며, 연결 부위도 역시 가능한 한 가장 잘 만들어져 있고, 첫 번째 도체에서 SS'라고 표시된 부분 사이의 저항을 두 번째 도체에서 $T'T$라고 표시된 부분 사이의 저항과 비교할 예정이다.

도체로 된 두 점 또는 날카로운 모서리가 절연 물질 부분에 고정되어 있어서 그들 사이의 거리는 정확하게 측정될 수 있다. 조사 될 도체 위에 이 장치를 내려놓고, 도체와 접촉한 두 점은 알고 있는 거리 SS'에 놓는다. 이렇게 접촉된 부분은 각각 수은 컵과 연결되어 있으며, 이 수은 컵 하나마다 전류계의 한 전극을 넣을 수 있다.

휘트스톤 브리지에서와 마찬가지로, 장치의 나머지 부분은 상자 A와 C인 저항 코일과 이동식 접합점 Q가 있는 도선 PR로 배열되는데, 접합점 Q에 검류계의 다른 전극이 연결된다.

이제 검류계를 S와 Q에 연결하고, A_1과 C_1을 조절하여 검류계 도선에 전류가 흐르지 않도록 Q의 위치를 정하자.

그러면 XS, PQ 등이 이 도체들의 저항을 대표할 때

$$\frac{XS}{SY} = \frac{A_1 + PQ}{C_1 + QR}$$

임을 알 수 있다.

이 식으로부터

$$\frac{XS}{XY} = \frac{A_1 + PQ_1}{A_1 + C_1 + PR}$$

도 얻는다.

---

* 호킨(Charles Hockin, 1840-1882)은 영국의 물리학자로 매티스와 함께 도체의 저항을 정밀하게 측정하는 장치인 매티슨-호킨 브리지를 설계했다.

이제 검류계의 전극을 S'에 연결하고, (저항 코일을 한쪽에서 다른 쪽으로 옮겨서) 저항을 C에서 A로 전달하여 검류계 도선이 전기적 평형에 도달하면 Q가 도선 중에서 어떤 점인 Q_2에 위치하게 된다고 하자. 이제 C와 A의 값이 각각 C_2와 A_2이고

$$A_2 + C_2 + PR = A_1 + C_1 + PR = R$$

라고 하자.

그러면 전과 마찬가지로

$$\frac{DS'}{XY} = \frac{A_2 + PQ_2}{R}$$

를 얻고, 그래서

$$\frac{SS'}{XY} = \frac{A_2 - A_1 + Q_1 Q_2}{R}$$

가 된다.

같은 방법으로, 장치를 두 번째 도체의 TT'에 놓고, 한 번 더 저항을 전달하면, 전극이 T'에 있을 때는

$$\frac{XT'}{XY} = \frac{A_3 + PQ_3}{R}$$

를 얻고, 전극이 T에 있을 때는

$$\frac{XT}{XY} = \frac{A_4 + PQ_4}{R}$$

를 얻는다. 그러므로

$$\frac{T'T}{XY} = \frac{A_4 - A_3 + Q_3 Q_4}{R}$$

가 된다.

이제 두 저항 SS'와 $T'T$의 비를 구할 수 있는데, 그 결과는

$$\frac{SS'}{T'T} = \frac{A_2 - A_1 + Q_1 Q_2}{A_4 - A_3 + Q_3 Q_4}$$

이다.

매우 좋은 정확도가 요구되지 않는다면 저항 코일 A와 C가 없어도 되며, 그러면

$$\frac{SS'}{T'T} = \frac{Q_1 Q_2}{Q_3 Q_4}$$

가 된다.

길이가 1미터인 도선에서 Q의 위치를 읽기는 1밀리미터의 10분의 1보다 작으면 믿기 어려우며, 도선의 저항은 온도의 차이나 마찰 등의 이유로 부분에 따라 상당히 다를 수 있다. 그래서 매우 좋은 정확도가 요구되면, A와 C에 상당히 큰 저항의 코일을 이용하고, 이 코일의 저항들 사이의 비를 Q에서 둘로 나뉜 도선의 각 부분의 저항들 사이의 비보다 더 정확하게 구할 수 있다.

이런 방법으로 저항을 결정하는 정확도가 S, S' 또는 T, T'에서 접촉이 완전한 정도에 따라 조금도 영향을 받지 않는 것을 확인할 수 있다.

이 방법은 별도로 시행한 관찰을 비교한 것에 의존하기 때문에, 이 방법을 휘트스톤 브리지를 사용한 차동법(差動法)이라고 부를 수 있다.

이 방법이 정확하기 위한 필수 조건은 측정을 종료하기까지 필요한 네 번의 관찰 과정 동안 연결 부위의 저항이 일정하게 유지되는 것이다. 그래서 저항에 생길 수 있는 어떤 변화라도 발견하기 위하여 항상 관찰을 연달아 반복해야 한다.

큰 저항의 비교에 대해

353. 측정할 저항이 매우 크면, 219절에서 설명한 상한 전위계와 같은 민감한 전위계를 이용하여 시스템의 다른 여러 점에서 퍼텐셜을 측정해야 한다.

만일 저항을 측정할 도체들이 직렬로 연결되어 있으면, 그리고 매우 큰 기전력을 갖는 전지 때문에 그 도체들에 같은 전류가 흐르면, 각 도체 양 끝에서 퍼텐셜 차이는 그 도체의 저항에 비례한다. 그래서 전위계의 전극을

차례로 각 도체의 양 끝에 연결하는 방법으로 저항의 비를 구할 수 있다.

이것이 저항을 정하는 가장 직접적인 방법이다. 이 방법은 측정을 신뢰할 수 있는 전위계를 사용하는데, 실험하는 동안 전류가 일정하게 유지되어야 한다는 점 또한 보장되어야 한다.

매우 큰 저항을 갖는 네 도체가 휘트스톤 브리지에서처럼 배열될 수 있으며, 브리지 자체는 검류계의 전극 대신 전위계의 전극으로 구성될 수도 있다. 도선에 전류가 흐르지 않으면 검류계에는 편향이 일어나지 않지만, 전류가 계속 흐르지 않더라도 전위계의 편차는 생길 수 있다는 것이 이 방법의 이점이다.

354. 도체의 저항이 매우 커서 어떤 사용 가능한 기전력에 의해서도 그 도체에 흐르는 전류가 검류계로 직접 측정하기에 너무 작다면, 축전기를 사용하여 어떤 정해진 시간만큼 전하를 충전시키고, 그다음에 검류계를 통해 축전기를 방전시키면 저장된 전하의 양을 구할 수 있다. 이것이 잠수함 케이블의 연결 부위를 조사하는 브라이트*와 클라크**의 방법이다.

355. 그러나 그런 도체의 저항을 측정하는 가장 간단한 방법은 전기용량이 매우 큰 축전기를 충전해서 축전기의 두 표면을 전위계의 전극과 또한 도체의 양 끝과 연결하는 것이다. 전위계에 표시된 퍼텐셜 차이가 E이고, 축전기의 전기용량이 S이며, 축전기의 각 표면에 저장된 전하가 Q, 도체의 저항이 R, 그리고 그 도체 내부의 전류가 x이면, 축전기 이론에 의해

$$Q = SE$$

---

* 브라이트(Sir Charles Tilston Bright, 1832-1888)는 대서양에 최초의 전신 케이블을 설치한 영국의 전기 공학자로서, 그 공로로 기사 작위를 받았다.

** 클라크(Josiah Latimer Clark, 1822-1899)는 영국의 전기 공학자로서, 브라이트와 함께 잠수함 케이블의 절연을 개선하는 방법을 고안하였다.

이다.

옴의 법칙에 의하면

$$E = Rx$$

이고, 전류의 정의에 따라

$$x = -\frac{dQ}{dt}$$

이다.

그러므로

$$-Q = RS\frac{dQ}{dt}$$

그리고

$$Q = Q_0 e^{-\frac{t}{RS}}$$

이 되는데, 여기서 Q_0는 $t = 0$일 때 처음 전하이다.

비슷하게

$$E = E_0 e^{-\frac{t}{RS}}$$

이며, 여기서 E_0는 전위계의 처음 눈금이고, E는 시간 t가 지난 뒤의 전위계 눈금이다. 이로부터

$$R = \frac{t}{S(\log_e E_0 - \log_e E)}$$

임을 알게 되며, 이것이 R의 절대적 값이다. 이 표현에서는 전위계 눈금자에서 단위의 값에 대해 알 필요는 없다.

축전기의 전기용량인 S가 미터로 된 어떤 수로 표시되는 정전 단위로 주어지면, R는 정전 단위로 속도의 역수로 주어진다.

S가 전자기 단위로 주어지면 그 차원은 $\frac{T^2}{L}$이고 R는 속도이다.

축전기 자체가 완전한 절연체가 아니어서 두 가지 실험을 하는 것이 필요하다. 첫 번째 실험에서는 축전기 자체의 저항인 R_0를 정하고, 두 번째 실험에서는 도체를 축전기 표면에 연결할 때 축전기의 저항을 정한다. 그 저항이 R'라고 하자. 그러면 축전기의 저항 R는 다음 식

$$\frac{1}{R} = \frac{1}{R'} - \frac{1}{R_0}$$

에 의해 주어진다. 이 방법을 지멘스*가 사용하였다.

검류계 저항을 결정하는 톰슨[29]의 방법

356. 실제로 사용하는 검류계의 저항을 정하는 데 W. 톰슨 경은 휘트스톤 브리지와 비슷한 배열을 이용하였다. 이 방법은 맨스**의 방법***에 의해 W. 톰슨 경에게 제안되었다. 357절을 보라.

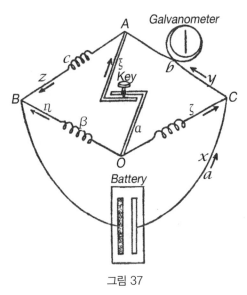

그림 37

전지는 전과 마찬가지로 347절에 나오는 그림의 B 와 C 사이에 놓이지만, 검류계는 OA 대신 CA에 놓인다고 하자. 만일 $b\beta - c\gamma$ 가 0이면, 도체 OA는 BC 와 켤레이고, BC에 놓인 전지 때문에 OA에 전류가 발생하지는 않으므로, 어떤 다른 도체에서 전류의 세기

---

* 지멘스(Ernst Werner von Siemens, 1816-1892)는 독일의 발명가이자 물리학자로, 1841년 금과 은의 전기 도금법을 발명하였고 오늘날에도 유명한 독일 가전업체인 지멘스 AG를 창립하였다.

** 맨스(Henry Mance)는 영국의 Mekran Coast and Persian Gulf Telegraph Department에서 근무한 관리자로 전신 케이블의 고장을 찾아내는 데 특별한 관심을 두고 맨스 법을 고안하여 Proc Roy Soc Lond., 1870, Vol 19, p 248에 발표하였다.

*** 보통 맨스 법(Mance's method)이라고 부르는 맨스 방법은 휘트스톤 브리지의 일종으로 전지의 내부저항을 측정하는 데 이용된다.

도 *OA*의 저항에 영향을 받지 않는다. 그래서 검류계가 *CA*에 놓이면, 그 검류계 바늘의 편침은 *OA*의 저항이 작거나 크거나에 관계없이 일정하게 유지된다. 그러므로 *O*와 *A*가 저항이 작은 도체로 연결된 때 검류계의 바늘 편침이 그 연결이 끊어진 때 검류계의 바늘 편침과 똑같은지 확인하고, 도체들의 저항을 적절히 조절하여 그런 결과를 얻는다면, 검류계의 저항은

$$b = \frac{c\gamma}{\beta}$$

임을 아는데, 여기서 *c*, *γ*, *β*는 저항이 알려진 저항 코일들이다.

비록 이것이 영위법은 아니지만, 검류계에 전류가 흐르지 않는다는 의미에서, 관찰된 사실이 부정적이라는 의미에서, 어떤 접촉을 하더라도 검류계의 바늘 편침은 바뀌지 않는다는 것은 영위법임을 알 수 있다. 이런 종류의 관찰이 같은 검류계의 서로 다른 편향이 같다는 관찰보다 더 가치가 있는데, 그 이유는 후자의 경우에 전지의 세기를 바꾸거나 검류계의 민감도를 바꾸는 데 시간이 필요하지만, 바늘이 편침이 일정하게 유지될 때는, 어떤 변화든지 원하는 만큼 반복할 수 있음에도, 전류는 그러한 변화에 전혀 의존하지 않는다고 확신할 수 있기 때문이다.

*OA*에 다른 검류기를 연결하기만 하면, 휘트스톤 브리지를 사용하는 보통 방법으로 검류계 코일의 저항을 어렵지 않게 구할 수 있다. 이제 설명된 방법으로는 검류계 자신을 이용하여 자기 저항을 측정한다.

전지의 저항을 결정하는 맨스[30] 방법

357. 사용 중인 전지의 저항을 측정하기가 어려운 정도는 훨씬 더 고차원적인데, 그 이유는 전지를 통과해서 흐르는 전류의 세기가 변한 다음에는 전지의 저항이 상당히 많이 변한다고 알려져 있기 때문이다. 전지의 저항을 측정하는 데 흔히 사용되는 방법 중 많은 것에서, 전지를 통과하는 전류

세기의 그런 변화는 장치가 동작 중에 일어나며, 그러므로 결과가 의심스럽게 된다.

이런 어려움에서 자유로운 맨스 방법에서, 전지는 BC에 놓이고 검류계는 CA에 놓인다. 그런 다음에 O와 B 사이의 연결이 교대로 이어졌다 끊어지기를 반복한다.

이제 OB의 저항이 얼마나 많이 변하든 관계없이 OB와 AC가 켤레이기만 하면 검류계 바늘의 편침은 바뀌지 않고 일정하게 유지된다. 이것은 347절에서 증명된 결과의 특별한 경우라고 간주해도 좋고, 또는 347절에 나오는 식들에서 z와 β를 제거하면 직접 알 수 있는데, 그렇게 하면

$$(a\alpha - c\gamma)x + (c\gamma + c\alpha + cb + b\alpha)y = Ea$$

를 얻는다.

만일 y가 x에 의존하지 않으면, 그 결과로 β에도 의존하지 않고, $a\alpha = c\gamma$가 되어야 한다. 이와 같이 전지의 저항이 c, γ, α의 함수로 구해진다.

다음 조건 $a\alpha = c\gamma$가 만족될 때, 검류계를 통과하는 전류는

$$\frac{E\alpha}{cb + \alpha(a+b+c)} \quad \text{또는} \quad \frac{E\gamma}{ab + \gamma(a+b+c)}$$

가 된다.

이 방법의 민감도를 조사하기 위해 조건 $c\gamma = a\alpha$가 정확히 성립하기보다 거의 성립하며, O와 B가 감지할 만한 저항은 갖지 않은 도체로 연결될 때 검류계를 통과하는 전류가 y_0이고, O와 B가 완벽히 분리된 때 검류계를 통과하는 전류는 y_1이라고 하자.

이 값들을 구하려면 y에

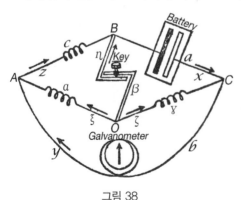

그림 38

대한 일반식에서 β가 0과 같다고 놓은 결과와 ∞과 같다고 놓은 결과를 비교해야 한다.

y에 대한 일반적인 값은

$$\frac{c\gamma + \beta\gamma + \gamma a + \alpha\beta}{D}E$$

이며, 여기서 D는 348에 나오는 것과 같은 표현을 나타낸다. 위에서 준 y 값을 이용하면, y_0와 y_1에 대한 근삿값은

$$y + \frac{c(c\gamma - a\alpha)}{\gamma(c+a)}\frac{y^2}{E}$$

그리고

$$y - \frac{b(c\gamma - a\alpha)}{\gamma(c+a)}\frac{y^2}{E}$$

인 것을 어렵지 않게 보일 수 있다.

이 값들로부터

$$\frac{y_0 - y_1}{y} = \frac{a}{\gamma}\frac{c\gamma - a\alpha}{(c+a)(\alpha+\gamma)}$$

임을 알 수 있다.

도체 AB의 저항인 c는 전지의 저항인 α와 같아야 하며, α와 γ는 같아야 하고 가능한 한 작아야 하며, b는 $\alpha + \gamma$와 같아야 한다.

검류계는 그 편침이 작을 때 가장 민감하므로, O와 B 사이를 연결하기 전에 고정된 자석을 이용하여 바늘의 위치가 거의 0을 가리키도록 만들어야 한다.

전지의 저항을 측정하는 이 방법에서, 측정이 진행되는 동안 검류계의 전류는 어떤 식으로든 방해받지 않으며, 그래서 검류계에 흐르는 전류 세기가 얼마든지 전지의 저항을 알아내어서 전류의 세기가 저항에 어떻게 영향을 주는지 결정할 수 있다.[31]

검류계에 흐르는 전류가 y인데, 열쇠가 아래를 향할 때 전지에 흐르는 실제 전류는 x_0이고 열쇠가 위를 향할 때 실제 전류가 x_1이면

$$x_0 = y\left(1 + \frac{b}{\gamma} + \frac{\alpha c}{\gamma(a+c)}\right), \quad x_1 = y\left(1 + \frac{b}{\alpha+\gamma}\right)$$

이며, 전지의 저항은

$$\alpha = \frac{c\gamma}{\alpha}$$

이고 전지의 기전력은

$$E = y\left(b + c + \frac{c}{\alpha}(b+\gamma)\right)$$

이다.

검류계의 저항을 구하는 356절의 방법은 O와 B 사이가 아니라 O와 A 사이를 연결했다가 끊은 것 한 가지만 이 방법과 다른데, α와 β를 바꾸면 이 경우에

$$\frac{y_0 - y_1}{y} = \frac{\beta}{\gamma} \frac{c\gamma - b\beta}{(c+\beta)(\beta+\gamma)}$$

를 얻는다.

기전력의 비교에 대하여

358. 전지에 전류가 흐르지 않을 때, 볼타 전지 배열의 기전력과 열전기 전지 배열의 기전력을 비교하는 다음 방법을 적용하려면 단지 몇 저항 코일과 일정한 전지만 있으면 된다.

전지의 기전력 E가 비교할 대상인 어떤 전동기의 기전력보다 더 크다면, 충분히 큰 저항 R_1을 주회로 EB_1A_1E의 두 점 A_1과 B_1 사이에 놓는 경우, B_1에서 A_1까지 기전력이 전동기의 기전력 E_1과 같게 만들 수 있다. 이 전동기의 두 전극이 이제 두 점 A_1, B_1에 연결되면, 전동기에는 전류가 흐르지 않는다. 전동기 E_1의 회로에 검류계 G_1을 연결하고, 검류계 G_1이 전류가 흐르지 않는다고 가리킬 때까지 A_1과 B_1 사이의 저항을 조정하면 다음 식

$$E_1 = R_1 C$$

를 얻는데, 여기서 R_1은
A_1과 B_1 사이의 저항이
고, C는 주회로의 전류의
세기이다.

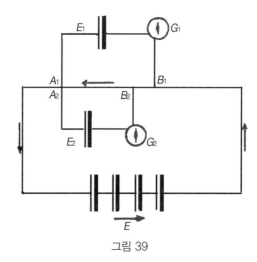

그림 39

같은 방법으로, 두 번째
전동기 E_2를 취하여 두 전
극을 A_2와 B_2에 연결하
고, 검류계 G_2에 의해 전
류가 흐르지 않는 것이 확
인되면

$$E_2 = R_2 C$$

가 성립하는데, 여기서 R_2는 A_2와 B_2 사이의 저항이다. 두 검류계 G_1과 G_2
를 동시에 관찰하여, 주회로의 전류인 C의 값이 두 식에서 모두 같으면

$$E_1 : E_2 :: R_1 : R_2$$

임을 알 수 있다.

이런 방법으로 두 전동기의 기전력을 비교할 수 있다. 전동기의 절대 기
전력도 전위계를 이용하여 정전기적으로 측정할 수도 있고, 절대 검류계를
이용하여 전자기적으로 측정할 수도 있다.

비교하는 동안 두 전동기의 어느 것에도 전류가 흐르지 않는 이 방법은
포겐도르프* 방법을 수정한 것으로, 그렇게 한 사람은 다음 기전력 값들을
구한 래티머 클라크이다.

---

* 포겐도르프(Johann Christian Poggendorff, 1796-1887)는 독일의 물리학자로서, 전자기학에
관한 연구와 전자 배율기, 반조 검류계 등의 기기를 고안하는 데 이바지했다.

			Concentrated solution of		Volts
Daniell I	Amalgamated Zine	HSO_4 + 4 aq.	$CuSO_4$	Copper	= 1.079
Daniell II	Amalgamated Zine	HSO_4 + 12 aq.	$CuSO_4$	Copper	= 0.978
Daniell III	Amalgamated Zine	HSO_4 + 12 aq.	$CuNO_6$	Copper	= 1.00
Bunsen I	Amalgamated Zine	HSO_4 + 12 aq.	HNO_6	Carbon	= 1.964
Bunsen II	Amalgamated Zine	HSO_4 + 12 aq.	sp. g. l. 38	Carbon	= 1.888
Grove	Amalgamated Zine	HSO_4 + 4 aq.	HNO_6	Platinum	= 1.956

* 1볼트는 cgs 단위계에서 100,000,000단위에 해당하는 기전력이다.

12장
물질의 전기저항에 대하여

359. 전기가 어떻게 통과하느냐에 따라 물질을 세 가지 부류로 나눈다.

첫 번째 부류는 모든 금속과 금속의 합금, 일부 황산염, 그리고 금속을 포함하는 다른 화합물을 포함하며, 이 부류에는 또한 기체 코크스 형태의 탄소와 결정체로 된 셀레늄을 더해야 한다.

이 부류에 속한 물질들 모두에서는 물질 내부 또는 전류가 물체로 들어가거나 나가는 부분 어디에서나 물질의 화학적 본성이 바뀌지 않으면서 전기 전도가 일어난다. 이 부류에 속한 모든 물질에서 온도가 오르면 저항이 증가한다.

두 번째 부류는 전해질이라고 부르는 물질로 구성되는데, 전해질에서는 물질이 두 전극에서 나타나는 두 성분으로 분해되어 전류가 흐른다. 물질은 오직 액체일 때만 전해질인 것이 규칙인데, 그렇지만 겉으로는 고체임이 분명한 100℃의 유리와 같이 특정한 콜로이드 물질은 전해질이다. B. C. 브로디* 경의 실험으로부터 강력한 기전력을 이용하면 일부 기체는 전기

---

* 브로디(Sir Benjamin Collins Brodie, 1817-1880)는 영국의 화학자로서 과산화물 연구에 이바지했다.

분해가 가능함을 알 수 있다.

전기 분해에 의해 전기가 전달되는 모든 물질에서는 온도가 오르면 저항은 감소한다.

세 번째 부류는 저항이 너무 큰 물질로, 그 물질에 전기가 통과하는 것을 측정할 수 있으려면 오직 가장 정제된 방법으로만 가능한 물질로 구성된다. 그러한 물질을 유전체라고 부른다. 이 부류에는 상당히 많은 수의 고체가 속하는데, 그중에 많은 것들은 녹아서 액체로 되면 전해질이며, 테레빈유, 나프타, 녹은 파라핀 등과 같은 일부 액체도 속하고, 모든 기체와 증기가 속한다. 다이아몬드 형태의 탄소와 비결정성 형태의 셀레늄도 이 부류에 속한다.

이 부류에 속한 물체의 저항은 금속의 저항에 비해 굉장히 더 크며, 온도가 오르면 감소한다. 이 물질들의 저항이 매우 크기 때문에 이 물질들에 억지로 흐르게 만드는 미미한 전류가 전기 분해와 연관이 있는지 또는 없는지 정하는 것이 매우 어렵다.

금속의 전기저항에 관하여

360. 전기 관련 연구 분야 중에서 금속의 저항을 구하는 연구보다 더 많이 수행되고 더 정밀한 실험이 수행된 분야는 없다. 전기 전신(電信)에서 도선을 만든 금속은 구할 수 있는 한 가장 작은 저항을 가져야 하는 것이 무엇보다 더 중요하다. 그러므로 도선을 만드는 재료를 선택하기 전에 저항을 측정해야 한다. 전신 케이블에 어떤 결함이라도 발생하면, 저항을 측정하여 결함이 생긴 위치를 즉시 확인하며, 현재 수많은 사람이 고용되어 수행하고 있는 이런 측정은 전기적 성질이 이미 철저하게 조사된 금속으로 만든 저항 코일들의 이용을 필요로 한다. 금속과 금속의 합금에 대한 전기적 성질은 매티슨, 보그트,* 호킨이 철저하게 조사하였고, 지멘스도 정확한 전

기 측정을 실제 연구에 도입하는 데 크게 이바지했다.

매티슨 박사의 연구에 의하면 상당수의 순수한 금속에서는 저항에 대한 온도의 영향이 거의 똑같아 보여서, 100℃에서 저항과 0℃에서 저항 사이의 비는 1.414 대 1, 즉 100 대 70.7이다. 순수한 철에서 이 비는 1.645이고, 순수한 탈륨에서 이 비는 1.458이다.

C. W. 지멘스* 박사는 빙점에서 350℃까지, 그리고 어떤 경우에는 1,000℃에 이르기까지, 훨씬 더 큰 범위 온도에서 금속의 저항을 관찰하였다.[32] 그는 금속의 저항이 온도가 높아지면 증가하지만, 온도가 더 올라갈수록 저항이 증가하는 비율은 줄어드는 것을 발견하였다. 낮은 온도에서 매티슨 박사가 측정한 저항과 잘 일치하고, 1,000℃의 범위까지 그 자신이 측정한 저항과도 잘 일치하는, 그가 발견한 공신은

$$r = \alpha T^{\frac{1}{2}} + \beta T + \gamma$$

인데 여기서 T는 $-273°$C에서부터 계산한 절대온도이다. 그래서 다음 세 금속에 대해 이 공식은

백금	$r = 0.039369\,T^{\frac{1}{2}} + 0.00216407\,T - 0.2413$
구리	$r = 0.026577\,T^{\frac{1}{2}} + 0.0031443\,T - 0.22751$
철	$r = 0.072545\,T^{\frac{1}{2}} + 0.0038133\,T - 1.23971$

이 된다.

이런 종류의 자료를 이용하면 용광로에 넣은 백금 도선의 저항을 측정하는 방법으로 용광로 온도를 구할 수 있다.

---

* 보그트(Carol Vogt)는 영국의 물리학자로서, 매티슨과 함께 금속의 전기적 성질에 대해 연구하였다.

* C. W. 지멘스(Sir Carl Wilhelm Siemens, 1823-1883)는 독일 출신의 영국 전기학자, 전기 기술자, 야금학자로서, 전기기기의 발명가로 유명한 에른스트 베르너 폰 지멘스의 동생이다.

매티슨 박사는 두 금속이 결합하여 합금이 되면 그 합금의 저항은 대부분 경우에 합금을 만든 금속의 저항과 합금에서 차지하는 각 금속의 비율로 계산한 저항보다 더 크다는 것을 발견하였다. 금과 은을 결합한 합금의 경우에, 그 합금의 저항은 순수한 금의 저항과 순수한 은의 저항 어느 것보다도 더 크며, 둘 사이의 어떤 정해진 구성 비율 한계 내에서는 구성 비율이 조금 변하더라도 저항은 거의 변하지 않는다. 이런 이유로 매티슨 박사는 금과 은의 무게 비율이 2 : 1인 합금을 저항의 단위 표준물질로 만들자고 제안하였다.

온도 변화가 전기저항에 미치는 영향은 일반적으로 순수한 금속에서보다 합금에서 더 적다.

그래서 보통 저항 코일은 양은으로 만드는데, 그것은 양은의 저항이 크고 온도에 따라 저항이 잘 변하지 않기 때문이다.

은과 백금의 합금 또한 표준 코일로 이용된다.

361. 일부 금속은 담금질하면 전기저항이 변하며, 도선을 높은 온도로 반복해서 올리더라도 저항이 영구적으로 변하지 않는다는 것을 확인하지 않으면, 그 도선으로 측정한 저항은 믿을 수 없다. 어떤 도선은 온도 변화에 노출되지 않더라도 시간이 흐르면서 그 저항이 바뀐다. 그래서 액체이면서 항상 같은 분자 구조를 갖고, 증류와 질산으로 처리하면 쉽게 정제될 수 있는 수은의 비저항을 확인하는 것이 중요하다. 수은을 표준으로 도입한 W. 지멘스와 C. F. 지멘스는 이 금속의 저항을 측정하는 데 매우 큰 노력을 기울였다. 그들의 연구는 매티슨과 호킨의 연구로 보충되었다.

수은의 비저항은 다음과 같은 방식으로 무게가 w인 수은을 담은 길이가 l인 관의 저항을 측정하여 결정한다.

전체가 모두 정확히 같은 크기의 구멍을 갖는 유리관은 없지만, 유리관에 작은 양의 수은을 담으면 수은이 관에서 길이 λ를 차지하고, 그 중간 점이 관의 한쪽 끝으로부터 거리가 x인 곳에 있다면, 이 점 부근의 단면의 넓이 s는 C를 상수라고 할 때 $s = \dfrac{C}{\lambda}$가 된다.

관 전체를 채운 수은의 무게는

$$w = \rho \int s\,dx = \rho C \sum \left(\frac{1}{\lambda} \right) \frac{l}{n}$$

인데 여기서 n은 관을 따라 같은 거리에 놓인 점들의 수이고, 관의 길이 λ는 측정하고, ρ는 단위 부피의 질량이다.

유리관 전체의 저항은

$$R = \int \frac{r}{s}\,dx = \frac{r}{C} \sum (\lambda) \frac{l}{n}$$

이며, 여기서 r는 단위 부피마다의 비저항이다.

그래서

$$wR = r\rho \sum (\lambda) \sum \left(\frac{1}{\lambda} \right) \frac{l^2}{n^2}$$

이고

$$r = \frac{wR}{\rho l^2} \frac{n^2}{\sum (\lambda) \sum \left(\dfrac{1}{\lambda} \right)}$$

이 단위 부피의 비저항이 된다.

단위길이와 단위 질량마다 저항을 구하려면 이 값에 밀도를 곱해야 한다.

매티슨과 호킨의 실험으로부터 0℃의 수은 1그램이 길이가 1미터인 기둥에 균일하게 분포될 때 저항이 13.071옴이고, 길이가 1미터이며 단면의 넓이는 1제곱 밀리미터인 수은 기둥의 저항은 0.96146옴임이 알려졌다.

362. 다음 표는 매티슨의 실험[33]에서 구한 결과를 보여주는데, 이 표에서 R는 0℃에서 무게가 1그램이고 길이가 1미터인 기둥의 저항을 옴으로 표현한 것이며, r는 1센티미터인 정육면체의 저항을 $\mathrm{cm/s}$로 표현한 것이다.

	Specific gravity		R	r	Percentage increment of resistance for 1℃ at 20℃
Silver	10.50	hard drawn	0.1689	1609	0.377
Copper	8.95	hard drawn	0.1469	1642	0.388
Gold	19.27	hard drawn	0.4150	2154	0.365
Lead	11.391	pressed	2.257	19847	0.387
Mercury	13.595	liquid	13.071	96146	0.072
Gold 2, Silver 1	15.218	hard or annealed	1.668	10988	0.065
Selenium at 100℃		Crystalline form		6×10^{13}	1.00

전해질의 전기저항에 대하여

363. 전해질의 전기저항을 측정하기가 전극의 편극 때문에 어렵게 된다. 전극의 편극은 금속으로 된 전극의 관찰된 퍼텐셜 차이가 실제로 전류를 만들어내는 기전력보다 더 크게 만든다.

이 어려움은 다양한 방법으로 극복할 수 있다. 어떤 경우에는, 예를 들어 아연산염 용액에는 아연 전극과 같이, 적당한 물질로 된 전극을 이용하면 편극을 제거할 수 있다. 전극의 표면을 저항을 측정하려는 전해질 부분의 단면에 비해 훨씬 더 크게 만들고, 짧은 시간 간격마다 반대 방향으로 교대로 흐르는 전류만 이용하면, 전류가 통과하며 발생시키는 편극의 세기가 커지기 전에 측정을 수행할 수 있다.

마지막으로, 두 서로 다른 실험을 수행하는데, 한 실험에서 전해질을 통해 흐르는 전류의 경로가 다른 실험에서보다 훨씬 더 길게 만들고, 기전력을 조정해서 실제 전류와 그 전류가 흐르는 시간 간격이 두 경우에 거의 같게 만들면, 편극의 효과를 모두 상쇄시킬 수 있다.

364. 팔조우* 박사의 실험[34])에서 두 전극은 전해질로 채운 납작한 용기에 따로 큰 원반 형태로 담겨 있으며, 이 두 전극은 전해질로 채워진 긴 사이펀을 두 용기에 집어넣어서 연결되었다. 길이가 다른 두 개의 그런 사이펀이 이용되었다.

이 두 사이펀에 들어 있는 전해질의 측정된 저항이 R_1과 R_2이고, 다음으로 사이펀을 수은으로 채우면, 수은으로 채운 두 사이펀의 저항은 R_1'와 R_2'로 측정되었다.

그러면 전해질의 저항과 수은의 저항 사이의 비는, 0℃의 수은의 형태가 전해질의 형태 같은 경우, 다음 공식

$$\rho = \frac{R_1 - R_2}{R_1' - R_2'}$$

에 의해 구했다.

이 비 ρ의 값으로부터 단면의 넓이가 1제곱센티미터이고 길이가 1센티미터의 저항을 구하기 위해서는 이 비를 0℃의 수은에 대한 r 값으로 곱해야 한다. 361절을 보라.

팔조우가 구한 결과는 다음과 같다.

Mixtures of Sulphuric Acid and Water

		Temp.	Resistance compared with mercury
H_2SO_4		15℃	96950
H_2SO_4 + 14H_2O		19℃	14157
H_2SO_4 + 13H_2O		22℃	13310
H_2SO_4 + 499H_2O		22℃	184773

---

* 팔조우(Karl Adolph Paalzow, 1823-1908)는 독일 출신의 물리학자이다.

	Temp.	Resistance compared with mercury
$ZnSO_4$ + 23H_2O ······ 23℃		194400
$ZnSO_4$ + 24H_2O ······ 23℃		191000
$ZnSO_4$ + 105H_2O ······ 23℃		354000

Sulphate of Copper and Water

$CuSO_4$ + 45H_2O ······ 22℃		202410
$CuSO_4$ + 105H_2O ······ 22℃		339341

Sulphate of Magnesium and Water

$MgSO_4$ + 34H_2O ······ 22℃		199180
$MgSO_4$ + 107H_2O ······ 22℃		324600

Hydrochloric Acid and Water

HCl + 15H_2O ······ 23℃		13626
HCl + 500H_2O ······ 23℃		86679

365. F. 콜라우시와 W. A. 니폴트는 황산과 물을 섞은 혼합물의 저항을 측정하였다.[35] 그들은 그로브 전지의 기전력의 $\frac{1}{2}$에서 $\frac{1}{14}$까지 변화하는 기전력에 의해 발생한 자기-전기 교류 전류를 이용했으며, 그들은 전기 구리-철 쌍의 방법으로 기전력을 그로브 전지 기전력의 $\frac{1}{429000}$까지 낮추었다. 그들은 이런 기전력의 전체 범위에서 이 전해질에 옴의 법칙을 적용해도 좋음을 발견하였다.

저항은 혼합물에서 황산이 3분의 1일 때 가장 작다.

전해질이 저항은 온도가 오르면 감소한다. 온도가 1℃ 오를 때마다 전도성이 증가하는 백분율이 다음 표에 나와 있다.

Resistance of Mixtures of Sulphuric Acid and Water at 22 in of Mercury at 0. MM. Kohlrausch and Nippoldt.

Specific gravity at 18 ° 5	Percentage of H_2SO_4	Resistance 22℃ (Hg = 1)	Percentage increment of conductivity 1℃
0.9985	0.0	746300	0.47
1.00	0.2	465100	0.47
1.0504	8.3	34530	0.653
1.0989	14.2	18946	0.646
1.1431	20.2	14990	0.799
1.2045	28.0	13133	1.317
1.2631	35.2	13132	1.259
1.3163	41.5	14286	1.410
1.3547	46.0	15762	1.674
1.3994	50.4	17726	1.582
1.4482	55.2	20796	1.417
1.5026	60.3	25574	1.794

유전체의 전기저항에 대하여

366. 전신 케이블을 생산하는 데 절연 매질로 사용되는 구타페르카와 다른 물질들의 저항은 이 물질들이 절연체로 얼마나 값어치가 있는지 확인하기 위하여 수도 없이 측정되었다.

이런 조사는 일반적으로 전선(電線)의 피복으로 이용된 물질을 대상으로 하는데, 전선이 한 전극이 되고, 탱크에 채운 케이블을 담근 물이 다른 전극이 된다. 이처럼 두께는 작고 넓이는 매우 큰 절연체의 원통형 피복을 통해 전류를 보낸다.

기전력이 작용하기 시작하면, 검류계에 의해 표시되는 전류는 전혀 일정하게 유지되지 않음이 발견되었다. 최초 효과는 물론 상당히 큰 세기의 과도 전류로, 과도 전류에 의한 총전하량은 기전력에 대응하는 면 전하분포를 갖는 절연체의 표면을 충전하는 데 필요한 전하량과 같다. 그러므로 이 최초 전류는 절연층의 전도성이 아니라 전기용량을 알려주는 척도가 된다.

그런데 이 전류가 모두 잦아든 다음에도 여전히 남아 있는 전류도 역시 일정하게 유지되지는 않고, 물질의 진정한 전도성을 알려주지도 않는다. 전류는 적어도 반 시간 정도는 더 계속해서 감소하고, 그래서 전류로부터 유추해서 저항을 정하면, 전지를 작용한 직후에 구한 저항값보다 일정한 시간이 흐른 다음에 구한 저항값이 더 크다.

이처럼, 후퍼*의 절연 물질의 경우 10분이 지난 다음의 겉보기 저항은 1분이 지난 다음 겉보기 저항의 4배였고, 19시간이 지난 다음에는 23배였다. 기전력의 방향을 반대로 바꾸면, 저항은 낮은 값으로 내려가거나 처음보다 더 낮은 값이 되었다가 점차로 올라간다.

이런 현상은 구타페르카의 상태에 따라 정해지는 것처럼 보이며, 그 상태를 부를 만한 더 좋은 이름이 없어서 그냥 편극이라고 부를 텐데, 이 편극을 한편에서는 연달아 연결해서 충전된 레이던병의 편극과 비교하고, 다른 한편에서는 271절에서 나오는 리터의 2차 파일과 비교할 수 있다.

전기용량이 매우 큰 많은 레이던병이 (고게인의 실험에서 젖은 무명실과 같이) 저항이 매우 큰 도체들에 의해 직렬로 연결되어 있다면, 이 직렬연결에 작용한 기전력이 검류계가 나타내는 전류를 흐르게 하고, 이 전류는 레이던병들이 완벽히 충전될 때까지 점차 줄어들게 된다.

그런 직렬연결의 겉보기 저항은 증가하게 되며, 만일 레이던병을 만드는 유전체가 완전한 절연체이면 저항은 끝없이 증가할 것이다. 이제 기전력을 제거하고 직렬연결의 양쪽 끝을 이으면, 반대 방향으로 흐르는 전류가 관

---

* 후퍼(William Hooper, 1817-1877)는 영국의 화학자로서, 후퍼스 텔레그래프 웍스(Hooper's Telegraph Works)라는 회사를 설립하여 자신이 특허를 낸 가황 고무 코어를 사용한 해저 통신 케이블을 제조하고 배치하였다.

찰되는데, 완전한 절연체의 경우에 그런 전류에 의한 총전하량은 직접 전류의 총전하량과 같을 것이다. 비슷한 효과가 2차 파일에서도 관찰되는데, 한 가지 차이는 마지막 절연이 그렇게 좋지는 않지만 단위 표면마다의 전기용량은 엄청나게 더 크다는 것이다.

피복이 구타페르카 등의 절연체인 케이블의 경우, 기전력을 반 시간 동안 작용한 다음 도선을 외부 전극에 연결하면 반대 방향의 전류가 발생하고, 이 전류는 얼마 동안 흐르고 점차로 시스템은 원래 상태로 돌아간다.

이런 현상은 레이던병의 '잔여 방전'이라고 말하는 현상과 같은 종류인데, 단지 편극의 양이 유리에 비해 구타페르카 등의 절연체에서 훨씬 더 크다는 점만 다르다.

이런 편극 상태는 생기기 위해서는 단지 기전력뿐 아니라 이동 또는 다른 방법에 따라 상당히 많은 양이 통과해야 하는 물질의 직접적인 성질처럼 보이며, 그렇게 전류가 통과하려면 상당한 시간이 걸린다. 일단 편극 상태가 이루어지면 물질 내에서 반대 방향으로 작용하는 내부 기전력이 존재하게 되며, 이 기전력은 처음 전류와 총전하량이 같은 반대 방향의 전류를 만들 때까지, 또는 물질을 통과하는 실제 전도 때문에 편극 상태가 조용히 잦아들 때까지 계속하게 될 것이다.

잔여 방전이라고 불렸던 전체 이론인 전하의 흡수, 전화(電化), 또는 편극은 세심하게 연구할 가치가 있으며, 아마도 물체의 내부 구조와 관계되어 중요한 발견들로 이어질 것이다.

367. 더 많은 수의 유전체의 저항은 온도가 오르면 감소한다.

그래서 구타페르카가 24℃일 때 저항은 0℃일 때 저항의 약 20배이다.

브라이트와 클라크는 다음 공식이 그들의 실험과 일치하는 결과를 주는 것을 발견하였다. 구타페르카 온도가 섭씨 T도일 때 저항이 r라면, 온도가 $T+t$일 때의 저항은

$$R = r \times 0.8878^t$$

인데, 이 식에서 숫자는 0.8878과 0.9 사이에서 변한다.

호킨은 구타페르카는 온도를 측정한 후 몇 시간이 지난 뒤에야 저항이 해당하는 값에 도달한다는 특이한 사실을 증명하였다.

천연고무의 저항에 대한 온도의 효과는 구타페르카에 대한 온도의 효과에 견줘 그리 크지 않다.

구타페르카의 저항은 압력을 작용하면 상당히 많이 증가한다.

서로 다른 케이블에 이용된 구타페르차의 각종 시료에 대해 옴의 단위로 측정한 세제곱미터마다의 저항은 다음과 같다.[36]

Name of Cable		
Red Sea	…… .267	$\times 10^{12} \sim .362 \times 10^{12}$
Malta-Alexandria	…… 1.23	$\times 10^{12}$
Persian Gulf	…… 1.80	$\times 10^{12}$
Second Atlantic	…… 3.42	$\times 10^{12}$
Hooper's Persian Gulf Core	…… 74.7	$\times 10^{12}$
Gutta-percha at 24℃	…… 3.53	$\times 10^{12}$

368. 앞의 271절에서 설명된 버프의 실험으로부터 계산된 결과에 대한 다음 표에서는 서로 다른 온도에서 1세제곱미터 유리의 저항을 옴의 단위로 보여준다.

Temperature	Resistance
200℃	227000
250 °	13900
300 °	1480
350 °	1035
400 °	735

369. 최근에 C. F. 발리는 희박한 기체를 통과하는 전류에 대한 조건을 조사하고, 기전력 E가 상수 E_0에 옴의 법칙에 따라 전류에 의존하는 항들을

합한 것과 같아서

$$E = E_0 + RC$$

가 되는 것을 발견하였다.[37)

예를 들어, 어떤 관에 전류를 흐르게 하는 데 필요한 기전력은 323개의 다니엘 셀의 기전력이지만, 그 전류를 유지하는 데는 304개의 다니엘 셀의 기전력이면 딱 알맞았다. 검류계로 측정한 전류의 세기는 304개를 초과하면 셀의 수에 비례하였다. 그래서 305개의 셀에 대해서는 편침이 2였고, 306개의 셀에 대해서는 편침이 4였고, 307개의 셀에서는 편침이 6이었으며, 그런 식으로 380개의 셀까지 계속되었는데, 그것은 304+76개의 셀에 대해서 편침이 150, 즉 76×1.97이었다.

이 실험으로부터 일종의 전극의 편극이 존재해서, 그 편극의 기전력은 304개의 다니엘 셀과 같으며, 이 기전력에 도달하기까지 전지는 이런 편극 상태를 설정하는 데 전념하는 것처럼 보인다. 최대 편극에 도달하면, 304개의 셀보다 더 큰 기전력의 초과분은 옴의 법칙에 따라 전류를 유지하는 데 충당한다.

그러므로 희박한 기체에서 전류에 대한 법칙은 전극의 편극을 고려해야 하는 전해질을 통과하는 전류에 대한 법칙과 매우 유사하다.

이 주제와 관련하여 57절에서 다룬 톰슨의 결과를 참고해야 하는데, 그 결과에서 공기 중에 방전을 일으키는 데 필요한 기전력은 거리에 비례하는 것이 아니라 거리에 일정한 양을 더한 것에 비례하는 것이 발견되었다. 이 일정한 양에 해당하는 기전력을 전극의 편극 세기로 간주할 수도 있다.

370. 최근에 비데만과 루만은 기체를 통과하는 전기를 조사하였다.[38) 홀츠 정전 발전기로 전류를 발생시켰으며 희박한 기체를 담은 금속 용기 내의 구형 전극 사이에서 방전이 발생하였다. 방전은 대부분 불연속적으로 발생했으며, 연이은 방전 사이의 시간 간격은 홀츠 기계의 축을 따라 회전

하는 거울을 이용하여 측정되었다. 연달아 발생하는 방전의 상(像)들은 대물렌즈를 둘로 나눈 헬리오미터*를 이용하여 관찰되었는데, 한 방전의 상이 다음 방전의 상과 일치할 때까지 조정한다. 이 방법으로 매우 일관적인 결과를 얻었다. 각 방전과 관계되는 전하량은 전류의 세기 그리고 전극을 만든 물질과는 무관하며, 그 전하량은 기체가 어떤 종류인지와 그 기체의 밀도에 의존하며, 전극까지 거리와 전극의 형태에도 의존하는 것을 발견하였다.

　이 연구는 도체의 대전된 표면에서 파열 방전을 시작하는 원인으로 필요한 전기 장력은 대전된 전하가 양전하일 때보다 음전하일 때가 약간 더 작지만, 일단 방전이 일어나면 그 방전이 양전하로 대전된 표면에서 시작할 때 방전마다 훨씬 더 많은 전하가 통과한다는 패러데이의 설명[39](48절을 보라)이 옳음을 확인한다. 이 연구는 또한 전극의 표면에 농축된 기체층이 이 현상에서 중요한 역할을 한다는 57절에서 설명한 가정을 옹호하며, 이 연구에 의하면 그런 응축은 양극(陽極)에서 가장 큼을 알려준다.

＊　헬리오미터(heliometer)는 태양의(太陽儀)라고도 부르는 장치로, 원래 태양의 지름이 계절에 따라 바뀌는 것을 관찰하는 도구이지만 여러 다른 목적으로도 이용된다.

그림

그림 I

118절

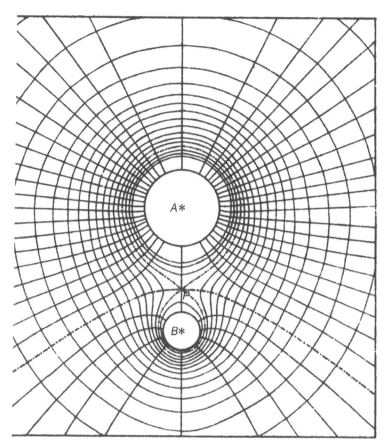

Lines of Force and Eequipotential Surfaces.

$A = 20,$ $B = 5,$ P, *Point of Equilibrium,* $AP = \dfrac{2}{3} AB$

119절

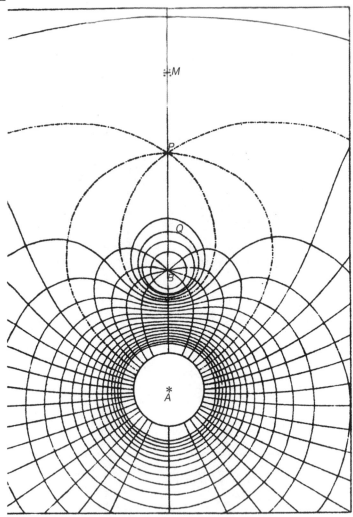

Lines of Force and Eequipotential Surfaces.

A = 20,   B = − 5,   P, Point of Equilibrium,   AP = 2AB.
Q, Spherical surface of Zero potential.
M, Point of Maximum Force along the axis.
The dotted line is the Line of Force $\Psi = 0.1$ thus _____

그림 III

120절

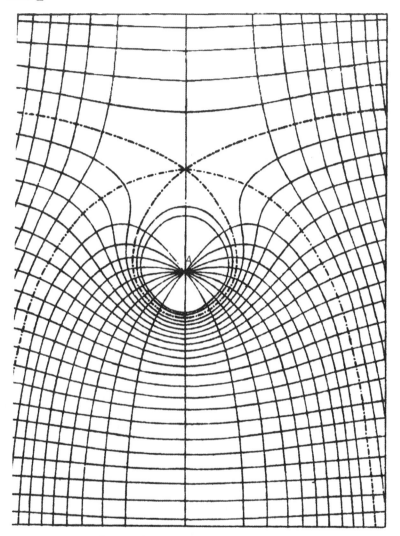

Lines of Force and Equipotential Surfaces.

A = 10

121절

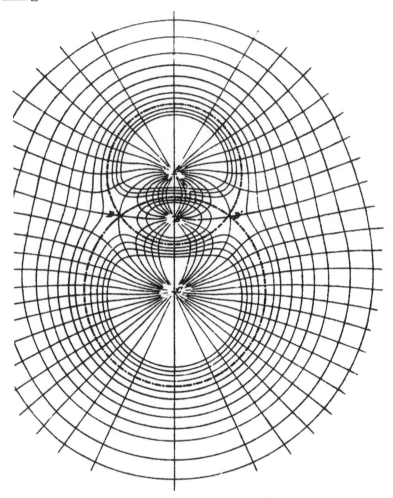

Lines of Force and Equipotential Surfaces.

$A = 10,$ $B = -12,$ $C = 20$

그림 V

143절

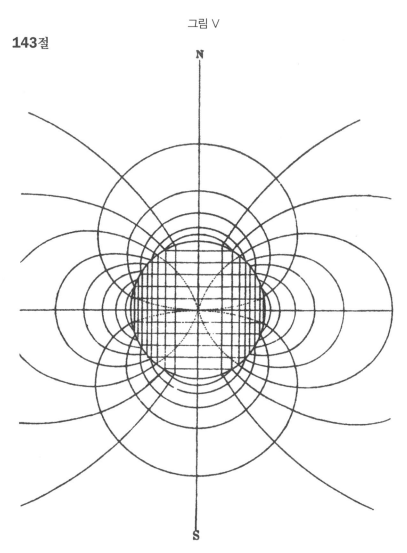

N

S

*Lines of Force and Equipotential Surfaces in a diametral section of a spherical
Surface in which the superficial density is a harmonic of the first degree.*

143절

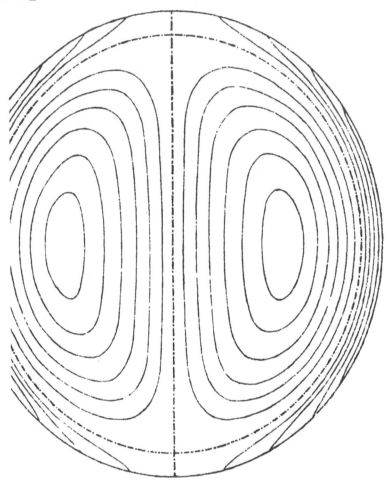

Spherical Harmonic of the third order.

$n = 3,$ $o = 1$

그림 VII

143절

Spherical Harmonic of the third order.

n = 3

그림 VIII

143절

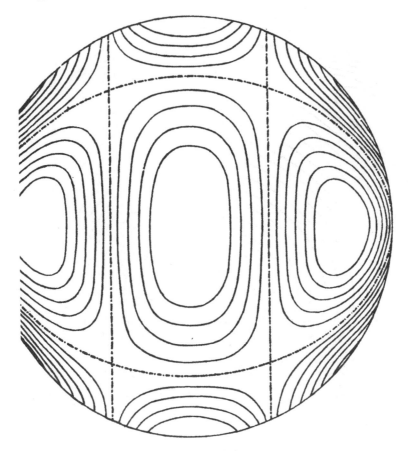

Spherical Harmonic of the fourth order.

$$n = 4, \qquad o = 2$$

그림 IX

143절

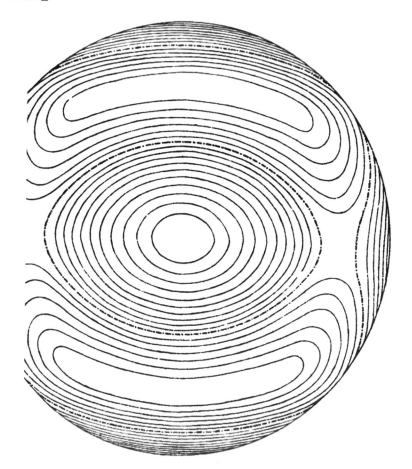

Spherical Harmonic of the fourth order.

그림 X

192절

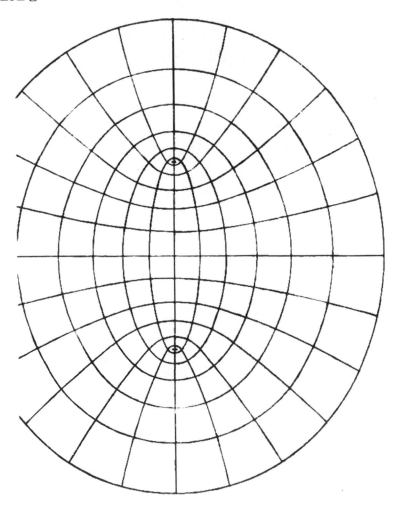

Confocal Ellipses and Hyperbolas.

그림 XI

193절

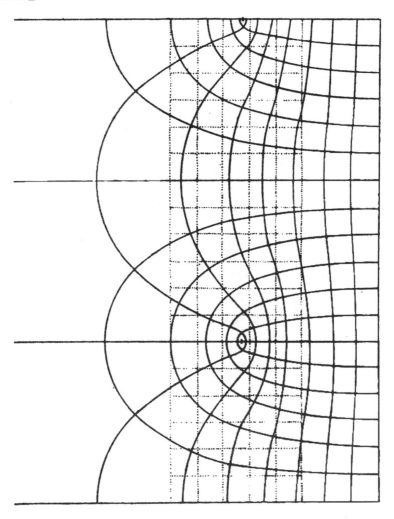

Lines of Force near the edge of a Plate.

그림 XII

202절

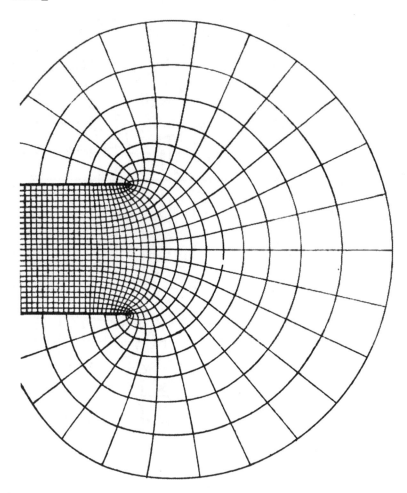

Lines of Force between two Plates.

그림 XIII

203절

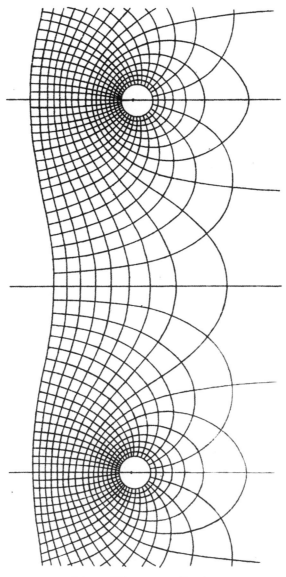

Lines of Force near a Grating.

초판 서문

1) 이 기회를 빌려서 이 책을 쓰는 과정에서 베풀어 준 많은 값진 조언들에 대해 W. 톰슨 경과 테이트 교수에게 감사한다.

2) *Life and Letters of Faraday*, vol. I. p. 395.

시작하기 전에 ● 물리량의 측정

1) 차원에 대한 이론은 Fourier, *Théorie de Chaleur*, §160에서 최초로 언급되었다.

2) Prof. J. Loschmidt, "Zur Grösse der Luftmolecule," *Academy of Vienna*, Oct. 12, 1865; G. J. Stoney on "The Internal Motions of Gases," *Phil. Mag.*, Aug. 1868; 그리고 Sir W. Thomson on "The Size of Atoms," *Nature*, March 31, 1870을 보라.

3) 캐번디시의 실험을 반복한 베일리의 결과에 따르면, 센티미터와 초를 단위로 취하는 경우에 질량의 천문학 단위는 약 1.537×10^7그램, 즉 15.37톤이다. 베일리는 그의 모든 실험 결과로부터 지구의 평균 밀도로 5.6604를 이용했으며, 이 밀도와 지구의 크기로 베일리가 사용한 값, 그리고 지구 표면에서 중력의 세기를 종합하여, 베일리는 그의 실험의 직접 결과로 위의 값을 얻었다.

4) Méc. Céleste, liv. iii.

5) Essay on the Application of Mathematical Analysis to the Theories of Electricity and Magnetism, Nottingham, 1828. Reprinted in *Crelle's Journal*, and In Mr. Ferrers' edition of Green's Works.

6) Thomson and Tait, *Natural Philosophy*, §483.

7) *Der Census Raümlicher Complexe*, Gött. Abh., Bd. x. S. 97(1861).

8) Sir W. Thomson "On Vortex Motion," *Trans. R. S. Edin.*, 1867-8을 보라.

9) Thomson and Tait's *Natural Philosophy*, §190 (i)를 보라.

10) 우리가 오른손의 위쪽을 바깥으로 돌리고, 동시에 손을 앞으로 잡아당길 때, 팔의 근육

의 합해진 작용은 어떤 말로 하는 정의보다 우리 기억에 오른나사 동작을 더 확실하게 새길 것이다. 흔히 보는 코르크 마개뽑이를 오른나사 동작의 물질적 상징으로 사용해도 좋다.

W. H. 밀러 교수가 나에게, 포도나무의 넝쿨은 오른나사처럼 돌아가고 (맥주를 만드는) 홉나무의 넝쿨은 왼나사처럼 돌아가서, 공간에서 회전하는 두 종류의 시스템을 각각 포도나무 시스템과 홉나무 시스템이라고 불러도 좋겠다고 제안하였다.

우리가 채택하고 있는 포도나무 시스템은 린네의 시스템이고 일본을 제외한 모든 문명 국가에서 나사 제조업자들의 시스템이다. 드캉돌이 최초로 홉나무 넝쿨을 오른나사라고 불렀으며, 리스팅과 원편광(circular polarization)에 대한 대부분의 저자들이 드캉돌의 뒤를 따랐다. 홉나무 넝쿨과 같은 모양의 나사는 철도의 객차들을 연결할 때, 그리고 보통 마차에서 왼쪽 바퀴를 고정시킬 때 사용되는데, 그 나사를 이용하는 사람들은 그런 나사를 항상 왼나사라고 부른다.

11) 이 정리는 1854년 스미스 상 시험(Smith's Prise Examination)의 8번 문제로 스토크스 교수가 출제하였다. 이 정리는 톰슨과 테이트의 *Natural Philosophy*, §190 (j)에 증명되어 있다.

12) Proc. R. S. Edin., April 28, 1862와 매우 중요한 논문인 "On Green's and other allied Theorems," *Trans. R. S. Edin.*, 1869-70과 'On some Quaternion Integrals,' *Proc. R. S. Edin.*, 1870-71을 보라.

1부 • 정전기학

1) Sir W. Thomson "On the Mathematical Theory of Electricity," *Cambridge and Dublin Mathematical Journal*, March, 1848을 보라.

2) 이 실험과 그 뒤에 나오는 몇 실험은 다음 논문에서 패러데이가 수행한 것이다. "On Static Electrical Inductive Action," *Phil. Mag*, 1843, or *Exp. Res.*, vol. ii. p. 279.

3) "On Static Electrical Inductive Action," *Phil. Mag*, 1843, or *Exp. Res.* vol. ii. p. 249.

4) *Exp. Res.*, vol. I. series xi. ¶ ii. "On the Absolute Charge of Matter," and (1244).

5) Faraday, *Exp. Res.*, vol. i., series xii. and xiii.을 보라.

6) Priestley's *History of Electricity*, pp. 117 and 591; and Cavendish's "Electrical Researches," *Phil. Trans.* 1771, §4, dor Art. 125 of Reprint of Cavendish를 보라.

7) Intellectual Observer, March, 1866.

8) *Exp. Res.* series xi. 1297.

9) 전기 현상과 자기 현상에서 전기 세기(Electric Intensity)와 자기 세기(Magnetic Intensity)는 무거운 물체에 대한 이론에서 말하는 흔히 g로 표시되는 중력 세기(intensity of gravity)에 대응한다.

10) *Mec. Cel.*, 1. 2.

11) 솔레노이드(Solenoid)는 그리스 단어 $\sigma\omega\lambda\acute{\eta}\nu$에서 온 것으로 관(tube)이라는 의미이다. 패러데이(3271)도 같은 의미로 'Sphondyloid'라는 용어를 사용한다.

12) 패러데이의 "Remarks on Static Induction," *Proceedings of the Royal Institution*, Feb. 12, 1858을 보라.

13) Williamson's *Differential Calculus*, 3rd edition, p. 407을 보라.

14) 이 정리는 1828년에 낭독된 논문인 *Mém. de l' Acad. de St. Pétersbourg*, T. I. p. 39에서 오스트로그라드스키(Ostrogradsky)가 처음으로 증명한 것처럼 보인다. 그렇지만 이 정리는 연속 방정식의 한 형태로 간주될 수 있다.

15) "Ueber Integrale der hydrodynamischen Gleichungen welche den Wirbelbewegungen entasprechen," *Crelle*, 1858. Translated by Prof. Tait, *Phil. Mag*, 1867(I).

16) "On Vortex Motion," *Trans. R. S. Edin.* XXV. part i. p. 241(1867).

17) 여기서 기호 /는 분수에서 분자와 분모를 구분한다.

18) Thomson and Tait's *Natural Philosophy*, §526.

19) *Cambridge and Dublin Mathematical Journal*, February, 1848.

20) 이 방법은 라플라스에 의한 것이다. 푸아송, "Sur la Distribution de l'électricité &c." *Mém. de l'Institut*, 1811, p. 30을 보라.

21) "Summary of the Properties of certain Stream Lines," *Phil. Mag*, Oct. 1864. 또한 Thomson and Tait's *Natural Philosophy*, §780, Rankine and Stokes, in the *Proc. R. S.*, 1867, p. 468; W. R. Smith, Proc. *R. S. Edin*, 1869-70, p. 79를 보라.

22) 다음 논문 "On the Flow of Electricity in Conducting Surfaces," by Prof. W. R. Smith, *Proc. R. S. Edin*, 1869-70, p. 79를 보라.

23) 앞으로는 자연수의 곱 $1 \cdot 2 \cdot 3 \cdots \cdot n$을 $n!$라고 표시하는 것이 편리하리라고 생각한다.

24) 이 장의 내용은 대부분 매우 흥미로운 다음 연구로부터 빌린 것이다. *Legons syr les Fonctions Inverses des Transcendantes et les Surfaces Isothermes.* Par G. Lamé. Paris, 1857.

25) [본문의 논의는 문제를 86절에 나온 예로 살펴보면 더 쉽게 이해할 수 있을 수 있다. 점전하라고 기술되는 것이 사실 상 아주 작은 구형 도체로, 그 반지름은 b이고 퍼텐셜은 v라고 가정하자. 그래서 여기서 다루는 것은 두 구에 관한 특별한 경우로, 한 풀이는 이미 146절에 주어졌고, 또 다른 풀이는 173절에 나올 예정이다. 그렇지만 우리 앞에 있는 경우에서, 반지름 b는 너무 작아서 작은 도체에 대전된 전하는 그 표면에 균일하게 분포되어 있다고 가정하고 작은 도체의 첫 번째 영상 전하를 제외하고는 다른 모든 전기 영상 전하는 버릴 예정이다.

그러면 $V = \dfrac{E}{a} + \dfrac{e}{f}$, $v = \dfrac{E + e\dfrac{a}{f}}{f} - \dfrac{ea}{f^2 - a^2} + \dfrac{e}{b}$ 를 얻는다. 그러므로 85절에 나오는 시스템의 에너지는 $\dfrac{E^2}{2a} + \dfrac{Ee}{f} + \dfrac{e^2}{2}\left(\dfrac{1}{b} - \dfrac{a^3}{f^2(f^2 - a^2)}\right)$ 가 된다.

위의 방정식을 이용하면, 또한 에너지를 퍼텐셜을 이용하여 표현할 수 있으며 같은 정도로 근사하면 $\dfrac{aV^2}{2} - \dfrac{ab}{f}Ve + \dfrac{1}{2}\left(b + \dfrac{ab^2}{(f^2 - a^2)}v^2\right)$ 가 된다.]

26) 톰슨과 테이트의 *Natural Philosophy*, §515를 보라.

27) 이 표현들에서는 $2\cosh\theta = e^\theta + e^{-\theta}$, $2\sinh\theta = e^\theta - e^{-\theta}$ 이고, θ에 대한 다른 함수들은 삼각법 함수들에 대응하는 것과 똑같은 정의를 이용하여 이 두 표현으로부터 유도되었음을 기억해야 한다.

이중극 좌표를 이 경우에 적용하는 방법은 톰슨이 *Liouville's Journal* for 1847에 설명해 놓았다. 톰슨의 논문인 *Electrical Papers*, §211, 212를 보라. 나는 본문에서 해석적 방법을 설명하면서는 베티 교수의 연구인 *Nuovo Cimento*, vol. xx를 이용했지만, 전기 영상 전하에 대한 아이디어는 톰슨의 독창적인 연구인 *Phil. Mag*, 1853에서 설명된 것을 그대로 지켰다.

28) Thomson and Tait's *Natural Philosophy*, §520, 또는 이 책의 150절.

29) Crelle's *Journal*, 1861을 보라.

30) Φ가 평면의 퍼텐셜이고 ϕ는 파동의 표면이라고 하자. 단위 넓이마다 평면의 전하량은 $1 \div 4\pi b$이다. 그래서 전기용량은 $= 1 \div 4\pi b(\Phi - \phi) = 1 \div 4\pi(A + a')$ 라고 가정하면 $A + a' = b(\Phi - \phi)$이다. 그러나 $A + b\log\dfrac{1}{2}(e^\phi + e^{-\phi}) = b(\Phi - \log 2)$이므로 $\therefore a' = -b\phi + b(\log 2 + \log\dfrac{1}{2}(e^\phi + e^{-\phi})) = b\log(1 + e^{-2\phi})$이고 (26) 식에 의해 $= b\log\dfrac{2}{1 + e^{-\frac{D}{b}}}$ 이다.

31) [200절에서, 전체 공간 분포를 구하면서 어쩌면 적분 $\iint \rho 2\pi(R + y')dx'dy'$ 을 좀 더 정확히 계산했어야 하는데, 반지름이 R인 가장자리의 원둘레 중 단위길이마다 이 적분은 $-\dfrac{1}{32}\dfrac{B}{R}$가 되어서, 본문에 나온 것과 똑같은 보정 항이 된다.

원판도 같은 방식을 이용하여 다음과 같이 다룰 수 있다.

195절에 나온 그림이 판에 수직인 중간에 있는 하나의 테두리에서 거리가 $+R$인 곳에 놓인 선에 대해 회전한다고 하자. 그러므로 그 테두리는 원을 그리며 둘러싸는데, 그 원이 원판의 테두리가 된다. 200절에서처럼 푸아송 방정식으로부터 시작하는데, 이 경우에 푸아송 방정식은

$$\frac{d^2V}{dy'^2} + \frac{d^2V}{dx'^2} - \frac{1}{R - x'}\frac{dV}{dx'} + 4\pi\rho = 0$$

이다. 이제 V는 195절의 퍼텐셜 함수이어서 $V = \psi$라고 가정하자. 그러므로 부피 밀도

ρ가

$$\frac{1}{4\pi}\frac{1}{R-x'}\frac{d\psi}{dx'}$$

인 판 사이의 영역에 전하가 존재한다고 가정해야 한다.

총전하량은

$$2\int_0^{\frac{B}{2}}\int_{-\infty}^{R}\rho\cdot 2\pi(R-x')dx'dy'$$

이다.

이제 R가 판 사이의 거리와 비교해 크다면, 그림 XI의 퍼텐셜 선들을 관찰하고 이 결과가 두드러질 정도로 다음 적분

$$\int_0^{\frac{B}{2}}\int_{-\infty}^{\infty}\frac{d\psi}{dx'}dx'dy'\quad 즉\quad -\frac{1}{2}\pi B$$

와 같다는 것을 알 수 있다.

원판의 양쪽을 모두 포함하면 표면의 총전하분포는

$$2\int_0^{R}\left(-\frac{1}{4\pi}\frac{d\psi}{dy'}\right)_{y'=0}2\pi(R-x')dx'=-\int_0^{R}(R-x')\left(\frac{d\phi}{dx'}\right)_{y'=0}dx'$$

$$=-\int_0^{R}\phi_{y'=0}dx'=-\frac{R^2\pi}{2B}-R\log_e+\frac{B}{\pi}\left(\log_e 2-\frac{1}{2}\pi+1\right)$$

이다. 그러므로 판 사이의 부피 분포가 원판에 집중되어 있다고 가정한다면 전기용량에 대한 표현은, 판과 원판의 퍼텐셜 차이가 $\frac{\pi}{2}$일 때

$$\frac{R^2}{B}+2\frac{\log_e 2}{\pi}R+\frac{1}{4}B-\frac{2}{\pi^2}\left\{\log_e 2-\frac{1}{2}\pi+1\right\}B$$

가 되는데, 이 결과는 교재 내용에 나온 것과 거의 $\frac{B}{4}$만큼 다르다.]

32) *Königl. Akad. der Wissenschaften*, zu Berlin, April 23, 1868.

33) 많은 경우에 동적인 에너지가 마찰에 의해 열로 변환되는 것이 예상되지만, 에너지의 일부는 먼저 전기 에너지로 전환되고 그다음에 전기 에너지가 문지르는 표면과 가까운 곳에서 짧은 회로의 전류를 유지하기 위해 사용되면서 열로 전환된다. W. 톰슨 경의 "On the Electrodynamic Qualities of Metals," *Phil. Trans.*, 1856, p. 650을 보라.

34) 특허 명세서(Specification of Patent), Jan. 27, 1860, No. 206.

35) *Proc. R. S.*, June 20, 1867.

36) *Phil. Trans.* 1834.

37) 전위계에 대해 W. 톰슨 경이 쓴 뛰어난 보고서를 보라. *Report of the British Association*, Dundee, 1867.

38) 매달린 원반의 반지름을 R라고 쓰고, 보호 반지의 구멍의 반지름을 R'라고 쓰면, 원반

과 보호 반지 사이의 원형 간격의 폭은 $B = R' - R$이다.

매달린 원반과 크고 고정된 원반 사이의 거리가 D이고 두 원반의 퍼텐셜 차이가 V이면, 201절에 나오는 조사에 따라, 매달린 원반의 전하량은

$$Q = V\left\{ \frac{R^2 + R'^2}{8D} - \frac{R'^2 - R^2}{8D}\frac{\alpha}{D + \alpha} \right\}$$

인데 여기서 $\alpha = B\dfrac{\log_e 2}{\pi}$, 즉 $\alpha = 0.220635(R' - R)$이다.

만일 보호 반지의 표면이 매달린 원반의 표면의 평면과 정확히 일치하지 않으면, 고정된 원반과 보호 반지 사이의 거리가 D가 아니라 $D + z = D'$이라고 가정하면, 225절의 조사에 의해 보호 반지의 일반적인 표면 위 높이가 z이기 때문에 원반의 테두리 가까운 곳에 추가의 전하가 존재할 수 있는 것처럼 보인다. 그러므로 이 경우에 전체 전하는 근사적으로

$$Q = V\left\{ \frac{R^2 + R'^2}{8D} - \frac{R'^2 - R^2}{8D}\frac{\alpha}{D + \alpha} + \frac{R + R'}{D}(D' - D)\log_e \frac{4\pi(R + R')}{D' - D} \right\}$$

이며, 인력에 대한 표현에서 원반의 넓이인 A 대신에 보정된 양인

$$A = \frac{1}{2}\pi\left\{ R^2 + R'^2 - (R'^2 - R^2)\frac{\alpha}{D + \alpha} + 8(R + R')(D' - D)\log_e \frac{4\pi(R + R')}{D' - D} \right\}$$

를 대입해야 하는데, 여기서 $R =$매달린 원반의 반지름, $R' =$보호 반지 구멍의 반지름, $D =$고정된 원반과 매달린 원반 사이의 거리, $D' =$고정된 원반과 보호 반지 사이의 거리, $\alpha = 0.220635(R' - R)$이다.

α가 D에 비해 작을 때는 두 번째 항을 무시할 수 있으며, $D' - D$가 작을 때는 마지막 항을 무시할 수 있다.

2부 • 전기운동학

1) *Phil. Mag*, Dec. 1851.

2) *North British Review*, 1864, p. 353; and *Proc. R. S.*, June 20, 1867.

3) *Proc. R. S. Edinl*, Dec. 15, 1851; and *Trans. R. S. Edin.*, 1854.

4) *Cambridge Transactions*, 1823.

5) "On the Electrodynamic Qualities of Metals." *Phil. Trans.*, 1856.

6) *Proc. R. S. Edin.*, Session 1870-71, p. 308, also Dec. 18, 1871.

7) *Pogg. Ann.* bd. ci. s. 338(1857).

8) 「시작하기 전에」의 주 3)을 보라.

9) *Galvanismus*, bd. i.

10) *Berlin Monatsbericht*, July, 1868.

11) *Pogg. Ann.* bd. cxxxviii. s. 286(October, 1869).

12) Specification of C. F. Varley, "Electric Telegraphs, &c.," Jan. 1860.

13) *Proc. R. S.* Jan. 12, 1871.

14) *Annalen der Chemie und Pharmacie*, bd. xc. 257(1854).

15) *Proc. R. S.*, Jan. 19, 1871.

16) [성 요한 대학의 Mr. J. A. 플레밍 학사가 맥스웰 교수의 강의 노트로부터 발췌하였다.]

17) *Trans. R. S. Edin.* 1853-4, p. 165.

18) Thomson and Tait's *Natural Philosophy*, §154를 보라.

19) *Phil. Trans.*, 1871 p. 77. 102절을 보라.

20) Prof. Cayley의 논문 *London Math. Soc. Proc.* vi. p. 47을 보라.

21) *Phil. Mag*, Nov. 1872. 레일리 경은 이어서 최상급 제한으로 0.8242를 구했다. *London Math. Soc.* Proc. viii. p. 74를 보라.

22) Kirchhoff, Pogg. *Ann.* lxiv. 497, 그리고 lxvii. 344를 보라; Quineke, Pogg. xcvii. 382; and Smith, Proc. *R. S. Edin.*, 1869-70, p. 79.

23) W. 톰슨 경의 'Note on Induced Magnetism in a Plate,' *Camb. and Dub. Math. Journ.*, Nov. 1845, or Reprint, art. ix. §156을 보라.

24) *Théorie de la chaleur*, Art. 105.

25) *Phil. Mag*, July, 1870.

26) 아래와 같은 조사는 전류 측정에 관한 웨버의 논문에서 인용하였다. *Göttingen Transactions*, x. p. 65.

27) *Proc. R. S.*, June 6, 1861.

28) *Laboratory.* Matthiessen and Hockin on Alloys.

29) *Proc. R. S.*, Jan. 19, 1871.

30) *Proc. R. S.*, Jan. 19, 1871.

31) [*Philosophical Magazine* for 1857, vol. I. pp. 515-525에서 올리버 로지(Sir Oliver Lodge, 1851-1940)는 전지의 기전력이 전지를 통과하는 전류에 의존하므로 만일 $a\alpha = c\gamma$라는 식이 성립한다면 열쇠가 위를 향할 때와 아래를 향한 때의 두 경우에 검류계 바늘의 편침이 같을 수 없다는 맨스 방법의 결함을 지적하였다. 로지는 맨스 방법을 어떻게 수정하면 좋을지 설명했는데, 그는 그 방법을 성공적으로 적용했다.]

32) *Proc. R. S.*, April 27, 1871.

33) *Phil. Mag*, May, 1865.

34) *Berlin Monatsbericht,* July, 1868.

35) Pogg., *Ann.* cxxxviii. p. 286, Oct. 1869.

36) Jenkin's *Cantor Lectures.*

37) *Proc. R. S.*, Jan. 12, 1871.

38) *Berichte der Königl. Sächs. Gesellschaft*, Oct. 20, 1871.

39) *Exp. Res.*, 1501.

지은이

:: 제임스 클러크 맥스웰 James Clerk Maxwell

20세기 물리학에 가장 큰 영향을 준 19세기의 가장 뛰어난 물리학자로, 전자기학을 통합한 맥스웰 방정식을 통하여 전자기파를 이론으로 예언했고, 그의 전자기학은 20세기 상대성이론과 양자역학이 출현하는 데 교두보가 되었다.

맥스웰은 1831년 영국 스코틀랜드 에든버러의 부유한 집안에서 출생했다. 16세에 에든버러 대학에 진학했고 19세가 되던 1850년에 케임브리지 대학의 트리니티 칼리지에 입학하여 특출한 능력을 제대로 인정받으며 1854년 차석으로 졸업했다.

1856년에 고향 스코틀랜드의 매리셜 대학 자연철학 교수로 부임했고, 1860년에 런던의 킹스 칼리지로 옮겼으며, 거기서 일생 중 가장 왕성한 활동을 펼쳤다. 1865년 킹스 칼리지 런던의 교수직을 사임하고 아내와 함께 스코틀랜드의 고향 집으로 내려가 실험과 연구를 수행하며 여러 편의 논문을 작성했고, 불후의 저서 *A Treatise on Electricity and Magnetism*을 비롯한 여러 권의 저서를 집필하는 데 심혈을 기울였다.

한편 케임브리지 대학 물리학과에서 최신 실험을 수행할 연구소에 적임자로 추천되면서 그는 1871년 초대 캐번디시 물리학과 교수로 케임브리지 대학에 부임했으며, 건물 설계에서 실험 장비 구입에 이르기까지 모든 것을 감독하며 케임브리지 대학의 유명한 캐번디시 연구소를 세웠다. 캐번디시 연구소는 그 후 전자(電子)를 발견한 톰슨, 원자핵을 발견한 러더퍼드를 비롯하여 지금까지 물리학과 화학 분야에서 모두 29명의 노벨상 수상자를 배출했다.

케임브리지에서 학생 지도와 연구 그리고 저술 작업에 열중하던 맥스웰은 48세의 젊은 나이인 1879년에 복부암으로 세상을 뜨고 말았다. 물리학에서 뉴턴과 필적할 만한 업적을 세웠으나 영국에서 다른 유명한 과학자들처럼 기사나 다른 작위를 받지도 못했고, 사망 후 국가 차원의 장례식 절차도 없이 고향집 가까운 곳에 묻혔다.

옮긴이

:: 차동우

서울대학교 물리학과를 졸업하고 미국 미시간 주립대학에서 이론 핵물리학 박사 학위를 받았으며, 인하대학교 물리학과 교수를 역임했다. 현재 인하대학교 명예교수이다. 저서로는 『상대성이론』, 『핵물리학』, 『대학기초물리학』 등이 있고, 역서로는 『새로운 물리를 찾아서』, 『물리 이야기』, 『양자역학과 경험』, 『뉴턴의 물리학과 힘』, 『아이작 뉴턴의 광학』, 『러더퍼드의 방사능』 등이 있다.

맥스웰의 전자기학 ❶

1판 1쇄 펴냄 | 2023년 2월 10일
2판 1쇄 펴냄 | 2024년 2월 13일

지은이 | 제임스 클러크 맥스웰
옮긴이 | 차동우
펴낸이 | 김정호
펴낸곳 | 아카넷

출판등록 2000년 1월 24일(제406-2000-000012호)
10881 경기도 파주시 회동길 445-3
전화 | 031-955-9510(편집) · 031-955-9514(주문)
팩시밀리 | 031-955-9519
책임편집 | 박수용
www.acanet.co.kr

ⓒ 한국연구재단, 2023

Printed in Paju, Korea.

ISBN 978-89-5733-841-4 94560
ISBN 978-89-5733-214-6 (세트)

이 번역서는 2019년 대한민국 교육부와 한국연구재단의 지원을 받아 수행된 연구임
(NRF-2019S1A5A7068700)
This work was supported by the Ministry of Education of the Republic of Korea
and the National Research Foundation of Korea. (NRF-2019S1A5A7068700)